国家重大出版工程项目

Rostock Feed Evaluation System

Reference numbers of feed value and requirement on the base of net energy

德国罗斯托克饲料评价体系

以能量为基础的饲料价值参数及营养需要量

作者

［德］ Dr. M. Beyer
Dr. A. Chudy
Dr. habil. L. Hoffmann
Dr. sc. W. Jentsch
Prof. Dr. W. Laube
Prof. Dr. Dr. h. c. mult. K. Nehring
Prof. Dr. R. Schiemann **编著**

本版修订

W. Jentsch
A. Chudy
M. Beyer

德国家畜生物学研究所(FBN)，
莱布尼兹学会会员(WGL)，
"奥斯卡·凯尔纳"营养生理学研究部，
18196 杜莫斯托夫，德国

译者　赵广永

作者对美国肯塔基大学G. 拉斯费尔德(Garry Lacefield)教授审阅本书稿及德固赛公司(DEGUSSA AG)饲料添加剂部对本书出版的赞助、编排及印刷表示感谢。

中国农业大学出版社

图书在版编目(CIP)数据

德国罗斯托克饲料评价体系:以能量为基础的饲料价值参数及营养需要量/[德]拜尔等编著;赵广永译.—北京:中国农业大学出版社,2008.2

书名原文:Rostock Feed Evaluation System

Reference numbers of feed value and requirement on the base of net energy

ISBN 978-7-81117-394-9

Ⅰ.德… Ⅱ.①拜…②赵… Ⅲ.饲料-营养价值-德国 Ⅳ.S816.15

中国版本图书馆 CIP 数据核字(2007)第 179399 号

书　　名　德国罗斯托克饲料评价体系

以能量为基础的饲料价值参数及营养需要量

作　　者　[德]Dr. M. Beyer　Dr. A. Chudy　Dr. habil. L. Hoffmann

Dr. sc. W. Jentsch　Prof. Dr. W. Laube

Prof. Dr. Dr. h. c. mult. K. Nehring　Prof. Dr. R. Schiemann　**编著**

赵广永　**译**

策划编辑　宋俊果

封面设计　郑　川

出版发行　中国农业大学出版社

社　　址　北京市海淀区圆明园西路 2 号

电　　话　发行部 010-62731190,2620

编辑部 010-62732617,2618

网　　址　http://www.cau.edu.cn/caup

经　　销　新华书店

印　　刷　涿州市星河印刷有限公司

版　　次　2008 年 2 月第 1 版　　2008 年 2 月第 1 次印刷

规　　格　889×1 194　16 开本　24.75 印张　728 千字

印　　数　1～1 050

定　　价　200.00 元

责任编辑　王学艳　杨建民

责任校对　王晓凤　陈　莹

邮政编码　100094

读者服务部 010-62732336

出　版　部 010-62733440

e-mail:cbsszs @ cau.edu.cn

本书简体中文版本翻译自 **Dr. sc. W. Jentsch**，**Dr. A. Chudy** 和 **Dr. M. Beyer** 等主编的“*Rostock Feed Evaluation System*”。

Translation from the English language edition：
Rostock Feed Evaluation System by Dr. M. Beyer，Dr. A. Chudy，Dr. habil. L. Hoffmann，Dr. sc. W. Jentsch，Prof. Dr. W. Laube，Prof. Dr. Dr. h. c. mulf. K. Nehring，Prof. Dr. R. Schiemann

著作权合同登记图字：01-2007-3209

译者序

《德国罗斯托克饲料评价体系》(Rostock Feed Evaluation System)是由德国家畜生物学研究所(Research Institute for the Biology of Farm Animals)的 M. Beyer、A. Chudy 和 L. Hoffmann 等著名动物营养专家于 2003 年编写的。该著作先后以德文和英文出版。该著作全面系统地总结了德国罗斯托克饲料评价体系的基本理论,以及奶牛、肉牛、绵羊、役用马、乘用马、猪、肉鸡、蛋鸡、火鸡、鸭、鹅的能量、蛋白质、氨基酸、维生素、矿物质和微量元素的需要量标准以及营养物质需要量的计算方法,并且通过大量实例详细介绍了畜禽日粮配合与平衡技术。该著作提出的饲料能量浓度的概念及其应用方法,对于编制畜禽饲料配方具有重要参考价值。《德国罗斯托克饲料评价体系》内容简明扼要、实用性强。

德国家畜生物学研究所是最早开展动物能量代谢研究的机构。早在 20 世纪 30 年代,在国际上就享有很高声誉。该研究所早年建设的牛、羊、猪、禽开放式呼吸代谢室,直到如今仍然在研究中发挥着重要作用。该研究所提出的肉牛淀粉价净能体系曾是国际上最著名的净能体系。目前该研究所的动物能量代谢研究仍然居世界前列,其研究成果在国际上具有重要影响。

本书主要作者之一,A. Chudy 研究员,曾于 1995 年来中国农业大学进行学术访问。译者本人曾于 1997 年得到德国学术交流基金会(German Academic Exchange Service,DAAD)的资助,应邀赴该研究所进行学术访问,与 A. Chudy 研究员建立了良好的合作关系和友谊。2006 年,A. Chudy 研究员赠送给译者英文版《德国罗斯托克饲料评价体系》,并且非常希望译者将该著作译成中文,在中国出版,供中国同行参考。作为一名动物营养学工作者,译者非常乐于不计报酬,完成这件有意义的工作。译者非常感谢本书作者 M. Beyer、A. Chudy 和 L. Hoffmann 三位专家免去了在中国出版的著作版权费,译者同时衷心感谢中国农业大学出版社出资出版此中文版本。由于时间紧张,译文中个别错误在所难免,恳请同行给予指正。

赵广永
中国农业大学动物科技学院
2007 年 11 月 5 日

目　录

1 前　言

19 世纪中叶，德国的农业化学研究取得了不平凡的进展。这些进展与农业研究所的建立以及著名科学家包括 Justus von Liebig，Wilhelm Henneberg，Friedrich Stohmann 和 Emil Wolf 有关。在莱比锡附近位于 Möckern 的 Oskar Kellner 实验站是德国的第一个农业研究站。Dr. Kellner 根据 Gustav Kühn 的方法和科学原理以及他本人的成年公牛能量代谢研究结果，创造了淀粉价值体系。Kellner 淀粉价值体系是第一个基于净能评定饲料价值的实用体系。直到 20 世纪，这一体系在德国一直应用于反刍动物的饲养。Zielstorff 的学生 Kurt Nehring，有很长一段时间担任 Kellner 的助手，他深入研究了 Kellner 的科学工作，应用其原理和方法取得了很多研究进展。Nehring 在罗斯托克发起建设了"Oskar-Kellner-研究所"的动物营养新楼（留有 1954 年的奠基石）和 10 个开放式家畜呼吸测热室，作为评价饲料能量科学试验的基础。通过分析淀粉价值体系，Reinhard Schiemann（1958）和 Nehring 的合作者认为，Kellner 的饲料能量评价体系科学、有效、实用。更为深入的研究方向包括：

—基于营养成分的饲料能量评价；
—选择脂肪净能作为饲料能量评价的通用指标。

经过十几年的工作，新研究所总结了多种畜禽的饲料能量利用效率结果，并且以单行本出版（Schiemann 等，1971）。以这些结果为基础，出版了新饲料能量评价体系。该体系以营养成分作为饲料评价的基础，以脂肪净能作为通用指标（Nehring 等，1966）。在生产和科研中该体系被引用为"罗斯托克饲料评价体系"。1971 年，该体系得到了前民主德国管理部门的支持，更名为"民主德国饲料评价体系"。至 1989 年，共有 7 个版本以该名称出版。这些版本包括各种畜禽饲料能量评价、能量需要量和生产性能的新成果。"民主德国饲料评价体系"第 7 版由 Dr. M. Beyer，Dr. A. Chudy，Dr. habil. L. Hoffmann，Dr. sc. W. Jentsch，Prof. Dr. W. Laube，Prof. Dr. Dr. h. c. mult. K. Nehring 和 Prof. Dr. R. Schiemann 编辑。

编辑委员会和作者包括：

饲料表格

Prof. Dr. sc. M. Anke，Jena
Dr. J. Becker，Halle-Lettin
Dr. habil. H. -D. Bock，Rostock
Prof. Dr. sc. G. Gebhardt，Leipzig
Prof. Dr. sc. A. Hennig，Jena
Doz. Dr. sc. H. Jeroch，Leipzig
Dr. F. Kreienbring，Rostock
DL W. Ockert，Halle-Lettin
Prof. Dr. sc. S. Poppe，Rostock
Prof. Dr. sc. F. Weißbach，Rostock
Prof. Dr. sc. W. Wiesemüller，Rostock
Dr. J. Wünsche，Rostock

能量和蛋白质需要量标准

Prof. Dr. sc. G. Bolduan，Dummerstorf
Dr. A. Dittrich，Leipzig
Dr. H. -P. Fix，Leipzig
Prof. Dr. sc. G. Gebhardt，Leipzig
Prof. Dr. sc. U. Herrmann，Rostock
Prof. Dr. sc. M. Hoffmann，Leipzig
Doz. Dr. sc. H. Jeroch，Leipzig
Dr. H. Jung，Dummerstorf
Dr. S. Nagel，Dummerstorf
Dr. sc. K. Keinert，Dummerstorf
Prof. Dr. habil. B. Piatkowski，Dummerstorf
Prof. Dr. sc. S. Poppe，Rostock
Dr. R. Schubert，Jena
Dr. Marianne Stamer，Rostock
Doz. Dr. sc. M. Ulbrich，Leipzig
Prof. Dr. sc. W. Wiesemüller，Rostock
Dr. J. Wünsche，Rostock

矿物质和维生素需要量标准

Prof. Dr. sc. A. Hennig，Jena
Dr. H. Lüdke，Jena

Dr. B. Meixner, Jena
Dr. M. Prinz, Jena
Dr. G. Richter, Jena
DAI F. Schöne, Jena
Dr. R. Schubert, Jena

在 Dr. habil. L. Hoffmann 领导下，前“标准委员会”对能量和蛋白质需要量标准进行了扩展。根据最新的试验结果，对这些标准进行了修订，并且添加了有关表格。现用名称“罗斯托克饲料评价体系”不但将原有名称、能量评价原理、参数和方法均保留下来，还包括了后来罗斯托克的试验结果（Hoffmann 等，1993a，1993b，1994；Jentsch 等，2001）和国际上饲料评价的研究结果。本书正文对这些修改均作了说明。《罗斯托克饲料评价体系》是一个包括参数和方法的复杂体系：

—以高效饲料生产为基础的、在畜禽饲养中应用的、并以能量和蛋白质（包括氨基酸）为主的复杂的饲料评价方法。

—根据动物种类和性能测定畜禽的日营养需要量，作为平衡日粮、满足营养需要的基础。

—在测定饲料需要量之前，对饲料计划与平衡、饲料和动物匹配以及生产单位、农场和地区长期饲料供应的调控。

—从饲料质量分类到经济学评价。

饲料供应计划和平衡均是根据前民主德国计划经济的特殊情况下的参数来进行的。本章仅介绍畜牧场饲料和动物生产的计算基础以及与管理之间的关系。

在前“民主德国饲料评价体系”第 7 版中，一些新进展没有被包括进来。这些方面是：

—Weende 饲料分析方法的进一步发展，包括了淀粉和糖的分析测定，以及无氮残留物的计算（NFR）。放弃了粗纤维分析、无氮浸出物计算（NFE）。

—估测能量参数的公式分别描述了营养素（粗蛋白、粗脂肪、淀粉、糖和无氮浸出物）和总能之间，可消化营养素和可消化能之间、可代谢能和因维持能量需要而造成的能量沉积减少之间的关系。

—能量消化率——因植物的结构性物质而有所变化——被用作瘤胃发酵的特性指标，估测牛单一饲料的净能（Hoffmann 等，1993b）。迄今为止所使用的日粮能量消化率校正值不能用于计算日粮单一饲料能值，这与从日粮到单一饲料净能换算的校正误差无关（<2%）。

罗斯托克饲料评价体系修订版提供了罗斯托克 40 年的饲料评价和畜禽需要量的测定结果（Jentsch 等，2000，2001）。本体系的出版也是对奠定罗斯托克饲料评价体系基础、并对其积极发展的杰出科学家 Kurt Nehring、Reinhard Schiemann 和 Leonhard Hoffmann 献上的一份厚礼。

罗斯托克饲料评价体系可应用于所有种类的畜禽，是一部非常有价值的著作。它还使得对农场饲料经济学、生产联合会和管理单位进行评价成为可能。这一体系包括了饲料生产和动物生产匹配的建议，可被用于全面改善管理。

罗斯托克饲料评价体系表示饲料价值和动物需要量的最重要参数是：

—净能沉积，代表动物体内所有营养物质在能量代谢中的效率。

—牛可消化粗蛋白以及猪和家禽可消化粗蛋白、可消化赖氨酸、可消化蛋氨酸＋可消化胱氨酸。

这些指标使得使用能量可以对各种饲料的饲料价值与动物需要量之间的关系进行定量描述。关于不同条件下动物采食量资料、饲料配合和饲喂顺序的特殊生理活动的资料以及日粮正负作用资料可在有关营养方面的出版物中找到（作者合集“Calculation of Rations”，1988；Piatkowski “Cattle Feeding”，A feeding instruction for cattle grower，1983；Bolduan 等“Pig feeding”，1984）。

从对罗斯托克饲料评价体系的修订直到本书的出版由以下人员完成：

Dr. habil. Werner Jentsch，
Dr. Arthur Chudy 和
Dr. habil. Manfred Beyer.

作者对美国肯塔基大学 Prof. Dr. Garry D. Lacefield 对本书的审阅表示衷心感谢。

2 饲料价值特性参数及其计算

2.1 饲料价值特性参数

单一饲料及日粮的饲料价值是由很多对动物性状重要的复杂特性所决定的。能量和营养成分对于动物高效生产特别重要。罗斯托克饲料评价体系使用参数对这些特性进行了量化。例如：

—净能沉积(NER)
—能量浓度(EC)
—能量消化率(d(E))
—可消化粗蛋白(dCP)
—可消化氨基酸
　—赖氨酸(dLys)
　—蛋氨酸(dMet)＋胱氨酸(dCys)
—蛋白质浓度(dCPC)
—蛋白质-能量-商(PEQ)

罗斯托克饲料评价体系使用下面的说明对参数进行了解释。

2.1.1 净能

作为 Oskar Kellner 科学工作的延续，前民主德国饲料评价体系采用净能脂肪，作为统一饲料能量价值测定及家畜能量需要特性的基础。通过大量的对生长动物和成年动物的计算和评价，所得出的生长动物和成年动物的能量沉积参数几乎一致(相对差异1%～3%)(Jentsch 等，Arch. Anim. Nutr. 42，1992，S. 113～116)。这些结果与使用模型所计算的结果一致(Hoffmann，Arch. Tierernähr. 30，1980，S. 723～732)。这表明在较宽的蛋白质和能量范围内，可代谢能利用效率没有显著差别。在中间代谢中，饲料营养成分的能量效应被定义为 ATP 能量的形成，即所谓的 ATP 当量，作为"统一的能量标准"。在本体系中，沉积净能代替了脂肪净能，作为测定指标。因为在动物试验中，不能直接测定 ATP 形成的潜力。原来由脂肪净能(NEF)(10.5 kJ NEFc 相当于 1 EFUc，14.7 NEFp 相当于 1 EFUp，14.7 NEFf 相当于1 EFUf)计算而来的饲料能量单位不再保留。所有饲料能量价值和动物的能量需要量均直接使用 MJ NER 表示。

在罗斯托克饲料评价体系中，饲料能量价值的科学计量单位是 1 kJ 沉积净能(NER)。其定义是：在标准状况下，一定数量饲料或营养成分，如果具有在动物体内沉积 1 kJ 体能的潜力，则其饲料能量价值为 1 kJ NER。

只有在试验中沉积净能才能够被测定。沉积净能也是生物学方法评价饲料能量可利用状况的通用指标，其科学基础为试验测定的体能利用效率和来自蛋白质和碳水化合物的 ATP 合成。与能量代谢中的能量潜力相比，脂肪用于脂肪沉积的利用效率较高(15%～25%)，这是唯一的例外(Schiemann 等，"Energetische Futterbewertung und Energienormen"，Deutscher Landwirtschaftsverlag Berlin，1971，S. 47～55)。随着罗斯托克饲料评价体系的饲料单位从脂肪净能(NEF)到沉积净能(NER)的转变，方程(8)～(10)中可消化粗脂肪的计算因子(Jentsch 等，übers. Tierernährg. 29，2001，S. 1～44)被降低至能量代谢中的产能潜力(＝92%的淀粉可代谢能利用效率＝100)(见第 2 段 2.1.2.)，如下：

	kpf dST	校正 kpf dCF	计算 dCF 的因子
牛	(10.1/15.9 方程(8)/(5))		
	0.635×0.92 ＝	0.584×34.0	＝20.0
猪	(12.7/17.3 方程(9)/(6))		
	0.734×0.92＝	0.675×39.8	＝27.0
禽	(13.5/17.3 方程(10)/(8))		
	0.780×0.92＝	0.718×39.8	＝29.0

可消化脂肪计算因子可以使用方程(5)～(7)和方程(8)～(10)进行计算(图 2.1)。

净能沉积与营养成分和饲料的 ATP 潜力密切相关；当动物将能量用于不同的生产性能时，也与动物体内所有消耗能量反应的能量潜力相关。(Schiemann 等，Energetische Futterbewertung und Energienormen，Deutscher Landwirtschaftsverlag，Berlin，1971，S. 47～55)。与 NEF 相比，NER 更适合于动物的不同需要和不同生产条件。NER使得估测净能的方程能够被更为广泛地应用。当NER被用作饲料能量评价的统一指标时,营养成分的特殊能量效率也被考虑。NER还被用作不同生产性能畜禽能量需要的指标,例如产奶、产蛋、劳役等,考虑了特殊利用效率。

饲料的能量价值取决于动物种类,因而沉积净能(NER)相应地分别被区分为NERc(牛)、NERp(猪)和NERf(禽)。选用适当的净能指标,饲料价值与有关生产性能联系起来进行比较才有可能。

使用十进制体系计算净能,有关的常用符号及其关系如下:

1 kJ NER(kilo Joule NER) =1 000 J NER
1 MJ NER(Mega Joule NER)=1 000 kJ NER
1 GJ NER(Giga Joule NER) =1 000 MJ NER

表格中的饲料能量价值包括:

牛 以NERc表示。
猪 以NERp表示。
禽 以NERf表示。

表格中不同畜禽种类的能量需要表示方法如下:

牛、绵羊、山羊和马,以NERc表示。
猪、兔和毛皮动物,以NERp表示。
禽、所有种类的家禽和鱼类以NERf表示。

牛的饲料表格可被用于所有反刍动物和马的日粮计算。猪的饲料表格可用于家兔和毛皮动物。禽的饲料表格可用于所有种类的家禽和鱼类。

2.1.2 能量参数估测方程

为了评价饲料的能量价值,沉积净能可被精确测定。但是,对于饲料表格中所列出的各种饲料,对其净能值进行试验测定是不可能的。原因有两个:

—饲料价值的试验测定直接关系到昂贵的费用,因此在实践中饲料价值评定一般根据已经建立起来的、公认的科学方法进行估测。

—饲料价值受土壤、气候和农业技术(例如肥料)、土壤耕作和收获时间的影响。粗饲料的质量有很大变异。

为了估测饲料和日粮的饲料能量价值,根据使用呼吸室所获得的长期科研资料,罗斯托克饲料评价体系提出了牛、猪和禽的能量参数估测方程。估测方程可用于计算总能(GE)、可消化能(DE)、可代谢能(ME)和净能(NE)(图2.1)。

总能(GE)(kJ)

牛、猪、禽

(1) $GE = 23.6\ CP + 39.8\ CF + 17.3\ ST + 16.0\ SU + 18.9\ NFR$

可消化能(DE)(kJ)

牛

(2) $DE = 23.6\ dCP + 34.0\ dCF + 17.3\ dST + 16.0\ dSU + 18.0\ dNFR$

猪

(3) $DE = 23.6\ dCP + 39.8\ dCF + 17.3\ dST + 16.0\ dSU + 17.2\ dNFR$

禽

(4) $DE = 23.6\ dCP + 39.8\ dCF + 17.3\ dST + 16.0\ dSU + 17.2\ dNFR$

可代谢能(ME)(kJ)

牛

(5) $ME = 17.3\ dCP + 34.0\ dCF + 15.9\ dST + 15.1\ dSU + 15.4\ dNFR$

猪

(6) $ME = 20.5\ dCP + 39.8\ dCF + 17.3\ dST + 16.0\ dSU + 17.0\ dNFR$

禽

(7) $ME = 18.8\ dCP + 39.8\ dCF + 17.3\ dST + 16.0\ dSU + 17.2\ dNFR$

沉积净能(NER)(kJ)

牛

(8) $NERc = (7.2\ dCP + 20.0\ dCF + 10.1\ dST + 8.3\ dSU + 8.2\ dNFR)(-0.557\,4 + 0.040\,50\ d(E) - 0.000\,263\,3\ d(E)^2)$

猪

(9) $NERp = 11.0\ dCP + 27.0\ dCF + 12.7\ dST + 11.6\ dSU + (12.0 - 0.14(80 - d(E)))\ dNFR$

禽

(10) $NERf = 10.8\ dCP + 29.0\ dCF + 13.5\ dST + 12.4\ dSU + 10.5\ dNFR$

图2.1 能量参数估测方程

在罗斯托克饲料评价体系中,能量单位为沉积净能,并用于所有畜禽(图2.1)。

从方程(8)和(9)中可以看出,牛和猪的饲料能量价值 NER 的估测还取决于能量消化率。对于反刍动物，能量消化率的高低受纤维含量变化的影响（粗纤维、洗涤纤维或其他）。如果饲料的纤维含量很高，饲料能量利用率就会降低到 70％以下。这与瘤胃的发酵过程有关，因为乙酸产量会高于正常水平，而大量乙酸与较为平衡的乙酸、丙酸和丁酸比例相比，其利用效率较低。

迄今已出版的前民主德国饲料评价体系对于单一饲料和日粮的饲料能量价值估测有所区别。单一饲料能量价值的估测没有考虑能量消化率，而日粮饲料能量价值的估测则考虑了能量消化率。

在新的牛饲料评价体系中，这一区别不再保留（Hoffmann 等，1993b）。在估测单一饲料能量价值时，也考虑了能量消化率。在根据能量消化率进行校正和计算日粮时进行加权处理后，得到的饲料能量价值被列入表中。表 2.1 列出了能量消化率对饲料能量价值的影响。

方程中的缩写词：

CP＝粗蛋白，g；CF＝粗脂肪，g；ST＝淀粉，g；SU＝糖，g；NFR＝无氮浸出物，g（NFR＝有机物－CP－CF－ST－SU）；dCP＝可消化粗蛋白，g；dCF＝可消化粗脂肪，g；dST＝可消化淀粉，g；dSU＝可消化糖，g；dNFR＝可消化无氮浸出物，g（dNFR＝可消化有机物－dCP－dCF－dST－dSU）；d(E)＝能量消化率，％（d(E)＜70），牛；d(E)＜80，猪）。

用上述方程计算猪和家禽对牛奶和奶制品的能量价值时，必须使用下式进行校正：

每克可消化蛋白质＋4.19 kJ NERp 或 NERf

每克可消化脂肪－4.19 kJ NERp 或 NERf。

这些校正是必须的，因为这些产品（酪蛋白和乳脂肪）的总能与有关粗略营养成分的 GE 不同。

表 2.1　反刍动物饲料能量价值的校正因子

能量消化率 ％	校正因子 f	能量消化率 ％	校正因子 f
＞70	1.00		
68.0～69.9	0.98	54.0～55.9	0.87
66.0～67.9	0.97	52.0～53.9	0.85
64.0～65.9	0.96	50.0～51.9	0.82
62.0～63.9	0.95	48.0～49.9	0.79
60.0～61.9	0.93	46.0～47.9	0.76
58.0～59.9	0.91	44.0～45.9	0.73
56.0～57.9	0.89	42.0～43.9	0.70

根据大量测定结果可知，反刍动物对饲料的消化率取决于营养水平。表中的消化率与动物维持需要的营养水平有关。计算日粮的能量时，不需要考虑与饲料采食量有关的消化率，因为在需要量标准中已经考虑了这种关系的影响。

可被猪后肠道细菌强烈发酵的饲料在发酵过程中有能量损失（回肠后）。当碳水化合物组分被分析后，作为完全化学定义的营养成分，淀粉、糖和无氮浸出物（NFR），回肠后的消化主要与 NFR 有关。使用 NERp 这一单位进行计算（方程 9），NFR 的能量效率考虑了随着能量消化率下降到 80％以下所造成的损失（表 2.2）。

表 2.2　与猪的饲料能量消化率有关的可消化无氮浸出物的利用因子(NFR)

能量消化率 ％	在 NERp 方面可消化 NFR 利用因子
＞80	12.0
75	11.3
70	10.6
65	9.9
60	9.2
55	8.5

能量消化率一般可从饲料数据表格中删除。因为进行科学试验需要很高的精确性，所以不应该使用表格中的数据，而是应该根据营养成分的分析进行计算。

总能可用方程(1)进行计算，可消化能可用方程(2)～(4)进行计算。能量消化率是可消化能与总能之商。

$$能量消化率=\frac{可消化能}{总能}\times 100\%$$

2.1.3　能量浓度

能量浓度（EC）被定义为每千克饲料干物质所含能量。EC 与动物的种类有关。

$$EC=\frac{NER(MJ)}{干物质(kg)}$$

在动物营养中，除了按需要量给动物提供净能以外，还需要考虑饲料的质量。有关能量的饲料质量指标是单位干物质的能量含量，这就是能量浓度。使用能量浓度作为质量特性的原因是，随着动物生产性能的提高，动物的采食量并不成比例增加。额外的能量需要可通过提高饲料的能量浓度来满足。生产性能的提高与饲料能量浓度的提高直接相关。表格中包括了对日粮能量浓度的最低要求。表 2.3 列出了标准表格中的例子。这些例子表明，在产奶过程中不同产奶量情况下，表 4.1.1.4 和表 4.1.1.5（第 4 章）中对牛奶能量浓度的要求。

这些建议被认为是能量浓度的最低要求参数，因为饲料采食量因日粮中各种饲料组分的变化而有所变化。

作为质量指标，能量浓度对于粗饲料特别重要。与精饲料相比，农业技术管理对粗饲料有更大的影响。为了达到一定的生产性能，粗饲料的能量浓度水平对于精饲料的需要量有重要影响。因而，在饲料生产和饲养中，使用经济学方法对粗饲料进行评定和对饲料计划进行平衡时，粗饲料能量浓度是很重要的评价指标。

表 2.3　产奶能量需要和能量浓度要求
（见标准表格 4.1.1.4）

产奶量（4%脂肪率）	能量需要量[1] NERc	所要求的能量浓度	相应的饲料采食量
kg	MJ	MJ NERc/kg DM	kg DM
5	46	4.2	11
10	61	4.6	13
15	76	5.1	15
20	91	5.7	16
25	106	6.0	18
30	121	6.3	19
35	136	6.5	21

[1] 550 kg 体重，成年母牛。

产奶牛，4 000 kg 牛奶/年，乳脂率 4%，平均体重550 kg（见标准表格 4.1.1.5）

泌乳阶段	体重	产奶量	能量需要 NERc	建议能量浓度
d	kg	kg/d	MJ/d	MJ NERc/kg DM
1～14	548	16	72	5.7
15～21	544	20	85	6.0
22～49	540	20	86	5.9
50～119	534	17	80	5.6
120～196	536	13	71	5.4
197～280	552	9	61	5.2
281～305	569	5	50	4.9
306～325	580	干奶期	46	4.8
326～345	592		54	5.9
346～365	610		56	6.1

2.1.4　可消化粗蛋白、可消化氨基酸、蛋白质浓度和蛋白质-能量-商

在罗斯托克饲料评价体系中，对于所有畜禽的蛋白质均可用可消化粗蛋白进行表示（dCP）。除此之外，非反刍动物的蛋白质质量还使用了可消化氨基酸，包括赖氨酸（dLys）、蛋氨酸（dMet）＋胱氨酸（dCys）进行表示（见第 3 章）。

除了能量供应满足需要量以外，蛋白质供应的量和质也是发挥动物生产效率的最重要饲养因素。在罗斯托克饲料评价体系中，蛋白质需要量标准是以可消化粗蛋白的克数（g）进行表示的。对于猪和禽，饲料价值的描述和需要量标准还使用了可消化氨基酸和可消化蛋白质。一般情况下，因为常用饲料的必需氨基酸——赖氨酸、蛋氨酸＋胱氨酸不能达到最佳的含量和比例，所以只对日粮中的这些氨基酸进行平衡就足够了。对这些氨基酸的平衡通常也能够导致其他必需氨基酸的充足供应。猪和禽的氨基酸供应量的计算是日常饲养的一个估测方法。

如果配合日粮为自由采食，就需要使用蛋白质浓度对需要量进行调节，特别是对于混合饲料需要应用这一方法。在罗斯托克饲料评价体系中，蛋白质浓度（dCPC）的定义如下：

$$\text{dCPC}=\frac{\text{可消化粗蛋白(g)}}{\text{饲料干物质(kg)}}$$

在该体系中蛋白质-能量-商（PEQ）这一概念的提出，有利于在计算日粮时采用适当的蛋白质和能量比例。PEQ 定义如下：

$$\text{PEQ}=\frac{\text{可消化粗蛋白(g)}}{\text{沉积净能(MJ)}}$$

在表 2-4 中，平衡日粮和单一饲料的 PEQ 被列出用于说明。一般地，所用日粮的 PEQ 要求明确且能够被估测，范围一般为10～20。

牛的饲料成分和需要量标准表格包括了 PEQ 参数。需要量标准中的数据与满足最佳需要量是一致的。在实际生产中不能低于这一标准，因为与能量供应相比，可消化粗蛋白（或氨基酸）的供应是最低水平。在短期内，超出所要求的限制水平不会造成动物健康的障碍，但是如果超出需要量，PEQ 的提高就会造成蛋白质消耗增加、氮排泄提高并且对环境造成负担以及营养成分成本提高。因为与其他营养成分相比，蛋白质的能量利用价值偏低。

表 2.4 某些饲料的能量、蛋白质需要量与产奶(1)以及 PEQ(2)之间的关系

(1)产奶的 PEQ				
	维持 550 kg 体重	维持		
		+10 kg 奶	+20 kg 奶	+30 kg 奶
PEQ	10	15	16	17
(2)牛、猪和禽饲料的 PEQ				
		牛	猪	禽
甜菜		5	3	1
玉米		9	7	7
大麦		12	10	10
干草(抽穗期)		19	—	—
豆饼		72	50	61

2.1.5 进一步的参数

进一步表示饲料价值特性的参数是矿物质和维生素含量。这些参数被列在表格中,这里不再进一步举例说明。但是需要特别指出,只有当饲喂的日粮中包含了适量的其他必需营养素和活性成分,例如矿物质和维生素时,才能期望能量和蛋白质的利用效果达到最佳;另一方面,单一饲料的副作用需要特别考虑,因为其对配合饲料适口性或成分的副作用会降低动物的生产性能,造成疾病甚至导致死亡。配合日粮必须要小心谨慎。在不添加矿物质和活性成分的情况下,这一观点对于工业化配合饲料比对单一饲料更有指导价值。

2.2 饲料价值参数的计算

在动物饲养中应该使用的最重要饲料价值参数已列在饲料表格中。对于新鲜的和贮存的饲料,根据成熟阶段和贮存技术对数据进行了区分。单一饲料的饲料价值估测的准确性取决于饲料成分表中所列出的影响饲料价值因素的详细情况,以及表格中查阅饲料价值时对这些因素的考虑。为了在日粮中使用饲料,估测误差必须尽可能地降低。可以尽可能地通过表格来估测饲料价值,但是如果能够对饲料进行分析会更好。

通过饲料分析,饲料价值估测的精确性比只使用根据饲料体系和应用原则开发的表格的精确性要高。相应地,最重要的饲料价值的计算也通过例子进行了描述。除了表格中所列的特性以外,对以下参数也进行了直接分析:

—干物质含量
—干物质和粗蛋白含量
—干物质和粗略营养成分含量

2.2.1 根据干物质分析计算饲料价值参数

每千克原料的饲料价值取决于干物质含量。特别是与水结合的饲料,例如青绿饲料、青贮饲料以及块根块茎类的干物质含量均显示有很大变异。从干物质含量变异的例子中(表2.5)可以明显看出,干物质的分析很重要。

表 2.5 干物质含量的变异 g/kg OM

	表格值	变异范围	表格值的百分比
苜蓿,青绿,营养生长期	152	116~199	76~131
饲用黑麦草,青绿,孕穗期	150	135~233	90~155
玉米青贮,乳熟期	200	124~271	62~136
饲用甜菜	110	62~136	56~124

对干物质含量的错误估测与饲料价值的错误估测是一样的,因为会影响到蛋白质和能量含量。使用表格中的数值,能量和可消化粗蛋白的误差最高可达 30%~50%。在大多数情况下,因为反刍动物日粮中的必需饲料均含有水分,所以有关这些饲料干物质含量的知识非常重要。在干物质供应量和能量、蛋白质供应量计算中肯定地使用所测定的干物质含量。

如果需要的话,应该计算原料(OM)的饲料价值参数。举例如下:

实例
苜蓿,青绿,营养生长期。
干物质含量,实测值:141 g/kg OM
干物质含量,表格值:152 g/kg OM

$$\text{NER,MJ/kg OM}=\frac{\underset{(\text{表格值})}{\text{NERc/kg DM}}\times\underset{(\text{实测值})}{\text{DM}}}{1\,000}$$

$$=\frac{5.63\times141}{1\,000}=0.79$$

$$\text{dCP,g/kg OM}=\frac{\underset{(\text{表格值})}{\text{dCP/kg DM}}\times\underset{(\text{实测值})}{\text{DM}}}{1\,000}$$

$$=\frac{215\times141}{1\,000}=30$$

表 2.6　苜蓿原料(OM)的饲料价值参数

	NERc	dCP	PEQ	d(E)
	MJ/kg OM	g/kg OM		%
表格值	0.86	33	38	73
根据干物质分析的校正值	0.79	30	38	73

蛋白质-能量-商、能量消化率和能量浓度与干物质无关,因而不需要进行校正。

在以干物质测定结果为基础计算青贮饲料的饲料价值参数时,应该考虑一个特殊情况。青贮饲料干物质测定与挥发性物质的损失相关,所以必须对干物质测定值进行校正。方法如下:

DM_{corr}＝校正的干物质

DM_{a}＝测定的干物质(在 60～65 ℃下预烘干,在 105 ℃下最终烘干,最长时间 3 h),g/kg

可以使用 Weissbach 和 Kuhla(1995)提出的方程计算 DM_{corr}。如果几种发酵产物的含量未知,可以使用下面的方程计算。

玉米青贮

$$DM_{corr}(g/kg)=22.2+0.960\ DM_{a}(g/kg)$$

其他青贮

$$DM_{corr}(g/kg)=20.8+0.975\ DM_{a}(g/kg)$$

根据干物质实测值的校正见表 27。

表 2.7　青贮干物质(DM)的校正因子

干物质(实测值)	玉米青贮校正的	其他青贮
g/kg	%	%
200	7	8
250	5	6
300	3	4
350		3
400		3

对干物质进行更为精确的估计是可能的,如果除了分析干物质外,还测定挥发性脂肪酸(VFA)、乳酸(LA)、乙醇(A)、pH 值和 NH_3。可以使用下面的公式进行校正:

—pH 值<4.0

$$DM_{corr}=DM_{a}+0.94VFA+0.08LA+A+0.16NH_3$$

—pH 值 4.01～5.0

$$DM_{corr}=DM_{a}+0.80VFA+0.08LA+A+0.32NH_3$$

—pH 值 4.51～5.0

$$DM_{corr}=DM_{a}+0.68VFA+0.80LA+A+0.48MH_3$$

—pH 值 5.01～5.5

$$DM_{corr}=DM_{a}+0.58VFA+0.08LA+A+0.64NH_3$$

—pH 值>55

$$DM_{corr}=DM_{a}+0.50VFA+0.08LA+A+0.80NH_3$$

实例

草青贮,孕穗期。

干物质含量,实测值:175 g/kg OM

$DM_{corr}=175\times1.09=191$ g/kg OM

日粮干物质、能量和蛋白质的计算应使用校正的干物质含量。原料的饲料价值参数计算如下:

$$NERc, MJ/kg\ OM=\frac{5.39\times191}{1\,000}=1.03$$

$$dCP, g/kg\ OM=\frac{126\times191}{1\,000}=24$$

表 2.8　草青贮原料(OM)饲料价值参数

	NERc	dCP	PEQ	d(E)
	MJ/kg OM	g/kg OM		%
DM,未校正	0.94	22	23	70
DM,已校正	1.03	24	23	70

2.2.2　根据干物质和粗蛋白测定值计算饲料价值参数

除了测定干物质以外,粗蛋白含量对于更为精确地估测饲料价值也很重要。饲料价值主要是由能量和可消化粗蛋白决定的。对粗蛋白和干物质进行测定后,这些参数的估测误差就会减少。

如果实测粗蛋白含量与表格值有所不同,表格中所列的能值就可用于对数值进行校正。化学成分变化所造成的饲料能量价值的变化可忽略不计,因为变化一般不超过 1%。因而,干物质中的可消化粗蛋白含量必须重新计算。根据实测粗蛋白含量选择正确的粗蛋白消化率是很重要的。这与饲料表格中所估计的饲料作物的成熟阶段无关。因而,在下面的例子中,选用 80% 作为粗蛋白的消化率。这与实测粗蛋白含量 232 g/kg DM 与现蕾期苜蓿的生长阶段是一致的,但是与营养生长期苜蓿的消化率 83%不一致。

实例

苜蓿,青绿,营养生长期。

干物质含量,实测值:141 g/kg OM

粗蛋白含量,实测值:232 g/kg DM

干物质中可消化粗蛋白的含量计算如下:

$$dCP, g/kg\ DM = \frac{CP(分析值) \times 消化率(表格值)}{100}$$

$$= \frac{232 \times 80}{100} = 186$$

粗蛋白含量发生变化，PEQ也随之变化，如：

$$PEQ = \frac{186}{5.63} = 33$$

表 2.9 苜蓿干物质(DM)和原料(OM)的饲料价值参数

	NERc	dCP	PEQ	d(E)
	MJ/kg	g/kg		%
干物质中的表格值根据实测CP、DM和CP分析值的校正值	5.63	215	38	73
干物质中	5.63	186	33	73
原料中	0.79	26	33	73

实例

草青贮，孕穗期。

干物质含量，实测值：175 g/kg OM

$DM_{corr} = 175 \times 1.09 = 191$ g/kg OM

粗蛋白含量，实测值：208 g/kg DM

$$dCP, g/kg\ DM = \frac{208 \times 73}{100} = 152$$

$$PEQ = \frac{152}{5.39} = 28$$

表 2.10 草青贮干物质(DM)和原料(OM)的饲料价值参数

	NERc	dCP	PEQ	d(E)
	MJ/kg	g/kg		%
干物质中的表格值根据实测CP、DM和CP的校正值	5.45	118	22	70
干物质中	5.45	152	28	70
原料中	1.04	29	28	70

2.2.3 根据完全营养成分分析计算饲料价值参数

饲料的能量价值可以根据可消化有机物含量精确地进行估测(粗蛋白、粗脂肪、淀粉、糖和无氮浸出物)。完全营养成分分析使得在动物生产中能够尽可能合理地利用饲料。使用体外方法估测实际生产中有机物消化率是可能的，但是不能用于单一的营养成分。因而，在分析营养成分的基础上计算饲料价值，应该与饲料表格中所列出的营养成分的消化率结合起来。特别重要的是，为了最大限度地利用饲料分析结果，所分析的结果要与表格中所列出的消化率结合起来。确定了收割时间、收割时的成熟阶段、施肥情况、保存方法、粗蛋白含量或粗纤维含量后，饲料价值才可以被正确估测。饲料表格使得这些成为可能。

实例：牛

饲料：大麦

营养成分	实测值	消化率(表格值)	可消化营养成分	计算因子NERc	NERc
	g/kg DM	%	g/kg DM		MJ
粗蛋白	119	72	86	7.2	0.62
粗脂肪	23	79	18	20.0	0.36
淀粉	570	97	553	10.1	5.58
糖	20	97	19	8.3	0.16
无氮浸出物	240	55	132	8.2	1.08
				合计：	7.80
校正(d(E)=80%,f=1.0)					7.80

	NERc	dCP	PEQ	d(E)
	MJ/kg	g/kg		%
干物质中的表格值根据实测营养成分的计算值	7.81	90	12	80
干物质中	7.80	86	11	80
原料中	6.75	74	11	80
(865 g DM/kg OM)				

饲料的能量价值是根据牛、猪和禽的可消化营养成分分别进行计算的。

下面是根据完全营养成分分析计算饲料价值参数的实例。计算净能沉积的因子取自第2.1.2节的公式(在有“计算因子”的实例中)。

饲料：干糖甜菜

营养成分	实测值	消化率(表格值)	可消化营养成分	计算因子NERc	NERc
	g/kg DM	%	g/kg DM		MJ
粗蛋白	53	50	26	7.2	0.19
粗脂肪	4	25	1	20.0	0.02
淀粉	0	97	0	10.1	0
糖	695	97	674	8.3	5.59
无氮浸出物	198	78	154	8.2	1.26
				合计：	7.06
校正(d(E)=86%,f=1.0)					7.06

	NERc	dCP	PEQ	d(E)
	MJ/kg	g/kg		%
干物质中的表格值	6.98	28	4	86
根据实测营养成分的计算值				
干物质中	7.06	26	4	86
原料中	6.57	24	4	86
(865 g DM/kg OM)				

饲料:盛花期青绿红三叶草,第1次收割

营养成分	实测值	消化率(表格值)	可消化营养成分	计算因子 NERc	NERc
	g/kg DM	%	g/kg DM		MJ
粗蛋白	119	61	73	7.2	0.53
粗脂肪	20	55	11	20.0	0.22
淀粉	40	97	39	10.1	0.39
糖	70	97	68	8.3	0.56
无氮浸出物	670	63	428	8.2	3.51
				合计:	5.21
校正(d(E)=64%,f=0.96)					5.00

	NERc	dCP	PEQ	d(E)
	MJ/kg	g/kg		%
干物质中的表格值	4.98	70	14	64
根据实测营养成分的计算值				
干物质中	5.00	73	15	64
原料中	1.18	17	15	64
(235 g DM/kg OM)				

饲料:盛花期中等质量牧草

营养成分	实测值	消化率(表格值)	可消化营养成分	计算因子 NERc	NERc
	g/kg DM	%	g/kg DM		MJ
粗蛋白	85	39	33	7.2	0.24
粗脂肪	15	35	5	20.0	0.10
淀粉	10	97	10	10.1	0.10
糖	20	97	19	8.3	0.16
无氮浸出物	795	50	398	8.2	3.26
				合计:	3.86
校正(d(E)=47%,f=0.76)					2.93

	NERc	dCP	PEQ	d(E)
	MJ/kg	g/kg		%
干物质中的表格值	2.96	21	7	47
根据实测营养成分的计算值				
干物质中	2.93	33	11	47
原料中	2.53	28	11	47
(862 g DM/kg OM)				

在该例中:盛花期中等质量牧草的粗蛋白消化率取自表3.9,而不是30%,因为实测粗蛋白含量为85 g/kg DM。85 g/kg DM与抽穗末期的干草一致(CP消化率为39%),而盛花期牧草为70 g/kg DM(CP消化率为30%)。

实例:猪

饲料:大麦

营养成分	实测值	消化率(表格值)	可消化营养成分	计算因子 NERc	NERc
	g/kg DM	%	g/kg DM		MJ
粗蛋白	119	80	95	11.0	1.04
粗脂肪	23	60	14	27.0	0.38
淀粉	570	98	559	12.7	7.10
糖	20	98	20	11.6	0.23
无氮浸出物	240	53	127	12.0[1]	1.52
				合计:	10.27

[1] 计算因子12.0,因为d(E)>80%

	NERc	dCP	PEQ	d(E)
	MJ/kg	g/kg		%
干物质中的表格值	10.27	100	10	81
根据实测营养成分的计算值				
干物质中	10.27	95	9	81
原料中	8.88	82	9	81
(865 g DM/kg OM)				

饲料:干糖甜菜

营养成分	实测值	消化率(表格值)	可消化营养成分	计算因子 NERc	NERc
	g/kg DM	%	g/kg DM		MJ
粗蛋白	53	43	23	11.0	0.25
粗脂肪	4	0	0	27.0	0
淀粉	0	98	0	12.7	0
糖	695	98	681	11.6	7.90
无氮浸出物	198	57	113	12.0[1]	1.36
				合计:	9.51

[1] 计算因子12.0,因为d(E)>80%

	NERc	dCP	PEQ	d(E)
	MJ/kg	g/kg		%
干物质中的表格值	9.41	24	3	83
根据实测营养成分的计算值				
干物质中	9.51	23	2	83
原料中	8.72	21	2	83
(917 g DM/kg OM)				

饲料:脱脂奶粉

营养成分	实测值	消化率(表格值)	可消化营养成分	计算因子 NERp	NERp
	g/kg DM	%	g/kg DM		MJ
粗蛋白	374	91	340	11.0	3.74
粗脂肪	12	96	12	27.0	0.32
淀粉	0	98	0	12.7	0
糖	520	98	510	11.6	5.92
无氮浸出物	14	21	3	12.0[1]	0.04
				合计:	10.02

[1] 计算因子 12.0,因为 d(E)>80%

加上乳蛋白	340×4.19	+1.42
扣除乳脂肪	12×4.19	−0.05
		11.39

	NERp	dCP	PEQ	d(E)
	MJ/kg	g/kg		%
干物质中的表格值	11.28	330	29	93
根据实测营养成分的计算值				
干物质中	11.39	340	30	93
原料中	10.74	321	30	93
(943 g DM/kg OM)				

饲料:热空气处理的干苜蓿

营养成分	实测值	消化率(表格值)	可消化营养成分	计算因子 NERp	NERp
	g/kg DM	%	g/kg DM		MJ
粗蛋白	242	61	148	11.0	1.63
粗脂肪	32	35	11	27.0	0.30
淀粉	27	98	26	12.7	0.33
糖	56	98	55	11.6	0.64
无氮浸出物	528	47	248	8.1[1]	2.01
				合计:	4.91

[1] 计算因子 8.1,因为 d(E)=53%

	NERp	dCP	PEQ	d(E)
	MJ/kg	g/kg		%
干物质中的表格值	4.95	131	26	53
根据实测营养成分的计算值				
干物质中	4.91	148	30	53
原料中	4.47	135	30	53
(910 g DM/kg OM)				

实例:禽

饲料:大麦

营养成分	实测值	消化率(表格值)	可消化营养成分	计算因子 NERf	NERf
	g/kg DM	%	g/kg DM		MJ
粗蛋白	119	75	89	10.8	0.96
粗脂肪	23	55	13	29.0	0.38
淀粉	570	97	553	13.5	7.47
糖	20	97	19	12.4	0.24
无氮浸出物	240	27	65	10.5	0.68
				合计:	9.73

	NERf	dCP	PEQ	d(E)
	MJ/kg	g/kg		%
干物质中的表格值	9.72	94	10	75
根据实测营养成分的计算值				
干物质中	9.73	89	9	75
原料中	8.42	77	9	75
(865 g DM/kg OM)				

饲料:热空气处理的干苜蓿

营养成分	实测值	消化率(表格值)	可消化营养成分	计算因子 NERf	NERf
	g/kg DM	%	g/kg DM		MJ
粗蛋白	242	60	145	10.8	1.57
粗脂肪	32	50	16	29.0	0.46
淀粉	27	97	26	13.5	0.35
糖	56	97	54	12.4	0.67
无氮浸出物	528	23	121	10.5	1.27
				合计:	4.32

	NERf	dCP	PEQ	d(E)
	MJ/kg	g/kg		%
干物质中的表格值	4.36	129	30	42
根据实测营养成分的计算值				
干物质中	4.32	145	34	42
原料中	3.93	132	34	42
(910 g DM/kg OM)				

2.3 日粮饲料价值的计算

日粮的饲料价值参数是根据日粮中各种饲料的饲料价值参数及其数量进行计算的。迄今所发表的前民主德国饲料评价体系中，不同种类动物的日粮饲料能量价值的计算有所区别。对于反刍动物和马，日粮水平和消化率对于单一饲料的能量利用率很关键。当能量消化率<67%时，就需要对所计算的日粮饲料价值进行校正。在修订的罗斯托克饲料评价体系中，消化率水平和能量利用效率之间的关系(见第2.1.2节)与单一饲料相关。这一影响随着日粮中单一饲料的饲料价值变化而成比例变化。与只考虑对反刍动物和马的影响相比，纤维部分以及消化率对NER值的影响可以更清楚地在饲料表格中看出来。使用两种方法所计算的日粮能量价值的差别低于2%。饲料在猪后肠道的进一步消化所造成的能量损失以及与能量消化率<80%有关的损失也被考虑(见第2.1.2节)。

相应地，不同动物之间计算日粮饲料能量价值的方法没有区别。在饲养实践中，下面有关日粮的饲料价值特性的参数必须进行测定：

干物质(DM)
能量(NERc、NERp或NERf)
能量浓度(EC)
可消化粗蛋白(dCP)
蛋白质-能量-商(PEQ)

对于猪、禽和兔，可消化氨基酸：
赖氨酸(dLys)
蛋氨酸+胱氨酸(dMet+dCys)

例1　奶牛日粮

—所用饲料的参数

饲料	DM	NERc	dCP	d(E)
	g/kg	MJ/kg DM	g/kg DM	%
萎蔫黑麦草青贮	350	5.25	84	66
甜菜叶青贮	170	5.32	95	74
牧草	850	4.81	93	64
干甜菜渣	900	6.16	57	76
大麦	870	7.81	90	80
豆饼	880	6.78	488	91

日粮干物质、能量和可消化粗蛋白的计算应当根据日粮的组成乘以饲料营养成分的实测值进行计算。

—奶牛日粮

饲料	饲料量/d OM	OM	NERc	dCP	EC	PEQ
	kg	kg	MJ	g		
萎蔫黑麦草青贮	15	5.25	27.6	441		
甜菜叶青贮	20	3.40	18.1	323		
牧草	4	3.40	16.4	316		
干甜菜渣	2	1.80	11.1	103		
大麦	1.5	1.30	10.2	117		
豆饼	0.3	0.26	1.8	127		
日粮		15.41	85.2	1 427	5.53	17

能量浓度(EC)和蛋白质-能量-商(PEQ)计算方法如下：

$$EC=\frac{日粮的NERc(MJ)}{日粮的DM(kg)}=\frac{85.2}{15.41}=5.53$$

$$PEQ=\frac{日粮的dCP(g)}{日粮NERc(MJ)}=\frac{1\,427}{85.2}=17$$

为了计算日粮满足需要量的程度，日粮提供的能量和可消化粗蛋白应当与生产需要量进行比较。进一步讲，潜在的饲料采食量可以通过比较日粮的能量浓度与需要量表格中的建议进行检验。

供给量和需要量

	NERc	dCP	EC
	MJ	g	
日粮	85.2	1 427	5.53
维持需要，550 kg BM (表4.1.1.4)	31.0	300	
生产可用量	54.2	1 127	
生产1 kg乳脂率4%牛奶的需要量(表4.1.1.3)	2.99	60	

$$能量供应满足:\frac{54.2}{2.99}=18.1\ kg\ 牛奶$$

$$蛋白质供应满足:\frac{1\,127}{60}=18.8\ kg\ 牛奶$$

生产18.5 kg牛奶，日粮的能量浓度要求为5.50 MJ NERc/kg DM。可以预测，作为饲喂产奶量为18～19 kg的奶牛实例，所计算日粮将被完全采食。这一日粮能够满足奶牛的能量和蛋白质需要。日粮能量浓度以及能量和蛋白质的供应量应当与动物的需要量一致。

例 2　后备牛日粮，体重 250 kg，日增重 500 g

—所用饲料的参数

饲料	DM	NERc	dCP	d(E)
	g/kg	MJ/kg DM	g/kg DM	%
饲用燕麦青贮	190	5.01	74	65
干草	890	5.00	90	64
燕麦秸	875	3.01	7	47

—后备牛日粮和需要量

饲料	饲料量/d OM	饲料量/d DM	NERc	dCP	EC	PEQ
	kg	kg	MJ	g		
饲用燕麦青贮	18	3.42	17.1	253		
干草	2	1.78	8.9	160		
燕麦秸	0.5	0.44	1.3	3		
日粮		5.64	27.3	416	4.84	15
需要量标准（表 4.1.1.7）			27.8	390	4.90	14

例 3　母羊日粮，体重 70 kg，哺喂 2 只羔羊

—所用饲料的参数

饲料	DM	NERc	dCP	d(E)
	g/kg	MJ/kg DM	g/kg DM	%
甜菜叶青贮	170	5.32	95	74
玉米青贮	200	5.41	48	67
红三叶干草	850	4.73	112	63
干甜菜渣	900	6.16	57	76
燕麦	880	6.96	96	70
豆饼	880	6.78	488	91

—母羊日粮和需要量

饲料	饲料量/d OM	饲料量/d DM	NERc	dCP	EC	PEQ
	kg	kg	MJ	g		
甜菜叶青贮	2.5	425	2.26	40		
玉米青贮	2.5	500	2.71	24		
红三叶干草	0.5	425	2.01	48		
干甜菜渣	0.3	270	1.66	15		
燕麦	0.2	176	1.22	17		
豆饼	0.15	132	0.89	64		
日粮		1 928	10.75	208	5.58	19
需要量标准（表 4.1.2.2）			10.60	200	5.50	19

例 4　马的日粮，体重 600 kg，中等工作强度

—所用饲料的参数

饲料	DM	NERc	dCP	d(E)
	g/kg	MJ/kg DM	g/kg DM	%
饲用甜菜	175	6.64	36	84
燕麦	880	6.96	96	70
干草	850	4.06	45	57
燕麦秸	875	3.01	7	47

—马的日粮和需要量

饲料	饲料量/d OM	饲料量/d DM	NERc	dCP	EC	PEQ
	kg	kg	MJ	g		
饲用甜菜	16	2.80	18.6	101		
燕麦	5	4.40	30.6	422		
干草	2.5	2.12	8.6	95		
燕麦秸	1	0.88	2.6	6		
日粮		10.20	60.4	624	5.92	10
需要量标准（表 4.1.3.2）			61.0	520	6.20	9

例 5　肥育猪的日粮，体重 100 kg，日增重 600 g

—所用饲料的参数

饲料	DM	NERp	dCP	dLys	dMet+dCys
	g/kg	MJ/kg DM	g/kg DM	g/kg DM	g/kg DM
蒸汽处理土豆	225	10.78	68	3.6	1.7
大麦	870	10.27	100	3.6	4.1
豆饼	880	9.83	488	30.3	16.6

—肥育猪日粮和需要量

饲料	饲料量/d OM	饲料量/d DM	NERp	dCP	dLys	dMet+dCys	EC
	kg	g	MJ	g	g	g	
蒸汽处理土豆	5.5	1 238	13.35	84	4.5	2.1	
大麦	1.0	870	8.93	87	3.1	3.6	
豆饼	0.3	264	2.60	129	8.0	4.4	
日粮		2 372	24.88	300	15.6	10.1	10.49
需要量标准（表 4.1.4.11）			25.00	295	15.1	9.9	10.10

上述为计算日粮饲料价值的实例。日粮参数与需要量一致。其他动物例如肉牛、种猪和家禽的日粮可按照相似的方法进行计算。

日粮安排建议

下面所列出的方法可用于奶牛的日粮安排以及计算基础日粮的精饲料补饲量。安排满足需要量日粮的一个重要假设是，在所考虑的饲养阶段内，计划

可以利用的饲料，使用罗斯托克饲料评价体系的标准进行计划和预平衡。应用能量和蛋白质需要量标准，根据饲料和特定动物种类的营养物质需要量以及畜牧场的实际经验对可以利用的饲料进行计划。日粮饲料价值参数的计算和饲料的能量和营养成分供应量与动物的能量和营养成分要求的一致性是日粮安排过程的重要工作。日粮安排是一个复杂过程，需要考虑很多影响选择饲料数量和种类的因素。

一个日粮应该考虑到以下要求：

1. 满足所期望的动物生产性能的能量和营养成分的需要量（蛋白质、矿物质和活性成分）。

2. 能够完全被采食。

3. 符合不同种类动物的营养消化生理需要。

4. 保证正常的健康状况和繁殖力，以及提高和保持生产力。

5. 保证动物产品的高质量（如肉、奶、蛋等）。

根据罗斯托克饲料评价体系的参数，要求 1 可以通过安排日粮得到控制和满足。对于要求 2，罗斯托克饲料评价体系提供了一个重要参数即能量浓度（EC）用于估测干物质采食量。进一步讲，如果影响采食量的因素不完全清楚，或者没有被注意到，这一参数只是一个提示。和需要量标准一起列在表格中的日粮能量浓度要求为最低要求。使用能量浓度，结合 DM 采食量，作为每头动物每天最大饲料供应量的粗略值。可以根据这一关系计算最大的干物质需要量：

$$\text{kg DM}_{\max}=\frac{\text{能量需要量标准(MJ NER)}}{\text{能量浓度(MJ NER/kg DM)}}$$

对于非反刍动物，EC 的建议参数一般为可以利用的粗略值，使能量需要量和采食量一致。如果在猪和家禽的营养需要方面有限制，就应该考虑 EC 的建议。

对于反刍动物，特别是奶牛，按照 EC 的建议参数并不能够保证日粮能量和营养成分完全被采食。超过 EC 建议值，也不能保证完全被采食。因为反刍动物营养需要的饲料限制和粗略值没有被考虑。进一步的因素，例如饲料配合、饲料质量、产奶阶段、饲喂次数等对饲料消耗也有影响。因而，对于特定的动物种类，营养需要的参数也应认真考虑。

要求 3、4、5 是日粮要求的保证，考虑了日粮结构、动物健康和繁殖力以及保证动物产品质量的特殊营养需要。这并不只是在使用罗斯托克体系参数时需要注意，在考虑营养需要参数和建议量时，这些因素均需要被考虑。计划日粮需要对畜禽的饲料科学、营养生理和饲养实践领域具备良好的知识。下面的方法可以在安排日粮中使用——也可以从计算技术的角度参考——特别是用于奶牛的日粮。使用时，应考虑组织工作和饲养技术，包括安排奶牛日粮时，奶牛应该根据生产性能和泌乳阶段进行分群，使用一种或多种基础日粮，并且根据生产性能补饲不同的精饲料。

基础日粮的定义

基础日粮是整个日粮的一部分，包括所有的粗饲料。精饲料可以被添加，但是必须根据能量和蛋白质的需要量进行补充、调节以满足需要。

基础日粮的安排

对于所有的牛群，只选择一种基础日粮是可能的，其前提是，粗饲料质量优良，能量浓度高，适合高产动物。正常情况下，这一前提条件不能完全被满足。对于每天每头产奶量为 10～30 kg 的奶牛，至少需要两种基础日粮才更有效。对于低产和中产的奶牛，可以提供低能量浓度的粗饲料。但对于高产奶牛，粗饲料必须有较高的能量浓度。

假设每头奶牛每天的基础日粮 DM 采食量为 10、11 和 12 kg，产奶量、精饲料供应量和基础日粮必需的能量浓度见表 2.11。

表 2.11　根据 DM 采食量、精饲料供应量和精饲料能量浓度确定的基础日粮能量浓度系数

10 kg DM 基础日粮采食量

牛奶	精饲料量，kg(880 g DM/kg OM)										
kg	0	1	2	3	4	5	6	7	8	9	10
—精饲料的能量浓度，6.30 MJ NERc/kg DM											
基础日粮的能量浓度要求											
5	4.5	—	—	—	—	—	—	—	—	—	—
10	5.8	5.3	4.7	4.2	—	—	—	—	—	—	—
15	—	—	6.0	5.5	5.0	4.5	—	—	—	—	—
20	—	—	—	—	6.4	5.8	5.2	—	—	—	—
25	—	—	—	—	—	—	6.6	6.0	5.5	—	—
30	—	—	—	—	—	—	—	—	—	6.3	5.8
—精饲料的能量浓度，7.35 MJ NERc/kg DM											
基础日粮的能量浓度要求											
5	4.5	—	—	—	—	—	—	—	—	—	—
10	5.8	5.2	4.6	4.0	—	—	—	—	—	—	—
15	—	—	5.9	5.3	4.6	4.0	—	—	—	—	—
20	—	—	—	—	5.9	5.3	4.7	—	—	—	—
25	—	—	—	—	—	—	6.0	5.4	4.8	—	—
30	—	—	—	—	—	—	—	—	6.3	5.6	4.9

11 kg DM 基础日粮采食量

牛奶 kg	精饲料，kg(880 g DM/kg OM)									
	0	1	2	3	4	5	6	7	8	9
—精饲料的能量浓度，6.30 MJ NERc/kg DM										
基础日粮的能量浓度要求										
5	4.0	—	—	—	—	—	—	—	—	—
10	5.3	4.8	4.3	—	—	—	—	—	—	—
15	—	6.0	5.5	5.0	—	—	—	—	—	—
20	—	—	—	6.3	5.7	5.3	—	—	—	—
25	—	—	—	—	—	6.5	6.0	5.5	—	—
30	—	—	—	—	—	—	—	—	6.4	5.8
—精饲料的能量浓度，7.35 MJ NERc/kg DM										
基础日粮的能量浓度要求										
5	4.0	—	—	—	—	—	—	—	—	—
10	5.3	4.7	4.2	—	—	—	—	—	—	—
15	—	5.9	5.4	4.8	—	—	—	—	—	—
20	—	—	—	6.0	5.4	4.9	—	—	—	—
25	—	—	—	—	—	6.0	5.5	4.9	—	—
30	—	—	—	—	—	—	—	6.3	5.6	5.1

12 kg DM 基础日粮采食量

牛奶 kg	精饲料，kg (880 g DM/kg OM)								
	0	1	2	3	4	5	6	7	8
—精饲料的能量浓度，6.30 MJ NERc/kg DM									
基础日粮的能量浓度要求									
5	3.7	—	—	—	—	—	—	—	—
10	4.9	4.4	—	—	—	—	—	—	—
15	6.0	5.5	5.1	—	—	—	—	—	—
20	—	—	6.3	5.7	5.3	—	—	—	—
25	—	—	—	—	6.5	5.9	5.5	—	—
30	—	—	—	—	—	—	—	6.3	5.8
—精饲料的能量浓度，7.35 MJ NERc/kg DM									
基础日粮的能量浓度要求									
5	3.7	—	—	—	—	—	—	—	—
10	4.9	4.3	—	—	—	—	—	—	—
15	6.0	5.4	4.9	—	—	—	—	—	—
20	—	—	6.0	5.5	5.0	—	—	—	—
25	—	—	—	—	6.1	5.6	5.0	—	—
30	—	—	—	—	—	—	6.3	5.7	5.2

作为奶牛基础日粮的实例，可用于产奶量为20 kg/d的奶牛。在优质饲草和精饲料限制供应量为4 kg/头/d的基础上，所估计的基础日粮 DM 采食量为11 kg/d。基础日粮的能量浓度保持在 5.70～5.40 MJ NERc/kg DM。从表 2.11 可知，产奶量为25 kg/头/d，基础日粮采食量为10 kg DM，精饲料采食量为 8 kg，精饲料能量浓度为 6.30 MJ NERc/kg DM，基础日粮的能量浓度应保持在 5.50 MJ NERc/kg DM 以上。

精饲料补充量的计算

下面日粮的例子将说明精饲料补充料的计算方法。

维持需要+8 kg 牛奶/头/d，乳脂率 4%，体重 550 kg

饲料	干物质	NERc	dCP	EC
	kg	MJ	g	
萎蔫黑麦草青贮，	5.00	26.2	420	
甜菜叶青贮	3.00	16.0	285	
干草	2.00	8.1	90	
干糖甜菜丝	0.80	4.9	46	
日粮	10.80	55.2	841	5.11
需要量标准		55.0	780	4.80

选用高能饲料，以使基础日粮能够用于产奶量高于 8 kg 的奶牛。超出奶牛需要的高蛋白日粮能够补偿高生产性能精饲料需要。作为计算实例，大麦和豆饼被用作精饲料补充料。大麦和豆饼的组成如下：

饲料	DM	NERc	dCP	d(E)	PEQ
	g/kg	MJ/kg DM	g/kg DM		
冬大麦	870	7.81	90	80	12
豆饼	880	6.78	488	91	72

上面的日粮可用于每天产奶量为 8 kg 的奶牛。若将精饲料添加于每天产奶量为 16 kg 和24 kg的奶牛基础日粮中，可使用相似的方法计算。

产奶量超出 8 kg /头/d 的精饲料补充料的计算

产奶量超出 8 kg 的奶牛，必须额外补充4 kg的精饲料。对精饲料混合料能量的需要根据所提供的基础日粮能量和产奶 16 kg 的能量需要之间的差值进行计算。使用这种方法，可以计算可消化蛋白质。

	NERc	dCP	PEQ
	MJ	g	
基础日粮	55.2	841	
维持需要量+16 kg 牛奶	79.0	1 260	
精饲料所提供的量	23.8	419	18

精饲料补充料的 PEQ 表明了日粮将需要何种精

饲料来满足蛋白质需要。依据这种关系，提供大麦和豆饼来满足蛋白质需要，减少蛋白质浪费。计算添加到日粮中的大麦和豆饼的数量需要估测两个数值：

—大麦和豆饼的混合比例

—混合料的饲料能量价值

大麦：豆饼混合比例的计算

可以使用 PEQ 参数，采用混合方程或混合四角法来进行计算。

混合方程

$$12\times1+72\times a = 18(1+a)$$
$$12+72a = 18+18a$$
$$54a = 6$$
$$a = \frac{6}{54} = 0.11$$

混合四角法

72　　6

　18　　$=\frac{6}{54}=0.11$

12　　54

根据两种方法计算的大麦：豆饼比例均为1：0.11。即，当 PEQ 为 18 时，1 kg 大麦应与 0.11 kg豆饼混合。

混合料饲料能量价值的计算

混合饲料的饲料能量价值可以根据混合比例和两种饲料成分的饲料能量价值进行计算。

$$\frac{1\times7.81+0.11\times6.78}{1.11}=7.71\ \text{MJ NERc/kg DM}$$

大麦和豆饼的需要量的计算

精饲料需要量：

$$\frac{23.8}{7.71}=3.09\ \text{kg DM}$$

大麦需要量：

$$\frac{3.09\times1}{1.11}=2.78\ \text{kg DM}$$

豆饼需要量：

$$\frac{3.09\times0.11}{1.11}=0.31\ \text{kg DM}$$

或 $3.09-2.78=0.31$ kg DM

最后，需要控制能量和可消化粗蛋白的供应量。

维持日粮＋16 kg 牛奶/头/d，乳脂率 4%，体重550 kg

饲料	干物质	NERc	dCP	EC
	kg	MJ	g	
基础日粮	10.80	55.2	841	
大麦	2.78	21.7	250	
豆饼	0.31	2.1	151	
日粮	13.89	79.0	1 242	5.7
需要量标准		79.0	1260	5.6

16 kg 牛奶/头/d 的额外精饲料补充料的计算

对于 16 kg 牛奶，额外 8 kg 牛奶的精饲料需要量计算。在生产条件下，能量和营养成分的饲料供应和需要量的匹配在±5%的范围内足够精确。除了平衡的日粮外，对于生产中特殊情况下的额外投入，例如健康状况、饲养工艺、饲料浪费及其他因素，如果需要的话，也应该计算。对于产奶 24 kg/头/d，额外的精饲料需要量的计算应当按照上述方法进行。

	NERc	dCP	PEQ
	MJ	g	
基础日粮	55.2	841	
维持需要量＋24 kg 牛奶	103.0	1 740	
精饲料混合料所提供的量	47.8	899	19

大麦和豆饼需要量的计算按照上述方法。

混合四角法

72　　7

　19　　$=\frac{7}{53}=0.13$

12　　53

大麦：豆饼混合比例＝1：0.13

混合料的饲料能量价值

$$\frac{1\times7.81+0.13\times6.78}{1.13}=7.69\ \text{MJ NERc/kg DM}$$

精饲料需要量

$$\frac{47.8}{7.69}=6.22\ \text{kg DM}$$

大麦需要量

$$\frac{6.22\times1}{1.13}=5.50\ \text{kg DM}$$

豆饼需要量

6.22－5.50＝0.72 kg DM

最后，需要控制能量和可消化蛋白的供应量。

维持＋24 kg 牛奶/头/d，乳脂率 4%，550 kg 体重的日粮

饲料	干物质	NERc	dCP	EC
	kg	MJ	g	
基础日粮	10.80	55.2	841	
大麦	5.50	43.0	495	
豆饼	0.72	4.9	351	
日粮	17.02	103.1	1 687	6.1
需要量标准		103.0	1 740	6.4

日粮可满足相应生产性能的营养物质需要量，只有可消化粗蛋白比需要量低 2%。

2.4 能量和饲料消耗的计算

动物存栏数、每头动物的生产性能（例如每年的产奶量、体增重等）和单位面积的生产性能是估测生产效果的重要指标。有意思的是，在生产效率上需要考虑的是动物生产中能量消耗的经济学，因为饲料花费在所有的花费中是最大的。在罗斯托克饲料评价体系中，饲料利用效率的估测应用下面的参数进行：

—能量消耗（EEx）

—饲料消耗（FEx）

这两个指标的定义为：

$$EEx=\frac{维持和生产消耗的能量,MJ\ NER}{动物产出}$$

$$FEx=\frac{维持和生产消耗的饲料,DM}{动物产出}$$

动物产出为体增重、产奶、产蛋和产毛等。能量消耗被进一步定义为 NERc、NERp 和NERf(MJ)。必要时，应说明所使用的单位。

使用上述两个参数对饲料利用效率的估测需要两个必需的条件：

—准确的动物产出

—准确的饲料消耗和能量消耗

使用能量消耗的评价结果比使用饲料消耗的评价结果要精确，因为能量消耗（NER）考虑了不同饲料的能量含量和不同营养素的能量情况。

不同性能水平对能量消耗需要

表 2-12 生产水平、能量需要量和动物产出之间的关系

产奶		
产奶量(4% 脂肪)	能量需要量	
kg/d	MJ NERc/d	MJ NERc/kg 牛奶
5	46	9.2＝151%
10	61	6.1＝100%
15	76	5.1＝84%
20	91	4.6＝75%
25	106	4.2＝69%
30	121	4.0＝66%

育肥猪(30～120 kg LW)			
日增重	育肥期	能量需要量	
g	d	MJ NERp/期	MJ NERp/kg BMG
400	225	3 704	41.2＝100%
500	180	3 400	37.8＝92%
600	150	3 198	35.5＝86%
700	128	3 020	33.6＝82%

对于能量消耗的严格评价，需要考虑到单位产出的能量消耗随着生产水平的提高而下降（表 2-12）。

随着产奶量的提高，例如，从 10 kg 至30 kg，每千克牛奶的能量需要量大约下降 1/3。在 30～120 kg 活重阶段，随着日增重由 400 g/d 增至 700 g/d，育肥期由 225 d 下降至 128 d，饲料标准的能量需要量由 41.2 MJ/NERp/kg 下降至33.6 MJ NERp/kg 增重，分别为 18%。除了生产设备利用和工作效率的提高以外，提高的生产性能还导致了必需营养的更为有效的利用。通过饲喂，充分发挥生产性能潜力，满足需要量，并且考虑到动物产出的质量，应该是饲喂的目的。经过长期提高动物生产性能的阶段后，从研究和生产上考虑更多的是动物产品的质量。遗传和饲养管理导致的性能水平和能量消耗之间的关系需要作为估测产品质量的经济评价指标。单位产品能量需要的下降主要是由维持和生产消耗份额的变化造成的。见图 2-2。

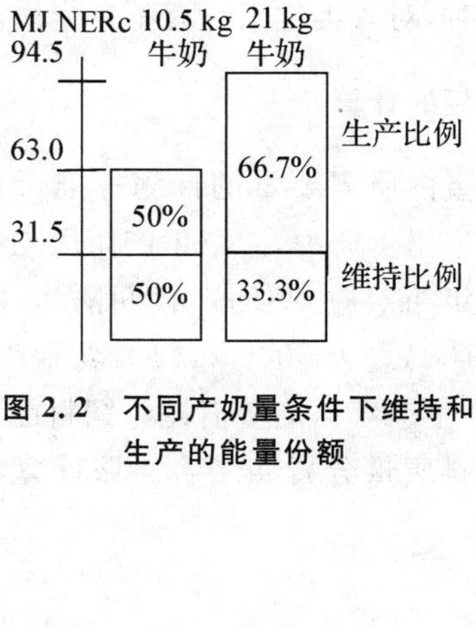

图 2.2 不同产奶量条件下维持和生产的能量份额

体重为550 kg、每天产奶量为10.5 kg的奶牛，能量需要量为63.0 MJ NERc，而产奶量为21 kg时，能量需要量为94.5 MJ NERc（包括维持需要量）。在这两种情况下，维持能量需要量均为31.5 MJ NERc/d。即在低生产性能条件下1/2用于维持，而在高生产性能情况下，只有1/3用于维持。

表2.12中的数据来自第4章动物营养需要量标准。在实际饲养中，由于多种原因必须供给较多的饲料，以达到生产水平的要求。对于长期的饲料能量和营养需要量的计划，本体系具有根据动物种类、生产类型和水平制订出的计划标准。详细情况见第5章。表2.13包含了根据年产奶量确定的精饲料能量需要量的计划标准要点。

表2.13 奶牛能量需要的计划标准

每头牛年产奶量（4%乳脂率）	牛奶能量需要量，MJ NERc/kg牛奶		
	总和	粗饲料EC为下述标准时，精饲料的能量需要量	
kg		5.25 MJ NERc/kg DM	5.00 MJ NERc/kg DM
3 000	8.5	1.2	2.3
3 500	7.8	1.5	2.6
4 000	7.2	1.8	2.8
4 500	6.8	2.1	2.8
5 000	6.4	2.2	2.9
5 500	6.1	2.4	3.0
6 000	5.9	2.5	3.0

数据表明，随着产奶量的提高，每千克牛奶的能量需要量下降，但是来自精饲料的能量增加。精饲料的需要量越高，粗饲料能量浓度就越低。

在估测能量消耗时，需要考虑这些关系。这些关系表明，随着反刍动物生产性能的提高，对精饲料的需求量也相应增加，进而导致反刍动物不能以其本来具备的能力转化食物中的纤维素。最新的生理学研究结果表明，饲喂反刍动物高精饲料日粮，其产品作为人类食品时，对人类健康还有不良作用。

产奶能量消耗的计算

能量和蛋白质需要量的计划标准可被用于各生产阶段。在牛奶生产中，一个生产阶段与一个泌乳期或一个生产年相对应，平均产犊间隔为365 d。以每头牛平均年产奶量为5 000 kg（4%乳脂肪）的牛群为例，计算一个生产年的能量消耗。饲料能量消耗的计算基础与饲料质量分析相结合。该计算实例是从牛群一年的饲料数量和饲料能量、4%乳脂率的产奶量开始的。

表2-14中的例子来自一个拥有200头奶牛的牛场，每头牛的年平均产奶量为5 000 kg，牛场的年总产奶量为1 000吨（乳脂肪为4%）。EEx的计算结果为：1 kg牛奶需消耗6.2 MJ NERc，为计划标准的97%。精饲料的能量消耗为：1 kg牛奶需要2.1 MJ NERc，为计划标准的95%。结论为：粗饲料质量好，日粮计算合理，可根据牛的性能进行饲喂。

对于计划标准的实际应用，即月或季饲料供应量计划，年饲料消耗与计划标准需要量的比较，以及能量消耗的连续估测，需要考虑到正常情况下奶牛群的产犊时间并不一致，以及每天的产奶量随着泌乳阶段而有所变化等因素。

表2.14 200头奶牛，年平均产奶量5 000 kg的能量消耗量

饲料	原料	NERc
	t	GJ
粗饲料，青绿饲料		
油菜	22.5	16.1
饲用黑麦	38.6	40.1
牧草	134.8	144.4
黑麦草	273.4	333.0
红三叶	173.6	180.5
红三叶-草	213.9	280.8
苜蓿	134.1	132.4
玉米	187.0	188.5
羽扇豆	191.1	152.4
带冠饲用甜菜叶	191.0	140.4
带冠甜菜叶	141.5	120.3
羽衣甘蓝	78.3	64.1
粗饲料，贮存		
甜菜叶青贮	466.4	421.1
玉米青贮	268.0	348.9
草青贮	396.3	407.8
萎蔫草青贮	253.2	465.3
青干草	80.5	393.1
草地和三叶草干草	22.9	108.3
秸秆	49.3	155.4
粗饲料总量		4 092.9
精饲料		
饲用糖甜菜	477.5	601.6
干燥糖甜菜渣	35.7	200.6
谷物籽实	63.7	401.1
混合料	134.0	875.7
精饲料总量		2 079.0
粗饲料＋精饲料总量		6 171.9

续表 2.14

能量消耗：
EEx 总量$=\frac{6\,171.9}{1\,000}=6.2$

其中精饲料$=\frac{2\,079.0}{1\,000}=2.1$

粗饲料的平均能量浓度:5.29 MJ NERc/kg DM

与计划标准的比较		
	实际值	占计划标准的%
合计	6.4	97
精饲料占	2.1	95

育肥猪饲料和能量消耗的计算

一个拥有 1 000 头育肥猪的猪场，在 161 d 内生产 90 000 kg 增重，共消耗饲料干物质 348 850 kg，消耗能量 3 713.7 GJ NERp，平均体增重为 560 g/头/d。

饲料和能量消耗为 3.88 kg 干物质和 41.3 MJ NERp，分别为计划标准的 101%（表 2.15）。

表 2.15 1 000 头体重为 30～120 kg 育肥猪的猪场饲料干物质和能量的消耗量

饲料	原料	干物质	NERp
	kg	kg	GJ
蒸汽处理的土豆	702 000	166 374	1 836.7
冬大麦	140 140	123 323	1 270.8
蛋白质混合料青贮	50 370	12 593	137.4
豆粕	52 910	46 561	468.8
合计		348 851	3 713.7
体增重 kg			90 000

$$饲料消耗=\frac{348\,851}{90\,000}=3.88\ \text{kg DM/kg 增重}$$

$$能量消耗=\frac{3\,713.7}{90\,000}=41.3\ \text{MJ/kg 增重}$$

3 饲料表格

饲料表格是各种饲料的饲料价值参数库。表格对于研究、教学以及畜牧场饲料生产、饲养管理和控制有很多用途。

本书的饲料表格以罗斯托克饲料评价体系为基础。这些表格的编制和表格的数量,注重实际应用。

罗斯托克饲料评价体系的饲料表格是根据动物的种类即牛、猪和禽来进行分类的。饲料表格中对牛的饲料价值也适用绵羊、山羊和马。表格中猪的资料也适用于兔。禽的饲料表格也适用于所有种类的家禽。各种饲料是按照主类和亚类进行排列的。表3.01给出了饲料表格中饲料排序的一般原则。这一排序原则可用于牛、猪和禽三类饲料表格。

饲料中的亚类饲料是根据德语字母表的德文版表格进行排列的。

给所有饲料均提供了一个四位数的编号。在牛、猪和禽三类饲料表格中,相似饲料的编号是一致的。表 3.01 中,主类饲料和亚类饲料的系统排序也使用了饲料编码。从表 3.01 中可以看出,四位数编号在大量饲料编码中的应用对于饲料的分类有相当大的影响。例如,主类饲料秸秆、秕壳被分类为干草,因为对于主类饲料来说,编号的第 1 位置是不充分的。

表 3.01　主类饲料和亚类饲料的排序

编号	主类和亚类饲料定义
1000	**青绿饲料(GF)**
1100	GF,小籽豆科牧草
1200	GF,大籽豆科牧草
1300	GF,豆科-草混合料
1400/1500	GF,纯种草
1600/1700	GF,牧草
1800	GF,青绿谷物,青绿玉米,青贮用玉米,全株谷物植株
1900	GF,甜菜叶,十字花科及其他青绿饲料
2000/3000	**青绿饲料青贮料(FS)及萎蔫青贮料(WS)** 两种主类饲料的亚类,见青绿饲料编号中相应的第 1 位置
4000	干青绿饲料(DGF) 饲料的亚类,见青绿饲料至饲料亚类牧草编号中相应的第 1 位置

续表 3.01

编号	主类和亚类饲料定义
5000	**干草(H)** 饲料亚类,见青绿饲料编号中相应的第 1 位置
5800	**秸秆、秕壳类**
5900	**秸秆-精饲料混合料**
5990	**动物排泄物**
6000	**高能精饲料(Ce)**
6100	Ce,谷物籽实
6200	Ce,油籽和油料果实
6300	Ce,块茎
6400	Ce,块根
6500	Ce,制糖业产物
6600	Ce,面粉加工业产物
6700	Ce,淀粉加工业产物,发酵业产物和水果加工产物
6800	Ce,水果、柑橘和其他热带水果,肉质水果
6900	Ce,纯营养成分
7000	**高蛋白精饲料,植物来源(Cpv),包括非蛋白氮化合物**
7100	Cpv,豆科籽实
7200～7400	Cpv,油加工业产物
7500	Cpv,面粉加工业产物,淀粉业和发酵业产物
7600	Cpv,非蛋白氮化合物
8000	**高蛋白精饲料,动物来源(Cpa)**
8100	Cpa,奶及奶加工产物
8200	Cpa,肉加工业产品,禽肉、蛋加工下脚料
8300	Cpa,鱼和鱼加工业产物
8400	Cpa,酵母
8500	Cpa,氨基酸

根据植物学特征(分为豆科、草类、青绿谷物、甜菜叶等)和不同饲料来源对饲料排序的原则被保留。精饲料被分为:

—高能精饲料,

—高蛋白精饲料,植物来源

—高蛋白精饲料,动物来源

应用这一顺序,表格的使用者能够获得关于所用饲料的主要特性。

表 3.02 根据植被阶段对青绿饲料及其贮备料进行了分类。

表 3.02 青绿饲料及其贮备料的物候期特征

物候期		
编号	饲料表格中的术语	特征
小籽和大籽豆科		
1	植物的(营养生长期)	茎开始生长至芽形成
2	现蕾期	蕾开始形成至蕾完全形成
3	早花期	早花至<50%的花开放
4	盛花期	≥50%的花开放至<50%的花凋谢
5	凋谢期(小籽豆科),结荚早期(大籽豆科)	≥50%的花凋谢至荚形成
6	结籽早期	结籽开始至乳熟期
7	结籽晚期	乳熟期至完熟期
草和青绿谷物		
1	植物的(孕穗早期)	茎生长之前
2	孕穗期(青绿谷物)孕穗晚期(草类)	茎开始生长至开花、半穗
3	抽穗早期	开花≥半穗至<可见 50%开花
4	抽穗晚期	≥可见 50%开花至<25%开花
5	盛花期	≥25%的花开放至 50%的花凋谢
6	凋谢期(草类)乳熟期(青绿谷物)	≥50%的花凋谢至乳熟期
7	种子形成晚期(全株谷物植株)	蜡熟期至完熟期
玉米		
1	开花前期	无花粉
2	开花期	花粉出现至青绿成熟
3	乳熟期	乳熟初期至乳熟期
4	乳熟期至蜡熟期	乳熟期至蜡熟期
5	蜡熟期	蜡熟期
6	蜡熟后期	蜡熟后期
7	玉米成熟早期	玉米开始成熟
十字花科		
1	营养生长期	大簇形成至萌芽初期
2	现蕾期	萌芽初期至<25%开花
3	开花期	≥25%开花至豆荚开始形成

对于某些豆科类的青绿饲料贮备料,植物阶段以以下方式合并:

—“营养生长期” 和 “现蕾期”合并为“开花前期”

—“早花期”和“开花盛期”合并为“开花期”

—“结荚早期”和“结籽早期”合并为“结荚期”

对于草类:

—“抽穗早期”和“抽穗晚期”合并为“抽穗期”

对于青绿饲料、草类和青绿谷物的贮备料,所施用的氮肥影响饲料的特性。为了更为精确地描述青绿饲料贮备料的特性,除了收获时的成熟阶段以外,还包括贮放成功的程度。对于所有的青绿饲料贮备料,表格中使用了两个水平来表示贮备成功的程度。对于青绿饲料、鲜青贮和萎蔫青贮以及干草,贮备成功的级别被分为“优质”和“中等质量”,对于干燥的青绿饲料分为 “优质”和“过干”。表 3.03 对这些级别进行了描述。

如果能满足两个检测指标之一,青绿饲料的鲜料青贮料和萎蔫青贮料以及干草就被定为“中等质量”。使用某些技术进行干燥的精饲料可分为“优质”和“过干”。对于需要分为贮存成功程度为“不充分”和/或“加热过度”的饲料,饲料表格中没有列出。因为这些饲料在饲养中受限制或被禁止。这些饲料应放在国家认可的饲料控制实验室中。对于这些饲料的能量价值、可消化粗蛋白以及氨基酸含量的估测,应当根据本假设进行计算。即与“中等质量”相比,净能要减少 10%(相对地),可消化粗蛋白和氨基酸分别减少 20%(相对地)。

表 3.03 青绿饲料贮存成功的程度描述

饲料类别	贮存成功的程度			
	“优质”		“中等质量” 及“过干”	
	贮放成功说明	热损失度	贮放成功说明	热损失度
青绿饲料的鲜料青贮料,青绿饲料的萎蔫青贮料和干草	很好(1) 好(2)	无热损失,贮放温度<40 ℃	满意(3) 充分(4)	贮放温度 40~60 ℃
干青绿饲料	不能利用	无热损害,颜色与原料一样	不能利用	热损害,棕色,有咖啡味

在后续列出的内容中,饲料表格含有饲料价值、粗略营养成分含量和消化率参数。表格中的饲料参数为:

—干物质含量 (DM):g/kg OM,

—能量浓度:净能沉积量 (NER)/ kg DM,

—蛋白质浓度:g 可消化粗蛋白(dCP)/kg DM,

—蛋白质-能量-商(PEQ)(只在牛的饲料表中使用),

—可消化氨基酸浓度:g 可消化赖氨酸(dLys)和 g可消化蛋氨酸+胱氨酸(dMet+dCys)(之和)/

kg DM(只在猪和禽的表格中)。可消化氨基酸的计算:氨基酸含量×粗蛋白消化率。

—沉积净能和 g dCP/kg DM。

作为粗略营养成分的参数被列出:

—Weende 饲料分析体系的粗略营养成分包括粗蛋白(CP)、粗脂肪(CF)和粗灰分。Weende 粗略饲料分析体系的粗纤维、无氮浸出物(NFE)用改进的方法转化为淀粉,再以淀粉的形式分析淀粉(ST)和糖(SU),还以一种新的差异成分进行计算,这一成分被定义为"无氮残留物"(NFR),计算如下:

NFR=DM-(CP+CF+ST+SU+CA)

这些营养成分以 g/kg DM 来表示。

—P 和 Ca 以 g/kg DM 表示(只在牛的饲料表格中使用)。

—饲料蛋白质中赖氨酸和蛋氨酸+胱氨酸以 g/kg DM 表示(只在猪和禽的饲料表格中使用)。

作为消化率的参数被列出(适用于能量和营养物质的表观消化率):

—能量消化率(d(E))。被用于牛和猪的单一饲料的净能沉积量(见第 2.1.2 节)计算。

—在 Weende 饲料分析成分有机物、粗蛋白和粗脂肪分析之后的有机物消化率。淀粉和糖的消化率是指纯淀粉和糖的消化率,因为表格中所有饲料中的淀粉和糖均无消化率参数。对于所有饲料,淀粉和糖的消化率(%)均采用以下参数:

动物种类	淀粉	糖
牛	97	97
猪	98	98
禽	97	97

在饲料表格中,淀粉和糖的消化率被列在同一列中。

使用参数时,请考虑以下建议:

饲料干物质含量因水分含量的变化而变化,因此要特别给予注意。对于这些饲料,表格中干物质含量只代表粗略值,而干物质含量对于饲料费用的估测非常重要,因此,最好直接进行分析测定。这一先决条件需要明确说明。

计算牛、猪和禽的净能沉积的原理和方法见 2.2 节。

表格中粗营养成分是根据 Weende 饲料分析体系以及经过修改的方法测定得来的。这些方法修改的简单说明见表 3.04。随着饲料分析的进一步发展,Weende 分析方法不再使用粗纤维分析和 NFE 的计算,而发展为淀粉和糖分析以及无氮浸出物的计算(NFR)。

表 3.04 表格中粗营养成分及其他营养成分分析方法的简要描述

营养成分	分析方法简要描述
粗蛋白	凯氏定氮法 N×6.25
粗脂肪	索氏浸提法(对于动物性饲料和酵母,先用盐酸水解)
淀粉	可能被 α-淀粉酶分解的碳水化合物含量(不含冷水溶解物,Anthrone 法)(Zwierz 等,1981)
糖	易溶、易水解物质(冷水可溶),包括葡萄糖、果糖、二糖和果聚糖(Anthrone 法)(Zwierz 等,1981)
NFR	计算的成分,NFR=DM-(CP+CF+ST+ZU+CA)
粗灰分	600 ℃

为了估测消化率,粪的成分分析使用饲料分析方法(表 3.04)。

自 1980 年以来,有人提出了使用 HCl 进行预水解的方法分析饲料和粪的粗脂肪。但是,在修订本书的饲料表格时,尚没有使用该方法测定的饲料粗脂肪结果,所以使用新结果来代替表格中的结果是不可能的。在"动物源高蛋白精饲料"一类饲料中,表格中粗脂肪含量与使用新分析方法测定的结果完全一致。

表格中的消化率参数均是在标准条件下测定的。最重要的条件是动物生长发育良好、健康、营养水平为 1.0~1.5。根据动物的正常营养生理状况确定饲养条件,满足能量、蛋白质、维生素和矿物质供应以及符合生理要求的畜舍条件。

饲料表格中牛的饲料消化率几乎全部是使用绵羊进行测定的。使用绵羊所测定的消化率转换为牛的消化率,使用平均 5 个消化单位的粗蛋白消化率进行校正。

饲料表格中禽的消化率是全部使用成年公鸡或母鸡来测定的。

在饲料评价体系内,只要保持饲料评价和需要量的标准化,就完全可以保证牛、猪和禽的饲料表格中所列出的消化率系数对于不同动物种类、不同生产阶段以及各种动物的生产性能特点完全通用。

使用罗斯托克饲料评价体系时,应了解这些表格与下者是一致的:"Futtermitteltabellenwerk",第 1 版

(1971)和第2版(1972),VEB Deutscher Landwirtschaftsverlag Berlin,Autorenkollektiv ;"Aminosäurentabelle 1981" 6. überarbeitete Auflage,Akademie der Landwirtschaftswissenschaften der DDR,Autorenkollektiv。

除了表格中的参数以外,"Futtermitteltabellenwerk"还包括矿物质和维生素含量。"Aminosäurentabelle"进一步包括了饲料的氨基酸含量。

在畜牧场条件下,饲料价值的估测可以两种方式进行:

—就像饲料表格中那样,在考虑植物生长阶段和感官饲料特性的情况下,应用饲料科学知识对饲料进行分类。如果需要与畜牧场的干物质分析联系起来,可以从饲料表格中提取参数。

—将代表性的饲料样品提供给具有公共鉴定权威的机构,进行分析测定。

这两种方法都应当同等使用。饲料列表和饲料检测/证明均根据相同的原则、方法和科学数据进行(见第2章和Autorenkollektiv:"Berechnung von Futterrationen",第6版,1988)。

第6章的饲料表格"能量参数"对牛、猪和禽的饲料表格进行了扩展。在考虑不同水平的评定时"能量参数"这一表格用于阐明饲料能量指标之间的关系——总能、可消化能、可代谢能和净能以及所使用的计算方程。罗斯托克体系数据的计算——总能、可消化能、可代谢能和净能方程被编在第2.1.2节,图2.1。

在第6章的饲料表格"能量参数"中,使用Weende饲料分析方法分析的饲料粗纤维和NFE含量以及牛、猪和禽的粗纤维与NFE消化率,被分别列出。对于牛来说,粗纤维的含量在营养中很重要,对于肉牛和猪,可代谢能的估测也很重要。

饲料表格

编码	饲料		饲料价值					
	分类	特征	1 kg OM	1 kg DM			1 kg OM	
		成熟期	DM	能量 NERc	dCP	PEQ	能量 NERc	dCP
			g	MJ	g	g/MJ	MJ	g
1	2	3	4	5	6	7	8	9
	3.1 牛饲料表格							
1000	青绿饲料							
1100	青绿饲料，小籽豆科							
1161	苜蓿，第 1 茬	营养生长期	152	5.59	216	39	0.85	33
1163		现蕾期	166	5.16	177	34	0.86	29
1165		早花期	189	4.82	148	31	0.91	28
1167		盛花期	206	4.37	130	30	0.90	27
1169		凋谢期	234	3.82	109	29	0.89	26
1171	苜蓿，第 2 茬等	营养生长期	170	5.42	221	41	0.92	38
1173		现蕾期	180	5.13	190	37	0.92	34
1175		早花期	195	4.71	162	34	0.92	32
1177		盛花期	210	4.19	139	33	0.88	29
1179		凋谢期	225	3.69	119	32	0.83	27
1043	波斯三叶草，第 1 茬等	开花前期	105	5.85	200	34	0.61	21
1045		早花期	145	5.70	156	27	0.83	23
1047		盛花期	170	5.28	126	24	0.90	21
1011	红三叶，第 1 茬	营养生长期	130	5.92	175	30	0.77	23
1013		现蕾期	145	5.45	142	26	0.79	21
1015		早花期	187	5.16	113	22	0.96	21
1017		盛花期	206	4.85	94	19	1.00	19
1019		凋谢期	225	4.51	88	19	1.01	20
1021	红三叶，第 2 茬	营养生长期	167	5.82	165	28	0.97	28
1023		现蕾期	180	5.61	155	28	1.01	28
1025		早花期	205	5.09	126	25	1.04	26
1027		盛花期	208	4.55	105	23	0.95	22
1029		凋谢期	228	4.06	95	23	0.92	22
1033	茬地红三叶，无秸秆	开花前期	175	5.51	158	29	0.96	28
1035		早花期	210	4.90	121	25	1.03	25
1034	25％的秸秆	开花前期	255	4.33	92	21	1.10	24
1036		早花期	280	3.77	66	18	1.06	19
1063	紫花苜蓿，第 1 茬等	开花前期	130	5.64	160	28	0.73	21
1065		早花期	175	5.21	126	24	0.91	22
1067		盛花期	200	4.83	105	22	0.97	21
1153	鸟足草	开花前期	120	5.59	201	36	0.67	24
1155		早花期	150	4.87	158	32	0.73	24
1159		结荚早期	200	4.39	124	28	0.88	25
1113	甜三叶，白色	开花前期	150	5.14	137	27	0.77	21
1115		早花期	190	4.66	102	22	0.89	19
1117		盛花期	220	4.12	79	19	0.91	17
1081	白三叶草	营养生长期	125	5.97	217	36	0.75	27
1083		现蕾期	140	5.84	176	30	0.82	25
1085		早花期	155	5.61	144	26	0.87	22
1087		盛花期	180	5.07	110	22	0.91	20
1200	青绿饲料，大籽豆科							
1233	菜豆	开花前期	120	5.60	175	31	0.67	21
1235		开花期	140	5.44	146	27	0.76	20
1237		结荚早期	160	5.19	130	25	0.83	21
1239		结籽期	180	5.29	116	22	0.95	21
1243	豌豆	开花前期	120	5.80	195	34	0.70	23
1245		开花期	140	5.55	158	28	0.78	22
1247		结荚早期	160	5.22	135	26	0.83	22
1249		结籽期	180	5.32	121	23	0.96	22

粗略营养成分 1 kg DM								消化率					
CP	CF	ST	SU	NFR	CA	P	Ca	E	OM	CP	CF	ST SU	NFR
g	g	g	g	g	g	g	g	%	%	%	%	%	%
10	11	12	13	14	15	16	17	18	19	20	21	22	23
260	37	55	22	512	114	4.1	20.1	73	76	83	51	97	70
221	34	35	32	567	111	3.5	19.8	68	71	80	50	97	66
192	26	35	48	602	97	3.0	18.6	64	67	77	46	97	61
175	25	20	29	661	90	2.7	18.0	60	63	74	41	97	58
154	20	20	27	699	80	2.5	18.0	55	58	71	35	97	53
270	36	40	30	494	130	3.9	25.0	72	75	82	50	97	70
240	36	50	40	514	120	3.3	23.0	68	71	79	50	97	64
210	34	60	50	540	106	2.9	21.8	63	66	77	45	97	57
185	31	40	40	602	102	2.6	21.4	59	62	75	40	97	53
165	28	30	30	650	97	2.4	20.0	54	57	72	35	97	50
250	45	30	85	430	160	4.0	20.5	78	82	80	65	97	81
205	37	30	55	538	135	3.5	20.0	74	78	76	62	97	77
175	32	30	55	593	115	3.0	19.0	69	72	72	58	97	69
222	41	40	112	475	110	3.4	19.6	75	78	79	63	97	73
189	34	40	85	551	101	2.9	16.5	69	73	75	59	97	67
161	29	40	55	625	90	2.7	16.5	66	69	70	59	97	65
143	26	30	40	678	83	2.5	15.9	63	66	66	58	97	63
137	24	20	30	710	79	2.2	15.1	60	63	64	58	97	61
220	45	40	110	480	105	3.5	17.6	72	76	75	64	97	71
209	40	40	85	524	102	2.9	16.9	70	73	74	64	97	68
180	34	40	55	603	88	2.5	16.9	65	68	70	62	97	63
161	30	30	40	659	80	2.3	16.7	60	63	65	63	97	59
151	26	20	30	693	80	2.1	15.5	56	59	63	62	97	55
220	40	30	85	515	110	3.4	18.6	70	73	72	61	97	69
180	32	30	55	608	95	3.0	17.0	64	67	67	57	97	63
165	30	20	60	625	100	2.8	14.7	61	64	56	53	97	58
130	25	20	40	705	80	2.4	13.5	56	59	51	51	97	52
210	40	40	85	505	120	3.5	18.0	72	75	76	63	97	70
175	33	30	55	607	100	2.7	16.0	67	70	72	60	97	67
155	28	30	40	662	85	2.2	15.7	63	66	68	57	97	63
255	45	40	85	435	140	4.6	19.0	73	76	79	65	97	70
210	35	30	55	550	120	3.8	18.0	65	68	75	58	97	62
175	27	30	55	613	100	3.4	16.5	60	63	71	54	97	56
190	37	30	55	578	110	3.2	17.3	67	70	72	58	97	66
155	30	20	40	660	95	2.6	13.5	62	65	66	54	97	62
130	25	10	20	735	80	2.2	13.0	57	60	61	50	97	58
265	45	40	80	415	155	5.0	20.0	79	83	82	65	97	82
225	40	40	80	475	140	4.2	18.3	75	79	78	62	97	78
195	35	40	70	545	115	3.6	16.7	71	75	74	59	97	72
160	30	30	60	620	100	3.2	15.1	66	69	69	55	97	66
230	25	50	80	485	130	3.8	14.4	74	77	76	65	97	73
200	25	50	80	535	110	3.0	13.2	70	73	73	60	97	67
180	20	70	80	555	95	2.6	12.0	67	70	72	60	97	62
165	20	90	100	545	80	2.5	11.0	66	70	70	60	97	60
250	40	50	80	455	125	4.2	15.0	75	78	78	65	97	74
210	30	50	80	520	110	3.5	14.4	71	74	75	60	97	69
185	30	70	100	520	95	3.2	13.9	66	70	73	60	97	60
170	25	90	110	525	80	3.0	12.0	66	70	71	60	97	59

编码	饲料		饲料价值					
	分类	特征	1 kg OM	1 kg DM			1 kg OM	
		成熟期	DM	能量 NERc	dCP	PEQ	能量 NERc	dCP
			g	MJ	g	g/MJ	MJ	g
1	2	3	4	5	6	7	8	9
	3.1 牛饲料表格							
1273	菜豆及豆科混合料	开花前期	125	5.66	195	34	0.71	24
1275		开花期	145	5.35	155	29	0.78	23
1277		结荚早期	165	5.06	133	26	0.83	22
1293	青绿谷物籽实或玉米与豆科混合料	开花前期	140	5.80	166	29	0.81	23
1295		开花期	165	5.33	122	23	0.88	20
1297		结荚早期	200	4.72	99	21	0.94	20
1294	向日葵与豆科混合料	开花前期	120	5.42	165	30	0.65	20
1296		开花期	140	4.93	128	26	0.69	18
1298		结荚早期	160	4.47	96	21	0.72	15
1253	菜豆	爬秧期	167	5.30	130	24	0.89	22
1263	野豌豆	开花前期	125	5.49	205	37	0.69	26
1265		开花期	145	5.05	165	33	0.73	24
1267		结荚早期	165	4.67	140	30	0.77	23
1269		结籽期	180	4.71	123	26	0.85	22
1213	甜羽扇豆，黄色	开花前期	120	5.59	177	32	0.67	21
1215		开花期	140	5.35	150	28	0.75	21
1217		结荚早期	160	5.09	130	25	0.81	21
1219		结籽期	175	5.05	116	23	0.88	20
1300	青绿饲料，豆科牧草混合料							
1331	苜蓿草	营养生长期	155	5.93	176	30	0.92	27
1333		现蕾期	170	5.62	137	24	0.96	23
1335		早花期	200	4.96	107	21	0.99	21
1337		盛花期	250	4.44	87	20	1.11	22
1339		凋谢期	300	3.85	72	19	1.15	22
1311	红三叶，第 1 茬	营养生长期	145	6.09	160	26	0.88	23
1313		现蕾期	160	5.86	120	21	0.94	19
1315		早花期	190	5.52	90	16	1.05	17
1317		盛花期	240	5.06	70	14	1.21	17
1319		凋谢期	290	4.59	60	13	1.33	17
1323	红三叶，第 2 茬等	现蕾期	185	5.82	128	22	1.08	24
1325		早花期	215	5.36	98	18	1.15	21
1327		盛花期	250	4.83	79	16	1.21	20
1353	野豌豆草，第 1 茬	开花前期	160	5.90	152	26	0.94	24
1355		早花期	185	5.39	114	21	1.00	21
1357		盛花期	230	4.79	89	19	1.10	20
	野豌豆-草，第 2 茬等，见黑麦草，第 2 茬等							
1363	野豌豆-燕麦	开花前期	145	5.96	146	25	0.86	21
1365		早花期	160	5.68	114	20	0.91	18
1367		盛花期	190	5.08	94	18	0.97	18
1369		结荚早期	220	4.49	80	18	0.99	18
1373	野豌豆-黑麦草	开花前期	145	5.91	162	27	0.86	23
1375		早花期	160	5.39	124	23	0.86	20
1377		盛花期	195	4.79	95	20	0.93	19
1383	野豌豆-小麦	开花前期	150	5.75	139	24	0.86	21
1385		早花期	180	5.29	104	20	0.95	19
1387		盛花期	220	4.78	85	18	1.05	19
1389		结荚早期	250	4.41	71	16	1.10	18
1400	青绿饲料，纯种草							
1431	鸡脚草，第 1 茬，100 kg N/hm^2	拔节期	175	5.99	137	23	1.05	24
1433		抽穗早期	200	5.53	104	19	1.11	21
1435		抽穗晚期	250	5.01	76	15	1.25	19
1437		盛花期	280	4.31	47	11	1.21	13
1439		凋谢期	330	3.54	19	5	1.17	6

粗略营养成分								消化率					
1 kg DM													
CP	CF	ST	SU	NFR	CA	P	Ca	E	OM	CP	CF	ST SU	NFR
g	g	g	g	g	g	g	g	%	%	%	%	%	%
10	11	12	13	14	15	16	17	18	19	20	21	22	23
250	35	40	80	465	130	4.5	15.0	74	77	78	65	97	72
210	30	40	80	530	110	3.7	14.0	69	73	74	60	97	67
185	25	50	90	550	100	3.2	13.0	66	69	72	59	97	61
215	43	40	70	507	125	4.4	12.0	74	77	77	60	97	76
170	35	50	80	565	100	3.6	11.5	68	71	72	58	97	65
145	27	50	90	608	80	3.1	10.8	62	65	68	60	97	55
220	42	40	70	483	145	4.0	15.0	71	74	75	63	97	69
180	33	50	80	537	120	3.4	14.6	65	68	71	59	97	61
145	27	50	90	588	100	3.0	13.0	60	63	66	56	97	55
175	35	60	90	530	110	3.0	12.0	68	71	74	62	97	63
260	35	50	80	440	135	4.9	16.0	72	75	79	65	97	67
220	30	50	80	500	120	3.7	15.3	67	70	75	60	97	61
195	25	50	80	540	110	3.5	15.0	63	66	72	55	97	57
175	25	60	90	540	110	3.0	13.0	62	66	70	55	97	57
230	30	50	80	480	130	3.5	14.2	73	77	77	60	97	72
200	30	50	80	540	100	2.7	11.4	68	72	75	55	97	66
180	30	70	100	530	90	2.5	10.2	65	68	72	55	97	58
165	30	40	70	615	80	2.6	6.5	64	68	70	55	97	63
220	45	40	70	515	110	4.2	14.0	74	78	80	60	97	75
180	37	40	70	578	95	3.7	13.2	70	73	76	57	97	69
150	31	40	70	624	85	3.2	12.2	64	67	71	54	97	61
130	26	40	70	654	80	2.8	11.7	59	62	67	49	97	56
115	22	40	60	688	75	2.5	10.0	54	57	63	44	97	51
205	42	40	164	439	110	4.0	12.5	76	80	78	63	97	75
165	34	40	114	552	95	3.4	11.5	72	76	73	61	97	72
135	28	40	91	626	80	3.0	11.2	68	72	67	58	97	69
115	24	40	70	681	70	2.7	10.7	64	67	61	55	97	64
105	21	40	58	711	65	2.5	10.0	60	63	57	52	97	59
180	38	60	102	520	100	3.4	11.7	72	75	71	62	97	71
150	33	50	71	611	85	3.0	11.4	67	70	65	59	97	67
130	28	40	63	664	75	2.6	11.1	62	65	61	56	97	62
200	44	50	100	491	115	4.7	10.4	73	77	76	62	97	74
160	36	40	80	589	95	4.0	9.7	68	71	71	60	97	67
135	30	40	60	650	85	3.4	8.8	62	65	66	58	97	60
195	40	60	110	475	120	4.5	10.5	75	79	75	60	97	76
160	32	50	90	568	100	3.8	10.0	70	74	71	58	97	70
140	27	40	70	638	85	3.3	9.5	65	68	67	58	97	64
125	25	50	100	625	75	3.1	9.2	59	62	64	60	97	53
210	43	50	100	477	120	4.3	9.3	74	78	77	66	97	74
170	34	40	80	581	95	3.8	8.6	68	71	73	64	97	66
140	29	30	60	661	80	3.4	7.8	62	65	68	62	97	60
185	38	50	100	507	120	4.2	8.9	73	76	75	63	97	72
150	33	40	80	602	95	3.5	7.9	67	70	69	61	97	66
130	29	30	70	661	80	2.9	7.2	62	65	65	58	97	60
115	26	50	90	649	70	2.5	6.5	58	61	62	55	97	54
190	50	40	80	540	100	3.6	4.9	73	77	72	61	97	76
155	42	40	80	598	85	3.0	4.3	68	72	67	58	97	69
125	35	30	70	665	75	2.6	3.9	63	67	61	55	97	64
95	28	20	40	752	65	2.3	3.5	57	61	49	52	97	59
65	24	10	20	821	60	2.1	3.1	51	54	29	48	97	55

编码	饲料		饲料价值					
	分类	特征	1 kg OM	1 kg DM			1 kg OM	
		成熟期	DM	能量 NERc	dCP	PEQ	能量 NERc	dCP
			g	MJ	g	g/MJ	MJ	g
1	2	3	4	5	6	7	8	9
	3.1 牛饲料表格							
1441	鸡脚草，第 2 茬等，每茬 50 kg N/hm^2	15～35 d 生长期	180	5.32	124	23	0.96	22
1443		35～55 d 生长期	220	4.99	96	19	1.10	21
1445		55～75 d 生长期	260	4.36	68	16	1.13	18
1531	芦草，第 1 茬，100 kg N/hm^2	拔节期	190	5.06	139	27	0.96	26
1533		抽穗早期	220	4.42	110	25	0.97	24
1535		抽穗晚期	260	3.59	72	20	0.93	19
1537		盛花期	310	2.70	52	19	0.84	16
1541	芦草，第 2 茬等，每茬 50 kg N/hm^2	15～35 d 生长期	210	4.50	123	27	0.95	26
1543		35～55 d 生长期	240	4.04	96	24	0.97	23
1545		55～75 d 生长期	270	3.33	53	16	0.90	14
1411	多年生意大利黑麦草	拔节期	160	6.21	158	25	0.99	25
1413	第 1 茬，100 kg N/hm^2	抽穗早期	180	5.94	119	20	1.07	21
1415	第 2 茬等，50 kg N/hm^2	抽穗晚期	210	5.39	89	17	1.13	19
1417		盛花期	250	4.74	65	14	1.19	16
1419		凋谢期	300	3.95	40	10	1.18	12
1421	多年生黑麦草，第 2 茬等，每茬 50 kg N/hm^2	15～35 d 生长期	170	5.86	135	23	1.00	23
1423		35～55 d 生长期	200	5.45	106	19	1.09	21
1425		55～75 d 生长期	250	4.98	75	15	1.24	19
	意大利黑麦草，第 2 茬等，见第 1 茬							
1553	狐尾草，第 1 茬，100 kg N/hm^2	抽穗早期	190	5.80	107	18	1.10	20
1555		抽穗晚期	220	5.13	77	15	1.13	17
1557		盛花期	260	4.42	53	12	1.15	14
1451	猫尾草，第 1 茬，100 kg N/hm^2	拔节期	190	6.22	128	21	1.18	24
1453		抽穗早期	210	5.84	92	16	1.23	19
1455		抽穗晚期	260	5.10	63	12	1.33	16
1457		盛花期	290	4.53	45	10	1.31	13
1459		凋谢期	340	3.67	27	7	1.25	9
1461	猫尾草，第 2 茬等，每茬 50 kg N/hm^2	15～35 d 生长期	190	5.41	106	20	1.03	20
1463		35～55 d 生长期	230	4.98	74	15	1.15	17
1465		55～75 d 生长期	270	4.54	51	11	1.23	14
1511	肯塔基早熟禾，第 1 茬，100 kg N/hm^2	拔节期	165	6.44	166	26	1.06	27
1513		抽穗早期	185	6.11	131	21	1.13	24
1515		抽穗晚期	225	5.62	102	18	1.26	23
1517		盛花期	260	4.98	77	15	1.29	20
1519		凋谢期	310	4.41	58	13	1.37	18
1521	肯塔基早熟禾，第 2 茬等，每茬 50 kg N/hm^2	15～35 d 生长期	160	5.79	151	26	0.93	24
1523		35～55 d 生长期	180	5.43	121	22	0.98	22
1525		55～75 d 生长期	230	5.06	95	19	1.16	22
1471	牛尾草，第 1 茬，100 kg N/hm^2	拔节期	170	6.34	141	22	1.08	24
1473		抽穗早期	190	6.01	102	17	1.14	19
1475		抽穗晚期	240	5.28	72	14	1.27	17
1477		盛花期	290	4.42	48	11	1.28	14
1479		凋谢期	330	3.96	28	7	1.31	9
1481	牛尾草，第 2 茬等，每茬 50 kg N/hm^2	15～35 d 生长期	180	5.82	135	23	1.05	24
1483		35～55 d 生长期	200	5.48	106	19	1.10	21
1485		55～75 d 生长期	240	5.00	88	18	1.20	21
1600	青绿饲料，牧草							
	优质牧草							
1611	草地利用，125 kg N/hm^2	生长期 1 和 2	160	5.83	143	24	0.93	23
1613	草地利用，75 kg N/hm^2	生长期 3 和 4	180	5.35	126	24	0.96	23
1615	草地利用，50 kg N/hm^2	生长期 5 和 6	170	5.46	126	23	0.93	21

粗略营养成分								消化率					
CP	CF	ST	SU	NFR	CA	P	Ca	E	OM	CP	CF	ST SU	NFR
g	g	g	g	g	g	g	g	%	%	%	%	%	%
10	11	12	13	14	15	16	17	18	19	20	21	22	23
180	45	40	70	545	120	4.3	5.2	68	72	69	58	97	69
150	40	40	70	600	100	3.8	4.7	64	67	64	55	97	64
120	35	20	50	685	90	3.3	4.2	58	62	57	52	97	60
190	27	20	20	618	125	4.4	5.6	68	71	73	60	97	69
160	22	20	21	677	100	3.8	5.3	61	63	69	60	97	60
120	18	30	40	707	85	3.2	4.9	53	55	60	55	97	50
100	17	30	48	730	75	2.7	4.6	45	47	52	52	97	41
175	30	20	20	645	110	3.8	5.4	62	65	70	55	97	61
145	25	30	30	680	90	3.3	4.9	57	59	66	50	97	54
100	20	30	25	750	75	2.8	4.4	50	52	53	45	97	50
205	45	50	100	485	115	4.6	6.9	78	82	77	62	97	81
165	40	50	110	535	100	3.9	6.4	73	77	72	58	97	74
135	35	50	90	600	90	3.4	5.9	67	71	66	54	97	67
110	30	40	53	687	80	3.0	5.5	61	65	59	50	97	62
85	25	30	50	740	70	2.5	5.0	54	58	47	45	97	56
190	45	50	100	495	120	4.3	5.9	73	77	71	60	97	75
160	40	40	90	570	100	3.8	5.4	68	72	66	57	97	69
125	35	30	50	670	90	3.3	4.9	64	67	60	54	97	65
150	33	50	90	587	90	3.8	2.8	71	75	71	55	97	72
120	26	30	60	684	80	3.3	2.5	65	69	64	50	97	67
95	22	20	40	753	70	2.7	2.3	59	62	56	45	97	60
170	40	50	100	545	95	4.4	5.6	76	80	75	60	97	79
135	35	50	100	600	80	3.7	5.3	70	74	68	57	97	71
105	30	40	80	675	70	3.0	4.9	64	67	60	55	97	63
85	25	30	60	735	65	2.4	4.6	59	62	53	52	97	59
65	20	20	40	795	60	1.9	4.1	52	55	41	50	97	53
160	45	50	80	555	110	4.0	4.9	68	72	66	58	97	68
125	40	40	60	640	95	3.5	4.4	63	67	59	55	97	65
100	35	20	40	725	80	3.0	3.9	59	63	51	52	97	62
210	50	60	120	455	105	5.3	6.0	79	83	79	65	97	82
175	42	50	110	531	92	4.5	5.6	74	78	75	63	97	75
145	36	50	100	589	80	3.8	5.0	69	72	70	61	97	67
120	31	40	80	656	73	3.1	4.6	63	66	64	58	97	61
100	27	30	60	715	68	2.6	3.8	58	61	58	55	97	58
210	47	50	100	463	130	3.7	6.0	73	77	72	62	97	74
175	42	40	80	553	110	3.2	5.5	69	72	69	60	97	69
150	38	30	60	622	100	2.7	5.0	65	68	63	58	97	66
185	48	60	120	487	100	4.8	6.6	77	81	76	63	97	79
145	40	60	110	557	88	4.0	6.1	72	76	70	61	97	73
115	33	50	100	624	78	3.4	5.6	65	69	63	58	97	64
90	27	40	80	693	70	2.8	5.2	58	61	53	55	97	56
70	24	30	60	754	62	2.4	4.7	54	57	40	50	97	55
190	47	50	100	493	120	3.7	5.4	72	76	71	60	97	74
160	42	40	80	578	100	3.2	5.1	68	72	66	57	97	70
140	39	30	60	641	90	2.7	4.6	64	67	63	54	97	65
190	40	60	120	485	105	4.6	6.4	72	76	75	60	97	70
180	40	50	100	505	125	4.5	6.6	68	72	70	60	97	67
180	45	50	100	500	125	4.5	6.5	69	73	70	60	97	68

编码	饲料		饲料价值					
	分类	特征	1 kg OM	1 kg DM			1 kg OM	
		成熟期	DM	能量 NERc	dCP	PEQ	能量 NERc	dCP
			g	MJ	g	g/MJ	MJ	g
1	2	3	4	5	6	7	8	9
	3.1 牛饲料表格							
	劣质牧草							
1612	草地利用，100 kg N/hm²	生长期 1 和 2	160	4.95	109	22	0.79	17
1614	草地利用，50 kg N/hm²	生长期 3 和 4	180	4.67	95	20	0.84	17
	优质牧草							
1621	第 1 茬，50 kg N/hm²	拔节期	160	6.06	115	19	0.97	18
1623		抽穗早期	170	5.77	86	15	0.98	15
1625		抽穗晚期	200	5.13	67	13	1.03	13
1627		盛花期	245	4.48	53	12	1.10	13
1629		凋谢期	290	3.65	34	9	1.06	10
1641	第 1 茬，100 kg N/hm²	拔节期	150	6.02	152	25	0.90	23
1643		抽穗早期	160	5.71	120	21	0.91	19
1645		抽穗晚期	190	5.11	89	17	0.97	17
1647		盛花期	245	4.45	64	14	1.09	16
1649		凋谢期	285	3.73	40	11	1.06	11
1661	第 1 茬，150 kg N/hm²	拔节期	140	5.95	198	33	0.83	28
1663		抽穗早期	155	5.67	158	28	0.88	24
1665		抽穗晚期	180	5.13	130	25	0.92	23
1667		盛花期	220	4.49	105	23	0.99	23
1669		凋谢期	260	3.81	86	23	0.99	22
1631	第 2 茬等，每茬 25 kg N/hm²	15～35 d 生长期	180	5.45	90	16	0.98	16
1633		35～55 d 生长期	210	5.14	71	14	1.08	15
1635		55～75 d 生长期	240	4.51	48	11	1.08	12
1651	第 2 茬等，每茬 50 kg N/hm²	15～35 d 生长期	180	5.51	123	22	0.99	22
1653		35～55 d 生长期	200	5.15	99	19	1.03	20
1655		55～75 d 生长期	230	4.64	81	17	1.07	19
1671	第 2 茬等，每茬 75 kg N/hm²	15～35 d 生长期	160	5.45	165	30	0.87	26
1673		35～55 d 生长期	180	5.07	137	27	0.91	25
1675		55～75 d 生长期	210	4.61	109	24	0.97	23
	劣质牧草							
1711	第 1 茬，50 kg N/hm²	拔节期	160	5.31	87	16	0.85	14
1713		抽穗早期	175	4.96	59	12	0.87	10
1715		抽穗晚期	200	4.45	42	10	0.89	8
1717		盛花期	250	3.73	26	7	0.93	6
1731	第 1 茬，100 kg N/hm²	拔节期	150	5.32	121	23	0.80	18
1733		抽穗早期	160	4.93	85	17	0.79	14
1735		抽穗晚期	190	4.43	63	14	0.84	12
1737		盛花期	240	3.72	42	11	0.89	10
1739		凋谢期	280	3.13	31	10	0.88	9
1721	第 2 茬等，每茬 25 kg N/hm²	15～35 d 生长期	190	4.73	75	16	0.90	14
1723		35～55 d 生长期	210	4.26	53	12	0.89	11
1725		55～75 d 生长期	230	3.83	31	8	0.88	7
1741	第 2 茬等，每茬 50 kg N/hm²	15～35 d 生长期	190	4.75	102	22	0.90	19
1743		35～55 d 生长期	210	4.27	83	19	0.90	17
1745		55～75 d 生长期	230	3.80	64	17	0.87	15
1800	青绿饲料，青绿谷物，青绿玉米和青贮用玉米							
1851	大麦，125 kg N/hm²	孕穗期	150	6.18	118	19	0.93	18
1853		抽穗早期	170	5.98	90	15	1.02	15
1855		抽穗晚期	200	5.55	70	13	1.11	14
1857		盛花期	240	5.02	51	10	1.21	12
1858		乳熟期	310	4.86	41	8	1.51	13
1859	全株青绿大麦	蜡熟期	390	5.41	48	9	2.11	19

粗略营养成分 1 kg DM								消化率					
CP	CF	ST	SU	NFR	CA	P	Ca	E	OM	CP	CF	ST SU	NFR
g	g	g	g	g	g	g	g	%	%	%	%	%	%
10	11	12	13	14	15	16	17	18	19	20	21	22	23
160	35	40	80	580	105	3.0	3.5	64	68	68	50	97	63
150	40	30	60	600	120	2.8	3.7	62	66	63	50	97	63
160	40	60	130	500	110	4.1	6.5	75	79	72	59	97	76
130	35	60	130	550	95	3.4	6.1	70	74	66	59	97	69
110	30	50	100	630	80	2.9	5.7	64	68	61	59	97	63
95	25	50	100	660	70	2.5	5.4	58	62	56	57	97	55
75	20	30	70	740	65	2.2	5.1	52	55	45	55	97	50
200	45	50	110	470	125	4.6	7.0	76	80	76	65	97	77
165	40	50	110	525	110	3.9	6.6	70	74	73	61	97	69
135	35	40	90	605	95	3.4	6.2	65	68	66	62	97	63
110	30	30	70	675	85	3.0	5.9	59	62	58	59	97	58
85	25	20	50	745	75	2.7	5.6	53	56	47	54	97	53
245	50	50	90	435	130	5.1	7.5	76	79	81	65	97	74
205	45	50	90	495	115	4.4	7.1	71	74	77	65	97	67
175	40	30	70	580	105	3.9	6.7	66	69	74	65	97	63
150	35	20	50	650	95	3.5	6.4	60	63	70	60	97	58
130	30	20	40	695	85	3.2	6.1	54	57	66	58	97	51
140	35	60	110	545	110	3.7	6.8	68	73	64	58	97	68
120	30	50	90	615	95	3.3	6.3	65	69	59	56	97	65
95	25	40	70	690	80	2.9	5.5	59	63	51	54	97	59
175	40	50	100	510	125	4.2	7.3	70	73	70	59	97	69
150	35	40	80	590	105	3.8	6.8	66	69	66	58	97	65
130	30	30	60	655	95	3.4	6.0	61	64	62	56	97	61
220	45	40	83	477	135	4.7	7.8	70	73	75	62	97	68
190	40	30	80	545	115	4.3	7.3	66	69	72	60	97	63
160	35	30	60	615	100	3.9	6.5	61	64	68	58	97	59
140	34	40	80	606	100	3.1	3.3	67	71	62	59	97	68
110	26	30	60	689	85	2.6	2.8	63	66	54	59	97	66
90	21	20	50	744	75	2.2	2.5	59	62	47	58	97	61
70	17	20	40	783	70	1.9	2.3	53	56	37	57	97	54
175	44	30	70	571	110	3.6	3.9	67	71	69	62	97	68
140	36	20	50	659	95	3.1	3.3	63	66	61	62	97	65
115	31	20	40	709	85	2.7	3.0	59	62	55	60	97	60
90	27	10	30	763	80	2.4	2.8	53	56	47	57	97	55
80	24	0	20	801	75	1.9	2.3	48	51	39	55	97	51
130	30	30	60	635	115	3.0	3.2	63	66	58	58	97	64
105	25	30	50	700	90	2.5	2.7	58	61	50	56	97	58
80	20	20	30	770	80	2.0	2.2	54	57	39	54	97	57
160	41	30	60	589	120	3.5	3.7	63	66	64	60	97	62
140	35	20	40	665	100	3.0	3.2	58	61	59	58	97	59
120	30	10	30	720	90	2.5	2.7	54	57	53	55	97	56
160	40	50	100	530	120	4.3	5.2	77	81	74	70	97	80
130	35	40	80	615	100	3.8	4.8	73	77	69	65	97	76
110	30	30	70	670	90	3.4	4.4	69	72	64	65	97	71
90	25	20	60	725	80	3.1	4.1	64	67	57	60	97	66
80	25	60	80	685	70	2.8	3.7	61	65	51	55	97	61
90	15	200	80	575	40	2.5	3.0	63	67	53	60	97	55

编码	饲料		饲料价值					
	分类	特征	1 kg OM	1 kg DM			1 kg OM	
		成熟期	DM	能量 NERc	dCP	PEQ	能量 NERc	dCP
			g	MJ	g	g/MJ	MJ	g
1	2	3	4	5	6	7	8	9
	3.1 牛饲料表格							
1861	燕麦，75 kg N/hm^2	孕穗期	160	6.26	88	14	1.00	14
1863		抽穗早期	170	6.09	63	10	1.04	11
1865		抽穗晚期	200	5.69	53	9	1.14	11
1867		盛花期	240	5.25	43	8	1.26	10
1868		乳熟期	310	4.64	40	9	1.44	12
1871	燕麦，150 kg N/hm^2	孕穗期	140	6.13	154	25	0.86	22
1873		抽穗早期	150	5.96	102	17	0.89	15
1875		抽穗晚期	180	5.54	88	16	1.00	16
1877		盛花期	220	5.11	63	12	1.12	14
1878		乳熟期	300	4.66	53	11	1.40	16
1869	全株青绿燕麦	蜡熟期	370	5.10	50	10	1.89	18
1881	青绿玉米	开花前期	135	5.11	90	18	0.69	12
1883		开花期	160	5.51	75	14	0.88	12
1891	青贮用玉米	乳熟期	190	6.04	61	10	1.15	12
1893		乳熟期至蜡熟期	220	6.34	51	8	1.39	11
1895	全株玉米	蜡熟期	270	6.55	46	7	1.77	12
1897		玉米成熟早期	320	6.62	42	6	2.12	13
1811	黑麦，75 kg N/hm^2	孕穗早期	140	6.37	165	26	0.89	23
1813		孕穗期	150	6.11	126	21	0.92	19
1815		抽穗早期	160	5.81	92	16	0.93	15
1817		抽穗晚期	190	5.29	74	14	1.01	14
1818		盛花期	270	4.81	58	12	1.30	16
1821	黑麦，150 kg N/hm^2	孕穗早期	127	6.28	219	35	0.80	28
1823		孕穗期	135	6.04	164	27	0.81	22
1825		抽穗早期	145	5.75	127	22	0.83	18
1827		抽穗晚期	180	5.22	98	19	0.94	18
1828		盛花期	260	4.73	76	16	1.23	20
1819	全株青绿黑麦	蜡熟期	385	4.68	32	7	1.80	12
1831	小麦，75 kg N/hm^2	孕穗早期	150	6.13	84	14	0.92	13
1833		孕穗期	180	5.85	57	10	1.05	10
1835		抽穗早期	210	5.38	47	9	1.13	10
1837		抽穗晚期	240	5.08	40	8	1.22	10
1838		盛花期	320	4.60	38	8	1.47	12
1841	小麦，150 kg N/hm^2	孕穗早期	135	6.02	135	22	0.81	18
1843		孕穗期	170	5.84	95	16	0.99	16
1845		抽穗早期	200	5.35	74	14	1.07	15
1847		抽穗晚期	230	4.92	62	13	1.13	14
1848		盛花期	310	4.38	56	13	1.36	17
1839	全株青绿小麦	蜡熟期	410	4.97	50	10	2.04	20
1900	青绿饲料，甜菜叶，十字花科和其他青绿饲料							
	楼斗菜，见油菜							
1973	土豆藤	青绿	167	2.81	79	28	0.47	13
	甘蓝							
1975	菜花，剩余植株	大部分为叶子	130	5.72	137	24	0.74	18
1951	牛甘蓝，主植株	早期，清洁	120	5.95	129	22	0.71	15
1952		早期，不清洁	130	5.29	115	22	0.69	15
1953		晚期，清洁	140	5.58	70	13	0.78	10
1954		晚期，不清洁	150	4.81	62	13	0.72	9

粗略营养成分								消化率					
1 kg DM													
CP	CF	ST	SU	NFR	CA	P	Ca	E	OM	CP	CF	ST SU	NFR
g	g	g	g	g	g	g	g	%	%	%	%	%	%
10	11	12	13	14	15	16	17	18	19	20	21	22	23
128	38	60	120	544	110	4.1	5.0	77	82	69	54	97	82
103	31	50	100	626	90	3.6	4.6	74	78	61	55	97	78
92	28	40	80	685	75	3.2	4.2	69	73	58	59	97	72
82	25	30	70	728	65	2.9	3.9	65	68	52	65	97	66
78	26	50	100	683	63	2.6	3.5	59	62	51	69	97	56
198	46	40	90	504	122	4.6	5.5	77	82	78	54	97	82
143	38	30	70	619	100	4.1	5.1	74	78	71	55	97	78
127	31	20	50	682	90	3.7	4.7	69	73	69	58	97	72
102	26	20	40	731	81	3.4	4.4	65	68	62	62	97	67
92	26	40	70	703	69	3.1	4.0	60	62	58	65	97	58
90	25	200	80	545	60	2.5	3.0	61	64	55	62	97	49
130	20	50	120	580	100	2.6	5.3	66	69	69	70	97	61
115	21	50	130	599	85	2.3	4.9	69	72	65	70	97	66
100	23	140	140	522	75	2.2	4.5	71	74	61	72	97	65
90	28	200	140	477	65	2.2	4.3	72	75	57	75	97	63
85	30	240	120	465	60	2.2	4.2	72	76	54	75	97	64
80	30	300	100	435	55	2.0	4.0	71	75	52	74	97	60
206	42	50	100	492	110	4.9	5.4	79	83	80	70	97	82
168	37	40	80	579	96	4.4	4.9	75	79	75	70	97	77
134	33	30	70	647	86	3.7	4.6	71	74	69	70	97	72
114	28	30	60	693	75	3.3	4.2	66	69	65	68	97	66
98	27	50	80	677	68	3.0	3.6	61	64	59	65	97	59
264	48	40	80	449	119	5.4	6.0	80	83	83	71	97	81
207	42	30	70	542	109	4.9	5.4	76	79	79	71	97	77
169	36	30	60	610	95	4.2	5.1	71	74	75	71	97	71
140	30	20	50	679	81	3.8	4.7	66	69	70	69	97	66
117	27	20	40	722	74	3.5	4.1	61	64	65	65	97	62
70	15	220	80	575	40	2.5	3.0	57	60	46	62	97	43
125	24	50	100	591	110	4.5	4.7	77	81	67	65	97	81
97	22	40	80	666	95	4.0	4.2	72	76	59	65	97	75
87	21	30	70	709	83	3.4	3.8	67	71	54	65	97	70
79	21	30	60	739	71	2.7	2.6	64	67	51	65	97	65
77	20	50	80	715	58	2.0	2.4	59	62	49	63	97	57
178	32	40	80	546	124	5.0	5.2	77	81	76	65	97	80
136	28	30	70	639	97	4.5	4.7	72	76	70	65	97	75
115	26	30	60	684	85	3.9	4.3	67	71	64	65	97	69
102	24	20	50	729	75	3.2	3.1	63	66	61	64	97	64
96	22	20	40	759	63	2.5	2.9	58	61	58	63	97	58
90	15	220	80	550	45	2.3	2.7	60	63	55	60	97	45
146	32	10	30	571	211	2.0	25.7	50	53	54	30	97	51
175	25	50	100	475	175	3.5	9.5	79	83	78	58	97	81
165	27	100	100	463	145	3.6	10.5	77	81	78	61	97	77
155	25	70	70	480	200	3.6	10.5	74	78	74	55	97	75
105	18	150	100	517	110	3.1	10.0	69	73	67	57	97	63
100	15	100	70	540	175	3.1	10.0	66	70	62	50	97	64

编码	饲料		饲料价值					
	分类	特征	1 kg OM	1 kg DM			1 kg OM	
		成熟期	DM	能量 NERc	dCP	PEQ	能量 NERc	dCP
			g	MJ	g	g/MJ	MJ	g
1	2	3	4	5	6	7	8	9
	3.1 牛饲料表格							
1955	牛甘蓝，摘取部分	早期,清洁	120	6.04	154	25	0.72	18
1956		早期,不清洁	130	5.29	133	25	0.69	17
1957		晚期,清洁	140	5.78	99	17	0.81	14
1958		晚期,不清洁	150	5.00	84	17	0.75	13
1976	带毛甘蓝剩余植株	大部分为叶子	140	5.77	140	24	0.81	20
1977	芽甘蓝剩余植株	大部分为叶子	140	5.70	137	24	0.80	19
1978	白球和红球甘蓝	全株	105	6.29	156	25	0.66	16
1979	白球和红球甘蓝剩余植株	大部分为叶子	140	5.68	127	22	0.79	18
1971	蒲公英	开花期	130	5.73	106	18	0.74	14
1972	胡萝卜缨	不清洁	165	4.94	109	22	0.81	18
1937	油萝卜	营养生长期	105	5.60	205	37	0.59	22
1938		现蕾期	120	5.32	158	30	0.64	19
1939		开花期	130	4.86	129	27	0.63	17
	油菜							
1931	油菜	营养生长期	105	5.96	185	31	0.63	19
1933		现蕾期	120	5.73	154	27	0.69	18
1935		开花期	130	5.43	125	23	0.71	16
	甜菜叶							
1921	带顶饲用甜菜叶	清洁	140	5.43	128	23	0.76	18
1922		不清洁	170	4.60	103	22	0.78	18
1923		很不清洁	200	3.51	84	24	0.70	17
1925	带顶蕉青甘蓝叶	清洁	130	5.90	154	26	0.77	20
1926		不清洁	160	4.99	135	27	0.80	22
1911	带顶甜菜叶	清洁	150	5.93	103	17	0.89	15
1912		不清洁	175	4.95	84	17	0.87	15
1915		很不清洁	210	3.96	69	17	0.83	15
1974	莴苣和菠菜	叶子	105	5.92	152	26	0.62	16
1941	白芥菜	营养生长期	120	5.23	178	34	0.63	21
1943		现蕾期	140	4.91	154	31	0.69	22
1945		开花期	170	4.50	104	23	0.77	18
1961	向日葵	营养生长期	110	5.13	123	24	0.56	13
1963		现蕾期	120	4.98	98	20	0.60	12
1965		早花期	135	4.52	74	16	0.61	10
1967		盛花期	145	3.97	48	12	0.58	7
	阔叶树叶(夏季)							
1995	枫树,岑树,菩提树,白杨树(欧洲桦)		270	3.96	103	26	1.07	28
1996	欧洲毛山榉		395	1.75	79	45	0.69	31
	阔叶树嫩枝(夏季)							
1997	枫树,岑树,菩提树,白杨树(欧洲桦)		380	1.58	35	22	0.60	13
1998	欧洲毛山榉		455	0.19	15	80	0.09	7
	松针							
1991	松针(及其嫩枝)		370	1.09	46	42	0.40	17
	针叶树嫩枝							
1999	松树枝(松针和嫩枝< 20 mm)		400	0.27	23	83	0.11	9

粗略营养成分								消化率					
1 kg DM													
CP	CF	ST	SU	NFR	CA	P	Ca	E	OM	CP	CF	ST SU	NFR
g	g	g	g	g	g	g	g	%	%	%	%	%	%
10	11	12	13	14	15	16	17	18	19	20	21	22	23
190	32	70	100	442	166	3.9	12.3	81	85	81	63	97	84
175	30	50	70	450	225	3.9	12.3	77	81	76	55	97	80
135	22	110	100	508	125	3.5	10.5	73	77	73	59	97	70
125	20	60	70	525	200	3.4	10.3	70	74	67	50	97	71
180	25	50	100	485	160	3.5	9.6	78	82	78	58	97	80
175	25	50	100	490	160	3.3	9.0	77	81	78	58	97	78
195	25	50	100	505	125	2.6	5.1	82	86	80	61	97	86
165	25	40	80	515	175	3.0	5.5	78	82	77	58	97	81
145	45	50	100	560	100	4.0	12.0	71	74	73	45	97	71
160	33	40	80	457	230	2.8	20.1	71	75	68	60	97	73
250	40	40	80	390	200	4.8	19.2	79	83	82	60	97	82
200	35	30	60	505	170	4.1	15.3	72	76	79	60	97	72
170	35	30	60	575	130	3.5	14.3	65	68	76	60	97	62
225	40	40	80	450	165	5.0	17.1	80	85	82	55	97	86
195	35	40	60	525	145	4.3	16.1	76	80	79	50	97	79
165	35	30	60	585	125	3.5	15.1	70	74	76	45	97	72
170	20	30	150	460	170	2.7	17.0	75	79	75	50	97	74
145	20	20	100	465	250	2.5	16.0	71	74	71	50	97	70
125	15	10	60	440	350	2.3	15.0	65	68	67	45	97	65
195	30	30	150	425	170	4.8	20.0	81	85	79	60	97	84
175	25	20	100	430	250	4.5	19.0	75	80	77	55	97	78
145	20	30	200	455	150	2.5	12.0	80	84	71	55	97	82
125	20	20	140	445	250	2.5	12.0	75	79	67	50	97	78
110	15	10	80	435	350	2.3	11.0	70	73	63	45	97	73
190	40	0	100	500	170	5.7	11.0	81	85	80	60	97	86
220	30	40	80	430	200	4.7	21.3	75	79	81	55	97	73
195	25	30	60	520	170	4.0	14.5	69	72	79	55	97	66
145	30	20	40	635	130	3.5	13.5	62	65	72	55	97	61
175	40	40	80	490	175	4.0	15.4	69	73	70	65	97	69
150	35	40	80	545	150	3.5	14.4	66	70	65	63	97	66
125	30	30	60	625	130	3.0	14.0	61	65	59	61	97	62
95	25	30	60	670	120	2.5	13.0	56	60	50	55	97	56
180	35	20	50	610	105	2.5	22.5	56	59	57	49	97	56
180	25	20	40	680	55	3.0	13.0	37	38	44	33	97	32
120	30	20	40	710	80	1.5	9.0	35	37	29	46	97	32
110	25	20	30	765	50	2.0	6.5	19	20	14	25	97	16
90	50	30	60	745	25	1.5	6.0	29	31	51	50	97	19
60	45	20	40	815	20	1.0	3.0	20	21	38	29	97	14

编码	饲料		饲料价值					
	分类	特征	1 kg OM	1 kg DM			1 kg OM	
		成熟期	DM	能量 NERc	dCP	PEQ	能量 NERc	dCP
			g	MJ	g	g/MJ	MJ	g
1	2	3	4	5	6	7	8	9
	3.1 牛饲料表格							
2000	青绿饲料的青贮料							
2100	青绿饲料的青贮料，小籽豆科							
	苜蓿，第1荐等							
2163	优质鲜青贮	开花前期	175	4.76	172	36	0.83	30
2165		早花期	200	4.27	129	30	0.85	26
2167		盛花期	215	3.74	112	30	0.80	24
2164	中等质量鲜青贮	开花前期	180	4.17	133	32	0.75	24
2166		早花期	205	3.64	98	27	0.75	20
2168		盛花期	220	3.13	82	26	0.69	18
3163	优质萎蔫青贮	开花前期	350	4.97	176	35	1.74	61
3165		早花期	350	4.46	135	30	1.56	47
3167		盛花期	350	3.93	116	29	1.38	40
3164	中等质量萎蔫青贮	开花前期	350	4.30	137	32	1.51	48
3166		早花期	350	3.84	102	27	1.34	36
3168		盛花期	350	3.28	88	27	1.15	31
	红三叶，第1茬等							
2013	优质鲜青贮	开花前期	160	5.00	138	28	0.80	22
2015		早花期	200	4.49	97	22	0.90	19
2017		盛花期	215	4.05	78	19	0.87	17
2014	中等质量鲜青贮	开花前期	165	4.39	107	24	0.72	18
2016		早花期	205	3.95	74	19	0.81	15
2018		盛花期	220	3.51	61	17	0.77	13
3013	优质萎蔫青贮	开花前期	350	5.28	141	27	1.85	49
3015		早花期	350	4.76	100	21	1.67	35
3017		盛花期	350	4.24	82	19	1.48	29
3014	中等质量萎蔫青贮	开花前期	350	4.62	107	23	1.62	37
3016		早花期	350	4.13	74	18	1.45	26
3018		盛花期	350	3.72	61	16	1.30	21
	紫花苜蓿							
2065	优质鲜青贮	早花期	190	4.49	106	24	0.85	20
3065	优质萎蔫青贮	早花期	350	4.72	110	23	1.65	38
2200	青绿饲料的青贮料，大籽豆科							
	菜豆，见黄色甜羽扇豆							
	豌豆，见黄色甜羽扇豆							
	豆科与菜豆的混合料							
2273	优质鲜青贮	开花前期	145	4.96	175	35	0.72	25
2275		开花期	160	4.74	137	29	0.76	22
2277		结荚早期	180	4.37	112	26	0.79	20
2274	中等质量鲜青贮	开花前期	155	4.31	132	31	0.67	21
2276		开花期	170	3.99	102	25	0.68	17
2278		结荚早期	190	3.70	83	22	0.70	16
	豆科与青绿谷物或玉米的混合料							
2293	优质鲜青贮	开花前期	160	5.05	146	29	0.81	23
2295		开花期	185	4.63	104	23	0.86	19
2297		结荚早期	230	4.21	85	20	0.97	20
2294	中等质量鲜青贮	开花前期	170	4.46	112	25	0.76	19
2296		开花期	195	4.04	80	20	0.79	16
2298		结荚早期	235	3.56	66	18	0.84	15

粗略营养成分								消化率					
1 kg DM													
CP	CF	ST	SU	NFR	CA	P	Ca	E	OM	CP	CF	ST SU	NFR
g	g	g	g	g	g	g	g	%	%	%	%	%	%
10	11	12	13	14	15	16	17	18	19	20	21	22	23
221	34	20	20	565	140	3.4	18.0	66	68	78	52	97	64
177	25	30	40	607	121	2.7	16.7	60	62	73	48	97	57
162	24	20	30	652	112	2.4	16.2	55	57	69	45	97	53
205	31	10	10	587	157	3.0	16.0	61	63	65	50	97	63
166	24	10	20	644	136	2.4	14.9	55	57	59	46	97	56
152	23	10	10	679	126	2.2	14.4	50	52	54	43	97	52
225	35	20	30	568	122	3.8	20.0	67	70	78	52	97	65
185	26	30	50	604	105	3.0	18.6	61	63	73	48	97	58
165	25	20	40	652	98	2.7	18.0	56	58	70	45	97	54
211	32	10	20	593	134	3.4	18.0	61	63	65	50	97	63
170	24	20	30	640	116	2.7	16.7	56	58	60	46	97	56
155	23	10	20	684	108	2.4	16.2	51	53	57	43	97	52
189	37	20	40	583	131	2.9	16.2	67	70	73	59	97	67
149	28	20	40	650	113	2.4	14.9	61	64	65	58	97	61
133	25	10	20	708	104	2.2	14.3	57	60	59	58	97	59
176	34	10	20	613	147	2.6	14.4	62	65	61	54	97	65
139	27	10	20	678	126	2.1	13.2	57	60	53	53	97	60
124	24	0	20	716	116	2.0	12.7	53	56	49	53	97	56
193	37	20	50	585	115	3.2	18.0	69	72	73	57	97	69
152	29	20	50	651	98	2.7	16.5	63	66	66	55	97	63
135	26	20	30	699	90	2.5	15.9	58	60	61	53	97	59
181	35	10	30	618	126	2.9	16.2	63	66	59	53	97	67
142	27	10	30	683	108	2.4	14.9	58	60	52	51	97	61
127	24	10	30	709	100	2.2	14.3	54	56	48	49	97	57
161	32	0	20	662	125	2.4	14.4	62	65	66	56	97	64
164	33	20	40	634	109	2.7	16.0	63	66	67	56	97	63
230	40	10	30	520	170	4.1	14.0	69	72	76	65	97	69
190	35	20	40	575	140	3.4	13.0	65	68	72	60	97	64
165	30	40	30	615	120	2.9	12.0	60	63	68	59	97	58
210	35	0	10	565	180	3.7	12.5	63	66	63	60	97	67
175	30	10	20	615	150	3.1	11.5	58	62	58	55	97	61
150	25	30	10	655	130	2.7	11.0	55	58	55	54	97	56
197	41	10	30	566	156	4.0	10.8	69	72	74	57	97	71
158	32	20	40	629	121	3.2	10.2	63	66	66	55	97	63
135	26	40	30	669	100	2.9	10.2	58	61	63	57	97	57
183	39	10	20	573	175	3.5	9.6	64	67	61	52	97	68
146	30	20	30	638	136	2.9	9.1	58	61	55	50	97	60
126	25	20	20	697	112	2.6	9.1	53	55	52	52	97	54

编码	饲料		饲料价值					
	分类	特征	1 kg OM	1 kg DM			1 kg OM	
		成熟期	DM	能量 NERc	dCP	PEQ	能量 NERc	dCP
			g	MJ	g	g/MJ	MJ	g
1	2	3	4	5	6	7	8	9
	3.1 牛饲料表格							
	黄色甜羽扇豆							
2213	优质鲜青贮	开花前期	140	4.93	155	32	0.69	22
2215		开花期	160	4.62	131	28	0.74	21
2217		结荚早期	180	4.44	105	24	0.80	19
2214	中等质量鲜青贮	开花前期	150	4.23	120	28	0.63	18
2216		开花期	170	3.88	99	25	0.66	17
2218		结荚早期	190	3.69	77	21	0.70	15
	菜豆，见黄色甜羽扇豆							
2300	青绿饲料的青贮料，豆科-草混合料							
	苜蓿-草，第1茬等							
2333	优质鲜青贮	开花前期	175	5.05	134	27	0.88	24
2335		早花期	210	4.48	89	20	0.94	19
2337		盛花期	250	3.94	73	18	0.98	18
2334	中等质量鲜青贮	开花前期	180	4.42	103	23	0.80	18
2336		早花期	215	3.85	69	18	0.83	15
2338		盛花期	255	3.21	53	17	0.82	14
3333	优质萎蔫青贮	开花前期	350	5.22	137	26	1.83	48
3335		早花期	350	4.69	95	20	1.64	33
3337		盛花期	350	4.13	76	18	1.44	27
3334	中等质量萎蔫青贮	开花前期	350	4.65	107	23	1.63	38
3336		早花期	350	4.04	73	18	1.41	25
3338		盛花期	350	3.38	58	17	1.18	20
	红三叶-草，第1茬等							
2313	优质鲜青贮	开花前期	170	5.38	120	22	0.92	20
2315		早花期	205	4.87	75	15	1.00	15
2317		盛花期	245	4.46	59	13	1.09	14
2314	中等质量鲜青贮	开花前期	175	4.61	91	20	0.81	16
2316		早花期	210	4.24	58	14	0.89	12
2318		盛花期	250	3.72	43	12	0.93	11
3313	优质萎蔫青贮	开花前期	350	5.59	124	22	1.96	43
3315		早花期	350	5.16	79	15	1.81	28
3317		盛花期	350	4.67	60	13	1.63	21
3314	中等质量萎蔫青贮	开花前期	350	4.86	96	20	1.70	34
3316		早花期	350	4.45	62	14	1.56	22
3318		盛花期	350	3.91	46	12	1.37	16
	野豌豆-草，第1茬							
2353	优质鲜青贮	开花前期	180	4.98	132	27	0.90	24
2355		早花期	200	4.60	98	21	0.92	20
2357		盛花期	235	4.07	78	19	0.96	18
2354	中等质量鲜青贮	开花前期	185	4.37	101	23	0.81	19
2356		早花期	205	3.95	73	19	0.81	15
2358		盛花期	240	3.52	57	16	0.84	14
3353	优质萎蔫青贮	开花前期	350	5.21	137	26	1.82	48
3355		早花期	350	4.79	100	21	1.68	35
3357		盛花期	350	4.25	79	19	1.49	28
3354	中等质量萎蔫青贮	开花前期	350	4.60	107	23	1.61	37
3356		早花期	350	4.15	75	18	1.45	26
3358		盛花期	350	3.62	61	17	1.27	21

粗略营养成分								消化率					
1 kg DM													
CP	CF	ST	SU	NFR	CA	P	Ca	E	OM	CP	CF	ST SU	NFR
g	g	g	g	g	g	g	g	%	%	%	%	%	%
10	11	12	13	14	15	16	17	18	19	20	21	22	23
207	33	20	40	529	171	3.1	12.2	69	72	75	57	97	69
182	27	30	40	602	119	2.4	10.3	63	65	72	55	97	61
156	26	40	40	640	98	2.3	7.6	60	62	67	57	97	58
191	27	10	20	560	192	2.7	10.7	63	65	63	54	97	66
170	26	10	20	641	133	2.2	9.1	57	59	58	50	97	59
145	25	20	20	682	108	2.1	6.7	54	56	53	50	97	56
184	40	20	20	608	128	3.6	12.2	67	70	73	54	97	69
139	30	20	30	675	106	2.9	11.0	61	64	64	51	97	62
121	25	20	30	704	100	2.7	11.0	56	58	60	47	97	56
171	37	10	20	619	143	3.2	10.9	62	65	60	51	97	65
130	28	10	20	693	119	2.6	9.8	56	58	53	48	97	59
113	24	10	20	721	112	2.4	9.8	50	52	47	44	97	53
188	41	20	30	610	111	4.0	13.6	68	71	73	55	97	69
142	31	20	30	685	92	3.2	12.2	62	65	67	52	97	63
123	26	20	20	725	86	2.8	11.7	57	59	62	47	97	58
176	38	10	10	644	122	3.6	12.2	63	66	61	51	97	67
132	28	10	20	708	102	2.9	11.0	57	60	55	48	97	60
115	25	10	20	734	96	2.5	10.5	51	53	50	44	97	53
171	37	20	50	595	127	3.3	10.8	70	73	70	58	97	72
125	27	30	60	658	100	2.7	10.1	64	67	60	55	97	65
107	23	20	30	732	88	2.6	10.2	60	63	55	52	97	62
159	34	10	20	634	143	3.0	9.6	64	67	57	53	97	68
118	26	20	30	694	112	2.4	9.0	59	62	49	50	97	62
101	22	10	20	749	98	2.3	9.0	54	56	43	47	97	58
174	38	30	50	597	111	3.7	12.0	71	75	71	58	97	73
127	28	30	70	659	86	3.0	11.2	66	70	62	55	97	66
108	24	20	40	733	75	2.7	10.7	61	64	56	52	97	63
163	35	20	30	630	122	3.3	10.8	65	69	59	54	97	69
120	26	20	30	708	96	2.7	10.1	60	63	52	51	97	63
102	23	10	20	761	84	2.4	9.6	55	58	45	48	97	59
184	42	20	50	560	144	4.2	9.4	67	70	72	59	97	67
148	35	20	50	628	119	3.6	8.7	62	65	66	57	97	62
125	29	20	30	690	106	3.2	8.4	57	60	62	55	97	57
171	40	10	30	588	161	3.8	8.3	62	65	59	54	97	65
138	32	10	30	657	133	3.2	7.8	57	60	53	52	97	60
117	28	0	20	716	119	2.9	7.5	53	55	49	50	97	56
188	44	30	50	563	125	4.7	10.4	68	71	73	59	97	68
151	36	30	60	620	103	4.0	9.7	63	66	66	57	97	62
127	30	20	40	691	92	3.4	8.8	58	61	62	55	97	58
175	41	20	20	606	138	4.2	9.4	63	66	61	54	97	66
141	33	20	30	662	114	3.6	8.7	58	61	53	52	97	60
120	28	10	20	720	102	3.1	7.9	53	55	51	50	97	56

编码	饲料		饲料价值					
	分类	特征	1 kg OM	1 kg DM			1 kg OM	
		成熟期	DM	能量 NERc	dCP	PEQ	能量 NERc	dCP
			g	MJ	g	g/MJ	MJ	g
1	2	3	4	5	6	7	8	9
	3.1 牛饲料表格							
	野豌豆-黑麦草,第2茬等,见黑麦草							
	野豌豆-黑麦,-燕麦和-小麦							
2371	优质鲜青贮	开花前期	165	5.04	132	26	0.83	22
2373		早花期	180	4.58	97	21	0.82	17
2375		盛花期	210	3.99	71	18	0.84	15
2372	中等质量鲜青贮	开花前期	175	4.41	100	23	0.77	17
2374		早花期	190	3.95	74	19	0.75	14
2376		盛花期	220	3.42	53	15	0.75	12
3371	优质萎蔫青贮	开花前期	300	5.23	142	27	1.57	43
3373		早花期	300	4.74	105	22	1.42	31
3375		盛花期	300	4.15	82	20	1.24	25
3372	中等质量萎蔫青贮	开花前期	300	4.57	104	23	1.37	31
3374		早花期	300	4.13	76	18	1.24	23
3376		盛花期	300	3.62	54	15	1.09	16
2400	青绿饲料的青贮料，纯种草							
	鸡脚草，第1茬，100 kg N/hm^2							
2431	优质鲜青贮	拔节期	195	5.10	110	22	0.99	21
2435		抽穗期	230	4.60	81	18	1.06	19
2437		盛花期	280	3.83	42	11	1.07	12
2432	中等质量鲜青贮	拔节期	200	4.44	86	19	0.89	17
2436		抽穗期	235	3.94	63	16	0.93	15
2438		盛花期	280	3.27	34	10	0.92	9
3431	优质萎蔫青贮	拔节期	350	5.37	112	21	1.88	39
3435		抽穗期	350	4.89	82	17	1.71	29
3437		盛花期	350	4.02	43	11	1.41	15
3432	中等质量萎蔫青贮	拔节期	350	4.66	88	19	1.63	31
3436		抽穗期	350	4.15	64	16	1.45	23
3438		盛花期	350	3.45	34	10	1.21	12
	鸡脚草，第2茬等，每茬 50 kg N/hm^2							
2441	优质鲜青贮	15～35 d 生长期	210	4.90	114	23	1.03	24
2443		35～55 d 生长期	240	4.53	93	21	1.09	22
2445		55～75 d 生长期	270	3.93	63	16	1.06	17
2442	中等质量鲜青贮	15～35 d 生长期	220	4.24	92	22	0.93	20
2444		35～55 d 生长期	250	3.87	73	19	0.97	18
2446		55～75 d 生长期	280	3.36	51	15	0.94	14
3441	优质萎蔫青贮	15～35 d 生长期	350	5.07	123	24	1.78	43
3443		35～55 d 生长期	350	4.74	99	21	1.66	35
3445		55～75 d 生长期	350	4.11	70	17	1.44	24
3442	中等质量萎蔫青贮	15～35 d 生长期	350	4.53	102	23	1.59	36
3444		35～55 d 生长期	350	4.06	76	19	1.42	26
3446		55～75 d 生长期	350	3.56	53	15	1.25	18
	多年生意大利黑麦草，第1茬，100 kg N/hm^2							
2411	优质鲜青贮	拔节期	185	5.66	120	21	1.05	22
2415		抽穗期	215	4.98	83	17	1.07	18
2417		盛花期	260	4.14	47	11	1.08	12
2412	中等质量鲜青贮	拔节期	190	4.81	93	19	0.91	18
2416		抽穗期	220	4.35	62	14	0.96	14
2418		盛花期	265	3.60	35	10	0.95	9

粗略营养成分								消化率					
1 kg DM													
CP	CF	ST	SU	NFR	CA	P	Ca	E	OM	CP	CF	ST SU	NFR
g	g	g	g	g	g	g	g	%	%	%	%	%	%
10	11	12	13	14	15	16	17	18	19	20	21	22	23
183	41	20	50	556	150	3.9	8.4	68	71	72	59	97	68
147	33	20	50	631	119	3.4	7.7	62	65	66	57	97	62
120	28	20	50	682	100	3.1	7.0	56	58	59	55	97	55
169	39	10	30	584	168	3.4	7.4	63	66	59	54	97	66
137	31	10	20	669	133	3.0	6.7	57	60	54	52	97	60
112	27	0	10	739	112	2.7	6.2	52	54	47	50	97	56
197	42	20	50	559	132	4.3	9.3	69	72	72	59	97	70
159	34	20	60	622	105	3.8	8.6	63	66	66	57	97	62
132	29	10	40	701	88	3.4	7.8	57	60	62	55	97	57
174	40	10	20	612	144	3.9	8.4	63	67	60	54	97	67
140	31	10	30	675	114	3.4	7.7	58	61	54	52	97	61
114	27	0	20	743	96	3.1	7.0	53	55	47	50	97	56
159	40	20	40	626	115	3.0	4.1	67	71	69	58	97	67
130	35	20	40	675	100	2.7	3.9	61	65	62	55	97	62
88	25	10	30	766	81	2.2	3.3	54	57	48	52	97	56
149	38	10	20	654	129	2.6	3.7	61	65	58	53	97	65
122	32	10	20	704	112	2.4	3.5	56	59	52	51	97	59
84	24	0	10	791	91	2.0	3.0	50	53	40	47	97	54
162	42	30	50	617	99	3.3	4.6	68	72	69	58	97	69
132	36	30	50	666	86	2.8	4.1	63	67	62	55	97	64
90	26	20	40	754	70	2.3	3.5	55	58	48	52	97	57
152	39	20	30	649	110	3.0	4.1	62	66	58	53	97	65
124	33	20	30	697	96	2.5	3.7	57	60	52	51	97	59
85	25	10	20	782	78	2.1	3.2	51	54	40	47	97	54
170	45	20	40	585	140	3.9	4.7	65	69	67	55	97	68
145	40	20	40	630	125	3.6	4.5	61	65	64	53	97	63
115	35	10	30	700	110	3.1	3.9	56	59	55	50	97	58
165	40	10	20	610	155	3.4	4.2	60	64	56	55	97	64
140	35	10	20	655	140	3.2	4.0	56	60	52	48	97	61
110	30	0	10	725	125	2.8	3.5	52	55	46	45	97	56
175	45	20	50	585	125	4.3	5.2	66	70	70	57	97	68
150	40	30	50	620	110	3.8	4.7	62	66	66	53	97	63
120	35	10	40	695	100	3.3	4.1	57	60	58	50	97	58
170	40	10	20	625	135	3.9	4.6	62	65	60	55	97	66
140	35	10	30	665	120	3.4	4.2	57	61	54	48	97	61
110	30	0	10	745	105	3.0	3.7	53	56	48	45	97	57
171	40	30	50	588	121	3.9	6.0	71	76	70	58	97	75
130	33	30	50	651	106	3.3	5.6	65	69	64	55	97	66
93	24	20	30	739	94	2.9	5.2	57	60	51	52	97	59
161	37	20	40	605	137	3.4	5.4	64	69	58	53	97	70
121	31	20	40	666	122	3.0	5.0	60	64	51	50	97	63
87	23	10	20	755	105	2.6	4.7	53	56	40	48	97	57

编码	饲料		饲料价值					
	分类	特征	1 kg OM	1 kg DM			1 kg OM	
		成熟期	DM	能量 NERc	dCP	PEQ	能量 NERc	dCP
			g	MJ	g	g/MJ	MJ	g
1	2	3	4	5	6	7	8	9
	3.1 牛饲料表格							
	多年生意大利黑麦草，第 1 茬，100 kg N/hm²							
3411	优质萎蔫青贮	拔节期	350	5.84	124	21	2.04	43
3415		抽穗期	350	5.18	84	16	1.81	30
3417		盛花期	350	4.32	48	11	1.51	17
3412	中等质量萎蔫青贮	拔节期	350	5.00	97	19	1.75	34
3416		抽穗期	350	4.56	64	14	1.60	23
3418		盛花期	350	3.77	37	10	1.32	13
	多年生黑麦草，第 2 茬等，每茬 50 kg N/hm²							
2421	优质鲜青贮	15～35 d 生长期	200	5.22	126	24	1.04	25
2423		35～55 d 生长期	235	4.87	98	20	1.14	23
2425		55～75 d 生长期	265	4.30	70	16	1.14	18
2422	中等质量鲜青贮	15～35 d 生长期	210	4.58	107	23	0.96	22
2424		35～55 d 生长期	240	4.22	80	19	1.01	19
2426		55～75 d 生长期	270	3.78	58	15	1.02	16
3421	优质萎蔫青贮	15～35 d 生长期	350	5.43	131	24	1.90	46
3423		35～55 d 生长期	350	5.07	102	20	1.78	36
3425		55～75 d 生长期	350	4.52	75	17	1.58	26
3422	中等质量萎蔫青贮	15～35 d 生长期	350	4.77	107	22	1.67	37
3424		35～55 d 生长期	350	4.38	80	18	1.53	28
3426		55～75 d 生长期	350	3.97	58	14	1.39	20
	意大利黑麦草，第 2 茬等，见第 1 茬							
	狐尾草，见鸡脚草							
	猫尾草，见鸡脚草							
	肯塔基早熟禾，见黑麦草							
	牛尾草，见黑麦草							
2600	青绿饲料的青贮料，牧草							
	优质牧草，第 1 茬，50 kg N/hm²							
2621	优质鲜青贮	拔节期	175	5.27	102	19	0.92	18
2625		抽穗期	195	4.73	73	15	0.92	14
2627		盛花期	250	4.06	48	12	1.01	12
2622	中等质量鲜青贮	拔节期	180	4.69	77	16	0.84	14
2626		抽穗期	200	4.11	53	13	0.82	11
2628		盛花期	255	3.36	36	11	0.86	9
3621	优质萎蔫青贮	拔节期	350	5.43	102	19	1.90	36
3625		抽穗期	350	4.85	78	16	1.70	27
3627		盛花期	350	4.10	48	12	1.44	17
3622	中等质量萎蔫青贮	拔节期	350	4.78	76	16	1.67	26
3626		抽穗期	350	4.14	54	13	1.45	19
3628		盛花期	350	3.48	36	10	1.22	13
	优质牧草，第 1 茬，100 kg N/hm²							
2641	优质鲜青贮	拔节期	170	5.45	118	22	0.93	20
2645		抽穗期	190	4.70	90	19	0.89	17
2647		盛花期	250	3.88	52	13	0.97	13
2642	中等质量鲜青贮	拔节期	175	4.57	90	20	0.80	16
2646		抽穗期	195	4.04	69	17	0.79	14
2648		盛花期	255	3.38	39	12	0.86	10
3641	优质萎蔫青贮	拔节期	350	5.60	121	22	1.96	42
3645		抽穗期	350	4.87	93	19	1.70	33
3647		盛花期	350	4.05	56	14	1.42	19

粗略营养成分								消化率					
1 kg DM													
CP	CF	ST	SU	NFR	CA	P	Ca	E	OM	CP	CF	ST SU	NFR
g	g	g	g	g	g	g	g	%	%	%	%	%	%
10	11	12	13	14	15	16	17	18	19	20	21	22	23
174	41	30	60	588	107	4.3	6.7	72	77	71	58	97	77
132	34	40	60	640	94	3.7	6.2	66	70	64	55	97	67
94	25	30	40	730	81	3.0	5.5	58	61	51	52	97	59
165	38	20	40	621	116	3.9	6.0	65	69	59	54	97	70
124	31	20	40	683	102	3.3	5.6	61	64	52	51	97	64
88	24	10	20	768	90	2.7	5.0	54	57	42	49	97	57
180	45	30	50	555	140	3.9	5.7	68	72	70	60	97	70
150	40	20	50	615	125	3.6	5.3	64	68	65	55	97	66
120	35	20	30	685	110	3.2	4.9	59	62	58	50	97	61
175	40	20	30	580	155	3.6	5.1	63	67	61	55	97	67
145	35	20	30	630	140	3.2	4.7	59	63	55	50	97	63
115	30	10	20	700	125	2.8	4.4	55	58	50	45	97	59
185	45	40	60	545	125	4.4	6.1	69	73	71	60	97	71
155	40	30	60	605	110	3.8	5.6	65	69	66	55	97	67
125	35	20	40	680	100	3.1	4.9	60	64	60	50	97	62
175	40	20	30	600	135	4.0	5.4	64	68	61	55	97	68
145	35	10	30	660	120	3.4	5.0	60	64	55	50	97	64
115	30	20	20	710	105	2.8	4.4	56	59	50	45	97	59
150	35	30	60	590	135	3.5	5.5	69	73	68	55	97	72
120	30	30	60	655	105	3.0	5.2	62	66	61	55	97	63
95	25	20	50	730	80	2.5	5.0	56	59	50	55	97	56
140	30	20	30	635	145	3.1	4.9	64	68	55	50	97	69
110	25	20	30	695	120	2.6	4.6	58	61	48	50	97	61
90	20	10	20	760	100	2.2	4.5	51	54	40	50	97	54
150	40	40	70	575	125	3.9	6.2	69	74	68	55	97	72
125	35	40	70	630	100	3.3	5.8	63	66	62	55	97	62
95	30	30	60	700	85	2.6	5.3	56	59	50	55	97	56
140	35	20	40	635	130	3.5	5.5	64	68	54	50	97	69
110	30	20	40	695	105	3.0	5.2	57	61	49	50	97	60
90	25	20	30	745	90	2.3	4.7	51	55	40	50	97	54
168	42	30	50	569	141	3.7	5.8	70	74	70	57	97	73
140	38	30	50	617	125	3.2	5.5	63	66	64	56	97	63
102	29	20	40	705	104	2.7	5.3	54	57	51	53	97	57
156	39	20	30	598	157	3.3	5.2	63	67	58	52	97	68
131	35	20	30	645	139	2.8	4.9	58	61	53	50	97	60
95	26	10	20	734	115	2.4	4.8	51	54	41	48	97	55
171	44	30	60	570	125	4.1	6.5	71	75	71	57	97	74
143	39	30	60	614	114	3.5	6.1	64	67	65	56	97	64
105	30	20	50	700	95	2.8	5.6	55	58	53	53	97	58

编码	饲料		饲料价值					
	分类	特征	1 kg OM	1 kg DM			1 kg OM	
		成熟期	DM	能量 NERc	dCP	PEQ	能量 NERc	dCP
			g	MJ	g	g/MJ	MJ	g
1	2	3	4	5	6	7	8	9
	3.1 牛饲料表格							
	优质牧草，第 1 茬，100 kg N/hm²							
3642	中等质量萎蔫青贮	拔节期	350	4.77	93	19	1.67	32
3646		抽穗期	350	4.23	72	17	1.48	25
3648		盛花期	350	3.50	40	12	1.22	14
	优质牧草，第 1 茬，150 kg N/hm²							
2661	优质鲜青贮	拔节期	160	5.26	163	31	0.84	26
2665		抽穗期	180	4.76	128	27	0.86	23
2667		盛花期	230	4.09	98	24	0.94	22
2662	中等质量鲜青贮	拔节期	165	4.53	130	29	0.75	21
2666		抽穗期	185	4.02	102	25	0.74	19
2668		盛花期	235	3.50	76	22	0.82	18
3661	优质萎蔫青贮	拔节期	350	5.37	165	31	1.88	58
3665		抽穗期	350	4.82	128	26	1.69	45
3667		盛花期	350	4.12	98	24	1.44	34
3662	中等质量萎蔫青贮	拔节期	350	4.64	135	29	1.62	47
3666		抽穗期	350	4.16	107	26	1.45	37
3668		盛花期	350	3.59	76	21	1.26	26
	优质牧草，第 2 茬等，50 kg N/hm²							
2651	优质鲜青贮	15～35 d 生长期	190	4.81	117	24	0.91	22
2653		35～55 d 生长期	210	4.48	96	21	0.94	20
2655		55～75 d 生长期	235	3.94	77	19	0.93	18
2652	中等质量鲜青贮	15～35 d 生长期	195	4.11	92	22	0.80	18
2654		35～55 d 生长期	215	3.82	74	19	0.82	16
2656		55～75 d 生长期	240	3.38	59	18	0.81	14
3651	优质萎蔫青贮	15～35 d 生长期	350	5.02	114	23	1.76	40
3653		35～55 d 生长期	350	4.67	99	21	1.63	35
3655		55～75 d 生长期	350	4.12	81	20	1.44	28
3652	中等质量萎蔫青贮	15～35 d 生长期	350	4.39	89	20	1.54	31
3654		35～55 d 生长期	350	4.02	76	19	1.41	27
3656		55～75 d 生长期	350	3.54	62	17	1.24	22
	劣质牧草，第 1 茬，50 kg N/hm²							
2711	优质鲜青贮	拔节期	180	4.56	70	15	0.82	13
2715		抽穗期	200	4.07	47	12	0.81	9
2717		盛花期	245	3.30	26	8	0.81	6
2712	中等质量鲜青贮	拔节期	185	3.92	54	14	0.73	10
2716		抽穗期	205	3.32	37	11	0.68	8
2718		盛花期	250	2.64	20	7	0.66	5
3711	优质萎蔫青贮	拔节期	350	4.78	72	15	1.67	25
3715		抽穗期	350	4.24	49	12	1.49	17
3717		盛花期	350	3.45	26	8	1.21	9
3712	中等质量萎蔫青贮	拔节期	350	4.16	55	13	1.46	19
3716		抽穗期	350	3.53	38	11	1.23	13
3718		盛花期	350	2.82	20	7	0.99	7
	劣质牧草，第 2 茬等，每茬 25 kg N/hm²							
2723	优质鲜青贮	35～55 d 生长期	220	3.94	54	14	0.87	12
2725		55～75 d 生长期	250	3.42	34	10	0.85	9
2724	中等质量鲜青贮	35～55 d 生长期	225	3.29	40	12	0.74	9
2726		55～75 d 生长期	255	2.87	24	8	0.73	6
3723	优质萎蔫青贮	35～55 d 生长期	350	4.11	58	14	1.44	20
3725		55～75 d 生长期	350	3.62	38	10	1.27	13

粗略营养成分								消化率					
1 kg DM													
CP	CF	ST	SU	NFR	CA	P	Ca	E	OM	CP	CF	ST SU	NFR
g	g	g	g	g	g	g	g	%	%	%	%	%	%
10	11	12	13	14	15	16	17	18	19	20	21	22	23
160	39	20	30	615	136	3.7	5.8	64	68	58	52	97	69
134	35	20	30	661	120	3.2	5.5	59	62	54	50	97	61
96	27	10	20	747	100	2.5	5.0	51	54	42	48	97	56
215	45	20	40	525	155	3.9	6.1	70	73	76	60	97	70
180	40	20	40	590	130	3.3	5.8	64	67	71	60	97	63
150	35	10	30	670	105	2.9	5.5	57	59	65	55	97	57
200	40	10	20	565	165	3.5	5.5	64	67	65	55	97	67
170	35	10	20	620	145	3.0	5.2	58	61	60	55	97	60
140	30	0	10	705	115	2.6	5.0	53	55	54	55	97	55
220	45	30	50	510	145	4.3	6.8	70	74	75	60	97	70
180	40	30	50	580	120	3.7	6.4	64	67	71	60	97	62
150	35	20	40	660	95	3.0	5.9	57	60	65	55	97	55
205	40	10	30	560	155	3.9	6.1	64	68	66	55	97	67
175	35	10	30	620	130	3.3	5.8	59	62	61	55	97	60
140	30	0	20	705	105	2.7	5.3	53	56	54	55	97	55
175	45	20	50	565	145	3.6	6.2	65	68	67	55	97	66
150	42	20	40	617	131	3.2	5.8	61	64	64	55	97	62
130	36	10	30	678	116	3.0	5.4	56	58	59	51	97	57
165	40	10	30	595	160	3.3	5.6	59	63	56	50	97	63
139	39	10	20	645	147	2.9	5.2	56	59	53	50	97	59
121	33	0	20	696	130	2.7	4.8	52	54	49	47	97	55
168	44	30	60	571	127	4.0	6.9	66	70	68	57	97	66
153	42	30	50	612	113	3.6	6.5	62	66	65	55	97	61
132	36	20	40	671	101	3.2	5.7	57	60	61	51	97	57
157	42	20	30	609	142	3.6	6.2	61	65	57	54	97	63
143	39	20	30	642	126	3.2	5.8	57	60	53	51	97	59
123	33	10	20	702	112	2.9	5.1	53	55	50	48	97	55
125	29	10	30	691	115	2.6	2.7	62	65	56	51	97	65
103	23	10	20	744	100	2.2	2.4	57	60	46	48	97	61
75	19	10	20	788	88	1.8	2.2	50	53	35	45	97	53
117	28	0	20	706	129	2.3	2.4	57	60	46	48	97	62
96	22	0	10	760	112	1.9	2.2	51	54	39	45	97	56
70	17	0	10	805	98	1.6	2.0	45	47	28	42	97	49
127	30	20	40	682	101	2.9	3.0	63	67	57	52	97	66
104	24	20	30	734	88	2.4	2.7	58	61	47	49	97	61
75	19	20	30	779	77	1.9	2.3	51	54	35	46	97	53
120	28	10	20	712	110	2.6	2.7	58	61	46	49	97	63
97	23	10	20	754	96	2.2	2.4	52	55	39	46	97	56
71	18	10	10	807	84	1.7	2.1	46	48	28	43	97	50
107	24	10	20	733	106	2.2	2.4	56	58	50	50	97	59
84	20	0	10	792	94	1.9	2.2	51	53	41	45	97	56
100	23	0	10	748	119	2.1	2.3	51	53	40	48	97	56
78	18	0	10	789	105	1.8	2.0	47	49	31	43	97	52
113	25	20	30	718	94	2.5	2.7	57	59	51	52	97	59
90	20	10	20	777	83	2.1	2.4	53	55	42	47	97	56

编码	饲料		饲料价值					
	分类	特征	1 kg OM	1 kg DM			1 kg OM	
		成熟期	DM	能量 NERc	dCP	PEQ	能量 NERc	dCP
			g	MJ	g	g/MJ	MJ	g
1	2	3	4	5	6	7	8	9
	3.1 牛饲料表格							
	劣质牧草，第 2 茬等，每茬 25 kg N/hm^2							
3724	中等质量萎蔫青贮	35～55 d 生长期	350	3.52	41	12	1.23	14
3726		55～75 d 生长期	350	3.07	26	8	1.08	9
2800	青绿饲料的青贮料，青绿谷物，青绿玉米和青贮用玉米							
	大麦，见燕麦							
	燕麦，125 kg N/hm^2							
2873	优质鲜青贮	孕穗期	170	5.34	97	18	0.91	16
2875		抽穗期	190	4.93	74	15	0.94	14
2877		盛花期	250	4.42	52	12	1.10	13
2874	中等质量鲜青贮	孕穗期	175	4.62	73	16	0.81	13
2876		抽穗期	195	4.11	55	13	0.80	11
2878		盛花期	255	3.66	39	11	0.93	10
3873	优质萎蔫青贮	孕穗期	300	5.65	106	19	1.70	32
3875		抽穗期	300	5.25	75	14	1.58	22
3877		盛花期	300	4.69	53	11	1.41	16
3874	中等质量萎蔫青贮	孕穗期	300	4.95	77	16	1.49	23
3876		抽穗期	300	4.40	57	13	1.32	17
3878		盛花期	300	3.84	40	10	1.15	12
	青绿玉米							
2881	优质鲜青贮	开花前期	145	4.55	80	18	0.66	12
2883		开花期	165	5.04	62	12	0.83	10
2882	中等质量鲜青贮	开花前期	150	3.80	64	17	0.57	10
2884		开花期	170	4.43	47	11	0.75	8
	青贮用玉米							
2891	优质鲜青贮	乳熟期	200	5.40	48	9	1.08	10
2893		乳熟期至蜡熟期	220	5.89	43	7	1.30	9
2895		蜡熟期	270	6.21	34	5	1.68	9
2892	中等质量鲜青贮	乳熟期	200	4.70	34	7	0.94	7
2894		乳熟期至蜡熟期	225	5.28	27	5	1.19	6
	黑麦和小麦，125 kg N/hm^2							
2823	优质鲜青贮	孕穗期	160	5.45	126	23	0.87	20
2825		抽穗早期	175	4.94	95	19	0.86	17
2827		抽穗晚期	190	4.33	65	15	0.82	12
2824	中等质量鲜青贮	孕穗期	165	4.71	98	21	0.78	16
2826		抽穗早期	180	4.22	72	17	0.76	13
2828		抽穗晚期	195	3.68	47	13	0.72	9
3823	优质萎蔫青贮	孕穗期	300	5.71	129	23	1.71	39
3825		抽穗早期	300	5.23	97	18	1.57	29
3827		抽穗晚期	300	4.65	66	14	1.39	20
3824	中等质量鲜青贮	孕穗期	300	5.01	101	20	1.50	30
3826		抽穗早期	300	4.52	73	16	1.36	22
3828		抽穗晚期	300	4.01	48	12	1.20	15
	全株谷物植株，青贮							
2859	全株大麦青贮	蜡熟期	390	4.49	36	8	1.75	14
2879	全株燕麦青贮	蜡熟期	370	4.20	36	9	1.55	13
2899	全株玉米青贮	玉米蜡熟早期	320	6.16	29	5	1.97	9
2829	全株黑麦青贮	蜡熟期	385	3.78	23	6	1.45	9
2839	全株小麦青贮	蜡熟期	410	4.14	36	9	1.70	15

粗略营养成分								消化率					
1 kg DM													
CP	CF	ST	SU	NFR	CA	P	Ca	E	OM	CP	CF	ST SU	NFR
g	g	g	g	g	g	g	g	%	%	%	%	%	%
10	11	12	13	14	15	16	17	18	19	20	21	22	23
102	24	10	20	742	102	2.2	2.4	53	55	40	49	97	55
80	19	0	10	801	90	1.9	2.2	49	51	32	44	97	52
142	27	20	40	640	131	3.5	4.3	70	75	68	55	97	73
117	31	20	40	681	111	3.1	4.0	65	69	63	58	97	67
94	26	20	50	727	83	2.7	3.5	59	62	55	60	97	59
132	34	10	20	656	148	3.1	3.8	64	68	55	52	97	69
110	29	10	20	707	124	2.7	3.5	58	61	50	55	97	61
88	24	10	30	755	93	2.4	3.1	53	55	44	58	97	55
153	38	30	50	613	116	3.9	4.8	71	76	69	55	97	75
119	32	30	50	671	98	3.4	4.4	67	71	63	58	97	69
95	26	30	60	712	77	2.8	3.7	61	64	56	60	97	61
140	35	10	20	669	126	3.5	4.3	66	70	55	52	97	72
112	29	10	20	722	107	3.1	4.0	60	63	51	55	97	64
89	25	10	30	762	84	2.5	3.3	54	57	45	58	97	57
125	25	20	50	655	125	2.2	4.5	62	65	64	65	97	62
105	22	20	60	687	106	2.1	4.4	66	69	59	65	97	67
120	24	10	20	686	140	2.0	4.0	56	59	53	60	97	58
100	21	10	30	720	119	1.8	3.9	61	64	47	60	97	65
90	25	70	70	650	95	2.0	4.0	67	71	53	67	97	68
85	30	140	70	595	80	2.1	4.1	69	73	50	70	97	68
75	30	190	60	570	75	2.1	4.0	70	74	45	70	97	68
84	23	90	40	658	105	1.8	3.6	61	65	40	63	97	61
76	26	140	30	637	91	1.9	3.6	64	68	36	65	97	65
173	39	20	40	592	136	4.1	4.5	70	73	73	65	97	72
140	34	10	30	673	113	3.5	4.0	65	68	68	63	97	67
108	28	10	30	726	98	2.7	3.3	59	62	60	60	97	60
161	36	10	20	621	152	3.7	4.0	65	68	61	60	97	69
131	32	10	20	680	127	3.1	3.5	59	62	55	58	97	62
100	27	0	10	753	110	2.4	3.0	54	56	47	55	97	58
177	40	30	50	591	112	4.6	5.0	71	75	73	65	97	74
142	35	20	40	664	99	3.9	4.4	67	70	68	63	97	68
110	29	20	40	715	86	3.0	3.7	61	64	60	60	97	62
165	37	20	30	626	122	4.1	4.5	66	69	61	60	97	70
133	32	10	20	697	108	3.5	4.0	61	63	55	58	97	65
103	28	10	20	745	94	2.7	3.3	56	59	47	55	97	59
80	20	150	40	640	70	2.5	3.2	57	60	45	55	97	52
80	25	150	40	625	80	2.5	3.2	55	58	45	55	97	48
70	30	250	50	530	70	2.1	4.0	69	73	42	70	97	64
65	20	180	40	625	70	2.5	3.0	51	54	35	55	97	41
80	20	180	40	610	70	2.3	2.7	54	57	45	55	97	45

编码	饲料		饲料价值					
	分类	特征	1 kg OM	1 kg DM			1 kg OM	
		成熟期	DM	能量 NERc	dCP	PEQ	能量 NERc	dCP
			g	MJ	g	g/MJ	MJ	g
1	2	3	4	5	6	7	8	9
	3.1 牛饲料表格							
2900	青绿饲料的青贮料，甜菜叶和十字花科							
	牛甘蓝，主植株							
2951	优质鲜青贮	早期	150	5.45	102	19	0.82	15
2953		晚期	160	5.02	72	14	0.80	11
2952	中等质量鲜青贮	早期	155	4.68	75	16	0.72	12
2954		晚期	165	4.19	50	12	0.69	8
	油菜							
2931	优质鲜青贮	营养生长期	125	5.35	139	26	0.67	17
2933		现蕾期	135	5.20	119	23	0.70	16
2935		开花期	145	4.53	100	22	0.66	15
	甜菜叶							
	带顶饲用甜菜叶							
2921	优质鲜青贮	清洁	150	4.94	115	23	0.74	17
2922		不清洁	190	3.83	99	26	0.73	19
2923		很不清洁	220	2.86	78	27	0.63	17
2924		不清洁，有杂草	195	3.11	73	23	0.61	14
	带顶甜菜叶							
2911	优质鲜青贮	清洁	170	5.28	95	18	0.90	16
2912		不清洁	200	4.33	79	18	0.87	16
2913		很不清洁	230	3.26	59	18	0.75	14
2914		不清洁，有杂草	210	3.60	55	15	0.76	12
2965	优质向日葵鲜青贮	早花期	160	4.16	53	13	0.66	8
4000	干燥青绿饲料							
4100	干燥青绿饲料，小籽豆科							
	苜蓿，第 1 茬							
4161	优质	营养生长期	900	5.07	183	36	4.56	164
4163		现蕾期	900	4.73	151	32	4.25	135
4165		早花期	900	4.38	127	29	3.94	115
4167		盛花期	900	3.96	111	28	3.56	99
4162	干燥	营养生长期	960	4.48	154	34	4.30	147
4164		现蕾期	960	4.18	123	29	4.01	118
4166		早花期	960	3.77	103	27	3.61	98
4168		盛花期	960	3.31	88	27	3.18	84
	苜蓿，第 2 茬等							
4171	优质	营养生长期	900	4.96	197	40	4.46	177
4173		现蕾期	900	4.61	165	36	4.15	148
4175		早花期	900	4.31	143	33	3.88	129
4177		盛花期	900	3.96	120	30	3.56	108
	红三叶，第 1 茬等							
4011	优质	营养生长期	900	5.46	148	27	4.91	134
4013		现蕾期	900	5.12	115	23	4.60	104
4015		早花期	900	4.73	91	19	4.26	82
4017		盛花期	900	4.29	74	17	3.87	67
4012	干燥	营养生长期	960	4.87	129	26	4.68	124
4014		现蕾期	960	4.54	103	23	4.36	98
4016		早花期	960	4.10	74	18	3.94	71
4018		盛花期	960	3.61	59	16	3.47	56
4063	优质紫花苜蓿，第 1 茬等	营养生长期	900	4.97	141	28	4.47	127
4065		早花期	900	4.71	110	23	4.24	99
4067		盛花期	900	4.17	89	21	3.76	80
4085	优质白三叶，第 1 茬等	早花期	900	5.02	127	25	4.52	114

粗略营养成分								消化率					
1 kg DM													
CP	CF	ST	SU	NFR	CA	P	Ca	E	OM	CP	CF	ST SU	NFR
g	g	g	g	g	g	g	g	%	%	%	%	%	%
10	11	12	13	14	15	16	17	18	19	20	21	22	23
145	30	60	50	560	155	3.1	8.9	72	76	70	55	97	74
110	25	80	50	605	130	2.7	8.5	66	69	65	55	97	65
130	25	30	30	605	180	2.9	7.9	66	70	58	50	97	71
100	20	40	30	650	160	2.6	7.6	60	64	50	45	97	63
185	45	20	40	495	215	4.5	14.5	75	80	75	60	97	81
165	40	20	30	560	185	3.5	13.5	71	75	72	55	97	75
145	35	10	30	620	160	3.0	12.5	63	67	69	55	97	65
160	30	20	80	510	200	2.3	14.5	70	74	72	50	97	71
145	25	10	50	470	300	2.0	12.5	65	68	68	50	97	65
125	20	0	30	425	400	1.5	10.5	60	62	62	46	97	61
125	20	10	40	520	285	1.8	11.5	56	59	58	45	97	56
140	30	20	100	510	200	2.2	11.0	74	79	68	52	97	78
125	25	10	70	470	300	2.0	10.0	70	74	63	48	97	74
105	20	0	40	435	400	1.5	9.0	64	68	56	45	97	70
110	20	10	50	525	285	1.8	10.0	61	65	50	44	97	65
105	29	20	40	644	162	2.7	12.6	60	63	50	52	97	62
250	36	44	38	502	130	4.1	20.1	68	71	73	52	97	67
215	32	27	56	555	115	3.5	19.8	64	67	70	50	97	62
190	28	30	43	609	100	3.0	18.6	60	63	67	50	97	58
170	25	24	43	648	90	2.7	18.0	56	59	65	45	97	54
240	35	20	30	545	130	3.8	19.6	62	66	64	45	97	65
205	30	20	40	585	120	3.2	19.3	59	62	60	45	97	60
180	25	20	40	625	110	2.7	18.1	55	58	57	45	97	55
160	20	10	30	680	100	2.4	17.5	51	54	55	40	97	52
270	37	40	40	473	140	3.9	25.0	68	71	73	56	97	65
235	33	30	50	532	120	3.3	23.0	63	66	70	52	97	60
210	29	30	50	576	105	2.9	21.8	60	63	68	52	97	56
185	25	25	40	630	95	2.6	20.5	56	59	65	45	97	54
215	38	30	60	537	120	3.4	19.6	70	73	69	65	97	71
180	32	40	80	568	100	2.9	16.5	66	69	64	63	97	65
155	28	40	80	607	90	2.7	16.5	62	65	59	59	97	60
135	25	30	60	670	80	2.5	15.9	58	61	55	55	97	57
215	35	20	40	560	130	3.1	19.1	65	69	60	60	97	70
180	30	30	60	590	110	2.6	16.0	61	64	57	55	97	62
150	25	30	60	635	100	2.4	16.0	57	60	49	54	97	58
130	20	20	40	695	95	2.2	15.4	53	56	45	50	97	55
210	35	30	70	525	130	3.5	18.0	66	70	67	55	97	67
175	29	30	70	591	105	2.7	16.0	63	66	63	50	97	62
150	25	20	60	650	95	2.2	15.7	58	61	59	45	97	58
195	30	30	60	570	115	3.6	16.7	66	70	65	50	97	68

编码	饲料		饲料价值					
	分类	特征	1 kg OM	1 kg DM			1 kg OM	
		成熟期	DM	能量 NERc	dCP	PEQ	能量 NERc	dCP
			g	MJ	g	g/MJ	MJ	g
1	2	3	4	5	6	7	8	9
	3.1 牛饲料表格							
4200	干燥青绿饲料，大籽豆科							
	菜豆，见黄色甜羽扇豆							
	菜豆，见黄色甜羽扇豆							
	豆科与菜豆的混合料，见黄色甜羽扇豆							
	豆科与青绿谷物或玉米的混合料							
4293	优质	开花前期	900	5.44	148	27	4.90	134
4295		开花期	900	5.10	117	23	4.59	105
4297		结荚早期	900	4.67	101	22	4.20	91
4296	过干	开花期	960	4.60	94	20	4.42	90
	黄色甜羽扇豆							
4213	优质	开花前期	900	5.32	163	31	4.79	147
4215		开花期	900	4.89	136	28	4.40	122
4217		结荚早期	900	4.59	111	24	4.13	99
4216	过干	开花期	960	4.31	113	26	4.14	109
4300	干燥青绿饲料，豆科-草混合料							
	苜蓿-草，第 1 茬等							
4331	优质	营养生长期	900	5.53	161	29	4.98	145
4333		现蕾期	900	5.17	122	24	4.66	110
4335		早花期	900	4.62	95	20	4.16	85
4337		盛花期	900	4.02	75	19	3.62	68
4332	过干	营养生长期	960	4.75	126	27	4.56	121
4334		现蕾期	960	4.54	96	21	4.35	92
4336		早花期	960	3.97	74	19	3.81	71
4338		盛花期	960	3.51	56	16	3.37	54
	红三叶-草，第 1 茬等							
4311	优质	营养生长期	900	5.68	142	25	5.11	128
4313		现蕾期	900	5.32	102	19	4.79	92
4315		早花期	900	5.00	75	15	4.50	68
4317		盛花期	900	4.63	56	12	4.17	50
4312	过干	营养生长期	960	5.07	121	24	4.87	116
4314		现蕾期	960	4.81	85	18	4.62	82
4316		早花期	960	4.43	63	14	4.25	60
4318		盛花期	960	3.98	45	11	3.82	43
	野豌豆-燕麦							
4361	优质	开花前期	900	5.54	133	24	4.99	119
4365		开花期	900	5.13	102	20	4.62	92
4367		结荚早期	900	4.72	84	18	4.25	76
4366	过干	开花期	960	4.66	81	17	4.48	78
	野豌豆-草，第 1 茬							
4353	优质	开花前期	900	5.36	138	26	4.83	124
4355		早花期	900	5.02	101	20	4.52	91
4357		盛花期	900	4.38	78	18	3.94	70
4354	过干	开花前期	960	4.78	111	23	4.59	107
4356		早花期	960	4.45	80	18	4.27	76
4358		盛花期	960	3.66	58	16	3.52	55

粗略营养成分 1 kg DM								消化率					
CP	CF	ST	SU	NFR	CA	P	Ca	E	OM	CP	CF	ST SU	NFR
g	g	g	g	g	g	g	g	%	%	%	%	%	%
10	11	12	13	14	15	16	17	18	19	20	21	22	23
215	38	30	60	527	130	4.4	12.0	70	74	69	57	97	73
180	31	30	70	579	110	3.8	11.5	66	70	65	55	97	68
160	26	30	70	619	95	3.4	11.0	62	65	63	55	97	61
170	30	30	60	590	120	3.5	11.0	62	65	55	50	97	65
230	30	30	60	510	140	3.6	14.2	71	74	71	58	97	72
200	27	30	70	563	110	2.8	11.4	65	68	68	55	97	64
170	26	30	70	614	90	2.5	10.2	61	64	65	55	97	59
195	25	20	50	600	110	2.5	10.9	60	63	58	50	97	61
220	40	30	70	520	120	4.5	14.5	71	74	73	57	97	72
180	32	30	70	588	100	3.7	13.2	67	70	68	54	97	67
150	27	40	80	613	90	3.2	12.2	61	64	63	51	97	59
130	24	30	70	661	85	2.8	11.7	56	59	58	48	97	54
200	35	20	50	565	130	4.2	14.0	64	68	63	50	97	67
165	30	30	60	610	105	3.4	12.7	61	64	58	50	97	62
140	25	20	50	670	95	2.9	11.7	56	59	53	47	97	57
120	20	20	50	700	90	2.5	11.2	52	55	47	43	97	53
200	37	30	70	543	120	4.0	12.5	72	76	71	59	97	76
160	30	30	80	595	105	3.4	11.5	68	72	64	57	97	70
130	25	40	80	635	90	3.0	11.2	64	68	58	54	97	65
110	22	30	70	683	85	2.7	10.7	61	64	51	51	97	62
195	35	20	50	575	125	3.7	12.0	67	71	62	55	97	71
155	30	30	60	620	105	3.1	11.0	63	67	55	52	97	66
125	25	30	70	660	90	2.7	10.7	59	63	50	50	97	61
105	20	20	50	725	80	2.4	10.2	55	59	43	47	97	58
195	35	30	60	555	125	4.5	10.5	71	75	68	57	97	75
160	28	40	70	597	105	3.8	10.0	66	70	64	55	97	67
140	24	40	80	626	90	3.3	9.5	62	65	60	55	97	61
150	30	20	50	640	110	3.5	9.5	62	65	54	50	97	66
200	39	20	50	571	120	4.7	10.4	69	73	69	58	97	73
160	31	40	70	599	100	4.0	9.7	65	68	63	56	97	65
135	26	30	60	659	90	3.4	8.8	59	62	58	54	97	58
185	35	20	40	590	130	4.4	9.9	64	68	60	50	97	69
150	30	30	50	635	105	3.6	9.2	59	63	53	50	97	63
125	25	20	40	690	100	3.1	8.3	53	57	46	45	97	56

编码	饲料		饲料价值					
	分类	特征	1 kg OM	1 kg DM			1 kg OM	
		成熟期	DM	能量 NERc	dCP	PEQ	能量 NERc	dCP
			g	MJ	g	g/MJ	MJ	g
1	2	3	4	5	6	7	8	9
	3.1 牛饲料表格							
	野豌豆-黑麦和野豌豆-小麦							
4371	优质	开花前期	900	5.50	147	27	4.95	132
4373		早花期	900	4.76	111	23	4.28	99
4374	过干	早花期	960	4.53	88	19	4.34	84
4400	干燥青绿饲料，纯种草							
	鸡脚草，第1茬，100 kg N/hm²							
4431	优质	拔节期	900	5.60	119	21	5.04	107
4433		抽穗早期	900	5.09	86	17	4.58	77
4435		抽穗晚期	900	4.57	64	14	4.12	57
4437		盛花期	900	3.82	37	10	3.44	33
	鸡脚草，第2茬等，每茬50 kg N/hm²							
4441	优质	15～35 d 生长期	900	4.99	112	22	4.49	101
4443		35～55 d 生长期	900	4.52	86	19	4.07	77
4445		55～75 d 生长期	900	4.03	61	15	3.63	55
	多年生黑麦草，第1茬，100 kg N/hm²							
4411	优质	拔节期	900	6.02	137	23	5.41	123
4413		抽穗早期	900	5.71	98	17	5.14	88
4415		抽穗晚期	900	5.17	70	13	4.65	63
4417		盛花期	900	4.45	46	10	4.01	41
4412	过干	拔节期	960	5.56	117	21	5.34	112
4414		抽穗早期	960	5.11	81	16	4.91	78
4416		抽穗晚期	960	4.58	55	12	4.39	53
4418		盛花期	960	3.87	36	9	3.72	35
	多年生黑麦草，第2茬等，每茬50 kg N/hm²							
4421	优质	15～35 d 生长期	900	5.41	120	22	4.87	108
4423		35～55 d 生长期	900	4.94	93	19	4.45	84
4425		55～75 d 生长期	900	4.43	65	15	3.99	58
4422	过干	15～35 d 生长期	960	4.83	106	22	4.64	102
4424		35～55 d 生长期	960	4.32	80	18	4.15	76
4426		55～75 d 生长期	960	3.80	49	13	3.65	47
	意大利黑麦草，第2茬等，见第一茬							
	猫尾草，见鸡脚草							
	肯塔基早熟禾，见黑麦草							
	牛尾草，见黑麦草							
4600	干燥青绿饲料，牧草							
	优质牧草，第1茬，100 kg N/hm²							
4641	优质	拔节期	900	5.75	142	25	5.17	128
4643		抽穗早期	900	5.34	109	20	4.80	98
4645		抽穗晚期	900	4.85	87	18	4.37	78
4647		盛花期	900	4.36	61	14	3.93	54
4642	过干	拔节期	960	5.16	118	23	4.96	113
4644		抽穗早期	960	4.69	88	19	4.51	85
4646		抽穗晚期	960	4.26	68	16	4.09	65
4648		盛花期	960	3.68	44	12	3.53	42
	优质牧草，第1茬，150 kg N/hm²							
4661	优质	拔节期	900	5.63	180	32	5.07	162
4663		抽穗早期	900	5.34	142	27	4.81	128
4665		抽穗晚期	900	4.86	116	24	4.37	104
4667		盛花期	900	4.30	93	22	3.87	84

粗略营养成分 1 kg DM								消化率					
CP	CF	ST	SU	NFR	CA	P	Ca	E	OM	CP	CF	ST SU	NFR
g	g	g	g	g	g	g	g	%	%	%	%	%	%
10	11	12	13	14	15	16	17	18	19	20	21	22	23
210	38	20	50	557	125	4.3	9.3	71	74	70	62	97	74
170	30	30	60	605	105	3.8	8.6	65	68	65	60	97	61
160	30	20	50	635	105	3.5	8.1	61	64	55	55	97	63
180	40	40	80	545	115	3.6	4.9	70	74	66	58	97	73
145	32	40	100	588	95	3.0	4.3	65	69	59	55	97	65
120	27	40	90	643	80	2.6	3.9	59	63	53	52	97	60
90	25	30	80	705	70	2.3	3.5	53	57	41	50	97	53
175	40	40	95	530	120	4.3	5.3	65	69	64	55	97	64
145	35	40	95	580	105	3.8	4.7	60	64	59	52	97	58
115	30	30	70	660	95	3.3	4.2	56	59	53	50	97	55
190	45	40	90	525	110	4.6	6.9	75	79	72	60	97	78
150	37	40	100	578	95	3.9	6.4	70	74	65	56	97	72
120	30	40	90	635	85	3.4	5.9	65	69	58	52	97	66
95	25	30	70	705	75	3.0	5.5	59	62	48	50	97	59
185	40	30	70	565	110	4.2	6.4	70	75	63	55	97	74
145	35	40	80	600	100	3.5	5.9	65	69	56	50	97	68
115	25	30	70	670	90	3.1	5.4	60	64	48	45	97	63
95	20	20	50	735	80	2.7	4.9	54	58	38	40	97	58
185	40	40	90	520	125	4.3	5.9	69	73	65	58	97	72
155	35	40	100	555	115	3.8	5.4	64	68	60	55	97	64
120	30	30	70	655	95	3.4	4.9	59	63	54	50	97	60
180	35	30	70	555	130	4.0	5.4	64	68	59	55	97	67
150	30	40	80	580	120	3.5	4.9	59	63	53	50	97	59
115	25	20	50	690	100	3.1	4.4	54	58	43	45	97	57
200	43	40	80	517	120	4.6	7.0	72	76	71	60	97	75
165	37	50	100	543	105	3.9	6.6	67	71	66	60	97	66
140	32	50	100	588	90	3.4	6.2	62	65	62	58	97	59
110	29	40	80	661	80	3.0	5.9	58	61	55	57	97	56
190	40	30	70	545	125	4.3	6.5	67	71	62	55	97	71
155	35	40	80	575	115	3.6	6.1	62	66	57	50	97	63
130	30	40	80	620	100	3.1	5.7	58	61	52	50	97	57
105	25	30	60	690	90	2.7	5.4	53	56	42	45	97	53
240	50	30	70	480	130	5.1	7.5	73	76	75	58	97	74
200	45	40	80	520	115	4.4	7.1	68	71	71	65	97	66
170	40	40	90	555	105	3.9	6.7	63	66	68	62	97	59
145	35	30	70	645	75	3.5	6.4	58	61	64	60	97	53

编码	饲料		饲料价值					
	分类	特征	1 kg OM	1 kg DM			1 kg OM	
		成熟期	DM	能量 NERc	dCP	PEQ	能量 NERc	dCP
			g	MJ	g	g/MJ	MJ	g
1	2	3	4	5	6	7	8	9
	3.1 牛饲料表格							
	优质牧草,第 2 茬等,每茬 50 kg N/hm²							
4651	优质	15～35 d 生长期	900	5.08	105	21	4.57	95
4653		35～55 d 生长期	900	4.75	89	19	4.27	80
4655		55～75 d 生长期	900	4.38	72	16	3.94	64
4652	过干	15～35 d 生长期	960	4.47	88	20	4.29	84
4654		35～55 d 生长期	960	4.14	71	17	3.98	69
4656		55～75 d 生长期	960	3.71	56	15	3.56	54
	优质牧草,第 2 茬等,每茬 75 kg N/hm²							
4671	优质	15～35 d 生长期	900	5.12	150	29	4.60	135
4673		35～55 d 生长期	900	4.83	122	25	4.35	109
4675		55～75 d 生长期	900	4.43	96	22	3.98	86
	优质牧草,第 1 茬,100 kg N/hm²							
4731	优质	拔节期	900	5.04	109	22	4.54	98
4733		抽穗早期	900	4.68	76	16	4.21	68
4735		抽穗晚期	900	4.12	53	13	3.71	48
4737		盛花期	900	3.45	32	9	3.10	29
4734	过干	抽穗早期	960	4.10	60	15	3.93	57
	劣质牧草,第 2 茬等,每茬 50 kg N/hm²							
4743	优质	35～55 d 生长期	900	3.87	76	20	3.49	68
4800	干燥青绿饲料,青绿谷物,青绿玉米和全株谷物							
	大麦,见燕麦							
	燕麦,125 kg N/hm²							
4871	优质	孕穗期	900	5.77	106	18	5.19	95
4873		抽穗早期	900	5.52	75	14	4.97	68
4875		抽穗晚期	900	5.18	62	12	4.66	55
4877		盛花期	900	4.66	48	10	4.19	43
4878		乳熟期	900	4.58	35	8	4.12	32
4872	过干	孕穗期	960	5.10	86	17	4.90	82
4874		抽穗早期	960	4.81	60	12	4.62	57
4876		抽穗晚期	960	4.44	47	11	4.26	45
	玉米							
4881	青绿玉米,优质	开花前期	900	4.76	85	18	4.28	76
4883		开花期	900	5.28	70	13	4.75	63
4891	青贮用玉米,优质	乳熟期	900	5.69	55	10	5.12	50
4893		乳熟期至蜡熟期	900	6.12	42	7	5.51	37
4895		蜡熟期	900	6.38	37	6	5.74	33
	黑麦,75 kg N/hm²							
4811	优质	孕穗早期	900	6.12	146	24	5.51	131
4813		孕穗期	900	5.95	112	19	5.35	101
4815		抽穗早期	900	5.62	86	15	5.06	78
4817		抽穗晚期	900	5.22	67	13	4.70	60
4814	过干	孕穗期	960	5.16	85	17	4.95	82
4816		抽穗早期	960	4.91	60	12	4.72	58
4818		抽穗晚期	960	4.48	42	9	4.30	40
	黑麦,150 kg N/hm²							
4821	优质	孕穗早期	900	6.04	193	32	5.44	173
4823		孕穗期	900	5.86	146	25	5.27	131
4825		抽穗早期	900	5.52	112	20	4.96	101
4827		抽穗晚期	900	5.14	91	18	4.62	82
4824	过干	孕穗期	960	5.15	123	24	4.94	118
4826		抽穗早期	960	4.89	90	18	4.69	86
4828		抽穗晚期	960	4.48	73	16	4.30	70

粗略营养成分 1 kg DM								消化率					
CP	CF	ST	SU	NFR	CA	P	Ca	E	OM	CP	CF	ST SU	NFR
g	g	g	g	g	g	g	g	%	%	%	%	%	%
10	11	12	13	14	15	16	17	18	19	20	21	22	23
170	40	40	90	525	135	4.2	7.3	66	70	62	58	97	67
150	35	50	100	550	115	3.8	6.8	62	66	59	57	97	60
130	30	40	80	615	105	3.4	6.0	59	62	55	55	97	58
160	35	40	80	540	145	3.9	6.8	61	65	55	55	97	62
140	30	40	90	575	125	3.5	6.3	58	61	51	50	97	56
120	25	30	70	645	110	3.1	5.5	54	57	47	45	97	53
220	45	40	80	475	140	4.7	7.8	67	71	68	61	97	66
190	40	40	90	520	120	4.3	7.3	64	67	64	59	97	61
160	35	30	70	595	110	3.9	6.5	60	63	60	55	97	58
175	39	30	50	591	115	4.1	6.5	65	69	62	58	97	68
140	33	30	60	637	100	3.4	6.1	61	65	54	56	97	64
115	29	30	60	676	90	2.9	5.7	56	60	46	53	97	58
90	25	20	40	740	85	2.5	5.4	51	54	36	50	97	53
130	30	20	40	675	105	3.1	5.6	57	60	46	50	97	60
140	30	20	50	660	100	3.3	6.3	55	58	54	52	97	55
160	40	30	70	575	125	4.1	5.0	73	77	66	60	97	78
125	35	40	80	615	105	3.6	4.6	69	73	60	60	97	72
110	30	40	80	650	90	3.2	4.2	65	69	56	60	97	66
95	25	40	70	690	80	2.9	3.9	60	64	50	60	97	61
80	20	80	80	675	65	2.6	3.5	59	62	44	55	97	56
150	35	20	50	615	130	3.7	4.5	67	71	57	55	97	72
115	30	30	60	655	110	3.3	4.1	63	67	52	55	97	66
100	25	30	60	690	95	2.9	3.7	59	63	47	55	97	61
130	20	40	100	610	100	2.6	5.4	63	66	65	65	97	59
115	20	40	110	630	85	2.3	4.9	67	70	61	67	97	65
100	25	80	110	610	75	2.3	4.6	69	72	55	68	97	68
85	25	150	110	565	65	2.2	4.3	70	74	49	70	97	67
80	25	220	110	505	60	2.1	4.1	71	75	46	70	97	66
200	35	50	100	510	105	5.0	5.4	76	80	73	68	97	79
165	31	60	130	524	90	4.4	4.9	73	76	68	66	97	72
135	28	60	130	567	80	3.7	4.6	69	72	64	66	97	67
115	25	60	130	595	75	3.3	4.2	65	68	58	64	97	61
155	30	40	80	590	105	4.1	4.4	66	70	55	60	97	69
125	25	40	100	620	90	3.4	4.1	63	67	48	60	97	64
100	20	40	100	655	85	3.0	3.7	59	63	42	55	97	59
250	42	40	90	463	115	5.5	5.9	77	80	77	68	97	78
200	35	50	110	505	100	4.9	5.4	73	76	73	66	97	72
165	31	50	110	554	90	4.2	5.1	69	72	68	66	97	66
140	28	50	110	587	85	3.8	4.7	65	68	65	64	97	61
195	35	30	70	545	125	4.6	4.9	67	70	63	60	97	70
155	30	40	80	590	105	3.9	4.6	64	67	58	60	97	63
135	25	40	80	625	95	3.5	4.2	60	63	54	55	97	59

编码	饲料		饲料价值					
	分类	特征	1 kg OM	1 kg DM			1 kg OM	
		成熟期	DM	能量 NERc	dCP	PEQ	能量 NERc	dCP
			g	MJ	g	g/MJ	MJ	g
1	2	3	4	5	6	7	8	9
	3.1 牛饲料表格							
	小麦，100 kg N/hm^2							
4831	优质	孕穗早期	900	5.80	98	17	5.22	88
4833		孕穗期	900	5.50	72	13	4.95	65
4835		抽穗早期	900	5.09	53	10	4.58	48
4837		抽穗晚期	900	4.73	42	9	4.25	38
	全株谷物							
4859	干燥，颗粒化全株大麦		900	5.23	45	9	4.71	41
4869	干燥，颗粒化全株燕麦		900	4.70	45	10	4.23	41
4899	干燥，颗粒化全株玉米		900	5.86	31	5	5.28	28
4819	干燥，颗粒化全株黑麦		900	4.36	30	7	3.93	27
4839	干燥，颗粒化全株小麦		900	4.74	45	9	4.27	41
4900	干燥青绿饲料，甜菜叶和十字花科饲料							
	甘蓝							
4975	优质菜花剩余植株，多数叶子		900	5.35	119	22	4.81	107
	牛饲用甘蓝							
4951	优质牛饲用甘蓝主植株	早期	900	5.58	102	18	5.02	92
4953		晚期	900	5.17	52	10	4.65	47
4955	优质牛饲用甘蓝摘取植株	早期	900	5.62	124	22	5.06	112
4957		晚期	900	5.39	74	14	4.85	66
4952	牛饲用甘蓝主植株，过干	早期	960	5.04	87	17	4.84	83
4954		晚期	960	4.48	45	10	4.30	43
4978	优质白色和红色全株甘蓝		900	5.75	131	23	5.17	118
4979	优质白色和红色甘蓝剩余植株，大部分叶子		900	5.24	109	21	4.72	98
	油菜							
4931	优质	营养生长期	900	5.55	157	28	5.00	141
4933		现蕾期	900	5.31	126	24	4.78	113
4935		开花期	900	4.76	98	20	4.28	88
	甜菜叶							
4921	优质带顶饲用甜菜	清洁	900	5.24	92	17	4.72	82
4916	优质带顶饲用糖甜菜叶	清洁	900	5.08	101	20	4.57	91
4925	优质带顶瑞典甘蓝叶	清洁	900	5.47	126	23	4.92	113
	带顶甜菜叶							
4911	优质	清洁	900	5.58	78	14	5.03	70
4912		不清洁	900	4.51	61	13	4.06	54
4913	过干	清洁	960	5.19	63	12	4.98	60
4914		不清洁	960	3.96	46	12	3.80	44
5000	干草							
5100	干草，小籽豆科							
	苜蓿，第 1 茬							
5161	优质	营养生长期	850	4.84	167	35	4.11	142
5163		现蕾期	850	4.41	137	31	3.75	116
5165		早花期	850	4.03	117	29	3.43	100
5167		盛花期	850	3.63	109	30	3.09	92
5169		凋谢期	850	3.17	90	28	2.70	76
5164	质量中等	现蕾期	850	3.53	121	34	3.00	103
5166		早花期	850	3.21	98	30	2.73	83
5168		盛花期	850	2.79	88	32	2.37	75
	苜蓿，第 2 茬等							
5173	优质	现蕾期	850	4.27	144	34	3.63	122
5175		早花期	850	3.95	121	31	3.36	103
5177		盛花期	850	3.50	107	31	2.98	91

粗略营养成分 1 kg DM								消化率					
CP	CF	ST	SU	NFR	CA	P	Ca	E	OM	CP	CF	ST SU	NFR
g	g	g	g	g	g	g	g	%	%	%	%	%	%
10	11	12	13	14	15	16	17	18	19	20	21	22	23
150	25	40	90	575	120	4.5	4.7	74	78	65	61	97	78
120	22	50	110	598	100	4.0	4.2	69	73	60	61	97	70
100	20	60	120	615	85	3.4	3.8	64	68	53	61	97	62
90	19	50	110	656	75	2.7	2.6	61	64	47	60	97	59
90	15	160	110	585	40	2.8	3.7	62	66	50	60	97	54
90	25	160	110	555	60	2.8	3.7	58	62	50	60	97	46
75	28	220	120	502	55	2.0	4.0	66	70	41	69	97	56
70	15	180	110	585	40	3.0	3.7	55	58	43	60	97	41
90	15	180	110	560	45	2.5	2.9	58	62	50	55	97	46
175	22	50	100	473	180	3.5	9.5	74	78	68	52	97	76
155	23	100	100	467	155	3.6	10.5	73	77	66	55	97	73
100	18	150	100	517	115	3.1	10.0	65	69	52	50	97	60
180	28	70	100	447	175	3.9	12.3	76	80	69	58	97	79
125	20	110	100	515	130	3.4	11.3	69	73	59	52	97	68
155	20	70	70	530	155	3.3	10.0	68	72	56	50	97	71
95	15	100	70	600	120	2.8	9.5	60	63	47	45	97	58
190	22	50	100	498	140	2.6	5.1	76	80	69	55	97	80
165	22	50	100	483	180	3.0	5.5	72	76	66	52	97	74
215	35	40	80	460	170	5.0	17.1	75	79	73	55	97	80
180	30	40	80	520	150	4.3	16.1	70	74	70	50	97	72
150	30	30	60	600	130	3.8	15.0	64	68	65	45	97	66
150	15	30	150	475	180	2.7	17.0	73	77	61	45	97	76
160	15	30	150	465	180	2.6	15.5	71	75	63	45	97	71
185	25	30	200	380	180	4.8	20.0	76	80	68	55	97	77
130	20	20	140	540	150	2.5	12.0	74	79	60	50	97	79
110	15	20	150	455	250	2.5	12.0	69	73	55	45	97	70
125	15	20	160	520	160	2.2	11.5	70	74	50	45	97	73
105	10	10	100	500	275	2.2	11.5	65	69	44	40	97	68
220	30	20	20	590	120	3.7	18.0	66	69	76	45	97	65
190	30	20	20	630	110	3.1	17.8	61	64	72	45	97	60
170	25	20	20	670	95	2.7	16.7	57	60	69	42	97	56
160	22	10	20	698	90	2.4	16.2	54	56	68	38	97	53
140	17	10	10	738	85	2.2	16.2	50	52	64	35	97	49
180	25	10	10	670	105	2.6	14.8	54	56	67	38	97	52
155	22	10	10	713	90	2.2	13.9	50	53	63	34	97	50
145	20	0	10	735	90	2.0	13.5	47	49	61	30	97	47
200	30	20	20	615	115	3.0	20.7	60	62	72	47	97	58
175	25	20	20	660	100	2.6	19.6	57	59	69	43	97	55
160	20	10	30	680	100	2.3	19.3	53	55	67	39	97	51

编码	饲料		饲料价值					
	分类	特征	1 kg OM	1 kg DM			1 kg OM	
		成熟期	DM	能量 NERc	dCP	PEQ	能量 NERc	dCP
			g	MJ	g	g/MJ	MJ	g
1	2	3	4	5	6	7	8	9
	3.1 牛饲料表格							
	苜蓿，第 2 茬等							
5174	质量中等	现蕾期	850	3.53	126	36	3.00	107
5176		早花期	850	3.16	102	32	2.68	87
5178		盛花期	850	2.78	84	30	2.36	71
	红三叶，第 1 茬							
5011	优质	营养生长期	850	5.06	135	27	4.31	114
5013		现蕾期	850	4.73	112	24	4.02	95
5015		早花期	850	4.44	87	20	3.77	74
5017		盛花期	850	3.99	73	18	3.39	62
5019		凋谢期	850	3.65	65	18	3.11	55
5014	质量中等	现蕾期	850	3.94	91	23	3.35	78
5016		早花期	850	3.61	72	20	3.07	61
5018		盛花期	850	3.13	59	19	2.66	50
	红三叶，第 2 茬等							
5023	优质	现蕾期	850	4.62	129	28	3.93	109
5025		早花期	850	4.23	101	24	3.59	86
5027		盛花期	850	3.78	81	21	3.21	69
5024	质量中等	现蕾期	850	3.86	112	29	3.28	95
5026		早花期	850	3.45	85	25	2.94	72
5028		盛花期	850	3.00	66	22	2.55	56
	瑞士三叶草，见红三叶							
5155	鸟足草，优质	开花期	850	4.01	126	31	3.41	107
5085	白三叶，优质	早花期	850	4.75	116	24	4.04	98
5200	干草，大籽豆科							
	豆科与青绿谷物或玉米的混合料							
5293	优质	开花前期	850	4.69	147	31	3.99	125
5295		开花期	850	4.02	106	26	3.42	90
5297		结荚早期	850	3.61	80	22	3.07	68
	野豌豆，见豆科混合料							
5300	干草，豆科-草混合料							
	苜蓿-草，第 1 茬							
5331	优质	营养生长期	850	5.10	146	29	4.34	124
5333		现蕾期	850	4.63	111	24	3.94	94
5335		早花期	850	4.12	82	20	3.50	70
5337		盛花期	850	3.54	63	18	3.01	54
5334	质量中等	现蕾期	850	3.84	92	24	3.26	78
5336		早花期	850	3.28	68	21	2.79	57
5338		盛花期	850	2.77	48	17	2.35	41
	苜蓿-草，第 2 茬等							
5343	优质	现蕾期	850	4.41	119	27	3.75	101
5345		早花期	850	4.00	98	24	3.40	83
5347		盛花期	850	3.42	80	23	2.90	68
5344	质量中等	现蕾期	850	3.65	104	28	3.10	88
5346		早花期	850	3.22	83	26	2.74	70
5348		盛花期	850	2.63	64	24	2.24	54
	红三叶，第 1 茬							
5311	优质	营养生长期	850	5.32	131	25	4.52	112
5313		现蕾期	850	5.00	98	20	4.25	83
5315		早花期	850	4.61	70	15	3.92	59
5317		盛花期	850	4.19	51	12	3.56	43
5319		凋谢期	850	3.86	43	11	3.28	37

粗略营养成分								消化率					
1 kg DM													
CP	CF	ST	SU	NFR	CA	P	Ca	E	OM	CP	CF	ST SU	NFR
g	g	g	g	g	g	g	g	%	%	%	%	%	%
10	11	12	13	14	15	16	17	18	19	20	21	22	23
185	26	10	20	649	110	2.5	17.2	54	56	68	41	97	51
160	25	10	10	700	95	2.2	16.3	50	52	64	37	97	49
140	22	0	10	733	95	1.9	16.0	47	49	60	33	97	47
195	35	20	50	590	110	3.0	17.0	66	70	69	57	97	67
170	30	20	40	640	100	2.6	16.5	63	66	66	53	97	64
145	27	20	30	688	90	2.4	16.5	60	63	60	50	97	61
130	24	10	20	731	85	2.2	15.9	56	59	56	47	97	58
120	21	0	10	769	80	2.0	15.1	53	56	54	47	97	56
155	27	10	20	693	95	2.2	14.8	56	59	59	49	97	57
135	24	10	10	731	90	2.0	14.8	53	56	53	45	97	56
120	20	0	10	765	85	1.9	14.3	49	52	49	43	97	52
195	32	20	40	613	100	2.6	16.9	62	65	66	55	97	62
165	28	20	30	667	90	2.2	16.9	58	61	61	51	97	59
145	25	10	20	720	80	2.1	16.7	54	57	56	52	97	56
183	27	10	20	665	95	2.2	15.2	56	58	61	49	97	56
155	25	10	20	705	85	1.9	15.2	52	54	55	46	97	52
135	22	0	10	758	75	1.7	15.0	48	50	49	48	97	50
185	27	10	30	633	115	3.4	18.0	58	60	68	55	97	56
175	28	20	30	632	115	3.2	16.7	64	67	66	54	97	66
210	33	20	40	572	125	4.1	15.0	64	67	70	54	97	63
165	23	20	40	652	100	3.0	14.3	57	60	64	51	97	56
135	18	30	40	697	80	2.8	14.0	53	55	59	48	97	50
200	35	20	30	605	110	3.8	14.2	67	70	73	55	97	68
165	29	20	30	661	95	3.3	13.2	62	65	67	52	97	62
135	24	20	30	706	85	2.9	12.2	57	60	61	49	97	58
115	20	20	30	735	80	2.5	11.7	52	55	55	45	97	52
150	25	10	20	705	90	2.8	11.9	55	58	61	48	97	56
125	20	10	20	745	80	2.4	11.0	50	53	54	45	97	51
105	17	10	20	773	75	2.5	10.5	46	48	46	41	97	47
180	32	20	30	638	100	3.2	14.7	60	63	66	52	97	60
155	27	20	30	678	90	2.9	13.9	56	59	63	49	97	56
135	22	20	30	708	85	2.5	13.5	51	54	59	45	97	51
170	28	10	20	677	95	2.7	13.2	54	56	61	48	97	53
145	23	10	20	717	85	2.4	12.5	50	52	57	45	97	50
125	19	10	20	746	80	2.1	12.1	45	47	51	41	97	45
185	34	20	60	596	105	3.6	12.0	69	72	71	58	97	69
150	27	20	60	653	90	3.1	11.5	65	68	65	55	97	66
120	23	20	50	707	80	2.7	11.2	61	64	58	52	97	62
100	20	20	40	750	70	2.4	10.7	57	60	51	50	97	58
90	18	20	30	777	65	2.0	10.2	54	57	48	50	97	56

编码	饲料		饲料价值					
	分类	特征	1 kg OM	1 kg DM			1 kg OM	
		成熟期	DM	能量 NERc	dCP	PEQ	能量 NERc	dCP
			g	MJ	g	g/MJ	MJ	g
1	2	3	4	5	6	7	8	9
	3.1 牛饲料表格							
	红三叶-草，第 1 茬							
5314	质量中等	现蕾期	850	4.19	83	20	3.57	70
5316		早花期	850	3.79	56	15	3.23	48
5318		盛花期	850	3.34	38	11	2.84	32
	红三叶-草，第 2 茬等							
5323	优质	现蕾期	850	5.05	104	21	4.29	88
5325		早花期	850	4.60	77	17	3.91	65
5327		盛花期	850	4.07	60	15	3.46	51
5324	质量中等	现蕾期	850	4.32	90	21	3.67	76
5326		早花期	850	3.78	63	17	3.21	53
5328		盛花期	850	3.23	45	14	2.74	38
	野豌豆-草，第 1 茬							
5353	优质	开花前期	850	5.02	122	24	4.26	104
5355		早花期	850	4.57	90	20	3.88	76
5357		盛花期	850	4.05	67	17	3.44	57
5354	质量中等	开花前期	850	4.21	98	23	3.58	83
5356		早花期	850	3.75	76	20	3.19	64
5358		盛花期	850	3.18	53	17	2.70	45
	野豌豆-草，第 2 茬等，见黑麦草							
5373	野豌豆-黑麦，优质	早花期	850	4.56	95	21	3.88	80
5383	野豌豆-小麦，优质	早花期	850	4.46	80	18	3.79	68
5400	干草，纯种草							
	鸡脚草，第 1 茬，100 kg N/hm^2							
5431	优质	拔节期	850	5.12	112	22	4.35	95
5433		抽穗早期	850	4.78	84	18	4.06	71
5435		抽穗晚期	850	4.13	56	14	3.51	48
5437		盛花期	850	3.55	32	9	3.02	27
5439		凋谢期	850	2.98	18	6	2.53	15
5432	质量中等	拔节期	850	4.42	84	19	3.76	71
5434		抽穗早期	850	3.99	64	16	3.39	54
5436		抽穗晚期	850	3.30	42	13	2.80	36
5438		盛花期	850	2.82	22	8	2.39	18
5449		凋谢期	850	2.41	9	4	2.05	8
	鸡脚草,第 2 茬等,每茬 50 kg N/hm^2							
5441	优质	15～35 d 生长期	850	4.67	106	23	3.97	90
5443		35～55 d 生长期	850	4.27	78	18	3.63	67
5445		55～75 d 生长期	850	3.69	51	14	3.14	44
5442	质量中等	15～3 d 生长期	850	3.96	84	21	3.36	71
5444		35～55 d 生长期	850	3.58	58	16	3.04	49
5446		55～75 d 生长期	850	3.10	33	11	2.64	28
	芦草，第 1 茬，100 kg N/hm^2							
5531	优质	拔节期	850	4.30	109	25	3.66	92
5533		抽穗早期	850	3.65	81	22	3.10	69
5535		抽穗晚期	850	2.88	50	17	2.45	43
5543	芦草,第 2 茬等,每茬 50 kg N/hm^2	35～55 d 生长期	850	3.20	73	23	2.72	62
	多年生意大利黑麦草，第 1 茬，100 kg N/hm^2							
5411	优质	拔节期	850	5.68	124	22	4.83	106
5413		抽穗早期	850	5.21	96	18	4.43	82
5415		抽穗晚期	850	4.71	68	15	4.00	58
5417		盛花期	850	4.07	47	11	3.46	40
5419		凋谢期	850	3.33	30	9	2.83	26

粗略营养成分								消化率					
1 kg DM													
CP	CF	ST	SU	NFR	CA	P	Ca	E	OM	CP	CF	ST SU	NFR
g	g	g	g	g	g	g	g	%	%	%	%	%	%
10	11	12	13	14	15	16	17	18	19	20	21	22	23
140	23	10	30	712	85	2.5	10.3	58	61	59	50	97	59
110	20	10	30	755	75	2.2	10.1	54	57	51	47	97	56
90	18	10	20	792	70	2.0	9.6	50	53	42	45	97	53
165	32	20	60	623	100	3.1	11.7	65	69	63	57	97	68
135	27	20	60	673	85	2.7	11.4	61	64	57	54	97	62
115	23	20	40	727	75	2.3	11.1	56	59	52	51	97	57
155	27	10	30	683	95	2.5	10.5	59	62	58	53	97	61
125	22	10	30	733	80	2.2	10.3	54	57	50	50	97	56
105	18	10	20	777	70	1.9	10.0	49	52	43	47	97	52
180	36	20	50	604	110	4.2	10.4	66	69	68	55	97	67
145	29	20	50	666	90	3.6	9.7	61	64	62	52	97	61
120	25	20	30	725	80	3.1	8.8	56	59	56	48	97	57
160	30	10	30	655	115	3.6	9.4	59	62	61	50	97	61
135	25	10	30	710	90	3.0	8.7	54	57	56	48	97	56
110	20	10	20	760	80	2.6	7.8	49	52	48	45	97	51
150	29	20	40	666	95	3.4	8.8	61	64	63	54	97	62
135	27	20	40	688	90	3.1	7.9	60	63	59	52	97	61
170	41	20	40	629	100	3.2	4.8	66	70	66	52	97	68
140	34	20	40	676	90	2.7	4.3	62	66	60	48	97	65
110	25	20	30	735	80	2.3	3.9	57	60	51	45	97	59
80	20	10	20	795	75	2.1	3.5	52	55	40	45	97	55
55	15	10	10	840	70	1.9	3.2	47	50	33	40	97	50
145	35	10	20	690	100	2.7	4.1	60	63	58	50	97	63
125	30	10	20	725	90	2.2	3.6	56	59	51	45	97	59
100	20	10	20	770	80	1.8	3.2	50	53	42	40	97	53
70	15	0	10	830	75	1.6	2.8	46	49	31	35	97	50
45	10	0	0	875	70	1.4	2.5	43	45	21	30	97	46
165	40	20	40	610	125	4.0	5.2	63	66	64	52	97	65
135	35	20	40	665	105	3.5	4.7	58	62	58	48	97	60
105	30	10	30	730	95	3.2	4.5	53	57	49	45	97	56
150	35	10	20	660	125	3.4	4.5	57	60	56	45	97	60
120	30	10	20	715	105	2.9	4.0	53	56	48	40	97	56
90	25	0	10	780	95	2.6	3.8	49	52	37	35	97	53
170	22	10	10	668	120	4.0	5.6	61	63	64	55	97	62
140	19	10	10	726	95	3.4	5.3	54	56	58	55	97	55
105	17	10	20	768	80	2.9	4.9	47	49	48	50	97	47
130	22	10	20	728	90	3.0	4.9	50	52	56	47	97	50
180	40	30	50	590	110	4.1	6.9	71	75	69	60	97	75
150	35	30	50	635	100	3.4	6.4	66	70	64	55	97	69
120	30	30	50	685	85	3.0	5.9	61	65	57	50	97	63
95	25	20	30	750	80	2.6	5.5	56	59	49	45	97	59
70	20	10	20	810	70	2.3	5.2	50	53	43	40	97	52

编码	饲料		饲料价值					
	分类	特征	1 kg OM	1 kg DM			1 kg OM	
		成熟期	DM	能量 NERc	dCP	PEQ	能量 NERc	dCP
			g	MJ	g	g/MJ	MJ	g
1	2	3	4	5	6	7	8	9
	3.1 牛饲料表格							
	多年生意大利黑麦草，第 1 茬，100 kg N/hm^2							
5412	质量中等	拔节期	850	4.79	102	21	4.07	87
5414		抽穗早期	850	4.43	81	18	3.77	69
5416		抽穗晚期	850	3.90	56	14	3.31	48
5418		盛花期	850	3.30	37	11	2.81	32
5429		凋谢期	850	2.71	20	7	2.30	17
	多年生黑麦草，第 2 茬等，每茬 50 kg N/hm^2							
5421	优质	15～35 d 生长期	850	5.14	107	21	4.37	91
5423		35～55 d 生长期	850	4.71	86	18	4.00	73
5425		55～75 d 生长期	850	4.17	55	13	3.54	47
5422	质量中等	15～35 d 生长期	850	4.35	93	21	3.70	79
5424		35～55 d 生长期	850	3.85	70	18	3.27	60
5426		55～75 d 生长期	850	3.40	40	12	2.89	34
	意大利黑麦草，第 2 茬等，见第 1 茬							
	猫尾草，见鸡脚草							
	牛尾草，见黑麦草							
5600	干草							
	优质牧草，第 1 茬，50 kg N/hm^2							
5621	优质	拔节期	850	5.30	93	17	4.51	79
5623		抽穗早期	850	4.85	66	14	4.13	56
5625		抽穗晚期	850	4.33	53	12	3.68	45
5627		盛花期	850	3.77	35	9	3.21	30
5629		凋谢期	850	3.17	25	8	2.70	21
5622	质量中等	拔节期	850	4.55	62	14	3.87	53
5624		抽穗早期	850	4.07	45	11	3.46	38
5626		抽穗晚期	850	3.52	33	9	2.99	28
5628		盛花期	850	2.96	21	7	2.51	18
5639		凋谢期	850	2.36	10	4	2.01	8
	优质牧草，第 1 茬，100 kg N/hm^2							
5641	优质	拔节期	850	5.34	126	24	4.54	107
5643		抽穗早期	850	4.81	93	19	4.09	79
5645		抽穗晚期	850	4.32	67	15	3.68	57
5647		盛花期	850	3.76	48	13	3.20	40
5649		凋谢期	850	3.07	27	9	2.61	23
5642	质量中等	拔节期	850	4.66	99	21	3.96	84
5644		抽穗早期	850	4.02	72	18	3.42	61
5646		抽穗晚期	850	3.50	51	15	2.98	44
5648		盛花期	850	3.06	35	11	2.60	30
5659		凋谢期	850	2.46	15	6	2.09	13
	优质牧草，第 1 茬，150 kg N/hm^2							
5661	优质	拔节期	850	5.37	159	30	4.56	135
5663		抽穗早期	850	4.91	126	26	4.17	107
5665		抽穗晚期	850	4.40	98	22	3.74	83
5667		盛花期	850	3.73	79	21	3.17	67
5669		凋谢期	850	3.05	62	20	2.59	52
	优质牧草，第 2 茬等，25 kg N/hm^2							
5631	优质	15～35 d 生长期	850	4.79	70	15	4.07	60
5633		35～55 d 生长期	850	4.29	53	12	3.65	45
5635		55～75 d 生长期	850	3.72	31	8	3.16	27
	每茬 50 kg N/hm^2							
5651	优质	15～35 d 生长期	850	4.71	99	21	4.00	84
5653		35～55 d 生长期	850	4.28	77	18	3.64	65
5655		55～75 d 生长期	850	3.73	60	16	3.17	51

粗略营养成分								消化率					
1 kg DM													
CP	CF	ST	SU	NFR	CA	P	Ca	E	OM	CP	CF	ST SU	NFR
g	g	g	g	g	g	g	g	%	%	%	%	%	%
10	11	12	13	14	15	16	17	18	19	20	21	22	23
165	35	20	30	640	110	3.4	6.2	63	67	62	55	97	67
140	30	20	30	680	100	2.9	5.8	60	63	58	50	97	62
110	25	20	30	730	85	2.5	5.3	55	58	51	45	97	57
85	20	10	20	785	80	2.2	5.0	50	53	44	40	97	53
60	15	10	20	825	70	2.0	4.7	45	48	33	35	97	47
170	40	20	50	595	125	3.9	5.9	67	71	63	55	97	71
145	35	20	40	655	105	3.4	5.4	62	66	59	50	97	66
110	30	10	30	725	95	3.1	5.0	57	61	50	45	97	61
160	35	10	30	640	125	3.4	5.1	60	64	58	50	97	64
135	30	10	20	700	105	2.9	4.6	55	59	52	45	97	59
100	25	0	20	760	95	2.6	4.3	51	55	40	40	97	56
145	30	30	60	625	110	3.6	6.5	68	72	64	55	97	71
115	25	30	60	675	95	3.0	6.1	63	67	57	55	97	65
100	20	30	50	720	80	2.6	5.7	58	62	53	50	97	59
80	20	20	50	760	70	2.1	5.2	53	57	44	50	97	54
65	15	20	40	795	65	1.8	5.1	48	51	38	45	97	50
120	25	10	30	705	110	3.1	5.9	62	65	52	50	97	66
100	20	10	30	745	95	2.5	5.5	57	60	45	45	97	61
85	15	10	30	780	80	2.1	5.1	52	55	39	40	97	55
70	15	10	20	815	70	1.6	4.6	47	50	30	35	97	50
55	10	0	20	850	65	1.3	4.5	42	45	18	30	97	46
180	35	20	50	595	120	4.1	7.0	69	73	70	58	97	72
145	30	20	50	645	110	3.5	6.6	64	67	64	55	97	65
115	25	20	40	705	95	3.1	6.2	59	62	58	50	97	60
95	20	10	30	760	85	2.7	5.9	54	57	50	50	97	56
70	15	10	20	810	75	2.4	5.6	48	51	39	45	97	50
160	30	10	20	665	115	3.4	6.4	63	66	62	55	97	66
130	25	10	20	710	105	2.9	5.9	57	60	55	50	97	60
105	20	10	20	755	90	2.5	5.6	52	55	49	45	97	55
85	15	10	20	790	80	2.2	5.3	48	51	41	45	97	51
60	10	0	10	850	70	2.0	5.0	43	46	25	40	97	47
215	40	20	40	555	130	4.6	7.5	70	73	74	65	97	70
180	35	20	40	610	115	4.0	7.1	65	68	70	62	97	65
150	30	20	30	665	105	3.6	6.7	60	63	65	60	97	60
130	25	10	20	720	95	3.2	6.4	54	57	61	55	97	55
110	20	10	20	755	85	2.9	6.1	48	51	56	50	97	49
125	30	30	60	645	110	3.5	6.8	63	67	56	50	97	65
105	25	20	50	705	95	2.9	6.3	58	62	50	45	97	61
80	20	20	40	755	85	2.6	5.5	53	57	39	40	97	56
160	35	20	50	610	125	4.0	7.3	63	67	62	55	97	65
135	30	20	40	670	105	3.4	6.8	59	62	57	50	97	60
115	25	10	30	725	95	3.1	6.0	54	57	52	45	97	56

编码	饲料		饲料价值					
	分类	特征	1 kg OM	1 kg DM			1 kg OM	
		成熟期	DM	能量 NERc	dCP	PEQ	能量 NERc	dCP
			g	MJ	g	g/MJ	MJ	g
1	2	3	4	5	6	7	8	9
	3.1 牛饲料表格							
	优质牧草,第 2 茬等,每茬 50 kg N/hm²							
5652	质量中等	15～35 d 生长期	850	4.03	78	19	3.43	67
5654		35～55 d 生长期	850	3.61	56	16	3.07	48
5656		55～75 d 生长期	850	3.03	40	13	2.57	34
	每茬 75 kg N/hm²							
5671	优质	15～35 d 生长期	850	4.83	124	26	4.10	105
5673		35～55 d 生长期	850	4.39	102	23	3.73	87
5675		55～75 d 生长期	850	3.83	76	20	3.25	64
	劣质牧草，第 1 茬，50 kg N/hm²							
5711	优质	拔节期	850	4.57	70	15	3.88	60
5713		抽穗早期	850	4.10	43	10	3.48	36
5715		抽穗晚期	850	3.63	32	9	3.08	27
5717		盛花期	850	3.09	16	5	2.62	14
5719		凋谢期	850	2.51	10	4	2.13	9
5712	质量中等	拔节期	850	3.95	47	12	3.36	40
5714		抽穗早期	850	3.53	30	8	3.00	25
5716		抽穗晚期	850	3.09	19	6	2.63	16
5718		盛花期	850	2.52	8	3	2.14	7
5729		凋谢期	850	2.08	1	1	1.77	1
	劣质牧草，第 1 茬，100 kg N/hm²							
5731	优质	拔节期	850	4.61	96	21	3.92	82
5733		抽穗早期	850	4.21	65	15	3.58	55
5735		抽穗晚期	850	3.74	43	11	3.18	36
5737		盛花期	850	3.18	28	9	2.70	24
5739		凋谢期	850	2.58	21	8	2.20	18
5732	质量中等	拔节期	850	4.01	68	17	3.41	57
5734		抽穗早期	850	3.58	47	13	3.04	40
5736		抽穗晚期	850	3.15	25	8	2.68	21
5738		盛花期	850	2.55	12	5	2.17	10
5749		凋谢期	850	2.06	5	2	1.75	4
	劣质牧草，第 2 茬等，每茬 25 kg N/hm²							
5723	优质	35～55 d 生长期	850	3.66	33	9	3.11	28
5725		55～75 d 生长期	850	3.07	15	5	2.61	13
5724	质量中等	35～55 d 生长期	850	3.04	23	8	2.58	20
5726		55～75 d 生长期	850	2.56	8	3	2.18	7
	每茬 50 kg N/hm²							
5741	优质	15～35 d 生长期	850	4.24	78	18	3.61	67
5743		35～55 d 生长期	850	3.72	62	17	3.16	53
5745		55～75 d 生长期	850	3.24	45	14	2.76	38
5742	质量中等	15～35 d 生长期	850	3.62	58	16	3.07	49
5744		35～55 d 生长期	850	3.12	45	14	2.65	38
5746		55～75 d 生长期	850	2.67	28	10	2.27	24
5800	秸秆，秕壳类							
	秸秆							
	优质豆科秸秆							
5842	菜豆秸秆		850	3.19	38	12	2.71	32
5843	豌豆秸秆		850	2.99	50	17	2.54	43
5844	苜蓿秸秆		850	2.58	48	19	2.20	41
5845	红三叶秸秆		850	2.99	43	14	2.54	36
5846	野豌豆秸秆		850	2.96	53	18	2.52	45
5847	甜羽扇豆秸秆		850	2.39	38	16	2.03	32
	优质谷物秸秆							
5810	春大麦秸秆		850	3.03	7	2	2.58	6
5811	冬大麦秸秆		850	2.62	8	3	2.22	6

粗略营养成分								消化率					
1 kg DM													
CP	CF	ST	SU	NFR	CA	P	Ca	E	OM	CP	CF	ST SU	NFR
g	g	g	g	g	g	g	g	%	%	%	%	%	%
10	11	12	13	14	15	16	17	18	19	20	21	22	23
145	30	10	30	665	120	3.4	6.6	57	61	54	50	97	61
120	25	10	20	725	100	2.8	6.1	53	56	47	45	97	57
100	20	10	20	760	90	2.5	5.4	48	51	40	40	97	51
190	40	20	40	575	135	4.5	7.8	65	68	65	60	97	66
165	35	20	40	625	115	3.9	7.3	60	63	62	55	97	61
135	30	10	30	695	100	3.6	6.5	55	58	56	50	97	56
125	30	20	40	685	100	2.8	3.3	61	64	56	50	97	64
95	25	20	30	745	85	2.3	2.8	56	60	45	45	97	60
80	20	10	30	785	75	2.0	2.5	52	56	40	40	97	56
60	15	10	20	825	70	1.7	2.3	48	51	27	35	97	51
50	10	10	10	855	65	1.6	2.1	43	46	20	30	97	47
105	20	10	20	750	95	2.3	2.8	56	59	45	45	97	60
85	15	10	20	790	80	1.8	2.3	52	55	35	40	97	56
70	15	10	10	825	70	1.5	2.0	48	51	27	35	97	52
50	10	10	10	855	65	1.2	1.8	43	46	16	30	97	47
35	5	0	10	890	60	1.1	1.6	40	42	3	25	97	43
155	30	20	40	645	110	3.3	3.8	62	65	62	55	97	64
120	25	10	30	720	95	2.8	3.3	58	61	54	50	97	61
95	20	10	20	770	85	2.5	3.0	54	57	45	45	97	57
75	20	10	20	795	80	2.2	2.8	49	52	37	40	97	52
65	15	0	10	835	75	2.1	2.6	44	47	32	35	97	48
130	25	10	20	710	105	2.8	3.3	57	60	52	45	97	60
105	20	0	20	765	90	2.3	2.8	53	56	45	40	97	57
80	15	0	10	815	80	2.0	2.5	49	52	31	35	97	54
70	10	0	10	835	75	1.7	2.3	44	47	17	30	97	49
50	5	0	10	865	70	1.6	2.1	40	42	10	25	97	43
85	20	20	30	755	90	2.2	2.7	53	56	39	40	97	56
60	15	10	20	815	80	1.9	2.3	48	52	25	30	97	52
75	15	10	20	795	85	1.8	2.2	48	51	31	35	97	52
55	10	0	10	850	75	1.5	1.8	44	47	14	30	97	49
140	30	20	30	660	120	3.2	3.7	59	62	56	50	97	62
120	25	10	20	725	100	2.7	3.2	54	57	52	45	97	57
100	20	10	10	770	90	2.4	2.8	50	53	45	40	97	53
120	25	10	20	710	115	2.7	3.2	54	57	48	40	97	57
105	20	10	10	760	95	2.2	2.7	49	52	43	35	97	53
85	15	0	10	805	85	1.9	2.2	45	48	33	30	97	50
86	13	20	20	786	75	1.9	13.2	49	52	44	45	97	51
100	17	20	20	774	69	1.7	16.9	47	50	50	44	97	48
100	12	10	10	798	70	2.0	15.2	44	47	48	42	97	46
99	18	20	20	774	69	1.8	14.1	47	50	43	45	97	49
105	15	20	20	767	73	2.4	14.3	47	50	50	44	97	48
88	13	20	20	795	64	1.0	12.7	42	45	43	45	97	42
35	17	10	10	866	62	0.8	2.9	47	50	20	48	97	50
38	17	10	10	855	70	0.8	2.9	44	47	20	40	97	47

编码	饲料		饲料价值					
	分类	特征	1 kg OM	1 kg DM			1 kg OM	
			DM	能量 NERc	dCP	PEQ	能量 NERc	dCP
			g	MJ	g	g/MJ	MJ	g
1	2	3	4	5	6	7	8	9
	3.1 牛饲料表格							
	优质谷物秸秆，未粉碎							
5812	燕麦秸秆		850	3.00	7	2	2.55	6
5851	无穗玉米秸秆		400	3.95	28	7	1.58	11
5852	籽实收获后的玉米秸秆，干燥		850	3.80	27	7	3.23	23
5853	穗收获后的玉米秸秆		300	4.48	36	8	1.34	11
5854	全株玉米		350	4.20	32	8	1.47	11
5813	黑麦秸秆		850	2.04	3	1	1.73	3
5814	春小麦秸秆		850	2.29	5	2	1.94	4
5815	冬小麦秸秆		850	2.18	3	1	1.86	2
	平均质量的谷物秸秆，未粉碎							
5816	冬大麦秸秆		850	2.11	2	1	1.79	2
5817	燕麦和春大麦秸秆		850	2.42	2	1	2.06	2
5818	黑麦秸秆，（春季和冬季）		850	1.47	1	1	1.25	1
5819	小麦秸秆（春小麦和冬小麦）		850	1.76	1	0	1.50	1
	优质大麦秸秆，加4%尿素后青贮							
5826	冬大麦秸秆		600	4.27	109	26	2.56	66
5827	燕麦和春大麦秸秆		600	4.45	109	25	2.67	66
5828	黑麦秸秆（春黑麦和冬黑麦）		600	3.57	110	31	2.14	66
5829	小麦秸秆（春小麦和冬小麦）		600	3.75	110	29	2.25	66
	优质粉碎谷物秸秆							
5821	碱处理粉碎谷物秸秆		450	3.94	9	2	1.77	4
5822	氨化粉碎谷物秸秆		850	3.56	25	7	3.03	21
	草的秸秆类							
5831	鸡脚草秸秆		850	2.74	14	5	2.33	11
5832	黑麦草秸秆		850	3.47	20	6	2.95	17
5833	猫尾草秸秆		850	3.17	9	3	2.69	8
5834	肯塔基早熟禾秸秆		850	3.86	17	4	3.28	15
5835	牛尾草秸秆		850	2.96	19	7	2.52	17
	其他秸秆							
5859	菜籽秸秆		840	1.06	12	11	0.89	10
	糠							
	豆科糠							
5871	菜豆糠		860	3.60	61	17	3.10	52
5872	豌豆糠		860	3.73	57	15	3.21	49
5873	红三叶糠		860	3.94	110	28	3.39	94
5874	野豌豆糠		860	3.64	57	16	3.13	49
5875	甜羽扇豆糠		860	4.04	27	7	3.47	23
	谷物糠							
5861	大麦糠		875	1.77	10	6	1.55	9
5862	燕麦糠		875	2.32	21	9	2.03	19
5863	玉米芯		875	3.69	5	1	3.23	5
5864	黑麦糠		875	1.85	15	8	1.62	13
5865	小麦糠		875	2.06	14	7	1.80	12
	壳							
1993	菜豆壳，绿色		160	5.86	90	15	0.94	14
1994	豌豆壳，绿色		140	6.24	99	16	0.87	14
4994	豌豆壳，干燥		900	5.57	81	14	5.01	72
	长角壳							
5881	菜籽壳		860	3.23	30	9	2.78	26
5882	芥籽壳		860	2.77	15	5	2.39	13
	壳							
5883	燕麦壳		900	1.96	7	4	1.77	6
5884	豆科壳		900	5.37	27	5	4.83	24
5889	向日葵壳		900	0.00	7	0	0.00	6
5885	亚麻壳		900	1.98	44	22	1.78	40
5886	向日葵盘		900	5.96	57	10	5.37	51

粗略营养成分								消化率					
1 kg DM													
CP	CF	ST	SU	NFR	CA	P	Ca	E	OM	CP	CF	ST SU	NFR
g	g	g	g	g	g	g	g	%	%	%	%	%	%
10	11	12	13	14	15	16	17	18	19	20	21	22	23
34	19	10	10	857	70	0.9	3.9	47	50	20	50	97	50
70	15	10	20	805	80	2.8	7.2	55	58	40	60	97	59
70	15	10	20	805	80	2.6	7.0	54	57	39	60	97	57
80	20	10	20	800	70	3.1	7.5	59	62	45	65	97	63
75	15	10	20	805	75	3.0	7.4	57	60	43	65	97	61
30	15	10	10	885	50	1.0	2.8	39	41	10	35	97	41
32	16	10	10	867	65	0.8	3.2	41	44	15	40	97	44
29	16	10	10	875	60	0.8	2.1	40	43	10	40	97	43
20	5	10	10	880	75	0.7	2.5	40	43	10	20	97	43
20	5	0	10	885	80	0.7	3.0	43	46	10	25	97	46
15	5	0	10	910	60	0.9	2.4	34	37	5	20	97	37
15	5	0	10	895	75	0.7	2.3	37	40	5	20	97	40
195	15	10	20	690	70	0.8	2.9	58	62	56	41	97	63
195	15	10	20	695	65	0.9	3.4	60	63	56	37	97	64
190	15	10	20	705	60	1.0	2.8	53	55	58	35	97	53
190	15	10	20	700	65	0.8	2.7	54	57	58	35	97	56
35	10	10	30	805	110	0.8	2.9	56	60	25	35	97	60
75	10	10	20	815	70	0.8	2.9	52	55	33	37	97	56
54	20	10	20	830	66	1.5	2.8	45	48	25	25	97	48
60	16	10	20	822	72	1.8	3.5	51	55	33	29	97	55
45	16	10	20	868	41	1.5	2.8	48	51	20	31	97	51
57	17	10	20	824	72	2.0	4.0	54	58	30	24	97	59
59	18	10	20	823	70	1.8	3.5	47	50	33	25	97	50
50	10	0	10	872	58	1.2	14.2	30	32	24	50	97	31
122	11	50	20	727	70	1.8	8.0	52	55	50	50	97	52
117	13	50	20	733	67	2.1	8.0	53	56	49	41	97	54
180	24	50	20	636	90	2.0	8.0	56	58	61	50	97	53
117	20	50	20	695	98	2.0	8.0	53	56	49	41	97	54
73	10	50	20	784	63	2.0	8.0	55	59	37	30	97	58
45	20	50	20	715	150	1.2	3.9	38	40	22	32	97	36
65	26	50	20	729	110	2.7	7.5	42	44	33	42	97	40
35	8	50	20	862	25	0.4	1.2	51	54	15	30	97	53
55	20	50	20	745	110	2.6	6.4	38	40	27	32	97	36
55	18	50	20	727	130	1.7	3.3	40	43	25	30	97	40
120	15	50	50	701	64	1.0	8.5	72	75	75	50	97	72
130	18	50	50	688	64	1.4	4.8	76	79	76	83	97	77
122	12	50	50	700	66	1.4	4.8	69	73	66	39	97	71
75	40	20	10	735	120	1.2	10.0	49	52	40	65	97	51
50	20	20	10	790	110	1.2	10.0	46	49	30	50	97	48
35	13	50	20	822	60	1.5	1.6	38	40	20	62	97	36
90	10	50	50	755	45	1.5	5.0	66	70	30	80	97	69
40	21	50	20	846	23	1.5	1.5	13	13	18	50	97	5
88	45	50	20	691	106	1.5	2.0	38	39	50	72	97	30
84	88	50	20	647	111	1.5	1.5	69	74	68	62	97	74

编码	饲料		饲料价值					
	分类	特征	1 kg OM	1 kg DM			1 kg OM	
			DM	能量 NERc	dCP	PEQ	能量 NERc	dCP
			g	MJ	g	g/MJ	MJ	g
1	2	3	4	5	6	7	8	9
	3.1 牛饲料表格							
5900	秸秆-精饲料混合料							
5911	秸秆-精饲料混合料	90% 秸秆	900	3.10	16	5	2.79	14
5912		80% 秸秆	900	3.73	24	6	3.36	22
5913		70% 秸秆	900	4.29	32	7	3.86	29
5914		60% 秸秆	900	4.89	40	8	4.40	36
5915		50% 秸秆	900	5.43	48	9	4.89	43
5916		40% 秸秆	900	5.99	56	9	5.39	51
5917		30% 秸秆	900	6.46	64	10	5.82	58
5918		20% 秸秆	900	7.04	72	10	6.33	65
5925	秸秆-精饲料混合料加尿素	50% 秸秆	900	5.62	105	19	5.06	95
5990	动物排泄物							
	家禽排泄物							
5991	肉仔鸡鲜排泄物		750	4.53	203	45	3.40	152
5993	蛋鸡粪便		300	2.52	104	41	0.76	31
	猪排泄物							
5994	肥育猪半液体粪便，固体挤压出		450	2.62	32	12	1.18	15
5996	肥育猪半液体粪便，固体倒出		290	2.45	74	30	0.71	21
6000	精饲料							
6100	高能精饲料，谷物							
6132	春大麦，籽实饱满		870	8.08	100	12	7.03	87
6133	冬大麦，籽实饱满		870	7.85	90	11	6.83	78
6134	冬大麦，籽实饱满	高蛋白	870	7.84	108	14	6.82	94
6135	冬大麦，籽实一般		880	6.99	75	11	6.15	66
6147	燕麦，籽实饱满		870	6.97	96	14	6.06	84
6148	燕麦，籽实一般		880	5.84	72	12	5.14	64
6178	黍		870	8.45	81	10	7.35	70
6173	稷		880	7.57	101	13	6.66	89
6167	干玉米籽实		870	8.92	78	9	7.76	68
6162	玉米-玉米芯-混合料青贮(CCM-玉米)		630	8.20	68	8	5.16	43
6164	无皮干玉米穗粗粉		870	7.88	57	7	6.86	50
6165	无皮青贮玉米穗粗粉		600	7.96	62	8	4.78	37
6166	带皮青贮玉米穗粗粉		525	7.77	57	7	4.08	30
6169	带皮干玉米穗粗粉		870	7.15	50	7	6.22	43
6183	大米		870	7.50	74	10	6.53	64
6121	黑小麦籽实		870	8.28	96	12	7.21	84
6123	黑麦，籽实饱满		870	8.02	75	9	6.98	65
6125	黑麦，籽实一般		880	7.28	95	13	6.40	83
6113	小麦，籽实饱满		870	8.42	105	12	7.33	91
6118	小麦，籽实饱满	高蛋白	870	8.41	132	16	7.32	115
6115	小麦，籽实一般		880	7.71	119	15	6.78	105
6114	硬质小麦		870	8.19	116	14	7.13	100
6200	高能精饲料，油籽类							
6243	亚麻籽		910	10.16	217	21	9.25	197
6213	菜籽		880	10.93	195	18	9.61	172
6253	向日葵籽		910	9.01	170	19	8.20	155
6800	高能精饲料，木本植物的种子和果实							
6831	带壳干毛榉		880	7.60	122	16	6.69	107
6832	去壳干毛榉		880	11.16	206	18	9.82	181

粗略营养成分 1 kg DM								消化率					
CP	CF	ST	SU	NFR	CA	P	Ca	E	OM	CP	CF	ST SU	NFR
g	g	g	g	g	g	g	g	%	%	%	%	%	%
10	11	12	13	14	15	16	17	18	19	20	21	22	23
47	18	60	20	789	66	1.1	2.7	47	51	34	44	97	47
56	19	120	20	723	62	1.3	2.4	51	55	43	53	97	48
64	19	180	20	659	58	1.6	2.2	55	58	50	58	97	47
73	20	240	20	593	54	1.8	2.0	59	62	55	60	97	47
82	21	300	20	527	50	2.1	1.8	62	65	58	67	97	47
91	22	360	20	461	46	2.4	1.6	66	69	62	68	97	47
100	23	420	20	395	42	2.6	1.4	69	72	64	70	97	47
108	23	480	20	331	38	2.9	1.1	72	76	67	74	97	48
140	10	300	30	460	60	2.1	1.8	66	69	75	73	97	46
290	25	100	50	360	175	15.0	22.0	65	67	70	69	97	51
180	20	80	40	430	250	13.0	57.0	48	49	58	78	97	30
90	15	60	30	710	95	6.0	14.0	45	46	36	48	97	41
150	20	40	30	570	190	19.0	28.0	46	47	49	70	97	39
135	25	590	28	197	25	3.9	0.9	83	86	74	79	97	59
125	25	579	20	221	30	3.7	0.8	80	83	72	79	97	53
150	30	580	20	190	30	4.2	1.0	79	83	72	79	97	48
115	25	530	20	260	50	3.5	0.7	72	75	65	74	97	34
130	50	438	18	329	35	3.7	1.2	70	73	74	80	97	39
105	45	380	15	400	55	3.5	1.0	63	66	69	80	97	33
117	37	720	11	96	19	3.2	0.7	81	85	69	78	97	19
140	43	572	12	191	42	3.2	0.5	76	79	72	75	97	32
107	47	700	22	107	17	3.2	0.3	86	90	73	85	97	60
105	45	640	11	179	20	2.5	1.1	79	83	65	80	97	43
95	35	590	8	252	20	2.0	1.5	77	81	60	80	97	52
95	40	590	11	244	20	2.0	1.5	78	81	65	85	97	48
95	40	420	8	412	25	2.5	2.0	72	76	60	85	97	74
90	35	420	11	424	20	2.5	2.0	72	76	55	80	97	58
97	25	565	52	200	61	2.6	0.5	78	82	76	76	97	39
134	15	670	40	120	21	3.8	0.9	83	87	72	65	97	51
115	17	603	50	194	21	3.8	0.9	82	85	65	61	97	61
135	15	550	60	205	35	3.8	0.9	75	79	70	60	97	32
140	20	660	30	130	20	3.8	1.0	85	89	75	77	97	61
165	25	650	30	105	25	4.3	1.1	86	89	80	77	97	54
155	25	600	25	160	35	4.5	1.2	78	82	77	72	97	31
150	20	640	37	133	20	4.6	1.0	83	87	77	64	97	49
255	370	40	25	260	50	4.4	2.8	77	83	85	88	97	70
235	430	40	25	215	55	7.6	3.0	77	82	83	92	97	58
200	370	20	20	355	35	7.5	3.5	67	65	85	98	97	14
162	310	80	10	400	38	3.2	5.4	62	63	75	85	97	33
257	471	100	10	117	45	3.2	5.4	75	79	80	90	97	14

编码	饲料		饲料价值					
	分类	特征	1 kg OM	1 kg DM			1 kg OM	
			DM	能量 NERc	dCP	PEQ	能量 NERc	dCP
			g	MJ	g	g/MJ	MJ	g
1	2	3	4	5	6	7	8	9
	3.1 牛饲料表格							
6821	干橡子	未去壳	880	7.72	46	6	6.80	41
6822	干橡子	去壳	880	8.84	63	7	7.78	56
6811	干栗	未去壳	880	7.93	48	6	6.98	42
6812	干栗	去壳	880	8.87	53	6	7.80	47
6300	高能精饲料，块茎类							
	土豆							
6341	土豆	12% 淀粉	175	7.20	52	7	1.26	9
6342		14% 淀粉	195	7.35	48	6	1.43	9
6343		16% 淀粉	215	7.41	44	6	1.59	9
6344		18% 淀粉	235	7.46	41	5	1.75	10
6345		20% 淀粉	255	7.51	37	5	1.92	9
6347		24% 淀粉	295	7.58	31	4	2.24	9
6361	蒸汽处理土豆	12% 淀粉	185	7.32	53	7	1.35	10
6362		14% 淀粉	205	7.36	49	7	1.51	10
6363		16% 淀粉	225	7.43	46	6	1.67	10
6364		18% 淀粉	245	7.50	42	6	1.84	10
6365		20% 淀粉	265	7.56	39	5	2.00	10
6367		24% 淀粉	305	7.64	34	4	2.33	10
	土豆青贮							
6373	土豆青贮	16% 淀粉	350	7.26	47	6	2.54	16
6376	蒸汽处理土豆青贮，100%淀粉被提取	14% 淀粉	210	7.37	46	6	1.55	10
6377		16% 淀粉	230	7.39	43	6	1.70	10
6378		18% 淀粉	250	7.48	41	5	1.87	10
	干土豆							
6391	土豆片		900	7.90	41	5	7.11	36
6392	土豆条，优质		900	7.66	41	5	6.90	36
6393	土豆条，过干		960	6.89	8	1	6.61	8
	土豆残渣							
6368	土豆残渣，土豆皮，蒸汽处理		230	7.02	26	4	1.61	6
6400	高能精饲料，块根和肉质水果类							
	甜菜							
6421	鲜糖甜菜		145	6.50	44	7	0.94	6
6422	鲜饲用甜菜		110	6.30	65	10	0.69	7
6412	鲜饲用糖甜菜		175	6.61	36	5	1.16	6
6492	干饲用糖甜菜		920	6.79	33	5	6.25	30
6431	鲜芜菁		110	6.70	77	11	0.74	8
6441	鲜胡萝卜		120	6.49	60	9	0.78	7
6432	无叶芜菁		85	6.00	100	17	0.51	8
6433	带叶芜菁		95	5.25	146	28	0.50	14
6411	鲜糖甜菜		235	6.85	31	5	1.61	7
6491	干糖甜菜		920	6.96	29	4	6.41	26
6414	鲜糖甜菜根		250	6.54	28	4	1.63	7
6485	青贮糖甜菜		220	5.99	44	7	1.32	10
6795	木薯粉		870	8.10	13	2	7.05	11
6454	苹果和梨		168	7.15	11	2	1.20	2
6500	高能精饲料，制糖业产物							
6511	挤压鲜糖甜菜		175	6.12	65	11	1.07	11
6519	挤压青贮糖甜菜(挤压后青贮)		170	5.68	60	11	0.97	10

粗略营养成分								消化率					
1 kg DM													
CP	CF	ST	SU	NFR	CA	P	Ca	E	OM	CP	CF	ST SU	NFR
g	g	g	g	g	g	g	g	%	%	%	%	%	%
10	11	12	13	14	15	16	17	18	19	20	21	22	23
71	43	450	0	406	30	1.1	1.4	78	83	65	70	97	72
79	54	646	0	191	30	1.1	1.4	86	90	80	87	97	71
81	54	450	0	386	29	2.1	2.5	79	83	59	83	97	72
89	70	650	0	164	27	2.1	2.5	83	88	60	85	97	69
100	4	647	99	80	70	2.5	0.6	78	81	52	25	87	49
95	4	680	70	84	67	2.3	0.5	79	82	50	25	87	65
90	4	703	46	92	65	2.3	0.5	79	82	49	25	87	69
85	3	715	57	78	62	2.3	0.5	79	82	48	25	87	65
80	3	730	50	77	60	2.1	0.5	79	82	46	25	87	66
70	2	740	50	81	57	2.0	0.4	79	83	44	25	87	67
105	5	650	80	80	80	2.5	0.7	78	82	50	15	90	56
100	5	657	77	84	77	2.4	0.6	78	82	49	15	90	59
95	5	682	63	80	75	2.3	0.6	78	82	48	15	90	58
90	4	700	70	64	72	2.2	0.6	79	83	47	15	90	49
85	4	713	72	56	70	2.1	0.5	79	83	46	15	90	44
75	3	725	70	60	67	1.9	0.5	80	84	45	15	90	48
95	5	683	5	147	65	2.3	0.5	76	79	49	25	97	14
105	5	664	42	107	77	2.4	0.6	78	82	44	15	97	21
100	5	660	40	120	75	2.3	0.6	78	82	43	15	97	28
95	4	680	40	109	72	2.2	0.6	78	82	43	15	97	21
90	3	705	50	107	45	2.3	0.6	81	85	45	25	97	32
90	3	693	20	139	55	2.3	0.6	79	83	45	25	97	36
80	2	650	20	183	65	2.1	0.5	70	74	10	15	97	20
80	3	500	20	322	75	2.5	1.0	77	81	32	0	97	67
80	7	0	575	248	90	2.5	2.9	82	87	55	25	97	75
100	7	0	563	220	110	2.4	3.1	82	86	65	25	97	70
65	5	0	600	245	85	2.0	2.5	84	88	55	25	97	75
65	5	0	610	255	65	2.0	2.5	84	88	50	25	97	77
110	20	0	365	415	90	3.5	5.2	84	88	70	60	97	87
90	15	0	490	290	115	4.7	4.9	84	88	67	50	97	82
135	12	0	375	353	125	4.5	4.8	80	83	74	60	97	73
195	20	0	250	350	185	4.0	4.8	75	78	75	60	97	68
57	4	5	656	198	80	1.4	2.6	86	90	55	25	97	79
57	4	0	675	204	60	1.4	2.6	86	90	50	25	97	78
55	3	0	650	172	120	2.0	3.0	86	90	50	25	97	77
110	25	0	400	365	100	1.4	2.6	76	80	40	25	97	78
25	5	762	34	124	50	1.2	1.4	82	86	50	50	97	22
19	20	35	415	487	24	0.4	0.6	83	88	60	0	97	85
100	5	0	20	820	55	1.0	9.0	76	80	65	0	97	82
100	5	0	14	811	70	1.0	9.0	71	75	60	0	97	77

编码	饲料		饲料价值					
	分类	特征	1 kg OM	1 kg DM			1 kg OM	
			DM	能量 NERc	dCP	PEQ	能量 NERc	dCP
			g	MJ	g	g/MJ	MJ	g
1	2	3	4	5	6	7	8	9
	3.1 牛饲料表格							
6518	压榨甜菜渣，青贮(用湿渣青贮)		130	5.29	55	10	0.69	7
6561	压榨甜菜渣，干燥(干渣)		900	6.22	57	9	5.60	51
6564	糖蜜化糖用甜菜渣，干燥		900	6.47	63	10	5.82	57
6514	部分提取的糖用甜菜渣，干燥		900	6.74	51	8	6.06	46
	糖，见高能精饲料，纯营养素							
6571	优质糖用甜菜丝，干燥		920	7.05	28	4	6.48	25
6573	糖用甜菜丝，干燥，过干		960	6.33	5	1	6.08	5
6525	蔗糖蜜		740	6.48	15	2	4.80	11
6521	甜菜糖蜜		770	6.37	25	4	4.91	19
6600	高能精饲料，面粉加工产物							
6676	菜豆皮		880	5.94	78	13	5.23	69
6675	豌豆皮		880	6.33	131	21	5.57	116
6636	大麦，部分脱壳		880	8.35	86	10	7.35	76
6633	饲用大麦粉		880	7.25	91	13	6.38	80
6635	大麦麸		880	6.35	91	14	5.59	80
6639	带壳大麦麸		880	4.69	60	13	4.13	53
6641	燕麦仁和燕麦片(未去壳)		880	8.61	124	14	7.58	109
6643	饲用燕麦粉		880	7.99	108	14	7.03	95
6645	燕麦麸		880	6.06	85	14	5.33	75
6649	带壳燕麦麸		880	4.61	59	13	4.06	52
6663	去皮饲用玉米粉		880	8.35	81	10	7.34	71
6665	玉米麸		880	7.55	79	10	6.65	69
6666	玉米胚(面粉加工业)		950	9.33	126	13	8.86	120
6667	挤压玉米胚饼(面粉加工业)		900	7.73	94	12	6.96	84
6668	浸提玉米胚饼(面粉加工业)		900	7.26	90	12	6.54	81
6669	西非高粱麸		880	6.84	107	16	6.02	94
6682	白色饲用大米		880	8.34	97	12	7.34	85
6681	黄色饲用大米		880	6.45	82	13	5.67	72
6685	大米麸，很少稻壳		880	5.37	85	16	4.72	74
6686	大米麸，很多稻壳		880	3.17	4	1	2.79	4
6623	饲用黑麦粉		880	7.44	111	15	6.54	98
6624	黑麦麸	78% 出粉率	880	6.07	122	20	5.34	107
6629	带壳黑麦麸		880	4.71	102	22	4.14	89
6613	饲用小麦粉		880	7.91	133	17	6.96	117
6614	小麦麸	74% 出粉率	880	6.00	131	22	5.28	116
6619	带壳小麦麸		880	4.87	109	22	4.28	95
6700	高能精饲料，淀粉业、发酵业和水果加工业产物							
6748	玉米淀粉渣	低蛋白	900	7.12	100	14	6.41	90
6744	小麦黏蛋白		900	7.37	124	17	6.64	112
6745	玉米胚(淀粉业)		880	10.98	106	10	9.67	94
6746	挤压玉米胚饼(淀粉业)		900	7.37	167	23	6.63	150
6747	浸提玉米胚饼(淀粉业)		900	6.90	180	26	6.21	162
	渣(淀粉下脚料)							
6731	鲜土豆渣		140	6.36	8	1	0.89	1
6781	干土豆渣		900	6.06	8	1	5.46	7
6782	干土豆渣	高蛋白	900	5.97	180	30	5.37	162
	酒糟							
6717	鲜土豆酒糟		50	4.90	153	31	0.25	8
6767	干土豆酒糟		900	4.91	153	31	4.42	138

粗略营养成分								消化率					
1 kg DM													
CP	CF	ST	SU	NFR	CA	P	Ca	E	OM	CP	CF	ST SU	NFR
g	g	g	g	g	g	g	g	%	%	%	%	%	%
10	11	12	13	14	15	16	17	18	19	20	21	22	23
100	5	0	8	792	95	1.0	9.0	69	73	55	0	97	76
95	5	30	61	754	55	1.0	8.8	76	80	60	0	97	81
105	5	0	205	610	75	1.2	5.4	81	86	60	0	97	87
85	5	0	150	710	50	1.3	3.9	82	87	60	0	97	89
55	4	0	695	196	50	1.4	2.6	86	90	50	25	97	77
50	3	0	650	222	75	1.4	2.6	79	83	10	0	97	58
50	0	0	640	215	95	1.0	11.8	83	87	30	0	97	69
50	0	0	630	210	110	0.3	3.0	83	85	50	0	97	65
120	10	250	30	554	36	3.5	1.9	68	71	65	75	97	59
180	20	260	35	465	40	3.5	1.9	71	74	73	70	97	60
116	25	655	23	159	22	3.7	0.8	84	87	74	79	97	57
130	35	362	55	378	40	2.5	1.0	77	80	70	91	97	63
130	35	340	70	375	50	4.5	1.6	69	72	70	80	97	44
100	30	105	110	575	80	3.2	2.9	60	62	60	78	97	48
155	45	625	18	132	25	3.8	0.9	86	89	80	81	97	67
140	52	545	17	221	25	2.5	1.0	79	82	77	87	97	46
123	55	250	10	513	49	4.7	1.7	66	68	69	90	97	51
95	35	155	10	650	55	3.5	2.2	57	59	62	83	97	48
115	60	550	45	205	25	2.4	0.4	81	85	70	85	97	59
125	60	510	25	250	30	3.0	0.4	73	78	63	69	97	47
170	230	340	55	145	60	6.7	0.7	75	80	74	84	97	66
140	65	445	50	260	40	5.8	0.9	77	81	67	80	97	59
135	20	454	51	290	50	5.8	0.9	78	81	67	80	97	60
142	64	450	20	292	32	3.0	0.4	69	71	75	75	97	27
133	137	380	65	205	80	2.5	0.5	79	82	73	94	97	49
130	141	244	60	313	112	7.4	0.9	65	68	63	81	97	37
130	140	300	55	240	135	15.1	0.9	58	59	65	81	85	3
73	50	200	30	483	164	15.1	0.9	46	50	6	75	97	32
150	30	368	60	362	30	6.3	0.9	80	83	74	65	97	73
165	40	150	100	480	65	13.1	1.1	70	72	74	72	97	59
145	30	100	50	600	75	13.5	1.5	61	63	70	45	97	54
170	45	389	67	299	30	7.2	1.3	80	84	78	85	97	75
175	45	187	64	474	55	10.1	1.3	69	71	75	70	97	56
155	40	100	71	569	65	14.1	1.5	61	63	70	65	97	51
145	40	250	20	500	45	8.5	2.5	81	82	69	70	97	79
155	85	250	60	420	30	4.3	2.6	75	80	80	65	97	71
140	490	144	55	121	50	8.0	2.5	78	81	76	78	97	73
220	75	246	127	292	40	8.0	2.5	77	81	76	80	97	64
240	25	280	55	350	50	8.0	2.5	78	81	75	80	97	70
50	5	387	19	504	35	0.7	2.9	68	73	15	25	97	60
55	5	387	19	499	35	0.7	2.9	65	70	15	25	97	55
240	10	153	131	351	115	5.0	2.5	77	80	75	25	97	72
255	25	31	11	558	120	8.0	3.0	66	70	60	50	97	72
255	25	70	15	505	130	8.0	3.0	66	70	60	50	97	70

编码	饲料		饲料价值					
	分类	特征	1 kg OM	1 kg DM			1 kg OM	
			DM	能量 NERc	dCP	PEQ	能量 NERc	dCP
			g	MJ	g	g/MJ	MJ	g
1	2	3	4	5	6	7	8	9
	3.1 牛饲料表格							
6714	鲜玉米酒糟		80	6.69	161	24	0.54	13
6764	干玉米酒糟		900	6.63	168	25	5.97	151
6712	鲜黑麦酒糟		85	5.74	188	33	0.49	16
6762	干黑麦酒糟		900	5.64	188	33	5.07	169
6713	鲜小麦酒糟		80	5.64	199	35	0.45	16
6763	干小麦酒糟		900	5.62	199	35	5.05	179
	淀粉类，见高能精饲料，纯营养素							
	啤酒糟							
6721	鲜啤酒糟		245	5.55	183	33	1.36	45
6771	干啤酒糟		900	5.34	181	34	4.80	163
6772	Hops 干啤酒糟		900	2.60	65	25	2.34	59
	果渣							
6450	鲜苹果和梨渣		250	4.40	10	2	1.10	3
6451	鲜葡萄渣		300	0.72	17	23	0.22	5
6452	鲜柑橘渣		300	6.84	37	5	2.05	11
6900	高能精饲料，纯营养素							
	油脂							
6911	牛羊脂肪		990	16.92	0	0	16.75	0
6912	猪油		999	17.96	0	0	17.95	0
6922	向日葵油		999	17.96	0	0	17.95	0
	淀粉							
6931	土豆淀粉，经粉碎		850	9.70	0	0	8.25	0
6933	玉米淀粉		850	9.71	0	0	8.26	0
6934	小麦淀粉		850	9.77	0	0	8.30	0
	纤维素							
6951	饲用纤维素		900	6.92	0	0	6.23	0
	糖							
6941	乳糖		930	7.93	0	0	7.37	0
6942	蔗糖		960	8.13	0	0	7.81	0
6943	甜菜糖		960	7.65	0	0	7.34	0
7000	高蛋白精饲料，植物来源							
7100	高蛋白精饲料，豆科种子							
7137	菜豆		870	7.69	242	32	6.69	211
7133	四季豆		870	7.69	192	25	6.69	167
7115	豌豆		870	7.99	227	28	6.95	198
7116	成熟的豌豆		870	8.08	216	27	7.03	188
7176	蓝色甜羽扇豆		870	7.22	323	45	6.28	281
7153	黄色甜羽扇豆		870	7.15	405	57	6.22	352
7163	白色甜羽扇豆		870	7.49	351	47	6.51	305
7141	野豌豆		870	7.15	267	37	6.22	232
7143	多毛野豌豆		870	7.37	265	36	6.41	230
7200	高蛋白精饲料，油加工业产物							
7271	挤压棉籽饼	去壳	900	6.33	384	61	5.70	346
7272		部分去壳	900	5.90	304	52	5.31	274
7273		未去壳	900	4.88	218	45	4.39	196
7471	浸提棉籽饼	去壳	900	5.66	412	73	5.09	371
7472		部分去壳	900	5.32	324	61	4.78	292
7473		未去壳	900	4.44	274	62	3.99	246
7261	挤压花生饼	去壳	900	6.96	468	67	6.26	421
7262		部分去壳	900	6.65	437	66	5.99	393
7263		未去壳	900	4.93	319	65	4.44	287

粗略营养成分								消化率					
1 kg DM													
CP	CF	ST	SU	NFR	CA	P	Ca	E	OM	CP	CF	ST SU	NFR
g	g	g	g	g	g	g	g	%	%	%	%	%	%
10	11	12	13	14	15	16	17	18	19	20	21	22	23
230	80	105	25	515	45	14.7	1.0	72	75	70	80	97	72
240	80	75	18	542	45	14.7	1.0	72	75	70	80	97	73
250	50	35	23	602	40	8.6	2.6	69	71	75	60	97	68
250	50	35	23	587	55	8.6	2.6	69	71	75	60	97	68
265	60	35	23	557	60	9.7	2.3	68	71	75	60	97	68
265	60	35	23	552	65	9.7	2.3	68	71	75	60	97	68
235	74	33	6	600	52	6.0	2.9	65	66	78	89	97	56
244	78	38	10	581	49	6.0	2.9	63	64	74	80	97	55
211	58	40	10	581	100	5.0	2.5	43	44	31	65	97	43
50	35	58	108	724	25	1.2	2.4	55	60	20	40	97	55
113	80	50	100	560	97	1.0	2.5	25	26	15	54	97	5
70	30	46	262	507	85	1.0	2.5	82	87	53	70	97	86
4	995	0	0	0	1	0.1	0.1	84	84	0	85	97	0
1	998	0	0	0	1	0.1	0.1	90	90	0	90	97	0
1	998	0	0	0	1	0.1	0.1	90	90	0	90	97	0
5	0	991	0	0	4	0.1	0.3	93	96	0	0	97	0
5	0	989	5	0	1	0.2	0.1	93	96	0	0	97	0
1	1	997	0	0	1	0.2	0.1	94	97	0	0	97	0
4	0	0	0	988	8	0.2	0.2	79	85	0	0	97	85
0	0	0	995	0	5	0.1	0.2	93	96	95	0	97	0
0	0	0	1000	0	0	0.0	0.0	98	98	0	0	97	0
20	0	0	950	0	30	0.1	2.0	91	97	0	0	97	0
285	15	461	39	160	40	4.9	1.5	86	88	85	81	97	66
240	12	500	60	150	38	5.0	1.2	84	87	80	75	97	61
258	15	480	65	144	38	4.8	1.6	89	91	88	70	97	78
246	15	506	45	155	33	4.5	1.0	89	91	88	75	97	77
367	53	96	54	391	39	3.2	2.4	84	86	88	91	97	80
445	59	50	50	345	51	5.4	2.7	87	88	91	87	97	82
390	90	96	54	325	45	5.0	2.5	83	86	90	88	97	75
310	18	330	40	252	50	4.6	1.2	86	87	86	80	97	67
291	23	330	40	279	37	4.4	1.1	85	86	91	90	97	65
480	75	30	45	300	70	12.6	2.3	76	77	80	91	97	63
385	70	15	40	420	70	9.2	4.6	71	71	79	88	97	58
290	65	15	40	530	60	8.5	3.0	61	62	75	85	97	48
515	20	35	55	305	70	12.6	2.3	76	76	80	85	97	63
410	20	35	50	415	70	9.2	4.6	70	71	79	80	97	56
365	20	30	40	475	70	8.5	3.0	62	62	75	80	97	46
520	70	95	115	135	65	7.8	3.1	84	85	90	91	97	42
485	70	60	80	240	65	6.6	1.6	81	81	90	91	97	51
375	70	50	70	365	70	4.6	1.6	63	62	85	85	97	22

编码	饲料		饲料价值					
	分类	特征	1 kg OM	1 kg DM			1 kg OM	
			DM	能量 NERc	dCP	PEQ	能量 NERc	dCP
			g	MJ	g	g/MJ	MJ	g
1	2	3	4	5	6	7	8	9
	3.1 牛饲料表格							
7461	浸提花生饼	去壳	900	6.37	495	78	5.73	446
7462		部分去壳	900	5.75	437	76	5.18	393
7463		未去壳	900	4.41	340	77	3.97	306
7281	压制椰籽饼		900	6.82	184	27	6.14	166
7481	浸提椰籽饼		900	6.20	194	31	5.58	175
7221	压制亚麻饼		900	6.60	323	49	5.94	291
7421	浸提亚麻饼		900	6.04	323	53	5.44	291
7225	压制罂粟饼		900	5.12	328	64	4.61	295
7425	浸提罂粟饼		900	4.56	349	77	4.10	314
7285	压制棕榈仁饼		900	6.70	156	23	6.03	140
7485	浸提棕榈仁饼		900	5.96	135	23	5.37	121
7231	压制菜籽饼		900	6.29	311	49	5.66	280
7431	浸提菜籽饼		900	5.68	340	60	5.11	306
7235	压制芥籽饼（白芥籽）		900	7.10	323	45	6.39	291
7435	浸提芥籽饼（白芥籽）		900	6.07	357	59	5.46	321
7295	压制芝麻饼		900	6.29	405	64	5.66	365
7494	浸提芝麻饼		900	5.96	446	75	5.36	401
7251	压制大豆饼		880	7.29	432	59	6.41	380
7451	浸提大豆饼，经过焙烤	45%～48%蛋白质	880	6.80	488	72	5.99	429
7453		42%～45%蛋白质	880	6.60	446	68	5.81	392
7455		39%～42%蛋白质	880	6.45	409	63	5.67	360
7452	浸提大豆饼，未经过焙烤	42%～45%蛋白质	880	6.60	446	68	5.81	392
7241	挤压向日葵饼	脱壳	900	6.24	378	61	5.61	341
7242		部分脱壳	900	5.53	319	58	4.98	287
7441	浸提向日葵饼	去壳	900	5.50	387	70	4.95	348
7442		部分去壳	900	4.81	332	69	4.33	298
7443		未去壳	900	3.21	252	79	2.89	227
7245	挤压小麦芽		880	8.06	276	34	7.09	243
7500	高蛋白精饲料，面粉加工产物，淀粉业和发酵业产物							
7571	饲用豌豆粉		880	7.72	218	28	6.79	191
	酵母，见高蛋白精饲料，动物来源							
7567	玉米蛋白粉		900	7.32	677	93	6.58	609
7568	小麦蛋白粉		900	6.95	790	114	6.25	711
7591	土豆蛋白片		900	5.25	629	120	4.72	566
7511	大麦芽		900	5.72	237	41	5.14	213
7541	小麦芽		880	8.19	252	31	7.21	222
7562	玉米淀粉渣	19%～23%蛋白质	900	6.89	191	28	6.20	172
7563		23%～30% 蛋白质	900	6.87	238	35	6.18	214
7564		＞30% 蛋白质	900	6.99	348	50	6.29	313
7512	大麦芽		900	6.45	205	32	5.80	185
7600	高蛋白精饲料，NPN-化合物							
7621	尿素		985	0.00	2218	0	0.00	2185
8000	高蛋白精饲料，动物来源，包括酵母							
8100	高蛋白精饲料，牛奶和牛奶加工产物							
8123	鲜牛奶黄油		90	7.62	370	49	0.69	33
8173	干燥牛奶黄油		930	7.31	331	45	6.80	308

粗略营养成分								消化率					
1 kg DM													
CP	CF	ST	SU	NFR	CA	P	Ca	E	OM	CP	CF	ST SU	NFR
g	g	g	g	g	g	g	g	%	%	%	%	%	%
10	11	12	13	14	15	16	17	18	19	20	21	22	23
550	15	105	120	145	65	7.8	3.1	85	85	90	81	97	48
485	15	72	95	268	65	6.6	1.6	81	77	90	80	97	41
400	15	60	80	375	70	4.6	1.6	63	62	85	78	97	24
230	70	45	106	479	70	6.6	1.8	78	81	80	90	97	75
240	20	15	115	535	75	6.6	1.8	78	81	81	90	97	77
380	70	77	38	370	65	9.4	4.1	78	79	85	87	97	66
380	20	70	41	419	70	9.4	4.1	78	79	85	87	97	68
395	70	25	50	315	145	16.4	30.4	69	68	83	90	97	36
410	15	25	50	355	145	16.4	30.4	70	67	85	90	97	39
200	75	38	21	621	45	7.5	2.8	74	77	78	85	97	74
190	25	8	30	702	45	7.5	2.8	72	75	71	75	97	75
370	70	47	80	353	80	11.5	7.1	75	77	84	86	97	60
400	20	55	92	348	85	11.5	7.1	75	76	85	86	97	56
380	100	45	50	345	80	12.0	9.0	81	83	85	90	97	75
420	15	45	50	390	80	12.0	9.0	81	82	85	90	97	75
450	60	15	30	315	130	14.9	24.9	83	84	90	95	97	72
490	20	50	25	295	120	14.9	24.9	84	84	91	95	97	69
480	65	75	110	205	65	7.7	3.1	88	90	90	87	97	85
530	15	71	108	211	65	7.7	3.1	91	92	92	65	97	89
495	15	49	95	281	65	7.7	3.1	88	89	90	65	97	85
465	15	72	94	289	65	7.7	3.1	85	86	88	65	97	78
495	15	50	97	278	65	7.7	3.1	87	89	90	65	97	84
430	70	19	71	340	70	14.3	4.6	76	77	88	85	97	56
375	70	20	85	380	70	11.2	4.4	68	69	85	80	97	43
440	20	23	85	357	75	14.3	4.6	74	75	88	65	97	53
390	20	26	81	413	70	11.2	4.4	66	67	85	65	97	42
300	20	10	52	553	65	9.5	3.7	52	51	84	65	97	27
307	71	271	164	136	51	11.8	0.8	88	91	90	92	97	71
250	20	495	65	130	40	2.8	13.9	84	87	87	70	97	47
705	45	100	7	123	20	5.0	1.5	92	93	96	65	97	81
840	15	80	4	48	13	5.0	1.5	93	92	94	65	97	64
839	4	0	6	127	24	2.5	2.0	74	74	75	0	97	64
296	10	120	140	374	60	7.9	2.3	72	74	80	62	97	52
280	85	217	146	222	50	8.0	2.5	88	91	90	93	97	82
230	40	230	25	410	65	8.5	2.5	79	83	83	70	97	74
280	40	205	20	395	60	8.7	2.6	80	83	85	69	97	75
400	45	232	34	254	35	7.5	2.0	81	83	87	65	97	65
250	89	44	140	430	47	7.6	1.6	71	72	82	90	97	51
2 919	0	0	0	0	0	0.0	0.0	0	76	76	0	0	0
389	45	0	486	0	80	9.0	15.2	95	97	95	99	97	0
389	42	0	485	0	84	10.1	14.4	91	95	85	98	97	0

编码	饲料		饲料价值					
	分类	特征	1 kg OM	1 kg DM			1 kg OM	
			DM	能量 NERc	dCP	PEQ	能量 NERc	dCP
			g	MJ	g	g/MJ	MJ	g
1	2	3	4	5	6	7	8	9
	3.1 牛饲料表格							
8128	干燥酪蛋白		890	6.66	898	135	5.93	799
8116	牛初乳	泌乳期第 1 天	145	10.19	403	40	1.48	58
8117		泌乳期第 2~4 天	119	10.28	308	30	1.22	37
8121	鲜脱脂奶		90	7.20	364	51	0.65	33
8171	脱脂奶粉		930	6.90	340	49	6.42	316
8125	新鲜甜乳清		70	7.37	119	16	0.52	8
8126	新鲜酸乳清		70	7.11	150	21	0.50	11
8175	甜乳清粉		930	7.13	116	16	6.63	108
8127	鲜乳清蛋白		200	6.34	675	106	1.27	135
8124	凝乳		350	6.89	740	107	2.41	259
8115	新鲜全牛奶	4.5% 脂肪	137	11.20	243	22	1.53	33
8114		4.0% 脂肪	132	10.92	253	23	1.44	33
8113		3.5% 脂肪	128	10.62	259	24	1.36	33
8112		3.0% 脂肪	123	10.22	270	26	1.26	33
8111		2.5% 脂肪	119	9.81	287	29	1.17	34
8110		2.0% 脂肪	114	9.36	300	32	1.07	34
8165	全牛奶粉	31% 脂肪	950	11.06	232	21	10.51	220
8164		28% 脂肪	950	10.72	241	22	10.19	229
8163		25% 脂肪	950	10.38	248	24	9.86	235
8162		23% 脂肪	950	10.02	258	26	9.52	245
8161		20% 脂肪	950	9.62	274	28	9.13	260
8160		17% 脂肪	950	9.17	287	31	8.72	272
8200	高蛋白精饲料，动物来源，屠宰加工产物							
8221	血粉		900	5.74	759	132	5.17	683
8231	肉粉，不含骨	> 75% 蛋白质	930	7.55	765	101	7.03	711
8232	肉骨粉	70%~75%蛋白质	950	6.94	694	100	6.59	659
8233		65%~70%蛋白质	950	6.57	634	96	6.24	602
8234		60%~65% 蛋白质	950	6.28	568	90	5.97	539
8235		55%~60% 蛋白质	940	5.99	519	87	5.63	487
8236		50%~55%蛋白质	940	5.49	470	86	5.16	442
8237		45%~50%蛋白质	930	4.79	423	88	4.46	394
8238		40%~45% 蛋白质	920	4.03	377	94	3.71	347
8251	骨粉	未脱胶	930	3.00	300	100	2.79	279
8252	骨粉	脱胶	920	0.48	49	101	0.44	45
	肉骨粉，适当干燥，未经过热处理							
8241	<8% 脂肪	65%~70% 蛋白质	930	5.82	618	106	5.42	574
8242		60%~65% 蛋白质	930	5.68	576	101	5.28	536
8243		55%~60% 蛋白质	930	5.45	523	96	5.07	486
8244		50%~55% 蛋白质	950	5.41	462	85	5.14	439
8245	>8% 脂肪	65%~70% 蛋白质	930	6.69	618	92	6.22	574
8246		60%~65% 蛋白质	930	6.57	576	88	6.11	536
8247		55%~60% 蛋白质	930	6.37	523	82	5.92	486
8248		50%~55% 蛋白质	950	6.45	462	72	6.13	439
	肉骨粉，经过过干或过热处理							
8262	<8% 脂肪	60%~65% 蛋白质	960	4.32	462	107	4.14	444
8263		55%~60% 蛋白质	960	4.11	418	102	3.94	401
8266	>8% 脂肪	60%~65% 蛋白质	960	4.92	462	94	4.73	444
8267		55%~60% 蛋白质	960	4.73	418	88	4.54	401

粗略营养成分								消化率					
1 kg DM													
CP	CF	ST	SU	NFR	CA	P	Ca	E	OM	CP	CF	ST SU	NFR
g	g	g	g	g	g	g	g	%	%	%	%	%	%
10	11	12	13	14	15	16	17	18	19	20	21	22	23
945	10	0	0	0	45	11.0	6.8	96	96	95	98	97	0
424	266	0	248	0	62	9.9	11.3	91	97	95	98	97	0
324	265	0	344	0	67	11.3	12.9	91	97	95	98	97	0
383	11	0	531	0	75	10.2	13.9	96	97	95	99	97	0
378	6	0	535	0	81	10.9	14.1	92	94	90	98	97	0
132	20	0	760	0	88	7.4	8.6	93	96	90	99	97	0
167	20	0	698	0	115	8.5	9.0	93	96	90	98	97	0
130	10	0	765	0	95	7.0	9.8	92	95	89	99	97	0
711	30	0	99	0	160	10.0	8.0	95	97	95	98	97	0
804	12	0	151	0	33	10.0	12.0	93	94	92	98	97	0
256	334	0	359	0	51	7.0	8.8	90	98	95	97	97	0
266	308	0	371	0	55	7.5	9.5	90	98	95	98	97	0
273	281	0	391	0	55	7.5	9.5	90	98	95	98	97	0
284	250	0	409	0	57	7.8	9.8	91	98	95	98	97	0
302	217	0	422	0	59	8.0	10.2	91	98	95	98	97	0
316	182	0	440	0	62	8.4	10.7	92	98	95	98	97	0
255	332	0	357	0	56	7.5	9.5	88	96	91	97	97	0
265	306	0	369	0	60	8.0	10.2	89	96	91	97	97	0
272	277	0	391	0	60	8.0	10.2	89	96	91	97	97	0
283	248	0	407	0	62	8.3	10.5	90	96	91	97	97	0
301	215	0	420	0	64	8.5	10.9	90	96	91	97	97	0
315	180	0	438	0	67	8.9	11.4	90	96	91	97	97	0
925	10	0	15	0	50	2.4	2.0	81	82	82	90	97	0
850	110	0	10	0	30	2.5	2.0	89	90	90	90	97	0
780	95	0	0	35	90	24.0	42.0	89	90	89	90	97	80
720	95	0	0	45	140	33.0	69.0	87	88	88	90	97	80
660	100	0	0	60	180	42.0	96.0	85	86	86	90	97	80
610	100	0	0	70	220	51.0	123.0	84	85	85	90	97	80
560	95	0	0	60	285	61.0	149.0	84	85	84	90	97	80
510	75	0	0	60	355	78.0	179.0	83	84	83	90	97	80
460	55	0	0	50	435	95.0	209.0	82	83	82	90	97	80
375	30	0	0	45	550	113.0	238.0	81	81	80	90	97	80
65	3	0	0	12	920	190.0	400.0	75	76	75	85	97	80
710	60	0	0	45	185	30.0	60.0	87	87	87	90	97	80
670	65	0	0	55	210	31.0	62.0	86	86	86	90	97	80
615	70	0	0	65	250	32.0	65.0	85	85	85	90	97	80
550	85	0	0	85	280	33.0	70.0	83	85	84	90	97	80
710	110	0	0	40	140	27.0	55.0	86	87	87	90	97	80
670	120	0	0	40	170	30.0	60.0	85	86	86	90	97	80
615	130	0	0	40	215	31.0	62.0	84	86	85	90	97	80
550	150	0	0	65	235	32.0	65.0	83	85	84	90	97	80
670	60	0	0	45	225	31.0	62.0	68	69	69	70	97	65
615	65	0	0	55	265	32.0	65.0	67	68	68	70	97	65
670	110	0	0	30	190	30.0	60.0	68	69	69	70	97	65
615	120	0	0	30	235	31.0	62.0	67	68	68	70	97	65

编码	饲料		饲料价值					
	分类	特征	1 kg OM	1 kg DM			1 kg OM	
			DM	能量 NERc	dCP	PEQ	能量 NERc	dCP
			g	MJ	g	g/MJ	MJ	g
1	2	3	4	5	6	7	8	9
	3.1 牛饲料表格							
8300	高蛋白精饲料，鱼及鱼加工产物							
8361	鳕鱼粉	70%～75% 蛋白质	900	5.84	736	126	5.26	662
8362		65%～70% 蛋白质	900	5.54	683	123	4.99	614
8363		60%～65% 蛋白质	900	5.30	626	118	4.77	563
8364		55%～60% 蛋白质	900	5.15	570	111	4.63	513
	适当干燥鱼粉，未经过热处理							
8370	<8% 脂肪	70%～75% 蛋白质	900	6.20	736	119	5.58	662
8371		65%～70% 蛋白质	900	6.09	683	112	5.48	614
8372		60%～65% 蛋白质	900	5.94	626	105	5.34	563
8373		55%～60% 蛋白质	900	5.69	570	100	5.12	513
8375	>8% 脂肪	70%～75% 蛋白质	900	6.50	736	113	5.85	662
8376		65%～70% 蛋白质	900	6.42	683	106	5.78	614
8377		60%～65% 蛋白质	900	6.32	626	99	5.69	563
8378		55%～60% 蛋白质	900	7.19	576	80	6.47	518
	过干或过热处理鱼粉							
8381	<8% 脂肪	65%～70% 蛋白质	960	4.48	548	122	4.30	526
8382		60%～65% 蛋白质	960	4.32	500	116	4.14	480
8383		55%～60% 蛋白质	960	5.01	461	92	4.81	442
8386	>8% 脂肪	65%～70% 蛋白质	960	4.94	548	111	4.74	526
8387		60%～65% 蛋白质	960	4.82	500	104	4.63	480
8388		55%～60% 蛋白质	960	4.90	461	94	4.70	442
8325	新鲜鱼可溶解浓缩物		550	6.51	561	86	3.58	308
8400	高蛋白精饲料，酵母							
8411	新鲜啤酒酵母和面包酵母		190	6.27	534	85	1.19	101
8461	干燥的啤酒和面包酵母		900	5.72	435	76	5.15	391
8465	干燥的木糖酵母		900	6.49	473	73	5.84	425
8466	干燥的石油酵母		900	5.99	546	91	5.39	491
8467	干燥的糖蜜酵母		900	6.32	440	70	5.69	396
8468	干燥的盐分解酵母		900	5.75	366	64	5.17	329

粗略营养成分								消化率					
1 kg DM													
CP	CF	ST	SU	NFR	CA	P	Ca	E	OM	CP	CF	ST SU	NFR
g	g	g	g	g	g	g	g	%	%	%	%	%	%
10	11	12	13	14	15	16	17	18	19	20	21	22	23
800	30	0	0	0	170	25.0	45.0	92	92	92	90	97	0
750	35	0	0	0	215	27.0	49.0	91	91	91	90	97	0
695	35	0	0	25	245	29.0	53.0	90	90	90	90	97	80
640	40	0	0	50	270	31.0	57.0	90	89	89	90	97	80
800	50	0	0	0	150	23.0	41.0	92	92	92	90	97	0
750	60	0	0	15	175	25.0	45.0	91	91	91	90	97	80
695	65	0	0	40	200	27.0	49.0	90	90	90	90	97	80
640	70	0	0	50	240	29.0	53.0	89	88	89	90	97	80
800	85	0	0	0	115	21.0	37.0	91	92	92	90	97	0
750	100	0	0	10	140	23.0	41.0	90	91	91	90	97	80
695	110	0	0	30	165	25.0	45.0	89	90	90	90	97	80
640	115	0	0	40	205	27.0	49.0	89	90	90	90	97	80
750	55	0	0	10	185	25.0	45.0	72	73	73	70	97	65
695	60	0	0	30	215	27.0	49.0	71	72	72	70	97	65
640	65	0	0	40	255	29.0	53.0	71	71	72	70	97	65
750	90	0	0	5	155	23.0	41.0	72	73	73	70	97	65
695	100	0	0	20	185	25.0	45.0	70	72	72	70	97	65
640	105	0	0	30	225	27.0	49.0	70	71	72	70	97	65
630	140	0	0	35	170	25.0	45.0	87	88	89	80	97	80
580	30	45	10	245	90	16.4	5.0	87	88	92	42	97	82
530	20	63	17	285	85	16.4	5.0	78	79	82	45	97	71
525	5	60	15	310	85	16.5	5.0	90	91	90	61	97	91
650	20	40	4	231	55	10.0	5.0	82	83	84	40	97	78
530	60	50	50	215	95	15.0	6.0	82	83	83	72	97	79
475	20	75	5	340	85	16.0	4.3	76	77	77	77	97	73

编码	饲料		饲料价值						
	分类	特征	1 kg OM	1 kg DM				1 kg OM	
			DM	能量 NERp	dCP	可消化氨基酸		能量 NERp	dCP
		成熟时期				cLys	dMet+dCys		
			g	MJ	g	g	g	MJ	g
1	2	3	4	5	6	7	8	9	10
	3.2 猪饲料表格								
1000	青绿饲料								
1100	青绿饲料,小籽豆科								
1161	苜蓿,第 1 茬	营养生长期	152	6.45	190	10.2	5.3	0.98	29
1163		现蕾期	166	5.81	152	8.2	4.2	0.96	25
1165		早花期	189	5.07	121	6.6	3.4	0.96	23
1167		盛花期	206	4.07	102	5.5	2.8	0.84	21
1171	苜蓿,第 2 茬等	营养生长期	170	6.32	200	10.8	5.6	1.07	34
1173		现蕾期	180	5.74	173	9.4	4.8	1.03	31
1175		早花期	195	5.20	143	7.7	4.0	1.01	28
1177		盛花期	210	4.26	118	6.4	3.3	0.89	25
1043	波斯三叶草,第 1 茬等	开花前期	105	7.02	178	8.7	4.6	0.74	19
1045		早花期	145	6.24	133	6.5	3.4	0.91	19
1047		盛花期	170	5.27	103	5.1	2.7	0.90	18
1011	红三叶,第 1 茬	营养生长期	130	6.69	149	7.3	3.9	0.87	19
1013		现蕾期	145	5.76	115	5.7	3.0	0.84	17
1015		早花期	187	4.99	89	4.3	2.3	0.93	17
1017		盛花期	206	4.04	67	3.3	1.7	0.83	14
1021	红三叶,第 2 茬等	营养生长期	167	6.51	143	7.0	3.7	1.09	24
1023		现蕾期	180	5.93	125	6.1	3.2	1.07	23
1025		早花期	205	5.07	99	4.8	2.6	1.04	20
1027		盛花期	208	4.10	82	4.0	2.1	0.85	17
1033	残茬红三叶,无秸秆	开花前期	175	6.21	136	6.7	3.5	1.09	24
1035		早花期	210	5.31	101	4.9	2.6	1.12	21
1153	鸟足豆	开花前期	120	6.57	179	10.0	5.0	0.79	21
1155		早花期	150	5.17	132	7.4	3.7	0.78	20
	瑞典三叶草,见红三叶								
1083	白三叶,第 1 茬等	开花前期	130	7.30	176	7.9	4.5	0.95	23
1085		早花期	155	6.63	127	5.7	3.3	1.03	20
1200	青绿饲料,大籽豆科								
	菜豆,见黄色甜羽扇豆								
1243	豌豆	开花前期	120	6.84	175	11.1	2.6	0.82	21
1245		开花期	140	6.24	143	9.0	2.2	0.87	20
1247		结荚早期	160	5.70	117	7.3	1.8	0.91	19
1249		种子形成期	180	5.84	104	6.5	1.5	1.05	19
1273	菜豆豆科混合料	开花前期	120	6.56	173	9.8	4.7	0.79	21
1275		开花期	140	6.14	141	8.0	3.8	0.86	20
1277		结荚早期	160	5.46	115	6.5	3.1	0.87	18
1293	青绿谷物或玉米与豆科混合料	开花前期	140	6.39	138	7.6	3.5	0.89	19
1295		开花期	165	5.79	99	5.5	2.4	0.96	16
1297		结荚早期	200	4.96	74	4.1	1.8	0.99	15
	野豌豆,见黄色甜羽扇豆								
1213	黄色甜羽扇豆	开花前期	120	6.57	159	9.4	4.8	0.79	19
1215		开花期	140	6.15	134	7.9	4.0	0.86	19
1217		结荚早期	160	5.55	110	6.5	3.3	0.89	18
1219		种子形成期	175	5.35	97	5.7	3.0	0.94	17

粗略营养成分								消化率					
1 kg DM													
CP	CF	ST	SU	NFR	CA	氨基酸		E	OM	CP	CF	ST SU	NFR
						Lys	Met+Cys						
g	g	g	g	g	g	g	g	%	%	%	%	%	%
11	12	13	14	15	16	17	18	19	20	21	22	23	24
260	37	55	22	512	114	14.0	7.3	64	66	73	46	98	59
221	34	35	32	567	111	11.9	6.1	60	62	69	40	98	57
192	26	35	48	602	97	10.4	5.4	54	57	63	31	98	50
175	25	20	29	661	90	9.4	4.9	48	50	58	21	98	45
270	36	40	30	494	130	14.6	7.5	64	66	74	50	98	58
240	36	50	40	514	120	13.0	6.7	59	61	72	42	98	50
210	34	60	50	540	106	11.3	5.9	54	56	68	35	98	44
185	31	40	40	602	102	10.0	5.2	47	49	64	30	98	39
250	45	30	85	430	160	12.2	6.5	69	72	71	60	98	67
205	37	30	55	538	135	10.0	5.3	63	66	65	55	98	62
175	32	30	55	593	115	8.6	4.6	56	58	59	50	98	53
222	41	40	112	475	110	10.9	5.8	64	67	67	55	98	58
189	34	40	85	551	101	9.3	4.9	58	61	61	46	98	53
161	29	40	55	625	90	7.9	4.2	53	56	55	41	98	50
143	26	30	40	678	83	7.0	3.7	47	49	47	30	98	45
220	45	40	110	480	105	10.8	5.7	62	65	65	55	98	55
209	40	40	85	524	102	10.2	5.4	59	61	60	50	98	54
180	34	40	55	603	88	8.8	4.7	53	55	55	46	98	49
161	30	30	40	659	80	7.9	4.2	46	48	51	41	98	43
220	40	30	85	515	110	10.8	5.7	61	64	62	51	98	59
180	32	30	55	608	95	8.8	4.7	56	58	56	45	98	54
255	45	40	85	435	140	14.3	7.1	65	67	70	55	98	57
210	35	30	55	550	120	11.8	5.9	55	57	63	43	98	49
245	40	40	80	445	150	11.0	6.3	71	74	72	55	98	70
195	35	40	70	545	115	8.8	5.1	65	68	65	50	98	64
250	40	50	80	455	125	15.8	3.7	66	69	70	50	98	62
210	30	50	80	520	110	13.2	3.2	62	65	68	45	98	56
185	30	70	100	520	95	11.6	2.8	57	59	63	40	98	46
170	25	90	110	525	80	10.7	2.5	57	59	61	40	98	45
250	35	40	80	465	130	14.2	6.8	64	68	69	50	98	61
210	30	40	80	530	110	12.0	5.7	61	65	67	45	98	57
185	25	50	90	550	100	10.5	5.0	56	59	62	35	98	49
215	43	40	70	507	125	11.8	5.4	63	66	64	50	98	62
170	35	50	80	565	100	9.4	4.2	58	61	58	50	98	54
145	27	50	90	608	80	8.0	3.6	52	55	51	45	98	44
230	30	50	80	480	130	13.6	6.9	65	68	69	50	98	61
200	30	50	80	540	100	11.8	6.0	61	64	67	40	98	56
180	30	70	100	530	90	10.6	5.4	55	58	61	35	98	46
165	30	40	70	615	80	9.7	5.0	55	58	59	35	98	52

编码	饲料		饲料价值						
	分类	特征	1 kg OM	1 kg DM				1 kg OM	
			DM	能量 NERp	dCP	可消化氨基酸		能量 NERp	dCP
		成熟时期				dLys	dMet+dCys		
			g	MJ	g	g	g	MJ	g
1	2	3	4	5	6	7	8	9	10
	3.2 猪饲料表格								
1300	青绿饲料,豆科-草混合料								
1331	苜蓿-草,第 1 茬等	营养生长期	155	6.31	147	7.6	4.2	0.98	23
1333		现蕾期	170	5.71	110	5.7	3.2	0.97	19
1335		早花期	200	4.86	80	4.1	2.3	0.97	16
1337		盛花期	250	3.99	62	3.3	1.8	1.00	16
1311	红三叶-草,第 1 茬等	营养生长期	145	6.66	131	6.4	3.8	0.97	19
1313		现蕾期	160	6.12	96	4.7	2.8	0.98	15
1315		早花期	190	5.23	68	3.3	2.0	0.99	13
1317		盛花期	240	4.23	49	2.4	1.5	1.02	12
1363	野豌豆-燕麦	开花前期	145	6.30	121	6.5	3.0	0.91	18
1365		早花期	160	5.71	90	4.8	2.2	0.91	14
1367		盛花期	190	4.94	70	3.8	1.8	0.94	13
1353	野豌豆-草,第 1 茬	开花前期	160	6.18	124	6.7	3.3	0.99	20
1355		早花期	185	5.52	90	4.8	2.4	1.02	17
1357		盛花期	230	4.51	65	3.5	1.7	1.04	15
	野豌豆-草,第 2 茬等,见黑麦草,第 2 茬等								
1373	野豌豆-黑麦和野豌豆-小麦	开花前期	145	6.13	134	7.4	3.3	0.89	19
1375		早花期	160	5.47	100	5.5	2.5	0.88	16
1377		盛花期	195	4.40	70	3.9	1.8	0.86	14
1400	青绿饲料,纯种草								
	鸡脚草,见优质牧草								
	多年生意大利黑麦草								
1411	第 1 茬,100 kg N/hm²	拔节期	160	6.55	131	6.4	4.0	1.05	21
1413		抽穗早期	180	5.74	91	4.5	2.8	1.03	16
1415		抽穗晚期	210	4.79	62	3.0	1.8	1.00	13
1417		盛花期	250	3.74	37	1.8	1.1	0.93	9
1421	第 2 茬等,每茬 50 kg N/hm²	15～35 d 生长期	170	6.25	114	5.6	3.4	1.06	19
1423		35～55 d 生长期	200	5.44	85	4.1	2.5	1.09	17
1425	意大利黑麦草第 2 茬等,见第 1 茬	55～75 d 生长期	250	4.29	51	2.5	1.5	1.07	13
	牛尾草,见黑麦草								
1600	青绿饲料,牧草								
	优质牧草								
1611	草地利用,125 kg N/hm²	生长期 1 和 2	160	6.17	116	6.3	3.1	0.99	19
1613	草地利用,75 kg N/hm²	生长期 3 和 4	180	5.42	99	5.3	2.7	0.98	18
1615	草地利用,50 kg N/hm²	生长期 5 和 6	170	5.76	104	5.6	2.8	0.98	18
	优质牧草								
1641	第 1 茬,100 kg N/hm²	拔节期	150	6.24	126	6.8	3.4	0.94	19
1643		抽穗早期	160	5.48	91	4.9	2.5	0.88	15
1645		抽穗晚期	190	4.48	63	3.4	1.7	0.85	12
1647		盛花期	245	3.47	39	2.1	1.0	0.85	9
1651	第 2 茬等,每茬 50 kg N/hm²	15～35 d 生长期	180	5.67	98	5.3	2.6	1.02	18
1653		35～55 d 生长期	200	4.81	74	4.0	2.0	0.96	15
1655		55～75 d 生长期	230	3.93	55	2.9	1.5	0.90	13

粗略营养成分								消化率					
1 kg DM													
CP	CF	ST	SU	NFR	CA	氨基酸		E	OM	CP	CF	ST SU	NFR
						Lys	Met+Cys						
g	g	g	g	g	g	g	g	%	%	%	%	%	%
11	12	13	14	15	16	17	18	19	20	21	22	23	24
220	45	40	70	515	110	11.4	6.3	62	64	67	50	98	57
180	37	40	70	578	95	9.4	5.3	58	60	61	47	98	53
150	31	40	70	624	85	7.8	4.4	52	54	53	39	98	47
130	26	40	70	654	80	6.8	3.8	45	47	48	35	98	38
205	42	40	164	439	110	10.0	5.9	63	66	64	55	98	53
165	34	40	114	552	95	8.1	4.8	60	63	58	51	98	55
135	28	40	91	626	80	6.6	3.9	54	57	50	43	98	50
115	24	40	70	681	70	5.6	3.4	47	49	43	38	98	43
195	40	50	90	505	120	10.5	4.8	62	65	62	50	98	58
160	32	40	70	598	100	8.6	4.0	58	61	56	50	98	56
140	27	50	100	598	85	7.6	3.5	51	54	50	45	98	44
200	44	50	100	491	115	10.8	5.4	60	63	62	50	98	54
160	36	40	80	589	95	8.6	4.3	56	59	56	45	98	53
135	30	40	60	650	85	7.3	3.6	49	52	48	40	98	46
210	43	40	80	507	120	11.6	5.2	61	63	64	55	98	55
170	34	30	60	611	95	9.4	4.2	56	59	59	55	98	53
140	29	20	40	691	80	7.7	3.5	49	52	50	50	98	48
205	45	50	100	485	115	10.0	6.2	63	66	64	50	98	59
165	40	50	110	535	100	8.1	5.0	56	60	55	45	98	51
135	35	50	90	600	90	6.6	4.0	50	53	46	40	98	44
110	30	40	53	687	80	5.4	3.3	43	46	34	35	98	41
190	45	50	100	495	120	9.3	5.7	61	64	60	50	98	57
160	40	40	90	570	100	7.8	4.8	55	58	53	45	98	52
125	35	30	50	670	90	6.1	3.7	48	51	41	40	98	48
190	40	60	120	485	105	10.3	5.1	60	62	61	50	98	50
180	40	50	100	505	125	9.7	4.9	55	58	55	45	98	49
180	45	50	100	500	125	9.7	4.9	57	60	58	50	98	51
200	45	50	110	470	125	10.8	5.4	61	64	63	50	98	54
165	40	50	110	525	110	8.9	4.5	55	58	55	45	98	48
135	35	40	90	605	95	7.3	3.6	48	51	47	40	98	42
110	30	30	70	675	85	5.9	2.9	40	43	35	35	98	37
175	40	50	100	510	125	9.4	4.7	57	60	56	50	98	51
150	35	40	80	590	105	8.1	4.0	51	54	49	45	98	46
130	30	30	60	655	95	7.0	3.6	45	48	42	40	98	42

编码	饲料		饲料价值						
	分类	特征	1 kg OM	1 kg DM				1 kg OM	
			DM	能量 NERp	dCP	可消化氨基酸		能量 NERp	dCP
		成熟时期				dLys	dMet+dCys		
			g	MJ	g	g	g	MJ	g
1	2	3	4	5	6	7	8	9	10
	3.2 猪饲料表格								
1800	青绿饲料，青绿谷物，青绿玉米和青贮用玉米								
1871	燕麦，125 kg N/hm^2	孕穗期	150	6.69	94	5.0	2.4	1.00	14
1873		抽穗早期	160	5.87	56	3.0	1.4	0.94	9
1875		抽穗晚期	190	4.84	38	2.0	1.0	0.92	7
1881	青绿玉米	开花前期	135	5.30	62	2.4	1.8	0.72	8
1883		开花期	160	5.73	49	1.9	1.4	0.92	8
1891	青贮用玉米	乳熟期	190	6.36	36	1.4	1.0	1.21	7
1893		乳熟期至蜡熟期	220	6.89	28	1.1	0.8	1.52	6
1895	全株玉米	蜡熟期	270	7.12	26	1.0	0.8	1.92	7
1897		玉米成熟早期	320	7.36	25	1.2	0.9	2.35	8
1811	黑麦，75 kg N/hm^2	孕穗早期	140	6.93	134	7.3	3.5	0.97	19
1813		孕穗期	150	6.41	102	5.6	2.7	0.96	15
1815		抽穗早期	160	5.33	70	3.8	1.8	0.85	11
1821	黑麦，150 kg N/hm^2	孕穗早期	127	6.90	190	10.4	4.9	0.88	24
1823		孕穗期	135	6.46	141	7.8	3.7	0.87	19
1825		抽穗早期	145	5.39	103	5.7	2.7	0.78	15
1841	小麦，150 kg N/hm^2	孕穗早期	135	6.17	107	5.9	3.3	0.83	14
1843		孕穗期	170	5.76	69	3.8	2.1	0.98	12
1845		抽穗早期	200	4.80	48	2.6	1.5	0.96	10
1900	青绿饲料，甜菜叶，十字花科和其他青绿饲料								
	甘蓝								
1975	菜花，剩余植株	大部分叶子	130	7.26	121	6.9	3.2	0.94	16
1951	牛甘蓝，主要植株	早期，清洁	120	7.28	107	6.2	2.7	0.87	13
1953		晚期，清洁	140	6.36	49	2.9	1.3	0.89	7
1955	牛甘蓝，摘取植株	早期，清洁	120	7.68	129	7.5	3.3	0.92	16
1957		晚期，清洁	140	6.74	82	4.8	2.1	0.94	12
1978	白色和红色甘蓝	全植株	105	8.01	138	5.5	2.3	0.84	15
1979	白色和红色甘蓝剩余植株	大部分叶子	140	7.24	111	4.4	1.8	1.01	15
1931	油菜	营养生长期	105	7.49	158	6.9	4.1	0.79	17
1933		现蕾期	120	6.57	129	5.7	3.3	0.79	15
1935		开花期	130	5.42	99	4.4	2.6	0.70	13
	饲用甜菜叶								
1921	带顶甜菜叶	清洁	140	6.57	111	4.4	2.9	0.92	15
1922		不清洁	170	4.98	86	3.4	2.2	0.85	15
1925	带顶瑞典芜菁	清洁	130	7.21	133	7.0	3.8	0.94	17
1911	带顶甜菜叶	清洁	150	7.33	86	3.4	2.2	1.10	13
1912		不清洁	175	5.56	65	2.6	1.7	0.97	11
1961	向日葵	营养生长期	110	5.74	105	4.7	2.5	0.63	12
2000	青绿饲料的青贮料								
2100	青绿饲料的青贮料，小籽豆科								
	苜蓿，第1茬等								
2163	优质鲜青贮	开花前期	175	5.08	150	7.8	3.3	0.89	26
2165		早花期	200	4.27	106	5.5	2.3	0.85	21
2167		盛花期	215	3.40	91	4.7	2.0	0.73	20

粗略营养成分 1 kg DM								消化率					
CP	CF	ST	SU	NFR	CA	氨基酸 Lys	氨基酸 Met+Cys	E	OM	CP	CF	ST SU	NFR
g	g	g	g	g	g	g	g	%	%	%	%	%	%
11	12	13	14	15	16	17	18	19	20	21	22	23	24
160	40	40	90	555	115	8.5	4.0	65	68	59	50	98	65
120	35	30	70	650	95	6.4	3.0	60	63	47	45	98	61
100	30	20	50	720	80	5.3	2.5	53	56	38	40	98	55
130	20	50	120	580	100	5.1	3.7	54	57	48	65	98	47
115	21	50	130	599	85	4.5	3.3	57	60	43	65	98	52
100	23	140	140	522	75	3.9	2.9	59	62	36	60	98	48
90	28	200	140	477	65	3.5	2.6	61	64	31	60	98	46
85	30	240	120	465	60	3.3	2.5	62	65	31	60	98	45
80	30	300	100	435	55	3.8	3.0	62	65	31	60	98	42
206	42	50	100	492	110	11.3	5.4	66	68	65	60	98	61
168	37	40	80	579	96	9.2	4.4	62	65	61	60	98	60
134	33	30	70	647	86	7.4	3.4	55	58	52	55	98	53
264	48	40	80	449	119	14.5	6.8	66	68	72	61	98	58
207	42	30	70	542	109	11.4	5.4	63	65	68	61	98	59
169	36	30	60	610	95	9.3	4.4	55	58	61	55	98	51
178	32	40	80	546	124	9.8	5.5	62	65	60	55	98	60
136	28	30	70	639	97	7.5	4.2	59	62	51	55	98	59
115	26	30	60	684	85	6.3	3.6	52	55	42	50	98	52
175	25	50	100	475	175	10.0	4.6	73	77	69	33	98	76
165	27	100	100	463	145	9.6	4.1	70	75	65	35	98	71
105	18	150	100	517	110	6.1	2.7	61	66	47	25	98	56
190	32	70	100	442	166	11.0	4.8	74	79	68	40	98	79
135	22	110	100	508	125	7.8	3.4	66	70	61	30	98	62
195	25	50	100	505	125	7.8	3.2	75	79	71	41	98	78
165	25	40	80	515	175	6.6	2.7	73	77	67	33	98	77
225	40	40	80	450	165	9.9	5.9	73	77	70	50	98	77
195	35	40	60	525	145	8.6	5.0	66	70	66	45	98	67
165	35	30	60	585	125	7.3	4.3	57	61	60	40	98	56
170	20	30	150	460	170	6.8	4.4	68	72	65	30	98	66
145	20	20	100	465	250	5.8	3.8	61	64	59	20	98	59
195	30	30	150	425	170	10.3	5.6	72	76	68	40	98	72
145	20	30	200	455	150	5.8	3.8	72	76	59	30	98	72
125	20	20	140	445	250	5.0	3.2	65	69	52	20	98	66
175	40	40	80	490	175	7.9	4.2	61	63	60	55	98	57
221	34	20	20	565	140	11.5	4.9	56	58	68	42	98	53
177	25	30	40	607	121	9.2	3.9	49	51	60	36	98	44
162	24	20	30	652	112	8.4	3.6	42	44	56	29	98	37

编码	饲料		饲料价值						
	分类	特征	1 kg OM	1 kg DM				1 kg OM	
			DM	能量 NERp	dCP	可消化氨基酸		能量 NERp	dCP
		成熟时期				cLys	dMet+dCys		
			g	MJ	g	g	g	MJ	g
1	2	3	4	5	6	7	8	9	10
	3.2 猪饲料表格								
	苜蓿,第1茬等								
2166	中等质量青贮	早花期	205	3.29	81	1.6	0.8	0.67	17
3163	优质萎蔫青贮	开花前期	350	5.31	153	8.0	3.4	1.86	54
3165		早花期	350	4.50	113	5.9	2.5	1.57	39
3167		盛花期	350	3.60	92	4.8	2.0	1.26	32
3166	中等质量萎蔫青贮	早花期	350	3.53	85	3.4	1.9	1.24	30
	红三叶,第1茬等								
2013	优质鲜青贮	开花前期	160	5.29	117	6.1	2.7	0.85	19
2015		早花期	200	4.31	75	3.9	1.7	0.86	15
2017		盛花期	215	3.36	59	3.0	1.4	0.72	13
2016	中等质量鲜青贮	早花期	205	3.33	53	2.5	1.2	0.68	11
3013	优质萎蔫青贮	开花前期	350	5.64	122	6.3	2.8	1.97	43
3015		早花期	350	4.67	78	4.0	1.8	1.63	27
3017		盛花期	350	3.74	61	3.2	1.4	1.31	21
3016	中等质量萎蔫青贮	早花期	350	3.53	53	2.5	1.2	1.24	18
2200	青绿饲料的青贮料,大籽豆科								
	菜豆,见黄色甜羽扇豆								
	豌豆,见黄色甜羽扇豆								
	豆科与青绿谷物或玉米的混合料								
2295	优质鲜青贮	开花前期	185	4.82	88	4.6	1.7	0.89	16
2296	中等质量鲜青贮	开花期	195	3.75	61	2.8	1.1	0.73	12
	黄色甜羽扇豆								
2213	优质鲜青贮	开花前期	140	5.51	139	7.4	3.6	0.77	19
2215		开花期	160	4.91	113	6.0	2.9	0.78	18
2217		结荚早期	180	4.49	86	4.6	2.3	0.81	15
2216	中等质量鲜青贮	开花期	170	3.77	85	4.5	2.2	0.64	14
2300	青绿饲料的青贮料,豆科-草混合料								
	苜蓿-草,第1茬等								
2333	优质鲜青贮	开花前期	175	4.85	110	5.4	2.5	0.85	19
2335		早花期	210	3.89	65	3.2	1.4	0.82	14
2337		盛花期	250	3.10	47	2.3	1.1	0.77	12
2336	中等质量青贮	早花期	215	2.99	46	1.8	0.9	0.64	10
3333	优质萎蔫青贮	开花前期	350	5.23	113	5.5	2.5	1.83	39
3335		早花期	350	4.07	67	3.3	1.5	1.43	23
3337		盛花期	350	3.21	48	2.3	1.1	1.12	17
3336	中等质量萎蔫青贮	早花期	350	3.14	48	1.9	1.0	1.10	17
	红三叶-草,第1茬等								
2313	优质鲜青贮	开花前期	170	5.29	97	4.8	2.2	0.90	17
2315		早花期	205	4.41	51	2.5	1.1	0.90	11
2317		盛花期	245	3.29	34	1.7	0.7	0.81	8
2316	中等质量鲜青贮	早花期	210	3.38	33	1.4	0.6	0.71	7
3313	优质萎蔫青贮	开花前期	350	5.51	101	4.9	2.2	1.93	35
3315		早花期	350	4.65	53	2.6	1.2	1.63	19
3317		盛花期	350	3.47	35	1.7	0.8	1.21	12
3316	中等质量萎蔫青贮	早花期	350	3.56	35	1.5	0.7	1.24	12

粗略营养成分								消化率					
1 kg DM													
CP	CF	ST	SU	NFR	CA	氨基酸		E	OM	CP	CF	ST SU	NFR
						Lys	Met＋Cys						
g	g	g	g	g	g	g	g	%	%	%	%	%	%
11	12	13	14	15	16	17	18	19	20	21	22	23	24
166	24	10	20	644	136	3.3	1.6	43	45	49	30	98	42
225	35	20	30	568	122	11.7	5.0	57	59	68	43	98	53
185	26	30	50	604	105	9.6	4.1	50	52	61	37	98	44
165	25	20	40	652	98	8.6	3.6	43	45	56	30	98	38
170	24	20	30	640	116	6.8	3.8	43	46	50	31	98	41
189	37	20	40	583	131	9.8	4.3	57	59	62	48	98	55
149	28	20	40	650	113	7.7	3.4	50	52	50	44	98	48
133	25	10	20	708	104	6.9	3.1	43	45	44	40	98	43
139	27	10	20	678	126	6.5	3.2	43	46	38	38	98	46
193	37	20	50	585	115	10.0	4.5	59	61	63	49	98	57
152	29	20	50	651	98	7.9	3.5	52	54	51	45	98	50
135	26	20	30	699	90	7.0	3.1	45	47	45	41	98	44
142	27	10	30	683	108	6.7	3.2	44	47	37	38	98	47
158	32	20	40	629	121	8.2	3.0	54	56	56	45	98	52
146	30	20	30	638	136	6.6	2.7	47	49	42	35	98	47
207	33	20	40	529	171	11.0	5.4	60	63	67	50	98	58
182	27	30	40	602	119	9.6	4.7	54	56	62	44	98	50
156	26	40	40	640	98	8.3	4.1	50	52	55	42	98	46
170	26	10	20	641	133	9.0	4.4	47	49	50	37	98	47
184	40	20	20	608	128	9.0	4.1	54	56	60	45	98	53
139	30	20	30	675	106	6.8	3.0	46	49	47	40	98	46
121	25	20	30	704	100	5.9	2.7	40	42	39	35	98	39
130	28	10	20	693	119	5.2	2.7	40	43	35	34	98	42
188	41	20	30	610	111	9.2	4.1	56	58	60	46	98	55
142	31	20	30	685	92	7.0	3.1	47	50	47	41	98	48
123	26	20	20	725	86	6.0	2.7	41	43	39	36	98	41
132	28	10	20	708	102	5.3	2.8	41	44	36	35	98	43
171	37	20	50	595	127	8.4	3.8	57	59	57	48	98	56
125	27	30	60	658	100	6.1	2.8	50	52	41	44	98	48
107	23	20	30	732	88	5.2	2.3	42	44	32	40	98	42
118	26	20	30	694	112	5.1	2.3	43	46	28	38	98	46
174	38	30	50	597	111	8.5	3.8	58	60	58	49	98	56
127	28	30	70	659	86	6.2	2.8	51	53	42	44	98	49
108	24	20	40	733	75	5.3	2.4	43	45	32	40	98	43
120	26	20	30	708	96	5.2	2.4	44	47	29	38	98	47

编码	饲料		饲料价值						
	分类	特征	1 kg OM	1 kg DM				1 kg OM	
			DM	能量 NERp	dCP	可消化氨基酸		能量 NERp	dCP
		成熟时期				dLys	dMet+dCys		
			g	MJ	g	g	g	MJ	g
1	2	3	4	5	6	7	8	9	10
	3.2 猪饲料表格								
	野豌豆-草，第 1 茬								
2353	优质鲜青贮	开花前期	180	5.16	112	5.9	2.4	0.93	20
2355		早花期	200	4.31	75	3.9	1.6	0.86	15
2357		盛花期	235	3.36	53	2.7	1.1	0.79	12
2356	中等质量鲜青贮	早花期	205	3.34	54	2.1	1.0	0.69	11
3353	优质萎蔫青贮	开花前期	350	5.46	115	6.0	2.4	1.91	40
3355		早花期	350	4.58	79	4.1	1.7	1.60	27
3357		盛花期	350	3.56	55	2.8	1.1	1.25	19
3356	中等质量萎蔫青贮	早花期	350	3.58	56	2.2	1.0	1.25	20
	野豌豆-黑麦，-燕麦和 -小麦								
2371	优质鲜青贮	开花前期	165	5.03	113	5.9	2.2	0.83	19
3371	优质萎蔫青贮	开花前期	300	5.40	124	6.4	2.4	1.62	37
2400	青绿饲料的青贮料，纯种草								
	鸡脚草，见优质牧草								
	多年生意大利黑麦草，第 1 茬，100 kg N/hm[2]								
2411	优质鲜青贮	拔节期	185	5.62	99	4.5	2.2	1.04	18
2415		抽穗期	215	4.39	57	2.6	1.2	0.94	12
2417		盛花期	260	2.97	23	1.1	0.5	0.77	6
2416	中等质量鲜青贮	抽穗期	220	3.45	36	1.4	0.7	0.76	8
3411	优质萎蔫青贮	拔节期	350	5.85	101	4.5	2.2	2.05	35
3415		抽穗期	350	4.65	59	2.7	1.3	1.63	21
3417		盛花期	350	3.22	24	1.1	0.5	1.13	9
3416	中等质量萎蔫青贮	抽穗期	350	3.63	38	1.6	0.7	1.27	13
	多年生黑麦草，第 2 茬等，每茬 50 kg N/hm[2]								
2423	优质鲜青贮	35～55 d 生长期	235	4.36	71	3.2	1.6	1.03	17
2424	中等质量鲜青贮	35～55 d 生长期	240	3.50	55	2.2	1.0	0.84	13
3423	优质萎蔫青贮	35～55 d 生长期	350	4.68	76	3.4	1.7	1.64	27
3424	中等质量萎蔫青贮	35～55 d 生长期	350	3.57	57	2.3	1.1	1.25	20
	意大利黑麦草，第 2 茬等，见黑麦草，第 1 茬								
	牛尾草，见黑麦草								
2600	青绿饲料的青贮料，牧草								
	优质牧草，第 1 茬，100 kg N/hm[2]								
2641	优质鲜青贮	拔节期	170	5.10	94	4.6	2.4	0.87	16
2645		抽穗期	190	4.09	67	3.3	1.7	0.78	13
2647		盛花期	250	2.81	31	1.5	0.8	0.70	8
2646	中等质量鲜青贮	抽穗期	195	3.11	46	2.0	1.1	0.61	9
3641	优质萎蔫青贮	拔节期	350	5.38	97	4.8	2.5	1.88	34
3645		抽穗期	350	4.29	70	3.4	1.8	1.50	25
3647		盛花期	350	2.99	34	1.6	0.9	1.05	12
3646	中等质量萎蔫青贮	抽穗期	350	3.27	48	2.1	1.1	1.14	17

粗略营养成分								消化率					
1 kg DM													
CP	CF	ST	SU	NFR	CA	氨基酸		E	OM	CP	CF	ST SU	NFR
						Lys	Met+Cys						
g	g	g	g	g	g	g	g	%	%	%	%	%	%
11	12	13	14	15	16	17	18	19	20	21	22	23	24
184	42	20	50	560	144	9.6	3.9	56	58	61	50	98	53
148	35	20	50	628	119	7.7	3.1	49	51	51	46	98	46
125	29	20	30	690	106	6.5	2.6	42	44	42	41	98	41
138	32	10	30	657	133	5.5	2.5	43	45	39	40	98	43
188	44	30	50	563	125	9.8	3.9	57	59	61	51	98	54
151	36	30	60	620	103	7.8	3.2	50	52	52	47	98	46
127	30	20	40	691	92	6.6	2.6	43	45	43	42	98	41
141	33	20	30	662	114	5.6	2.6	44	46	40	41	98	43
183	41	20	50	556	150	9.5	3.5	55	58	62	53	98	50
197	42	20	50	559	132	10.2	3.8	57	60	63	54	98	53
171	40	30	50	588	121	7.7	3.8	58	61	58	50	98	58
130	33	30	50	651	106	5.8	2.8	49	52	44	45	98	48
93	24	20	30	739	94	4.2	2.0	39	42	25	39	98	40
121	31	20	40	666	122	4.8	2.2	43	46	30	39	98	45
174	41	30	60	588	107	7.8	3.8	59	62	58	51	98	59
132	34	40	60	640	94	5.9	2.8	50	53	45	46	98	48
94	25	30	40	730	81	4.2	2.1	40	43	26	40	98	40
124	31	20	40	683	102	5.0	2.4	44	47	31	41	98	46
150	40	20	50	615	125	6.8	3.3	49	52	47	43	98	49
145	35	20	30	630	140	5.8	2.7	44	46	38	37	98	44
155	40	30	60	605	110	7.0	3.4	51	53	49	44	98	48
145	35	10	30	660	120	5.8	2.7	44	47	39	38	98	46
168	42	30	50	569	141	8.2	4.2	55	58	56	48	98	53
140	38	30	50	617	125	6.9	3.5	47	49	48	42	98	44
102	29	20	40	705	104	5.0	2.5	37	39	30	35	98	36
131	35	20	30	645	139	5.8	3.0	40	43	35	36	98	41
171	44	30	60	570	125	8.4	4.3	56	59	57	49	98	54
143	39	30	60	614	114	7.0	3.6	48	50	49	43	98	44
105	30	20	50	700	95	5.1	2.7	38	40	32	36	98	35
134	35	20	30	661	120	5.9	3.0	41	44	36	37	98	42

编码	饲料		饲料价值						
	分类	特征	1 kg OM	1 kg DM				1 kg OM	
			DM	能量 NERp	dCP	可消化氨基酸		能量 NERp	dCP
		成熟时期				dLys	dMet+dCys		
			g	MJ	g	g	g	MJ	g
1	2	3	4	5	6	7	8	9	10
	3.2 猪饲料表格								
	优质牧草,第 2 茬等,每茬 50 kg N/hm²								
2653	优质鲜青贮	35～55 d 生长期	210	3.81	71	3.5	1.7	0.80	15
2654	中等质量鲜青贮	35～55 d 生长期	215	2.83	49	2.1	1.1	0.61	10
3653	优质萎蔫青贮	35～55 d 生长期	350	4.21	73	3.6	1.8	1.48	26
3654	中等质量萎蔫青贮	35～55 d 生长期	350	3.26	53	2.3	1.2	1.14	19
2800	青绿饲料的青贮料,青绿谷物,青绿玉米和青贮用玉米								
	燕麦,125 kg N/hm²								
2875	优质鲜青贮	抽穗期	190	4.39	51	2.6	1.3	0.83	10
3875	优质萎蔫青贮	抽穗期	350	4.68	46	2.4	1.1	1.64	16
	玉米								
2881	优质青绿玉米,鲜青贮	开花前期	145	4.34	58	2.2	1.7	0.63	8
2893	优质青贮用玉米,全株鲜青贮	乳熟期至蜡熟期	220	5.54	26	1.0	0.8	1.22	6
2899		玉米成熟早期	320	6.62	21	1.1	0.9	2.12	7
	黑麦,125 kg N/hm²								
2823	优质鲜青贮	孕穗期	160	5.09	104	5.2	2.6	0.82	17
2825		抽穗早期	180	3.96	55	2.7	1.4	0.71	10
2826	中等质量鲜青贮	抽穗早期	190	3.17	35	1.4	0.8	0.60	7
3823	优质萎蔫青贮	孕穗期	300	5.51	106	5.3	2.8	1.65	32
3825		抽穗早期	300	4.33	55	2.7	1.4	1.30	17
3826	中等质量萎蔫青贮	抽穗早期	300	3.36	35	1.4	0.8	1.01	10
2900	青绿饲料的青贮料,甜菜叶								
	带顶甜菜叶								
2921	优质鲜青贮	清洁	150	5.66	93	3.4	2.1	0.85	14
2922		不清洁	190	3.98	75	2.7	1.7	0.76	14
	带顶甜菜叶								
2911	优质鲜青贮	清洁	170	6.30	76	2.7	1.6	1.07	13
2912		不清洁	200	4.63	59	2.1	1.3	0.93	12
2913		很不清洁	230	3.26	37	1.3	0.8	0.75	8
4000	干燥青绿饲料								
4100	干燥青绿饲料,小籽豆科								
	苜蓿,第 1 茬								
4161	优质	营养生长期	900	5.78	165	7.3	4.6	5.20	149
4163		现蕾期	900	4.95	131	5.8	3.7	4.46	118
4165		早花期	900	4.30	106	4.7	3.0	3.87	96
4164	过度干燥	现蕾期	960	4.06	105	3.7	3.0	3.90	100
	红三叶,第 1 茬等								
4011	优质	营养生长期	900	6.07	131	5.1	3.4	5.46	118
4013		现蕾期	900	5.36	97	3.8	2.5	4.82	87
4015		早花期	900	4.69	73	2.8	1.9	4.22	66
4014	过度干燥	现蕾期	960	4.44	79	2.2	2.1	4.26	76

粗略营养成分								消化率					
1 kg DM													
CP	CF	ST	SU	NFR	CA	氨基酸		E	OM	CP	CF	ST SU	NFR
						Lys	Met+Cys						
g	g	g	g	g	g	g	g	%	%	%	%	%	%
11	12	13	14	15	16	17	18	19	20	21	22	23	24
150	42	20	40	617	131	7.4	3.7	45	47	47	43	98	42
139	39	10	20	645	147	6.1	3.2	38	41	35	37	98	39
153	42	30	50	612	113	7.5	3.8	47	49	48	44	98	44
143	39	20	30	642	126	6.3	3.2	41	43	37	38	98	40
117	31	20	40	681	111	6.0	2.9	51	53	44	50	98	50
110	29	30	50	657	124	5.6	2.7	53	55	42	50	98	53
125	25	20	50	655	125	4.8	3.6	50	52	46	50	98	50
85	30	140	70	595	80	3.2	2.5	54	57	30	50	98	47
70	30	250	50	530	70	3.8	3.0	59	62	30	55	98	47
173	39	20	40	592	136	8.6	4.4	55	57	60	60	98	52
125	30	10	30	700	105	6.2	3.2	47	50	44	50	98	48
115	30	10	20	705	120	4.6	2.8	42	44	30	44	98	44
177	40	30	50	591	112	8.8	4.6	57	59	60	60	98	53
125	30	20	40	690	95	6.2	3.2	49	52	44	50	98	50
115	30	10	20	720	105	4.6	2.8	43	46	30	44	98	46
160	30	20	80	510	200	5.8	3.6	63	66	58	40	98	64
145	25	10	50	470	300	5.2	3.2	55	58	52	35	98	56
140	30	20	100	510	200	5.0	3.0	67	72	54	40	98	72
125	25	10	70	470	300	4.5	2.8	60	65	47	35	98	65
105	20	0	40	435	400	3.8	2.4	54	58	35	30	98	61
250	36	44	38	502	130	11.0	7.0	60	62	66	42	98	56
215	32	27	56	555	115	9.5	6.0	53	56	61	35	98	49
190	28	30	43	609	100	8.4	5.3	48	51	56	30	98	45
205	30	20	40	585	120	7.2	5.8	47	50	51	30	98	46
215	38	30	60	537	120	8.4	5.6	61	64	61	55	98	60
180	32	40	80	568	100	7.0	4.7	55	58	54	48	98	51
155	28	40	80	607	90	6.0	4.1	50	53	47	39	98	46
180	30	30	60	590	110	5.0	4.7	49	52	44	43	98	48

编码	饲料		饲料价值						
	分类	特征	1 kg OM	1 kg DM				1 kg OM	
			DM	能量 NERp	dCP	可消化氨基酸		能量 NERp	dCP
		成熟时期				dLys	dMet+dCys		
			g	MJ	g	g	g	MJ	g
1	2	3	4	5	6	7	8	9	10
	3.2 猪饲料表格								
4200	干燥青绿饲料，大籽豆科								
	豆科与菜豆的混合料								
4273	优质	开花前期	900	5.90	159	7.9	4.3	5.31	143
4275		开花期	900	5.17	126	6.3	3.4	4.66	113
4277		结荚早期	900	4.63	102	5.1	2.8	4.17	92
	豆科与青绿谷物或玉米的混合料								
4293	优质	开花前期	900	5.85	129	6.3	3.5	5.26	116
4295		开花期	900	5.00	95	4.7	2.6	4.50	86
	黄色甜羽扇豆								
4213	优质	开花前期	900	5.98	145	7.2	4.3	5.38	130
4215		开花期	900	5.22	116	5.8	3.5	4.70	104
4217		结荚早期	900	4.52	87	4.3	2.6	4.07	78
4300	干燥青绿饲料，豆科-草混合料								
	苜蓿-草，第 1 茬等								
4331	优质	营养生长期	900	5.92	139	6.4	4.0	5.33	125
4333		现蕾期	900	5.04	99	4.6	2.9	4.53	89
4335		早花期	900	4.27	71	3.2	2.1	3.84	63
	红三叶-草，第 1 茬等								
4311	优质	营养生长期	900	5.92	118	4.5	3.5	5.33	106
4313		现蕾期	900	5.13	78	3.0	2.4	4.62	71
4315		早花期	900	4.36	49	1.9	1.5	3.92	44
4314	过度干燥	现蕾期	960	4.37	57	1.7	1.7	4.20	55
	野豌豆-草，第 1 茬等								
4353	优质	开花前期	900	5.59	118	5.8	3.2	5.03	106
4355		早花期	900	4.80	80	3.9	2.2	4.32	72
4357		盛花期	900	3.84	55	2.7	1.5	3.45	50
	野豌豆-燕麦								
4361	优质	开花前期	900	5.72	113	5.6	2.8	5.15	102
4365		早花期	900	4.99	78	3.8	2.0	4.49	71
	野豌豆-黑麦和野豌豆-小麦								
4371	优质	开花前期	900	5.64	126	6.1	3.1	5.08	113
4373		早花期	900	4.73	88	4.3	2.2	4.26	80
4400	干燥青绿饲料，纯种草								
	鸡脚草，见优质牧草								
	多年生意大利黑麦草，第 1 茬，100 kg N/hm²								
4411	优质	拔节期	900	6.26	110	4.2	3.3	5.64	99
4413		抽穗早期	900	5.32	74	2.8	2.2	4.78	66
4415		抽穗晚期	900	4.34	46	1.7	1.4	3.91	41
4414	过度干燥	抽穗早期	960	4.56	55	1.7	1.6	4.38	53
	多年生意大利黑麦草，第 2 茬等，每茬 50 kg N/hm²								
4421	优质	15～35 d 生长期	900	5.37	100	3.8	3.0	4.84	90
4423		35～55 d 生长期	900	4.63	70	2.7	2.1	4.17	63
4425		55～75 d 生长期	900	3.66	36	1.4	1.1	3.30	32
4424	过度干燥	35～55 d 生长期	960	3.73	45	1.4	1.4	3.58	43

粗略营养成分								消化率					
1 kg DM													
CP	CF	ST	SU	NFR	CA	氨基酸		E	OM	CP	CF	ST SU	NFR
						Lys	Met+Cys						
g	g	g	g	g	g	g	g	%	%	%	%	%	%
11	12	13	14	15	16	17	18	19	20	21	22	23	24
245	35	30	60	490	140	12.2	6.6	61	63	65	49	98	57
210	30	30	60	550	120	10.5	5.7	55	58	60	40	98	51
185	25	30	70	580	110	9.2	5.0	51	53	55	35	98	46
215	38	30	60	527	130	10.5	5.8	60	63	60	52	98	59
180	31	30	70	579	110	8.8	4.9	53	56	53	45	98	51
230	30	30	60	510	140	11.5	6.9	62	65	63	48	98	61
200	27	30	70	563	110	10.0	6.0	55	58	58	40	98	52
170	26	30	70	614	90	8.5	5.1	49	52	51	35	98	46
220	40	30	70	520	120	10.1	6.3	60	62	63	52	98	56
180	32	30	70	588	100	8.3	5.3	53	56	55	44	98	50
150	27	40	80	613	90	6.9	4.4	46	49	47	40	98	40
200	37	30	70	543	120	7.6	6.0	60	63	59	54	98	58
160	30	30	80	595	105	6.1	4.8	54	57	49	47	98	52
130	25	40	80	635	90	4.9	3.9	48	51	38	39	98	45
155	30	30	60	620	105	4.6	4.7	49	52	37	42	98	49
200	39	20	50	571	120	9.8	5.4	58	61	59	50	98	58
160	31	40	70	599	100	7.8	4.3	51	54	50	42	98	48
135	26	30	60	659	90	6.6	3.6	44	47	41	35	98	42
195	35	30	60	555	125	9.6	4.8	59	62	58	52	98	58
160	28	40	70	597	105	7.8	4.0	53	56	49	45	98	51
210	38	20	50	557	125	10.1	5.2	58	61	60	57	98	57
170	30	30	60	605	105	8.2	4.2	51	54	52	50	98	48
190	45	40	90	525	110	7.2	5.7	61	64	58	55	98	58
150	37	40	100	578	95	5.7	4.5	54	57	49	48	98	50
120	30	40	90	635	85	4.6	3.6	47	50	38	40	98	43
145	35	40	80	600	100	4.5	4.3	49	52	38	43	98	47
185	40	40	90	520	125	7.0	5.5	55	58	54	50	98	50
155	35	40	100	555	115	5.9	4.7	49	52	45	45	98	42
120	30	30	70	655	95	4.6	3.6	43	45	30	40	98	40
150	30	40	80	580	120	4.6	4.5	43	45	30	40	98	38

编码	饲料		饲料价值						
	分类	特征	1 kg OM	1 kg DM				1 kg OM	
			DM	能量 NERp	dCP	可消化氨基酸		能量 NERp	dCP
		成熟时期				dLys	dMet+dCys		
			g	MJ	g	g	g	MJ	g
1	2	3	4	5	6	7	8	9	10
	3.2 猪饲料表格								
4600	干燥青绿饲料，牧草								
	牧草，第 1 茬，100 kg N/hm^2								
4641	优质	拔节期	900	5.98	122	6.1	3.3	5.38	110
4643		抽穗早期	900	5.20	89	4.4	2.4	4.68	80
4645		抽穗晚期	900	4.38	66	3.3	1.8	3.95	59
4644	过度干燥	抽穗早期	960	4.30	65	2.5	1.8	4.12	62
	第 2 茬等，每茬 50 kg N/hm^2								
4651	优质	15～35 d 生长期	900	4.96	85	4.3	2.3	4.46	77
4653		35～55 d 生长期	900	4.46	66	3.3	1.8	4.01	59
4655		55～75 d 生长期	900	3.65	46	2.3	1.3	3.28	41
4654	过度干燥	35～55 d 生长期	960	3.67	38	1.5	1.0	3.52	36
4800	干燥青绿饲料，青绿谷物								
	燕麦，125 kg N/hm^2								
4871	优质	孕穗期	900	5.85	83	3.8	2.1	5.26	75
4873		抽穗早期	900	5.12	50	2.3	1.2	4.61	45
4875		抽穗晚期	900	4.36	35	1.6	0.9	3.92	32
	黑麦草，75 kg N/hm^2								
4811	优质	孕穗早期	900	6.49	122	5.9	3.1	5.84	110
4813		孕穗期	900	5.95	89	4.3	2.2	5.36	80
4815		抽穗早期	900	5.08	59	2.9	1.5	4.57	53
4900	干燥青绿饲料，甜菜叶和十字花科								
	甘蓝								
4975	优质菜花剩余植株	大部分叶子	900	6.12	100	4.5	2.6	5.51	90
4951	优质牛甘蓝主植株	早期	900	6.45	81	3.6	2.0	5.81	73
4953		晚期	900	5.58	25	1.1	0.6	5.02	23
4955	牛甘蓝摘取植株	早期	900	6.81	104	4.7	2.6	6.13	94
4957		晚期	900	5.97	50	2.2	1.2	5.38	45
	带顶甜菜叶								
4911	优质	清洁	900	6.50	56	1.3	1.5	5.85	50
4912		不清洁	900	4.89	35	0.8	0.9	4.40	32
4913	过度干燥	清洁	960	5.45	35	0.3	0.8	5.23	34
5800	秸秆和秕壳类								
5811	优质冬大麦秸秆，未粉碎		850	0.52	0	0.0	0.0	0.44	0
5874	野豌豆秸秆		860	2.95	34	0.6	0.5	2.54	29
5862	燕麦草		875	1.84	8	0.3	0.4	1.61	7
5865	小麦草		875	1.44	3	0.1	0.1	1.26	2
5866	大麦秸粉		900	0.96	0	0.0	0.0	0.86	0
5867	大麦和燕麦壳		900	1.54	5	0.0	0.0	1.38	5
5868	豆科籽实壳		900	4.17	29	1.0	0.5	3.75	26

粗略营养成分								消化率					
1 kg DM													
CP	CF	ST	SU	NFR	CA	氨基酸		E	OM	CP	CF	ST SU	NFR
						Lys	Met+Cys						
g	g	g	g	g	g	g	g	%	%	%	%	%	%
11	12	13	14	15	16	17	18	19	20	21	22	23	24
200	43	40	80	517	120	10.0	5.4	60	62	61	55	98	54
165	37	50	100	543	105	8.2	4.5	53	55	54	50	98	44
140	32	50	100	588	90	7.0	3.8	46	48	47	43	98	36
155	35	40	80	575	115	6.0	4.2	47	49	42	45	98	41
170	40	40	90	525	135	8.5	4.6	52	55	50	48	98	47
150	35	50	100	550	115	7.5	4.0	47	50	44	42	98	39
130	30	40	80	615	105	6.5	3.6	41	44	35	40	98	35
140	30	40	90	575	125	5.5	3.8	42	45	27	37	98	37
160	40	30	70	575	125	7.4	4.0	60	63	52	50	98	61
125	35	40	80	615	105	5.8	3.1	54	57	40	45	98	53
110	30	40	80	650	90	5.1	2.7	48	51	32	40	98	46
200	35	50	100	510	105	9.6	5.0	63	66	61	50	98	59
165	31	60	130	524	90	7.9	4.1	58	61	54	45	98	51
135	28	60	130	567	80	6.5	3.4	51	54	44	40	98	42
175	22	50	100	473	180	7.9	4.6	65	69	57	30	98	66
155	23	100	100	467	155	7.0	3.9	65	69	52	35	98	64
100	18	150	100	517	115	4.5	2.5	55	60	25	30	98	49
180	28	70	100	447	175	8.1	4.5	69	73	58	40	98	72
125	20	110	100	515	130	5.6	3.1	60	64	40	35	98	58
130	20	20	140	540	150	3.1	3.4	66	71	43	30	98	72
110	15	20	150	455	250	2.6	2.8	59	64	32	20	98	60
125	15	20	160	520	160	1.2	2.8	59	64	28	25	98	61
38	17	10	10	855	70	1.3	1.1	13	14	0	0	98	13
117	20	50	20	695	98	2.0	1.8	38	41	29	20	98	38
65	26	50	20	729	110	2.5	2.7	26	28	13	22	98	23
55	18	50	20	727	130	2.0	1.8	21	23	5	20	98	17
30	5	50	10	835	70	0.0	0.0	14	15	0	0	98	10
35	13	50	10	832	60	0.0	0.0	23	25	15	15	98	21
90	10	50	50	755	45	3.0	1.6	48	50	32	20	98	46

编码	饲料		饲料价值						
	分类	特征	1 kg OM	1 kg DM				1 kg OM	
			DM	能量 NERp	dCP	可消化氨基酸		能量 NERp	dCP
						dLys	dMet+dCys		
			g	MJ	g	g	g	MJ	g
1	2	3	4	5	6	7	8	9	10
	3.2 猪饲料表格								
6000	精饲料								
6100	高能精饲料，谷物								
6132	春大麦，籽实饱满		870	10.57	112	4.0	4.6	9.20	97
6133	冬大麦，籽实饱满		870	10.27	100	3.6	4.1	8.93	87
6134	冬大麦，籽实饱满	高蛋白	870	10.35	126	4.4	5.0	9.00	110
6135	冬大麦，籽实一般		880	8.68	84	3.0	3.4	7.64	74
6147	燕麦，籽实饱满		870	8.90	104	3.8	4.2	7.74	90
6148	燕麦，籽实一般		880	7.29	74	2.7	2.9	6.41	65
6178	黍子		870	11.30	88	2.0	3.3	9.83	76
6173	稷子		870	9.41	108	2.6	3.5	8.19	94
6167	干玉米籽实		870	11.43	85	2.5	4.2	9.95	74
6168	青贮玉米籽实		650	11.12	88	2.6	4.3	7.23	57
6162	玉米-玉米芯-混合料（CCM-玉米），青贮		630	10.45	80	2.3	3.6	6.59	50
6164	干玉米穗粗粉，脱皮		870	10.08	67	1.5	2.5	8.77	58
6165	青贮玉米穗粗粉，脱皮		600	10.05	71	1.7	2.7	6.03	43
6169	干玉米穗粗粉，带皮		870	8.88	54	1.3	2.0	7.73	47
6166	青贮玉米穗粗粉，带皮		525	8.79	62	1.4	2.3	4.61	32
6183	大米		870	9.51	81	2.9	3.0	8.27	70
6121	黑麦籽实		870	11.07	110	3.3	4.3	9.63	96
6123	黑麦，籽实饱满		870	10.84	87	3.1	3.6	9.43	76
6125	黑麦，籽实一般		880	9.56	103	3.4	3.9	8.41	90
6113	小麦，籽实饱满		870	11.23	118	3.3	4.9	9.77	102
6118	小麦，籽实饱满	高蛋白	870	11.15	139	3.7	5.4	9.70	121
6115	小麦，籽实一般		880	10.02	127	3.4	4.9	8.82	112
6114	硬粒小麦		870	11.19	126	3.5	5.2	9.73	110
6200	高能精饲料，油籽								
6243	亚麻籽		910	13.73	219	8.1	7.9	12.50	200
6213	菜籽		910	14.91	190	10.7	8.9	13.57	173
6223	白芥籽		910	13.34	264	17.2	6.5	12.14	240
6253	未脱壳向日葵籽		910	12.63	180	6.5	6.7	11.49	164
6254	脱壳向日葵籽		910	16.61	259	9.3	9.5	15.12	235
6800	高能精饲料，木本植物的种子和果实								
6832	脱壳干山毛榉子		880	15.42	231	12.1	5.9	13.57	204
6822	脱壳干橡子		880	10.65	40	2.1	1.1	9.37	35
6300	高能精饲料，块茎类								
	土豆								
6341	土豆，原料[1)]	12%淀粉	175	8.11	17	0.9	0.4	1.42	3
6342		14%淀粉	195	8.29	16	0.9	0.4	1.62	3
6343		16%淀粉	215	8.37	15	0.8	0.4	1.80	3
6344		18%淀粉	235	8.46	14	0.8	0.4	1.99	3
6345		20%淀粉	255	8.62	14	0.7	0.3	2.20	3
6361	蒸汽处理土豆，100%的淀粉被提取	12%淀粉	185	10.58	78	4.1	2.0	1.96	14
6362		14%淀粉	205	10.73	73	3.9	1.8	2.20	15
6363		16%淀粉	225	10.78	68	3.6	1.7	2.43	15
6364		18%淀粉	245	10.84	63	3.4	1.6	2.66	15
6365		20%淀粉	265	10.93	61	3.2	1.5	2.90	16
6366	蒸汽处理土豆，75%的淀粉被提取[2)]	16%淀粉	225	10.23	67	3.5	1.6	2.30	15
	土豆青贮								
6373	土豆，原料青贮[3)]	16%淀粉	350	8.71	14	0.6	0.2	3.05	5
6376	土豆，蒸汽处理后青贮，								
6377	100%的淀粉被提取	16%淀粉	230	10.61	70	3.1	1.3	2.44	16
	75%的淀粉被提取[4)]	16%淀粉	235	10.15	65	2.9	1.2	2.39	15

粗略营养成分								消化率					
1 kg DM													
CP	CF	ST	SU	NFR	CA	氨基酸		E	OM	CP	CF	ST SU	NFR
						Lys	Met+ Cys						
g	g	g	g	g	g	g	g	%	%	%	%	%	%
11	12	13	14	15	16	17	18	19	20	21	22	23	24
135	25	590	28	197	25	4.8	5.5	83	86	83	65	98	52
125	25	579	20	221	30	4.5	5.1	81	84	80	60	98	50
150	30	580	20	190	30	5.2	5.9	81	84	84	65	98	43
115	25	530	20	260	50	4.1	4.7	70	73	73	55	98	20
130	50	438	18	329	35	4.8	5.2	69	71	80	80	98	30
105	45	380	15	400	55	3.9	4.2	59	60	70	75	98	18
117	37	720	11	96	19	2.6	4.4	86	90	75	60	98	56
140	43	572	12	191	42	3.4	4.5	73	75	77	72	98	6
107	47	700	22	107	17	3.2	5.3	86	89	79	75	98	46
110	50	650	2	168	20	3.3	5.4	84	88	80	60	98	61
105	45	640	8	182	20	3.0	4.7	80	82	76	65	98	33
95	35	590	11	249	20	2.2	3.6	77	80	70	65	98	44
95	40	590	11	244	20	2.2	3.6	76	79	75	70	98	37
90	35	420	11	424	20	2.1	3.4	70	73	60	60	98	53
95	40	420	8	412	25	2.2	3.6	69	72	65	70	98	47
97	25	565	52	200	61	3.5	3.6	78	80	83	70	98	22
134	15	670	40	120	21	4.0	5.3	87	90	82	78	98	52
115	17	603	50	194	21	4.1	4.8	85	88	76	50	98	68
135	15	550	60	205	35	4.5	5.1	77	80	76	45	98	30
140	20	660	30	130	20	3.9	5.8	88	91	84	70	98	64
165	25	650	30	105	25	4.4	6.4	88	91	84	70	98	57
155	25	600	25	160	35	4.1	6.0	79	82	82	65	98	23
150	20	640	37	133	20	4.2	6.2	88	91	84	70	98	65
255	370	40	25	260	50	9.4	9.2	81	79	86	88	98	56
235	430	40	25	215	55	13.2	11.0	84	83	81	88	98	71
310	315	30	20	275	50	20.2	7.7	85	82	85	90	98	66
200	370	20	20	355	35	7.2	7.4	74	68	90	90	98	30
275	515	10	10	155	35	9.9	10.1	87	84	94	92	98	40
257	471	100	10	117	45	13.4	6.6	84	82	90	88	98	23
79	54	646	0	191	30	4.1	2.1	79	85	50	52	98	63
100	4	647	99	80	70	5.3	2.5	76	82	17	0	98	19
95	4	680	70	84	67	5.0	2.3	77	83	17	0	98	32
90	4	703	46	92	65	4.8	2.3	78	84	17	0	98	38
85	3	715	57	78	62	4.5	2.1	79	85	17	0	98	26
80	3	730	50	77	60	4.2	2.0	80	86	17	0	98	36
105	5	650	80	80	80	5.6	2.7	89	93	74	0	98	76
100	5	657	77	84	77	5.3	2.5	90	94	73	0	98	87
95	5	682	63	80	75	5.0	2.3	90	94	72	0	98	86
90	4	700	70	64	72	4.8	2.3	90	94	70	0	98	83
85	4	713	72	56	70	4.5	2.1	91	95	72	0	98	84
95	4	680	65	81	75	5.0	2.3	89	92	70	0	98	74
70	5	710	5	135	75	3.0	1.2	80	85	20	0	98	53
100	5	664	42	114	75	4.4	1.8	90	92	70	0	98	80
100	5	660	40	120	75	4.4	1.8	87	90	65	0	98	75

编码	饲料		饲料价值						
	分类	特征	1 kg OM	1 kg DM				1 kg OM	
			DM	能量 NERp	dCP	可消化氨基酸		能量 NERp	dCP
						dLys	dMet+dCys		
			g	MJ	g	g	g	MJ	g
1	2	3	4	5	6	7	8	9	10
	3.2 猪饲料表格								
	土豆,混合青贮								
6381	土豆,原料,与菜籽饼 9∶1[5)]		295	8.74	74	4.1	3.0	2.58	22
6382	土豆,蒸汽处理,与菜籽饼 9∶1		295	10.35	94	5.2	3.7	3.05	28
6383	土豆,蒸汽处理,与甜菜 1∶1		225	9.52	48	2.6	1.2	2.14	11
6384	土豆,蒸汽处理,与甜菜叶(不清洁) 3∶1		220	9.20	66	3.2	1.8	2.02	15
6385	土豆,蒸汽处理,与甜羽扇豆青绿料(开花期) 3∶1		210	9.29	79	4.4	2.0	1.95	17
6386	土豆,蒸汽处理,与红三叶或苜蓿青绿料(早花期) 3∶1		220	9.25	71	3.7	1.9	2.03	16
	土豆,干燥								
6391	土豆片		900	11.16	59	2.7	1.5	10.05	53
6392	优质土豆条		900	10.65	45	2.1	1.2	9.59	41
6393	干燥过度土豆条		960	9.36	28	1.1	0.6	8.99	27
	土豆残渣								
6368	土豆残渣,土豆皮,蒸汽处理		230	8.49	16	0.8	0.4	1.95	4
6369	厨房泔水,蒸汽处理		285	9.74	111	3.8	3.8	2.77	32
6354	新鲜土豆可溶物		62	7.58	289	7.6	5.0	0.47	18
6359	菊芋		215	9.89	51	1.9	0.0	2.13	11
6400	高能精饲料,块根和肉质果实								
	饲用甜菜								
6421	新鲜糖甜菜		145	9.09	50	2.1	1.2	1.32	7
6422	鲜甜菜		110	8.71	64	2.7	1.5	0.96	7
6412	鲜甜菜		175	9.29	33	1.8	0.8	1.63	6
6492	干甜菜		920	9.29	28	0.8	0.5	8.55	26
6431	鲜芜菁		110	8.93	66	2.3	1.1	0.98	7
6441	鲜胡萝卜		120	9.11	59	2.3	1.2	1.09	7
6432	鲜无叶芜菁		85	8.39	84	4.3	1.7	0.71	7
	甜菜								
6411	鲜甜菜		235	9.60	29	1.6	0.7	2.26	7
6485	青贮甜菜		220	8.17	28	1.5	0.7	1.80	6
6491	干甜菜		920	9.41	25	0.6	0.5	8.66	23
6795	木薯粉		870	10.88	13	0.5	0.3	9.47	11
	水果								
6453	甜橙		125	9.86	42	2.1	1.3	1.23	5
6454	苹果		168	9.49	10	0.6	0.3	1.60	2
6455	梨		161	9.63	7	0.2	0.1	1.55	1
6456	香蕉		332	10.32	9	0.4	0.4	3.43	3
6459	南瓜		99	8.55	78	3.4	1.5	0.85	8
6457	西红柿		61	5.84	94	2.6	1.1	0.36	6
6458	西瓜		89	7.68	77	3.3	1.4	0.68	7
6500	高能精饲料,制糖业产物								
6511	挤压鲜甜菜渣[6)]		175	7.52	38	2.1	1.0	1.32	7
6519	青贮甜菜渣 (挤压后青贮)[6)]		170	6.68	30	1.5	0.8	1.14	5
6518	青贮甜菜渣 (湿渣青贮)[6)]		130	5.84	25	1.2	0.6	0.76	3
6561	挤压干甜菜渣[6)]		900	7.60	36	1.0	0.8	6.84	32
6564	干燥糖蜜化甜菜渣[7)]		900	7.92	44	1.2	0.8	7.13	40
6514	干燥的提取糖的甜菜渣[7)]		900	8.06	35	0.9	0.7	7.25	31
	糖,见高能精饲料,纯营养素								
6571	优质干甜菜条		920	9.63	25	0.7	0.5	8.86	23
6573	过度干燥甜菜条		960	8.55	0	0.0	0.0	8.21	0

粗略营养成分								消化率					
1 kg DM													
CP	CF	ST	SU	NFR	CA	氨基酸		E	OM	CP	CF	ST SU	NFR
						Lys	Met＋Cys						
g	g	g	g	g	g	g	g	%	%	%	%	%	%
11	12	13	14	15	16	17	18	19	20	21	22	23	24
125	5	630	40	130	70	6.9	5.0	79	83	59	6	98	39
130	5	630	40	120	75	7.2	5.2	86	90	72	6	98	71
105	15	330	300	160	90	5.6	2.7	81	86	46	18	98	73
105	10	500	50	205	130	5.1	2.8	81	86	63	9	98	67
120	10	500	25	260	85	6.6	3.1	78	83	66	11	98	62
115	10	500	25	265	85	6.0	3.0	78	82	62	11	98	62
90	3	705	50	107	45	4.2	2.3	90	94	65	0	98	92
90	3	693	20	139	55	4.2	2.3	84	90	50	0	98	78
80	2	650	20	183	65	3.0	1.7	76	80	35	0	98	35
80	3	500	20	322	75	4.2	2.0	71	76	20	0	98	54
148	66	300	17	409	60	5.0	5.0	78	80	75	75	98	68
371	5	200	20	324	80	9.7	6.4	70	72	78	0	98	49
110	5	545	45	225	70	4.2	0.0	81	86	46	0	98	75
80	7	0	575	248	90	3.4	1.9	82	86	62	0	98	67
100	7	0	563	220	110	4.2	2.3	80	84	64	0	98	61
65	5	0	600	245	85	3.5	1.6	83	87	51	0	98	71
65	5	0	610	255	65	1.8	1.2	81	85	43	0	98	67
110	20	0	365	415	90	3.8	1.9	79	84	60	20	98	80
90	15	0	490	290	115	3.6	1.9	83	87	65	30	98	80
135	12	0	375	353	125	6.9	2.7	78	83	62	0	98	78
57	4	5	656	198	80	3.1	1.4	85	89	51	0	98	74
110	25	0	400	365	100	5.9	2.7	73	79	25	35	98	77
57	4	0	675	204	60	1.5	1.2	82	86	43	0	98	60
25	5	762	34	124	50	1.0	0.6	87	91	50	25	98	56
70	19	5	600	276	30	3.5	2.2	82	87	60	0	98	76
19	20	35	415	487	24	1.2	0.5	78	83	50	0	98	74
13	0	5	500	456	26	0.4	0.2	80	84	50	0	98	70
45	18	85	705	118	29	1.8	2.1	85	90	20	40	98	67
130	44	5	500	249	72	5.6	2.5	73	76	60	70	98	40
157	51	5	400	296	91	4.4	1.8	52	57	60	0	98	8
124	67	5	500	237	67	5.4	2.2	65	73	62	0	98	46
100	5	0	20	820	55	5.4	2.5	74	79	38	0	98	84
100	5	0	14	811	70	5.0	2.5	70	75	30	0	98	81
100	5	0	8	792	95	4.9	2.2	66	71	25	0	98	77
95	5	30	61	754	55	2.6	2.0	74	79	38	0	98	83
105	5	0	205	610	75	2.8	2.0	77	82	42	0	98	85
85	5	0	150	710	50	2.3	1.6	77	82	41	0	98	83
55	4	0	695	196	50	1.5	1.2	83	87	45	0	98	62
50	3	0	650	222	75	0.7	0.8	76	80	0	0	98	46

编码	饲料		饲料价值						
	分类	特征	1 kg OM	1 kg DM				1 kg OM	
			DM	能量 NERp	dCP	可消化氨基酸		能量 NERp	dCP
						dLys	dMet+dCys		
			g	MJ	g	g	g	MJ	g
1	2	3	4	5	6	7	8	9	10
	3.2 猪饲料表格								
6525	甘蔗糖蜜		740	9.75	33	0.1	0.3	7.22	24
6521	甜菜糖蜜		770	9.70	15	0.1	0.2	7.47	12
6600	高能精饲料，面粉加工产物								
6650	面包产品的下脚料		880	11.98	122	4.3	2.9	10.54	107
6675	菜豆皮和大豆皮		880	8.77	139	5.8	2.4	7.71	122
6636	大麦，部分去皮		880	10.84	94	3.6	4.0	9.54	83
6633	饲用大麦粉		880	9.61	104	4.1	3.5	8.45	92
6635	大麦麸		880	8.21	104	3.8	3.5	7.22	92
6639	带壳大麦麸		880	4.42	58	1.6	1.2	3.89	51
6641	燕麦籽实和燕麦片(脱壳)		880	11.39	140	5.1	7.4	10.03	123
6643	饲用燕麦粉		880	10.61	115	4.5	3.4	9.34	101
6645	燕麦麸		880	7.66	92	3.8	3.2	6.74	81
6649	带壳燕麦麸		880	4.06	52	1.5	1.1	3.57	46
6669	西非高粱麸		880	8.42	107	2.6	3.9	7.41	94
6664	脱胚玉米		880	11.51	84	2.4	4.3	10.12	74
6663	饲用脱胚玉米粉		880	10.84	87	2.6	2.6	9.54	77
6665	玉米麸		880	9.15	94	2.6	2.6	8.05	83
6666	玉米胚(面粉加工业)		950	11.96	133	5.9	6.1	11.36	126
6184	脱壳大米		880	12.00	77	2.8	3.2	10.56	68
6185	脱壳抛光大米		880	12.03	70	2.5	2.4	10.59	61
6682	饲用白大米粉		880	11.53	114	3.8	4.8	10.15	101
6681	饲用黄大米粉		880	9.17	88	2.9	3.7	8.07	78
6685	大米麸，含少量壳		880	7.75	87	3.2	1.9	6.82	77
6623	饲用黑麦粉		880	10.03	114	5.0	4.6	8.83	100
6624	黑麦麸	78% 出粉率	880	7.61	122	5.4	4.9	6.69	107
6629	带壳黑麦麸		880	5.40	99	3.7	2.7	4.76	87
6613	饲用小麦粉		880	10.23	136	5.2	5.4	9.00	120
6614	小麦麸	74% 出粉率	880	7.86	128	4.8	5.1	6.91	112
6619	带壳小麦麸		880	6.00	109	3.8	2.7	5.28	95
6700	高能精饲料，淀粉业，发酵业及水果加工业产物								
6748	玉米淀粉渣	低蛋白	900	7.94	94	2.6	3.0	7.15	85
6744	小麦淀粉渣		900	8.19	109	2.0	4.3	7.37	98
6747	浸提玉米胚(淀粉业)		900	7.88	180	8.1	8.3	7.09	162
	渣								
6731	鲜土豆渣		140	9.89	5	0.0	0.0	1.39	1
6781	干土豆渣		900	9.56	6	0.0	0.0	8.60	5
6782	干土豆渣	高蛋白	900	8.54	168	0.0	0.0	7.69	151
6783	干玉米渣		900	8.67	119	0.0	0.0	7.80	107
	酒糟								
6717	鲜土豆酒糟		50	7.16	153	7.7	6.2	0.36	8
6767	干土豆酒糟		900	7.16	153	7.7	6.2	6.45	138
6714	鲜玉米酒糟		80	9.37	184	5.7	6.2	0.75	15
6764	干玉米酒糟		900	9.20	192	5.9	6.6	8.28	173
6712	鲜黑麦酒糟		85	7.76	190	6.3	7.1	0.66	16
6762	干黑麦酒糟		900	7.54	190	6.3	7.1	6.78	171
6713	鲜小麦酒糟		80	7.90	201	6.7	7.4	0.63	16
6763	干小麦酒糟		900	7.86	201	6.7	7.4	7.08	181

粗略营养成分 1 kg DM								消化率					
CP	CF	ST	SU	NFR	CA	氨基酸 Lys	氨基酸 Met+Cys	E	OM	CP	CF	ST SU	NFR
g	g	g	g	g	g	g	g	%	%	%	%	%	%
11	12	13	14	15	16	17	18	19	20	21	22	23	24
50	0	0	640	215	95	0.2	0.4	89	92	65	0	98	82
50	0	0	630	210	110	0.4	0.8	90	93	30	0	98	94
135	20	660	80	90	15	4.8	3.2	94	95	90	90	98	95
180	20	260	35	465	40	7.5	3.1	74	77	77	42	98	65
116	25	655	23	159	22	4.4	4.9	84	87	81	60	98	52
130	35	380	55	360	40	5.1	4.4	77	79	80	83	98	56
130	35	340	70	375	50	4.8	4.4	68	69	80	82	98	33
100	30	105	110	575	80	2.7	2.0	42	43	58	60	98	19
155	45	625	18	132	25	5.7	8.2	89	91	90	80	98	57
140	52	545	17	221	25	5.5	4.1	80	83	82	80	98	47
123	55	250	10	513	49	5.0	4.2	64	65	75	80	98	45
95	35	155	10	650	55	2.7	2.0	39	40	55	60	98	22
142	64	450	20	292	32	3.4	5.2	65	65	75	75	98	4
110	25	727	24	104	10	3.1	5.6	88	91	76	68	98	65
115	60	550	45	205	25	3.4	3.4	81	85	76	70	98	57
125	60	510	25	250	30	3.5	3.5	69	71	75	75	98	11
170	230	340	55	145	60	7.6	7.8	79	81	78	80	98	39
90	5	795	65	40	5	3.2	3.7	95	95	86	70	98	88
81	3	800	75	35	6	2.9	2.8	96	96	86	70	98	96
133	137	380	65	205	80	4.4	5.6	86	87	86	89	98	61
130	141	244	60	313	112	4.3	5.4	71	70	68	83	98	39
130	140	285	48	262	135	4.8	2.9	60	60	67	70	98	2
150	30	368	60	362	30	6.6	6.0	80	83	76	50	98	72
165	40	150	100	480	65	7.3	6.6	67	70	74	46	98	57
145	30	100	50	600	75	5.4	3.9	54	55	68	55	98	41
170	45	389	67	299	30	6.5	6.8	80	83	80	75	98	62
175	45	187	64	474	55	6.6	7.0	67	69	73	71	98	53
155	40	100	71	569	65	5.4	3.9	57	58	70	60	98	42
145	40	250	20	500	45	4.0	4.6	68	70	65	60	98	57
155	85	250	60	420	30	2.9	6.1	66	68	70	50	98	49
240	25	280	55	350	50	10.8	11.0	67	70	75	40	98	43
50	5	387	19	504	35	0.0	0.0	79	84	10	0	98	80
55	5	387	19	499	35	0.0	0.0	77	82	10	0	98	77
240	10	153	131	351	115	0.0	0.0	78	82	70	0	98	80
135	65	350	20	400	30	0.0	0.0	69	73	88	35	98	52
255	25	31	11	558	120	12.8	10.4	70	73	60	55	98	78
255	25	70	15	505	130	12.8	10.4	70	73	60	55	98	76
230	100	105	25	495	45	7.1	7.8	74	76	80	70	98	70
240	80	75	18	542	45	7.4	8.2	75	76	80	70	98	72
250	50	35	23	602	40	8.3	9.4	69	70	76	63	98	66
250	50	35	23	587	55	8.3	9.4	68	70	76	63	98	64
265	60	35	23	557	60	8.8	9.8	70	71	76	65	98	67
265	60	35	23	552	65	8.8	9.8	70	71	76	65	98	67

编码	饲料		饲料价值						
	分类	特征	1 kg OM	1 kg DM				1 kg OM	
			DM	能量 NERp	dCP	可消化氨基酸		能量 NERp	dCP
						dLys	dMet+dCys		
			g	MJ	g	g	g	MJ	g
1	2	3	4	5	6	7	8	9	10
	3.2 猪饲料表格								
	啤酒糟								
6721	鲜啤酒糟		245	5.10	169	5.6	5.3	1.25	41
6771	干啤酒糟		900	5.31	176	5.8	5.4	4.78	158
	果渣								
6450	鲜苹果渣		250	3.90	0	0.0	0.0	0.97	0
6451	鲜梨渣		250	3.41	0	0.0	0.0	0.85	0
6900	高能精饲料，纯营养素								
	油脂								
6921	花生油		1 000	26.46	0	0.0	0.0	26.46	0
6911	牛羊脂肪		990	24.45	0	0.0	0.0	24.20	0
6912	猪油		999	25.60	0	0.0	0.0	25.57	0
6925	羊毛脂		760	25.60	0	0.0	0.0	19.46	0
	淀粉								
6931	土豆淀粉，粉碎		850	12.45	0	0.0	0.0	10.58	0
6932	土豆淀粉，未粉碎		850	10.37	0	0.0	0.0	8.81	0
6933	玉米淀粉		850	12.47	0	0.0	0.0	10.60	0
	糖								
6942	甘蔗糖		960	11.49	0	0.0	0.0	11.03	0
6943	饲用甜菜糖		960	10.85	0	0.0	0.0	10.42	0
6951	饲用纤维素		900	2.36	0	0.0	0.0	2.13	0
7000	高蛋白精饲料，植物来源								
7100	高蛋白精饲料，豆科种子								
7137	菜豆		870	9.90	242	15.8	5.6	8.61	211
7115	豌豆		870	10.50	227	16.4	4.8	9.13	198
7141	野豌豆		870	9.41	260	15.1	6.0	8.19	227
7171	干燥大豆		890	12.07	365	22.6	12.5	10.75	325
7153	黄色甜羽扇豆		870	10.64	396	20.5	11.5	9.25	345
7163	白色甜羽扇豆		870	9.77	332	19.2	9.3	8.50	288
7200	高蛋白精饲料，油加工产物								
7271	挤压棉籽饼	去壳	900	9.21	413	17.4	13.7	8.29	372
7272		部分去壳	900	7.06	293	12.3	9.7	6.36	263
7471	浸提棉籽饼	去壳	900	8.45	438	18.4	14.5	7.61	394
7472		部分去壳	900	6.32	316	13.2	10.5	5.69	284
7261	挤压花生饼	去壳	900	9.99	463	15.3	11.6	9.00	417
7262		部分去壳	900	9.26	407	13.4	10.2	8.33	367
7461	浸提花生饼	去壳	900	9.14	495	16.4	12.3	8.22	446
7462		部分去壳	900	8.34	407	14.3	10.8	7.51	367
7281	挤压椰子饼		900	8.74	156	4.1	4.6	7.86	141
7481	浸提椰子饼		900	7.73	175	4.5	5.3	6.96	158
7221	挤压亚麻饼		900	8.88	312	11.6	11.2	8.00	280
7421	浸提亚麻饼		900	8.20	315	11.7	11.3	7.38	284
7285	挤压棕榈仁饼		900	8.07	130	4.4	4.7	7.26	117
7485	浸提棕榈仁饼		900	6.84	124	4.2	4.4	6.16	111

粗略营养成分								消化率					
1 kg DM													
CP	CF	ST	SU	NFR	CA	氨基酸		E	OM	CP	CF	ST SU	NFR
						Lys	Met+Cys						
g	g	g	g	g	g	g	g	%	%	%	%	%	%
11	12	13	14	15	16	17	18	19	20	21	22	23	24
235	74	33	6	600	52	7.8	7.3	49	48	72	60	98	34
244	78	38	10	581	49	8.0	7.5	50	49	72	60	98	34
55	50	58	108	699	30	0.0	0.0	43	43	0	10	98	38
45	25	58	108	744	20	0.0	0.0	38	40	0	10	98	31
0	1 000	0	0	0	0	0.0	0.0	97	98	0	98	98	0
4	995	0	0	0	1	0.0	0.0	90	90	0	91	98	0
1	998	0	0	0	1	0.0	0.0	94	95	0	95	98	0
1	998	0	0		1	0.0	0.0	94	95	0	95	98	0
				0									
5	0	991	0	0	4	0.0	0.0	97	98	0	0	98	0
10	0	986	0	0	4	0.0	0.0	90	92	0	0	98	0
5	0	989	5		1	0.0	0.0	95	98	0	0	98	0
				0									
0	0	0	1 000	0	0	0.0	0.0	99	99	0	0	98	0
20	0	0	950	0	30	0.0	0.0	95	96	0	0	98	0
4	0	0	0	988	8	0.0	0.0	37	40	0	0	98	40
285	15	461	39	160	40	18.6	6.6	83	85	85	45	98	45
258	15	480	65	144	38	18.6	5.4	85	89	88	48	98	63
310	18	330	40	252	50	18.0	7.1	80	82	84	41	98	59
410	210	42	85	203	50	25.4	14.0	83	86	89	84	98	74
445	54	50	50	350	51	23.0	12.9	89	91	89	82	98	93
390	90	96	54	325	45	22.6	10.9	78	81	85	60	98	75
480	75	30	45	300	70	20.2	15.9	77	78	86	90	98	56
385	70	15	40	420	70	16.2	12.7	64	62	76	80	98	41
515	20	35	55	305	70	21.6	17.0	78	78	85	77	98	60
410	20	35	50	415	70	17.2	13.6	62	61	77	73	98	37
520	70	95	115	135	65	17.2	13.0	85	86	89	80	98	56
485	70	60	80	240	65	16.0	12.1	78	79	84	80	98	57
550	15	105	120	145	65	18.2	13.7	85	85	90	40	98	49
485	15	72	95	268	65	17.0	12.9	77	78	84	40	98	55
230	70	45	106	479	70	6.0	6.8	73	76	68	75	98	73
240	20	15	115	535	75	6.2	7.2	72	74	73	50	98	69
380	70	77	38	370	65	14.1	13.6	75	76	82	80	98	61
380	20	70	41	419	70	14.1	13.6	75	76	83	60	98	65
200	75	38	21	621	45	6.8	7.2	68	70	65	78	98	68
190	25	8	30	702	45	6.5	6.8	65	68	65	47	98	68

编码	饲料		饲料价值						
	分类	特征	1 kg OM	1 kg DM				1 kg OM	
			DM	能量 NERp	dCP	可消化氨基酸		能量 NERp	dCP
						dLys	dMet+dCys		
			g	MJ	g	g	g	MJ	g
1	2	3	4	5	6	7	8	9	10
	3.2 猪饲料表格								
7231	挤压菜籽饼		900	8.66	300	16.8	14.1	7.80	270
7431	浸提菜籽饼		900	7.70	324	18.1	15.2	6.93	292
7435	浸提芥籽饼(白芥子)		900	7.40	336	21.8	8.4	6.66	302
7295	挤压芝麻饼		900	8.27	410	11.8	18.0	7.44	369
7494	浸提芝麻饼		900	7.57	436	12.6	19.1	6.81	392
7251	挤压大豆饼		880	10.28	432	26.8	14.8	9.05	380
7451	浸提大豆饼,经过焙烤	45%～48%蛋白质	880	9.83	488	30.3	16.6	8.65	429
7453		42%～45%蛋白质	880	9.64	441	27.3	15.0	8.49	388
7455		39%～42%蛋白质	880	9.35	400	24.8	13.6	8.23	352
7452	浸提大豆饼,未经过焙烤	42%～45%蛋白质	880	9.12	416	25.8	14.1	8.03	366
7242	挤压向日葵饼	部分去壳	900	7.24	296	10.7	10.9	6.52	267
7441	浸提向日葵饼	去壳	900	7.59	370	13.3	13.7	6.83	333
7442		部分去壳	900	6.50	308	11.1	11.4	5.85	277
7443		带壳	900	4.47	210	7.6	7.8	4.02	189
7500	高蛋白精饲料,面粉加工业、淀粉加工业和发酵业产物								
7571	饲用豌豆粉		880	10.56	223	16.6	4.8	9.29	196
	酵母,见高蛋白精饲料,动物来源								
7567	干玉米蛋白粉		900	10.79	677	12.2	28.4	9.71	609
7568	干小麦蛋白粉		900	10.22	781	13.3	28.8	9.20	703
7591	土豆蛋白片		900	9.76	772	54.0	27.8	8.79	695
7511	大麦胚芽		900	7.50	213	9.4	6.1	6.75	192
7541	小麦胚芽		880	10.82	252	19.4	12.3	9.52	222
7562	玉米蛋白粉	23%～30%蛋白质	900	8.77	224	6.2	7.1	7.90	202
7563		19%～23%蛋白质	900	8.78	184	5.1	5.8	7.90	166
8000	高蛋白精饲料,动物来源.包括酵母和氨基酸								
8100	高蛋白精饲料,牛奶和牛奶加工产物								
8123	新鲜黄油		90	11.88	362	26.1	11.9	1.07	33
8173	干燥黄油		930	11.58	354	24.1	10.9	10.77	329
8128	干燥酪蛋白		890	14.28	926	72.8	33.3	12.71	824
8116	牛初乳	泌乳期第1天	145	14.77	403	34.0	15.2	2.14	58
8117		泌乳期第2～4天	119	14.37	308	25.7	11.5	1.71	37
8121	鲜脱脂奶		90	11.81	364	28.0	12.5	1.06	33
8171	脱脂奶粉		930	11.31	344	25.8	11.6	10.52	320
8125	新鲜甜乳清		70	10.77	119	8.6	4.7	0.75	8
8175	干燥甜乳清粉		930	10.24	113	4.5	4.4	9.53	105
8126	酸乳清		70	10.46	150	10.8	5.9	0.73	11
8127	新鲜乳清蛋白		200	11.49	647	63.1	29.3	2.30	129
8124	凝乳		350	12.85	724	57.7	29.9	4.50	253
8120	猪的初乳	泌乳期第1～3天	210	16.58	386	28.6	13.4	3.48	81
8119	猪的正常奶		180	16.00	270	20.0	8.8	2.88	49

粗略营养成分								消化率					
1 kg DM													
CP	CF	ST	SU	NFR	CA	氨基酸		E	OM	CP	CF	ST SU	NFR
						Lys	Met+Cys						
g	g	g	g	g	g	g	g	%	%	%	%	%	%
11	12	13	14	15	16	17	18	19	20	21	22	23	24
370	70	47	80	353	80	20.7	17.4	75	75	81	79	98	60
400	20	55	92	348	85	22.4	18.8	73	73	81	65	98	54
420	15	45	50	390	80	27.3	10.5	71	72	80	25	98	59
450	60	15	30	315	130	13.0	19.8	78	76	91	89	98	49
490	20	50	25	295	120	14.2	21.5	76	75	89	50	98	47
480	65	75	110	205	65	29.8	16.4	88	89	90	75	98	82
530	15	71	108	211	65	32.9	18.0	90	91	92	50	98	85
495	15	49	95	281	65	30.7	16.8	88	89	89	45	98	87
465	15	72	94	289	65	28.8	15.8	84	86	86	40	98	81
495	15	50	97	278	65	30.7	16.8	83	84	84	47	98	79
375	70	20	85	380	70	13.5	13.8	65	65	79	63	98	42
440	20	23	85	357	75	15.8	16.3	72	72	84	70	98	49
390	20	26	81	413	70	14.0	14.4	63	63	79	63	98	38
300	20	10	52	553	65	10.8	11.1	47	47	70	50	98	29
250	20	495	65	130	40	18.6	5.4	87	90	89	42	98	63
705	45	100	7	123	20	12.7	29.6	94	93	96	70	98	79
840	15	80	4	48	13	14.3	31.0	92	91	93	70	98	52
839	4	0	6	127	24	58.7	30.2	91	90	92	0	98	79
296	10	120	140	368	66	13.0	8.5	69	71	72	20	98	52
280	85	217	146	222	50	21.6	13.7	86	87	90	85	98	65
280	40	205	20	395	60	7.8	8.9	75	77	80	60	98	65
230	40	230	25	410	65	6.4	7.3	75	77	80	60	98	64
389	45	0	486	0	80	28.1	12.8	94	95	93	95	98	0
389	42	0	485	0	84	26.5	12.0	92	93	91	90	98	0
945	10	0	0	0	45	74.3	34.0	99	98	98	90	98	0
424	266	0	248	0	62	35.8	16.0	96	96	95	97	98	0
324	265	0	344	0	67	27.1	12.1	95	96	95	97	98	0
383	11	0	531	0	75	29.5	13.2	96	97	95	95	98	0
378	6	0	535	0	81	28.3	12.7	93	94	91	96	98	0
132	20	0	760	0	88	9.6	5.2	93	96	90	91	98	0
130	10	0	765	0	95	5.2	5.0	92	94	87	85	98	0
167	20	0	698	0	115	12.0	6.6	90	95	90	90	98	0
711	30	0	99	0	160	69.3	32.2	92	91	91	92	98	0
804	12	0	151	0	33	64.1	33.2	91	91	90	90	98	0
390	370	0	205	0	35	28.9	13.5	98	99	99	99	98	0
275	375	0	310	0	40	20.4	9.0	97	98	98	98	98	0

编码	饲料		饲料价值						
	分类	特征	1 kg OM	1 kg DM				1 kg OM	
			DM	能量 NERp	dCP	可消化氨基酸		能量 NERp	dCP
						dLys	dMet+dCys		
			g	MJ	g	g	g	MJ	g
1	2	3	4	5	6	7	8	9	10
	3.2 猪饲料表格								
8118	羊奶		190	16.25	257	21.9	10.0	3.09	49
8115	鲜全脂牛奶	4.5%脂肪	137	15.12	243	18.9	8.5	2.07	33
8114		4.0%脂肪	132	14.83	253	19.7	8.8	1.96	33
8113		3.5%脂肪	128	14.55	259	20.1	9.0	1.86	33
8112		3.0%脂肪	123	14.23	270	21.0	9.4	1.75	33
8111		2.5%脂肪	119	13.91	287	22.3	10.1	1.65	34
8110		2.0%脂肪	114	13.54	300	23.4	10.5	1.54	34
8165	全脂牛奶粉	31%脂肪	950	14.73	232	18.1	8.1	14.00	220
8164		28%脂肪	950	14.44	241	18.8	8.5	13.72	229
8163		25%脂肪	950	14.16	248	19.3	8.6	13.45	235
8162		23%脂肪	950	13.86	258	20.1	9.0	13.17	245
8161		20%脂肪	950	13.54	274	21.4	9.6	12.87	260
8160		17%脂肪	950	13.18	287	22.4	10.0	12.52	272
8200	高蛋白精饲料,肉类加工业副产物								
8221	血粉		900	8.76	759	66.7	15.9	7.88	683
8212	血粉		220	9.18	813	73.2	21.1	2.02	179
8213	混合蛋白粉,5%脂肪	13.5%～15.5%蛋白质	240	10.50	510	27.2	11.9	2.52	122
8214	混合蛋白粉,6%脂肪	11.5%～13.5%蛋白质	250	9.83	415	21.6	9.1	2.46	104
8215	混合蛋白粉,7%脂肪	7.5%～11.5%蛋白质	260	9.00	320	18.4	7.2	2.34	83
8231	肉粉,不含骨	＞75%蛋白质	930	11.82	825	66.7	30.5	10.99	767
8232	肉骨粉	70%～75%蛋白质	950	10.50	718	39.5	17.9	9.97	682
8233		65%～70%蛋白质	950	9.74	641	35.2	16.0	9.25	609
8234		60%～65%蛋白质	950	9.32	581	31.9	14.5	8.86	552
8235		55%～60%蛋白质	940	8.59	506	27.9	12.6	8.07	476
8236		50%～55%蛋白质	940	7.86	459	25.3	11.5	7.39	432
8237		45%～50%蛋白质	930	6.71	408	22.4	10.2	6.24	379
8238		40%～45%蛋白质	920	5.69	368	20.2	9.2	5.23	339
8251	骨粉	未提取骨胶	930	4.34	300	12.0	3.0	4.04	279
8252	骨粉	已提取骨胶	920	0.70	49	2.7	1.7	0.65	45
8255	骨胶提取下脚料		900	7.37	507	20.4	5.0	6.63	456
	肉骨粉,适当干燥,未经过高温处理								
8241	＜8%脂肪	65%～70%蛋白质	930	8.63	618	34.6	14.3	8.03	574
8242		60%～65%蛋白质	930	8.45	583	32.6	13.4	7.86	542
8243		55%～60%蛋白质	930	8.00	523	29.2	12.0	7.44	486
8244		50%～55%蛋白质	950	7.80	457	25.6	10.5	7.41	434
8245	＞8%脂肪	65%～70%蛋白质	930	9.80	618	34.6	14.3	9.12	574
8246		60%～65%蛋白质	930	9.66	583	32.6	13.4	8.99	542
8247		55%～60%蛋白质	930	9.25	523	29.2	12.0	8.60	486
8248		50%～55%蛋白质	950	9.21	457	25.6	10.5	8.75	434
	肉骨粉,过度干燥或高温处理								
8262	＞8%脂肪	60%～65%蛋白质	960	6.64	469	26.3	10.8	6.38	450
8263		55%～60%蛋白质	960	6.08	406	22.7	9.3	5.84	390
8266	＞8%脂肪	60%～65%蛋白质	960	7.66	469	26.3	10.8	7.35	450
8267		55%～60%蛋白质	960	7.15	406	22.7	9.3	6.86	390
8200	高蛋白精饲料,禽屠宰下脚料或孵化废弃物								
8281	蛋类,蛋白部分		127	11.13	874	57.5	55.1	1.41	111
8283	干燥蛋粉,全蛋		900	16.92	473	33.6	25.0	15.23	426
8295	干燥家禽屠宰废弃物		880	10.14	496	21.3	13.3	8.92	436

粗略营养成分								消化率					
1 kg DM													
CP	CF	ST	SU	NFR	CA	氨基酸		E	OM	CP	CF	ST SU	NFR
						Lys	Met+Cys						
g	g	g	g	g	g	g	g	%	%	%	%	%	%
11	12	13	14	15	16	17	18	19	20	21	22	23	24
270	425	0	265	0	40	23.0	10.5	96	96	95	97	98	0
256	334	0	359	0	51	19.9	8.9	95	96	95	97	98	0
266	308	0	371	0	55	20.7	9.3	95	96	95	97	98	0
273	281	0	391	0	55	21.2	9.5	95	96	95	97	98	0
284	250	0	409	0	57	22.1	9.9	95	96	95	97	98	0
302	217	0	422	0	59	23.5	10.6	95	96	95	97	98	0
313	182	0	440	0	62	24.6	11.0	95	96	95	97	98	0
255	332	0	357	0	56	19.9	8.9	94	95	91	95	98	0
265	306	0	369	0	60	20.7	9.3	94	95	91	95	98	0
272	277	0	391	0	60	21.2	9.5	94	95	91	95	98	0
283	248	0	407	0	62	22.1	9.9	94	95	91	95	98	0
301	215	0	420	0	64	23.5	10.6	94	95	91	95	98	0
315	180	0	438	0	67	24.6	11.0	93	95	91	95	98	0
925	10	0	15	0	50	81.4	19.4	83	82	82	90	98	0
903	10	0	0	0	87	81.3	23.4	91	90	90	90	98	0
600	210	0	20	50	120	32.0	14.0	82	81	85	79	98	31
500	240	0	25	75	160	26.0	11.0	76	75	83	75	98	14
400	270	0	30	100	200	23.0	9.0	69	68	80	70	98	3
850	110	0	10	0	30	68.8	31.4	96	96	97	90	98	0
780	95	0	0	35	90	42.9	19.5	92	91	92	90	98	70
720	95	0	0	45	140	39.6	18.0	89	88	89	90	98	70
660	100	0	0	60	180	36.3	16.5	88	86	88	90	98	70
610	100	0	0	70	220	33.6	15.2	84	83	83	90	98	70
560	95	0	0	60	285	30.8	14.0	83	82	82	90	98	70
510	75	0	0	60	355	28.0	12.7	81	80	80	85	98	70
460	55	0	0	50	435	25.3	11.5	80	79	80	82	98	70
375	30	0	0	45	550	15.0	3.8	80	79	80	82	98	70
65	3	0	0	12	920	3.6	2.2	76	75	75	85	98	70
626	56	0	0	51	267	25.2	6.2	82	80	81	90	98	70
710	60	0	0	45	185	39.8	16.4	88	86	87	90	98	70
670	65	0	0	55	210	37.5	15.4	87	86	87	90	98	70
615	70	0	0	65	250	34.4	14.1	85	84	85	90	98	70
550	85	0	0	85	280	30.8	12.6	84	82	83	90	98	70
710	110	0	0	40	140	39.8	16.4	88	87	87	90	98	70
670	120	0	0	40	170	37.5	15.4	88	87	87	90	98	70
615	130	0	0	40	215	34.4	14.1	86	85	85	90	98	70
550	150	0	0	65	235	30.8	12.6	85	84	83	90	98	70
670	60	0	0	60	210	37.5	15.4	70	69	70	70	98	55
615	65	0	0	70	250	34.4	14.1	66	66	66	70	98	55
670	120	0	0	40	170	37.5	15.4	70	69	70	70	98	55
615	130	0	0	40	215	34.4	14.1	67	66	66	70	98	55
874	14	0	98	0	14	57.5	55.1	100	100	100	100	98	0
498	430	0	40	0	32	35.4	26.3	96	96	95	97	98	0
583	159	0	77	0	181	25.1	15.7	87	85	85	95	98	0

编码	饲料		饲料价值						
	分类	特征	1 kg OM	1 kg DM				1 kg OM	
			DM	能量 NERp	dCP	可消化氨基酸		能量 NERp	dCP
						dLys	dMet+dCys		
			g	MJ	g	g	g	MJ	g
1	2	3	4	5	6	7	8	9	10
	3.2 猪饲料表格								
8300	高蛋白精饲料，鱼和鱼的加工产物								
8391	凤尾鱼粉		900	9.11	666	49.9	25.9	8.20	599
8392	鱼粉		900	6.60	369	25.4	13.1	5.94	332
8361	鳕鱼粉	70%～75%蛋白质	900	8.91	744	53.6	31.2	8.02	670
8362		65%～70%蛋白质	900	8.44	690	49.7	29.0	7.60	621
8363		60%～65%蛋白质	900	8.02	632	45.5	26.5	7.22	569
8364		55%～60%蛋白质	900	7.73	576	41.5	24.2	6.96	518
	鲱鱼粉，见鱼粉								
	鱼粉，适当干燥，未经高温处理								
8370	<8%脂肪	70%～75%蛋白质	900	9.40	744	58.0	29.8	8.46	670
8371		65%～70%蛋白质	900	9.17	690	53.8	27.6	8.26	621
8372		60%～65%蛋白质	900	8.87	632	49.3	25.3	7.99	569
8373		55%～60%蛋白质	900	8.46	576	44.9	23.0	7.61	518
8374		50%～55%蛋白质	900	7.96	527	41.0	21.1	7.16	474
8375	>8%脂肪	70%～75%蛋白质	900	10.25	744	58.0	29.8	9.22	670
8376		65%～70%蛋白质	900	10.10	690	53.8	27.6	9.09	621
8377		60%～65%蛋白质	900	9.88	632	49.3	25.3	8.89	569
8378		55%～60%蛋白质	900	9.47	576	44.9	23.0	8.52	518
8379		50%～55%蛋白质	900	9.29	527	41.0	21.1	8.36	474
	鱼粉，高度干燥或加热处理								
8381	<8%脂肪	65%～70%蛋白质	960	7.27	555	43.3	22.2	6.98	533
8382		60%～65%蛋白质	960	7.05	507	39.6	20.3	6.77	487
8383		55%～60%蛋白质	960	6.69	461	35.9	18.4	6.42	442
8386	>8%脂肪	65%～70%蛋白质	960	8.06	555	43.3	22.2	7.73	533
8387		60%～65%蛋白质	960	7.84	507	39.6	20.3	7.53	487
8388		55%～60%蛋白质	960	7.48	461	35.9	18.4	7.18	442
8321	鱼粉，<8%脂肪	60%～65%蛋白质	300	8.95	639	49.9	25.6	2.68	192
8322		55%～60%蛋白质	350	8.53	582	45.4	23.3	2.98	204
8323	鱼粉，>8%脂肪	60%～65%蛋白质	250	9.96	639	49.9	25.6	2.49	160
8324		55%～60%蛋白质	300	9.54	582	45.4	23.3	2.86	175
8325	新鲜鱼浓缩可溶物		550	9.67	561	23.6	10.7	5.32	308
8311	鲜鱼，<8%脂肪	60%～65%蛋白质	300	9.03	646	50.4	25.9	2.71	194
8312	鲜鱼，>8%脂肪	60%～65%蛋白质	250	10.03	646	50.4	25.9	2.51	162
8400	高蛋白精饲料，酵母								
8411	新鲜啤酒和面包酵母		190	9.45	491	34.4	11.8	1.79	93
8461	干燥啤酒和面包酵母		900	8.94	461	32.3	11.0	8.05	415
8465	干燥木糖酵母		900	9.15	473	33.1	11.3	8.24	425
8466	干燥石油酵母		900	9.06	579	45.1	13.4	8.15	521
8467	干燥糖蜜酵母		900	9.54	477	33.4	11.4	8.58	429
8419	新鲜乳清酵母		50	9.57	405	27.9	11.7	0.48	20
8469	干燥乳清酵母		900	9.59	405	27.9	11.7	8.63	365
8468	干燥分解硫酸盐酵母		900	8.51	390	27.2	9.3	7.66	351
8500	氨基酸								
8561	盐酸赖氨酸		950			800.0	0.0		
8562	赖氨酸浓缩物		950			180.0	13.5		
8571	蛋氨酸		950			0.0	1 000		

从土豆淀粉或糖甜菜渣的饲料能量价值中减去：
[1]15%，[2]4%，[3]12%，[4]3%，[5]10%，[6]10%，[7]5%。

粗略营养成分								消化率					
1 kg DM													
CP	CF	ST	SU	NFR	CA	氨基酸		E	OM	CP	CF	ST SU	NFR
						Lys	Met+Cys						
g	g	g	g	g	g	g	g	%	%	%	%	%	%
11	12	13	14	15	16	17	18	19	20	21	22	23	24
716	52	0	0	62	170	53.7	27.9	92	91	93	90	98	70
450	70	0	0	100	380	31.0	16.0	82	81	82	90	98	70
800	30	0	0	0	170	57.6	33.6	94	93	93	90	98	0
750	35	0	0	0	215	54.0	31.5	93	92	92	90	98	0
695	35	0	0	25	245	50.0	29.1	91	90	91	90	98	70
640	40	0	0	50	270	46.1	26.9	90	89	90	90	98	70
800	50	0	0	0	150	62.4	32.0	94	93	93	90	98	0
750	60	0	0	15	175	58.5	30.0	92	91	92	90	98	70
695	65	0	0	40	200	54.2	27.8	91	90	91	90	98	70
640	70	0	0	50	240	49.9	25.6	90	89	90	90	98	70
585	65	0	0	70	280	45.6	23.4	89	88	90	90	98	70
800	85	0	0	0	115	62.4	32.0	93	93	93	90	98	0
750	100	0	0	10	140	58.5	30.0	92	92	92	90	98	70
695	110	0	0	30	165	54.2	27.8	91	90	91	90	98	70
640	115	0	0	40	205	49.9	25.6	90	89	90	90	98	70
585	130	0	0	40	245	45.6	23.4	90	89	90	90	98	70
750	55	0	0	20	175	58.5	30.0	74	74	74	70	98	55
695	65	0	0	40	200	54.2	27.8	73	72	73	70	98	55
640	70	0	0	50	240	49.9	25.6	72	71	72	70	98	55
750	100	0	0	10	140	58.5	30.0	74	74	74	70	98	55
695	110	0	0	30	165	54.2	27.8	72	72	73	70	98	55
640	115	0	0	40	205	49.9	25.6	71	71	72	70	98	55
695	65	0	0	40	200	54.2	27.8	91	91	92	90	98	70
640	70	0	0	50	240	49.9	25.6	90	90	91	90	98	70
695	110	0	0	30	165	54.2	27.8	91	91	92	90	98	70
640	115	0	0	40	205	49.9	25.6	91	90	91	90	98	70
630	140	0	0	35	195	26.5	12.0	88	87	89	85	98	70
695	65	0	0	40	200	54.2	27.8	92	92	93	90	98	70
695	110	0	0	30	165	54.2	27.8	92	92	93	90	98	70
546	75	45	10	228	96	38.2	13.1	84	86	90	50	98	86
530	20	63	17	285	85	37.1	12.7	83	85	87	10	98	83
525	5	60	15	310	85	36.8	12.6	87	87	90	50	98	80
650	20	40	4	231	55	50.7	15.0	84	85	89	0	98	78
530	60	50	50	215	95	37.1	12.7	86	86	90	76	98	72
450	100	25	50	225	150	31.0	13.0	83	85	90	85	98	72
450	100	50	25	225	150	31.0	13.0	83	85	90	85	98	72
475	20	75	5	340	85	33.2	11.4	79	81	82	0	98	80
						800.0	0.0						
						200.0	15.0						
						0.0	1 000						

编码	饲料		饲料价值						
	分类	特征	1 kg OM	1 kg DM				1 kg OM	
		成熟时期	DM	能量 NERf	dCP	可消化氨基酸		能量 NERf	dCP
						dLys	dMet+dCys		
			g	MJ	g	g	g	MJ	g
1	2	3	4	5	6	7	8	9	10
	3.3 禽饲料表格								
1000	青绿饲料								
1100	青绿饲料,小籽豆科								
1161	苜蓿,第1茬等	营养生长期	152	5.60	190	10.2	5.3	0.85	29
1163		现蕾期	166	4.85	152	8.2	4.2	0.81	25
1165		早花期	189	4.14	121	6.6	3.4	0.78	23
1011	红三叶,第1茬等	营养生长期	130	6.03	151	7.4	3.9	0.78	20
1013		现蕾期	145	5.24	119	5.9	3.1	0.76	17
1015		早花期	187	4.46	92	4.5	2.4	0.83	17
1300	青绿饲料,豆科-牧草混合料								
1311	红三叶-草,第1茬等	营养生长期	145	6.05	131	6.4	3.8	0.88	19
1313		现蕾期	160	5.16	92	4.5	2.7	0.83	15
1315		早花期	190	4.25	63	3.1	1.8	0.81	12
1600	青绿饲料,牧草								
	优质牧草								
1641	第1茬,100 kg N/hm^2	拔节期	150	5.86	124	6.7	3.3	0.88	19
1643		抽穗早期	160	5.06	92	5.0	2.5	0.81	15
1645		抽穗晚期	190	4.10	61	3.3	1.6	0.78	12
1651	第2茬等,每茬50 kg N/hm^2	15～35天生长期	180	5.05	96	5.2	2.6	0.91	17
1653		35～55天生长期	200	4.17	72	3.9	1.9	0.83	14
1800	青绿饲料,青绿谷物,青绿玉米和青贮用玉米								
1801	黑麦,125 kg N/hm^2	孕穗期	135	6.10	165	9.0	4.2	0.82	22
1803		抽穗早期	145	5.45	115	6.3	3.0	0.79	17
1900	青绿饲料,甜菜叶								
1911	带顶甜菜叶	清洁	150	6.29	80	3.2	2.1	0.94	12
1912		不清洁	175	4.77	60	2.4	1.5	0.83	11
4000	干燥青绿饲料								
4100	干燥青绿饲料,小籽豆科								
4161	优质苜蓿,第1茬等	营养生长期	900	4.95	163	7.2	4.6	4.45	146
4163		现蕾期	900	4.35	129	5.7	3.6	3.92	116
4165		早花期	900	3.73	105	4.6	2.9	3.35	94
4011	优质红三叶,第1茬等	营养生长期	900	5.33	129	5.0	3.4	4.80	116
4013		现蕾期	900	4.70	94	3.6	2.4	4.23	84
4015		早花期	900	4.10	70	2.7	1.8	3.69	63
4300	干燥青绿饲料,豆科-草混合料								
4311	优质红三叶-草,第1茬等	营养生长期	900	5.08	114	4.3	3.4	4.57	103
4313		现蕾期	900	4.43	74	2.8	2.2	3.98	66
4315		早花期	900	3.82	44	1.7	1.3	3.44	40

粗略营养成分								消化率					
1 kg DM													
CP	CF	ST	SU	NFR	CA	氨基酸		E	OM	CP	CF	ST SU	NFR
						Lys	Met+Cys						
g	g	g	g	g	g	g	g	%	%	%	%	%	%
11	12	13	14	15	16	17	18	19	20	21	22	23	24
260	37	55	22	512	114	14	7.3	54	53	73	61	97	35
221	34	35	32	567	111	11.9	6.1	47	46	69	55	97	30
192	26	35	48	602	97	10.4	5.4	39	39	63	46	97	23
222	41	40	112	475	110	10.9	5.8	55	55	68	70	97	34
189	34	40	85	551	101	9.3	4.9	48	48	63	64	97	31
161	29	40	55	625	90	7.9	4.2	41	41	57	55	97	27
205	42	40	164	439	110	10	5.9	54	54	64	70	97	28
165	34	40	114	552	95	8.1	4.8	46	46	56	65	97	28
135	28	40	91	626	80	6.6	3.9	38	38	47	55	97	23
200	45	50	110	470	125	10.8	5.4	54	53	62	70	97	33
165	40	50	110	525	110	8.9	4.5	45	45	56	65	97	24
135	35	40	90	605	95	7.3	3.6	36	36	45	55	97	20
175	40	50	100	510	125	9.4	4.7	46	46	55	60	97	27
150	35	40	80	590	105	8.1	4	38	38	48	50	97	22
235	45	40	100	465	115	12.9	6	56	56	70	65	97	36
185	40	40	100	535	100	10.2	4.8	50	50	62	55	97	33
145	20	30	200	455	150	5.8	3.8	62	64	55	30	97	51
125	20	20	140	445	250	5	3.2	53	55	48	20	97	44
250	36	44	38	502	130	11	7	48	47	65	57	97	29
215	32	27	56	555	115	9.5	6	42	41	60	50	97	25
190	28	30	43	609	100	8.4	5.3	35	35	55	45	97	21
215	38	30	60	537	120	8.4	5.6	50	50	60	65	97	37
180	32	40	80	568	100	7	4.7	43	43	52	60	97	27
155	28	40	80	607	90	6	4.1	37	37	45	50	97	23
200	37	30	70	543	120	7.6	6	49	48	57	60	97	34
160	30	30	80	595	105	6.1	4.8	42	41	46	55	97	29
130	25	40	80	635	90	4.9	3.9	35	35	34	45	97	23

编码	饲料		饲料价值						
	分类	特征	1 kg OM	1 kg DM				1 kg OM	
		成熟时期	DM	能量 NERf	dCP	可消化氨基酸		能量 NERf	dCP
						dLys	dMet+dCys		
			g	MJ	g	g	g	MJ	g
1	2	3	4	5	6	7	8	9	10
	3.3 禽饲料表格								
4600	干燥青绿饲料，牧草								
	优质牧草								
4641	第1茬，100 kg N/hm²	拔节期	900	5.13	110	5.5	3.0	4.61	99
4643		抽穗早期	900	4.60	76	3.8	2.1	4.14	68
4645		抽穗晚期	900	3.75	52	2.6	1.4	3.38	47
4651	第2茬等，每茬50 kg N/hm²	15～35 d生长期	900	4.54	75	3.7	2.0	4.09	67
4653		35～55 d生长期	900	3.78	56	2.8	1.5	3.40	50
4800	干燥青绿饲料，青绿谷物类								
4801	优质黑麦，125 kg N/hm²	孕穗早期	900	5.40	140	6.7	3.5	4.86	126
4803		孕穗期	900	4.93	95	4.6	2.4	4.44	86
4900	干燥青绿饲料，甜菜叶								
4911	优质带顶甜菜叶	清洁	900	5.74	49	1.2	1.3	5.17	44
4912		不清洁	900	4.44	29	0.7	0.7	4.00	26
6000	精饲料								
6100	高能精饲料，谷物								
6132	春大麦，籽实饱满		870	10.09	105	3.7	4.3	8.78	92
6133	冬大麦，籽实饱满		870	9.71	94	3.4	3.8	8.45	82
6134	冬大麦，籽实饱满	高蛋白	870	9.80	119	4.1	4.7	8.53	103
6135	冬大麦，籽实一般		880	8.45	83	3.0	3.4	7.44	73
6147	燕麦，籽实饱满		870	8.60	99	3.6	4.0	7.48	86
6148	燕麦，籽实一般		880	7.38	74	2.7	2.9	6.50	65
6178	黍		870	11.50	91	2.0	3.4	10.01	79
6173	稷		870	10.07	109	2.7	3.5	8.76	95
6167	干燥玉米籽实		870	11.71	88	2.6	4.3	10.18	76
6121	黑麦籽实		870	10.71	103	3.1	4.1	9.32	90
6123	黑麦，籽实饱满		870	10.29	81	2.9	3.4	8.96	70
6125	黑麦，籽实一般		880	8.59	97	3.2	3.7	7.56	86
6113	小麦，籽实饱满		870	10.95	112	3.1	4.6	9.53	97
6118	小麦，籽实饱满	高蛋白	870	10.98	132	3.5	5.1	9.55	115
6115	小麦，籽实一般		880	9.75	119	3.2	4.6	8.58	105
6200	高能精饲料，油籽								
6243	亚麻籽		880	13.23	209	7.7	7.5	11.64	184
6300	高能精饲料，块茎								
6363	土豆，蒸汽处理	16%淀粉	225	10.69	67	3.5	1.6	2.40	15
6377	土豆，蒸汽处理，青贮	16%淀粉	230	10.44	68	3.0	1.2	2.40	16
6391	土豆片		900	10.79	63	2.9	1.6	9.71	57
6392	优质土豆条		900	8.83	48	2.2	1.2	7.95	43
6400	高能精饲料，块根								
6411	鲜甜菜		235	8.81	11	0.6	0.3	2.07	3
6491	优质干甜菜		920	8.18	6	0.2	0.1	7.53	5

粗略营养成分								消化率					
1 kg DM													
CP	CF	ST	SU	NFR	CA	氨基酸		E	OM	CP	CF	ST u. SU	NFR
						Lys	Met+Cys						
g	g	g	g	g	g	g	g	%	%	%	%	%	%
11	12	13	14	15	16	17	18	19	20	21	22	23	24
200	43	40	80	517	120	10	5.4	47	47	55	60	97	31
165	37	50	100	543	105	8.2	4.5	41	41	46	55	97	23
140	32	50	100	588	90	7	3.8	32	33	37	45	97	15
170	40	40	90	525	135	8.5	4.6	42	42	44	55	97	27
150	35	50	100	550	115	7.5	4	34	34	37	45	97	15
225	35	40	100	490	110	10.8	5.6	50	50	62	60	97	30
180	30	40	100	555	95	8.6	4.5	44	45	53	55	97	29
130	20	20	140	540	150	3.1	3.4	56	58	38	60	97	51
110	15	20	150	455	250	2.6	2.8	48	50	26	55	97	38
135	25	590	28	197	25	4.8	5.5	76	78	78	60	97	22
125	25	579	20	221	30	4.5	5.1	75	76	75	55	97	20
150	30	580	20	190	30	5.2	5.9	75	76	79	55	97	11
115	25	530	20	260	50	4.1	4.7	66	67	72	35	97	5
130	50	438	18	329	35	4.8	5.2	66	65	76	79	97	12
105	45	380	15	400	55	3.9	4.2	57	57	70	70	97	12
117	37	720	11	96	19	2.6	4.4	91	87	78	59	97	32
140	43	572	9	194	42	3.4	4.5	77	77	78	79	97	15
107	47	700	22	107	17	3.2	5.3	86	87	82	75	97	27
134	15	670	40	120	21	4	5.3	82	83	77	55	97	8
115	17	603	50	194	21	4.1	4.8	80	80	70	50	97	33
135	15	550	60	205	35	4.5	5.1	67	68	72	40	89	2
140	20	660	30	130	20	3.9	5.8	84	85	80	60	97	29
165	25	650	30	105	25	4.4	6.4	85	85	80	60	97	22
155	25	600	25	160	35	4.1	6	76	77	77	60	90	26
261	373	40	25	254	47	9.6	9.4	76	73	80	82	97	48
95	5	682	63	80	75	5	2.3	87	88	70	0	97	34
100	5	660	40	120	75	4.4	1.8	86	87	68	0	97	46
90	3	705	50	107	45	4.2	2.3	86	86	70	0	97	25
90	3	693	20	139	55	4.2	2.3	70	71	53	0	85	9
57	4	5	656	198	80	3.1	1.4	77	79	20	25	97	37
57	4	0	675	204	60	1.5	1.2	70	71	10	20	97	2

编码	饲料		饲料价值						
	分类	特征	1 kg OM	1 kg DM				1 kg OM	
			DM	能量 NERf	dCP	可消化氨基酸		能量 NERf	dCP
						dLys	dMet+dCys		
			g	MJ	g	g	g	MJ	g
1	2	3	4	5	6	7	8	9	10
	3.3 禽饲料表格								
6600	高能精饲料，粉碎加工产物								
6636	大麦，部分去壳		880	10.43	87	3.3	3.7	9.17	77
6633	饲用大麦粉		880	8.73	90	3.5	3.0	7.68	79
6635	大麦麸		880	7.21	87	3.2	2.9	6.34	77
6641	燕麦仁和燕麦片(带壳)		880	11.28	124	4.6	6.6	9.92	109
6663	无芽饲用玉米粉		880	10.45	90	2.7	2.7	9.20	79
6665	玉米麸		880	7.92	83	2.3	2.3	6.97	73
6623	饲用黑麦粉		880	9.14	113	5.0	4.5	8.04	99
6624	黑麦麸	78%出粉率	880	6.25	104	4.6	4.2	5.50	91
6613	饲用小麦粉		880	9.72	128	4.9	5.1	8.55	112
6614	麦麸	74%出粉率	880	6.97	121	4.6	4.8	6.13	106
6700	高能精饲料，淀粉产物和发酵业产物								
6748	黏蛋白饲料，玉米黏蛋白饲料，低蛋白		900	6.49	84	2.0	2.0	5.84	76
6900	高能精饲料，纯营养成分								
6922	向日葵油		999	27.21	0	0.0	0.0	27.18	0
6931	土豆淀粉	粉碎	850	12.84	0	0.0	0.0	10.92	0
6943	甜菜糖		960	11.28	0	0.0	0.0	10.83	0
7000	高蛋白精饲料，植物来源								
7100	高蛋白精饲料，豆科籽实								
7137	菜豆		870	8.78	225	14.7	5.2	7.64	196
7115	豌豆		870	9.15	212	15.3	4.4	7.96	184
7153	黄色甜羽扇豆		870	7.89	378	19.6	11.0	6.86	329
7200	高蛋白精饲料，油脂业产物								
7271	棉籽饼	去壳	900	7.05	360	15.2	11.9	6.35	324
7272		部分去壳	900	5.96	270	11.3	8.9	5.37	243
7471	棉籽饼，浸提	去壳	900	6.40	386	16.2	12.8	5.76	348
7472		部分去壳	900	5.06	287	12.0	9.5	4.56	258
7261	花生饼	去壳	900	8.99	447	14.8	11.2	8.09	402
7262		部分去壳	900	7.61	388	12.8	9.7	6.85	349
7461	花生饼，浸提	去壳	900	7.84	473	15.7	11.8	7.06	426
7462		部分去壳	900	6.56	388	13.6	10.3	5.90	349
7281	椰子饼		900	5.62	161	4.2	4.8	5.06	145
7481	椰子饼，浸提		900	4.77	170	4.4	5.1	4.29	153
7221	亚麻饼		900	5.70	266	9.9	9.5	5.13	239
7421	亚麻饼，浸提		900	4.80	266	9.9	9.5	4.32	239
7485	棕榈仁饼		900	2.61	131	4.5	4.7	2.35	118

粗略营养成分								消化率					
1 kg DM													
CP	CF	ST	SU	NFR	CA	氨基酸		E	OM	CP	CF	ST u. SU	NFR
						Lys	Met＋Cys						
g	g	g	g	g	g	g	g	%	%	%	%	%	%
11	12	13	14	15	16	17	18	19	20	21	22	23	24
116	25	655	23	159	22	4.4	4.9	79	80	75	55	97	14
130	35	380	55	360	40	5.1	4.4	70	70	69	71	97	37
130	35	340	70	375	50	4.8	4.4	56	56	67	70	97	7
155	45	625	18	132	25	5.7	8.2	85	86	80	71	97	44
115	60	550	45	205	25	3.4	3.4	78	77	78	81	97	15
125	60	510	25	250	30	3.5	3.5	59	57	66	78	75	8
150	30	340	55	395	30	6.6	6	74	75	75	65	97	54
165	40	150	100	480	65	7.3	6.6	53	53	63	50	97	27
170	45	389	67	299	30	6.5	6.8	76	77	75	65	97	50
175	45	187	64	474	55	6.6	7	59	58	69	60	97	33
145	40	250	20	500	45	3.5	3.5	52	52	58	60	97	26
1	998	0	0	0	1	0	0	94	94	0	94	97	0
5	1	991	0	0	4	0	0	94	95	0	0	96	0
20	0	0	950	0	30	0	0	94	95	0	0	97	0
285	15	461	39	160	40	18.6	6.6	72	72	79	64	90	0
258	15	480	65	144	38	18.6	5.4	75	74	82	93	85	12
445	54	50	50	350	51	23	12.9	70	68	85	75	97	37
480	75	30	45	300	70	20.2	15.9	62	58	75	82	97	14
385	70	15	40	420	70	16.2	12.7	52	49	70	75	97	19
515	20	35	55	305	70	21.6	17	62	59	75	82	97	20
410	20	35	50	415	70	17.2	13.6	49	46	70	75	97	11
520	70	95	115	135	65	17.2	13	77	74	86	90	80	3
485	70	60	80	240	65	16	12.1	66	62	80	85	94	0
550	15	105	120	145	65	18.2	13.7	75	72	86	80	80	4
485	15	72	95	268	65	17	12.9	63	60	80	80	94	0
230	70	45	106	479	70	6	6.8	49	47	70	50	97	20
240	20	15	115	535	75	6.2	7.2	47	45	71	27	97	21
380	70	77	38	370	65	14.1	13.6	48	45	70	74	80	3
380	20	70	41	419	70	14.1	13.6	47	44	70	45	97	6
190	25	8	30	702	45	6.5	6.8	26	25	69	0	97	10

编码	饲料		饲料价值						
	分类	特征	1 kg OM	1 kg DM				1 kg OM	
			DM	能量 NERf	dCP	可消化氨基酸		能量 NERf	dCP
						dLys	dMet+dCys		
			g	MJ	g	g	g	MJ	g
1	2	3	4	5	6	7	8	9	10
	3.3 禽饲料表格								
7231	菜籽饼		900	6.15	278	15.5	13.1	5.53	250
7431	菜籽饼，浸提		900	5.41	300	16.8	14.1	4.87	270
7295	芝麻饼		900	6.61	360	10.4	15.8	5.95	324
7494	芝麻饼，浸提		900	5.96	392	11.4	17.2	5.36	353
7251	大豆饼		880	8.03	408	25.3	13.9	7.07	359
7451	大豆饼，浸提，焙烤	45%～48%蛋白质	880	7.37	461	28.6	15.7	6.48	406
7453		42%～45%蛋白质	880	6.90	421	26.1	14.3	6.07	370
7455		39%～42%蛋白质	880	6.27	386	23.9	13.1	5.52	340
7452	大豆饼，浸提，未焙烤	42%～45%蛋白质	880	6.48	406	25.2	13.8	5.70	357
7441	向日葵饼，浸提	去壳	900	6.79	374	13.4	13.9	6.11	337
7442		部分去壳	900	5.66	312	11.2	11.5	5.10	281
7500	高蛋白精饲料，粉碎加工产物，淀粉产物及发酵业产物								
7541	小麦芽		880	9.49	218	16.8	10.7	8.35	192
7563	玉米蛋白饲料	23%～30%蛋白质	900	7.10	213	5.9	6.8	6.39	192
8000	高蛋白精饲料，动物来源包括酵母和氨基酸								
8100	高蛋白精饲料，乳及乳加工产物								
8128	干燥酪蛋白		890	13.41	879	69.1	31.6	11.93	782
8121	鲜脱脂乳		90	11.81	360	27.7	12.4	1.06	32
8171	脱脂奶粉		930	10.44	321	24.1	10.8	9.71	299
8125	鲜甜乳清		70	11.05	119	8.6	4.7	0.77	8
8175	甜乳清粉		930	9.81	111	4.4	4.3	9.12	103
8115	鲜全脂牛奶	4.5% 脂肪	137	15.48	243	18.9	8.5	2.12	33
8114		4.0% 脂肪	132	15.17	253	19.7	8.8	2.00	33
8113		3.5% 脂肪	128	14.88	259	20.1	9.0	1.91	33
8112		3.0% 脂肪	123	14.54	270	21.0	9.4	1.79	33
8111		2.5% 脂肪	119	14.20	287	22.3	10.1	1.69	34
8110		2.0% 脂肪	114	13.81	300	23.4	10.5	1.57	34
8165	全脂牛奶粉	31% 脂肪	950	15.07	232	18.1	8.1	14.32	220
8164		28% 脂肪	950	14.77	241	18.8	8.5	14.03	229
8163		25% 脂肪	950	14.48	248	19.3	8.6	13.75	235
8162		23% 脂肪	950	14.03	258	20.1	9.0	13.33	245
8161		20% 脂肪	950	13.83	274	21.4	9.6	13.14	260
8160		17% 脂肪	950	13.45	287	22.4	10.0	12.78	272
8200	高蛋白精饲料，肉类加工业产物								
8221	血粉		900	8.87	805	70.8	16.9	7.98	724
8241	肉骨粉，适当干燥，未高温处理 <8% 脂肪	65%～70%蛋白质	930	7.90	582	32.6	13.4	7.35	541
8242		60%～65%蛋白质	930	7.54	536	30.0	12.3	7.02	498
8243		55%～60%蛋白质	930	7.08	480	26.8	11.0	6.58	446
8244		50%～55%蛋白质	950	6.82	418	23.4	9.6	6.48	397

粗略营养成分								消化率					
1 kg DM													
CP	CF	ST	SU	NFR	CA	氨基酸		E	OM	CP	CF	ST u. SU	NFR
						Lys	Met+Cys						
g	g	g	g	g	g	g	g	%	%	%	%	%	%
11	12	13	14	15	16	17	18	19	20	21	22	23	24
370	70	47	80	353	80	20.7	17.4	56	52	75	60	97	10
400	20	55	92	348	85	22.4	18.8	52	50	75	50	97	2
450	60	15	30	315	130	13	19.8	64	60	80	80	97	23
490	20	50	25	295	120	14.2	21.5	63	58	80	70	97	12
480	65	75	110	205	65	29.8	16.4	70	68	85	70	97	1
530	15	71	108	211	65	32.9	18	71	68	87	67	90	2
495	15	49	95	281	65	30.7	16.8	67	64	85	62	97	10
465	15	72	94	289	65	28.8	15.8	61	58	83	57	85	2
495	15	50	97	278	65	30.7	16.8	63	60	82	60	97	1
440	20	23	85	357	75	15.8	16.3	69	66	85	25	97	34
390	20	26	81	413	70	14	14.4	56	54	80	20	97	20
280	85	217	146	222	50	21.6	13.7	75	74	78	72	97	33
280	40	205	20	395	60	7.8	8.9	61	60	76	64	97	27
945	10	0	0	0	45	74.3	34	92	92	93	90	97	0
383	11	0	531	0	75	29.5	13.2	94	94	94	92	97	0
378	6	0	535	0	81	28.3	12.7	84	84	85	76	97	0
132	20	0	760	0	88	9.6	5.2	94	93	90	90	97	0
130	10	0	765	0	95	5.2	5	85	84	85	72	97	0
256	334	0	359	0	51	19.9	8.9	94	94	95	92	97	0
266	308	0	371	0	55	20.7	9.3	94	94	95	92	97	0
273	281	0	391	0	55	21.2	9.5	94	94	95	92	97	0
284	250	0	409	0	57	22.1	9.9	94	94	95	92	97	0
302	217	0	422	0	59	23.5	10.6	94	94	95	92	97	0
316	182	0	440	0	62	24.6	11	94	94	95	92	97	0
255	332	0	357	0	56	19.9	8.9	92	92	91	90	97	0
265	306	0	369	0	60	20.7	9.3	92	92	91	90	97	0
272	277	0	391	0	60	21.2	9.5	92	92	91	90	97	0
283	242	0	407	0	62	22.1	9.9	92	92	91	90	97	0
301	215	0	420	0	64	23.5	10.6	93	93	91	90	97	0
315	180	0	438	0	67	24.6	11	93	93	91	90	97	0
925	10	0	15	0	50	81.4	19.4	86	85	87	62	0	0
710	60	0	0	45	185	39.8	16.4	80	79	82	90	97	10
670	65	0	0	55	210	37.5	15.4	78	76	80	90	97	10
615	70	0	0	65	250	34.4	14.1	76	73	78	90	97	10
550	85	0	0	85	280	30.8	12.6	73	70	76	90	97	10

编码	饲料		饲料价值						
	分类	特征	1 kg OM	1 kg DM				1 kg OM	
			DM	能量 NERf	dCP	可消化氨基酸		能量 NERf	dCP
						dLys	dMet+dCys		
			g	MJ	g	g	g	MJ	g
1	2	3	4	5	6	7	8	9	10
	3.3 禽饲料表格								
	肉骨粉,适当干燥,未高温处理								
8245	>8%脂肪	65%～70%蛋白质	930	9.20	582	32.6	13.4	8.56	541
8246		60%～65%蛋白质	930	8.96	536	30.0	12.3	8.34	498
8247		55%～60%蛋白质	930	8.62	480	26.8	11.0	8.01	446
8248		50%～55%蛋白质	950	8.50	418	23.4	9.6	8.07	397
	肉骨粉,过度干燥残经高温处理								
8262	>8%脂肪	60%～65%蛋白质	960	5.98	429	24.0	9.9	5.74	412
8263		55%～60%蛋白质	960	5.57	381	21.3	8.7	5.35	366
8266	>8%脂肪	60%～65%蛋白质	960	7.09	429	24.0	9.9	6.80	412
8267		55%～60%蛋白质	960	6.78	381	21.3	8.7	6.51	366
8300	高蛋白精饲料,鱼及鱼加工产物								
	鱼粉,适当干燥,未高温处理								
8370	<8%脂肪	70%～75%蛋白质	900	8.88	704	54.9	28.2	7.99	634
8371		65%～70%蛋白质	900	8.67	653	50.9	26.1	7.81	587
8372		60%～65%蛋白质	900	8.37	598	46.6	23.9	7.53	538
8373		55%～60%蛋白质	900	7.98	544	42.4	21.8	7.18	490
8374		50%～55%蛋白质	900	7.41	491	38.3	19.7	6.67	442
8375	>8%脂肪	70%～75%蛋白质	900	9.77	704	54.9	28.2	8.80	634
8376		65%～70%蛋白质	900	9.66	653	50.9	26.1	8.70	587
8377		60%～65%蛋白质	900	9.45	598	46.6	23.9	8.51	538
8378		55%～60%蛋白质	900	9.06	544	42.4	21.8	8.16	490
8379		50%～55%蛋白质	900	8.88	491	38.3	19.7	7.99	442
	鱼粉,过度干燥或经高温处理								
8381	<8%脂肪	65%～70%蛋白质	960	6.89	525	41.0	21.0	6.62	504
8382		60%～65%蛋白质	960	6.71	480	37.4	19.2	6.44	460
8383		55%～60%蛋白质	960	6.39	435	33.9	17.4	6.13	418
8386	>8%脂肪	65%～70%蛋白质	960	7.75	525	41.2	21.0	7.44	504
8387		60%～65%蛋白质	960	7.57	480	37.4	19.2	7.27	460
8388		55%～60%蛋白质	960	7.25	435	33.9	17.4	6.96	418
8400	高蛋白精饲料,酵母								
8461	干燥的酿酒和面包酵母		900	7.08	398	27.8	9.5	6.37	358
8466	干燥的石油酵母		900	7.66	579	45.1	13.4	6.89	521
8467	干燥的糖蜜酵母		900	7.90	429	30.1	10.3	7.11	386
8469	干燥的乳清酵母		900	8.40	392	27.0	11.3	7.56	352
8468	分解硫酸盐废弃物的干酵母		900	6.64	352	24.6	8.4	5.98	316
8500	高蛋白精饲料,氨基酸								
8561	赖氨酸盐酸盐		950			800.0	0.0		
8562	赖氨酸浓缩物		950			180.0	13.5		
8571	蛋氨酸		950			0.0	1 000		

粗略营养成分								消化率					
1 kg DM													
CP	CF	ST	SU	NFR	CA	氨基酸		E	OM	CP	CF	ST u. SU	NFR
						Lys	Met+Cys						
g	g	g	g	g	g	g	g	%	%	%	%	%	%
11	12	13	14	15	16	17	18	19	20	21	22	23	24
710	110	0	0	40	140	39.8	16.4	81	80	82	90	97	10
670	120	0	0	40	170	37.5	15.4	80	78	80	90	97	10
615	130	0	0	40	215	34.4	14.1	79	76	78	90	97	10
550	150	0	0	65	235	30.8	12.6	76	73	76	90	97	10
670	65	0	0	55	210	37.5	15.4	62	61	64	70	97	5
615	70	0	0	65	250	34.4	14.1	60	58	62	70	97	5
670	120	0	0	40	170	37.5	15.4	63	62	64	70	97	5
615	130	0	0	40	215	34.4	14.1	62	60	62	70	97	5
800	50	0	0	0	150	62.4	32	88	88	88	88	97	0
750	60	0	0	15	175	58.5	30	87	87	87	88	97	60
695	65	0	0	40	200	54.2	27.8	85	85	86	88	97	60
640	70	0	0	50	240	49.9	25.6	84	84	85	88	97	60
585	65	0	0	70	280	45.6	23.4	83	82	84	88	97	60
800	85	0	0	0	115	62.4	32	88	88	88	88	97	0
750	100	0	0	10	140	58.5	30	87	87	87	88	97	60
695	110	0	0	30	165	54.2	27.8	86	85	86	88	97	60
640	115	0	0	40	205	49.9	25.6	85	84	85	88	97	60
585	130	0	0	40	245	45.6	23.4	84	83	84	88	97	60
750	55	0	0	20	175	58.5	30	70	70	70	70	97	50
695	65	0	0	40	200	54.2	27.8	69	68	69	70	97	50
640	70	0	0	50	240	49.9	25.6	67	67	68	70	97	50
750	100	0	0	10	140	58.8	30	70	70	70	70	97	50
695	110	0	0	30	165	54.2	27.8	69	68	69	70	97	50
640	115	0	0	40	205	49.9	25.6	68	67	68	70	97	50
530	20	63	17	285	85	37.1	12.7	69	68	75	60	97	47
650	20	40	4	231	55	50.7	15	74	74	89	0	97	34
530	60	50	50	215	95	37.1	12.7	71	70	81	85	97	23
450	100	50	25	225	150	31	13	72	72	87	90	97	26
475	20	75	5	340	85	33.2	11.4	65	63	74	75	97	38
						800	0						
						200	15						
						0	1 000						

4 动物营养需要量标准

能量和营养成分需要量标准是动物个体或群体每天能量和营养成分供应量的营养生理学基础。这些标准对于饲养管理和日粮配合是不可缺少的。如果不使用需要量标准，有效地供应饲料，利用动物的生产性能潜力是不可能的。以能量需要量标准为基础，动物每天所需要的饲料量可以计算出来。需要量标准可用于很好和较好的生产条件，但是并没有考虑饲喂过程中所造成的损失。计算饲料需要量时，需要考虑畜牧场的特殊条件以及生产过程的影响可能造成不同的结果。下面的影响需要强调：

—造成损失的饲喂工艺；

—造成剩料的不洁饲料、成熟晚期饲料、质量较差的饲料；

—动物疾病、管理条件不当、环境影响及其他的应激因素所造成的额外饲料需要量。

表格中的需要量标准，没有考虑各个特定的生产条件。因而，需要精确地估计可能的生产性能，或使用析因法把各单一的需要量加在一起。

罗斯托克饲料评价体系中的能量和营养物质需要量标准不应被理解为固定参数。应根据特定的情况重新进行调整。这些情况包括：根据性能和环境取得的新的试验结果、因育种而改变的动物对能量和营养物质的利用效率特性，或生产和管理工艺的改变。经常对能量和营养物质需要量进行严格评价，在实际生产中应用罗斯托克饲料评价体系是非常必要的。

罗斯托克饲料评价体系所有的需要量标准代表了目前最新的知识状况。该标准是由前“动物营养学会”的“能量和营养标准建设委员会”的成员和合作者制定的。

前“能量和营养标准建设委员会”的成员和合作者包括：Dr. A. Chudy，Dr. H.-P. Fix，Prof. Dr. sc. A. Hennig，Dr. habil. L. Hoffmann(委员会主席)，Prof. Dr. sc. M. Hoffmann，Dr. sc. U. Herrmann，Doz. Dr. sc. H. Jeroch，Dr. G. Knape，Dr. S. Nagel，Prof. Dr. habil. B. Piatkowski，Prof. Dr. habil. W. Wiesemüller，Dr. J. Wünsche.

4.1 能量、蛋白质和氨基酸需要量标准及浓度标准

4.1.1 每头牛每天的能量和蛋白质需要量标准

表 4.1.1.1 成年牛，维持

BM	NERc	dCP	PEQ	EC
kg	MJ	g		
400	24	230	10	4.2
450	26	250		
500	28	270		
550	31	300		
600	33	320		
650	35	330		
700	37	350		
750	39	370		
800	41	390		

表 4.1.1.2 后备牛和怀孕母牛(干奶期)

产犊前的天数	NERc	dCP	PEQ	EC
	MJ	g		
后备牛，500 kg BM				
60～1	54	700	13	6.3
母牛，500 kg BM				
60～41	41	510	12	4.8
40～21	48	600	12	5.9
20～1	55	720	14	6.1
母牛，600 kg BM				
60～41	46	580	13	4.8
40～21	56	700	13	5.9
20～1	58	820	14	6.1
母牛，700 kg BM				
60～41	52	640	12	4.8
40～21	62	770	12	5.9
20～1	65	930	14	6.1

表 4.1.1.3 母牛，1 kg 不同乳脂率牛奶的能量含量和能量、可消化粗蛋白的需要量

牛奶成分		需要量标准	
能量	脂肪	NERc	dCP
MJ/kg	%	MJ/kg	g/kg
2.70	3.0	2.57	50
2.92	3.5	2.78	55
3.14	4.0	2.99	60
3.36	4.5	3.20	65
3.58	5.0	3.41	70
3.80	5.5	3.64	75
4.02	6.0	3.88	80

表 4.1.1.4 母牛，维持和泌乳，体重 550 kg

乳脂率	牛奶	NERc	dCP[3)]	PEQ	EC	
					年老奶牛	年青母年
%	kg	MJ	g			
维持[1)]		31	300	10	4.0	4.2
3.0	5	44	550	13	4.2	4.5
	10	57	800	14	4.5	4.9
	15	70	1 050	15	4.9	5.4
	20	82	1 300	16	5.4	5.8
	25	95	1 550	16	5.8	6.2
	30	108	1 800	17	6.0	6.5[2)]
	35	121	2 050	17	6.3	
	40	134	2 300	17	6.5[2)]	
3.5	5	45	575	13	4.2	4.6
	10	59	850	14	4.5	4.9
	15	73	1 125	15	5.0	5.5
	20	87	1 400	16	5.6	6.0
	25	100	1 675	17	5.9	6.3
	30	114	1 950	17	6.2	6.5[2)]
	35	128	2 225	17	6.4	
	40	142	2 500	18	6.5[2)]	
4.0	5	46	600	13	4.2	4.6
	10	61	900	15	4.6	5.0
	15	76	1 200	16	5.1	5.6
	20	91	1 500	16	5.7	6.1
	25	106	1 800	17	6.0	6.5[2)]
	30	121	2 100	17	6.3	6.5[2)]
	35	136	2 400	18	6.5[2)]	
	40	151	2 700	18	6.5[2)]	
4.5	5	47	625	13	4.3	4.6
	10	63	950	15	4.7	5.1
	15	79	1 275	16	5.2	5.7
	20	95	1 600	17	5.8	6.2
	25	111	1 925	17	6.1	6.5[2)]
	30	127	2 250	18	6.4	6.5[2)]
	35	143	2 575	18	6.5[2)]	
	40	159	2 900	18	6.5[2)]	
5.0	5	48	650	14	4.3	4.7
	10	65	1 000	15	4.7	5.1
	15	82	1 350	16	5.4	5.8
	20	99	1 700	17	5.9	6.3
	25	116	2 050	18	6.2	6.5[2)]
	30	133	2 400	18	6.5[2)]	6.5[2)]
	35	150	2 750	18	6.5[2)]	
	40	167	3 100	19	6.5[2)]	

注：[1)]体重每变化 50 kg，应在表格数值的基础上加或减 2.1 MJ NERc 和 20 g 可消化粗蛋白；

[2)]最大能量浓度；

[3)]添加尿素的价值：可消化粗蛋白(g)＝2.2×尿素(g)。

说明：

最高产奶量为 30、40 或 50 kg/d 且乳脂率为 4.0%的高产奶牛（分别为 6 500、8 500 或 10 500 kg 牛奶/年，泌乳过程为“标准奶牛”），其产奶初期的采食量不能够满足其能量需要。在产奶初期，高产奶牛应饲喂高能日粮（6.3 MJ NERc/kg DM），并且根据需要量提供可消化粗蛋白，体能的动用应当尽可能保持在低水平上，并完全发挥采食饲料的能力。对于上述 3 种生产水平，产犊后第 50 天、第 60 天和第 70 天，饲料可满足能量需要，但是在这些产犊阶段之后，应分别补充 3.2、9.5 或 16.8 MJ NERc，直到泌乳期结束（产犊后 305 d）。

表 4.1.1.5 奶牛，不同的泌乳量/年

泌乳阶段	BM	牛奶	NERc	dCP	PEQ	EC
d	kg	kg/d	MJ	g		
3 000 kg 牛奶/年，乳脂率 4%，平均体重 500 kg						
1～14	498	13	63	1 055	17	5.5
15～21	495	15	69	1 175	17	6.0
22～42	492	15	70	1 170	17	5.6
43～112	488	14	69	1 110	16	5.3
113～196	488	10	59	885	15	5.1
197～280	502	6	49	665	14	4.9
281～305	518	3	42	495	12	4.6
306～325	529	干奶期	43	525	12	4.8
326～345	541		50	620	12	5.9
346～365	559		53	750	14	6.1
4 000 kg 牛奶/年，乳脂率 4%，平均体重 550 kg						
1～14	548	16	72	1 250	17	5.7
15～21	544	20	85	1 495	18	6.0
22～49	540	20	86	1 490	17	5.9
50～119	534	17	80	1 310	16	5.6
120～196	536	13	71	1 090	15	5.4
197～280	552	9	61	875	14	5.2
281～305	569	5	50	645	13	4.9
306～325	580	干奶期	46	565	12	4.8
326～345	592		54	665	12	5.9
346～365	610		56	805	14	6.1
5 000 kg 牛奶/年，乳脂率 4%，平均体重 575 kg						
1～14	572	19	81	1 445	18	6.0
15～28	566	24	97	1 740	18	6.1
29～56	560	24	98	1 740	18	6.1
57～126	554	21	92	1 560	17	5.9
127～203	557	16	82	1 285	16	5.6
204～280	574	11	69	1 015	15	5.4
281～305	594	7	58	785	14	5.1
306～325	605	干奶期	47	585	12	4.8
326～345	617		56	690	12	5.9
346～365	635		58	835	14	6.1

续表 4.1.1.5

泌乳阶段	BM	牛奶	NERc	dCP	PEQ	EC
d	kg	kg/d	MJ	g		
6 000 kg 牛奶/年，乳脂率 4%，平均体重 600 kg						
1～14	601	22	90	1 635	18	6.1
15～28	595	28	109	1 995	18	6.2
29～63	587	28	111	1 990	18	6.2
64～133	579	24	103	1 755	17	6.0
134～210	583	19	92	1 485	16	5.9
211～280	603	14	80	1 215	15	5.6
281～305	623	8	68	865	13	5.4
306～325	635	干奶期	49	605	12	4.8
326～345	647		57	710	12	5.9
346～365	665		60	865	14	6.1
7 000 kg 牛奶/年，乳脂率 4%，平均体重 625 kg						
1～14	626	24	95	1 765	19	6.2
15～28	619	30	114	2 125	19	6.4
29～70	608	32	123	2 240	18	6.4
71～140	599	27	113	1 945	17	6.2
141～217	606	22	100	1 685	17	6.0
218～280	627	17	91	1 420	16	5.9
281～305	647	10	71	1 010	14	5.6
306～325	660	干奶期	50	625	12	4.8
326～345	672		59	735	12	5.9
346～365	690		62	885	14	6.1

表 4.1.1.5 中的能量需要量考虑了繁殖周期中体组织的动员和沉积。生长需要（从上一个泌乳期到下一个泌乳期的增重）为 25 MJ NERc/kg BMG 和 300 g dCP/kg BMG。

表 4.1.1.6 犊牛，舍内散放饲养

BM	BMG	NERc	dCP	PEQ	EC
kg	g/d	MJ	g		
40	400	7.4	160	22	10.0
	500	7.9	180	23	10.3
	600	8.9	205	23	10.7
	700	9.4	225	24	11.1
	800	10.0	245	24	11.6
60	400	9.4	190	20	7.6
	500	10.0	210	21	7.9
	600	10.5	230	22	8.2
	700	11.6	255	22	8.7
	800	12.1	275	23	9.1
80	400	11.0	215	19	6.3
	500	12.1	235	19	6.6
	600	13.1	255	19	6.9
	700	14.2	280	20	7.4
	800	14.7	300	20	7.7

续表 4.1.1.6

BM	BMG	NERc	dCP	PEQ	EC
kg	g/d	MJ	g		
100	400	13.1	240	18	5.6
	500	14.2	260	18	5.8
	600	15.2	280	18	6.1
	700	16.3	300	18	6.4
	800	17.3	325	19	6.7
120	400	14.7	260	18	5.2
	500	15.8	280	18	5.4
	600	16.8	305	18	5.6
	700	17.8	325	18	5.8
	800	18.9	345	18	6.1
150	400	17.3	290	17	5.0
	500	18.9	310	16	5.2
	600	20.5	335	16	5.5
	700	22.0	355	16	5.8
	800	24.2	375	15	6.0

表 4.1.1.7 后备牛，舍内散放饲养

BM	BMG	NERc	dCP	PEQ	EC
kg	g/d	MJ	g		
150	300	16.3	270	17	4.8
	400	17.3	290	17	5.0
	500	18.9	310	16	5.2
	600	20.5	335	16	5.5
	700	22.0	355	16	5.8
	800	24.2	375	15	6.0
200	300	20.0	310	16	4.5
	400	21.0	335	16	4.6
	500	23.1	355	15	4.8
	600	25.7	375	15	5.2
	700	28.4	400	14	5.6
	800	31.0	420	14	5.8
250	300	23.1	350	15	4.5
	400	25.2	370	15	4.6
	500	27.8	390	14	4.9
	600	31.0	415	13	5.2
	700	34.1	435	13	5.6
	800	37.8	455	12	6.0
300	300	26.8	380	14	4.6
	400	29.4	400	14	4.7
	500	32.6	420	13	5.1
	600	35.7	445	12	5.6
	700	39.9	465	12	5.9
	800	44.6	485	11	6.4
350	300	31.0	400	13	4.8
	400	33.1	420	13	5.0
	500	36.8	445	12	5.4
	600	41.0	465	11	5.9
	700	44.1	490	11	6.0
	800	47.3	510	11	6.1

续表 4.1.1.7

BM	BMG	NERc	dCP	PEQ	EC
kg	g/d	MJ	g		
400	300	34.7	415	12	5.0
	400	37.8	440	12	5.3
	500	40.4	460	11	5.5
	600	43.6	480	11	5.8
	700	46.7	505	11	5.9
	800	49.4	525	11	5.9
450	300	36.8	425	12	5.0
	400	39.9	445	11	5.3
	500	43.1	470	11	5.6
	600	45.7	490	11	5.8
	700	48.8	515	11	5.9
	800	52.0	535	10	5.9
500	300	39.4	430	11	5.2
	400	42.0	450	11	5.4
	500	45.2	470	10	5.6
	600	48.3	495	10	5.8
	700	51.5	515	10	5.9
	800	54.1	540	10	5.9

妊娠期间从表 4.1.1.7 的需要量中扣除的能量，MJ NERc/头/d

妊娠月	体增重,g/头/d					
	300	400	500	600	700	800
3	—	—	—	—	—	0.5
4	0.5	0.5	0.5	1.0	1.0	1.0
5	0.5	1.0	1.0	1.6	1.6	2.1
6	1.0	1.6	2.1	2.6	2.6	3.2
7	1.6	2.1	3.2	3.7	4.2	4.7

表 4.1.1.8　后备牛，舍内散放饲养，初次产犊年龄阶段的生长

年龄	BM	BMG	NERc	dCP	PEQ	EC
月	kg	g/d	MJ	g		
26 月龄初次产犊						
1～4	35～115	660	13.1	265	—	—
5～6	115～161	750	20.5	355	17	6.0
7～8	161～204	700	25.7	385	15	5.6
9～10	204～243	640	29.4	405	14	5.4
11～12	243～280	610	32.6	425	13	5.4
13～15	280～326	500	32.6	425	13	5.1
16～18	326～372	500	36.8	445	12	5.4
19～21	372～430	635	44.6	490	11	5.8
22～24	430～490	660	45.7	505	11	5.8
28 月龄初次产犊						
1～4	35～110	620	12.6	260	—	—
5～6	110～154	720	20.0	340	17	5.9
7～8	154～194	660	24.2	370	15	5.5
9～10	194～233	640	28.4	395	14	5.4

续表 4.1.1.8

年龄	BM	BMG	NERc	dCP	PEQ	EC
月	kg	g/d	MJ	g		
11～12	233～270	610	31.5	415	13	5.2
13～15	270～311	450	29.9	405	13	4.9
16～18	311～352	450	33.6	425	13	5.1
19～21	352～395	470	37.8	445	12	5.4
22～24	395～450	600	43.6	485	11	5.8
25～26	450～490	660	45.2	505	11	5.8
30 月龄初次产犊						
1～4	35～110	620	12.6	260	—	—
5～6	110～152	690	19.4	335	17	5.8
7～8	152～190	630	23.1	360	16	5.5
9～10	190～226	590	26.2	380	15	5.1
11～12	226～260	560	28.9	400	14	5.1
13～15	260～298	420	27.8	390	14	4.7
16～18	298～334	400	30.4	410	13	4.8
19～21	334～370	400	33.6	425	13	5.0
22～24	370～416	500	40.4	460	11	5.5
25～26	416～450	560	43.0	480	11	5.7
27～28	450～490	660	45.2	505	11	5.8
32 月龄初次产犊						
1～4	35～110	620	12.6	260	—	—
5～6	110～152	690	19.4	335	17	5.8
7～8	152～190	630	23.1	360	16	5.5
9～10	190～226	590	26.2	380	15	5.1
11～12	226～260	560	28.9	400	14	5.1
13～15	260～298	420	27.8	390	14	4.7
16～18	298～330	350	29.4	395	13	4.7
19～21	330～362	350	31.5	410	13	4.9
22～24	362～398	400	35.7	430	12	5.2
25～26	398～424	430	38.8	445	11	5.4
27～28	424～450	430	39.4	450	11	5.4
29～30	450～490	660	45.2	505	11	5.8

表 4.1.1.9　后备牛，舍内散放饲养育肥

BM	BMG	NERc	dCP	PEQ	EC
kg	g/d	MJ	g		
150	600	20.5	335	16	5.5
	700	22.0	355	16	5.8
	800	24.2	375	15	6.0
	900	25.7	400	15	6.5
	1 000	27.3	420	15	6.8
200	600	25.7	375	15	5.2
	700	28.4	400	14	5.5
	800	31.0	420	14	5.9
	900	34.1	445	13	6.4
	1 000	36.2	465	13	6.8

续表 4.1.1.9

BM	BMG	NERc	dCP	PEQ	EC
kg	g/d	MJ	g		
250	600	31.0	415	13	5.2
	700	34.1	435	13	5.5
	800	37.8	455	12	5.9
	900	42.0	480	11	6.4
	1 000	44.6	500	11	6.8
300	600	35.7	445	12	5.6
	700	39.9	465	12	5.9
	800	44.6	485	11	6.4
	900	47.8	510	11	6.5
	1 000	50.4	530	11	6.7
350	600	41.0	465	11	5.9
	700	44.1	490	11	6.0
	800	47.3	510	11	6.1
	900	45.9	530	11	6.2
	1 000	53.0	555	10	6.3
400	600	43.6	480	11	5.9
	700	46.7	505	11	6.0
	800	49.4	525	11	6.1
	900	52.5	545	10	6.2
	1 000	55.7	570	10	6.3

对于体重＞300 kg 的肉牛品种，能量需要量可降低 5%～10%。

表 4.1.1.10　后备牛，舍内散放饲养育肥，不同饲养水平下的生长

BM	年龄	BMG	NERc	dCP	PEQ	EC
kg	月	g/d	MJ	g		
650 g 体增重/头/d						
120	4.0	500	15.8	280	18	5.8
150	5.8	580	20.0	330	16	
200	8.5	640	26.8	385	14	
250	11.0	690	33.6	435	13	
300	13.3	700	39.9	465	12	
350	15.7	690	43.6	485	11	
400	17.1	670	45.7	495	11	
750 g 体增重/头/d						
120	4.0	620	16.8	305	18	6.0
150	5.5	730	22.6	360	16	
200	7.6	780	30.4	415	14	
250	9.7	800	37.8	455	12	
300	11.8	780	43.6	480	11	
350	13.9	740	45.2	495	11	
400	16.2	690	46.2	500	11	
850 g 体增重/头/d						
120	4.0	740	18.4	335	18	6.3
150	5.2	840	24.7	385	16	

续表 4.1.1.10

BM	年龄	BMG	NERc	dCP	PEQ	EC
kg	月	g/d	MJ	g		
200	7.1	900	34.1	445	13	
250	8.9	910	42.5	480	11	
300	10.8	880	46.7	505	11	
350	12.7	820	47.8	515	11	
400	14.8	750	48.3	515	11	

表 4.1.1.11　青年公牛，饲养和育肥，在系枷牛舍中饲养[1)]

BM	BMG	NERc	dCP	PEQ	EC[2)]
kg	g/d	MJ	g		
150	600	18.9	335	18	5.3～5.9
	800	21.0	375	18	
	1 000	23.1	420	18	
200	600	22.6	375	17	5.3～5.9
	800	24.7	420	17	
	1 000	26.8	465	17	5.9～6.5
	1 200	28.9	510	18	
250	600	27.8	415	15	4.8～5.7
	800	31.0	455	15	
	1 000	33.6	500	15	
	1 200	36.8	545	15	5.7～6.5
	1 400	39.4	590	15	
300	600	31.0	445	14	4.8～5.7
	800	34.6	485	14	
	1 000	38.3	530	14	
	1 200	42.0	575	14	5.7～6.5
	1 400	46.2	620	13	
350	600	33.6	465	14	4.8～5.7
	800	37.8	510	13	
	1 000	42.5	555	13	
	1 200	46.7	595	13	5.7～6.5
	1 400	50.9	640	13	
400	600	37.8	480	13	4.8～5.7
	800	42.5	525	12	
	1 000	47.8	570	12	
	1 200	52.5	610	12	5.7～6.5
	1 400	57.8	655	11	
450	600	41.5	490	12	4.8～5.7
	800	46.7	535	11	
	1 000	52.5	580	11	
	1 200	57.8	620	11	5.7～6.5
	1 400	63.5	665	10	
500	600	44.6	495	11	4.8～5.7
	800	50.9	540	11	
	1 000	56.7	580	10	
	1 200	62.5	625	10	5.7～6.5
	1 400	68.8	670	10	
550	600	47.8	490	10	4.8～5.7
	800	54.1	535	10	
	1 000	60.4	580	10	
	1 200	66.7	620	9	5.7～6.5
	1 400	73.0	665	9	

1) 散放舍饲的能量需要量标准应提高 10%。

2) 日粮机械处理(制粒)，日粮中粗饲料的能量浓度降低5%～10%。

成年牛育肥的能量需要量根据维持需要和日增重计算。1 kg 增重的能量需要量为 25 MJ NERc。

表 4.1.1.12 育肥青年公牛，在系枷牛舍中饲养[1]，不同饲养水平下的生长

BM	年龄	BMG	NERc	dCP	PEQ	EC
kg	月	g/d	MJ	g		
600 g 增重/头/d						
120	4.0	500	15.2	280	18	5.0
150	5.9	555	18.4	325	18	
200	8.7	615	23.1	380	16	
250	11.3	645	28.4	425	15	
300	13.8	660	32.6	455	14	
350	16.3	650	34.7	475	14	
400	18.8	630	38.3	490	13	
450	21.5	595	41.5	490	12	
500	24.3	550	43.0	485	11	
550	27.5	490	44.6	465	10	
800 g 增重/头/d						
120	4.0	650	16.8	315	19	5.5
150	5.4	720	20.5	360	18	
200	7.6	805	24.7	420	17	
250	9.6	850	31.5	470	15	
300	11.5	870	36.2	500	14	
350	13.4	870	39.4	525	13	
400	15.3	845	43.6	535	12	
450	17.3	805	47.2	535	11	
500	19.4	750	49.4	525	11	
550	21.6	680	50.4	510	10	
1 000 g 体增重/头/d						
120	4.0	800	18.4	345	19	5.9
150	5.2	890	22.1	395	18	
200	6.9	995	26.8	465	17	
250	8.5	1 055	34.6	515	15	
300	10.0	1 085	39.9	550	14	
350	11.5	1 085	44.1	570	13	
400	13.1	1 060	49.4	580	12	
450	14.6	1 015	52.5	580	11	
500	16.3	955	55.1	570	10	
550	18.1	875	56.7	550	10	

[1] 散放舍饲的能量需要量标准应提高 10%。

4.1.2 每头绵羊每天的能量和蛋白质需要量标准

表 4.1.2.1 母羊，包括维持、怀孕和产毛[1]，舍内散放饲养[2]

繁殖时期	BM	NERc	dCP	PEQ	EC
	kg	MJ	g		
空怀	50	4.1	60	15	4.2
怀孕期	60	4.7	70		
1～3 个月	70	5.2	80		
	80	5.9	90		
配种期[3]	50	5.4	75	14	5.0
	60	6.1	85		
	70	6.8	95		
	80	7.6	105		
怀孕期	55	5.8	100	17	4.6
4 个月	65	6.4	110		
	75	6.9	120		
	85	7.5	130		
怀孕期	60 单羔	6.4	120	19	单羔
5 个月	双羔	7.8	145		5.1
	70 单羔	7.0	130		
	双羔	8.3	155		
	80 单羔	7.6	140		双羔
	双羔	8.9	165		5.8
	90 单羔	8.2	150		
	双羔	9.5	175		

[1] 每头每年 3 kg 纯毛。在这一产毛量下，纯毛产量每变化 1 kg，每头每天的需要量标准应增加或减少 105 kJ NERc 和 10 g dCP。

[2] 在草原上每 100 kg 体重和 1 km 运动量，需要量标准应增加 10 kJ NERc 和 1 g dCP。

[3] 3～4 周授精前和授精期。

表 4.1.2.2 母羊，包括泌乳、产毛[1]，舍内散放饲养[2]

泌乳天数	BM	NERc	dCP	PEQ	EC
d	kg	MJ	g		
1～60	50 单羔	8.1	150	19	5.5
	双羔	9.5	180		
	60 单羔	8.6	160		
	双羔	10.1	190		
	70 单羔	9.2	170		
	双羔	10.6	200		
	80 单羔	9.8	180		
	双羔	11.1	210		
61～120	50 单羔	6.1	105	17	4.8
	双羔	6.8	125	18	
	60 单羔	6.7	115		
	双羔	7.5	135		
	70 单羔	7.2	125		
	双羔	8.1	145		
	80 单羔	7.8	135		
	双羔	8.6	155		

[1] 每头每年 3 kg 纯毛。在这一产毛量下，纯毛产量每变化 1 kg，每天每头的需要量标准应增加或减少 105 kJ NERc 和 10 g dCP。

[2] 在草原上每 100 kg 体重和 1 km 运动量，需要量标准应增加 210 kJ NERc 和 1 g dCP。

表 4.1.2.3 哺乳期公羔、母羔

年龄	BM	BMG	NERc,合计	补充饲料满足的需要量		
				NERc	dCP	EC
月	kg	g/d	MJ	MJ	g	
1	10	200	3.3	1.1	25	5.2
2	17	250	4.9	3.2	60	5.2
3	25	250	6.5	5.2	85	5.5
4	32	250	7.8	6.9	110	5.8

表 4.1.2.4 母羔羊和阉公羊,生长和育肥期

BM	BMG	NERc	dCP	PEQ	EC
kg	g/d	MJ	g		
5	150	2.0	50	25	9.5
	200	2.3	60	26	10.5
	250	2.7	70	26	11.6
	300	3.0	80	27	12.6
10	150	2.9	55	19	7.4
	200	3.4	65	19	8.4
	250	3.8	75	20	9.5
	300	4.2	85	20	10.5
20	150	4.5	70	16	5.7
	200	5.1	80	16	6.1
	250	5.8	95	16	6.4
	300	6.4	115	18	6.7
30	100	5.2	75	14	5.2
	150	6.1	85	14	5.7
	200	6.8	100	15	6.1
	250	7.7	120	16	6.4
	300	8.5	140	16	6.7
40	50	5.4	75	14	4.7
	100	6.3	85	14	5.2
	150	7.2	100	14	5.7
	200	8.2	115	14	6.1
	250	9.1	135	15	6.4
50	50	6.3	85	13	4.7
	100	7.4	100	14	5.2
	150	8.4	115	14	5.7
	200	9.5	130	14	6.1
60	50	7.2	95	13	4.7
	100	8.3	115	14	5.2
	150	9.5	130	14	5.7
70	50	8.0	100	13	4.7
	100	9.1	120	13	5.2
	150	10.4	135	13	5.7

表 4.1.2.5 公羊,生长和育肥

BM	BMG	NERc	dCP	PEQ	EC
kg	g/d	MJ	g		
5	150	1.9	50	26	9.5
	200	2.2	60	27	10.5
	250	2.5	70	28	11.6
	300	2.8	80	29	12.6
10	150	2.7	55	20	6.8
	200	3.2	65	20	7.9
	250	3.6	75	21	8.9
	300	4.0	85	21	10.0
	350	4.3	100	23	10.7
20	200	4.8	80	17	5.8
	250	5.4	95	18	6.0
	300	5.9	115	19	6.2
	350	6.4	135	21	6.4
	400	6.9	160	23	6.6
30	150	5.7	85	15	5.4
	200	6.4	100	16	5.8
	250	7.1	120	17	6.0
	300	7.9	140	18	6.2
	350	8.5	160	19	6.4
	400	9.2	180	20	6.6
40	100	6.1	85	14	4.9
	150	6.9	100	14	5.4
	200	7.8	115	15	5.8
	250	8.6	135	16	6.0
	300	9.3	160	17	6.2
	350	10.2	180	18	6.4
50	100	7.1	100	14	4.9
	150	8.1	115	14	5.4
	200	9.0	130	14	5.8
	250	9.9	150	15	6.0
	300	10.8	170	16	6.2

表 4.1.2.6 公羊,育成期

年龄	BM[1)]	BMG[1)]	NERc	dCP	PEQ	EC
月	kg	g/d	MJ	g		
7	50～54	140	10.6	175	17	6.1
8	54～62	275	11.4	185	16	
9	62～71	275	12.5	195	16	
10	71～79	275	13.4	205	15	
11	79～87	275	14.4	215	15	
12	87～95	275	15.2	225	15	
>13	90[2)]～110	150	14.0	200	14	5.7

[1)] 包括羊毛。
[2)] 剪毛后。

在授精准备阶段和授精阶段，每头每天的能量需要量标准提高 1.05 MJ NERc，蛋白质需要量标准提高 5 g dCP。

表 4.1.2.7 种公羊，维持、配种和产毛，舍内散放饲养

交配和射精	BM	NERc	dCP	PEQ	EC
头/周	kg	MJ	g		
0	125	12.6	180	14	5.5
7	125	13.6	185	14	5.6
14	125	14.7	190	13	5.7
35	125	17.8	205	12	5.9

4.1.3 每匹马每天的能量和蛋白质需要量

表 4.1.3.1 成年马，生产能力的支持

动物分类	BM	NERc	dCP	PEQ	EC
	kg	MJ	g		
种母马，运动和工作马，无奔跑					
英纯血快步马	500	35	365	10	5.3
纯血马	600	36	375	10	5.0
冷血马	700	37	385	10	4.8
种母马，运动及工作马，奔跑					
英纯血快步马	500	37	385	10	5.3
纯血马	600	42	440	10	5.0
冷血马	700	44	460	10	4.8
公马，无奔跑					
英纯血快步马	550	37	385	10	5.3
纯血马	650	39	405	10	5.0
冷血马	750	39	405	10	4.8
公马，奔跑					
英纯血快步马	550	40	420	11	5.3
纯血马	650	45	475	11	5.0
冷血马	750	46	485	11	4.8

表 4.1.3.2 体育和运动的马匹

体重	工作强度	NERc	dCP	PEQ	EC
kg		MJ	g		
英国纯种跑马					
500	维持	35	365	10	5.3
500	轻度	48	460	10	5.9
500	中度	59	505	9	6.4
500	重度	69	560	8	6.6
血马					
600	维持	36	375	10	5.0
600	轻度	50	480	10	5.7
600	中度	61	520	9	6.2
600	重度	71	580	8	6.4
冷血马					
700	维持	37	385	10	4.8
700	轻度	51	490	10	5.5
700	中度	63	540	9	5.9
700	重度	74	595	8	6.1

表 4.1.3.3 妊娠期和泌乳期母马，除了维持和工作的标准以外

月份	纯种快步马 500 kg BM		血马 600 kg BM		冷血马 700 kg BM	
	NERc	dCP	NERc	dCP	NERc	dCP
	MJ	g	MJ	g	MJ	g
妊娠期						
5～8	2.1	40	2.1	40	2.6	50
9	5.3	100	5.3	100	6.3	120
10	8.9	170	8.9	170	10.5	200
11	13.6	260	13.6	260	15.8	300
泌乳期						
1	27.8	635	27.8	635	29.9	685
2	31.5	720	31.5	720	33.6	770
3	31.5	720	31.5	720	33.1	755
4	27.3	625	27.3	625	31.0	710
5	20.0	455	20.0	455	31.0	710
6	11.0	250	11.0	250	21.5	490

表 4.1.3.4 哺乳期马驹

年龄	BM	BMG	NERc	dCP	饲料补饲量		EC
					NERc	dCP	
月	kg	g/d	MJ	g	MJ	g	
英纯血快步马							
1	52～88	1 185	20.0	340	3.2	45	7.1
2	88～121	1 085	22.6	385	3.7	50	
3	121～152	1 020	25.2	420	4.7	65	
4	152～181	955	26.8	440	8.9	125	
5	181～209	920	28.9	450	15.8	220	6.8
6	209～235	855	30.4	450	23.1	325	6.6
血马							
1	53～92	1 285	21.5	360	4.7	65	7.1
2	92～130	1 250	24.7	415	5.8	80	
3	130～165	1 150	27.3	450	6.8	95	
4	165～198	1 085	29.4	475	11.6	160	
5	198～229	1 020	31.5	485	18.4	255	6.8
6	229～258	955	33.1	485	25.7	360	6.6
冷血马							
1	62～108	1 515	24.7	410	6.8	95	7.1
2	108～151	1 415	28.4	465	7.9	110	
3	151～192	1 350	30.4	505	8.9	125	
4	192～231	1 285	33.6	540	13.1	185	
5	231～267	1 185	35.7	570	15.2	215	6.8
6	267～301	1 120	37.8	580	23.6	330	6.6

表 4.1.3.5　青年马，育成期

年龄	BM	BMG	NERc	dCP	PEQ	EC
月	kg	g/d	MJ	g		
英纯血快步马，包括训练						
7～12	235～354	650	43	635	15	6.4
13～18	354～425	390	53	680	13	
19～24	425～465	220	60	690	12	
25～30	465～490	135	60	660	11	
31～36	490～500	55	60	630	10	
血马						
7～12	258～386	700	38	565	15	6.4
13～24	386～492	290	39	505	13	6.1
25～36	492～552	165	42	480	11	5.4
血马，包括训练						
13～24	386～492	290	50	600	12	6.3
25～36	492～552	165	54	585	11	5.8
冷血马						
7～12	301～451	820	40	590	15	6.1
13～24	451～574	335	40	460	12	5.5
25～36	574～644	190	43	490	11	5.2

表 4.1.3.6　公马

动物分类	BM	NERc	dCP	PEQ	EC
	kg	MJ	g		
配种期，平均配种负荷，包括轻度工作					
英纯血快步马	550	66	755	11	6.4
血马	650	69	790	11	6.2
冷血马	750	70	805	11	6.2
非配种期，轻度工作					
英纯血快步马	550	52	540	11	5.9
非配种期，中度工作					
血马	650	65	680	11	6.2
冷血马	750	66	695	11	5.9

4.1.4　每头猪每天的能量、蛋白质和氨基酸需要量标准及浓度标准

表 4.1.4.1　妊娠母猪[3)]

妊娠	BM	BMG	群饲					单饲
			NERp	dCP	dLys	dMet+dCys	EC	NERp
	kg	g	MJ	g	g	g		MJ
妊娠 1～84 d[1)]								
1	130～172	500	22.1	185	9.0	6.3	6.9[2)]	21.3
2	165～203	450	24.3	195	9.3	6.6		22.8
3	185～219	400	24.3	200	9.6	6.7		22.8
4	200～229	350	25.0	205	9.8	6.8		23.5
5	210～235	300	25.0	205	9.8	6.9		23.5
6～8	220～241	250	25.0	205	9.6	6.9		23.5
妊娠 85～105 d								
1	172～186	675	25.0	225	10.8	7.4	7.4[2)]	24.3
2	203～217	650	25.7	225	10.9	7.4		25.0
3	219～232	625	26.5	230	11.0	7.6		25.7
4	229～242	600	27.2	230	11.2	7.8		26.5
5	235～247	575	27.2	230	11.2	7.8		26.5
6～8	241～252	550	27.2	235	11.2	7.8		26.5
妊娠 106～115 d								
1	186～195	825	28.7	400	20.4	14.3	9.6	27.9
2	217～225	825	29.4	415	21.3	14.9		28.7
3	232～240	825	30.1	425	21.7	15.0		29.4
4	242～250	825	30.9	440	22.5	15.7		30.1
5	247～255	800	31.6	445	22.5	16.0		30.9
6～8	252～260	800	31.6	445	22.5	16.0		30.9

[1)] 授精前 3～14 d，能量供应量达到最高采食量（催情期）

[2)] 最高 8.1 MJ NERp/kg DM

[3)] 上述情况变异的校正

	MERp	dCP	dLys	dMet+dCys
	MJ	g	g	g
每头母猪每 10 kg 的体重变化	0.74	6.7	0.35	0.24
每头动物每天 100 g 的体增重	2.20	20.0	1.05	0.72

表 4.1.4.2　母猪，泌乳期[1)]

泌乳期	BM	泌乳期	NERp	dCP	dLys	dMet＋dCys	EC
	kg	周	MJ	g	g	g	
1	175	1	34.5	510	26.2	18.3	9.6
		2	39.0	580	29.6	20.7	
		3～6	42.6	630	32.3	22.6	
		7	39.0	580	29.6	20.7	
		8	31.6	470	24.0	16.7	
2	200	1	44.1	650	33.3	23.4	9.6
		2	50.0	740	37.7	26.4	
		3～6	50.0	740	37.7	26.4	
		7	46.3	685	35.0	24.6	
		8	38.2	565	28.9	20.3	
3	215	1	45.6	670	34.3	24.0	9.6
		2	51.4	755	38.7	27.0	
		3～6	51.4	755	38.7	27.0	
		7	47.8	700	35.9	25.1	
		8	39.7	580	29.8	20.9	
4	225	1	42.6	625	32.0	22.4	9.6
		2	47.8	700	35.9	25.1	
		3～6	51.4	755	38.7	27.0	
		7	47.0	690	35.4	24.7	
		8	39.0	570	29.2	20.5	
5	230	1	42.6	625	32.0	22.4	9.6
		2	47.8	700	35.9	25.1	
		3～6	51.4	755	38.7	27.0	
		7	47.0	690	35.4	24.7	
		8	39.0	570	29.2	20.5	
6～8	235	1	42.6	625	32.0	22.4	9.6
		2	47.8	700	35.9	25.1	
		3～6	51.4	755	38.7	27.0	
		7	47.0	690	35.4	24.7	
		8	39.0	570	29.2	20.5	

[1)]仔猪数：泌乳期 1:9 头仔猪/窝；泌乳期 2 和 3:11 头仔猪/窝；泌乳期 4～8:10 头仔猪/窝。

当仔猪数有变化时，表格中能量和蛋白质需要量需要增加或减少 2.35 MJ NERp 和 35 g dCP，包括每头仔猪 1.8 g dLys 和 1.3 g dMet＋dCys。与表格中的体重相比，体重每变化 10 kg，校正值为：0.74 MJ NERp、10.8 g dCP、0.55 g dLys、0.40 g d Met＋dCys。

表 4.1.4.3　仔猪

BM	BMG	NERp	dCP	dLys	dMet＋dCys	EC
kg	g/d	MJ	g	g	g	
2.5	100	1.47	26	1.7	1.1	10.4
	200	2.13	39	2.5	1.6	
5	100	2.06	38	2.4	1.6	10.4
	200	2.87	51	3.3	2.2	
	300	3.68	67	4.3	2.8	
10	100	3.01	54	3.5	2.3	10.4
	200	4.04	72	4.7	3.1	
	300	5.14	92	5.9	3.9	
	400	6.25	115	7.3	4.8	
15	200	5.07	90	4.9	3.2	10.1
	300	6.40	115	6.1	4.0	
	400	7.72	140	7.5	4.9	
	500	9.04	160	8.7	5.7	

续表 4.1.4.3

BM	BMG	NERp	dCP	dLys	dMet＋dCys	EC
kg	g/d	MJ	g	g	g	
20	200	5.88	95	5.0	3.2	10.1
	300	7.42	115	6.2	4.0	
	400	8.89	140	7.5	4.9	
	500	10.44	165	8.7	5.7	
	600	11.91	185	9.8	6.3	
25	200	6.62	95	5.0	3.3	10.1
	300	8.31	120	6.2	4.0	
	400	9.92	145	7.7	5.0	
	500	11.54	165	8.8	5.7	
	600	13.23	190	9.9	6.4	
30	300	8.97	120	6.4	4.1	9.6
	400	10.73	150	7.9	5.1	
	500	12.42	170	9.0	5.8	
	600	14.19	190	10.0	6.5	
35	300	9.48	130	6.8	4.4	9.6
	400	11.32	160	8.4	5.5	
	500	13.08	180	9.5	6.2	
	600	14.92	205	10.8	7.0	

表 4.1.4.4 哺乳期仔猪

年龄	BM	BMG	NERp,合计	补饲饲料满足的需要量				
				NERp	dCP	dLys	dMet+dCys	EC
周	kg	g/d	MJ	MJ	g	g	g	
1	1.4～2.6	170	1.76	—	—	—	—	
2	2.6～3.9	185	2.28	0.15	3	0.2	0.1	10.4
3	3.9～5.3	200	2.79	0.22	4	0.3	0.2	
4	5.3～6.8	215	3.23	0.66	12	0.8	0.5	
5	6.8～8.4	230	3.82	1.03	18	1.2	0.7	
6	8.4～10.1	250	4.41	1.84	33	2.2	1.4	
7	10.1～12.3	310	5.59	3.38	61	4.0	2.6	
8	12.3～15.0	380	7.06	5.73	105	6.7	4.3	

表 4.1.4.5 断奶仔猪,不同哺乳期的体重

年龄	BM	BMG	NERp	dCP	dLys	dMet+dCys	EC
周	kg	g/d	MJ	g	g	g	
哺乳 5 周后							
6	8.4～9.1	100	2.79	50	3.2	2.1	10.4
7	9.1～10.4	180	3.82	68	4.4	2.9	
8	10.4～12.2	250	4.92	83	5.4	3.5	
9	12.2～14.7	350	6.62	125	6.8	4.4	10.1
10	14.7～17.5	400	8.01	140	7.5	4.9	
11	17.5～20.6	450	9.41	150	8.0	5.2	
12	20.6～23.7	450	10.14	155	8.1	5.3	
13	23.7～27.2	500	11.69	165	8.8	5.7	
14	27.2～31.1	550	13.23	180	9.6	6.2	
15	31.1～35.0	550	13.82	190	9.9	6.4	9.6
哺乳 6 周后							
7	10.1～11.2	150	3.68	64	4.1	2.7	10.4
8	11.2～12.6	200	4.48	74	4.8	3.1	
9	12.6～14.6	300	6.10	110	6.0	4.0	10.1
10	14.6～17.1	350	7.28	125	6.8	4.4	
11	17.1～20.2	450	9.33	150	8.0	5.2	
12	20.2～23.7	500	10.95	165	8.7	5.6	
13	23.7～27.2	500	11.69	165	8.8	5.7	
14	27.2～31.1	550	13.23	180	9.6	6.2	
15	31.1～35.0	550	13.82	190	9.9	6.4	9.6
哺乳 8 周后							
9	15.0～17.1	300	6.62	115	6.0	3.9	10.1
10	17.1～19.4	350	7.79	125	6.7	4.3	
11	19.4～22.3	400	9.11	140	7.5	4.8	
12	22.3～25.5	450	10.51	155	8.2	5.3	
13	25.5～29.0	500	11.98	165	8.8	5.7	
14	29.0～32.8	550	13.45	180	9.6	6.2	
15	32.8～36.7	550	13.96	195	10.2	6.6	9.6

表 4.1.4.6　仔猪，每兆焦 NERp 和每千克 DM 的浓度标准

指标	1 MJ NERp			1 kg DM		
	BM，kg			BM，kg		
	＜12	12～30	＞30	＜12	12～30	＞30
能量，MJ NERp				10.4	10.1	9.6
dCP，g	17.7	17.3	13.6	185	175	130
dHis，g	0.28	0.26	0.26	2.9	2.6	2.5
dIsoleu，g	0.71	0.52	0.37	7.4	5.4	3.5
dLeu，g	0.88	0.73	0.37	9.2	7.5	6.0
dLys，g	1.14	0.91	0.72	12.0	9.2	6.9
dMet＋dCys，g	0.74	0.59	0.47	5.9	6.0	4.5
dPhe＋dTyr，g	0.72	0.61	0.52	7.6	6.2	4.9
dThr，g	0.61	0.52	0.47	6.4	5.4	4.5
DTry，g	0.15	0.15	0.15	1.5	1.5	1.4
DVal，g	0.63	0.59	0.57	6.6	6.0	5.5

表 4.1.4.7　育成期仔母猪

年龄	BM	BMG	NERp	dCP	dLys	dMet＋dCys	EC
d	kg	g/d	MJ	g	g	g	
最低日增重							
100～190	35～80	500	16.2	215	11.0	7.2	9.6
191～255	80～116	560	22.8	310	15.7	10.2	9.6
期望体增重							
100～190	35～89	600	19.1	260	13.2	8.5	9.6
191～255	89～131	640	25.7	350	17.8	11.5	9.6

表 4.1.4.8　育成期仔公猪，每兆焦 NERp 和每千克 DM 的浓度标准

年龄	BM	1 MJ NERp			1 kg DM			
		dCP	dLys	dMet＋dCys	NERp	dCP	dLys	dMet＋dCys
d	kg	g	g	g	MJ	g	g	g
测试期 1								
101～180	35～105	16.3	0.84	0.67	10.1	165	8.5	6.8
测试期 2								
181～220	105～125	23.1	1.16	0.84	9.1	210	10.6	7.7

表 4.1.4.9　传统方法育成期仔公猪

BM	BMG	NERp	dCP	dLys	dMet＋dCys	EC
kg	g/d	MJ	g	g	g	
测试期 1						
40	650	14.7	300	15.3	10.2	10.1
60	800	20.6	350	17.8	14.0	
80	850	25.7	385	19.6	17.8	
100	800	27.9	410	20.8	19.6	
120	700	29.4	435	22.1	20.4	
测试期 2						
100	650	25.0	570	28.9	20.4	9.1
120	500	25.0	570	28.9	20.4	
140	400	25.0	570	28.9	20.4	

表 4.1.4.10　种公猪

BM	NERp	dCP	dLys	dMet＋dCys	EC
kg	MJ	g	g	g	
中度配种负荷，≤2 次射精/周					
＜200	25.0	570	29	20	9.1
＞200	27.9	640	32	23	9.1
高强度配种负荷，＞2 次射精/周					
＜200	29.4	680	35	25	9.1
＞200	32.3	750	38	27	9.1

表 4.1.4.11　育肥猪

BM	BMG	NERp	dCP	dLys	dMet＋dCys	EC
kg	g/d	MJ	g	g	g	
30	400	11.0	150	7.6	4.9	9.6
	500	12.5	170	8.7	5.6	
	600	14.0	190	9.7	6.3	
	700	15.4	210	10.7	7.0	
40	400	12.5	170	8.7	5.6	9.6
	500	14.0	190	9.7	6.3	
	600	16.2	220	11.2	7.3	
	700	18.4	250	12.8	8.3	
50	400	14.0	190	9.7	6.3	9.6
	500	16.2	220	11.2	7.3	
	600	18.4	250	12.8	8.3	
	700	19.8	270	13.8	8.9	
	800	22.0	300	15.3	9.9	
60	400	15.4	195	9.9	6.4	9.6
	500	17.6	220	11.2	7.3	
	600	19.8	250	12.8	8.3	
	700	22.0	275	14.0	9.1	
	800	24.3	305	15.5	10.0	
70	400	16.2	195	9.9	6.4	10.1
	500	19.1	225	11.6	7.5	
	600	21.3	255	12.9	8.4	
	700	23.5	280	14.3	9.3	
	800	25.7	305	15.6	10.2	

续表 4.1.4.11

BM	BMG	NERp	dCP	dLys	dMet+dCys	EC
kg	g/d	MJ	g	g	g	
80	400	17.6	210	10.7	7.0	10.1
	500	19.8	235	12.1	7.8	
	600	22.8	270	13.9	9.0	
	700	25.0	295	15.1	9.9	
	800	27.9	335	17.0	11.0	
90	400	18.4	220	11.1	7.2	10.1
	500	21.3	255	12.9	8.4	
	600	23.5	280	14.3	9.3	
	700	26.5	315	16.1	10.5	
100	400	19.1	225	11.6	7.5	10.1
	500	22.0	265	13.4	8.8	
	600	25.0	295	15.1	9.9	
	700	27.2	325	16.5	10.7	
110	400	19.8	235	12.1	7.8	10.1
	500	22.8	270	13.9	9.0	
	600	25.7	305	15.6	10.2	
	700	28.7	340	17.4	11.3	
120	400	20.6	245	12.5	8.2	10.1
	500	23.5	280	14.3	9.3	
	600	26.5	315	16.1	10.5	
	700	29.4	350	17.8	11.6	

表 4.1.4.12 育肥猪,期望体增重

BM	BMG	NERp	dCP	dLys	dMet+dCys	EC
kg	g/d	MJ	g	g	g	
30	550	13.2	190	9.2	6.0	9.6
40	600	16.2	220	11.2	7.3	
50	650	19.1	260	13.3	8.6	
60	700	22.0	275	14.0	9.1	
70	700	23.5	280	14.3	9.3	10.1
80	650	23.5	280	14.3	9.3	
90	600	23.5	280	14.3	9.3	
100	550	23.5	280	14.3	9.3	
110	500	22.8	270	13.9	9.0	
120	500	23.5	280	14.3	9.3	

表 4.1.4.13 育肥猪,每 兆焦 NERp 和每千克 DM 的浓度标准

指标	1 MJ NERp		1 kg DM			
	BM,kg		BM,kg			
	30～60	60～120	30～60		60～120	
能量,MJ NERp			9.6	10.1	9.6	10.1
dCP,g	13.6	11.9	130	140	115	120
dHis,g	0.25	0.20	2.4	2.6	1.9	2.0
dIsoleu,g	0.36	0.32	3.4	3.7	3.1	3.2
dLeu,g	0.61	0.46	5.8	6.1	4.4	4.7
dLys,g	0.69	0.61	6.6	7.1	5.8	6.1
dMet+dCys,g	0.45	0.40	4.3	4.6	3.8	4.1
dPhe+dTyr,g	0.50	0.40	4.8	5.1	3.8	4.1
dThr,g	0.45	0.40	4.3	4.6	3.8	4.1
DTry,g	0.14	0.10	1.4	1.4	1.0	1.1
DVal,g	0.55	0.40	5.3	5.6	3.8	4.1

4.1.5 每只家禽每天的能量、蛋白质和氨基酸需要量标准及浓度标准

表 4.1.5.1 蛋鸡,繁殖期及产蛋期

BM	产蛋性能		NERf FM[1]	NERf CM[2]	dCP[3]	dLys	dMet+dCys	EC
g	%	枚/年	MJ	MJ	g	g	g	
1 500	维持		0.49	0.47	3.9	0.20	0.16	9.2
	40	146	0.71	0.68	9.0	0.45	0.36	
	50	183	0.75	0.74	10.5	0.51	0.41	
	60	219	0.81	0.78	11.5	0.57	0.46	
	70	256	0.85	0.84	13.0	0.64	0.51	
	80	292	0.91	0.90	14.0	0.72	0.57	
	90	329	0.97	0.94	15.5	0.78	0.62	
1 750	维持		0.54	0.51	4.4	0.21	0.17	9.2
	40	146	0.76	0.74	9.5	0.48	0.38	
	50	183	0.81	0.79	11.0	0.53	0.43	
	60	219	0.87	0.84	12.0	0.59	0.48	
	70	256	0.93	0.90	13.5	0.67	0.54	
	80	292	0.97	0.96	14.5	0.74	0.59	
	90	329	1.03	1.00	16.0	0.80	0.64	
2 000	维持		0.60	0.57	4.9	0.25	0.20	9.2
	40	146	0.81	0.79	10.0	0.49	0.39	
	50	183	0.87	0.84	11.5	0.56	0.44	
	60	219	0.93	0.90	12.5	0.64	0.51	
	70	256	0.97	0.96	14.0	0.70	0.56	
	80	292	1.03	1.00	15.0	0.75	0.61	
	90	329	1.09	1.06	16.5	0.82	0.66	
2 250	维持		0.66	0.63	5.3	0.26	0.21	9.2
	40	146	0.87	0.84	10.5	0.51	0.41	
	50	183	0.93	0.90	11.5	0.59	0.48	
	60	219	0.98	0.96	13.0	0.66	0.52	
	70	256	1.03	1.00	14.5	0.72	0.57	
	80	292	1.09	1.06	15.5	0.78	0.62	
	90	329	1.13	1.12	17.0	0.84	0.67	

1) 平养。

2) 笼养。

3) 粗蛋白质的需要量需乘以 1.25。

表 4.1.5.2 蛋鸡,繁殖期和产蛋期,"莱航型"杂种鸡产蛋期期望体增重

年龄	BM	产蛋性能	NERf FM[1]	NERf CM[2]	dCP	dLys	dMet+dCys	EC
周	g	%	MJ	MJ	g	g	g	
22～25	1 550	30	0.63	0.60	7.0	0.34	0.28	9.2
		40	0.68	0.65	8.0	0.41	0.33	
		50	0.72	0.69	9.0	0.45	0.26	
26～29	1 650	60	0.81	0.79	11.0	0.56	0.44	9.2
		70	0.85	0.84	12.0	0.62	0.49	
		80	0.91	0.88	13.5	0.67	0.54	
		90	0.96	0.93	14.5	0.72	0.57	
30～37	1 700	70	0.90	0.87	13.0	0.66	0.52	9.2
		80	0.94	0.93	14.0	0.72	0.57	
		90	1.00	0.97	15.5	0.78	0.62	

续表 4.1.5.2

年龄	BM	产蛋性能	NERf		dCP	dLys	dMet+dCys	EC
			FM[1)]	CM[2)]				
周	g	%	MJ	MJ	g	g	g	
38～45	1 800	70	0.94	0.91	13.5	0.67	0.54	9.2
		80	0.98	0.97	15.0	0.74	0.59	
		90	1.04	1.03	16.0	0.82	0.66	
46～53	1 800	60	0.88	0.87	12.5	0.62	0.49	9.2
		70	0.94	0.93	14.0	0.70	0.56	
		80	1.00	0.97	15.0	0.75	0.61	
54～61	1 850	50	0.85	0.82	11.5	0.57	0.46	9.2
		60	0.91	0.88	12.5	0.64	0.51	
		70	0.97	0.94	14.0	0.70	0.56	
		80	1.01	1.00	15.5	0.78	0.62	
61～69	1 850	50	0.85	0.84	11.5	0.57	0.46	9.2
		60	0.91	0.90	13.0	0.66	0.52	
		70	0.97	0.96	14.5	0.72	0.57	
70～77	1 850	50	0.87	0.84	11.5	0.57	0.46	9.2
		60	0.93	0.90	13.0	0.66	0.52	
>77	1 850	40	0.81	0.78	10.0	0.51	0.41	9.2
		50	0.87	0.84	11.5	0.57	0.46	
		60	0.93	0.90	13.0	0.66	0.52	

1)平养。
2)笼养。

表 4.1.5.3 母鸡，育肥品种

BM	产蛋性能		NERf		dCP[3)]	dLys	dMet+dCys	EC
			FM[1)]	CM[2)]				
g	%	枚/年	MJ	MJ	g	g	g	
2 500	维持		0.71	0.68	5.8	0.29	0.23	9.2
	30	110	0.90	0.87	10.0	0.49	0.39	
	40	146	0.96	0.93	11.5	0.57	0.46	
	50	183	1.01	0.98	13.0	0.64	0.51	
	60	219	1.07	1.04	14.5	0.72	0.57	
	70	256	1.13	1.10	16.0	0.78	0.62	
	80	292	1.19	1.16	17.0	0.86	0.69	
	90	329	1.25	1.22	18.5	0.92	0.74	
2 750	维持		0.76	0.74	6.2	0.31	0.25	9.2
	30	110	0.94	0.91	10.5	0.51	0.41	
	40	146	1.00	0.97	12.0	0.59	0.48	
	50	183	1.06	1.03	13.5	0.66	0.52	
	60	219	1.12	1.09	15.0	0.74	0.59	
	70	256	1.18	1.15	16.0	0.80	0.64	
	80	292	1.23	1.21	17.5	0.89	0.71	
	90	329	1.31	1.26	19.0	0.94	0.75	
3 000	维持		0.81	0.78	6.6	0.33	0.26	9.2
	30	110	1.00	0.96	11.0	0.53	0.43	
	40	146	1.06	1.01	12.5	0.62	0.49	
	50	183	1.12	1.07	13.5	0.67	0.54	
	60	219	1.18	1.15	15.0	0.75	0.61	
	70	256	1.23	1.21	16.5	0.82	0.66	
	80	292	1.29	1.26	18.0	0.90	0.72	
	90	329	1.35	1.32	19.5	0.97	0.77	

续表 4.1.5.3

BM	产蛋性能		NERf		dCP[3)]	dLys	dMet+dCys	EC
			FM[1)]	CM[2)]				
g	%	枚/年	MJ	MJ	g	g	g	
3 250	维持		0.87	0.82	7.0	0.34	0.28	9.2
	30	110	1.04	1.01	11.5	0.56	0.44	
	40	146	1.10	1.07	12.5	0.64	0.51	
	50	183	1.16	1.13	14.0	0.70	0.56	
	60	219	1.22	1.19	15.5	0.78	0.62	
	70	256	1.28	1.25	17.0	0.84	0.67	
	80	292	1.34	1.31	18.5	0.92	0.74	
	90	329	1.41	1.37	20.0	0.98	0.79	
3 500	维持		0.91	0.88	7.4	0.37	0.30	9.2
	30	110	1.09	1.06	11.5	0.57	0.46	
	40	146	1.15	1.12	13.0	0.66	0.52	
	50	183	1.22	1.18	14.5	0.72	0.57	
	60	219	1.28	1.23	16.0	0.80	0.64	
	70	256	1.34	1.29	17.5	0.86	0.69	
	80	292	1.40	1.35	19.0	0.94	0.75	
	90	329	1.46	1.41	20.5	1.00	0.80	

1)平养；
2)笼养；
3)粗蛋白质的需要量需乘以 1.25。

表 4.1.5.4 育肥母鸡，产蛋期体增重

年龄	BM	产蛋性能	NERf		dCP	dLys	dMet+dCys	EC
			FM[1)]	CM[2)]				
周	g	%	MJ	MJ	g	g	g	
26	2 650	30	0.88	0.85	9.5	0.39	0.31	9.2
28	2 850	60	1.09	1.06	13.5	0.55	0.44	
30	2 950	80	1.23	1.19	16.5	0.67	0.54	9.2
		90	1.28	1.25	18.0	0.73	0.58	
31～40	3 050	70	1.23	1.19	16.5	0.67	0.54	9.2
		80	1.29	1.25	17.5	0.73	0.58	
		90	1.35	1.31	19.0	0.77	0.62	
41～50	3 150	60	1.21	1.18	15.5	0.64	0.51	9.2
50		70	1.26	1.23	17.0	0.69	0.55	
		80	1.34	1.29	18.5	0.75	0.61	
51～60	3 250	40	1.12	1.07	13.0	0.54	0.43	9.2
60		50	1.18	1.15	14.5	0.59	0.47	
		60	1.23	1.21	16.0	0.66	0.52	
>60	3 300	40	1.13	1.09	13.0	0.54	0.43	9.2
		50	1.19	1.16	14.5	0.61	0.48	

1)平养。
2)笼养。

表 4.1.5.5　蛋鸭，体重 2 800 g

产蛋性能	NERf	dCP	dLys	dMet+dCys	EC
%	MJ	g	g	g	
维持	0.96	9	0.62	0.53	7.1
30	1.22	17.5	0.84	0.69	8.8
40	1.31	20	0.90	0.74	
50	1.40	22.5	0.97	0.79	
60	1.48	25	1.03	0.84	
70	1.57	27.5	1.10	0.89	
80	1.66	30	1.16	0.93	
90	1.75	32.5	1.23	0.98	
100	1.84	35	1.30	1.03	

表 4.1.5.6　产蛋鹅，体重 6 000 g

产蛋性能	NERf	dCP	dLys	dMet+dCys	EC
%	MJ	g	g	g	
维持	1.47	15	0.70	0.35	7.1
10	1.68	20	0.90	0.70	8.8
20	1.87	25	1.15	0.80	
30	2.06	30	1.40	1.00	
40	2.25	35	1.65	1.15	
50	2.44	40	1.90	1.30	
60	2.65	45	2.15	1.50	

表 4.1.5.7　产蛋火鸡

BM	产蛋性能	NERf	dCP	dLys	dMet+dCys	EC
kg	%	MJ	g	g	g	
6.0	维持	1.37	15	0.65	0.50	8.1
	20	1.50	20	1.00	0.70	9.1
	30	1.56	22.5	1.10	0.77	
	40	1.62	25	1.25	0.84	
	50	1.68	27.5	1.35	0.92	
	60	1.73	30	1.50	1.00	
	70	1.81	32.5	1.60	1.07	
	80	1.87	35	1.75	1.14	
8.5	维持	1.78	18	0.80	0.60	8.1
	20	1.94	25	1.25	0.85	9.1
	30	2.01	28	1.35	0.95	
	40	2.10	31	1.50	1.05	
	50	2.18	34	1.60	1.15	
	60	2.25	37	1.75	1.25	
	70	2.34	40	1.90	1.35	
	80	2.41	43	2.05	1.45	

表 4.1.5.8　产蛋期和产蛋家禽每兆焦 NERf 和每千克 DM 的浓度标准

	NERf	CP	dCP	dLys	dMet+dCys	dTry	dArg	dThr
	MJ	g	g	g	g	g	g	g
1 MJ NERf								
母鸡，产蛋品种								
产蛋期		19.7	16.3	0.80	0.64	0.16	0.71	0.54
母鸡，育肥品种								
产蛋期		17.3	14.3	0.71	0.57	0.16	0.71	0.54
产蛋鸭								
产蛋期		22.8	18.0	0.79	0.61	0.20	0.84	0.65
休产期		19.0	14.3	0.58	0.46			
产蛋鹅								
产蛋期		20.4	16.0	0.74	0.51			
休产期		19.0	14.3	0.58	0.46			
产蛋火鸡								
产蛋期		23.1	18.7	0.90	0.63	0.20	0.99	0.67
1 kg 干物质								
母鸡，产蛋品种								
产蛋期	9.2	180	150	7.4	5.9	1.5	6.6	4.9
母鸡，育肥品种								
产蛋期	9.2	160	130	6.6	5.2	1.5	6.6	4.9
产蛋鸭								
产蛋期	8.8	200	160	7.0	5.3	1.8	7.4	5.7
休产期	7.1	135	100	4.1	3.3			
产蛋鹅								
产蛋期	8.8	180	140	6.6	4.5			
休产期	7.1	135	100	4.1	3.3			
产蛋火鸡								
产蛋期	9.1	210	170	8.2	5.7	1.8	9.0	6.2

表 4.1.5.9　母雏鸡，产蛋品种

BM	NERf	dCP	dLys	dMet+dCys	EC
g	MJ	g	g	g	
100	0.13	2.1	0.12	0.08	9.3
200	0.21	3.2	0.18	0.13	
500	0.47	7.4	0.40	0.30	
1 000	0.56	7.8	0.42	0.32	8.8
1 500	0.66	9.0	0.45	0.33	

表 4.1.5.10　母雏鸡，育肥品种

BM	NERf	dCP	dLys	dMet+dCys	EC
g	MJ	g	g	g	
100	0.12	2.1	0.12	0.08	9.3
200	0.19	3.2	0.18	0.13	
500	0.44	7.4	0.40	0.30	
1 000	0.53	7.8	0.42	0.32	
1 500	0.62	8.5	0.45	0.33	8.8
2 000	0.68	9.4	0.50	0.37	
2 300	0.74	10.0	0.54	0.40	

表 4.1.5.11　肉仔鸡，育肥 56 天后体重 1 500 g（50%公雏，50%母雏）

BM	NERf	dCP	dLys	dMet＋dCys	EC
g	MJ	g	g	g	
100	0.13	2.7	0.14	0.10	9.9
200	0.22	4.6	0.24	0.17	
500	0.47	9.6	0.48	0.35	
1 000	0.69	13.5	0.66	0.50	10.7
1 500	0.87	17.0	0.82	0.62	

表 4.1.5.12　肉仔鸡，育肥 56 天后体重 1 800 g（50%公雏，50%母雏）

BM	NERf	dCP	dLys	dMet＋dCys	EC
g	MJ	g	g	g	
100	0.15	3.0	0.16	0.12	9.9
200	0.26	5.5	0.29	0.21	
500	0.53	11.0	0.56	0.42	
1 000	0.76	14.8	0.74	0.56	10.7
1 500	0.94	18.5	0.92	0.67	
1 800	1.00	19.0	0.94	0.70	

表 4.1.5.13　鸭，育成期和育肥期

BM	NERf	dCP	dLys	dMet＋dCys	EC
g	MJ	g	g	g	
100	0.18	2.8	0.12	0.08	9.7
250	0.40	6.4	0.28	0.20	
500	0.69	11.2	0.48	0.34	
1 000	1.19	18.5	0.82	0.54	8.8
1 500	1.51	23.5	1.05	0.69	
2 000	1.75	27.5	1.20	0.80	
2 500	1.60	25.0	1.10	0.73	
雏鸭，9～12 周龄					
	1.47	19.0	0.82	0.66	8.1
雏鸭，13～26 周龄					
	1.25	15.0	0.74	0.62	7.1

表 4.1.5.14　鹅，育成期和育肥期

BM	NERf	dCP	dLys	dMet＋dCys	EC
g	MJ	g	g	g	
200	0.22	5	0.25	0.18	9.6
500	0.51	11	0.53	0.42	
1 000	1.03	21	1.00	0.74	8.7
2 000	1.62	28	1.32	1.00	
4 000	2.20	32	1.45	1.10	
雏鹅，3～10 月龄					
	1.76	24	1.00	0.78	7.1

表 4.1.5.15　火鸡，育成期和育肥期

BM	NERf	dCP	dLys	dMet＋dCys	EC
g	MJ	g	g	g	
200	0.21	5.8	0.30	0.18	9.3
500	0.41	11.2	0.62	0.36	
1 000	0.74	15	0.82	0.50	9.7
2 000	1.47	26	1.32	0.82	
5 000	2.13	30	1.64	1.03	10.0
10 000	2.94	40	2.05	1.23	
雏火鸡，4～9 周龄，最终体重 5 000 g					
	1.47	23	1.10	0.85	8.1
雏火鸡，4～9 周龄，最终体重 7 500 g					
	1.91	29	1.35	1.00	8.1

表 4.1.5.16　育成期和肥育期家禽，每兆焦 NERf 和每千克 DM 的浓度标准

年龄	NERf	CP	dCP	dLys	dMet＋dCys	dTry	dArg	dThr
周	MJ	g	g	g	g	g	g	g
1 MJ NERf								
仔鸡								
1～8		20.7	16.7	0.75	0.60	0.17	0.97	0.61
母雏								
9～22		17.0	13.6	0.61	0.53	0.17	0.74	0.56
肉仔鸡								
1～4		25.8	22.1	1.13	0.81	0.20	1.16	0.71
5～7/8		22.1	18.7	0.91	0.65	0.17	0.96	0.57
鸭，育肥期								
1～3		20.7	17.0	0.76	0.63	0.15	0.76	0.52
4～8/9		20.7	17.0	0.74	0.60	0.15	0.79	0.53
雏鸭								
9～12		16.0	12.9	0.56	0.45			
13～16		16.3	11.9	0.58	0.49			
鹅，育肥期								
1～4		23.5	19.4	1.02	0.73			
5～8/10		20.1	16.7	0.82	0.63			
雏鹅								
10～40		17.0	13.6	0.56	0.44			
火鸡，育肥期								
1～6		34.4	28.9	1.60	0.96	0.27	1.58	1.05
7～12/16		25.2	21.8	1.15	0.72	0.20	1.18	0.81
>12/16		18.0	15.6	0.75	0.51	0.16	0.82	0.61
雏火鸡								
16～30		19.0	15.3	0.72	0.54	0.18	0.81	0.61
1 kg DM								
仔鸡								
1～8	9.3	195	155	7.0	5.6	1.6	9.0	5.7

续表 4.1.5.16

年龄	NERf	CP	dCP	dLys	dMet+dCys	dTry	dArg	dThr
周	MJ	g	g	g	g	g	g	g
母雏								
9～22	8.8	150	120	5.4	4.7	1.5	6.6	4.9
肉仔鸡								
1～4	9.8	260	220	11.2	8.0	2.0	11.5	7.0
5～7/8	10.7	235	200	9.8	7.0	1.8	10.3	6.2
鸭，育肥期								
1～3	9.7	200	165	7.4	6.1	1.5	7.4	5.1
4～8/9	8.8	185	150	6.6	5.2	1.3	7.0	4.7
雏鸭								
9～12	8.1	130	105	4.5	3.6			
13～16	7.1	115	85	4.2	3.4			
鹅，育肥期								
1～4	9.6	225	185	9.8	7.0			
5～8/10	8.7	175	145	7.2	5.6			
雏鹅								
10～40	7.1	120	95	3.9	3.1			
火鸡，育肥期								
1～6	9.3	320	270	14.9	8.9	2.5	14.8	9.8
7～12/16	9.7	245	210	11.2	7.0	2.0	11.5	7.8
>12/16	10.0	180	155	7.5	5.1	1.6	8.2	6.2
雏火鸡								
16～30	8.1	155	125	5.8	4.3	1.5	6.6	4.9

4.2 常量元素和微量元素的需要量标准及浓度标准

4.2.1 牛，每头动物每天常量元素需要量

表 4.2.1.1 母牛和公牛

动物种类	Ca	P	Mg	Na
	g	g	g	g
母牛				
维持	15	12	8	8
妊娠晚期	30	25	12	12
泌乳期				
1 kg 牛奶	3.0	2.0	0.6	0.6
维持				
+5 kg 奶	30	22	11	11
+10 kg 奶	45	32	14	14
+15 kg 奶	60	42	17	17
+20 kg 奶	75	52	20	20
+25 kg 奶	90	62	23	23
+30 kg 奶	105	72	26	26
公牛	22	18	12	12

表 4.2.1.2 青年牛、育成牛和育肥牛

BM	BMG	Ca	P	Mg	Na
kg	g/d	g	g	g	g
70	400	11	7	1.0	1.6
	600	15	10	1.2	2.0
	800	20	12	1.3	2.3
100～200	400	13	9	2.7	2.6
	600	18	12	3.0	3.0
	800	22	14	3.2	3.3
	1 000	27	16	3.4	3.6
200～300	400	17	10	4.3	3.8
	600	22	13	4.7	4.1
	800	27	15	5.1	4.5
	1 000	32	17	5.5	4.8
	1 200	37	19	5.9	5.1
300～400	400	19	12	5.7	4.9
	600	24	15	6.0	5.2
	800	29	17	6.3	5.4
	1 000	34	19	6.6	5.7
	1 200	38	22	6.9	5.9
400～500	400	21	14	7.1	6.2
	600	26	16	7.3	6.4
	800	30	18	7.7	6.7
	1 000	35	20	8.0	6.9
	1 200	39	23	8.3	7.2
500～600	400	23	16	8.4	7.4
	600	28	18	8.6	7.6
	800	32	20	8.8	7.8
	1 000	36	22	9.0	8.0
	1 200	41	24	9.2	8.2

4.2.2 牛，每千克 DM 微量元素的浓度标准

表 4.2.2.1 生长牛、母牛和公牛

动物种类	Fe	Cu	Mn	Zn	Co	J	Se
	mg	mg	mg	mg	mg	mg	mg
生长牛							
<100 kg BM	75	8	60	30	0.08	0.2	0.15
>100 kg BM	50	8	60	30	0.08	0.2	0.15
妊娠和泌乳母牛	50	8	60	40	0.08	0.3	0.15
公牛	50	8	60	40	0.08	0.3	0.15

4.2.3 绵羊，每头动物每天常量矿物元素需要量

表 4.2.3.1 母羊和公羊

动物分类	Ca	P	Mg	Na
	g	g	g	g
母羊				
维持	4	3	0.6	1.0
妊娠后期	6	5	0.8	1.5
泌乳期				
1～2 月	12	8	2.1	2.5
3～4 月	8	5	1.5	2.0
公羊	6	5	0.8	1.5

表 4.2.3.2　青年绵羊、后备绵羊和育肥绵羊

BM	BMG	Ca	P	Mg	Na
kg	g/d	g	g	g	g
10～20	100	3.0	1.8	0.4	0.4
	200	5.0	2.9	0.7	0.5
	300	7.0	4.0	1.0	0.7
20～30	100	3.5	2.5	0.5	0.5
	200	5.5	3.6	0.8	0.6
	300	7.5	4.7	1.1	0.8
30～40	100	4.5	3.0	0.8	0.6
	200	7.0	4.3	1.2	0.8
	300	9.5	5.5	1.6	0.9
40～50	100	5.5	3.4	1.0	0.8
	200	7.5	4.7	1.4	0.9
50～60	100	6.0	3.9	1.0	0.9
	200	8.0	5.1	1.4	1.0

4.2.4　绵羊，每千克 DM 微量元素的浓度标准

表 4.2.4.1　生长绵羊、母羊和公羊

动物种类	Fe	Cu	Mn	Zn	Co	J	Se
	mg	mg	mg	mg	mg	mg	mg
生长绵羊	50	8	60	30	0.08	0.2	0.15
妊娠和泌乳母羊	50	8	60	40	0.08	0.3	0.15
公羊	50	8	60	40	0.08	0.3	0.15

4.2.5　猪，每千克 DM 常量元素和微量元素的浓度标准

表 4.2.5.1　生长猪、母猪和公猪

动物种类	Ca	P	Mg	Na	K
	g	g	g	g	g
生长猪					
<8 kg BM	9	8	0.5	1.5	5.0
8～35 kg BM	7	6	0.5	1.0	4.0
>35 kg BM	6	5	0.5	1.0	4.0
母猪					
妊娠期	5	5	0.5	1.5	5.0
泌乳期	6	5	0.5	2.0	7.0
公猪	5	5	0.5	1.5	5.0

表 4.2.5.2　生长猪，母猪和公猪

动物种类	Fe	Cu	Mn	Zn	J	Se
	mg	mg	mg	mg	mg	mg
生长猪						
<8 kg BM	75	5	25	40	0.15	0.15
8～35 kg BM	50	5	20	40	0.15	0.15
>35 kg BM	50	5	20	40	0.15	0.15
母猪						
妊娠						
泌乳	40	5	30	40	0.25	0.15
公猪	40	5	30	40	0.25	0.15

4.2.6　家禽，每千克 DM 常量和微量元素的浓度标准

表 4.2.6.1　鸡、鸭和火鸡

动物种类	Ca	P	Mg	Na	K
	g	g	g	g	g
雏鸡和肉仔鸡	10	7	0.5	1.4	4.0
母雏鸡	8	5	0.5	1.2	3.0
母鸡	35	6	0.5	1.6	2.0
生长鸭	10	8	0.5	1.5	4.0
产蛋鸭	30	6	0.5	1.5	4.0
生长火鸡	10	8	0.5	1.5	4.0
产蛋火鸡	30	6	0.5	1.5	4.0

表 4.2.6.2　鸡、鸭和火鸡

动物分类	Fe	Cu	Mn	Zn	J	Se
	mg	mg	mg	mg	mg	mg
雏鸡和肉仔鸡	40	5	50	40	0.2	0.15
母雏鸡	40	5	50	40	0.15	0.10
母鸡	40	5	40	40	0.3	0.15
生长鸭	40	5	60	50	0.2	0.2
产蛋鸭	40	5	50	50	0.3	0.2
生长火鸡	50	6	70	50	0.3	0.2
产蛋火鸡	50	6	70	50	0.4	0.2

4.3 维生素需要量标准和浓度标准

表 4.3.1 牛、绵羊,每头每天的需要量

动物分类	A	D	E	B_1	B_2	B_6	B_{12}	尼克酸	泛酸
	IE	IE	mg	mg	mg	mg	μg	mg	mg
牛									
犊牛<100 kg BM	8 000	1 000	30	3.5	4.0	6	30	40	20
青年牛									
100～200 kg BM	12 000	1 500							
200～300 kg BM	15 000	1 900							
300～400 kg BM	17 000	2 100							
400～500 kg BM	19 000	2 400							
500～600 kg BM	20 000	2 500							
母牛									
<10 kg 奶	30 000	3 000							
10～20 kg 奶	40 000	4 000							
>20 kg 奶	50 000	5 000							
妊娠晚期	50 000	5 000							
公牛	40 000	4 000							
绵羊									
羔羊,每 10 kg BM	1 000	150	5	1	1	1	6	8	4
母羊									
维持	2 000	200							
妊娠后期和泌乳期	6 000	600							
公羊	3 000	300							

表 4.3.2 每千克 DM 的浓度标准,猪,鸡,鸭,鹅,火鸡,兔

动物分类	A	D[1)]	E	K[1)]	B_1	B_2	B_6	B_{12}	尼克酸	泛酸	叶酸	生物素	胆碱
	IE	IE	mg	mg	mg	mg	mg	μg	mg	mg	mg	mg	mg
猪													
生长猪													
<8 kg BM	2 200[3)]	350	20	2	2	4.5	3.0	30	30	15	0.6	0.10	1 000
8～35 kg BM	1 650[3)]	250	15	2	1.5	3.0	2.5	16	25	10	0.6	0.10	700
>35 kg BM	1 100[3)]	200	15	—	1.3	2.5	2.0	12	15	10	0.6	0.10	500
母猪													
妊娠早期	3 000[3)]	300	15	—	1.5	3.5	1.5	12	15	10	0.6	0.10	600
妊娠晚期	3 000[3)]	450	15	—	1.5	3.5	1.5	12	15	10	0.6	0.10	600
泌乳期	3 000[3)]	450	15	—	1.5	3.5	1.5	12	15	10	0.6	0.10	600
公猪	3 000[3)]	450	15	—	1.5	3.5	1.5	12	15	10	0.6	0.10	600

续表 4.3.2

动物分类	A	D[1]	E	K[1]	B_1	B_2	B_6	B_{12}	尼克酸	泛酸	叶酸	生物素	胆碱
	IE	IE	mg	mg	mg	mg	mg	μg	mg	mg	mg	mg	mg
家禽													
蛋鸡,1～8 周龄	5 000	500	10	1.7	2.0	2.8	3.0	15	23	11	0.8	0.10	1 100
肉鸡,1～6 周龄	5 000	500	10	1.7	2.3	4.5	4.0	15	28	11	0.8	0.15	1 100
肉仔鸡,1～8 周龄	6 500	650	10	2.3	2.5	5.0	4.5	15	34	15	0.8	0.17	1 350
产蛋鸡,9～22 周龄	5 000	500	10	1.7	1.7	2.8	3.0	12	17	9	0.8	0.10	1 000
肉鸡,7～24 周龄	5 000	500	10	1.7	2.0	3.4	3.0	12	23	11	0.8	0.11	1 000
蛋鸡,繁殖期	12 500	1 250	20	2.0	2.0	7.0	4.5	15	25	15	1.0	0.17	100[2]
肉鸡,繁殖期	12 500	1 250	20	2.0	2.0	7.0	4.5	15	25	15	1.0	0.17	100[2]
产蛋鸡,产蛋期		1 000	10	1.4	1.5	2.3	2.8	10	20	4.5	0.5	0.10	100[2]
鸭、鹅													
1～3 周龄雏禽	7 500	750	25	1.7	2.3	4.0	4.0	15	35	15	1.0	0.17	1 400
育肥期,4 周龄开始	5 700	570	25	1.7	1.7	4.0	3.4	11	30	11	0.9	0.11	1 100
4 周龄种禽	4 500	450	25	1.7	1.7	3.4	2.8	11	23	9	0.8	0.09	1 000
种鸭、种鹅	12 500	1 250	25	2.0	2.3	6.8	4.5	17	35	15	1.0	0.17	100[2]
火鸡													
1～4 周龄育肥火鸡	11 500	1 150	25	3.4	2.0	5.0	4.0	18	68	17	1.1	0.28	1 700
5 周龄以上育肥火鸡	8 500	850	25	2.8	2.0	4.0	4.0	15	45	14	1.0	0.23	1 400
种用火鸡	12 500	1 250	25	2.8	2.3	6.8	5.0	17	35	17	1.4	0.28	—[2]
兔													
种兔及育肥兔	12 500	1 250	50	—	2.5	5.0	5.0	—	15	25	—	—	1 250

1) 对于家禽,D_3 和 K_3;

2) 自身合成量水平未知;

3) β-胡萝卜素效率:＜30 kg BM:100 IE/mg β-胡萝卜素;

＞30 kg BM:250 IE/mg β-胡萝卜素。

5 饲料计划与平衡

5.1 能量和蛋白质需要量的计划标准

罗斯托克饲料评价体系还包括饲料计划和饲料平衡的方法。各种饲料的饲料价值参数(见第3章表格)被用于评定饲料的生产和储备效果。以需要量标准为基础(见第4章的表格)计算的能量和蛋白质(氨基酸)需要量被用于估测畜禽的饲料需要量。对于较长的饲养期和不同的畜禽饲料生产和需要量均可被平衡。与饲料需要量标准相比,能量和蛋白质需要量的标准(计划标准或计划需要量)定义如下:

对于动物不同生产性能的需要量标准进行分类。总结不同生产阶段、繁殖和生长的需要量标准,提出安全补饲量。

安全补饲量可以估测出来。安全补饲量为计划标准和需要量标准之差,被用作不可避免的高消耗生产情况(例如,蛋白质-能量比例不平衡的草地)、动物疾病或与正常饲养管理相比饲养管理较差的阶段补偿。

包括EDP-模型,借助于计划标准,能够达到下述目标:

—饲养阶段和以年为单位的畜牧场生产的长期的饲料生产和需要量平衡,在夏季和冬季。

——一个经济实体内不同种类和性能水平家畜的饲料分配。

—短缺饲料的计算,包括粗饲料和精饲料,以及饲料短缺所导致的对能量和蛋白质浓度的要求。

为了达到上述目标,下面的步骤是必需的:

—在所计划的阶段内,与能量和蛋白质需要量相关的饲料需要量的计算。这一计算的依据是动物种类、生产类型、性能水平和动物对饲料种类和质量的特殊要求;

—可利用饲料总干物质(DM)、沉积净能(NER)及可消化蛋白质(dCP),包括氨基酸(猪和禽);

—记录饲料需要量和达到饲料平衡,对能量和蛋白质的供应水平。要考虑饲料的种类和质量,以及满足饲料需要量的程度。提供的饲料作为饲料生产或购买的依据以及根据平衡结果调整安排动物生产。

5.1.1 平衡指标

根据饲料计划和饲料平衡,通过饲料分类、需要量以及饲料供应情况,考虑饲料能量和营养成分的来源。

根据其营养生理学功能,饲料可以分为:

—粗饲料(R)

—精饲料(C)(见第3章饲料表格)

粗饲料包括以下饲料:

—青绿饲料

—加工的青绿饲料

—青贮料

—青干草

—干草

—饲用秸秆(包括谷物皮壳)

粗饲料主要用于饲喂反刍动物。粗饲料的自然结构和化学成分可保证反刍动物消化功能的正常。反刍动物的日粮必须包含一定数量的、具有适当物理结构的粗饲料;另一方面,粗饲料的低能量和低营养浓度限制了动物的采食量以及反刍动物将饲料转化为动物产品的能力,特别是反刍动物以外的所有其他动物。这些具有营养生理特殊性的、限制实际饲喂的饲料被定义为粗饲料。

其他的高能量/高蛋白质浓度的饲料被定义为精饲料。

精饲料通常是猪和禽的唯一饲料。在反刍动物营养中,精饲料对于补充粗饲料、完善高生产性能动物的能量和蛋白质需要量很重要。进一步讲,在早期生长发育中,精饲料是反刍动物和马的最重要的营养基础。

根据精饲料的营养生理学特点，精饲料可分为以下几类：

—精饲料，高能量(Ce)
—精饲料，高蛋白(Cp)
—精饲料，高蛋白，植物来源
(Cpv)
—精饲料，高蛋白，动物和微生物来源(Cpa)
—配合饲料(Mf)(根据需要量、高能高蛋白精饲料的配合)。

根据营养生理效果和高能量浓度，块根块茎类饲料属于高能饲料。

5.1.2 能量和蛋白质需要量的计划标准

计划标准的基础是饲养需要量标准(见第 4 章)。动物所有生产性能的需要量根据其生产、繁殖和生长阶段进行计算。

根据动物的种类、性能、发育阶段(例如奶牛的泌乳阶段和体重变化)以及生产管理计算每天的需要量标准。

计划标准反映了农业生产的条件，保证一定程度的稳定生产。根据需要量标准，安全补饲量被考虑到计算中(定义如上)。

可通过改善质和量来实现饲料需要量和可用饲料量的匹配：

—饲料质量的控制、浪费和损失；
—生产性能和体重变化；
—控制条件的作用(环境温度，空气湿度等)；
—疾病和应激因素。

安全补饲量的百分比与生产水平呈反比。故在所有水平下，补充料的绝对数量均相似。在计划标准表格中，安全补饲量被定义为占能量需要量的百分比。

饲料需要量和可用饲料是通过动物生产的能量和营养物质需要量的计算以及作为能量(NER)和蛋白质(dCP 和 AA)的可利用饲料量来进行平衡的。

为了保证结果的准确性，需要根据动物种类分别对饲料进行平衡：

—牛、绵羊和马；
—猪；
—禽。

对于牛、绵羊和马，除了夏季(青绿饲料)和冬季(储备饲料)有差别外，饲养阶段是相同的。

对于牛、猪和禽，统一地计划和平衡饲料需要量和可用饲料是可能的。在这种情况下，需要考虑到猪和禽对可代谢能的利用效率较高(平均 40%)：猪和禽的需要量和可用饲料的能量价值(NER)应除以1.4(见计算方法的实例)。

使用 EDP 模型，这种情况需要考虑不同的能量饲料单位：1 个猪和禽的能量饲料单位(EFUp 和 EFUf)＝14.7 kJ NERpf，而 1 个牛的能量饲料单位(EFUc)＝10.5 kJ NERc。

5.1.3 计划标准表格的参数(表 5.1 至表 5.5)

第 1 列

动物分类编号

第 2 列

动物分类

动物分类及繁殖、生长和生产阶段的特征。

第 3、4 列

性能特征

性能特征包括：
—动物产品；
—奶，kg/年，kg/d；
—纯毛，kg/年；
—仔猪重，kg/年(15 kg BM/每头仔猪)；
— 产蛋量，kg/年(60 g/个蛋，产蛋品种)；
—体增重，g/d；kg/年。

体增重为动物屠宰后计算的增重或种畜禽、生产动物的增重，不包括动物的损失。

第 5 列

体重

繁殖、发育和生产阶段的动物平均体重。

第 6 列

生产持续时间或发育时间

特定动物的繁殖、发育或生产阶段，即每个单一阶段的时间长短。对于生长阶段(培育和育肥)的动物，这一时间为体重变化与增重的阶段：

$$\text{生产和发育时间(d)}=\frac{\text{体增重(kg)}\times 1\,000}{\text{日增重(g/d)}}$$

第 7 列

安全补饲量(%)

在本章的开头已经给出该定义。安全补饲量是相对于需要量标准的计划标准提高的百分比。根据计划标准的需要量可按下式进行计算：

$$需要量参数=\frac{计划标准参数}{F}$$

$$F=1+\frac{安全补饲量(\%)}{100}$$

第 8、9a 和 9b 列

能量之和

能量浓度总和(第 8 列)代表了因饲料采食量的限制而导致的能量浓度要求。相应地，在粗饲料能量浓度确定的情况下，最大干物质采食量(DM_{max})可按下式进行计算：

$$DM_{max}(t)=\frac{能量总和(第 9a 列)\times 1\,000}{能量浓度 EC-总和(第 8 列)}$$

能量需要量(能量总和)被定义为每头动物每年、或每 1 000 只家禽每年(第 9a 列)或每吨动物产品(第 9b 列)对 NER 的需要量。对于所有动物，概念均相同。

第 10、11a 和 11b 列

能量浓度和粗饲料的能量

在饲料计划中，粗饲料能量浓度(EC-R)(第 10 列)被用作粗饲料质量的指标，以便根据粗饲料的质量区分粗饲料能量和精饲料能量的需要量。这一指标不适用于单一饲料，但适用于平衡的粗饲料。能量浓度为加权平均值的草地饲料被认为是混合饲料。

在本书中，能量浓度被作为一般的粗饲料质量评定指标。一般情况下，精饲料需要量取决于粗饲料的能量浓度和粗饲料采食量。要求结构优良、符合动物营养生理状况、饲料品质良好并且对动物无负作用，才能达到较高粗饲料采食量的目标。

根据粗饲料能量浓度所确定的计划指标可用于反刍动物，但对于马则受到限制。对于猪，没有粗饲料能量浓度的说明，粗饲料能量浓度被设为固定值 6.5 MJ NERp/kg DM(第 10 列)。

粗饲料能量浓度是所要求的最低值。在平衡饲料需要量和采食量时，不能低于这一数值。据此，粗饲料干物质的最大采食量为($DM\text{-}R_{max}$)：

$$粗饲料\ DM\text{-}R_{max}=\frac{粗饲料能量(第 11a 列)}{粗饲料能量浓度(第 10 列)^{1)}}$$

1) 对于猪=6.5 MJ NERp/kg DM

所计划的粗饲料能量需要量代表了在一定的能量浓度下，来自粗饲料的最大能量。

粗饲料能量的单位为：

—每头动物/年(第 11a 列)；

—每吨动物产品(第 11b 列)。

对于反刍动物和马，只要符合营养生理条件，粗饲料的能量可以使用精饲料来替代。对于猪，完全可以使用精饲料替代粗饲料的能量。

第 12a 列和第 12b 列

精饲料的能量

在粗饲料的能量浓度确定并且粗饲料的结构符合最佳营养生理要求的情况下，精饲料的能量需要量代表了来自精饲料的最低能量需要量。最大变异范围为±15%。

精饲料需要量的单位为：

—每头动物/年(第 12a 列)；

—每吨动物产品(第 12b 列)。

第 13a 和 13b 列

可消化粗蛋白

计划标准的“总可消化粗蛋白”代表了最低总可消化粗蛋白需要量。对于反刍动物和马，在计划饲料需要量和可利用的饲料时，这一标准不能降低。

对于猪和禽，根据满足总氮和必需、非必需氨基酸需要量的要求，计划标准的“可消化粗蛋白”只有一个安全功能。表格中总可消化粗蛋白的需要量单位为：

—每头动物/年(第 13a 列)；

—每吨动物产品(第 13b 列)。

对于反刍动物，真蛋白和非蛋白氮(NPN，作为蛋白质当量)被列在表格中。为了有效地利用 NPN，日粮中 NPN 化合物比例不能超出营养生理要求的极限。

第 14a 和 14b 列

来自高蛋白精饲料的可消化粗蛋白

计划标准中“来自高蛋白精饲料的可消化粗蛋白”为饲料蛋白质浓度>200 g dCP/kg DM 时，反刍动物和马对饲料可消化粗蛋白的最低需要量。这一需要量受粗饲料蛋白质浓度的影响。所添加的精饲料蛋白质的平衡量是对日粮蛋白质浓度的补充。这一需要量用于繁殖、发育和生产阶段的蛋白质浓度需要。如果超出这一需要量，这一计划标准就会发生质的变化，因为这关系到优质蛋白质饲料的使用，例如浸提油饼和混合料。

来自高蛋白精饲料的可消化粗蛋白的需要量在计划表格中也被列出来：

—每头动物/年(第 14a 列)；

—每吨动物产品(第 14b 列)。

第 15a、15b、16a 和 16b 列

可消化氨基酸

计划标准的可消化氨基酸“赖氨酸”和“蛋氨酸＋胱氨酸”代表了非反刍动物的必需氨基酸需要量。在对饲料需要量和可以利用饲料量进行平衡时，这些氨基酸的供应量不能低于需要量。

计划标准被列在计划标准表格中：

—每头动物/年(第 15a 和 16a 列)；

—每吨动物产品(第 15b 和 16b 列)。

5.1.4 计划标准应用评述

能量和蛋白质需要量的计划标准代表了第 2～7 列所确定的人工条件下畜禽的饲料需要量。

原则：

—计划标准用于生产和繁殖过程中动物的总生产性能。因而，该标准包括多种产品的饲料需要量，例如奶牛体重的增加(包括青年牛的生长)和产奶过程中的损失/增重以及胚胎的形成(犊牛)。生产和发育阶段的详细计划标准也被提出来，直接用于日粮的计算。

—计划标准中的能量和蛋白质需要量代表了动物生产的必需饲料供应量。这些饲料贮存于建筑设施(青贮窖)或者仓库中，或以草地或草的形式提供。这一需要量包括贮存损失、运输损失以及浪费的饲料或草地不可避免的损失。饲料和家畜之间的匹配，关键在于饲料贮备量和青绿饲料供应量(纯产量)，还需要考虑贮存造成的饲料损失。

—作为管理计划的一部分，计划标准应当在动物产品(奶、毛、蛋和仔猪数量)和体增重的基础上应用。后者应根据家畜情况的变化进行计算(体增重 ＝产出－ 家畜变化的投入)。这不包括动物的损增(增重和动物数量的增加)。畜禽的性能资料应根据动物生产情况(体增重)、所计划阶段的平均畜禽量和阶段长短来计算。在计算性能指标时，因动物损失所造成的额外耗费也应适当地考虑。

—如果指标受到很大限制，计划标准应该最大程度地适应特殊的畜牧场条件。性能指标代表了实际的生产条件。这说明，使用计划标准表格可能造成的一个结果是，性能指标和需要量参数不完全一致。因此不能只根据饲料供应情况得出生产性能结论，因为除了饲料供应以外，还有很多其他影响性能的因素。

5.1.5 计划标准对特殊畜牧场条件的适用性

家畜的体重、体增重和结构

1. 奶牛

换算为能量校正奶，乳脂率 4%

F＝0.436 7 ＋ 0.140 83 脂肪(%)

—体重(维持需要)

0.023 1 GJ NERc/头/年/kg BM 之差

—体增重(BMP)或减重(BMD)

＋0.027 3 GJ NERc/头/年/kg BMP

－0.016 8 GJ NERc/头/年/kg BMD

—牛群结构

干奶妊娠母牛和后备母牛(P %)

(P(%)－15.6%)×0.221 GJ NERc/头/年

2. 母羊、公羊和阉公羊

—体重(维持需要量)

0.023 1 GJ NERc/只/年/kg BM 之差

—体增重(BMP)或减重(BMD)

＋0.027 3 GJ NERc/只/年/kg BMP

－0.016 8 GJ NERc/只/年/kg BMD

—羊群结构

空怀母羊和妊娠早期母羊及青年母羊，14～18 月龄(P %)：4 个月泌乳期：

(P(%)－33%)×0.034 1 GJ NERc/只/年

3. 母马、公马，役马和赛马

—体重(维持需要量)

0.023 1 GJ NERc/匹/年/kg BM 之差

—体增重(BMP)

＋0.027 3 GJ NERc/匹/年/kg BMP

4. 母猪

—体重(维持需要量)

0.016 9 GJ NERp/头/年/kg BM 之差

—体增重(BMP)或减重(BMD)

＋0.027 9 GJ NERp/头/年/kg LMP 或

－0.019 6 GJ NERp/头/年/kg BMD

校正值(GJ NER)与每头动物每年的总能量需要量有关。应该根据个人经验和其他需要量指标进行换算(来自粗饲料和精饲料的能量)。

● 粗饲料的质量和结构

反刍动物对粗饲料的消耗量不仅取决于能量浓度，而且取决于影响质量的其他因素以及粗饲料结构。

在计划标准中，来自粗饲料的能量采食量被认为是优质粗饲料（特别是青贮料）和一定比例的人工干草（大约 5 dt/LAU/年）。如果使用低质粗饲料或干草饲喂量不当，以饲料表格或其他信息为基础计算精饲料需要量时，应从平均粗饲料能量浓度中扣除。

● 粗饲料质量和干物质平均采食量

在计划饲料的过程中，或评定饲料消耗时，可以根据经验资料或粗饲料质量的估测值（能量浓度）和粗饲料的干物质平均采食量确定反刍动物的精饲料需要量，如下：

精饲料需要量（GJ NERc/头/年）＝总能量（GJ）（标准，9a 列）－粗饲料干物质采食量（kg DM/头/d）×EC－粗饲料（MJ NERc /kg DM）×365×0.001

● 粗饲料蛋白质浓度和来自高蛋白精饲料的可消化蛋白需要量

如果粗饲料蛋白质浓度与表格中饲料的蛋白质浓度参数存在很大差异（见表 5.0.1），应对高蛋白精饲料的蛋白质计划标准进行调整：

表 5.0.1　参考饲料粗饲料的能量和蛋白质浓度

EC-粗饲料	蛋白质浓度	
MJ NERc/kg DM	g dCP/kg DM	
4.45	65	
4.75	75	
5.00	85	
5.25	95	70[1)]
5.50	110	55[1)]
5.75	120	50[1)]

1) 育肥公牛和马（冬季饲养阶段）

将高蛋白精饲料的可消化粗蛋白需要量（dCP-Cp）换算为畜牧场饲料供应量（粗饲料的蛋白质浓度（dCPC，g/kg DM））：

1. 表格中计划标准的调整

在计划标准表格中，高蛋白精饲料的可消化粗蛋白（dCP-Cp，第 4a 列）等于饲料供应量和参考饲料蛋白质浓度的乘积。粗饲料 EC 水平见表 5.0.1。

2. 来自高蛋白精饲料的可消化粗蛋白需要量的计算（PR-dCP-Cp）

计划标准的指标为基础：蛋白质需要量（dCP 总和，第 13a 列）、来自粗饲料的能量（NERc，GJ，第 11a 列）和精饲料的能量（NERc，GJ，第 12a 列）以及所计划的粗饲料蛋白质浓度（dCPC-RH）、高能精饲料（dCPC-Ce）和高蛋白精饲料（dCPC-Cp）：

计划标准，高蛋白精饲料的可消化蛋白质（dCP-Cp（kg），第 14a 列）

$$=[(PR-(ER\text{-}RH\times dCPC\text{-}RH/EC\text{-}RH)-(ER\text{-}C\times dCPC\text{-}Ce/EC\text{-}Ce))\times dCPC\text{-}Cp]/(dCPC\text{-}Cp-dCPC\text{-}Ce)$$

换算为原料时，所计算的来自高蛋白精饲料的蛋白质需要量应除以高蛋白精饲料的蛋白质浓度和干物质含量。

$$饲料(t)=\frac{PR\text{-}dCP\text{-}Cp(kg)\times 1\,000}{dCPC\text{-}Cp\times DM(g/kg\ DM)}$$

● 根据性能资料和粗饲料能量浓度进行调整

在考虑多个指标，例如中间的性能资料和粗饲料能量浓度的情况下，需要进行两个调整。首先应该估测其中一个指标可调整的最高和最低的范围（粗饲料能量），然后再调整另一个指标（生产性能数据，千克牛奶/头牛/年）（见需要量计算实例-奶牛）。

步骤 1

对需要量指标的估测（生产性能数据的高限和低限），以适合所需要的粗饲料能量浓度（对于粗饲料能量浓度，可进行两次调整）。

步骤 2

根据所要求的生产性能，对第 1 步所估测的需要量进行调整（生产性能数据的高限和低限）。

● 在计划标准表格中，根据体重对生长动物的计划标准进行调整

有时生长动物的体重在两个阶段或更多阶段之间（培育期和育肥期），这样就需要根据动物的体重范围，对计划标准指标进行调整，以便使标准更好地适合所要求的条件。这需要根据计划标准中相近的标准指标，参考体重差异进行调整。

计划阶段内能量和蛋白质需要量的计算

● 每个生产阶段和发育阶段的需要量

—每头动物每个生产阶段和发育阶段的需要量＝标准需要量/头/年×F

F＝生产和发育阶段的天数（第 6 列）/365

或

F＝该阶段内动物产品（t）×需要量/吨动物产品（b 列）

—总需要量

=动物数(头数)(所用动物数)×每个生产和发育阶段的需要量

● 群体动物的能量及营养成分总需要量的计算

基础:所计划阶段的家畜

计划阶段的总需要量

=家畜头数×每头动物每年的需要量(a 列)×计划阶段的天数/365

基础:计划阶段的动物产品

计划阶段的总需要量

=动物产品(t)×每吨动物产品的需要量(b 列)

(上述两项请参阅计算实例:根据计划标准计算能量和蛋白质需要量)。

各种原料需要量的计算

● 根据能量需要量数据计算各种原料的需要量

○ 粗饲料

粗饲料的计算(t DM),根据粗饲料能量需要量(ER-RH)和粗饲料能量浓度进行(EC-RH):

粗饲料(t DM)

$$=\frac{\text{粗饲料能量需要量(NERc-RH,GJ)}}{\text{EC-RH(NERc/kg DM)}}$$

饲料(t DM)

$$=\frac{\text{粗饲料能量需要量}\times\text{百分比(\%)}}{\text{EC-饲料(NER,MJ/kg DM)}}$$

○ 精饲料

—精饲料的计算(t DM),根据精饲料能量需要量(ER-C)和精饲料的能量浓度进行(EC-C):

精饲料(t DM)

$$=\frac{\text{精饲料能量需要量(NERc-C,GJ)}}{\text{EC-C(NERc/kg DM)}}$$

饲料(t DM)

$$=\frac{\text{精饲料能量需要量(NERc-C,GJ)}\times\text{百分比(\%)}}{\text{EC-饲料(NER,MJ/kg DM)}}$$

—精饲料的计算(吨 DM),根据总能需要量(ER-total)和总能量浓度(EC-total)及粗饲料能量浓度(NER, MJ/kg DM)和精饲料能量浓度(EC-RH)进行:

精饲料(t DM)

$$=\frac{\text{ER-total}-\left(\text{ER-total}\times\frac{\text{EC-RH}}{\text{EC-total}}\right)\times 1\,000}{(\text{EC-C}-\text{EC-RH})}$$

● 高蛋白精饲料原料根据蛋白质和氨基酸需要量进行计算

○ 牛、绵羊和马

—高蛋白精饲料需要量(t DM)根据高蛋白精饲料提供的标准蛋白质需要量(dCP-Cp)和高蛋白精饲料的蛋白质浓度(含量)(dCPC-Cp g/kg DM)进行计算:

高蛋白精饲料(t DM)

$$=\frac{\text{dCP-Cp 需要量(t)}\times 1\,000}{\text{dCPC(dCP g/kg DM)}}$$

—高蛋白精饲料需要量(t DM)根据总可消化蛋白的标准需要量(PR-total — t dCP-total)、来自粗饲料的能量(ER-RH-GJ NERc)、来自精饲料的能量(ER-C—GJ NERc)以及粗饲料能量浓度(EC-RH MJ NERc /kg DM)和精饲料能量浓度(EC-C MJ NERc /kg DM)、高蛋白精饲料的蛋白质含量(dCPC-Cp g/kg DM)、高能精饲料(dCP-Ce—g dCP/kg DM)和粗饲料的蛋白质含量(浓度)(dCP-RH—g dCP/kg DM)进行计算(近似方程):

高蛋白精饲料(t DM):

$$=\frac{\text{PR}-(\text{ER-RH}\times\text{vRPK-GF/EC-RH})-(\text{ER-C}\times\text{dCPC-Ce/EC-Ce})}{(\text{dCPC-Cp}-\text{dCPC-Ce})}$$

○ 猪和家禽

高蛋白精饲料(t DM)根据可消化氨基酸的标准需要量(dAA-R—kg)、来自精饲料的能量(ER-C—NERp,f*GJ)以及精饲料的能量浓度(EC-C NERp,f MJ/kg DM)、高蛋白精饲料的可消化氨基酸含量(dAAC-Cp g/kg DM)和高能精饲料的可消化氨基酸含量(dAAC-Ce g/kg DM)进行计算:

高蛋白精饲料(t DM)

$$=\frac{\text{dAA-需要量(kg)}-\frac{(\text{dAAC-Ce}\times\text{ER-C}\times 1\,000)}{\text{EC-C}}}{\text{dAAC-Cp}-\text{dAAC-Ce}}$$

缩写词:

ER-total —总能量需要量(NER,GJ/动物,第 9a 列)

ER-RH —粗饲料的能量(GJ NER-RH/动物,第 11a 列)

ER-C —精饲料的能量(GJ NER-C /动物,第 12a 列)

PR —总蛋白质需要量(dCP-total,kg/动物,第 13a 列)

EC-total —总能量浓度(MJ NER/kg DM,第 8 列)

EC-RH —粗饲料能量浓度(MJ NER/kg DM,(第10列))

EC-C —精饲料能量浓度(MJ NER/kg DM)

dCPC-RH —粗饲料的蛋白质浓度(g dCP/kg DM)

dCPC-Ce —高能精饲料的蛋白质浓度(g dCP/kg DM)

dCPC-Cp —高蛋白精饲料的蛋白质浓度(dCP/kg DM)

dAAR —可消化氨基酸需要量(kg dAA/动物)

dAAC-Cp —高蛋白精饲料的可消化氨基酸浓度(g dAA/kg DM)

dAAC-Ce —高能精饲料的可消化氨基酸浓度(g dAA/kg DM)

计算实例:a)可用饲料记录(植物生产和购进饲料)

编码	作物	可耕地	收割/生长	用作	总供应量(生产)					
					产量					
					鲜料产量				干物质	能量
					OM 总和		饲料价值			NER
							DM	EC		
					dt/hm²	t	g/kg	MJ/kg DM	t	GJ
1	2	5	3	4	6	7	8	9	10	11
实例										
1611	牧草	100	1	GF	180	1 800	160	5.83	288.0	1 679
3315	三叶草	25	1	WS	310	775	190	5.52	147.3	812.46
4315	三叶草	25	1	DGF	310	775	190	5.52	147.3	812.46
1325	三叶草	50	2	GF	210	1 050	215	5.36	225.8	1 210.5
								0.0	0	
6133	大麦	200	1		80	1 600	870	7.85	1 392.0	10 921
	大麦秸秆	200	1		30	600	850	2.62	510.0	1 334.4
	饲料产品									
	不含秸秆的粗饲料	150		总和		4 400			808.25	4 514.4
	青绿饲料	150		GF		2 850			513.75	2 889.5
	新鲜青贮料			FS						
	萎蔫青贮料	25		WS		775			147.25	812.46
	青干草	25		DGF		775			147.25	812.46
	干草			H						
	秸秆	200		ST		600			510	1 334.4
	精饲料			总和						
	谷物	200				1 600			1 392	10 921
	根茎作物									

注:

总可利用饲料(生产)

干物质(DM,t,第 10 列)=OM(t,第 7 列)×DM(g/kg,第 8 列)/1 000;

能量(NER, GJ,第 11 列)=DM(t,第 10 列)× EC(MJ/kg,第 9 列);

损失因子(干物质损失,第 12 列)=1 － 损失(%)/100。

纯可利用饲料(产量)

鲜料产量(t,第 13 列)=DM(t,第 10 列)× LF(第 12 列)×1 000/DM(g/kg,第 14 列);

能量(NER, GJ,第 17 列)=鲜料产量(t,第 13 列)×DM(g/kg,第 14 列)×EC(MJ/kgDM,第 15 列)/1 000。

饲料成本

干物质(DM, t,第 19 列)=产物(t,第 18 列)×DM(g/kg,第 14 列);

能量(NER, GJ,第 20 列)=干物质(t,第 19 列)×EC(MJ/kgDM,第 15 列)。

损失因子（LF）	纯供应量（产量）					饲料成本		
	产物即青绿饲料、存贮饲料和精饲料					产物	干物质	能量
	鲜料产量	饲料价值			能量 NER		DM	NER
		DM	EC	dCP				
			每千克 DM					
	t	g/kg	MJ	g	GJ	t	t	GJ
12	13	14	15	16	17	18	19	20
0.90	1 620.0	160	5.83	143	1 511.1	1 620.0	259.2	1 511.1
0.80	336.6	350	5.16	79	607.6	336.6	117.8	607.6
0.90	147.3	900	5.00	75	662.7	147.3	132.5	662.7
0.90	945.0	215	5.362	98	1 089.4	945.0	203.2	1 089.4
0.95	1 520	870	7.845	90	10 374.9	520.0	452.4	3 549.3
0.90	540	850	2.617	7.6	1 201.0	200.0	170.0	444.8
	3 048.8				3 870.9	3 048.8	712.7	3 870.9
	2 565.0				2 600.6	2 565.0	462.4	2 600.6
	336.6				607.6	336.6	117.8	607.6
	147.3				662.7	147.3	132.5	662.7
	540.0				1 201.0	200.0	170.0	444.8
	1 520.0				10 374.9	520.0	452.4	3 549.3

计算实例：b)根据能量和蛋白质需要量的计划标准计算能量和蛋白质的需要量

编码	动物类别	性能资料		平均畜群	动物生产动物产品 BM		每头动物每年或每吨动物产品的需要量				
							能量				
							合计		粗饲料		精饲料
		动物产品	体增重				EC	NER	EC	NER	NER
		kg/年	g/d	动物数	t	t	MJ/kg DM	GJ	MJ/kg DM	GJ	GJ
1	2	3	4	5	6	7	8	9	10	11	12
1530	奶牛	7 500		350	2 625	637	6.14	39.64	5.20	118.53	21.12
8845	肥育猪 70～110 kg		780			450	10.00	39.75			39.75
9135	产蛋鸡(平养，90％LP)	19.74		10 000		197.4	9.04	386.6			386.6
	牛，绵羊，马	7 500	0	350	2 625	637					
	猪	0	780	0	0	450					
	家禽	19.74	0	10 000	197.4						
	合计										

注：

奶牛—基础：每头动物每年的需要量参数—修改：根据粗饲料的 EC 进行调整＝5.45 MJ/kg DM 和 7 500 kg 奶牛(4％脂肪)/头牛/年；

肥育猪—基础：体增重每吨动物产品的需要量—修改：根据每头动物每天增重 780 g 进行调整；

产蛋鸡—基础：每年每 1 000 只鸡的需要量。

每头动物每年或每吨动物产品的需要量				畜禽的需要量								
可消化粗蛋白		可消化氨基酸		能量			可消化粗蛋白		可消化氨基酸		干物质	
合计	来自 高蛋白精饲料	dLys	dMet+dCys	合计	粗饲料	精饲料	合计	来自 高蛋白精饲料	dLys	dMet+dCys	合计	粗饲料
kg	kg	kg	kg	GJ	GJ	GJ	t	t	kg	kg	t	t
13	14	15	16	17	18	19	20	21	22	23	24	25
643.5	107.7			13 873	6 486	7 390	225	38			2 258.5	1 247.4
517		24.18	15.72	17 888	0	17 888	233	0	10 881	7 074	1 788.8	0.0
6 500		313	249	3 866	0	3 866	65	0	3 130	2 490	427.65	0.0
				13 873.1	6 486.4	7 390.4	225.2	37.7	0.0	0.0	2 258.5	1 247.4
				17 887.5	0.0	17 887.5	232.7	0.0	10 881.0	7 074.0	1 788.8	0.0
				3 866.0	0.0	3 866.0	65.0	0.0	3 130.0	2 490.7	427.4	0.0
				29 411.3	6 486.4	22 928.6	522.9	37.7	14 011.0	9 564.0	4 475.0	1 247.4

计算实例：c)饲料需要量和饲料供应量的平衡

饲料供应量									
编码	饲料	饲料供应	饲料价值						
			DM	能量 EC NER	可消化粗蛋白		可消化氨基酸		价格
					合计	dCP	dLys	dMet＋dCys	
		t	g/kg	MJ/kg DM	g/kg	g/kg	g/kg	g/kg	€/t
1	2	3	4	5	6	7	8	9	10
	牛								
1611	草原草	1 620.0	160	5.83	142.5				
1325	三叶草-草	945.0	215	5.36	97.5				
3315	三叶草-草	336.6	189	4.82	148				
3415	黑麦草，萎蔫青贮	1 400.0	350	5.18	84				
4315	三叶草-草	147.3	900	5.00	75.4				
5415	草地干草	120.0	850	4.71	68				
6133	大麦	1 000.0	870	7.85	90				
7453	浸提大豆饼	110.0	880	6.60	445.5	445.5			
	猪								
6133	大麦	1 400.0	870	10.27	100		3.6	4.08	
6363	土豆	1 500.0	225	10.78	68		3.6	1.7	
8121	脱脂奶	500.0	90	11.81	364		28.0	12.5	
7453	浸提大豆饼	175.0	880	9.64	441		27.3	15.0	
	家禽								
	产蛋鸡混合料	450	880	10	170		8.0	5.9	
饲料平衡									
牛，绵羊和马		饮料供应量 饲料需要量 平衡 供应量/需要量(%)							
猪		饮料供应量 饲料需要量 平衡 供应量/需要量(%)							
家禽		饮料供应量 饲料需要量 平衡 供应量/需要量(%)							
合计[1)]		饮料供应量 饲料需要量 平衡 供应量/需要量(%)							

1) 饲料平衡—合计：如果对所有种类动物包括牛、绵羊、马、猪、家禽的饲料进行平衡—需要将猪和家禽的能量需要量和饲料供应量除以 1.4，因为猪和家禽的需要量和饲料价值比牛高 40%。

饲料消耗											
饲料、能量和营养成分的数量											饮料成本
数量	干物质			能量			可消化粗蛋白		可消化氨基酸		
	合计	粗饲料	精饲料	合计 NER	粗饲料 NER	精饲料 NER	合计	dCP	dLys	dMet＋dCys	
t	t	t	t	GJ	GJ	GJ	t	t	kg	kg	€
11	12	13	14	15	16	17	18	19	20	21	22
1 620.0	259.2	259.2		1 510.4	1 510.4		36.9				
945.0	203.2	203.2		1 089.4	1 089.4		19.8				
336.6	63.6	63.6		306.6	306.6		9.4				
1 400.0	490.0	490.0		2 538.2	2 538.2		41.4				
147.3	132.5	132.5		662.7	662.7		10.0				
120.0	102.0	102.0		480.0	480.0		7.0				
1 000.0	870.0		870.0	6 825.6		6 825.6	78.3				
110.0	96.8		96.8	638.6		638.6	43.1	43.1			
1 400.0	1 218.0		1 218.0	12 503.4		12 503.4	121.8		4 385	4 969	
1 500.0	337.5		337.5	3 639.2		3 639.2	23.1		1 215	559	
500.0	45.0		45.0	531.2		531.2	16.4		1 261	564	
175.0	154.0		154.0	1 485.0		1 485	67.8		4 208	2 303	
450.0	396.0	4.5	396.0	3 960.0		3 960	67.3		3 168	2 336	
	2 217	1 251	967	14 051	6 587	7 464	246	43			
	2 258.5	1 247.4	1 011.2	13 873	6 486	7 390	225	38			
	−41.2	3.1	−44.4	178.3	101	73.7	20.7	5.4			
	98.2	100.3	95.6	101.3	101.6	101.0	109.2	114.4			
	1 754.5	0.0	1 754.5	18 158.8	0.0	18 158.8	229.1	0.0	11 068.7	8 395.2	
	1 788.8		1 788.75	17 887.5	0	17 887.5	232.7	0	10 881	7 074	
	−34.3	0.0	−34.3	271.3	0.0	271.3	−3.5	0.0	187.7	1 321.2	
	98.1	0.0	98.1	101.5	0.0	101.5	98.5	0.0	101.7	118.7	
	396.0	4.5	396.0	3 960.0	0.0	3 960.0	67.3	0.0	3 168.0	2 336.4	
	427.7	0.0	427.7	3 866.0	0	3 866.0	65.0	0.0	3 130.0	2 490.0	
	−31.7	4.5	−31.7	94.0	0.0	94.0	2.3	0.0	38.0	−153.6	
	92.6	0.0	92.6	102.4		102.4	103.6	0.0	101.2	93.8	
	4 367.8	1 255.0	3 117.3	29 850.6	6 587.3	23 263.3	542.4	43.1	14 236.7	10 731.6	
	4 475.6	1 247.4	3 227.6	29 411.3	6 486.4	22 928.6	522.9	37.7	14 011.0	9 564.0	
	−107.1	7.6	−110.3	439.3	1 000.9	334.7	19.5	5.4	225.7	1 167.6	
	97.6	100.6	96.6	101.5	101.6	101.5	103.7	114.4	101.6	112.2	

能量和蛋白质需要量的计划标准表格

编码	动物分类	性能指标		体重 (BM)	生产时间或发育时间	安全补饲量
	生产和发育阶段	动物产品				
		牛奶 (4%乳脂率)	增重			
		kg/年	kg/年	kg	d	%
1	2	3	4	5	6	7
5.1	计划标准-牛					
5.1.1	计划标准,奶牛、种公牛-年度计划标准					
1010	奶牛,包括妊娠(犊牛)	2 000	20	465	365	10
1020		2 000	20	465	365	10
1030		2 000	20	465	365	10
1040		2 000	20	465	365	10
1050		2 000	20	465	365	10
1060		2 000	20	465	365	10
1110	奶牛,包括妊娠(犊牛)	3 000	20	515	365	9
1120		3 000	20	515	365	9
1130		3 000	20	515	365	9
1140		3 000	20	515	365	9
1150		3 000	20	515	365	9
1160		3 000	20	515	365	9
1210	奶牛,包括妊娠(犊牛)	4 000	20	555	365	8
1220		4 000	20	555	365	8
1230		4 000	20	555	365	8
1240		4 000	20	555	365	8
1250		4 000	20	555	365	8
1260		4 000	20	555	365	8
1310	奶牛,包括妊娠(犊牛)	5 000	20	585	365	7
1320		5 000	20	585	365	7
1330		5 000	20	585	365	7
1340		5 000	20	585	365	7
1350		5 000	20	585	365	7
1360		5 000	20	585	365	7
1410	奶牛,包括妊娠(犊牛)	6 000	20	605	365	6
1420		6 000	20	605	365	6
1430		6 000	20	605	365	6
1440		6 000	20	605	365	6
1450		6 000	20	605	365	6
1460		6 000	20	605	365	6
1510	奶牛,包括妊娠(犊牛)	7 000	20	625	365	5
1520		7 000	20	625	365	5
1530		7 000	20	625	365	5
1540		7 000	20	625	365	5
1550		7 000	20	625	365	5
1560		7 000	20	625	365	5

每头动物每年的需要量(a 列)和每吨动物产品的需要量(b 列)											
能量								可消化粗蛋白(dCP)			
合计			粗饲料			精饲料		合计		来自高蛋白精饲料	
EC	NERc	NERc	EC	NERc	NERc	NERc	NERc	dCP	dCP	dCP	dCP
MJ/kg	GJ	GJ	MJ/kg	GJ	GJ	GJ	GJ	kg	kg	kg	kg
8	9a	9b	10	11a	11b	12a	12b	13a	13b	14a	14b
5.25	21.8	10.9	4.45	13.7	6.83	8.2	4.10	276	138	6.0	3.0
5.20	21.7	10.9	4.75	16.2	8.09	5.6	2.78	276	138	0.5	0.3
5.20	21.5	10.8	5.00	18.8	9.40	2.7	1.37	276	138		
5.36	21.1	10.6	5.25	19.7	9.87	1.4	0.68	276	138		
5.57	20.8	10.4	5.50	20.0	9.98	0.8	0.42	276	138		
5.83	20.2	10.1	5.75	19.6	9.82	0.5	0.26	276	138		
5.51	25.6	8.5	4.45	13.2	4.41	12.4	4.13	350	117		
5.46	25.6	8.5	4.75	15.6	5.22	10.0	3.33	350	117		
5.46	25.5	8.5	5.00	18.6	6.20	6.9	2.31	350	117	4.0	1.3
5.46	25.3	8.4	5.25	21.6	7.21	3.7	1.23	350	117		
5.57	25.0	8.3	5.50	23.6	7.88	1.4	0.46	350	117		
5.83	24.3	8.1	5.75	23.7	7.91	0.5	0.18	350	117		
5.67	29.1	7.3	4.45	12.8	3.20	16.3	4.07	420	105		
5.67	29.0	7.2	4.75	15.1	3.78	13.9	3.47	420	105		
5.67	29.0	7.2	5.00	18.0	4.49	11.0	2.76	420	105	24.0	6.0
5.67	28.9	7.2	5.25	21.5	5.38	7.4	1.84	420	105	9.0	2.3
5.67	28.7	7.2	5.50	25.2	6.30	3.5	0.87	420	105		
5.83	27.9	7.0	5.75	26.9	6.72	1.1	0.26	420	105		
5.83	32.2	6.4	4.45	12.5	2.50	19.7	3.95	486	97	105.0	21.0
5.83	32.1	6.4	4.75	14.7	2.94	17.4	3.49	486	97	76.0	15.2
5.83	32.1	6.4	5.00	17.4	3.49	14.7	2.94	486	97	51.0	10.2
5.83	32.0	6.4	5.25	20.9	4.18	11.1	2.23	486	97	29.0	5.8
5.83	31.9	6.4	5.50	25.2	5.04	6.7	1.34	486	97	4.0	0.8
5.88	31.5	6.3	5.75	28.8	5.75	2.7	0.55	486	97		
5.99	35.2	5.9	4.45	12.1	2.01	23.1	3.85	550	92	146.0	24.3
5.99	35.2	5.9	4.75	14.1	2.35	20.9	3.48	550	92	117.0	19.5
5.99	35.2	5.9	5.00	16.9	2.82	18.3	3.05	550	92	86.0	14.3
5.93	35.1	5.8	5.25	20.3	3.38	14.8	2.47	550	92	52.0	8.7
5.93	35.1	5.8	5.50	24.6	4.10	10.4	1.73	550	92	14.0	2.3
5.99	34.9	5.8	5.75	29.3	4.88	5.5	0.91	550	92	6.0	1.0
6.09	38.1	5.4	4.45	11.7	1.67	26.5	3.78	613	88	185.0	26.4
6.09	38.1	5.4	4.75	13.8	1.97	24.4	3.48	613	88	156.0	22.3
6.09	38.1	5.4	5.00	16.3	2.33	21.8	3.12	613	88	122.0	17.4
6.09	38.1	5.4	5.25	19.5	2.79	18.6	2.66	613	88	83.0	11.9
6.09	38.1	5.4	5.50	23.7	3.39	14.4	2.06	613	88	33.0	4.7
6.09	38.0	5.4	5.75	28.8	4.11	9.2	1.32	613	88	8.0	1.1

编码	动物分类	性能指标		体重（BM）	生产时间或发育时间	安全补饲量
		动物产品				
	生产和发育阶段	牛奶（4%乳脂率）	增重			
		kg/年	kg/年	kg	d	%
1	2	3	4	5	6	7
1610	奶牛，包括妊娠（犊牛）	8 000	20	650	365	4
1620		8 000	20	650	365	4
1630		8 000	20	650	365	4
1640		8 000	20	650	365	4
1650		8 000	20	650	365	4
1660		8 000	20	650	365	4
1710	奶牛，包括妊娠（犊牛）	9 000	20	650	365	4
1720		9 000	20	650	365	4
1730		9 000	20	650	365	4
1740		9 000	20	650	365	4
1750		9 000	20	650	365	4
1760		9 000	20	650	365	4
1810	奶牛，包括妊娠（犊牛）	10 000	20	650	365	4
1820		10 000	20	650	365	4
1830		10 000	20	650	365	4
1840		10 000	20	650	365	4
1850		10 000	20	650	365	4
1860		10 000	20	650	365	4
1910	奶牛，包括妊娠（犊牛）	11 000	20	650	365	4
1920		11 000	20	650	365	4
1930		11 000	20	650	365	4
1940		11 000	20	650	365	4
1950		11 000	20	650	365	4
1960		11 000	20	650	365	4
2010	奶牛，包括妊娠（犊牛）	12 000	20	650	365	4
2020		12 000	20	650	365	4
2030		12 000	20	650	365	4
2040		12 000	20	650	365	4
2050		12 000	20	650	365	4
2060		12 000	20	650	365	4
	泌乳期	kg/d	g/d			
1221	奶牛	8.4	−165	448	14	10
1241	第 1 个泌乳期	8.4	−165	448	14	10
1261	2 000 kg/头/年	8.4	−165	448	14	10
1321	奶牛	12.6	−250	502	14	9
1341	第 1 个泌乳期	12.6	−250	502	14	9
1361	3 000 kg/头/年	12.6	−250	502	14	9
1421	奶牛	16	−335	543	14	8
1441	第 1 个泌乳期	16	−335	543	14	8
1461	4 000 kg/头/年	16	−335	543	14	8

每头动物每年的需要量(a 列)和每吨动物产品的需要量(b 列)											
能量								可消化粗蛋白(dCP)			
合计			粗饲料			精饲料		合计		来自高蛋白精饲料	
EC	NERc	NERc	EC	NERc	NERc	NERc	NERc	dCP	dCP	dCP	dCP
MJ/kg	GJ	GJ	MJ/kg	GJ	GJ	GJ	GJ	kg	kg	kg	kg
8	9a	9b	10	11a	11b	12a	12b	13a	13b	14a	14b
6.20	41.3	5.2	4.45	11.1	1.39	30.1	3.77	674	84	223.0	27.9
6.20	41.3	5.2	4.75	13.1	1.64	28.1	3.52	674	84	192.0	24.0
6.20	41.2	5.1	5.00	15.8	1.97	25.5	3.19	674	84	159.0	19.9
6.20	41.2	5.1	5.25	18.8	2.35	22.4	2.80	674	84	116.0	14.5
6.20	41.2	5.1	5.50	22.9	2.86	18.3	2.28	674	84	56.0	7.0
6.20	41.2	5.1	5.75	28.0	3.50	13.1	1.64	674	84	21.0	2.6
6.25	44.7	5.0	4.45	10.6	1.17	34.1	3.79	736	82	264.8	29.4
6.25	44.7	5.0	4.75	12.5	1.39	32.2	3.58	736	82	231.6	25.7
6.25	44.6	5.0	5.00	15.0	1.66	29.6	3.29	736	82	199.7	22.2
6.25	44.6	5.0	5.25	17.9	1.98	26.7	2.97	736	82	152.3	16.9
6.25	44.6	5.0	5.50	21.7	2.42	22.8	2.53	736	82	81.3	9.0
6.25	44.6	5.0	5.75	26.6	2.96	17.9	1.99	736	82	35.3	3.9
6.30	48.1	4.8	4.45	10.0	1.00	38.0	3.80	798	80	310.8	31.1
6.30	48.1	4.8	4.75	11.8	1.18	36.2	3.62	798	80	275.2	27.5
6.30	48.0	4.8	5.00	14.2	1.42	33.7	3.37	798	80	244.5	24.4
6.30	48.0	4.8	5.25	17.0	1.70	31.0	3.10	798	80	192.2	19.2
6.30	48.0	4.8	5.50	20.7	2.07	27.3	2.73	798	80	109.1	10.9
6.30	48.0	4.8	5.75	25.3	2.53	22.7	2.27	798	80	51.0	5.1
6.30	51.5	4.7	4.45	9.5	0.87	41.9	3.81	860	78	341.9	31.1
6.30	51.5	4.7	4.75	11.3	1.02	40.2	3.66	860	78	302.7	27.5
6.30	51.4	4.7	5.00	13.5	1.23	37.9	3.44	860	78	268.9	24.4
6.30	51.4	4.7	5.25	16.1	1.46	35.2	3.20	860	78	211.5	19.2
6.30	51.4	4.7	5.50	19.6	1.78	31.7	2.88	860	78	120.0	10.9
6.30	51.4	4.7	5.75	24.0	2.19	27.3	2.48	860	78	56.1	5.1
6.35	54.9	4.6	4.45	9.4	0.78	45.5	3.79	922	77	376.0	31.3
6.35	54.9	4.6	4.75	11.0	0.92	43.8	3.65	922	77	332.9	27.7
6.35	54.8	4.6	5.00	13.2	1.10	41.5	3.46	922	77	295.8	24.7
6.35	54.8	4.6	5.25	15.8	1.32	39.0	3.25	922	77	232.6	19.4
6.35	54.8	4.6	5.50	19.2	1.60	35.5	2.96	922	77	132.0	11.0
6.35	54.8	4.6	5.75	23.6	1.96	31.2	2.60	922	77	61.7	5.1
5.41	20.9	6.8	4.73	13.8	4.49	7.1	2.33	297	97		
5.30	20.7	6.7	5.25	19.7	6.44	0.9	0.31	297	97		
5.78	19.6	6.4	5.78	19.6	6.40			297	97		
5.72	25.7	5.6	4.73	13.1	2.85	12.6	2.74	399	87	56.0	12.2
5.67	25.6	5.6	5.25	18.9	4.11	6.7	1.46	399	87		
5.78	24.8	5.4	5.78	24.8	5.39			399	87		
5.88	29.5	5.1	4.75	12.6	2.16	16.9	2.89	480	82	113.0	19.3
5.88	29.4	5.0	5.25	18.3	3.13	11.1	1.91	480	82	21.0	3.6
5.75	28.7	4.9	5.75	28.7	4.91			480	82		

编码	动物分类	性能指标				
	生产和发育阶段	动物产品		体重(BM)	生产时间或发育时间	安全补饲量
		牛奶(4%乳脂率)	增重			
		kg/d	g/d	kg	d	%
1	2	3	4	5	6	7
			0			
1521	奶牛	18.9	−420	573	14	7
1541	第1个泌乳期	18.9	−420	573	14	7
1561	5 000 kg/头/年	18.9	−420	573	14	7
1621	奶牛	22.3	−505	597	14	6
1641	第1个泌乳期	22.3	−505	597	14	6
1661	6 000 kg/头/年	22.3	−505	597	14	6
1721	奶牛	24	−590	620	14	5
1741	第1个泌乳期	24	−590	620	14	5
1761	7 000 kg/头/年	24	−590	620	14	5
1821	奶牛	25.4	−675	645	14	4
1841	第1个泌乳期	25.4	−675	645	14	4
1861	8 000 kg/头/年	25.4	−675	645	14	4
1921	奶牛	26.8	−675	620	14	4
1941	第1个泌乳期	26.8	−675	620	14	4
1961	9 000 kg/头/年	26.8	−675	620	14	4
2021	奶牛	28.4	−675	645	14	4
2041	第1个泌乳期	28.4	−675	645	14	4
2061	10 000 kg/头/年	28.4	−675	645	14	4
11921	奶牛	30	−675	620	14	4
11941	第1个泌乳期	30	−675	620	14	4
11961	11 000 kg/头/年	30	−675	620	14	4
12021	奶牛	31.6	−675	645	14	4
12041	第1个泌乳期	31.6	−675	645	14	4
12061	12 000 kg/头/年	31.6	−675	645	14	4
1222	奶牛	10.2	−145	446	7	10
1242	第2个泌乳期	10.2	−145	446	7	10
1262	2 000 kg/头/年	10.2	−145	446	7	10
1322	奶牛	15.4	−220	500	7	9
1342	第2个泌乳期	15.4	−220	500	7	9
1362	3 000 kg/头/年	15.4	−220	500	7	9
1422	奶牛	20.1	−295	540	7	8
1442	第2个泌乳期	20.1	−295	540	7	8
1462	4 000 kg/头/年	20.1	−295	540	7	8
1522	奶牛	24	−355	568	14	7
1542	第2个泌乳期	24	−355	568	14	7
1562	5 000 kg/头/年	24	−355	568	14	7

每头动物每年的需要量(a 列)和每吨动物产品的需要量(b 列)											
能量								可消化粗蛋白(dCP)			
合计			粗饲料			精饲料		合计		来自高蛋白精饲料	
EC	NERc	NERc	EC	NERc	NERc	NERc	NERc	dCP	dCP	dCP	dCP
MJ/kg	GJ	GJ	MJ/kg	GJ	GJ	GJ	GJ	kg	kg	kg	kg
8	9a	9b	10	11a	11b	12a	12b	13a	13b	14a	14b
5.99	31.8	4.6	4.75	12.2	1.77	19.6	2.85	546	79	172.0	24.9
5.99	31.8	4.6	5.25	17.3	2.51	14.5	2.10	546	79	84.0	12.2
5.99	31.8	4.6	5.75	26.1	3.79	5.7	0.82	546	79		
6.14	35.2	4.3	4.75	11.6	1.42	23.6	2.90	619	76	223.0	27.4
6.14	35.2	4.3	5.25	16.5	2.03	18.7	2.30	619	76	129.0	15.8
6.14	35.2	4.3	5.75	25.3	3.11	9.9	1.21	619	76		
6.20	36.6	4.2	4.75	11.0	1.26	25.6	2.92	653	75	251.0	28.7
6.20	36.6	4.2	5.25	15.8	1.80	20.9	2.39	653	75	171.0	19.5
6.20	36.6	4.2	5.75	24.5	2.79	12.2	1.39	653	75		
6.30	37.7	4.1	4.75	10.5	1.13	27.2	2.93	679	73	274.0	29.6
6.30	37.7	4.1	5.25	15.0	1.62	22.7	2.45	679	73	198.0	21.4
6.30	37.7	4.1	5.75	23.3	2.51	14.4	1.55	679	73	26.0	2.8
6.25	38.7	4.0	4.75	10.0	1.02	28.8	2.94	705	72	301.4	30.8
6.25	38.7	4.0	5.25	14.3	1.46	24.5	2.50	705	72	217.8	22.3
6.25	38.7	4.0	5.75	22.1	2.26	16.6	1.70	705	72	28.6	2.9
6.35	39.8	3.9	4.75	9.8	0.95	30.0	2.92	731	71	331.5	32.2
6.35	39.8	3.9	5.25	14.0	1.36	25.8	2.51	731	71	239.6	23.3
6.35	39.8	3.9	5.75	21.7	2.11	18.1	1.76	731	71	31.5	3.1
6.30	40.8	3.7	4.75	9.3	0.85	31.6	2.88	757	69	364.7	33.3
6.30	40.8	3.7	5.25	13.3	1.21	27.6	2.52	757	69	263.5	24.1
6.30	40.8	3.7	5.75	20.6	1.88	20.2	1.85	757	69	34.6	3.2
6.40	41.9	3.6	4.75	9.1	0.79	32.8	2.84	783	68	401.2	34.8
6.40	41.9	3.6	5.25	13.0	1.13	28.9	2.50	783	68	289.9	25.1
6.40	41.9	3.6	5.75	20.2	1.75	21.7	1.88	783	68	38.1	3.3
5.46	23.2	6.2	4.75	14.3	3.84	8.9	2.40	342	92	10.0	2.7
5.46	23.0	6.2	5.25	20.4	5.47	2.6	0.71	342	92		
5.75	21.9	5.9	5.75	21.9	5.89			342	92		
5.83	29.2	5.2	4.75	13.5	2.41	15.6	2.78	467	83	93.0	16.5
5.75	29.1	5.2	5.25	19.6	3.49	9.5	1.68	467	83		
5.75	28.2	5.0	5.75	28.2	5.02			467	83		
5.99	33.8	4.6	4.75	13.0	1.77	20.8	2.83	579	79	181.0	24.7
5.99	33.8	4.6	5.25	18.6	2.53	15.2	2.08	579	79	86.0	11.7
5.99	33.8	4.6	5.75	28.0	3.82	5.8	0.79	579	79		
6.14	38.1	4.4	4.75	12.0	1.37	25.6	2.92	667	76	238.0	27.2
6.14	38.1	4.4	5.25	18.0	2.05	20.2	2.30	667	76	146.0	16.7
6.14	38.1	4.4	5.75	27.5	3.14	10.6	1.21	667	76		

编码	动物分类	性能指标		体重 (BM)	生产时间或发育时间	安全补饲量
		动物产品				
	生产和发育阶段	牛奶 (4%乳脂率)	增重			
		kg/d	kg/d	kg	d	%
1	2	3	4	5	6	7
1622	奶牛	27.5	−425	591	14	6
1642	第 2 个泌乳期	27.5	−425	591	14	6
1662	6 000 kg/头/年	27.5	−425	591	14	6
1722	奶牛	30.2	−495	612	14	5
1742	第 2 个泌乳期	30.2	−495	612	14	5
1762	7 000 kg/头/年	30.2	−495	612	14	5
1822	奶牛	33.4	−565	636	14	4
1842	第 2 个泌乳期	33.4	−565	636	14	4
1862	8 000 kg/头/年	33.4	−565	636	14	4
1922	奶牛	36.6	−495	612	14	4
1942	第 2 个泌乳期	36.6	−495	612	14	4
1962	9 000 kg/头/年	36.6	−495	612	14	4
2022	奶牛	40.0	−565	636	14	4
2042	第 2 个泌乳期	40.0	−565	636	14	4
2062	10 000 kg/头/年	40.0	−565	636	14	4
11922	奶牛	43.4	−495	612	14	4
11942	第 2 个泌乳期	43.4	−495	612	14	4
11962	11 000 kg/头/年	43.4	−495	612	14	4
12022	奶牛	46.8	−565	636	14	4
12042	第 2 个泌乳期	46.8	−565	636	14	4
12062	12 000 kg/头/年	46.8	−565	636	14	4
1223	奶牛	10.4	−120	444	21	10
1243	第 3 个泌乳期	10.4	−120	444	21	10
1263	2 000 kg/头/年	10.4	−120	444	21	10
1323	奶牛	15.7	−180	497	21	9
1343	第 3 个泌乳期	15.7	−180	497	21	9
1363	3 000 kg/头/年	15.7	−180	497	21	9
1423	奶牛	20.4	−230	535	28	8
1443	第 3 个泌乳期	20.4	−230	535	28	8
1463	4 000 kg/头/年	20.4	−230	535	28	8
1523	奶牛	24.3	−260	561	28	7
1543	第 3 个泌乳期	24.3	−260	561	28	7
1563	5 000 kg/头/年	24.3	−260	561	28	7
1623	奶牛	28.3	−295	583	35	6
1643	第 3 个泌乳期	28.3	−295	583	35	6
1663	6 000 kg/头/年	28.3	−295	583	35	6

每头动物每年的需要量(a列)和每吨动物产品的需要量(b列)											
能量								可消化粗蛋白(dCP)			
合计			粗饲料			精饲料		合计		来自高蛋白精饲料	
EC	NERc	NERc	EC	NERc	NERc	NERc	NERc	dCP	dCP	dCP	dCP
MJ/kg	GJ	GJ	MJ/kg	GJ	GJ	GJ	GJ	kg	kg	kg	kg
8	9a	9b	10	11a	11b	12a	12b	13a	13b	14a	14b
6.25	41.8	4.2	4.75	12.0	1.19	29.8	2.97	744	74	290.0	28.9
6.25	41.8	4.2	5.25	17.1	1.71	24.7	2.46	744	74	203.0	20.2
6.25	41.8	4.2	5.75	26.7	2.66	15.1	1.51	744	74	7.0	0.7
6.35	44.3	4.0	4.75	11.3	1.03	33.0	2.99	799	72	330.0	29.9
6.35	44.3	4.0	5.25	16.3	1.48	28.0	2.54	799	72	247.0	22.4
6.35	44.3	4.0	5.75	25.3	2.30	19.0	1.72	799	72	61.0	5.5
6.41	47.4	3.9	4.75	10.7	0.88	36.6	3.01	864	71	375.0	30.8
6.41	47.4	3.9	5.25	15.3	1.26	32.0	2.63	864	71	296.0	24.3
6.41	47.4	3.9	5.75	23.9	1.96	23.4	1.92	864	71	120.0	9.8
6.40	50.4	3.8	4.75	10.2	0.76	40.2	3.01	929	70	412.5	30.9
6.40	50.4	3.8	5.25	14.6	1.09	35.8	2.68	929	70	325.6	24.4
6.40	50.4	3.8	5.75	22.7	1.70	27.7	2.07	929	70	132.0	9.9
6.46	53.4	3.7	4.75	10.0	0.69	43.5	2.99	994	68	453.8	31.2
6.46	53.4	3.7	5.25	14.3	0.98	39.2	2.70	994	68	358.2	24.7
6.46	53.4	3.7	5.75	22.3	1.53	31.2	2.14	994	68	145.2	10.0
6.45	56.5	3.6	4.75	9.5	0.60	47.0	2.97	1059	67	499.1	31.5
6.45	56.5	3.6	5.25	13.6	0.86	42.9	2.71	1059	67	394.0	24.9
6.45	56.5	3.6	5.75	21.2	1.34	35.3	2.23	1059	67	159.7	10.1
6.51	59.5	3.5	4.75	9.3	0.54	50.3	2.94	1124	66	549.0	32.1
6.51	59.5	3.5	5.25	13.3	0.78	46.2	2.71	1124	66	433.4	25.4
6.51	59.5	3.5	5.75	20.8	1.21	38.8	2.27	1124	66	175.7	10.3
5.46	23.7	6.3	4.75	14.9	3.93	8.8	2.32	348	92	6.0	1.6
5.41	23.4	6.2	5.25	21.2	5.59	2.2	0.58	348	92		
5.75	22.4	5.9	5.75	22.4	5.89			348	92		
5.75	29.8	5.2	4.75	14.2	2.47	15.6	2.73	475	83	90.0	15.7
5.75	29.7	5.2	5.25	20.5	3.57	9.2	1.61	475	83		
5.75	28.9	5.0	5.75	28.9	5.04			475	83		
5.93	34.4	4.6	4.75	13.9	1.86	20.6	2.76	587	79	176.0	23.6
5.93	34.4	4.6	5.25	19.7	2.65	14.7	1.97	587	79	75.0	10.1
5.93	34.4	4.6	5.75	29.6	3.98	4.8	0.65	587	79		
6.09	39.0	4.4	4.75	13.4	1.52	25.5	2.88	675	76	230.0	25.9
6.09	39.0	4.4	5.25	19.2	2.17	19.7	2.23	675	76	133.0	15.0
6.09	39.0	4.4	5.75	29.2	3.29	9.8	1.10	675	76		
6.25	43.3	4.2	4.75	12.9	1.25	30.3	2.94	764	74	287.0	27.8
6.25	43.3	4.2	5.25	18.5	1.79	24.8	2.40	764	74	193.0	18.7
6.25	43.3	4.2	5.75	28.6	2.76	14.7	1.42	764	74		

编码	动物分类	性能指标				
	生产和发育阶段	动物产品		体重 (BM)	生产时间或发育时间	安全补饲量
		牛奶 (4%乳脂率)	增重			
		kg/d	g/d	kg	d	%
1	2	3	4	5	6	7
1723	奶牛	31.9	−325	602	42	5
1743	第3个泌乳期	31.9	−325	602	42	5
1763	7 000 kg/头/年	31.9	−325	602	42	5
1823	奶牛	35.9	−350	623	49	4
1843	第3个泌乳期	35.9	−350	623	49	4
1863	8 000 kg/头/年	35.9	−350	623	49	4
1923	奶牛	39.9	−325	602	49	4
1943	第3个泌乳期	39.9	−325	602	49	4
1963	9 000 kg/头/年	39.9	−325	602	49	4
2023	奶牛	44.1	−350	623	49	4
2043	第3个泌乳期	44.1	−350	623	49	4
2063	10 000 kg/头/年	44.1	−350	623	49	4
11923	奶牛	48.3	−325	602	49	4
11943	第3个泌乳期	48.3	−325	602	49	4
11963	11 000 kg/头/年	48.3	−325	602	49	4
12023	奶牛	52.5	−350	623	49	4
12043	第3个泌乳期	52.5	−350	623	49	4
12063	12 000 kg/头/年	52.5	−350	623	49	4
1224	奶牛	8.9	−45	441	70	10
1244	第4个泌乳期	8.9	−45	441	70	10
1264	2 000 kg/头/年	8.9	−45	441	70	10
1324	奶牛	13.4	−65	492	70	9
1344	第4个泌乳期	13.4	−65	492	70	9
1364	3 000 kg/头/年	13.4	−65	492	70	9
1424	奶牛	17.2	−65	528	70	8
1444	第4个泌乳期	17.2	−65	528	70	8
1464	4 000 kg/头/年	17.2	−65	528	70	8
1524	奶牛	20.8	−50	554	70	7
1544	第4个泌乳期	20.8	−50	554	70	7
1564	5 000 kg/头/年	20.8	−50	554	70	7
1624	奶牛	24.1	−30	575	70	6
1644	第4个泌乳期	24.1	−30	575	70	6
1664	6 000 kg/头/年	24.1	−30	575	70	6
1724	奶牛	27.3	−3	593	70	5
1744	第4个泌乳期	27.3	−3	593	70	5
1764	7 000 kg/头/年	27.3	−3	593	70	5

每头动物每年的需要量(a列)和每吨动物产品的需要量(b列)											
能量								可消化粗蛋白(dCP)			
合计			粗饲料			精饲料		合计		来自高蛋白精饲料	
EC	NERc	NERc	EC	NERc	NERc	NERc	NERc	dCP	dCP	dCP	dCP
MJ/kg	GJ	GJ	MJ/kg	GJ	GJ	GJ	GJ	kg	kg	kg	kg
8	9a	9b	10	11a	11b	12a	12b	13a	13b	14a	14b
6.35	47.3	4.1	4.75	12.4	1.06	34.9	2.99	843	72	338.0	29.0
6.35	47.3	4.1	5.25	17.6	1.52	29.6	2.54	843	72	248.0	21.3
6.35	47.3	4.1	5.75	27.5	2.36	19.7	1.70	843	72	47.0	4.0
6.41	51.5	3.9	4.75	11.8	0.90	39.7	3.03	927	71	391.0	29.8
6.41	51.5	3.9	5.25	16.8	1.28	34.7	2.64	927	71	305.0	23.3
6.41	51.5	3.9	5.75	26.3	2.00	25.2	1.92	927	71	113.0	8.6
6.40	55.7	3.8	4.75	11.2	0.77	44.5	3.05	1 011	69	430.1	29.5
6.40	55.7	3.8	5.25	16.0	1.10	39.7	2.73	1 011	69	335.5	23.0
6.40	55.7	3.8	5.75	24.9	1.71	30.7	2.11	1 011	69	124.3	8.5
6.46	59.9	3.7	4.75	10.9	0.68	48.9	3.05	1 095	68	473.1	29.5
6.46	59.9	3.7	5.25	15.6	0.98	44.2	2.76	1 095	68	369.1	23.0
6.46	59.9	3.7	5.75	24.4	1.53	35.4	2.21	1 095	68	136.7	8.5
6.45	64.1	3.6	4.75	10.4	0.59	53.6	3.04	1 179	67	520.4	29.5
6.45	64.1	3.6	5.25	14.9	0.84	49.2	2.79	1 179	67	406.0	23.0
6.45	64.1	3.6	5.75	23.2	1.32	40.8	2.32	1 179	67	150.4	8.5
6.51	68.3	3.6	4.75	10.2	0.53	58.1	3.03	1 263	66	572.5	29.9
6.51	68.3	3.6	5.25	14.6	0.76	53.7	2.80	1 263	66	446.6	23.3
6.51	68.3	3.6	5.75	22.8	1.19	45.5	2.37	1 263	66	165.4	8.6
5.25	22.8	7.0	4.75	16.6	5.11	6.2	1.91	315	97		
5.25	22.3	6.9	5.25	22.3	6.85			315	97		
5.75	21.0	6.5	5.75	21.0	6.46			315	97		
5.57	28.2	5.8	4.75	16.0	3.26	12.3	2.51	426	87	35.0	7.2
5.57	28.0	5.7	5.25	22.8	4.66	5.3	1.07	426	87		
5.75	26.9	5.5	5.75	26.9	5.50			426	87		
5.75	32.9	5.2	4.75	15.5	2.48	17.3	2.76	518	83	92.0	14.7
5.75	32.7	5.2	5.25	22.4	3.56	10.3	1.64	518	83		
5.75	31.7	5.1	5.75	31.7	5.05			518	83		
5.93	36.2	4.8	4.75	15.2	2.01	21.0	2.77	603	79	160.0	21.1
5.93	36.2	4.8	5.25	21.7	2.86	14.5	1.91	603	79	50.0	6.6
5.93	36.2	4.8	5.75	32.3	4.26	3.9	0.51	603	79		
6.04	40.2	4.6	4.75	14.6	1.66	25.6	2.91	679	77	205.0	23.3
6.04	40.2	4.6	5.25	20.9	2.38	19.3	2.20	679	77	99.0	11.3
6.04	40.2	4.6	5.75	31.4	3.57	8.8	1.00	679	77		
6.20	44.1	4.4	4.75	14.2	1.42	29.9	3.00	752	75	248.0	24.9
6.20	44.1	4.4	5.25	20.2	2.02	23.9	2.40	752	75	145.0	14.6
6.20	44.1	4.4	5.75	30.8	3.09	13.3	1.34	752	75		

编码	动物分类	性能指标		体重 (BM)	生产时间或发育时间	安全补饲量
	生产和发育阶段	动物产品				
		牛奶 (4%乳脂率)	增重			
		kg/d	g/d	kg	d	%
1	2	3	4	5	6	7
1824	奶牛	30.4	30	614	70	4
1844	第 4 个泌乳期	30.4	30	614	70	4
1864	8 000 kg/头/年	30.4	30	614	70	4
1924	奶牛	33.5	−3	593	70	4
1944	第 4 个泌乳期	33.5	−3	593	70	4
1964	9 000 kg/头/年	33.5	−3	593	70	4
2024	奶牛	36.8	30	614	70	4
2044	第 4 个泌乳期	36.8	30	614	70	4
2064	10 000 kg/头/年	36.8	30	614	70	4
11924	奶牛	40.1	−3	593	70	4
11944	第 4 个泌乳期	40.1	−3	593	70	4
11964	11 000 kg/头/年	40.1	−3	593	70	4
12024	奶牛	43.4	30	614	70	4
12044	第 4 个泌乳期	43.4	30	614	70	4
12064	12 000 kg/头/年	43.4	30	614	70	4
1225	奶牛	6.7	165	446	84	10
1245	第 5 个泌乳期	6.7	165	446	84	10
1265	2 000 kg/头/年	6.7	165	446	84	10
1325	奶牛	10	175	497	84	9
1345	第 5 个泌乳期	10	175	497	84	9
1365	3 000 kg/头/年	10	175	497	84	9
1425	奶牛	13.2	200	535	77	8
1445	第 5 个泌乳期	13.2	200	535	77	8
1465	4 000 kg/头/年	13.2	200	535	77	8
1525	奶牛	16.2	235	563	77	7
1545	第 5 个泌乳期	16.2	235	563	77	7
1565	5 000 kg/头/年	16.2	235	563	77	7
1625	奶牛	18.9	270	585	77	6
1645	第 5 个泌乳期	18.9	270	585	77	6
1665	6 000 kg/头/年	18.9	270	585	77	6
1725	奶牛	21.8	315	606	77	5
1745	第 5 个泌乳期	21.8	315	606	77	5
1765	7 000 kg/头/年	21.8	315	606	77	5
1825	奶牛	24.6	260	630	77	4
1845	第 5 个泌乳期	24.6	260	630	77	4
1865	8 000 kg/头/年	24.6	260	630	77	4

每头动物每年的需要量(a列)和每吨动物产品的需要量(b列)											
能量								可消化粗蛋白(dCP)			
合计			粗饲料			精饲料		合计		来自高蛋白精饲料	
EC	NERc	NERc	EC	NERc	NERc	NERc	NERc	dCP	dCP	dCP	dCP
MJ/kg	GJ	GJ	MJ/kg	GJ	GJ	GJ	GJ	kg	kg	kg	kg
8	9a	9b	10	11a	11b	12a	12b	13a	13b	14a	14b
6.30	47.8	4.3	4.75	13.5	1.22	34.2	3.08	821	74	287.0	25.9
6.30	47.8	4.3	5.25	19.3	1.74	28.5	2.56	821	74	189.0	17.0
6.30	47.8	4.3	5.75	29.8	2.69	18.0	1.62	821	74		
6.25	51.5	4.2	4.75	12.9	1.05	38.6	3.16	890	73	315.7	25.8
6.25	51.5	4.2	5.25	18.4	1.50	33.1	2.71	890	73	207.9	17.0
6.25	51.5	4.2	5.75	28.3	2.32	23.1	1.89	890	73		
6.35	55.1	4.1	4.75	12.6	0.94	42.5	3.18	959	72	347.3	26.0
6.35	55.1	4.1	5.25	18.0	1.35	37.1	2.78	959	72	228.7	17.1
6.35	55.1	4.1	5.75	27.8	2.08	27.4	2.05	959	72		
6.30	58.8	4.0	4.75	12.0	0.82	46.8	3.20	1 028	70	382.0	26.1
6.30	58.8	4.0	5.25	17.1	1.17	41.7	2.85	1 028	70	251.6	17.2
6.30	58.8	4.0	5.75	26.4	1.80	32.4	2.22	1 028	70	0.0	0.0
6.40	62.5	3.9	4.75	11.7	0.74	50.7	3.20	1 097	69	420.2	26.5
6.40	62.5	3.9	5.25	16.7	1.06	45.7	2.89	1 097	69	276.7	17.5
6.40	62.5	3.9	5.75	25.8	1.63	36.6	2.31	1 097	69	0.0	0.0
5.09	22.3	9.1	4.75	18.1	7.38	4.2	1.72	282	115		
5.25	21.5	8.8	5.25	21.5	8.80			282	115		
5.75	20.4	8.3	5.75	20.4	8.33			282	115		
5.41	26.8	7.3	4.75	17.3	4.75	9.5	2.59	370	101		
5.36	26.5	7.2	5.25	24.8	6.79	1.7	0.46	370	101		
5.75	25.2	6.9	5.75	25.2	6.90			370	101		
5.62	30.8	6.4	4.75	16.7	3.47	14.1	2.92	449	93	17.0	3.5
5.62	30.7	6.4	5.25	23.8	4.95	6.8	1.42	449	93		
5.75	29.5	6.1	5.75	29.5	6.12			449	93		
5.83	34.5	5.8	4.75	16.1	2.72	18.5	3.13	524	89	64.0	10.8
5.75	34.4	5.8	5.25	23.1	3.91	11.3	1.92	524	89		
5.75	33.5	5.7	5.75	33.5	5.66			524	89		
5.93	37.1	5.4	4.75	15.8	2.28	21.3	3.09	590	86	120.0	17.4
5.93	37.1	5.4	5.25	22.5	3.26	14.6	2.12	590	86	6.0	0.9
5.93	37.1	5.4	5.75	33.1	4.79	4.0	0.58	590	86		
6.04	40.7	5.1	4.75	15.1	1.90	25.6	3.22	658	83	160.0	20.1
6.04	40.7	5.1	5.25	21.6	2.72	19.1	2.40	658	83	50.0	6.3
6.04	40.7	5.1	5.75	32.1	4.04	8.6	1.08	658	83		
6.14	44.4	4.9	4.75	14.6	1.63	29.8	3.32	725	81	197.0	21.9
6.14	44.4	4.9	5.25	20.9	2.33	23.5	2.62	725	81	91.0	10.1
6.14	44.4	4.9	5.75	31.4	3.50	13.0	1.45	725	81		

编码	动物分类	性能指标		体重 (BM)	生产时间或发育时间	安全补饲量
	生产和发育阶段	动物产品				
		牛奶（4%乳脂率）	增重			
		kg/d	g/d	kg	d	%
1	2	3	4	5	6	7
1925	奶牛	27.4	315	606	82	4
1945	第 5 个泌乳期	27.4	315	606	82	4
1965	9 000 kg/头/年	27.4	315	606	82	4
2025	奶牛	30.4	260	630	83	4
2045	第 5 个泌乳期	30.4	260	630	83	4
2065	10 000 kg/头/年	30.4	260	630	83	4
11925	奶牛	33.4	315	606	84	4
11945	第 5 个泌乳期	33.4	315	606	84	4
11965	11 000 kg/头/年	33.4	315	606	84	4
12025	奶牛	36.4	260	630	86	4
12045	第 5 个泌乳期	36.4	260	630	86	4
12065	12 000 kg/头/年	36.4	260	630	86	4
1226	奶牛	4.3	310	466	84	10
1246	第 6 个泌乳期	4.3	310	466	84	10
1266	2 000 kg/头/年	4.3	310	466	84	10
1326	奶牛	6.4	345	519	84	9
1346	第 6 个泌乳期	6.4	345	519	84	9
1366	3 000 kg/头/年	6.4	345	519	84	9
1426	奶牛	8.8	380	558	84	8
1446	第 6 个泌乳期	8.8	380	558	84	8
1466	4 000 kg/头/年	8.8	380	558	84	8
1526	奶牛	11.2	420	588	77	7
1546	第 6 个泌乳期	11.2	420	588	77	7
1566	5 000 kg/头/年	11.2	420	588	77	7
1626	奶牛	13.7	465	612	70	6
1646	第 6 个泌乳期	13.7	465	612	70	6
1666	6 000 kg/头/年	13.7	465	612	70	6
1726	奶牛	16.5	510	635	63	5
1746	第 6 个泌乳期	16.5	510	635	63	5
1766	7 000 kg/头/年	16.5	510	635	63	5
1826	奶牛	19.1	550	660	63	4
1846	第 6 个泌乳期	19.1	550	660	63	4
1866	8 000 kg/头/年	19.1	550	660	63	4
1926	奶牛	21.7	510	635	63	4
1946	第 6 个泌乳期	21.7	510	635	63	4
1966	9 000 kg/头/年	21.7	510	635	63	4

每头动物每年的需要量(a 列)和每吨动物产品的需要量(b 列)											
能量								可消化粗蛋白(dCP)			
合计			粗饲料			精饲料		合计		来自高蛋白精饲料	
EC	NERc	NERc	EC	NERc	NERc	NERc	NERc	dCP	dCP	dCP	dCP
MJ/kg	GJ	GJ	MJ/kg	GJ	GJ	GJ	GJ	kg	kg	kg	kg
8	9a	9b	10	11a	11b	12a	12b	13a	13b	14a	14b
6.09	48.1	4.8	4.75	13.9	1.39	34.2	3.42	792	79	216.7	21.7
6.09	48.1	4.8	5.25	19.9	1.98	28.2	2.82	792	79	100.1	10.0
6.09	48.1	4.8	5.75	29.8	2.98	18.3	1.83	792	79		
6.19	51.8	4.7	4.75	13.6	1.23	38.2	3.46	859	78	238.4	21.6
6.19	51.8	4.7	5.25	19.5	1.76	32.3	2.93	859	78	110.1	10.0
6.19	51.8	4.7	5.75	29.2	2.65	22.5	2.04	859	78		
6.14	55.4	4.5	4.75	12.9	1.06	42.5	3.49	926	76	262.2	21.5
6.14	55.4	4.5	5.25	18.5	1.52	37.0	3.03	926	76	121.1	9.9
6.14	55.4	4.5	5.75	27.8	2.28	27.7	2.27	926	76	0.0	0.0
6.24	59.1	4.4	4.75	12.7	0.95	46.5	3.50	993	75	288.4	21.7
6.24	59.1	4.4	5.25	18.1	1.36	41.0	3.09	993	75	133.2	10.0
6.24	59.1	4.4	5.75	27.2	2.05	31.9	2.40	993	75	0.0	0.0
4.94	21.3	13.6	4.75	18.6	11.84	2.7	1.74	245	156		
5.25	20.4	13.0	5.25	20.4	12.98			245	156		
5.75	19.3	12.3	5.75	19.3	12.31			245	156		
5.25	24.7	10.6	4.75	17.9	7.64	6.8	2.92	307	131		
5.25	24.2	10.3	5.25	24.2	10.34			307	131		
5.75	22.9	9.8	5.75	22.9	9.80			307	131		
5.46	28.0	8.7	4.75	17.3	5.39	10.7	3.33	371	116		
5.46	27.8	8.7	5.25	24.6	7.65	3.3	1.01	371	116		
5.75	26.6	8.3	5.75	26.6	8.27			371	116		
5.67	31.2	7.6	4.75	16.7	4.08	14.5	3.54	432	106		
5.62	31.1	7.6	5.25	23.7	5.80	7.4	1.80	432	106		
5.75	29.9	7.3	5.75	29.9	7.32			432	106		
5.83	34.4	6.9	4.75	16.2	3.23	18.3	3.65	496	99	23.0	4.6
5.75	34.3	6.9	5.25	23.1	4.62	11.2	2.25	496	99		
5.75	33.4	6.7	5.75	33.4	6.68			496	99		
5.93	37.0	6.1	4.75	15.8	2.62	21.2	3.52	563	93	81.0	13.4
5.93	37.0	6.1	5.25	22.3	3.70	14.7	2.44	563	93		
5.93	37.0	6.1	5.75	32.7	5.42	4.3	0.71	563	93		
6.04	40.4	5.8	4.75	15.2	2.18	25.2	3.61	625	90	115.0	16.5
6.04	40.4	5.8	5.25	21.7	3.12	18.7	2.68	625	90	5.0	0.7
6.04	40.4	5.8	5.75	31.9	4.58	8.5	1.22	625	90		
5.98	43.9	5.5	4.75	14.5	1.83	29.4	3.72	687	87	126.5	16.0
5.98	43.9	5.5	5.25	20.6	2.61	23.2	2.93	687	87	5.5	0.7
5.98	43.9	5.5	5.75	30.3	3.83	13.6	1.71	687	87		

编码	动物分类	性能指标		体重 (BM)	生产时间或发育时间	安全补饲量
		动物产品				
	生产和发育阶段	牛奶 (4%乳脂率)	增重			
		kg/d	g/d	kg	d	%
1	2	3	4	5	6	7
2026	奶牛	24.5	550	660	63	4
2046	第 6 个泌乳期	24.5	550	660	63	4
2066	10 000 kg/头/年	24.5	550	660	63	4
11926	奶牛	27.3	510	635	64	4
11946	第 6 个泌乳期	27.3	510	635	64	4
11966	11 000 kg/头/年	27.3	510	635	64	4
12026	奶牛	30.1	550	660	64	4
12046	第 6 个泌乳期	30.1	550	660	64	4
12066	12 000 kg/头/年	30.1	550	660	64	4
1227	奶牛	1.6	520	487	28	10
1247	第 7 个泌乳期	1.6	520	487	28	10
1267	2 000 kg/头/年	1.6	520	487	28	10
1327	奶牛	2.5	550	542	28	9
1347	第 7 个泌乳期	2.5	550	542	28	9
1367	3 000 kg/头/年	2.5	550	542	28	9
1427	奶牛	3.8	580	583	28	8
1447	第 7 个泌乳期	3.8	580	583	28	8
1467	4 000 kg/头/年	3.8	580	583	28	8
1527	奶牛	5.7	615	614	28	7
1547	第 7 个泌乳期	5.7	615	614	28	7
1567	5 000 kg/头/年	5.7	615	614	28	7
1627	奶牛	7.6	645	638	28	6
1647	第 7 个泌乳期	7.6	645	638	28	6
1667	6 000 kg/头/年	7.6	645	638	28	6
1727	奶牛	9.8	675	661	28	5
1747	第 7 个泌乳期	9.8	675	661	28	5
1767	7 000 kg/头/年	9.8	675	661	28	5
1827	奶牛	11.9	705	686	21	4
1847	第 7 个泌乳期	11.9	705	686	21	4
1867	8 000 kg/头/年	11.9	705	686	21	4
1927	奶牛	14	675	661	16	4
1947	第 7 个泌乳期	14	675	661	16	4
1967	9 000 kg/头/年	14	675	661	16	4
2027	奶牛	16.3	705	686	15	4
2047	第 7 个泌乳期	16.3	705	686	15	4
2067	10 000 kg/头/年	16.3	705	686	15	4

每头动物每年的需要量(a 列)和每吨动物产品的需要量(b 列)											
能量								可消化粗蛋白(dCP)			
合计			粗饲料			精饲料		合计		来自高蛋白精饲料	
EC	NERc	NERc	EC	NERc	NERc	NERc	NERc	dCP	dCP	dCP	dCP
MJ/kg	GJ	GJ	MJ/kg	GJ	GJ	GJ	GJ	kg	kg	kg	kg
8	9a	9b	10	11a	11b	12a	12b	13a	13b	14a	14b
6.09	47.4	5.3	4.75	14.2	1.60	33.2	3.74	749	84	139.2	15.7
6.09	47.4	5.3	5.25	20.2	2.28	27.1	3.06	749	84	6.1	0.7
6.09	47.4	5.3	5.75	29.7	3.35	17.6	1.99	749	84		
6.03	50.8	5.1	4.75	13.5	1.35	37.4	3.75	811	81	153.1	15.4
6.03	50.8	5.1	5.25	19.2	1.93	31.6	3.17	811	81	6.7	0.7
6.03	50.8	5.1	5.75	28.2	2.83	22.6	2.27	811	81	0.0	0.0
6.14	54.3	4.9	4.75	13.2	1.20	41.1	3.74	873	79	168.4	15.3
6.14	54.3	4.9	5.25	18.8	1.71	35.4	3.23	873	79	7.3	0.7
6.14	54.3	4.9	5.75	27.7	2.52	26.6	2.42	873	79	0.0	0.0
4.83	20.7	35.4	4.75	19.1	32.72	1.6	2.70	210	360		
5.25	19.6	33.6	5.25	19.6	33.62			210	360		
5.75	18.6	31.8	5.75	18.6	31.82			210	360		
5.09	22.6	24.7	4.75	18.3	20.02	4.3	4.72	240	263		
5.25	21.8	23.9	5.25	21.8	23.93			240	263		
5.75	20.7	22.7	5.75	20.7	22.67			240	263		
5.25	24.8	17.9	4.75	17.6	12.72	7.1	5.15	280	202		
5.25	24.4	17.6	5.25	24.4	17.56			280	202		
5.75	23.0	16.6	5.75	23.0	16.58			280	202		
5.46	27.4	13.2	4.75	17.1	8.23	10.3	4.95	330	159		
5.41	27.1	13.0	5.25	24.5	11.76	2.6	1.26	330	159		
5.75	25.8	12.4	5.75	25.8	12.42			330	159		
5.62	29.8	10.7	4.75	16.6	5.98	13.2	4.77	378	136		
5.57	29.6	10.7	5.25	23.4	8.44	6.2	2.23	378	136		
5.75	28.5	10.3	5.75	28.5	10.26			378	136		
5.75	32.7	9.1	4.75	16.1	4.49	16.6	4.64	435	122		
5.75	32.4	9.1	5.25	22.7	6.34	9.8	2.73	435	122		
5.75	31.5	8.8	5.75	31.5	8.81			435	122		
5.99	35.0	8.0	4.75	14.5	3.34	20.5	4.71	484	111	5.0	1.2
5.83	34.2	7.9	5.25	22.2	5.10	12.1	2.78	484	111		
5.83	34.2	7.9	5.75	32.4	7.47	1.8	0.41	484	111		
5.83	37.3	7.3	4.75	13.8	2.69	23.5	4.60	533	104	5.5	1.1
5.83	36.0	7.0	5.25	21.0	4.12	15.0	2.93	533	104		
5.83	37.0	7.2	5.75	30.8	6.03	6.1	1.20	533	104		
6.04	39.6	6.7	4.75	13.5	2.30	26.1	4.44	582	99	6.1	1.0
5.88	37.8	6.4	5.25	20.6	3.51	17.2	2.92	582	99		
5.88	39.7	6.8	5.75	30.2	5.14	9.5	1.61	582	99		

编码	动物分类	性能指标		体重	生产时间或	安全补饲量
		动物产品		(BM)	发育时间	
	生产和发育阶段	牛奶(4%乳脂率)	增重			
		kg/d	g/d	kg	d	%
1	2	3	4	5	6	7
11927	奶牛	18.6	675	661	13	4
11947	第 7 个泌乳期	18.6	675	661	13	4
11967	11 000 kg/头/年	18.6	675	661	13	4
12027	奶牛	20.9	705	686	11	4
12047	第 7 个泌乳期	20.9	705	686	11	4
12067	12 000 kg/头/年	20.9	705	686	11	4
1228	奶牛		360	500	17	10
1248	第 8 个泌乳期		360	500	17	10
1268	2 000 kg/头/年		360	500	17	10
1328	奶牛		405	555	17	9
1348	第 8 个泌乳期		405	555	17	9
1368	3 000 kg/头/年		405	555	17	9
1428	奶牛		435	596	17	8
1448	第 8 个泌乳期		435	596	17	8
1468	4 000 kg/头/年		435	596	17	8
1528	奶牛		460	627	17	7
1548	第 8 个泌乳期		460	627	17	7
1568	5 000 kg/头/年		460	627	17	7
1628	奶牛		480	652	17	6
1648	第 8 个泌乳期		480	652	17	6
1668	6 000 kg/头/年		480	652	17	6
1728	奶牛		500	675	17	5
1748	第 8 个泌乳期		500	675	17	5
1768	7 000 kg/头/年		500	675	17	5
1828	奶牛		520	701	17	4
1848	第 8 个泌乳期		520	701	17	4
1868	8 000 kg/头/年		520	701	17	4
1928	奶牛		520	701	17	4
1948	第 8 个泌乳期		520	701	17	4
1968	9 000 kg/头/年		520	701	17	4
2028	奶牛		520	701	17	4
2048	第 8 个泌乳期		520	701	17	4
2068	10 000 kg/头/年		520	701	17	4
11928	奶牛		520	701	17	4
11948	第 8 个泌乳期		520	701	17	4
11968	11 000 kg/头/年		520	701	17	4

每头动物每年的需要量(a 列)和每吨动物产品的需要量(b 列)											
能量								可消化粗蛋白(dCP)			
合计			粗饲料			精饲料		合计		来自高蛋白精饲料	
EC MJ/kg	NERc GJ	NERc GJ	EC MJ/kg	NERc GJ	NERc GJ	NERc GJ	NERc GJ	dCP kg	dCP kg	dCP kg	dCP kg
8	9a	9b	10	11a	11b	12a	12b	13a	13b	14a	14b
5.88	41.9	6.2	4.75	12.8	1.89	29.1	4.28	631	93	6.7	1.0
5.88	39.6	5.8	5.25	19.6	2.89	20.0	2.94	631	93	0.0	0.0
5.88	42.4	6.2	5.75	28.7	4.23	13.7	2.02	631	93	0.0	0.0
6.09	44.2	5.8	4.75	12.6	1.65	31.6	4.15	680	89	7.3	1.0
5.93	41.4	5.4	5.25	19.2	2.52	22.2	2.91	680	89	0.0	0.0
5.93	45.2	5.9	5.75	28.1	3.69	17.0	2.23	680	89	0.0	0.0
5.51	18.7		4.75	11.4		7.2		224			
5.46	18.6		5.25	16.2		2.4		224			
5.75	17.7		5.75	17.7				224			
5.51	19.7		4.75	11.9		7.9		235			
5.46	19.5		5.25	16.8		2.7		235			
5.75	18.7		5.75	18.7				235			
5.51	20.4		4.75	12.2		8.2		243			
5.46	20.3		5.25	17.2		3.0		243			
5.75	19.3		5.75	19.3				243			
5.51	20.8		4.75	12.5		8.3		247			
5.46	20.7		5.25	17.9		2.8		247			
5.75	19.7		5.75	19.7				247			
5.51	21.1		4.75	12.8		8.3		250			
5.46	20.9		5.25	18.3		2.6		250			
5.75	20.0		5.75	20.0				250			
5.46	21.3		4.75	13.0		8.3		252			
5.46	21.1		5.25	18.5		2.6		252			
5.75	20.2		5.75	20.2				252			
5.46	21.5		4.75	13.3		8.2		254			
5.41	21.3		5.25	19.0		2.3		254			
5.75	20.4		5.75	20.4				254			
5.51	21.7		4.75	12.7		9.1		256			
5.51	21.5		5.25	18.1		3.5		256			
5.83	20.6		5.75	19.4		1.2		256			
5.51	21.9		4.75	12.4		9.5		258			
5.46	21.7		5.25	17.7		4.0		258			
5.83	20.8		5.75	19.0		1.8		258			
5.56	22.2		4.75	11.8		10.4		260			
5.56	21.9		5.25	16.8		5.1		260			
5.88	21.0		5.75	18.0		3.0		260			

编码	动物分类	性能指标		体重 （BM）	生产时间或 发育时间	安全补饲量
		动物产品				
	生产和发育阶段	牛奶 （4%乳脂率）	增重			
		kg/d	g/d	kg	d	%
1	2	3	4	5	6	7
12028	奶牛		520	701	17	4
12048	第 8 个泌乳期		520	701	17	4
12068	12 000 kg/头/年		520	701	17	4
1229	奶牛		315	520	40	10
1249	第 9 个泌乳期		315	520	40	10
1269	2 000 kg/头/年		315	520	40	10
1329	奶牛		355	576	40	9
1349	第 9 个泌乳期		355	576	40	9
1369	3 000 kg/头/年		355	576	40	9
1429	奶牛		385	617	40	8
1449	第 9 个泌乳期		385	617	40	8
1469	4 000 kg/头/年		385	617	40	8
1529	奶牛		405	648	40	7
1549	第 9 个泌乳期		405	648	40	7
1569	5 000 kg/头/年		405	648	40	7
1629	奶牛		425	673	40	6
1649	第 9 个泌乳期		425	673	40	6
1669	6 000 kg/头/年		425	673	40	6
1729	奶牛		440	696	40	5
1749	第 9 个泌乳期		440	696	40	5
1769	7 000 kg/头/年		440	696	40	5
1829	奶牛		455	722	40	4
1849	第 9 个泌乳期		455	722	40	4
1869	8 000 kg/头/年		455	722	40	4
1929	奶牛		440	696	40	4
1949	第 9 个泌乳期		440	696	40	4
1969	9 000 kg/头/年		440	696	40	4
2029	奶牛		455	722	40	4
2049	第 9 个泌乳期		455	722	40	4
2069	10 000 kg/头/年		455	722	40	4
11929	奶牛		440	696	40	4
11949	第 9 个泌乳期		440	696	40	4
11969	11 000 kg/头/年		440	696	40	4
12029	奶牛		455	722	40	4
12049	第 9 个泌乳期		455	722	40	4
12069	12 000 kg/头/年		455	722	40	4

每头动物每年的需要量(a列)和每吨动物产品的需要量(b列)											
能量								可消化粗蛋白(dCP)			
合计			粗饲料			精饲料		合计		来自高蛋白精饲料	
EC	NERc	NERc	EC	NERc	NERc	NERc	NERc	dCP	dCP	dCP	dCP
MJ/kg	GJ	GJ	MJ/kg	GJ	GJ	GJ	GJ	kg	kg	kg	kg
8	9a	9b	10	11a	11b	12a	12b	13a	13b	14a	14b
5.56	22.4		4.75	11.6		10.8		262			
5.51	22.2		5.25	16.5		5.7		262			
5.88	21.2		5.75	17.7		3.6		262			
6.04	20.8		4.75	8.0		12.8		276			
6.04	20.8		5.25	11.0		9.8		276			
6.04	20.8		5.75	16.2		4.6		276			
6.04	21.9		4.75	8.4		13.5		292			
6.04	21.9		5.25	11.7		10.3		292			
6.04	21.9		5.75	17.1		4.8		292			
6.09	22.8		4.75	8.6		14.2		302			
6.09	22.8		5.25	12.0		10.8		302			
6.09	22.8		5.75	17.6		5.1		302			
6.09	23.3		4.75	8.7		14.6		308			
6.09	23.3		5.25	12.2		11.1		308			
6.09	23.3		5.75	17.9		5.5		308			
6.09	23.7		4.75	8.9		14.8		313			
6.09	23.7		5.25	12.4		11.3		313			
6.09	23.7		5.75	18.2		5.6		313			
6.09	24.0		4.75	8.9		15.1		316			
6.09	24.0		5.25	12.4		11.7		316			
6.09	24.0		5.75	18.3		5.8		316			
6.09	24.4		4.75	9.2		15.1		321			
6.09	24.4		5.25	12.8		11.6		321			
6.09	24.4		5.75	18.8		5.6		321			
6.14	24.7		4.75	8.8		15.9		326			
6.14	24.7		5.25	12.2		12.5		326			
6.14	24.7		5.75	17.9		6.8		326			
6.14	25.0		4.75	8.6		16.4		331			
6.14	25.0		5.25	11.9		13.1		331			
6.14	25.0		5.75	17.5		7.5		331			
6.19	25.3		4.75	8.2		17.1		336			
6.19	25.3		5.25	11.3		14.0		336			
6.19	25.3		5.75	16.6		8.7		336			
6.19	25.6		4.75	8.0		17.6		341			
6.19	25.6		5.25	11.1		14.5		341			
6.19	25.6		5.75	16.3		9.3		341			

编码	动物分类	性能指标		体重 (BM)	生产时间或发育时间	安全补饲量
	生产和发育阶段	动物产品	增重			
			g/d	kg	d	%
1	2	3	4	5	6	7
	种公牛					
1931	种公牛				365	
1941	＜3 岁				365	
1951					365	
1932	种公牛				365	
1942	＞3 岁				365	
1952					365	
5.1.2	计划标准，犊牛					
2042	**母犊**		400	76.8	217	9
2044	33.5～120 kg BM		600	76.8	145	7
2046	1～18 周(4 月龄)		800	76.8	109	5
2048			1 000	76.8	87	3
2142	母犊		400	38.75	26	9
2144	33.5～44 kg BM		600	38.75	18	7
2146	1～3 周(0.75 月龄)		800	38.75	13	5
2148			1 000	38.75	11	3
2242	母犊		400	63	95	9
2244	44～82 kg BM		600	63	63	7
2246	4～11 周(2.5 月龄)		800	63	48	5
2248			1 000	63	38	3
2342	母犊		400	101	95	9
2344	82～120 kg BM		600	101	63	7
2346	12～18 周(4 月龄)		800	101	48	5
2348			1 000	101	38	3
2442	母犊		400	57.8	121	9
2444	33.5～82 kg BM		600	57.8	81	7
2446	1～11 周(2.5 月龄)		800	57.8	61	5
2448			1 000	57.8	49	3
2542	**公犊**		400	83.3	234	9
2544	36.5～130 kg BM		600	83.3	156	7
2546	4～14 周(4 月龄)		800	83.3	117	5
2548			1 000	83.3	94	3
2642	公犊		400	41.75	26	9
2644	36.5～47 kg BM		600	41.75	18	7
2636	4～14 周(0.75 月龄)		800	41.75	13	5
2648			1 000	41.75	11	3

每头动物每年的需要量(a 列)和每吨动物产品的需要量(b 列)											
能量								可消化粗蛋白(dCP)			
合计			粗饲料			精饲料		合计		来自高蛋白精饲料	
EC	NERc	NERc	EC	NERc	NERc	NERc	NERc	dCP	dCP	dCP	dCP
MJ/kg	GJ	GJ	MJ/kg	GJ	GJ	GJ	GJ	kg	kg	kg	kg
8	9a	9b	10	11a	11b	12a	12b	13a	13b	14a	14b
6.30	19.1		5.00	6.0		13.1		365		156.0	
6.30	19.1		5.25	7.2		11.9		365		135.0	
6.30	19.1		5.50	8.9		10.2		365		94.0	
6.30	25.8		5.00	8.5		17.3		438		123.0	
6.30	25.8		5.25	10.2		15.6		438		94.0	
6.30	25.8		5.50	12.7		13.1		438		36.0	
7.82	4.2	28.8	5.25	1.5	10.07	2.7	18.70	83	568	42.0	287.7
7.98	4.9	22.5	5.25	1.5	6.71	3.5	15.82	98	447	51.0	232.9
8.14	5.9	20.1	5.25	1.5	5.03	4.4	15.10	113	387	57.0	195.2
8.14	6.8	18.7	5.25	1.5	4.03	5.4	14.67	128	351	62.0	169.9
13.76	2.9	20.1				2.9	20.1	63	432	63.0	431.5
13.76	3.4	15.3				3.4	15.3	79	361	79.0	360.7
13.76	3.9	13.3				3.9	13.3	94	322	94.0	321.9
13.76	4.3	11.8				4.3	11.8	109	299	109.0	298.6
8.77	3.7	25.2	5.25	0.4	2.88	3.3	22.3	76	521	57.0	390.4
8.82	4.3	19.7	5.25	0.4	1.92	3.9	17.7	92	420	70.0	319.6
8.93	4.9	16.9	5.25	0.4	1.44	4.5	15.5	107	366	82.0	280.8
8.93	5.7	15.5	5.25	0.4	1.15	5.3	14.4	121	332	93.0	254.8
5.93	5.1	35.2	5.25	2.9	20.14	2.2	15.1	95	651	23.0	157.5
6.14	6.0	27.3	5.25	2.8	12.95	3.2	14.4	110	502	30.0	137.0
6.35	7.4	25.2	5.25	2.8	9.71	4.5	15.5	125	428	28.0	95.9
6.46	8.6	23.6	5.25	2.7	7.48	5.9	16.1	139	381	26.0	71.2
10.45	3.5	23.7	5.25	0.3	2.16	3.2	21.6	73	500	57.0	390.4
10.50	4.1	18.7	5.25	0.3	1.44	3.8	17.3	89	406	68.0	310.5
10.50	4.7	16.2	5.25	0.3	1.08	4.4	15.1	104	356	79.0	270.5
10.50	5.4	14.7	5.25	0.3	0.86	5.0	13.8	119	326	90.0	246.6
7.88	4.3	29.5	5.25	1.6	10.79	2.7	18.7	86	589	42.0	287.7
7.98	4.7	21.6	5.25	1.6	7.19	3.2	14.4	101	461	57.0	260.3
8.09	5.1	17.6	5.25	1.6	5.39	3.6	12.2	116	397	72.0	246.6
8.14	5.6	15.2	5.25	1.5	4.03	4.1	11.2	131	359	86.0	235.6
13.76	3.0	20.9				3.0	20.9	65	445	65.0	445.2
13.76	3.5	15.8				3.5	15.8	81	370	81.0	369.9
13.76	3.9	13.3				3.9	13.3	97	332	97.0	332.2
13.76	4.3	11.8				4.3	11.8	111	304	111.0	304.1

编码	动物分类	性能指标		体重 (BM)	生产时间或发育时间	安全补饲量
	生产和发育阶段	动物产品				
			增重			
			g/d	kg	d	%
1	2	3	4	5	6	7
2742	公犊		400	65	90	9
2744	47～83 kg BM		600	65	60	7
2746	4～11 周(2.5 月龄)		800	65	45	5
2748			1 000	65	36	3
2842	公犊		400	106.5	118	9
2844	83～130 kg BM		600	106.5	78	7
2846	12～18 周(4 月龄)		800	106.5	59	5
2848			1 000	106.5	47	3
2942	公犊		400	59.8	116	9
2944	36.5～83 kg BM		600	59.8	78	7
2946	1～11 周(2.5 月龄)		800	59.8	58	5
2948			1 000	59.8	47	3
5.1.3	计划标准,后备母牛					
3012	**后备牛**		400	305	926	9
3022	**120～490 kg BM**		400	305	926	9
3042	5～18 月龄		400	305	926	9
3062			400	305	926	9
3014	后备牛		600	305	616	7
3024	120～490 kg BM		600	305	616	7
3044	5～18 月龄		600	305	616	7
3064			600	305	616	7
3016	后备牛		800	305	463	5
3026	120～490 kg BM		800	305	463	5
3046	5～18 月龄		800	305	463	5
3066			800	305	463	5
3112	**后备牛**		400	142.5	113	9
3122	**120～165 kg BM**		400	142.5	113	9
3142	5～6 月龄		400	142.5	113	9
3162			400	142.5	113	9
3114	后备牛		600	142.5	75	7
3124	120～165 kg BM		600	142.5	75	7
3144	5～6 月龄		600	142.5	75	7
3164			600	142.5	75	7

每头动物每年的需要量(a 列)和每吨动物产品的需要量(b 列)											
能量								可消化粗蛋白(dCP)			
合计			粗饲料			精饲料		合计		来自高蛋白精饲料	
EC	NERc	NERc	EC	NERc	NERc	NERc	NERc	dCP	dCP	dCP	dCP
MJ/kg	GJ	GJ	MJ/kg	GJ	GJ	GJ	GJ	kg	kg	kg	kg
8	9a	9b	10	11a	11b	12a	12b	13a	13b	14a	14b
8.77	3.8	25.9	5.25	0.4	2.88	3.4	23.0	77	527	58.0	397.3
8.77	4.1	18.7	5.25	0.4	1.92	3.7	16.8	93	425	73.0	333.3
8.77	4.5	15.5	5.25	0.4	1.44	4.1	14.0	108	370	90.0	308.2
8.77	4.9	13.5	5.25	0.4	1.15	4.5	12.4	123	337	106.0	290.4
5.93	5.0	34.5	5.25	2.8	19.42	2.2	15.1	97	664	27.0	184.9
5.99	5.6	25.4	5.25	2.8	12.95	2.7	12.5	113	516	43.0	196.3
6.09	6.0	20.5	5.25	2.8	9.71	3.2	10.8	127	435	58.0	198.6
6.14	6.4	17.5	5.25	2.7	7.48	3.7	10.1	141	386	72.0	197.3
10.45	3.6	24.5	5.25	0.3	2.16	3.3	22.3	74	507	58.0	397.3
10.50	4.0	18.2	5.25	0.3	1.44	3.7	16.8	90	411	71.0	324.2
10.50	4.4	15.1	5.25	0.3	1.08	4.1	14.0	105	360	86.0	294.5
10.55	4.8	13.2	5.25	0.3	0.86	4.5	12.4	120	329	100.0	274.0
5.15	12.4	84.9	4.45	8.1	55.38	4.3	29.5	154	1055	9.8	67.1
5.15	12.3	84.1	4.75	9.6	65.45	2.7	18.7	154	1055	4.9	33.6
5.25	12.0	82.0	5.25	11.8	80.55	0.2	1.4	154	1055		
5.75	11.3	77.7	5.75	11.3	77.67			154	1055		
5.46	14.1	64.2	4.45	7.5	34.04	6.6	30.2	168	767	9.5	43.4
5.46	14.0	63.8	4.75	8.7	39.79	5.3	24.0	168	767	5.8	26.5
5.41	13.9	63.3	5.25	12.6	57.53	1.3	5.8	168	767	0.5	2.3
5.75	13.2	60.4	5.75	13.2	60.41			168	767		
5.88	15.9	54.3	4.45	6.1	20.86	9.8	33.4	182	623	5.8	19.9
5.88	15.9	54.3	4.75	7.1	24.45	8.7	29.8	182	623	3.7	12.7
5.83	15.8	53.9	5.25	10.2	34.88	5.6	19.1	182	623	0.3	1.0
5.83	15.4	52.9	5.75	15.0	51.42	0.4	1.4	182	623		
5.57	6.7	46.0	4.45	3.3	22.29	3.5	23.7	112	767	34.0	232.9
5.51	6.7	46.0	4.75	3.9	26.61	2.8	19.4	112	767	24.0	164.4
5.51	6.7	46.0	5.25	5.7	38.84	1.1	7.2	112	767		
5.75	6.4	43.9	5.75	6.4	43.87			112	767		
5.83	7.8	35.5	4.45	2.9	13.42	4.8	22.1	127	580	38.0	173.5
5.83	7.8	35.5	4.75	3.5	15.82	4.3	19.7	127	580	29.0	132.4
5.83	7.8	35.5	5.25	5.0	23.01	2.7	12.5	127	580	4.0	18.3
5.75	7.6	34.5	5.75	7.6	34.52			127	580		

编码	动物分类	性能指标		体重	生产时间或	安全补饲量
		动物产品		(BM)	发育时间	
	生产和发育阶段		增重			
			g/d	kg	d	%
1	2	3	4	5	6	7
3116	后备牛		800	142.5	56	5
3126	120～165 kg BM		800	142.5	56	5
3146	5～6 月龄		800	142.5	56	5
3166			800	142.5	56	5
3211	**后备牛**		300	187.5	150	10
3221	**165～210 kg BM**		300	187.5	150	10
3241	7～9 月龄		300	187.5	150	10
3261			300	187.5	150	10
3212	后备牛		400	187.5	113	9
3222	165～210 kg BM		400	187.5	113	9
3242	7～9 月龄		400	187.5	113	9
3262			400	187.5	113	9
3214	后备牛		600	187.5	75	7
3224	165～210 kg BM		600	187.5	75	7
3244	7～9 月龄		600	187.5	75	7
3264			600	187.5	75	7
3216	后备牛		800	187.5	56	5
3226	165～210 kg BM		800	187.5	56	5
3246	7～9 月龄		800	187.5	56	5
3266			800	187.5	56	5
3311	**后备牛**		300	240	200	10
3321	**210～270 kg BM**		300	240	200	10
3341	10～12 月龄		300	240	200	10
3361			300	240	200	10
3312	后备牛		400	240	150	9
3322	210～270 kg BM		400	240	150	9
3342	10～12 月龄		400	240	150	9
3362			400	240	150	9
3314	后备牛		600	240	100	7
3324	210～270 kg BM		600	240	100	7
3344	10～12 月龄		600	240	100	7
3364			600	240	100	7
3316	后备牛		800	240	75	5
3326	210～270 kg BM		800	240	75	5
3346	10～12 月龄		800	240	75	5
3366			800	240	75	5

每头动物每年的需要量(a 列)和每吨动物产品的需要量(b 列)											
能量								可消化粗蛋白(dCP)			
合计			粗饲料			精饲料		合计		来自高蛋白精饲料	
EC	NERc	NERc	EC	NERc	NERc	NERc	NERc	dCP	dCP	dCP	dCP
MJ/kg	GJ	GJ	MJ/kg	GJ	GJ	GJ	GJ	kg	kg	kg	kg
8	9a	9b	10	11a	11b	12a	12b	13a	13b	14a	14b
6.09	9.1	31.3	4.45	2.7	9.35	6.4	21.9	141	483	35.0	119.9
6.09	9.1	31.3	4.75	3.3	11.15	5.9	20.1	141	483	26.0	89.0
6.09	9.1	31.3	5.25	4.7	16.18	4.4	15.1	141	483	2.0	6.8
6.09	9.1	31.3	5.75	6.9	23.73	2.2	7.6	141	483		
5.25	7.8	71.0	4.45	4.7	43.15	3.0	27.8	121	1105	22.0	200.9
5.20	7.8	71.0	4.75	5.7	51.78	2.1	19.2	121	1105	7.0	63.9
5.25	7.6	69.0	5.25	7.6	69.04			121	1105		
5.75	7.2	66.2	5.75	7.2	66.16			121	1105		
5.41	8.1	55.4	4.45	4.4	30.21	3.7	25.2	129	884	29.0	198.6
5.36	8.1	55.4	4.75	5.3	35.96	2.8	19.4	129	884	15.0	102.7
5.30	8.0	54.7	5.25	7.7	52.50	0.3	2.2	129	884		
5.75	7.6	51.8	5.75	7.6	51.78			129	884		
5.67	9.3	42.7	4.45	4.1	18.70	5.3	24.0	143	653	30.0	137.0
5.67	9.3	42.7	4.75	4.8	22.05	4.5	20.6	143	653	18.0	82.2
5.67	9.2	42.2	5.25	6.9	31.64	2.3	10.5	143	653		
5.75	8.9	40.8	5.75	8.9	40.75			143	653		
6.04	11.4	39.2	4.45	3.9	13.30	7.6	25.9	158	541	13.0	44.5
5.88	11.1	38.1	4.75	4.9	16.90	6.2	21.2	158	541	4.0	13.7
5.88	11.1	38.1	5.25	6.9	23.73	4.2	14.4	158	541		
5.88	11.1	38.1	5.75	10.2	34.88	0.9	3.2	158	541		
5.09	9.6	87.3	4.45	6.5	59.45	3.0	27.8	137	1251	7.0	63.9
5.04	9.6	87.3	4.75	7.8	70.96	1.8	16.3	137	1251		
5.25	9.1	83.4	5.25	9.1	83.42			137	1251		
5.75	8.7	79.6	5.75	8.7	79.59			137	1251		
5.25	10.0	68.3	4.45	6.2	42.43	3.8	25.9	144	986	13.0	89.0
5.20	9.9	67.6	4.75	7.2	49.62	2.6	18.0	144	986		
5.25	9.7	66.2	5.25	9.7	66.16			144	986		
5.75	9.1	62.6	5.75	9.1	62.57			144	986		
5.57	11.4	52.3	4.45	5.8	26.37	5.7	25.9	159	726	8.0	36.5
5.51	11.4	52.3	4.75	6.8	31.16	4.6	21.1	159	726		
5.51	11.3	51.8	5.25	9.6	43.63	1.8	8.2	159	726		
5.75	10.9	49.9	5.75	10.9	49.86			159	726		
5.93	14.2	48.5	4.45	5.3	17.98	8.9	30.6	172	589		
5.93	14.1	48.2	4.75	6.1	20.86	8.0	27.3	172	589		
5.75	13.8	47.1	5.25	9.3	32.00	4.4	15.1	172	589		
5.75	13.8	47.1	5.75	13.8	47.11			172	589		

编码	动物分类	性能指标		体重	生产时间或	安全补饲量
		动物产品		(BM)	发育时间	
	生产和发育阶段		增重			
			g/d	kg	d	%
1	2	3	4	5	6	7
3411	**后备牛**		300	325	367	10
3421	**270～380 kg BM**		300	325	367	10
3441	13～18 月龄		300	325	367	10
3461			300	325	367	10
3412	后备牛		400	325	275	9
3422	270～380 kg BM		400	325	275	9
3442	13～18 月龄		400	325	275	9
3462			400	325	275	9
3414	后备牛		600	325	183	7
3424	270～380 kg BM		600	325	183	7
3444	13～18 月龄		600	325	183	7
3464			600	325	183	7
3416	后备牛		800	325	138	5
3426	270～380 kg BM		800	325	138	5
3446	13～18 月龄		800	325	138	5
3466			800	325	138	5
3511	**后备牛**		300	435	367	10
3521	**380～490 kg BM**		300	435	367	10
3541	18 月龄以上		300	435	367	10
3561			300	435	367	10
3512	后备牛		400	435	275	9
3522	380～490 kg BM		400	435	275	9
3542	18 月龄以上		400	435	275	9
3562			400	435	275	9
3514	后备牛		600	435	183	7
3524	380～490 kg BM		600	435	183	7
3544	18 月龄以上		600	435	183	7
3564			600	435	183	7
3516	后备牛		800	435	138	5
3526	380～490 kg BM		800	435	138	5
3546	18 月龄以上		800	435	138	5
3566			800	435	138	5
3614	**后备牛,妊娠后期**		670	510	60	7.5
3624	490～530 kg BM		670	510	60	7.5
3644	妊娠 7 个月至产犊		670	510	60	7.5
3664			670	510	60	7.5

每头动物每年的需要量(a列)和每吨动物产品的需要量(b列)													
能量								可消化粗蛋白(dCP)					
合计			粗饲料			精饲料		合计		来自高蛋白精饲料			
EC	NERc	NERc	EC	NERc	NERc	NERc	NERc	dCP	dCP	dCP	dCP		
MJ/kg	GJ	GJ	MJ/kg	GJ	GJ	GJ	GJ	kg	kg	kg	kg		
8	9a	9b	10	11a	11b	12a	12b	13a	13b	14a	14b		
4.94	12.7	116.0	4.45	9.6	87.26	3.2	28.8	155	1 416				
4.94	12.6	115.1	4.75	11.3	103.56	1.3	11.5	155	1 416				
5.25	12.0	109.3	5.25	12.0	109.32			155	1 416				
5.75	11.3	103.6	5.75	11.3	103.56			155	1 416				
5.09	13.3	91.3	4.45	9.1	62.57	4.2	28.8	163	1 116				
5.04	13.2	90.6	4.75	10.8	74.08	2.4	16.5	163	1 116				
5.25	12.7	87.0	5.25	12.7	87.02			163	1 116				
5.75	12.1	82.7	5.75	12.1	82.71			163	1 116				
5.41	15.6	71.4	4.45	8.7	39.79	6.9	31.6	177	808				
5.36	15.6	71.4	4.75	10.4	47.47	5.3	24.0	177	808				
5.36	15.4	70.5	5.25	14.8	67.60	0.6	2.9	177	808				
5.75	14.7	67.1	5.75	14.7	67.12			177	808				
5.88	18.0	61.5	4.45	7.0	24.09	10.9	37.4	191	654				
5.88	18.0	61.5	4.75	8.3	28.41	9.7	33.1	191	654				
5.83	17.9	61.1	5.25	11.8	40.27	6.1	20.9	191	654				
5.75	17.4	59.7	5.75	17.4	59.69			191	654				
4.94	16.2	147.7	4.45	12.2	111.23	4.0	36.4	169	1 543				
4.88	16.0	145.8	4.75	14.5	132.33	1.5	13.4	169	1 543				
5.25	15.2	139.0	5.25	15.2	139.04			169	1 543				
5.75	14.4	131.4	5.75	14.4	131.37			169	1 543				
5.09	16.9	115.8	4.45	11.6	79.11	5.4	36.7	177	1 212				
5.04	16.8	115.1	4.75	13.7	93.49	3.2	21.6	177	1 212				
5.25	16.2	110.8	5.25	16.2	110.75			177	1 212				
5.75	15.3	105.0	5.75	15.3	105.00			177	1 212				
5.41	18.3	83.4	4.45	10.3	46.99	8.0	36.4	191	872				
5.36	18.3	83.4	4.75	12.1	55.14	6.2	28.3	191	872				
5.36	18.1	82.5	5.25	17.3	79.11	0.7	3.4	191	872				
5.75	17.1	78.2	5.75	17.1	78.15			191	872				
5.83	19.2	65.8	4.45	7.6	25.89	11.7	39.9	204	699				
5.83	19.2	65.8	4.75	8.9	30.57	10.3	35.2	204	699				
5.83	19.1	65.4	5.25	12.6	43.15	6.5	22.3	204	699				
5.75	18.7	64.0	5.75	18.7	64.01			204	699				
6.30	21.2	86.7	4.45	5.5	22.33	15.8	64.4	277	1 133	6.4	26.2		
6.30	21.2	86.7	4.75	6.4	26.19	14.8	60.5	277	1 133				
6.30	21.2	86.7	5.25	8.8	36.07	12.4	50.7	277	1 133				
6.30	21.2	86.7	5.75	12.9	52.81	8.3	33.9	277	1 133				

编码	动物分类	性能指标		体重 (BM)	生产时间或发育时间	安全补饲量
	生产和发育阶段	动物产品	增重			
			g/d	kg	d	%
1	2	3	4	5	6	7
5.1.4	计划标准,育肥公牛					
4011	**育肥公牛**		400	365	1 176	10
4021	**130～600 kg BM**		400	365	1 176	10
4041			400	365	1 176	10
4061			400	365	1 176	10
4012	育肥公牛		600	365	785	9
4022	130～600 kg BM		600	365	785	9
4042			600	365	785	9
4062			600	365	785	9
4013	育肥公牛		800	365	589	8
4023	130～600 kg BM		800	365	589	8
4043			800	365	589	8
4063			800	365	589	8
4014	育肥公牛		1 000	365	470	7
4024	130～600 kg BM		1 000	365	470	7
4044			1 000	365	470	7
4064			1 000	365	470	7
4015	育肥公牛		1 200	365	393	6
4025	130～600 kg BM		1 200	365	393	6
4045			1 200	365	393	6
4065			1 200	365	393	6
4016	育肥公牛		1 400	365	339	5
4026	130～600 kg BM		1 400	365	339	5
4046			1 400	365	339	5
4066			1 400	365	339	5
4122	**育肥公牛**		600	157.5	92	9
4142	**130～185 kg BM**		600	157.5	92	9
4162			600	157.5	92	9
4123	育肥公牛		800	157.5	69	8
4143	130～185 kg BM		800	157.5	69	8
4163			800	157.5	69	8
4124	育肥公牛		1 000	157.5	55	7
4144	130～185 kg BM		1 000	157.5	55	7
4164			1 000	157.5	55	7

每头动物每年的需要量(a 列)和每吨动物产品的需要量(b 列)													
能量								可消化粗蛋白(dCP)					
合计			粗饲料			精饲料		合计		来自高蛋白精饲料	
EC	NERc	NERc	EC	NERc	NERc	NERc	NERc	dCP	dCP	dCP	dCP
MJ/kg	GJ	GJ	MJ/kg	GJ	GJ	GJ	GJ	kg	kg	kg	kg
8	9a	9b	10	11a	11b	12a	12b	13a	13b	14a	14b
5.41	14.5	99.2	4.45	8.1	55.38	6.4	43.9	162	1 110	3.1	21.2
5.36	14.4	98.5	4.75	9.6	65.45	4.8	33.1	162	1 110	1.9	13.0
5.36	14.2	97.1	5.25	13.2	90.62	0.9	6.5	162	1 110	1.8	12.3
5.75	13.5	92.8	5.75	13.3	91.34	0.2	1.4	162	1 110	36.0	246.6
5.57	16.1	73.4	4.45	7.8	35.48	8.3	37.9	178	813	4.7	21.5
5.57	16.0	72.9	4.75	9.0	41.23	6.9	31.6	178	813	3.7	16.9
5.57	15.9	72.4	5.25	12.9	58.97	2.9	13.4	178	813	3.3	15.1
5.75	15.2	69.5	5.75	14.7	67.12	0.5	2.4	178	813	41.0	187.2
5.83	17.5	60.1	4.45	7.0	24.09	10.5	36.0	194	664	7.1	24.3
5.83	17.4	59.7	4.75	8.2	28.05	9.2	31.6	194	664	5.6	19.2
5.75	17.3	59.3	5.25	11.9	40.63	5.5	18.7	194	664	7.4	25.3
5.75	17.0	58.3	5.75	16.6	56.82	0.4	1.4	194	664	42.0	143.8
5.99	18.8	51.5	4.45	6.5	17.84	12.3	33.7	209	573	12.0	32.9
5.99	18.7	51.2	4.75	7.8	21.29	10.9	29.9	209	573	7.4	20.3
5.99	18.7	51.2	5.25	10.8	29.63	7.9	21.6	209	573	10.0	27.4
5.99	18.7	51.2	5.75	15.5	42.58	3.2	8.6	209	573	45.0	123.3
6.25	20.4	46.5	4.45	5.6	12.71	14.8	33.8	224	511	15.0	34.2
6.25	20.4	46.5	4.75	6.5	14.86	13.9	31.6	224	511	10.0	22.8
6.25	20.4	46.5	5.25	9.0	20.62	11.3	25.9	224	511	12.0	27.4
6.25	20.4	46.5	5.75	13.0	29.73	7.4	16.8	224	511	38.0	86.8
6.51	21.9	42.9	4.45	4.3	8.42	17.6	34.5	239	468	18.0	35.2
6.51	21.9	42.9	4.75	5.0	9.86	16.9	33.1	239	468	14.0	27.4
6.51	21.9	42.9	5.25	7.0	13.77	14.9	29.2	239	468	16.0	31.3
6.51	21.9	42.9	5.75	10.1	19.73	11.9	23.2	239	468	37.0	72.4
5.83	8.3	37.9	4.75	3.7	16.78	4.6	21.1	135	616	32.0	146.1
5.83	8.3	37.9	5.25	5.3	23.97	3.0	13.9	135	616	28.0	127.9
5.88	8.1	36.9	5.75	7.0	32.12	1.1	4.8	135	616	48.0	219.2
5.88	8.7	29.8	4.75	3.8	12.95	4.9	16.9	151	517	48.0	164.4
5.88	8.7	29.8	5.25	5.1	17.62	3.6	12.2	151	517	46.0	157.5
5.99	8.7	29.8	5.75	6.6	22.65	2.1	7.2	151	517	66.0	226.0
6.09	9.3	25.6	4.75	3.3	8.92	6.1	16.7	167	458	63.0	172.6
6.09	9.3	25.6	5.25	4.5	12.37	4.8	13.2	167	458	63.0	172.6
6.09	9.3	25.6	5.75	6.3	17.26	3.0	8.3	167	458	85.0	232.9

编码	动物分类	性能指标		体重(BM)	生产时间或发育时间	安全补饲量
	生产和发育阶段	动物产品				
			增重			
			g/d	kg	d	%
1	2	3	4	5	6	7
4125	育肥公牛		1 200	157.5	46	6
4145	130～185 kg BM		1 200	157.5	46	6
4165			1 200	157.5	46	6
4126	育肥公牛		1 400	157.5	40	5
4146	130～185 kg BM		1 400	157.5	40	5
4166			1 400	157.5	40	5
4222	**育肥公牛**		600	257.5	242	9
4242	**185～330 kg BM**		600	257.5	242	9
4262			600	257.5	242	9
4223	育肥公牛		800	257.5	182	8
4243	185～330 kg BM		800	257.5	182	8
4263			800	257.5	182	8
4224	育肥公牛		1 000	257.5	145	7
4244	185～330 kg BM		1 000	257.5	145	7
4264			1 000	257.5	145	7
4225	育肥公牛		1 200	257.5	121	6
4245	185～330 kg BM		1 200	257.5	121	6
4265			1 200	257.5	121	6
4226	育肥公牛		1 400	257.5	104	5
4246	185～330 kg BM		1 400	257.5	104	5
4266			1 400	257.5	104	5
4322	**育肥公牛**		600	375	150	9
4342	**330～420 kg BM**		600	375	150	9
4362			600	375	150	9
4323	育肥公牛		800	375	113	8
4343	330～420 kg BM		800	375	113	8
4363			800	375	113	8
4324	育肥公牛		1 000	375	90	7
4344	330～420 kg BM		1 000	375	90	7
4364			1 000	375	90	7
4325	育肥公牛		1 200	375	75	6
4345	330～420 kg BM		1 200	375	75	6
4365			1 200	375	75	6
4326	育肥公牛		1 400	375	65	5
4346	330～420 kg BM		1 400	375	65	5
4366			1 400	375	65	5

每头动物每年的需要量(a 列)和每吨动物产品的需要量(b 列)											
能量								可消化粗蛋白(dCP)			
合计			粗饲料			精饲料		合计		来自高蛋白精饲料	
EC	NERc	NERc	EC	NERc	NERc	NERc	NERc	dCP	dCP	dCP	dCP
MJ/kg	GJ	GJ	MJ/kg	GJ	GJ	GJ	GJ	kg	kg	kg	kg
8	9a	9b	10	11a	11b	12a	12b	13a	13b	14a	14b
6.30	10.0	22.8	4.75	2.6	5.99	7.4	16.8	182	416	76.0	173.5
6.30	10.0	22.8	5.25	3.7	8.39	6.3	14.4	182	416	78.0	178.1
6.30	10.0	22.8	5.75	5.3	11.99	4.7	10.8	182	416	106.0	242.0
6.51	10.7	21.0	4.75	2.1	4.11	8.6	16.8	197	386	90.0	176.1
6.51	10.7	21.0	5.25	2.9	5.75	7.8	15.2	197	386	95.0	185.9
6.51	10.7	21.0	5.75	4.1	8.01	6.6	12.9	197	386	123.0	240.7
5.67	12.6	57.5	4.75	6.6	30.21	6.0	27.3	166	758		
5.67	12.6	57.5	5.25	9.5	43.15	3.2	14.4	166	758	1.0	4.6
5.88	12.2	55.6	5.75	10.7	48.90	1.5	6.7	166	758	51.0	232.9
5.93	13.8	47.1	4.75	6.0	20.50	7.8	26.6	181	620		
5.75	13.3	45.7	5.25	9.0	30.92	4.3	14.7	181	620	6.0	20.5
5.75	13.3	45.7	5.75	12.7	43.51	0.6	2.2	181	620	49.0	167.8
6.04	14.5	39.7	4.75	5.7	15.53	8.8	24.2	197	540		
6.04	14.5	39.7	5.25	7.8	21.29	6.7	18.4	197	540	9.0	24.7
6.04	14.5	39.7	5.75	11.0	30.21	3.5	9.5	197	540	44.0	120.5
6.30	15.6	35.7	4.75	4.6	10.55	11.0	25.2	212	484	4.0	9.1
6.30	15.6	35.7	5.25	6.4	14.62	9.2	21.1	212	484	10.0	22.8
6.30	15.6	35.7	5.75	9.0	20.62	6.6	15.1	212	484	50.0	114.2
6.51	16.8	32.9	4.75	3.9	7.60	12.9	25.3	227	444	11.0	21.5
6.51	16.8	32.9	5.25	5.4	10.48	11.4	22.4	227	444	15.0	29.4
6.51	16.8	32.9	5.75	7.5	14.59	9.3	18.3	227	444	60.0	117.4
5.62	16.3	74.3	4.75	9.1	41.71	7.1	32.6	189	863		
5.57	16.2	73.8	5.25	12.9	58.97	3.3	14.9	189	863		
5.75	15.6	71.4	5.75	15.6	71.44			189	863	41.0	187.2
5.83	18.0	61.5	4.75	8.3	28.41	9.7	33.1	205	702	9.0	30.8
5.83	17.9	61.1	5.25	11.8	40.27	6.1	20.9	205	702		
5.75	17.4	59.7	5.75	17.4	59.69			205	702	42.0	143.8
5.99	19.3	52.9	4.75	7.9	21.58	11.4	31.4	218	597		
5.99	19.3	52.9	5.25	11.0	30.21	8.3	22.7	218	597		
5.99	19.3	52.9	5.75	15.8	43.15	3.6	9.8	218	597	50.0	137.0
6.25	21.1	48.2	4.75	6.7	15.34	14.4	32.8	234	534		
6.25	21.1	48.2	5.25	9.3	21.34	11.8	26.8	234	534		
6.25	21.1	48.2	5.75	13.3	30.45	7.8	17.7	234	534	36.0	82.2
6.51	22.9	44.8	4.75	5.4	10.48	17.5	34.3	249	487		
6.51	22.9	44.8	5.25	7.4	14.38	15.5	30.4	249	487		
6.51	22.9	44.8	5.75	10.6	20.75	12.3	24.0	249	487	20.0	39.1

编码	动物分类	性能指标				
		动物产品		体重（BM）	生产时间或发育时间	安全补饲量
	生产和发育阶段		增重			
			g/d	kg	d	%
1	2	3	4	5	6	7
4422	**育肥公牛**		600	470	167	9
4442	**420～520 kg BM**		600	470	167	9
4462			600	470	167	9
4423	育肥公牛		800	470	125	8
4443	420～520 kg BM		800	470	125	8
4463			800	470	125	8
4424	育肥公牛		1 000	470	100	7
4444	420～520 kg BM		1 000	470	100	7
4464			1 000	470	100	7
4425	育肥公牛		1 200	470	84	6
4445	420～520 kg BM		1 200	470	84	6
4465			1 200	470	84	6
4426	育肥公牛		1 400	470	72	5
4446	420～520 kg BM		1 400	470	72	5
4466			1 400	470	72	5
4522	**育肥公牛**		600	560	134	9
4542	**520～600 kg BM**		600	560	134	9
4562			600	560	134	9
4523	育肥公牛		800	560	100	8
4543	520～600 kg BM		800	560	100	8
4563			800	560	100	8
4524	育肥公牛		1 000	560	80	7
4544	520～600 kg BM		1 000	560	80	7
4564			1 000	560	80	7
4525	育肥公牛		1 200	560	67	6
4545	520～600 kg BM		1 200	560	67	6
4565			1 200	560	67	6
4526	育肥公牛		1 400	560	58	5
4546	520～600 kg BM		1 400	560	58	5
4566			1 400	560	58	5
4622	**育肥公牛**		600	230	334	9
4642	**130～330 kg BM**		600	230	334	9
4662			600	230	334	9
4624	育肥公牛		1 000	230	200	7
4644	130～330 kg BM		1 000	230	200	7
4664			1 000	230	200	7

每头动物每年的需要量(a 列)和每吨动物产品的需要量(b 列)											
能量								可消化粗蛋白(dCP)			
合计			粗饲料			精饲料		合计		来自高蛋白精饲料	
EC	NERc	NERc	EC	NERc	NERc	NERc	NERc	dCP	dCP	dCP	dCP
MJ/kg	GJ	GJ	MJ/kg	GJ	GJ	GJ	GJ	kg	kg	kg	kg
8	9a	9b	10	11a	11b	12a	12b	13a	13b	14a	14b
5.51	19.6	89.7	4.75	11.7	53.22	8.0	36.4	197	900		
5.51	19.5	89.2	5.25	16.5	75.27	3.0	13.9	197	900		
5.75	18.7	85.3	5.75	18.7	85.34			197	900	34.0	155.3
5.75	21.6	74.1	4.75	10.7	36.68	10.9	37.4	211	723		
5.72	21.5	73.7	5.25	15.1	51.78	6.4	21.9	211	723		
5.75	20.9	71.6	5.75	20.9	71.56			211	723	33.0	113.0
5.93	23.1	63.3	4.75	9.9	27.04	13.2	36.2	227	622		
5.93	23.1	63.3	5.25	13.8	37.68	9.3	25.6	227	622		
5.93	23.1	63.3	5.75	20.0	54.66	3.2	8.6	227	622	37.0	101.4
6.20	25.3	57.8	4.75	8.5	19.42	16.8	38.4	242	553		
6.20	25.3	57.8	5.25	11.8	26.85	13.5	30.9	242	553		
6.20	25.3	57.8	5.75	17.1	39.08	8.2	18.7	242	553	17.0	38.8
6.51	27.5	53.8	4.75	6.4	12.53	21.1	41.3	257	503		
6.51	27.5	53.8	5.25	8.8	17.26	18.7	36.6	257	503		
6.51	27.5	53.8	5.75	13.0	25.48	14.5	28.4	257	503		
5.46	22.5	102.6	4.75	14.1	64.25	8.4	38.4	195	890		
5.41	22.3	101.6	5.25	20.1	91.58	2.2	10.1	195	890		
5.75	21.2	96.8	5.75	21.2	96.85			195	890	24.0	109.6
5.72	24.6	84.1	4.75	12.6	43.15	12.0	41.0	211	723		
5.67	24.5	83.8	5.25	20.0	68.32	6.7	23.0	211	723		
5.75	23.7	81.3	5.75	23.7	81.27			211	723	24.0	82.2
5.88	26.3	71.9	4.75	11.8	32.22	14.5	39.7	225	616		
5.88	26.3	71.9	5.25	16.4	44.88	9.9	27.0	225	616		
5.88	26.3	71.9	5.75	23.8	65.30	2.4	6.6	225	616	22.0	60.3
6.20	28.7	65.4	4.75	9.7	22.05	19.0	43.4	240	548		
6.20	28.7	65.4	5.25	13.3	30.45	15.3	35.0	240	548		
6.20	28.7	65.4	5.75	19.6	44.83	9.0	20.6	240	548		
6.51	31.1	60.8	4.75	7.2	14.18	23.8	46.6	255	499		
6.51	31.1	60.8	5.25	10.0	19.52	21.1	41.3	255	499		
6.51	31.1	60.8	5.75	14.7	28.77	16.4	32.1	255	499		
5.72	11.4	52.3	4.75	5.9	26.85	5.6	25.4	157	717	8.7	39.7
5.67	11.3	51.8	5.25	8.2	37.40	3.2	14.4	157	717	7.8	35.6
5.88	11.0	50.3	5.75	9.7	44.11	1.4	6.2	157	717	50.0	228.3
6.04	13.1	36.0	4.75	5.0	13.81	8.1	22.2	189	518	17.0	46.6
6.04	13.1	36.0	5.25	6.9	18.99	6.2	17.0	189	518	24.0	65.8
6.04	13.1	36.0	5.75	9.8	26.75	3.4	9.2	189	518	55.0	150.7

编码	动物分类	性能指标		体重 (BM)	生产时间或发育时间	安全补饲量
	生产和发育阶段	动物产品	增重			
			g/d	kg	d	%
1	2	3	4	5	6	7
4626	育肥公牛		1 400	230	144	5
4646	130～330 kg BM		1 400	230	144	5
4666			1 400	230	144	5
4722	**育肥公牛**		600	275	484	9
4742	**130～420 kg BM**		600	275	484	9
4762			600	275	484	9
4724	育肥公牛		1 000	275	290	7
4744	130～420 kg BM		1 000	275	290	7
4764			1 000	275	290	7
4726	育肥公牛		1 400	275	209	5
4746	130～420 kg BM		1 400	275	209	5
4766			1 400	275	209	5
4822	**育肥公牛**		600	325	651	9
4842	**130～520 kg BM**		600	325	651	9
4862			600	325	651	9
4824	育肥公牛		1 000	325	390	7
4844	130～520 kg BM		1 000	325	390	7
4864			1 000	325	390	7
4826	育肥公牛		1 400	325	281	5
4846	130～520 kg BM		1 400	325	281	5
4866			1 400	325	281	5

每头动物每年的需要量(a列)和每吨动物产品的需要量(b列)											
能量								可消化粗蛋白(dCP)			
合计			粗饲料			精饲料		合计		来自高蛋白精饲料	
EC	NERc	NERc	EC	NERc	NERc	NERc	NERc	dCP	dCP	dCP	dCP
MJ/kg	GJ	GJ	MJ/kg	GJ	GJ	GJ	GJ	kg	kg	kg	kg
8	9a	9b	10	11a	11b	12a	12b	13a	13b	14a	14b
6.51	15.1	29.6	4.75	3.4	6.58	11.8	23.0	219	429	33.0	64.6
6.51	15.1	29.6	5.25	4.7	9.25	10.4	20.3	219	429	37.0	72.4
6.51	15.1	29.6	5.75	6.5	12.74	8.6	16.8	219	429	77.0	150.7
5.67	12.9	59.0	4.75	6.8	31.16	6.1	27.8	167	763	6.0	27.4
5.62	12.9	59.0	5.25	9.8	44.59	3.2	14.4	167	763	5.4	24.7
5.83	12.4	56.6	5.75	11.4	52.26	0.9	4.3	167	763	48.0	219.2
6.04	15.0	41.1	4.75	5.9	16.11	9.1	25.0	198	542	12.0	32.9
6.04	15.0	41.1	5.25	8.2	22.44	6.8	18.7	198	542	16.0	43.8
6.04	15.0	41.1	5.75	11.7	31.93	3.4	9.2	198	542	54.0	147.9
6.51	17.5	34.3	4.75	4.0	7.81	13.5	26.5	228	446	23.0	45.0
6.51	17.5	34.3	5.25	5.6	10.89	12.0	23.4	228	446	25.0	48.9
6.51	17.5	34.3	5.75	7.8	15.21	9.8	19.1	228	446	59.0	115.5
5.62	14.7	67.1	4.75	8.1	36.92	6.6	30.2	175	799	4.5	20.5
5.57	14.6	66.6	5.25	11.4	52.26	3.2	14.4	175	799	4.0	18.3
5.75	14.1	64.2	5.75	13.3	60.89	0.7	3.4	175	799	44.0	200.9
5.99	17.1	46.9	4.75	6.9	18.99	10.2	27.9	205	562	8.9	24.4
5.99	17.1	46.9	5.25	9.7	26.47	7.5	20.4	205	562	12.0	32.9
5.99	17.1	46.9	5.75	13.8	37.68	3.4	9.2	205	562	49.0	134.2
6.51	20.1	39.2	4.75	4.6	9.04	15.4	30.2	236	462	17.0	33.3
6.51	20.1	39.2	5.25	6.4	12.53	13.7	26.7	236	462	19.0	37.2
6.51	20.1	39.2	5.75	9.1	17.88	10.9	21.4	236	462	44.0	86.1

编码	动物分类	性能资料		体重	生产时间或发育时间	安全补饲量
		动物产品				
	生产和发育阶段	纯毛	增重			
		kg/年	kg/年	kg	d	%
1	2	3	4	5	6	7
5.2	计划标准-绵羊					
5.2.1	计划标准，母羊-年计划标准					
5011	母羊	2.5	2.0	65	365	10
5021	产羔 1.0 次/年	2.5	2.0	65	365	10
5041	1.2 只羔羊/年	2.5	2.0	65	365	10
5061	哺乳期(泌乳) 4 个月	2.5	2.0	65	365	10
5013	母羊	4.5	4.0	75	365	8
5023	产羔 1.0 次/年	4.5	4.0	75	365	8
5043	1.2 只羔羊/年	4.5	4.0	75	365	8
5063	哺乳期(泌乳) 4 个月	4.5	4.0	75	365	8
5014	母羊	2.5	2.0	65	365	10
5024	产羔 1.0 次/年	2.5	2.0	65	365	10
5044	1.6 只羔羊/年	2.5	2.0	65	365	10
5064	哺乳期(泌乳) 4 个月	2.5	2.0	65	365	10
5016	母羊	4.5	4.0	75	365	8
5026	产羔 1.0 次/年	4.5	4.0	75	365	8
5046	1.6 只羔羊/年	4.5	4.0	75	365	8
5066	哺乳期(泌乳) 4 个月	4.5	4.0	75	365	8
5017	母羊	2.5	2.0	65	365	10
5027	产羔 1.0 次/年	2.5	2.0	65	365	10
5047	1.6 只羔羊/年	2.5	2.0	65	365	10
5067	哺乳期(泌乳) 2 个月	2.5	2.0	65	365	10
5019	母羊	4.5	4.0	75	365	8
5029	产羔 1.0 次/年	4.5	4.0	75	365	8
5049	1.6 只羔羊/年	4.5	4.0	75	365	8
5069	哺乳期(泌乳) 2 个月	4.5	4.0	75	365	8
5111	母羊	2.5	3.0	70	365	10
5121	产羔 1.5 次/年	2.5	3.0	70	365	10
5141	2.0 只羔羊/年	2.5	3.0	70	365	10
5161	哺乳期(泌乳)1.3 个月	2.5	3.0	70	365	10
5112	母羊	3.5	4.0	75	365	9
5122	产羔 1.5 次/年	3.5	4.0	75	365	9
5152	2.0 只羔羊/年	3.5	4.0	75	365	9
5162	哺乳期(泌乳)1.3 个月	3.5	4.0	75	365	9

每头动物每年的需要量(a列)和每吨动物产品的需要量(b列)													
能量								可消化粗蛋白(dCP)					
合计			粗饲料			精饲料		合计		来自蛋白质			
EC	NERc	NERc	EC	NERc	NERc	NERc	NERc	dCP	dCP	dCP	dCP		
MJ/kg	GJ	GJ	MJ/kg	GJ	GJ	GJ	GJ	kg	kg	kg	kg		
8	9a	9b	10	11a	11b	12a	12b	13a	13b	14a	14b		
5.30	3.58	1 432	4.46	2.10	840	1.48	592	49	19 600	7.9	3 160		
5.30	3.57	1 428	4.73	2.49	995	1.08	433	49	19 600	5.3	2 120		
5.41	3.49	1 394	5.25	3.14	1 256	0.35	139	49	19 600	1.7	680		
5.78	3.33	1 331	5.78	3.33	1 331			49	19 600				
5.67	3.91	868	4.46	1.73	385	2.17	483	62	13 778	15.6	3 467		
5.62	3.89	863	4.73	2.07	460	1.82	404	62	13 778	13.3	2 956		
5.62	3.85	856	5.25	2.94	653	0.91	203	62	13 778	6.9	1 533		
5.78	3.75	833	5.78	3.57	793	0.18	40	62	13 778	0.8	178		
5.36	3.72	1 487	4.46	2.08	832	1.64	655	51	20 400	9.3	3 720		
5.36	3.70	1 478	4.73	2.46	983	1.24	496	51	20 400	6.7	2 680		
5.46	3.61	1 445	5.25	3.13	1 252	0.48	193	51	20 400	2.8	1 120		
5.78	3.47	1 386	5.78	3.47	1 386			51	20 400				
5.72	4.03	896	4.46	1.72	383	2.31	513	64	14 222	17.0	3 778		
5.67	4.01	891	4.73	2.05	455	1.96	436	64	14 222	14.9	3 311		
5.67	3.98	884	5.25	2.93	651	1.05	233	64	14 222	8.7	1 933		
5.88	3.89	863	5.78	3.58	796	0.30	68	64	14 222	1.8	400		
5.25	3.49	1 394	4.46	2.14	857	1.34	538	46	18 400	7.7	3 080		
5.20	3.47	1 386	4.73	2.54	1 016	0.92	370	46	18 400	6.1	2 440		
5.41	3.36	1 344	5.25	2.98	1 193	0.38	151	46	18 400	2.9	1 160		
5.78	3.21	1 285	5.78	3.21	1 285			46	18 400				
5.57	3.82	849	4.46	1.83	406	2.00	443	59	13 111	12.9	2 867		
5.57	3.80	845	4.73	2.16	481	1.64	364	59	13 111	11.2	2 489		
5.51	3.75	833	5.25	3.08	684	0.67	149	59	13 111	7.5	1 667		
5.83	3.63	807	5.78	3.40	756	0.23	51	59	13 111	1.9	422		
5.30	3.63	1 453	4.46	2.12	848	1.51	605	51	20 400	8.9	3 560		
5.30	3.62	1 449	4.73	2.51	1 004	1.11	445	51	20 400	7.1	2 840		
5.46	3.52	1 407	5.25	3.07	1 226	0.45	181	51	20 400	3.4	1 360		
5.78	3.38	1 352	5.78	3.38	1 352			51	20 400				
5.51	3.80	1 086	4.46	1.95	558	1.85	528	58	16 571	12.5	3 571		
5.46	3.77	1 077	4.73	2.32	663	1.45	414	58	16 571	10.6	3 029		
5.51	3.65	1 044	5.51	3.31	945	0.35	99	58	16 571	2.2	629		
5.57	3.57	1 020	5.78	3.52	1 005	0.05	15	58	16 571				

编码	动物分类	性能资料		体重	生产时间或发育时间	安全补饲量
		动物产品				
	生产和发育阶段	纯毛	增重			
		kg/年	g/d	kg	d	%
1	2	3	4	5	6	7
	繁殖阶段					
5211	母羊	2.5	23.0	67.8	122	10
5221	1.2 只羔羊/年	2.5	23.0	67.8	122	10
5241	空怀期和妊娠早期	2.5	23.0	67.8	122	10
5261		2.5	23.0	67.8	122	10
5212	母羊	2.5	30.0	69.6	60	10
5222	1.2 只羔羊/年	2.5	30.0	69.6	60	10
5242	催情期	2.5	30.0	69.6	60	10
5262		2.5	30.0	69.6	60	10
5213	母羊	2.5	15.0	70.1	31	10
5223	1.2 只羔羊/年	2.5	15.0	70.1	31	10
5243	妊娠期 4 个月	2.5	15.0	70.1	31	10
5263		2.5	15.0	70.1	31	10
5214	母羊	2.5		70.1	30	10
5224	1.2 只羔羊/年	2.5		70.1	30	10
5254	妊娠期 5 个月	2.5		70.1	30	10
5264		2.5		70.1	30	10
5216	母羊	2.5		67.5	122	10
5226	1.2 只羔羊/年	2.5		67.5	122	10
5246	哺乳期(泌乳期)1～4 个月	2.5		67.5	122	10
5266		2.5		67.5	122	10
5311	母羊	4.5	31.2	78.8	122	8
5321	1.2 只羔羊/年	4.5	31.2	78.8	122	8
5341	空怀期和妊娠早期	4.5	31.2	78.8	122	8
5361		4.5	31.2	78.8	122	8
5312	母羊	4.5	40.0	81.2	60	8
5322	1.2 只羔羊/年	4.5	40.0	81.2	60	8
5342	催情期	4.5	40.0	81.2	60	8
5362		4.5	40.0	81.2	60	8
5313	母羊	4.5	28.0	82.1	31	8
5323	1.2 只羔羊/年	4.5	28.0	82.1	31	8
5343	妊娠期 4 个月	4.5	28.0	82.1	31	8
5363		4.5	28.0	82.1	31	8
5314	母羊	4.5		82.1	30	8
5324	1.2 只羔羊/年	4.5		82.1	30	8
5344	妊娠期 5 个月	4.5		82.1	30	8
5364		4.5		82.1	30	8

每头动物每年的需要量(a 列)和每吨动物产品的需要量(b 列)											
能量								可消化粗蛋白(dCP)			
合计			粗饲料			精饲料		合计		来自蛋白质	
EC	NERc	NERc	EC	NERc	NERc	NERc	NERc	dCP	dCP	dCP	dCP
MJ/kg	GJ	GJ	MJ/kg	GJ	GJ	GJ	GJ	kg	kg	kg	kg
8	9a	9b	10	11a	11b	12a	12b	13a	13b	14a	14b
4.94	3.36	1 344	4.46	2.54	1 016	0.82	328	36	14 280		
4.89	3.33	1 331	4.73	3.01	1 205	0.32	126	36	14 280		
5.25	3.17	1 268	5.25	3.17	1 268			36	14 280		
5.78	2.99	1 197	5.78	2.99	1 197			36	14 280		
5.54	4.01	1 604	4.46	2.03	811	1.98	794	45	18 160		
5.52	4.00	1 600	4.73	2.37	949	1.63	651	45	18 160		
5.49	3.97	1 588	5.25	3.36	1 344	0.61	244	45	18 160		
5.78	3.80	1 520	5.78	3.80	1 520			45	18 160		
5.24	3.56	1 424	4.46	2.19	878	1.37	546	53	21 360	7.3	2 920
5.22	3.54	1 415	4.73	2.59	1 037	0.95	378	53	21 360	0.9	360
5.25	3.47	1 386	5.25	3.47	1 386			53	21 360		
5.78	3.28	1 310	5.78	3.28	1 310			53	21 360		
5.58	3.21	1 285	4.46	1.50	601	1.71	685	57	22 640	21.2	8 480
5.57	3.21	1 285	4.73	1.79	714	1.43	571	57	22 640	16.7	6 680
5.51	3.16	1 264	5.51	3.16	1 264			57	22 640		
5.78	3.06	1 222	5.78	3.06	1 222			57	22 640		
5.69	3.86	1 546	4.46	1.64	655	2.23	890	69	27 640	27.5	11 000
5.68	3.85	1 541	4.73	1.94	777	1.91	764	69	27 640	22.7	9 080
5.66	3.84	1 537	5.25	2.84	1 134	1.01	403	69	27 640	8.5	3 400
5.78	3.71	1 483	5.78	3.71	1 483			69	27 640		
5.31	3.73	828	4.46	2.21	490	1.52	338	50	11 044		
5.30	3.72	826	4.73	2.59	576	1.12	250	50	11 044		
5.25	3.66	814	5.25	3.66	814			50	11 044		
5.78	3.47	770	5.78	3.47	770			50	11 044		
6.02	4.46	992	4.46	1.53	341	2.93	651	58	12 978	0.2	44
5.88	4.37	971	4.73	1.96	436	2.40	534	58	12 978		
5.88	4.37	971	5.25	2.73	607	1.64	364	58	12 978		
5.88	4.37	971	5.78	4.00	889	0.37	82	58	12 978		
5.54	3.96	880	4.46	1.92	427	2.04	453	68	15 067	22.9	5 089
5.53	3.95	877	4.73	2.28	506	1.67	371	68	15 067	17.2	3 822
5.49	3.93	873	5.25	3.32	737	0.61	135	68	15 067	0.1	13
5.78	3.75	833	5.78	3.75	833			68	15 067		
5.85	3.47	770	4.46	1.26	280	2.21	490	67	14 889	33.3	7 400
5.85	3.45	768	4.73	1.48	329	1.97	439	67	14 889	29.6	6 578
5.82	3.44	765	5.25	2.16	481	1.28	285	67	14 889	18.8	4 178
5.78	3.35	744	5.78	3.35	744			67	14 889		

编码	动物分类	性能资料		体重	生产时间或发育时间	安全补饲量
	生产和发育阶段	动物产品 纯毛	增重			
		kg/年	g/d	kg	d	%
1	2	3	4	5	6	7
5316	母羊	4.5		79.5	122	8
5326	1.2 只羔羊/年	4.5		79.5	122	8
5346	哺乳期(泌乳期)1～4 个月	4.5		79.5	122	8
5366		4.5		79.5	122	8
5411	母羊	2.5	25.0	68.1	122	10
5421	1.6 只羔羊/年	2.5	25.0	68.1	122	10
5441	空怀期和妊娠早期	2.5	25.0	68.1	122	10
5461		2.5	25.0	68.1	122	10
5412	母羊	2.5	35.0	70.2	60	10
5422	1.6 只羔羊/年	2.5	35.0	70.2	60	10
5442	催情期	2.5	35.0	70.2	60	10
5462		2.5	35.0	70.2	60	10
5413	母羊	2.5	30.0	71.1	31	10
5423	1.6 只羔羊/年	2.5	30.0	71.1	31	10
5443	妊娠期 4 个月	2.5	30.0	71.1	31	10
5463		2.5	30.0	71.1	31	10
5414	母羊	2.5		71.1	30	10
5424	1.6 只羔羊/年	2.5		71.1	30	10
5444	妊娠期,5 个月	2.5		71.1	30	10
5464		2.5		71.1	30	10
5416	母羊	2.5		67.7	122	10
5426	1.6 只羔羊/年	2.5		67.7	122	10
5446	哺乳期(泌乳期)1～4 个月	2.5		67.7	122	10
5466		2.5		67.7	122	10
5511	母羊	4.5	34.4	79.2	122	8
5521	1.6 只羔羊/年	4.5	34.4	79.2	122	8
5541	空怀期和妊娠早期	4.5	34.4	79.2	122	8
5561		4.5	34.4	79.2	122	8
5512	母羊	4.5	44.4	81.9	60	8
5522	1.6 只羔羊/年	4.5	44.4	81.9	60	8
5542	催情期	4.5	44.4	81.9	60	8
5562		4.5	44.4	81.9	60	8

每头动物每年的需要量(a 列)和每吨动物产品的需要量(b 列)											
能量								可消化粗蛋白(dCP)			
合计			粗饲料			精饲料		合计		来自蛋白质	
EC	NERc	NERc	EC	NERc	NERc	NERc	NERc	dCP	dCP	dCP	dCP
MJ/kg	GJ	GJ	MJ/kg	GJ	GJ	GJ	GJ	kg	kg	kg	kg
8	9a	9b	10	11a	11b	12a	12b	13a	13b	14a	14b
5.99	3.99	887	4.46	1.26	280	2.73	607	80	17 778	43.2	9 600
5.99	4.00	889	4.73	1.49	331	2.51	558	80	17 778	39.4	8 756
5.99	4.00	889	5.25	2.12	471	1.88	418	80	17 778	28.6	6 356
5.99	4.00	889	5.78	3.31	735	0.69	154	80	17 778	4.3	956
4.94	3.39	1 357	4.46	2.56	1 025	0.83	332	36	14 440		
4.89	3.36	1 344	4.73	3.05	1 218	0.32	126	36	14 440		
5.25	3.20	1 281	5.25	3.20	1 281			36	14 440		
5.78	3.03	1 214	5.78	3.03	1 214			36	14 440		
5.54	4.08	1 634	4.46	2.06	823	2.03	811	46	18 480		
5.52	4.07	1 630	4.73	2.42	966	1.66	664	46	18 480		
5.49	4.05	1 621	5.25	3.42	1 369	0.63	252	46	18 480		
5.78	3.87	1 550	5.78	3.87	1 550			46	18 480		
5.24	3.76	1 504	4.46	2.32	928	1.44	575	56	22 320	6.8	2 720
5.22	3.75	1 499	4.73	2.75	1 100	1.00	399	56	22 320		
5.25	3.66	1 466	5.25	3.66	1 466			56	22 320		
5.78	3.47	1 386	5.78	3.47	1 386			56	22 320		
5.93	3.86	1 546	4.46	1.33	533	2.53	1 012	68	27 320	27.4	10 960
5.92	3.85	1 541	4.73	1.58	630	2.28	911	68	27 320	23.5	9 400
5.78	3.76	1 504	5.25	2.50	1 000	1.26	504	68	27 320	11.7	4 680
5.78	3.76	1 504	5.78	3.76	1 504			68	27 320		
5.82	4.00	1 600	4.46	1.53	613	2.47	987	72	28 600	29.1	11 640
5.81	3.99	1 596	4.73	1.82	727	2.17	869	72	28 600	24.5	9 800
5.78	3.98	1 592	5.25	2.65	1 058	1.33	533	72	28 600	11.3	4 520
5.78	3.86	1 546	5.78	3.86	1 546			72	28 600		
5.31	3.78	840	4.46	2.24	497	1.54	343	50	11 133		
5.30	3.77	838	4.73	2.63	583	1.14	254	50	11 133		
5.25	3.71	824	5.25	3.71	824			50	11 133		
5.78	3.51	779	5.78	3.51	779			50	11 133		
6.02	4.54	1 008	4.46	1.55	345	2.98	663	59	13 156		
5.88	4.44	987	4.73	2.00	443	2.45	544	59	13 156		
5.88	4.44	987	5.25	2.77	616	1.67	371	59	13 156		
5.88	4.44	987	5.78	4.06	903	0.37	82	59	13 156		

编码	动物分类	性能资料		体重	生产时间或发育时间	安全补饲量
	生产和发育阶段	动物产品				
		纯毛	增重			
		kg/年	g/d	kg	d	%
1	2	3	4	5	6	7
5513	母羊	4.5	39.4	83.1	31	8
5523	1.6 只羔羊/年	4.5	39.4	83.1	31	8
5543	妊娠期 4 个月	4.5	39.4	83.1	31	8
5563		4.5	39.4	83.1	31	8
5514	母羊	4.5		83.1	30	8
5524	1.6 只羔羊/年	4.5		83.1	30	8
5544	妊娠期 5 个月	4.5		83.1	30	8
5564		4.5		83.1	30	8
5516	母羊	4.5		79.7	122	8
5526	1.6 只羔羊/年	4.5		79.7	122	8
5536	哺乳期(泌乳期)1～4 个月	4.5		79.7	122	8
5546		4.5		79.7	122	8
5556		4.5		79.7	122	8
5566		4.5		79.7	122	8
5.2.2	计划标准，阉公羊-年计划标准					
5115	**阉公羊**	2.5	4.0	65	365	10
5125		2.5	4.0	65	365	10
5145		2.5	4.0	65	365	10
5165		2.5	4.0	65	365	10
5116	阉公羊	3.5	5.0	70	365	9
5126		3.5	5.0	70	365	9
5146		3.5	5.0	70	365	9
5166		3.5	5.0	70	365	9
5117	阉公羊	4.5	6.0	75	365	8
5127		4.5	6.0	75	365	8
5147		4.5	6.0	75	365	8
5167		4.5	6.0	75	365	8
5.2.3	计划标准，种公羊-年计划标准					
5128	种公羊	7	8.0	120	365	5
5148	配种时间 80 d	7	8.0	120	365	5
5168	配种 21 次/周	7	8.0	120	365	5
5139	采精种公羊	8	8.0	125	365	5
5149	7 次射精/周	8	8.0	125	365	5
5169		8	8.0	125	365	5

每头动物每年的需要量(a 列)和每吨动物产品的需要量(b 列)											
能量								可消化粗蛋白(dCP)			
合计			粗饲料			精饲料		合计		来自蛋白质	
EC	NERc	NERc	EC	NERc	NERc	NERc	NERc	dCP	dCP	dCP	dCP
MJ/kg	GJ	GJ	MJ/kg	GJ	GJ	GJ	GJ	kg	kg	kg	kg
8	9a	9b	10	11a	11b	12a	12b	13a	13b	14a	14b
5.54	4.11	912	4.46	2.00	443	2.00	469	71	15 689	24.0	5 333
5.53	4.11	912	4.73	2.36	525	2.36	387	71	15 689	18.1	4 022
5.49	4.07	905	5.25	3.44	765	3.44	140	71	15 689	0.9	200
5.78	3.90	866	5.78	3.90	866	3.90		71	15 689		
5.93	4.16	924	4.46	1.40	310	2.76	614	81	17 956	40.9	9 089
5.92	4.15	922	4.73	1.65	366	2.50	555	81	17 956	36.8	8 178
5.78	4.04	898	5.25	2.63	583	1.42	315	81	17 956	24.4	5 422
5.78	4.04	898	5.78	4.04	898			81	17 956		
6.14	4.16	924	4.46	1.11	247	3.05	677	83	18 489	42.5	9 444
6.14	4.16	924	4.73	1.30	289	2.86	635	83	18 489	42.2	9 378
6.14	4.16	924	4.99	1.55	345	2.60	579	83	18 489	38.0	8 444
6.14	4.16	924	5.25	1.87	415	2.29	509	83	18 489	32.7	7 267
6.14	4.16	924	5.51	2.31	513	1.85	411	83	18 489	22.2	4 933
6.14	4.16	924	5.78	2.91	646	1.25	278	83	18 489	11.4	2 533
4.94	3.10	1 239	4.46	2.34	937	0.76	302	34	13 640		
4.88	3.07	1 226	4.73	2.78	1 113	0.28	113	34	13 640		
5.25	2.93	1 172	5.25	2.93	1 172			34	13 640		
5.78	2.77	1 109	5.78	2.77	1 109			34	13 640		
5.15	3.28	936	4.46	2.19	627	1.08	309	42	11 943		
5.09	3.27	933	4.73	2.58	738	0.68	195	42	11 943		
5.25	3.15	900	5.25	3.15	900			42	11 943		
5.78	2.98	852	5.78	2.98	852			42	11 943		
5.30	3.43	763	4.46	2.02	448	1.42	315	49	10 956	3.9	867
5.30	3.42	761	4.73	2.38	530	1.04	231	49	10 956		
5.25	3.36	747	5.25	3.36	747			49	10 956		
5.78	3.19	709	5.78	3.19	709			49	10 956		
5.78	5.36	765	4.73	2.66	380	2.70	386	75	10 686		
5.72	5.33	762	5.25	3.75	536	4.74	677	75	10 686		
5.78	5.17	738	5.78	5.17	738			75	10 686		
5.78	5.71	714	4.99	3.35	419	2.36	295	81	10 063		
5.72	5.70	713	5.25	4.01	501	1.69	211	81	10 063		
5.78	5.53	692	5.78	5.53	692			81	10 063		

编码	动物分类	性能资料		体重	生产时间或发育时间	安全补饲量
		动物产品				
	生产和发育阶段	纯毛	增重			
		kg/年	g/d	kg	d	%
1	2	3	4	5	6	7
5.2.4	计划标准,羔羊(种用和育肥)-年计划标准					
5671	**哺乳羔羊**	1.6	210	18.5	100	7
5681	8～29 kg BM	1.6	210	18.5	100	7
5691	0.7～4 月龄	1.6	210	18.5	100	7
5672	哺乳羔羊	1.6	240	20	100	6
5682	8～32 kg BM	1.6	240	20	100	6
5692	0.7～4 月龄	1.6	240	20	100	6
5673	哺乳羔羊	1.6	270	21.5	100	5
5683	8～35 kg BM	1.6	270	21.5	100	5
5693	0.7～4 月龄	1.6	270	21.5	100	5
	发育阶段					
5601	哺乳羔羊	1.0	200	7	30	10
	4～10 kg BM,1 月龄					
5613	哺乳羔羊	1.6	220	12.5	40	5
5623	8～17 kg BM	1.6	220	12.5	40	5
5633	0.7～2 月龄	1.6	220	12.5	40	5
5643		1.6	220	12.5	40	5
5653		1.6	220	12.5	40	5
5624	哺乳羔羊	1.6	200	23	60	7
5644	17～29 kg BM	1.6	200	23	60	7
5664	3～4 月龄	1.6	200	23	60	7
5626	哺乳羔羊	1.6	300	26	60	5
5646	17～35 kg BM	1.6	300	26	60	5
5666	3～4 月龄	1.6	300	26	60	5
5620	**断奶羔羊**	1.6	190	23	160	7.5
5640	8～38 kg BM	1.6	190	23	160	7.5
5660	0.7～6 月龄	1.6	190	23	160	7.5
5622	断奶羔羊	1.6	265	29	160	5.5
5642	8～50 kg BM	1.6	265	29	160	5.5
5662	0.7～6 月龄	1.6	265	29	160	5.5
5602	**断奶羔羊(育肥)**	1.3	200	13.5	35	10
5603	10～17 kg BM	1.3	250	13.5	28	8
5604	2 月龄	1.3	300	13.5	23	6

每头动物每年的需要量(a列)和每吨动物产品的需要量(b列)													
能量								可消化粗蛋白(dCP)					
合计			粗饲料			精饲料		合计		来自蛋白质			
EC	NERc	NERc	EC	NERc	NERc	NERc	NERc	dCP	dCP	dCP	dCP		
MJ/kg	GJ	GJ	MJ/kg	GJ	GJ	GJ	GJ	kg	kg	kg	kg		
8	9a	9b	10	11a	11b	12a	12b	13a	13b	14a	14b		
6.09	1.32	17	4.73	0.47	6	0.85	11	21	269	4.0	52		
6.09	1.32	17	5.25	0.67	9	0.65	8	21	269	2.4	31		
6.09	1.32	17	5.51	0.83	11	0.51	7	21	269	1.7	22		
6.20	1.48	17	4.73	0.46	5	1.02	12	26	292	8.6	98		
6.20	1.48	17	5.25	0.67	8	0.81	9	26	292	5.1	58		
6.20	1.48	17	5.51	0.83	9	0.65	7	26	292	1.7	19		
6.25	1.69	17	4.73	0.47	5	1.22	12	31	312	12.7	129		
6.25	1.69	17	5.25	0.68	7	1.01	10	31	312	9.3	94		
6.25	1.69	17	5.51	0.84	9	8.51	86	31	312	5.4	55		
7.04	1.58	22				1.16	16	4	49	2.4	33		
6.09	0.70	9	4.46	0.17	2	0.51	6	15	182	8.4	105		
6.09	0.70	9	4.73	0.23	3	0.47	6	15	182	7.8	97		
6.09	0.70	9	4.99	0.27	3	0.43	5	15	182	7.0	87		
6.09	0.70	9	5.25	0.33	4	0.38	5	15	182	6.1	76		
6.09	0.70	9	5.51	0.41	5	0.29	4	15	182	4.2	52		
6.09	1.74	24	4.73	0.64	9	1.10	15	25	337	1.5	21		
6.09	1.74	24	5.25	0.90	12	0.84	12	25	337				
6.09	1.74	24	5.78	1.32	18	0.42	6	25	337				
6.30	2.34	21	4.73	0.64	6	1.70	16	41	378	16.0	146		
6.30	2.34	21	5.25	0.91	8	1.43	13	41	378	11.4	104		
6.30	2.34	21	5.78	1.42	13	0.92	8	41	378	1.0	9		
5.99	2.01	29	4.73	0.81	12	1.20	17	30	437	4.2	61		
5.99	2.01	29	5.25	1.14	17	0.86	12	30	437	1.5	22		
5.93	2.01	29	5.78	1.69	24	0.28	4	30	437	0.6	9		
6.09	2.50	26	4.73	0.86	9	1.64	17	43	449	14.8	153		
6.09	2.50	26	5.25	1.24	13	1.26	13	43	449	8.5	88		
6.09	2.50	26	5.78	1.86	19	0.64	7	43	449	2.6	27		
7.04	1.55	21				1.55	21	44	599	33.4	458		
7.04	1.70	19				1.70	19	48	529	36.5	400		
7.04	1.86	17				1.86	17	53	481	39.5	361		

编码	动物分类	性能资料		体重	生产时间或发育时间	安全补饲量
		动物产品				
	生产和发育阶段	纯毛	增重			
		kg/年	g/d	kg	d	%
1	2	3	4	5	6	7
5627	断奶羔羊(育肥)	1.6	200	23	60	7
5647	17～29 kg BM	1.6	200	23	60	7
5667	3～4 月龄	1.6	200	23	60	7
5629	断奶羔羊(公)	1.6	300	26	60	5
5649	17～35 kg BM	1.6	300	26	60	5
5669	3～4 月龄	1.6	300	26	60	5
5821	断奶羔羊	1.6	150	33.5	60	8
5841	29～38 kg BM	1.6	150	33.5	60	8
5861	5～6 月龄	1.6	150	33.5	60	8
5823	断奶羔羊(公)	1.6	250	42.5	60	6
5843	35～50 kg BM	1.6	250	42.5	60	6
5863	5～6 月龄	1.6	250	42.5	60	6
5771	**育肥羔羊,断奶后**	1.6	165	21	205	9
5781	2 月龄开始,4～38 kg BM,	1.6	165	21	205	9
5791	1～7 月龄	1.6	165	21	205	9
5772	育肥羔羊,断奶后	1.6	200	21	170	8
5782	2 月龄开始,4～38 kg BM,	1.6	200	21	170	8
5792	1～6 月龄	1.6	200	21	170	8
5775	育肥羔羊,断奶后	1.6	300	21	113	5
5785	2 月龄开始,4～38 kg BM,	1.6	300	21	113	5
5795	1～4 月龄	1.6	300	21	113	5
5721	育肥羔羊	1.6	150	27.5	140	8
5741	17～38 kg BM	1.6	150	27.5	140	8
5761	3～7 月龄	1.6	150	27.5	140	8
5722	育肥羔羊	1.6	200	27.5	105	7
5742	17～38 kg BM	1.6	200	27.5	105	7
5762	3～6 月龄	1.6	200	27.5	105	7
5724	育肥羔羊	1.6	300	27.5	70	5
5744	17～38 kg BM	1.6	300	27.5	70	5
5764	3～4 月龄	1.6	300	27.5	70	5
5725	育肥羔羊,公羔	1.6	350	27.5	60	4
5745	17～38 kg BM,	1.6	350	27.5	60	4
5765	3～4 月龄	1.6	350	27.5	60	4

每头动物每年的需要量(a 列)和每吨动物产品的需要量(b 列)											
能量								可消化粗蛋白(dCP)			
合计			粗饲料			精饲料		合计		来自蛋白质	
EC	NERc	NERc	EC	NERc	NERc	NERc	NERc	dCP	dCP	dCP	dCP
MJ/kg	GJ	GJ	MJ/kg	GJ	GJ	GJ	GJ	kg	kg	kg	kg
8	9a	9b	10	11a	11b	12a	12b	13a	13b	14a	14b
6.14	2.25	31	4.73	0.78	11	1.47	20	34	460	5.1	70
6.14	2.25	31	5.25	1.10	15	1.14	16	34	460		
6.14	2.25	31	5.78	1.62	22	0.63	9	34	460		
6.25	2.74	25	4.73	0.78	7	1.96	18	52	472	23.7	216
6.25	2.74	25	5.25	1.11	10	1.63	15	52	472	18.0	164
6.25	2.74	25	5.78	1.73	16	1.01	9	52	472	5.4	49
5.83	2.65	48	4.73	1.23	22	1.42	26	38	685	1.0	18
5.83	2.64	48	5.25	1.73	32	0.90	16	38	685		
5.78	2.56	47	5.78	2.56	47			38	685		
5.99	3.45	38	4.73	1.38	15	2.08	23	54	594	10.6	116
5.99	3.45	38	5.25	1.96	22	1.49	16	54	594	0.6	7
5.99	3.45	38	5.78	2.89	32	0.57	6	54	594		
6.04	1.81	30	4.73	0.67	11	1.13	19	31	513	0.8	146
6.04	1.81	30	5.25	0.97	16	0.84	14	31	513	6.1	101
5.93	1.76	29	5.78	1.48	25	0.28	5	31	513	6.1	101
6.30	1.85	25	4.73	0.51	7	1.33	18	34	462	13.1	179
6.30	1.85	25	5.25	0.75	10	1.10	15	34	462	9.3	127
6.30	1.85	25	5.78	1.11	15	0.74	10	34	462	7.3	100
6.67	2.02	18	4.73	0.28	3	1.73	16	43	392	24.8	226
6.67	2.02	18	5.25	0.40	4	1.62	15	43	392	22.7	207
6.67	2.02	18	5.78	0.63	6	1.39	13	43	392	18.1	165
5.88	2.24	41	4.73	0.99	18	1.25	23	34	612	4.0	73
5.88	2.23	41	5.25	1.42	26	0.81	15	34	612		
5.78	2.17	40	5.78	2.17	40			34	612		
6.14	2.44	33	4.73	0.84	12	1.60	22	39	534	94.0	1 288
6.14	2.44	33	5.25	1.21	17	1.23	17	39	534	3.2	44
6.14	2.44	33	5.78	1.80	25	0.64	9	39	534		
6.56	2.94	27	4.73	0.54	5	2.40	22	56	508	27.1	247
6.56	2.94	27	5.25	0.77	7	2.17	20	56	508	23.2	212
6.56	2.94	27	5.78	1.20	11	1.74	16	56	508	14.4	132
6.56	3.02	24	4.73	0.53	4	2.50	20	59	460	30.4	238
6.56	3.02	24	5.25	0.76	6	2.27	18	59	460	26.5	207
6.56	3.02	24	5.78	1.19	9	1.84	14	59	460	17.8	139

编码	动物分类	性能资料				
	生产和发育阶段	动物产品		体重	生产时间或发育时间	安全补饲量
		纯毛	增重			
		kg/年	g/d	kg	d	%
1	2	3	4	5	6	7
5726	**羔羊,羊奶育肥**	1.6	250	27.5	85	6
5746	17～38 kg BM	1.6	250	27.5	85	6
5766	3～5 月龄	1.6	250	27.5	85	6
5728	羔羊,羊奶育肥	1.6	350	27.5	60	4
5748	17～38 kg BM	1.6	350	27.5	60	4
5768	3～4 月龄	1.6	350	27.5	60	4
5.2.5	计划标准,青年绵羊,母羊(种用)-年计划标准					
5971	**青年绵羊,母羊**	2.65	73	44.5	425	10
5981	29～60 kg BM	2.65	73	44.5	425	10
5991	5～18 月龄	2.65	73	44.5	425	10
5972	青年绵羊,母羊	2.65	92	48.5	425	9
5982	29～68 kg BM	2.65	92	48.5	425	9
5992	5～18 月龄	2.65	92	48.5	425	9
5973	青年绵羊,母羊	2.65	95	49	425	10
5983	29～69 kg BM	2.65	95	49	425	10
5993	5～18 月龄	2.65	95	49	425	10
5974	青年绵羊,母羊	2.65	115	53.5	425	9
5984	29～78 kg BM	2.65	115	53.5	425	9
5994	5～18 月龄	2.65	115	53.5	425	9
5925	**青年绵羊**	3.5	250	68	210	6
5945	42～94 kg BM	3.5	250	68	210	6
5965	7～13 月龄	3.5	250	68	210	6
5926	青年公羊	3.5	225	71.5	210	6
5946	48～95 kg BM	3.5	225	71.5	210	6
5966	7～13 月龄	3.5	225	71.5	210	6
5927	青年公羊	3.5	275	77	210	6
5947	48～106 kg BM	3.5	275	77	210	6
5967	7～13 月龄	3.5	275	77	210	6

每头动物每年的需要量(a 列)和每吨动物产品的需要量(b 列)											
能量								可消化粗蛋白(dCP)			
合计			粗饲料			精饲料		合计		来自蛋白质	
EC	NERc	NERc	EC	NERc	NERc	NERc	NERc	dCP	dCP	dCP	dCP
MJ/kg	GJ	GJ	MJ/kg	GJ	GJ	GJ	GJ	kg	kg	kg	kg
8	9a	9b	10	11a	11b	12a	12b	13a	13b	14a	14b
6.20	2.26	25	4.73	0.72	8	1.53	17	36	390	8.3	91
6.20	2.26	25	5.25	1.03	11	1.23	13	36	390	3.0	33
6.20	2.26	25	5.78	1.54	17	0.71	8	36	390		
6.41	2.67	21	4.73	0.67	5	2.00	16	42	326	10.2	80
6.41	2.67	21	5.25	0.96	7	1.75	14	42	326	5.3	41
6.41	2.67	21	5.78	1.44	11	1.23	10	42	326		
5.41	3.12	117	4.73	2.03	76	1.09	41	38	1 426	0.1	5
5.46	3.07	115	5.25	2.71	102	0.36	13	38	1 426		
5.78	2.93	110	5.78	2.93	110			38	1 426		
5.57	3.30	98	4.73	1.91	57	1.39	41	41	1 224	0.1	4
5.57	3.28	98	5.25	2.70	80	0.58	17	41	1 224		
5.78	3.14	93	5.78	3.14	93			41	1 224		
5.57	3.51	101	4.73	2.05	59	1.46	42	43	1 234	0.1	4
5.57	3.47	100	5.25	2.74	79	0.72	21	43	1 234		
5.78	3.33	96	5.78	3.33	96			43	1 234		
5.67	3.70	88	4.73	1.91	46	1.79	43	46	1 094	0.1	3
5.67	3.69	88	5.25	2.72	65	0.97	23	46	1 094		
5.78	3.56	85	5.78	3.56	85			46	1 094		
5.99	4.82	53	4.73	1.93	21	2.89	32	74	805	11.6	127
5.99	4.82	53	5.25	2.75	30	2.07	23	74	805		
5.99	4.82	53	5.78	4.03	44	0.79	9	74	805		
5.88	4.78	58	4.73	2.11	26	2.67	32	72	875	8.9	108
5.88	4.78	58	5.25	2.98	36	1.80	22	72	875		
5.88	4.78	58	5.78	4.38	53	0.40	5	72	875		
6.09	5.37	53	4.73	1.96	20	3.40	34	79	790	10.0	100
6.09	5.37	53	5.25	2.77	28	2.59	26	79	790		
6.09	5.37	53	5.78	4.07	41	1.29	13	79	790		

编码	动物分类	性能资料		体重	生产时间或	安全补饲量
	生产和发育阶段	动物产品		(BM)	发育时间	
			增重			
			g/d	kg	d	%
1	2	3	4	5	6	7
5.3	计划标准-马					
5.3.1	计划标准,种母马和公马					
6110	种母马-英纯种马			500	365	5
6120	年计划标准			500	365	5
6140				500	365	5
6160				500	365	5
6111	种母马-英纯种马			500	213	5
6121	泌乳期,1～6 个月			500	213	5
6141				500	213	5
6161				500	213	5
6112	种母马-英纯种马			500	152	5
6122	妊娠期,7～11 个月			500	152	5
6142				500	152	5
6162				500	152	5
6210	种母马-血马			600	365	5
6220	年计划标准			600	365	5
6240				600	365	5
6260				600	365	5
6211	种母马-血马			600	213	5
6221	泌乳期,1～6 个月			600	213	5
6241				600	213	5
6261				600	213	5
6212	种母马-血马			600	152	5
6222	妊娠期,7～11 个月			600	152	5
6242				600	152	5
6262				600	152	5
6310	种母马-冷血马			700	365	5
6320	年计划标准			700	365	5
6340				700	365	5
6360				700	365	5

每头动物每年的需要量(a 列)和每吨动物产品的需要量(b 列)													
能量								可消化粗蛋白(dCP)					
合计			粗饲料			精饲料		合计		来自高蛋白精饲料			
EC	NERc	NERc	EC	NERc	NERc	NERc	NERc	dCP	dCP	dCP	dCP		
MJ/kg	GJ	GJ	MJ/kg	GJ	GJ	GJ	GJ	kg	kg	kg	kg		
8	9a	9b	10	11a	11b	12a	12b	13a	13b	14a	14b		
6.09	26.6	—	4.46	8.2	—	18.4	—	340	—	31.7	—		
6.14	26.7	—	4.73	9.5	—	17.2	—	340	—	20.1	—		
6.14	26.7	—	5.25	13.2	—	13.4	—	340	—		—		
6.14	26.6	—	5.78	19.5	—	7.0	—	340	—	168	—		
		—			—		—		—		—		
6.25	29.6	—	4.46	7.9	—	21.7	—	413	—	54.1	—		
6.25	29.6	—	4.73	9.2	—	20.4	—	413	—	34.3	—		
6.25	29.6	—	5.25	13.1	—	16.5	—	413	—		—		
6.25	29.6	—	5.78	19.2	—	10.4	—	413	—	220	—		
		—			—		—		—		—		
5.88	22.2	—	4.46	8.6	—	13.5	—	234	—		—		
5.93	22.5	—	4.73	9.7	—	13.9	—	234	—		—		
5.93	22.4	—	5.25	13.4	—	8.9	—	234	—		—		
5.93	22.2	—	5.78	19.8	—	2.3	—	234	—	93.8	—		
		—			—		—		—		—		
6.14	29.6	—	4.46	8.9	—	20.7	—	367	—	24.4	—		
6.14	29.5	—	4.73	10.5	—	19.0	—	367	—	13	—		
6.14	29.5	—	5.25	14.7	—	14.8	—	367	—		—		
6.14	29.4	—	5.78	21.6	—	7.8	—	367	—	240	—		
		—			—		—		—		—		
6.25	32.4	—	4.46	8.7	—	23.7	—	440	—	41.7	—		
6.25	32.4	—	4.73	10.3	—	22.2	—	440	—	22.2	—		
6.25	32.4	—	5.25	14.4	—	18.1	—	440	—		—		
6.25	32.4	—	5.78	21.1	—	11.3	—	440	—	223	—		
		—			—		—		—		—		
5.99	25.4	—	4.46	9.1	—	16.3	—	261	—		—		
5.93	25.3	—	4.73	10.9	—	14.4	—	261	—		—		
5.93	25.2	—	5.25	15.1	—	10.1	—	261	—		—		
5.93	25.0	—	5.78	22.4	—	2.6	—	261	—	102	—		
		—			—		—		—		—		
6.09	32.2	—	4.46	10.3	—	21.9	—	407	—	32.6	—		
6.09	32.1	—	4.73	12.1	—	20.1	—	407	—	16.5	—		
6.09	32.1	—	5.25	17.0	—	15.1	—	407	—		—		
6.09	31.9	—	5.78	24.4	—	7.6	—	407	—	206	—		

编码	动物分类	性能资料		体重 (BM)	生产时间或发育时间	安全补饲量
	生产和发育阶段	动物产品	增重			
			g/d	kg	d	%
1	2	3	4	5	6	7
6311	种母马-冷血马			700	213	5
6321	泌乳期,1～6个月			700	213	5
6341				700	213	5
6361				700	213	5
6312	种母马-冷血马			700	152	5
6322	妊娠期,7～11个月			700	152	5
6342				700	152	5
6362				700	152	5
	公马					
6431	**公马-纯血马**			500	365	5
6441	年计划标准			500	365	5
6432	公马-英纯血马			500	183	5
6442	加配种负担			500	183	5
6433	公马-英纯血马			500	182	5
6443	无配种负担,轻度工作			500	182	5
6434	**公马-血马**			650	365	5
6444	年计划标准			650	365	5
6435	公马-血马			650	274	5
6445	加配种负担			650	274	5
6436	公马-英纯血马			650	91	5
6446	无配种负担,中度工作			650	91	5
6437	**公马-冷血马**			750	365	5
6447	年计划标准			750	365	5
6438	公马-冷血马			750	274	5
6448	加配种负担			750	274	5
6439	公马-冷血马			750	91	5
6449	无配种负担,中度工作			750	91	5
5.3.2	计划标准,马驹和青年马					
6631	**马驹-英纯血马**		1 000	144	183	5
6641	52～235 kg BM,0～6月龄		1 000	144	183	5
6634	**马驹-血马**		1 120	156	183	5
6644	53～258 kg BM,0～6月龄		1 120	156	183	5
6637	**马驹-冷血马**		1 306	182	183	5
6647	62～301 kg BM,0～6月龄		1 306	182	183	5

每头动物每年的需要量(a 列)和每吨动物产品的需要量(b 列)											
能量								可消化粗蛋白(dCP)			
总和			粗饲料			精饲料		合计		来自高蛋白精饲料	
EC	NERc	NERc	EC	NERc	NERc	NERc	NERc	dCP	dCP	dCP	dCP
MJ/kg	GJ	GJ	MJ/kg	GJ	GJ	GJ	GJ	kg	kg	kg	kg
8	9a	9b	10	11a	11b	12a	12b	13a	13b	14a	14b
6.20	35.5	—	4.46	10.0	—	25.5	—	494	—	55.6	—
6.20	35.5	—	4.73	11.8	—	23.7	—	494	—	28.1	—
6.20	35.5	—	5.25	16.5	—	19.0	—	494	—		—
6.20	35.5	—	5.78	24.3	—	11.2	—	494	—	272	—
		—			—		—		—		—
5.88	27.3	—	4.46	10.4	—	16.9	—	281	—		—
5.88	27.2	—	4.73	11.8	—	15.4	—	281	—		—
5.83	27.1	—	5.25	17.4	—	9.7	—	281	—		—
5.88	26.7	—	5.78	24.4	—	2.3	—	281	—	111	—
		—			—		—		—		—
6.14	22.6	—	4.46	9.1	—	13.4	—	248	—		—
6.14	22.6	—	4.73	10.8	—	11.8	—	248	—		—
6.41	25.3	—	4.99	7.9	—	17.4	—	286	—		—
6.41	25.3	—	5.25	9.3	—	16.0	—	286	—		—
5.88	19.7	—	5.51	10.4	—	9.3	—	207	—		—
5.88	19.7	—	5.78	12.3	—	7.5	—	207	—		—
		—			—		—		—		—
6.20	26.1	—	4.46	10.3	—	15.9	—	292	—		—
6.20	26.1	—	4.73	12.2	—	14.0	—	292	—		—
6.20	26.6	—	4.99	10.5	—	16.1	—	303	—		—
6.20	26.6	—	5.25	12.4	—	14.2	—	303	—		—
6.20	25.0	—	5.51	9.9	—	15.1	—	261	—		—
6.20	25.0	—	5.78	11.7	—	13.3	—	261	—		—
		—			—		—		—		—
6.14	26.6	—	4.46	11.3	—	15.2	—	298	—		—
6.14	26.6	—	4.73	13.3	—	13.2	—	298	—		—
6.20	27.0	—	4.99	10.6	—	16.4	—	309	—		—
6.20	27.0	—	5.25	12.6	—	14.4	—	309	—		—
5.88	25.3	—	5.51	13.3	—	12.0	—	266	—		—
5.88	25.3	—	5.78	15.9	—	9.5	—	266	—		—
		—			—		—		—		—
		—			—		—		—		—
6.83	3.8	10	4.99	0.5	1	3.3	9	53.2	146	5.8	15.9
6.83	3.8	10	5.25	0.7	2	3.0	8	53.2	146	3.8	10.4
		—			—		—		—		—
6.85	4.7	12	4.99	0.7	2	4.0	10	65	159	6.9	16.9
6.85	4.7	12	5.25	0.8	2	3.9	10	65	159	4.5	11.0
		—			—		—		—		—
6.89	4.8	10	4.99	0.6	1	4.2	9	67.9	142	8.4	17.6
6.89	4.8	10	5.25	0.7	2	4.1	9	67.9	142	6.3	13.2

编码	动物分类	性能资料		体重 (BM)	生产时间或发育时间	安全补饲量
	生产和发育阶段	动物产品	增重			
			g/d	kg	d	%
1	2	3	4	5	6	7
6721	马驹-英纯种马		650	294	182	5
6741	235～354 kg BM		650	294	182	5
6761	7～12 月龄		650	294	182	5
6724	马驹-血马		700	322	182	5
6744	258～386 kg BM		700	322	182	5
6764	7～12 月龄		700	322	182	5
6727	马驹-冷血马		820	376	182	5
6747	301～451 kg BM		820	376	182	5
6767	7～12 月龄		820	376	182	5
6821	青年马-英纯种马		304	410	365	5
6841	354～465 kg BM		304	410	365	5
6861	13～24 月龄		304	410	365	5
6822	青年马-英纯种马		390	390	183	5
6842	354～425 kg BM		390	390	183	5
6862	13～18 月龄		390	390	183	5
6823	青年马-英纯种马		220	445	182	5
6843	425～465 kg BM		220	445	182	5
6863	19～24 月龄		220	445	182	5
6824	青年马-血马		290	439	365	5
6844	386～492 kg BM		290	439	365	5
6864	13～24 月龄		290	439	365	5
6825	青年马-血马		290	439	365	5
6845	加训练,386～492 kg BM		290	439	365	5
6865	13～24 月龄		290	439	365	5
6827	青年马-冷血马		335	513	365	5
6847	451～574 kg BM		335	513	365	5
6867	13～24 月龄		335	513	365	5
6921	青年马-英纯血马		96	483	365	5
6941	465～500 kg BM		96	483	365	5
6961	25～36 月龄		96	483	365	5
6922	青年马-英纯种马		135	478	365	5
6942	465～490 kg BM		135	478	365	5
6962	25～30 月龄		135	478	365	5

每头动物每年的需要量(a列)和每吨动物产品的需要量(b列)											
能量								可消化粗蛋白(dCP)			
总和			粗饲料			精饲料		合计		来自高蛋白精饲料	
EC	NERc	NERc	EC	NERc	NERc	NERc	NERc	dCP	dCP	dCP	dCP
MJ/kg	GJ	GJ	MJ/kg	GJ	GJ	GJ	GJ	kg	kg	kg	kg
8	9a	9b	10	11a	11b	12a	12b	13a	13b	14a	14b
		—			—		—		—		—
6.41	16.5	69	4.73	4.2	18	12.3	52	243	1 024	39.9	168
6.41	16.5	69	5.25	6.0	25	10.5	44	243	1 024	9.3	39.2
6.41	16.5	69	5.78	8.9	38	7.6	32	243	1 024	127.9	539
		—			—		—		—		—
6.41	14.7	58	4.73	3.8	15	10.9	43	217	849	35.4	139
6.41	14.7	58	5.25	5.4	21	9.3	37	217	849	8	31.3
6.41	14.7	58	5.78	8.0	31	6.7	26	217	849	114	446
		—			—		—		—		—
6.09	15.3	51	4.73	5.6	19	9.8	33	226	755	28.6	96
6.09	15.3	51	5.25	7.9	26	7.5	25	226	755		
6.09	15.3	51	5.78	11.7	39	3.7	12	226	755	145	484
		—			—		—		—		—
6.41	21.7	196	4.73	5.8	52	16.0	144	263	2 370		
6.41	21.7	196	5.25	8.0	72	13.8	124	263	2 370		
6.41	21.7	196	5.78	11.8	106	10.0	90	263	2 370	85	766
		—			—		—		—		—
6.41	20.4	143	4.73	5.5	38	14.9	105	261	1 834		
6.41	20.4	143	5.25	7.6	53	12.8	90	261	1 834		
6.41	20.4	143	5.78	11.0	77	9.3	66	261	1 834	101	710
		—			—		—		—		—
6.41	23.1	288	4.73	6.1	76	17.0	212	264	3 288		
6.41	23.1	288	5.25	8.5	106	14.6	182	264	3 288		
6.41	23.1	288	5.78	12.5	156	10.6	132	264	3 288	68.7	856
		—			—		—		—		—
6.09	15.1	143	4.73	5.7	54	9.5	89	194	1 833		
6.09	15.1	143	5.25	7.8	73	7.4	69	194	1 833		
6.09	15.1	143	5.78	11.4	108	3.7	35	194	1 833	100	945
		—			—		—		—		—
6.30	19.3	183	4.73	5.8	55	13.5	128	230	2 173		
6.30	19.3	183	5.25	8.1	76	11.2	106	230	2 173		
6.30	19.3	183	5.78	11.8	111	7.6	71	230	2 173	80.9	764
		—			—		—		—		—
5.67	16.2	132	4.73	8.5	70	7.7	63	176	1 439		
5.67	16.1	131	5.25	12.1	99	4.0	33	176	1 439		
5.78	15.5	127	5.78	15.5	127			176	1 439	85.9	703
		—			—		—		—		—
6.41	23.0	656	4.73	6.1	174	16.9	482	259	7 392		
6.41	23.0	656	5.25	8.4	240	14.6	417	259	7 392		
6.41	23.0	656	5.78	12.4	354	10.6	303	259	7 392	45.2	1 290
		—			—		—		—		—
6.41	23.1	469	4.73	6.1	124	17.0	345	253	5 134		
6.41	23.1	469	5.25	8.5	173	14.6	296	253	5 134		
6.41	23.1	469	5.78	12.5	254	10.6	215	253	5 134	52.1	1 057

编码	动物分类	性能资料		体重	生产时间或	安全补饲量
		动物产品		(BM)	发育时间	
	生产和发育阶段		增重			
			g/d	kg	d	%
1	2	3	4	5	6	7
6923	青年马-英纯种马		55	495	365	5
6943	490～500 kg BM		55	495	365	5
6963	31～36 月龄		55	495	365	5
6924	青年马-血马		165	522	365	5
6944	无训练,492～552 kg BM		165	522	365	5
6964	25～36 月龄		165	522	365	5
6925	青年马-血马		165	522	365	5
6945	加训练,492～552 kg BM		165	522	365	5
6965	25～36 月龄		165	522	365	5
6927	青年马-冷血马		190	609	365	5
6947	574～644 kg BM		190	609	365	5
6967	25～36 月龄		190	609	365	5
5.3.3	计划标准,运动和役用马-年计划标准					
	运动和役用马					
6521	英纯种马	轻度工作		500	365	5
6541				500	365	5
6561				500	365	5
6522	英纯种马	中度工作		500	365	5
6542				500	365	5
6562				500	365	5
6523	英纯种马	重度工作		500	365	5
6543				500	365	5
6563				500	365	5
	运动和役用马					
6524	**血马**	轻度工作		600	365	5
6544				600	365	5
6564				600	365	5
6525	血马	中度工作		600	365	5
6545				600	365	5
6565				600	365	5
6526	血马	重度工作		600	365	5
6546				600	365	5
6566				600	365	5

每头动物每年需要量(a 列)和每吨动物产品需要量(b 列)											
能量								可消化粗蛋白(dCP)			
总和			粗饲料			精饲料		合计		来自高蛋白精饲料	
EC	NERc	NERc	EC	NERc	NERc	NERc	NERc	dCP	dCP	dCP	dCP
MJ/kg	GJ	GJ	MJ/kg	GJ	GJ	GJ	GJ	kg	kg	kg	kg
8	9a	9b	10	11a	11b	12a	12b	13a	13b	14a	14b
		—			—		—		—		—
6.41	22.9	1140	4.73	6.1	303	16.8	837	241	12 005		
6.41	22.9	1140	5.25	8.4	418	14.5	722	241	12 005		
6.41	22.9	1140	5.78	12.4	617	10.5	523	241	12 005	38.3	1 908
		—			—		—		—		—
5.62	16.8	279	4.73	9.5	157	7.5	124	184	3 055		
5.57	16.8	279	5.25	13.3	221	3.4	56	184	3 055		
5.78	16.1	267	5.78	16.1	267			184	3 055	90.3	1 499
		—			—		—		—		—
5.93	21.0	349	4.73	9.0	150	12.0	199	224	3 719		
5.78	20.5	340	5.25	14.0	232	6.5	108	224	3 719		
5.78	20.5	340	5.78	20.5	340			224	3 719	102	1 694
		—			—		—		—		—
5.51	17.4	251	4.73	10.3	148	7.1	103	188	2 711		
5.51	17.2	248	5.25	14.6	210	2.6	38	188	2 711		
5.78	16.5	238	5.78	16.5	238			188	2 711	91.6	1 321
		—			—		—		—		—
		—			—		—		—		—
5.88	18.5	—	4.73	8.3	—	10.2	—	176	—		—
5.88	18.5	—	5.25	11.6	—	6.9	—	176	—		—
5.88	18.5	—	5.78	16.7	—	1.8	—	176	—	33.8	—
		—			—		—		—		—
6.41	22.6	—	4.73	6.0	—	16.6	—	194	—		—
6.41	22.6	—	5.25	8.3	—	14.3	—	194	—		—
6.41	22.6	—	5.78	12.2	—	10.3	—	194	—		—
		—			—		—		—		—
6.62	26.6	—	4.73	5.4	—	21.2	—	215	—		—
6.62	26.6	—	5.25	7.4	—	19.2	—	215	—		—
6.62	26.6	—	5.78	10.8	—	15.8	—	215	—		—
		—			—		—		—		—
5.83	20.0	—	4.73	9.2	—	10.7	—	184	—		—
5.83	19.8	—	5.25	13.0	—	6.8	—	184	—		—
5.83	19.3	—	5.78	18.3	—	1.1	—	184	—	36.8	—
		—			—		—		—		—
6.20	23.3	—	4.73	7.8	—	15.5	—	199	—		—
6.20	23.3	—	5.25	10.8	—	12.5	—	199	—		—
6.20	23.3	—	5.78	16.0	—	7.4	—	199	—		—
		—			—		—		—		—
6.41	27.4	—	4.73	7.2	—	20.2	—	222	—		—
6.41	27.4	—	5.25	10.1	—	17.3	—	222	—		—
6.41	27.4	—	5.78	14.8	—	12.6	—	222	—		—

编码	动物分类	性能资料		体重	生产时间或	安全补饲量
		动物产品		(BM)	发育时间	
	生产和发育阶段		增重			
			g/d	kg	d	%
1	2	3	4	5	6	7
	役用马					
6527	**冷血马**	轻度工作		700	365	5
6547				700	365	5
6567				700	365	5
6528	冷血马	中度工作		700	365	5
6548				700	365	5
6568				700	365	5
6529	冷血马	重度工作		700	365	5
6549				700	365	5
6569				700	365	5

每头动物每年需要量(a 列)和每吨动物产品需要量(b 列)											
能量								可消化粗蛋白(dCP)			
总和			粗饲料			精饲料		合计		来自高蛋白精饲料	
EC	NERc	NERc	EC	NERc	NERc	NERc	NERc	dCP	dCP	dCP	dCP
MJ/kg	GJ	GJ	MJ/kg	GJ	GJ	GJ	GJ	kg	kg	kg	kg
8	9a	9b	10	11a	11b	12a	12b	13a	13b	14a	14b
		—			—		—		—		—
5.67	20.6	—	4.73	10.8	—	9.8	—	188	—		—
5.67	20.4	—	5.25	15.2	—	5.1	—	188	—		—
5.62	19.7	—	5.78	18.7	—	1.1	—	188	—	37.6	—
		—			—		—		—		—
5.88	24.2	—	4.73	10.8	—	13.3	—	207	—		—
5.88	24.2	—	5.25	15.1	—	9.0	—	207	—		—
5.88	24.2	—	5.78	21.9	—	2.2	—	207	—	24.6	—
		—			—		—		—		—
6.09	28.1	—	4.73	10.5	—	17.6	—	228	—		—
6.09	28.1	—	5.25	14.5	—	13.7	—	228	—		—
6.09	28.1	—	5.78	21.3	—	6.8	—	228	—		—

编码	动物分类	性能资料		体重 (BM)	生产时间或发育时间	安全补饲量
	生产和发育阶段	动物产品				
		仔猪数	仔猪量			
		头/年	(15 kg/头) kg/年	kg	d	%
1	2	3	4	5	6	7
5.4	计划标准-猪					
5.4.1	计划标准,母猪和种公猪-年计划标准,常规管理					
7131	母猪	13.2	198		365	5
7132	泌乳 28 d	17.6	264		365	5
7133	2.2 头仔猪/年	22	330		365	5
7134		26.4	396		365	5
7135		30.8	462		365	5
7151	母猪	12	180		365	5
7152	泌乳 28 d	16	240		365	5
7153	2.0 仔猪/年	20	300		365	5
7154		24	360		365	5
7155		28	420		365	5
7241	母猪	12.6	189		365	5
7242	泌乳 35 d	16.8	252		365	5
7243	2.1 头仔猪/年	21	315		365	5
7244		25.2	378		365	5
7245		29.4	441		365	5
7261	母猪	11.4	171		365	5
7262	泌乳 35 d	15.2	228		365	5
7263	1.9 头仔猪/年	19	285		365	5
7264		22.8	342		365	5
7265		26.6	399		365	5
7351	母猪	12	180		365	5
7352	泌乳 42 d	16	240		365	5
7353	2.0 头仔猪/年	20	300		365	5
7354		24	360		365	5
7355		28	420		365	5
7371	母猪	10.8	162		365	5
7372	泌乳 42 d	14.4	216		365	5
7373	1.8 头仔猪/年	18	270		365	5
7374		21.6	324		365	5
7375		25.2	378		365	5
7451	母猪	12	180		365	5
7452	泌乳 49 d	16	240		365	5
7453	2.0 头仔猪/年	20	300		365	5
7454		24	360		365	5
7455		28	420		365	5

每头动物每年需要量(a列)和每吨动物产品的需要量(b列)												
能量							可消化粗蛋白 (dCP)		可消化氨基酸			
合计			粗饲料		精饲料				dLys		dMet+dCys	
EC	NERp	NERp	NERp	NERp	NERp	NERp	dCP	dCP				
MJ/kg	GJ	GJ	GJ	GJ	GJ	GJ	kg	kg	kg	kg	kg	kg
8	9a	9b	11a	11b	12a	12b	13a	13b	15a	15b	16a	16b
8.89	8.82	44.5	2.43	12.3	6.39	32.3	110	556	5.05	25.5	3.57	18.0
8.89	9.25	35.0	2.43	9.2	6.82	25.8	116	439	5.38	20.4	3.81	14.4
8.97	9.69	29.4	2.43	7.4	7.26	22.0	123	373	5.71	17.3	4.05	12.3
8.97	10.14	25.6	2.43	6.1	7.72	19.5	130	328	6.04	15.3	4.29	10.8
9.04	10.58	22.9	2.43	5.3	8.16	17.7	136	294	6.38	13.8	4.53	9.8
8.82	8.64	48.0	2.57	14.3	6.07	33.7	107	594	4.94	27.4	3.49	19.4
8.89	9.08	37.9	2.57	10.7	6.51	27.1	114	475	5.27	22.0	3.73	15.5
8.89	9.25	30.8	2.57	8.6	6.67	22.2	117	390	5.44	18.1	3.85	12.8
8.97	10.00	27.8	2.57	7.1	7.42	20.6	128	356	5.93	16.5	4.21	11.7
8.97	10.45	24.9	2.57	6.1	7.88	18.8	134	319	6.26	14.9	4.44	10.6
8.89	8.95	47.4	2.35	12.4	6.60	34.9	113	598	5.21	27.6	3.70	19.6
8.97	9.47	37.6	2.35	9.3	7.11	28.2	121	480	5.60	22.2	3.98	15.8
8.97	9.98	31.7	2.35	7.5	7.63	24.2	128	406	5.99	19.0	4.26	13.5
9.04	10.51	27.8	2.35	6.2	8.16	21.6	136	360	6.39	16.9	4.54	12.0
9.04	11.04	25.0	2.35	5.3	8.69	19.7	144	327	6.78	15.4	4.83	10.9
8.89	8.76	51.2	2.50	14.6	6.26	36.6	110	643	5.08	29.7	3.61	21.1
8.89	9.28	40.7	2.50	11.0	6.78	29.7	118	518	5.47	24.0	3.88	17.0
8.97	9.79	34.4	2.50	8.8	7.29	25.6	126	442	5.85	20.5	4.15	14.6
8.97	10.33	30.2	2.50	7.3	7.84	22.9	133	389	6.24	18.2	4.43	12.9
9.04	10.85	27.2	2.50	6.3	8.35	20.9	141	353	6.62	16.6	4.71	11.8
8.97	9.08	50.5	2.35	13.1	6.73	37.4	115	639	5.36	29.8	3.81	21.2
8.97	9.66	40.2	2.35	9.8	7.31	30.4	124	517	5.81	24.2	4.12	17.2
9.04	10.25	34.2	2.35	7.8	7.89	26.3	133	443	6.26	20.9	4.45	14.8
9.04	10.86	30.2	2.35	6.5	8.51	23.6	142	394	6.70	18.6	4.77	13.2
9.11	11.50	27.4	2.35	5.6	9.14	21.8	152	362	7.17	17.1	5.11	12.2
8.89	8.85	54.6	2.50	15.4	6.35	39.2	112	691	5.20	32.1	3.70	22.8
8.97	9.42	43.6	2.50	11.6	6.92	32.1	121	560	5.63	26.1	4.00	18.5
8.97	10.01	37.1	2.50	9.3	7.51	27.8	130	481	6.07	22.5	4.32	16.0
9.04	10.61	32.8	2.50	7.7	8.11	25.0	138	426	6.49	20.0	4.62	14.2
9.04	11.30	29.9	2.50	6.6	8.81	23.3	149	394	7.00	18.5	4.98	13.2
8.97	9.31	51.7	2.21	12.3	7.10	39.4	119	661	5.57	30.9	3.97	22.1
9.04	9.95	41.5	2.21	9.2	7.75	32.3	130	542	6.08	25.3	4.34	18.1
9.04	10.60	35.3	2.21	7.4	8.39	28.0	140	467	6.58	21.9	4.68	15.6
9.11	11.29	31.4	2.21	6.1	9.08	25.2	150	417	7.08	19.7	5.05	14.0
9.19	11.94	28.4	2.21	5.3	9.73	23.2	160	381	7.59	18.1	5.41	12.9

编码	动物分类	性能资料		体重	生产时间或	安全补饲量
	生产和发育阶段	动物产品		(BM)	发育时间	
		仔猪数	仔猪量			
		头/年	(15 kg/头) kg/年	kg	d	%
1	2	3	4	5	6	7
7471	母猪	10.8	162		365	5
7472	泌乳 49 d	14.4	216		365	5
7473	1.8 头仔猪/年	18	270		365	5
7474		21.6	324		365	5
7475		25.2	378		365	5
7561	母猪	11.4	171		365	5
7562	泌乳 56 d	15.2	228		365	5
7563	1.9 头仔猪/年	19	285		365	5
7564		22.8	342		365	5
7565		26.6	378		365	5
7581	母猪	10.2	153		365	5
7582	泌乳 56 d	13.6	204		365	5
7583	1.7 头仔猪/年	17	255		365	5
7584		20.4	306		365	5
7585		23.8	357		365	5
	有机生产管理					
7622	母猪	18.4	276		365	5
7623	泌乳 28 d	23	345		365	5
7624	2.3 头仔猪/年	27.6	414		365	5
7625		32.2	483		365	5
7632	母猪	17.6	264		365	5
7633	泌乳 28 d	22	330		365	5
7634	2.2 头仔猪/年	26.4	393		365	5
7635		30.8	462		365	5
7732	母猪	17.6	264		365	5
7733	泌乳 35 d	22	330		365	5
7734	2.2 头仔猪/年	26.4	396		365	5
7735		30.8	462		365	5
7742	母猪	16.8	252		365	5
7743	泌乳 35 d	21	315		365	5
7744	2.1 头仔猪/年	25.2	378		365	5
7745		29.4	441		365	5
7842	母猪	16.8	252		365	5
7843	泌乳 42 d	21	315		365	5
7844	2.1 头仔猪/年	25.2	378		365	5
7845		29.4	441		365	5

每头动物每年需要量(a 列)和每吨动物产品的需要量(b 列)												
能量							可消化粗蛋白 (dCP)		可消化氨基酸			
合计			粗饲料		精饲料				dLys		dMet+dCys	
EC	NERp	NERp	NERp	NERp	NERp	NERp	dCP	dCP				
MJ/kg	GJ	GJ	GJ	GJ	GJ	GJ	kg	kg	kg	kg	kg	kg
8	9a	9b	11a	11b	12a	12b	13a	13b	15a	15b	16a	16b
8.97	9.06	55.9	2.35	14.5	6.70	41.4	116	716	5.39	33.3	3.83	23.6
8.97	9.69	44.8	2.35	10.9	7.34	34.0	125	579	5.87	27.2	4.19	19.4
9.04	10.32	38.2	2.35	8.7	7.97	29.5	135	500	6.36	23.5	4.54	16.8
9.04	11.00	33.9	2.35	7.3	8.64	26.7	145	448	6.84	21.1	4.88	15.1
9.11	11.64	30.8	2.35	6.2	9.29	24.6	155	410	7.33	19.4	5.23	13.8
9.11	9.39	54.9	2.21	12.9	7.19	42.0	121	708	5.67	33.2	4.04	23.6
9.04	10.10	44.3	2.21	9.7	7.89	34.6	132	579	6.22	27.3	4.45	19.5
9.11	10.80	37.9	2.21	7.7	8.60	30.2	143	502	6.78	23.8	4.85	17.0
9.11	11.55	33.8	2.21	6.4	9.35	27.3	155	453	7.32	21.4	5.22	15.3
9.19	12.26	32.4	2.21	5.8	10.05	26.6	166	439	7.86	20.8	5.61	14.8
9.04	9.11	59.6	2.35	15.4	6.76	44.2	117	765	5.45	35.6	3.88	25.4
8.97	9.80	48.1	2.35	11.5	7.45	36.5	128	627	5.98	29.3	4.26	20.9
9.04	10.50	41.2	2.35	9.2	8.14	31.9	138	541	6.53	25.6	4.66	18.3
9.11	11.23	36.7	2.35	7.7	8.88	29.0	149	487	7.02	22.9	5.01	16.4
9.11	11.92	33.4	2.35	6.6	9.57	26.8	160	448	7.53	21.1	5.37	15.0
9.48	8.42	30.5	1.10	4.0	7.32	26.5	105	380	4.81	17.4	3.41	12.3
9.48	8.85	25.7	1.10	3.2	7.75	22.5	111	322	5.14	14.9	3.65	10.6
9.48	9.31	22.5	1.10	2.7	8.20	19.8	118	285	5.48	13.2	3.88	9.4
9.48	9.73	20.1	1.10	2.3	8.63	17.9	125	259	5.81	12.0	4.12	8.5
9.41	8.32	31.5	1.18	4.5	7.14	27.1	104	394	4.75	18.0	3.37	12.8
9.41	8.76	26.5	1.18	3.6	7.59	23.0	110	333	5.09	15.4	3.61	10.9
9.48	9.22	23.5	1.18	3.0	8.04	20.5	117	298	5.41	13.8	3.84	9.8
9.48	9.66	20.9	1.18	2.5	8.48	18.4	124	268	5.75	12.5	4.09	8.8
9.48	8.69	32.9	1.10	4.2	7.59	28.7	110	417	5.07	19.2	3.60	13.7
9.48	9.20	27.9	1.10	3.3	8.10	24.5	118	358	5.47	16.6	3.88	11.8
9.63	9.73	24.6	1.10	2.8	8.63	21.8	126	318	5.87	14.8	4.17	10.5
9.56	10.25	22.2	1.10	2.4	9.14	19.8	135	292	6.26	13.6	4.45	9.6
9.41	8.57	34.0	1.18	4.7	7.39	29.3	108	429	5.00	19.8	3.55	14.1
9.48	9.08	28.8	1.18	3.7	7.91	25.1	116	368	5.39	17.1	3.83	12.1
9.56	9.61	25.4	1.18	3.1	8.44	22.3	124	328	5.78	15.3	4.11	10.9
9.48	10.13	23.0	1.18	2.7	8.95	20.3	132	299	6.17	14.0	4.39	9.9
9.48	8.92	35.4	1.10	4.4	7.82	31.0	114	452	5.31	21.1	3.78	15.0
9.48	9.51	30.2	1.10	3.5	8.41	26.7	123	390	5.76	18.3	4.10	13.0
9.56	10.11	26.8	1.10	2.9	9.01	23.8	132	349	6.21	16.4	4.43	11.7
9.56	10.70	24.3	1.10	2.5	9.60	21.8	142	322	6.67	15.1	4.75	10.8

编码	动物分类	性能资料		体重（BM）	生产时间或发育时间	安全补饲量
	生产和发育阶段	动物产品				
		仔猪数	仔猪量			
		头/年	（15 kg/头）kg/年	kg	d	%
1	2	3	4	5	6	7
7852	母猪	16	240		365	5
7853	泌乳 42 d	20	300		365	5
7854	2.0 头仔猪/年	24	360		365	5
7855		28	420		365	5
	种公猪					
7911	种公猪，中度配种负荷			<200	365	5
7921				>200	365	5
7912	种公猪，重度配种负荷			<200	365	5
7922				>200	365	5
			BM g/d			
	母猪-繁殖阶段					
	常规管理					
7011	青年母猪，催情期		500	118	5	5
7012	成母猪，催情期		400	157	5	5
7021	青年母猪，妊娠 1～3 个月		350	140	84	5
7022	成年母猪，妊娠 1～3 个月		280	175	84	5
7031	青年母猪，妊娠 4 个月		500	170	31	5
7032	成年母猪，妊娠 4 个月		400	203	31	5
7041	青年母猪，泌乳期	6		165	56	5
7042	成年母猪，泌乳期	6		195	56	5
7051	青年母猪，泌乳期	8		163	56	5
7052	成年母猪，泌乳期	8		193	56	5
7061	青年母猪，泌乳期	10		160	56	5
7062	成年母猪，泌乳期	10		190	56	5
7071	青年母猪，泌乳期	12		158	56	5
7072	成年母猪，泌乳期	12		188	56	5
7081	青年母猪，泌乳期	14		155	56	5
7082	成年母猪，泌乳期	14		185	56	5
7091	成年母猪，空怀期，6 头仔猪/窝			155	39	5
7092	成年母猪，空怀期，8 头仔猪/窝		130	至	39	5
7093	成年母猪，空怀期，10 头仔猪/窝		255	185	39	5
7094	成年母猪，空怀期，12 头仔猪/窝		385		39	5
7095	成年母猪，空怀期，14 头仔猪/窝		510		39	5
	有机生产管理					
7013	青年母猪，催情期		500	118	10	5
7014	成年母猪，催情期		400	157	10	5

每头动物每年需要量(a 列)和每吨动物产品的需要量(b 列)												
能量							可消化粗蛋白		可消化氨基酸			
合计			粗饲料		精饲料		(dCP)		dLys		dMet+dCys	
EC	NERp	NERp	NERp	NERp	NERp	NERp	dCP	dCP				
MJ/kg	GJ	GJ	GJ	GJ	GJ	GJ	kg	kg	kg	kg	kg	kg
8	9a	9b	11a	11b	12a	12b	13a	13b	15a	15b	16a	16b
9.48	8.79	36.6	1.18	4.9	7.61	31.7	112	467	5.22	21.7	3.71	15.4
9.48	9.38	31.3	1.18	3.9	8.20	27.3	121	403	5.67	18.9	4.03	13.4
9.48	9.98	27.7	1.18	3.3	8.81	24.5	130	361	6.11	17.0	4.34	12.1
9.48	10.57	25.2	1.18	2.8	9.39	22.4	139	331	6.56	15.6	4.67	11.1
9.26	9.57		0.47		9.10		225		12.46		7.83	
9.26	10.70		0.53		10.17		254		14.06		8.81	
9.19	11.26		0.56		10.70		274		15.24		9.45	
9.19	12.39		0.62		11.77		303		16.85		10.44	
9.26	9.86	54.0	1.97	10.8	7.89	43.3	103	564	4.38	24.0	3.09	17.0
9.26	10.98	75.2	2.19	15.0	8.79	60.2	115	788	4.87	33.4	3.44	23.6
8.42	7.32	57.3	2.93	22.9	4.40	34.4	89	697	4.09	32.0	2.86	22.4
8.42	8.17	80.0	3.26	31.9	4.91	48.0	100	978	4.56	44.6	3.19	31.2
9.25	8.45	46.3	1.69	9.3	6.76	37.1	91	499	3.90	21.4	2.76	15.1
9.26	9.01	61.7	1.79	12.3	7.22	49.4	94	644	4.00	27.4	2.84	19.4
9.56	12.39		0.98		11.41		185		9.12		6.51	
9.56	12.73		1.01		11.72		190		9.38		6.84	
9.60	14.64		1.01		13.63		221		10.96		7.83	
9.60	15.10		1.06		14.04		227		11.21		8.15	
9.63	16.91		1.01		15.89		258		12.78		9.12	
9.64	17.46		1.04		16.42		264		13.04		9.45	
9.67	19.43		0.97		18.46		295		14.61		10.44	
9.69	19.83		0.98		18.85		300		14.88		10.76	
9.72	21.76		0.87		20.89		331		16.43		11.74	
9.73	22.20		0.88		21.32		337		16.69		12.07	
8.42	6.76		2.70		4.06		82		2.86		1.99	
8.42	7.32	154.3	2.93	61.7	4.40	92.6	89	1 876	3.09	65.2	2.15	45.3
8.42	7.88	84.7	3.15	33.8	4.73	50.9	96	1 031	3.32	35.7	2.31	24.8
8.42	8.45	60.1	3.38	24.1	5.07	36.1	103	733	3.59	25.5	2.51	17.8
8.42	9.01	48.4	3.60	19.3	5.41	29.1	110	591	3.81	20.5	2.67	14.3
9.67	8.73	47.8	0.87	4.8	7.86	43.1	95	521	4.11	22.5	2.90	15.9
9.73	9.86	67.6	0.98	6.7	8.88	60.8	99	678	4.11	28.1	2.90	19.9

编码	动物分类	性能资料		体重 (BM)	生产时间或发育时间	安全补饲量
	生产和发育阶段	动物产品				
		仔猪数	仔猪量			
		头/年	g/d	kg	d	%
1	2	3	4	5	6	7
7023	青年母猪,妊娠 1～3 个月		350	140	84	5
7024	成年母猪,妊娠 1～3 个月		280	175	84	5
7033	青年母猪,妊娠 4 个月		500	170	31	5
7034	成年母猪,妊娠 4 个月		400	203	31	5
7053	青年母猪,泌乳期	8		163	35	5
7054	成年母猪,泌乳期	8		193	35	5
7063	青年母猪,泌乳期	10		160	35	5
7064	成年母猪,泌乳期	10		190	35	5
7073	青年母猪,泌乳期	12		158	35	5
7074	成年母猪,泌乳期	12		188	35	5
7083	青年母猪,泌乳期	14		155	35	5
7084	成年母猪,泌乳期	14		185	35	5
7096	成年母猪,空怀期,8 头仔猪/窝		130	155	13	5
7097	成年母猪,空怀期,10 头仔猪/窝		255	to	13	5
7098	成年母猪,空怀期,12 头仔猪/窝		385	185	13	5
7099	成年母猪,空怀期,14 头仔猪/窝		510		13	5
5.4.2	计划标准,仔猪					
8101	仔猪 哺乳 56 d		245	8.2	56	10
8102	< 15 kg BM,哺乳 49 d		220	8.2	63	10
8103	1～2 月龄, 哺乳 42 d		215	8.2	64	10
8104	哺乳 35 d		215	8.2	64	10
8105	哺乳 28 d		215	8.2	64	10
5.4.3	计划标准,断奶仔猪					
8211	断奶仔猪		200	25	100	10
8213	15～35 kg BM		400	25	50	8
8215	3 ～4 月龄		600	25	34	6
5.4.4	计划标准,青年种猪					
8301	青年种母猪 35～116 kg BM		525	75.5	155	5
8302	35～131 kg BM		620	83	156	5
8311	35～80 kg BM		500	57.5	90	5
8312	35～89 kg BM		600	62	90	5
8321	青年母猪 80～116 kg BM		555	98	65	5
8322	89～131 kg BM		635	110	66	5

每头动物每年需要量(a 列)和每吨动物产品的需要量(b 列)												
能量							可消化粗蛋白		可消化氨基酸			
合计			粗饲料		精饲料		(dCP)		dLys		dMet+dCys	
EC	NERp	NERp	NERp	NERp	NERp	NERp	dCP	dCP				
MJ/kg	GJ	GJ	GJ	GJ	GJ	GJ	kg	kg	kg	kg	kg	kg
8	9a	9b	11a	11b	12a	12b	13a	13b	15a	15b	16a	16b
9.20	6.20	48.6	1.23	9.7	4.97	38.9	73	571	3.26	25.5	2.28	17.8
9.25	7.04	68.9	1.41	13.8	5.63	55.1	76	744	3.26	31.9	2.28	22.3
9.63	7.32	40.1	0.74	4.0	6.59	36.1	87	477	3.91	21.4	2.77	15.2
9.66	7.88	54.0	0.78	5.3	7.10	48.6	89	610	3.91	26.8	2.77	19.0
9.73	14.64		0.59		14.05		221		10.96		7.83	
9.73	15.10		0.60		14.49		227		11.22		8.15	
9.78	16.91		0.51		16.39		258		12.78		9.13	
9.78	17.46		0.53		16.93		264		13.05		9.46	
9.78	19.43		0.57		18.86		295		14.61		10.44	
9.78	19.83		0.59		19.24		200		14.87		10.76	
9.78	21.74		0.65		21.09		331		16.44		11.74	
9.78	22.20		0.66		21.54		337		16.69		16.32	
8.42	6.20	130.7	2.48	52.4	3.72	78.4	76	1 602	2.61	55.0	1.83	38.5
8.42	6.76	72.7	2.70	29.1	4.06	43.6	82	881	2.86	30.8	1.99	21.4
8.42	7.32	52.1	2.93	20.8	4.40	31.3	89	633	3.09	22.0	2.15	15.3
8.42	7.88	42.3	3.15	16.9	4.73	25.4	96	516	3.32	17.9	2.31	12.4
9.63	0.66	7.4			0.66	7.4	13	150	0.72	8.1	0.48	5.3
9.70	0.76	9.5			0.76	9.5	15	182	0.77	9.5	0.54	6.7
9.70	0.85	10.9			0.85	10.9	16	206	0.85	10.8	0.60	7.6
9.70	0.94	12.0			0.94	12.0	18	232	0.97	12.3	0.66	8.4
9.63	1.06	13.5			1.06	13.5	21	269	1.12	14.3	0.77	9.7
9.56	2.63	36.0	0.19	2.6	2.44	33.4	40	548	1.98	27.1	1.53	21.0
9.70	3.88	26.6	0.19	1.3	3.69	25.3	58	397	2.88	19.7	2.25	15.4
9.92	5.07	23.2			5.07	23.2	76	347	3.75	17.1	2.98	13.6
9.56	7.26	37.9	0.72	3.8	6.54	34.1	103	538	4.99	26.0	3.98	20.8
9.56	8.45	37.4	0.68	3.0	7.78	34.4	121	535	5.85	25.8	4.68	20.7
9.56	6.20	34.0	0.62	3.4	5.59	30.6	88	482	4.23	23.2	3.38	18.5
9.56	7.32	33.4	0.59	2.7	6.73	30.7	108	493	5.05	23.1	4.05	18.5
9.56	8.73	43.1	0.87	4.3	7.86	38.8	124	612	6.03	29.7	4.79	23.7
9.56	9.86	42.6	0.79	3.4	9.07	39.1	141	608	6.84	29.5	5.47	23.6

编码	动物分类	性能资料		体重 (BM)	生产时间或发育时间	安全补饲量
	生产和发育阶段	动物产品				
		仔猪数	仔猪量			
		头/年	g/d	kg	d	%
1	2	3	4	5	6	7
8401	青年种公猪 35～140 kg BM		625	87.5	168	5
8411	35～125 kg BM		690	80	130	5
8421	35～105 kg BM		780	70	90	5
8431	青年公猪 105～125 kg BM		500	115	40	5
8441	125～140 kg BM		400	132.5	38	5
5.4.5	计划标准，育肥猪					
	育肥阶段					
8813	育肥猪		400	52.5	88	11
8815	35～70 kg BM		600	52.5	58	9
8817			800	52.5	44	7
8823	育肥猪		400	80	50	11
8825	70～90 kg BM		600	80	34	9
8827			800	80	25	7
8833	育肥猪		400	85	75	11
8835	70～100 kg BM		600	85	51	9
8837			800	85	38	7
8843	育肥猪		400	90	100	11
8845	70～110 kg BM		600	90	67	9
8847			800	90	50	7
8853	育肥猪		400	95	125	11
8855	70～120 kg BM		600	95	84	9
8857			800	95	63	7
8863	育肥猪		400	100	150	11
8865	70～130 kg BM		600	100	101	9
8867			800	100	75	7

每只动物每年需要量(a 列)和每吨动物产品的需要量(b 列)												
能量							可消化粗蛋白(dCP)		可消化氨基酸			
合计			粗饲料		精饲料				dLys		dMet+dCys	
EC	NERp	NERp	NERp	NERp	NERp	NERp	dCP	dCP				
MJ/kg	GJ	GJ	GJ	GJ	GJ	GJ	kg	kg	kg	kg	kg	kg
8	9a	9b	11a	11b	12a	12b	13a	13b	15a	15b	16a	16b
9.33	9.03	39.6	0.51	2.3	8.51	37.3	193	846	8.31	36.4	6.51	28.5
9.41	8.86	35.2	0.46	1.8	8.41	33.4	183	727	9.27	36.8	6.81	27.0
9.56	8.54	30.0	0.31	1.1	8.23	28.9	163	573	7.10	24.9	5.92	20.8
9.11	9.57	52.4	0.76	4.2	8.81	48.2	227	1 244	11.05	60.5	7.82	42.8
9.11	9.57	65.5	0.76	5.2	8.81	60.3	227	1 555	11.05	75.7	7.82	53.6
9.56	5.76	39.5	0.56	3.8	5.20	35.6	77	527	3.76	25.7	2.45	16.8
10.00	7.29	33.3	0.03	0.1	7.26	33.2	97	443	4.73	21.6	3.08	14.1
10.00	8.85	30.3			8.85	30.3	117	401	5.74	19.6	3.73	12.8
9.56	7.11	48.7	0.74	5.0	6.38	43.7	90	616	4.34	29.7	2.81	19.3
10.00	8.79	40.1	0.09	0.4	8.70	39.7	112	511	5.33	24.3	3.47	15.8
10.00	10.44	35.7			10.44	35.7	136	466	6.34	21.7	4.12	14.1
9.56	7.32	50.1	0.76	5.2	6.56	44.9	94	644	4.44	30.4	2.88	19.7
10.00	9.22	42.1	0.09	0.4	9.13	41.7	117	534	5.61	25.6	3.65	16.7
10.00	11.07	37.9			11.07	37.9	144	493	6.74	23.1	4.39	15.0
9.56	7.50	51.3	0.76	5.2	6.73	46.1	98	671	4.56	31.2	2.97	20.3
10.00	9.42	43.0	0.09	0.4	9.33	42.6	122	557	5.71	26.1	3.71	17.0
10.00	11.29	38.7			11.29	38.7	147	503	6.88	23.5	4.47	15.3
9.56	7.66	52.5	0.78	5.3	6.88	47.1	100	685	4.65	31.8	3.03	20.7
10.00	9.61	43.9	0.09	0.4	9.53	43.5	125	571	5.86	26.7	3.81	17.4
10.07	11.51	39.4			11.51	39.4	149	510	7.00	24.0	4.56	15.6
9.56	7.81	53.5	0.79	5.4	7.01	48.0	102	699	4.75	32.5	3.09	21.2
10.00	9.79	44.7	0.09	0.4	9.70	44.3	127	580	5.95	27.2	3.87	17.7
10.07	11.70	40.1			11.70	40.1	152	521	7.11	24.3	4.62	15.8

编码	动物分类	性能资料		体重 (BM)	生产时间或发育时间	安全补饲量
	生产和发育阶段	动物产品				
		仔猪数	仔猪量			
		头/年	g/d	kg	d	%
1	2	3	4	5	6	7
	育肥阶段，合计					
8913	育肥猪		400	62.5	138	11
8915	35～90 kg BM		600	62.5	92	9
8917			800	62.5	69	7
8923	育肥猪		400	67.5	163	11
8925	35～100 kg BM		600	67.5	109	9
8927			800	67.5	82	7
8933	育肥猪		400	72.5	188	11
8935	35～110 kg BM		600	72.5	125	9
8937			800	72.5	94	7
8943	育肥猪		400	77.5	213	11
8945	35～120 kg BM		600	77.5	142	9
8947			800	77.5	107	7
8953	育肥猪		400	82.5	238	11
8955	35～130 kg BM		600	82.5	159	9
8957			800	82.5	119	7

每头动物每年需要量(a 列)和每吨动物产品的需要量(b 列)												
能量							可消化粗蛋白		可消化氨基酸			
合计			粗饲料		精饲料		(dCP)		dLys		dMet+dCys	
EC	NERp	NERp	NERp	NERp	NERp	NERp	dCP	dCP				
MJ/kg	GJ	GJ	GJ	GJ	GJ	GJ	kg	kg	kg	kg	kg	kg
8	9a	9b	11a	11b	12a	12b	13a	13b	15a	15b	16a	16b
9.56	6.26	42.9	0.62	4.2	5.64	38.7	82	562	3.97	27.2	2.58	17.6
10.00	7.85	35.8	0.04	0.2	7.81	35.6	102	466	4.95	22.6	3.21	14.7
10.00	9.42	32.3			9.42	32.3	125	428	5.95	20.4	3.87	13.2
9.56	6.48	44.4	0.65	4.4	5.84	40.0	84	575	4.07	27.9	2.64	18.1
10.00	8.19	37.4	0.06	0.3	8.13	37.1	106	484	5.13	23.4	3.34	15.3
10.00	9.88	33.8			9.88	33.8	132	452	6.20	21.2	4.03	13.8
9.56	6.67	45.7	0.66	4.5	6.01	41.2	87	596	4.17	28.6	2.72	18.6
10.00	8.44	38.5	0.06	0.3	8.38	38.3	110	502	5.26	24.0	3.42	15.6
10.00	10.16	34.8			10.16	34.8	135	462	6.33	21.7	4.11	14.1
9.56	6.88	47.1	0.69	4.7	6.19	42.4	90	616	4.28	29.3	2.79	19.1
10.00	8.66	39.5	0.06	0.3	8.60	39.3	113	516	5.39	24.6	3.50	16.0
10.00	10.41	35.6			10.41	35.6	138	473	6.49	22.2	4.22	14.4
9.56	7.06	48.3	0.71	4.8	6.35	43.5	93	637	4.39	30.0	2.85	19.5
10.00	8.86	40.5	0.06	0.3	8.81	40.2	116	530	5.51	25.2	3.58	16.3
10.00	10.64	36.4			10.64	36.4	140	479	6.60	22.6	4.29	14.7

编码	动物分类	性能资料		体重 (BM)	生产时间或发育时间	安全补饲量
	生产和发育阶段	动物产品				
		蛋数	蛋重			
		枚/年	kg/年	kg	d	%
1	2	3	4	5	6	7
5.5	计划标准-家禽和家兔					
5.5.1	计划标准,产蛋鸡-年计划标准					
	产蛋鸡-蛋用品种-平养					
	繁殖和产蛋					
9111	产蛋性能 50%	183	10.98	1.5	365	3
9113	70%	256	15.36	1.5	365	3
9115	90%	329	19.74	1.5	365	3
9121	50%	183	10.98	1.65	365	3
9123	70%	256	15.36	1.65	365	3
9125	90%	329	19.74	1.65	365	3
9131	50%	183	10.98	1.75	365	3
9133	70%	256	15.36	1.75	365	3
9135	90%	329	19.74	1.75	365	3
	-笼养					
	繁殖和产蛋					
9143	产蛋性能 70%	256	15.36	1.5	365	3
9144	80%	292	17.52	1.5	365	3
9145	90%	329	19.74	1.5	365	3
9153	产蛋性能 70%	256	15.36	1.65	365	3
9154	80%	292	17.52	1.65	365	3
9155	90%	329	19.74	1.65	365	3
9163	产蛋性能 70%	256	15.36	1.75	365	3
9164	80%	292	17.52	1.75	365	3
9165	90%	329	19.74	1.75	365	3
9166	100%	365	21.90	1.75	365	3
9191	种公鸡			2.5	365	3
5.5.2	计划标准,培育和育肥					
	产蛋鸡-育肥品种					
9221	繁殖	230		3.1	259	5
9291	种公鸡			4.5	365	3
	培育-产蛋品种		BM g/d			
9301	合计 1～21 周,29～1 350 g		9	0.69	147	5
9311	雏鸡, 1～8 周,29～550 g		9.3	0.29	56	5
9320	青年母鸡, 9～18 周,550～1 240 g		9.8	0.895	70	5
9321	9～10 周,550～700 g		10.7	0.625	14	5
9331	11～18 周,700～1 240 g		9.6	0.97	56	5
9341	19～21 周,1 240～1 350 g		5.2	1.295	21	5

每只动物每年需要量(a列)和每吨动物产品的需要量(b列)														
能量							可消化粗蛋白(dCP)		可消化氨基酸			
合计			粗饲料		精饲料				dLys		dMet+dCys	
EC	NERf	NERf	NERf	NERf	NERf	NERf	dCP	dCP				
MJ/kg	GJ	GJ	GJ	GJ	GJ	GJ	kg	kg	kg	kg	kg	kg
8	9a	9b	11a	11b	12a	12b	13a	13b	15a	15b	16a	16b
9.04	282.2	25.7	—	—	282.2	25.7	4 060	370	198	18.0	160	14.6
9.04	320.5	20.9	—	—	320.5	20.9	5 080	331	249	16.2	198	12.9
9.04	364.6	18.5	—	—	364.6	18.5	6 410	325	303	15.3	242	12.3
9.04	292.5	26.6	—	—	292.5	26.6	4 210	383	204	18.6	162	14.8
9.04	336.6	21.9	—	—	336.6	21.9	5 210	339	256	16.7	204	13.3
9.04	376.3	19.1	—	—	376.3	19.1	6 460	327	306	15.5	246	12.4
9.04	304.3	27.7	—	—	304.3	27.7	4 300	392	207	18.9	166	15.1
9.04	348.4	22.7	—	—	348.4	22.7	5 370	350	262	17.0	211	13.7
9.04	386.6	19.6	—	—	386.6	19.6	6 500	329	313	15.8	249	12.6
9.04	314.6	20.5	—	—	314.6	20.5	5 120	333	249	16.2	198	12.9
9.04	336.6	19.2	—	—	336.6	19.2	5 900	337	281	16.1	224	12.8
9.04	354.3	17.9	—	—	354.3	17.9	6 480	328	303	15.3	242	12.3
9.04	332.2	21.6	—	—	332.2	21.6	5 240	341	255	16.6	204	13.3
9.04	348.4	19.9	—	—	348.4	19.9	5 940	339	285	16.3	227	13.0
9.04	370.4	18.8	—	—	370.4	18.8	6 490	329	306	15.5	246	12.4
9.04	336.6	21.9	—	—	336.6	21.9	5 440	354	262	17.0	211	13.7
9.04	358.7	20.5	—	—	358.7	20.5	5 990	342	287	16.4	230	13.1
9.04	376.3	19.1	—	—	376.3	19.1	6 570	333	313	15.8	249	12.6
9.04	394.0	18.0			394.0	18.0	7 150	326	338	15.4	269	12.3
9.04	376.3	—	—	—	376.3	—	6 015	—	313	—	249	—
			—	—								
			—	—								
9.69	517.4		—	—	517.4		4 160		357		282	
9.19	524.8		—	—	524.8		7 750		380		309	
			—	—								
9.19	167.6	51.0	—	—	167.6	51.0	2 260	688	148	45.0	108	32.9
9.41	101.4	29.9	—	—	101.4	29.9	1 570	463	78	23.0	55	16.3
9.11	201.4	56.3	—	—	201.4	56.3	2 575	720	189	52.8	139	39.0
9.11	180.8	46.3	—	—	180.8	46.3	2 360	604	163	41.8	124	31.8
9.11	207.3	59.2	—	—	207.3	59.2	2 661	759	196	55.8	144	41.0
9.11	236.7	124.7	—	—	236.7	124.7	3 060	1612	196	103.0	144	75.7

编码	动物分类 生产和发育阶段	性能资料 动物产品 蛋数	 增重	体重 (BM)	生产时间或 发育时间	安全补饲量
		枚/年	g/d	kg	d	%
1	2	3	4	5	6	7
	培育-育肥品种					
9302	合计 1～25 周，35～2 580 g		14.5	1.308	175	5
9312	雏鸡， 1～6 周，35～650 g		14.6	0.343	42	5
9322	青年母鸡， 7～23 周，650～2 380 g		14.5	1.515	119	5
9332	24～25 周，2 380～2 580 g		14.3	2.48	14	5
	育肥肉仔鸡					
9401	1～62 d，35～1 590 g		25	0.813	62	5
9402	1～53 d，35～1 590 g		29.3	0.813	53	5
9411	1～33 d，35～680 g		18.6	0.358	33	5
9412	1～28 d，35～680 g		23	0.358	28	5
9421	34～62 d，680～1 590 g		30.4	1.135	29	5
9422	29～53 d，680～1 590 g		36.4	1.135	25	5
5.5.3	计划标准，火鸡，年计划标准					
9501	种用母火鸡，轻型	48		6	365	5
9503	-重型	48		7	365	5
9502	种用公火鸡，轻型			10	365	
9504	-重型			13.5	365	
	培育-火鸡，轻型					
9511	1～28 周，50～5 800 g		29.3	2.925	196	5
9521	1～4 周，50～500 g		16.1	0.275	28	5
9531	5～8 周，500～1 600 g		39.3	1.05	28	5
9541	9～12 周，1 600～3 000 g		50	2.3	28	5
9551	13～28 周，3 000～5 800 g		25	4.4	112	5
	培育-火鸡，重型					
9512	1～28 周，50～7 100 g		36	3.575	196	5
9522	1～4 周，50～550 g		17.8	0.3	28	5
9532	5～8 周，550～1 800 g		44.6	1.175	28	5
9542	9～12 周，1 800～3 350 g		55.4	2.575	28	5
9552	13～28 周，3 350～7 100 g		33.5	5.225	112	5
	育肥火鸡					
9561	公鸡， 1～164 d，50～7 550 g		45.7	3.8	164	3
9562	1～140 d，50～7 550 g		53.6	3.8	140	3
9571	雏火鸡， 1～33 d，50～600 g		16.7	0.325	33	3
9572	1～28 d，50～600 g		19.6	0.325	28	3

每只动物每年需要量(a列)和每吨动物产品的需要量(b列)												
能量							可消化粗蛋白		可消化氨基酸			
	合计		粗饲料		精饲料		(dCP)		dLys		dMet+dCys	
EC	NERf	NERf	NERf	NERf	NERf	NERf	dCP	dCP				
MJ/kg	GJ	GJ	GJ	GJ	GJ	GJ	kg	kg	kg	kg	kg	kg
8	9a	9b	11a	11b	12a	12b	13a	13b	15a	15b	16a	16b
9.78	249.9	47.2	—	—	249.9	47.2	3 700	699	173	32.6	146	27.6
9.78	98.5	18.5	—	—	98.5	18.5	1 710	321	85	16.0	65	12.1
9.78	279.3	52.8	—	—	279.3	52.8	4 080	771	189	35.7	162	30.7
9.70	458.6	87.9	—	—	458.6	87.9	6 900	1322	313	59.9	247	47.4
9.56	217.6	23.8	—	—	217.6	23.8	4 725	518	234	25.6	170	18.6
9.56	233.7	21.9	—	—	233.7	21.9	5 080	475	251	23.4	183	17.1
9.56	141.1	20.8	—	—	141.1	20.8	3 360	495	170	25.0	119	17.5
9.56	151.4	18.0	—	—	151.4	18.0	3 610	430	182	21.7	127	15.1
9.56	302.8	27.3	—	—	302.8	27.3	6 140	553	309	27.9	224	20.2
9.56	326.3	24.6	—	—	326.3	24.6	6 600	497	332	25.0	241	18.1
9.41	602.7		—	—	602.7		10 040		512		349	
9.41	698.3		—	—	698.3		11 340		574		394	
9.41	1 400.9		—	—	1 400.9		28 630		1537		978	
9.41	1 555.3		—	—	1 555.3		31 810		1708		1086	
9.33	552.7	51.7	—	—	552.7	51.7	8 265	773	407	38.1	326	30.4
9.19	105.8	18.0	—	—	105.8	18.0	3 320	565	175	29.8	111	18.8
9.70	298.4	20.8	—	—	298.4	20.8	6 320	441	342	23.8	221	15.4
9.70	580.7	31.8	—	—	580.7	31.8	12 290	673	665	36.4	434	23.8
9.19	721.8	79.1	—	—	721.8	79.1	9 040	991	417	45.6	378	41.5
9.33	599.8	45.6	—	—	599.8	45.6	8 985	684	443	33.7	355	27.0
9.19	120.5	18.6	—	—	120.5	18.6	3 810	586	201	31.0	127	19.5
9.70	335.2	20.6	—	—	335.2	20.6	7 100	436	384	23.6	251	15.4
9.70	624.8	30.9	—	—	624.8	30.9	13 250	655	717	35.5	467	23.1
9.19	779.1	63.7	—	—	779.1	63.7	9 800	801	450	36.8	411	33.6
9.78	593.9	35.6	—	—	593.9	35.6	10 865	651	568	34.0	387	23.2
9.78	639.5	32.7	—	—	639.5	32.7	11 685	597	610	31.2	416	21.2
9.19	102.9	16.9	—	—	102.9	16.9	3 200	525	185	30.4	107	17.6
9.19	110.3	15.4	—	—	110.3	15.4	3 440	481	184	25.8	115	16.0

编码	动物分类	性能资料		体重	生产时间或发育时间	安全补饲量
	生产和发育阶段	动物产品		(BM)		
		蛋数	增重			
		枚/年	g/d	kg	d	%
1	2	3	4	5	6	7
9581	青年火鸡 34～115 d，600～4 900 g		52.4	2.75	82	3
9582	公鸡 29～98 d，600～4 900 g		61.4	2.75	70	3
9591	116～164 d，4 900～7 550 g		54.1	6.225	49	3
9592	99～140 d，4 900～7 550 g		63.1	6.225	42	3
9565	母鸡，1～115 d，50～3 700 g		31.7	1.875	115	3
9566	1～98 d，50～3 700 g		37.2	1.875	98	3
9575	雏火鸡，1～33 d，50～550 g		15.2	0.3	33	3
9576	1～28 d，50～550 g		17.9	0.3	28	3
9585	34～115 d，550～3 700 g		38.4	2.125	82	3
9586	29～98 d，550～3 700 g		45	2.125	70	3
5.5.4	计划标准，鸭					
9610	种鸭	125		2.85	365	5
9611	产蛋期	228			200	5
9612	非产蛋期				165	5
	育成鸭					
9621	青年鸭 1～34 周，55～2 800 g		11.4	1.43	240	5
9631	雏鸭 1～3 周，55～850 g		37.8	0.425	21	5
9641	4～7 周，850～2 400 g		53.4	1.655	29	5
9651	8～34 周，2 400～2 800 g		2.1	2.6	190	5
	育肥鸭					
9661	育肥鸭 1～60 d，55～2 880 g		47.1	1.468	60	5
9662	1～51 d，50～2 880 g		55.4	1.5	51	5
9671	1～21 d，55～800 g		35.5	0.43	21	5
9672	1～18 d，55～800 g		41.4	0.43	18	5
9681	22～60 d，800～2 880 g		53.3	1.84	39	5
9682	19～51 d，800～2 880 g		63	1.84	33	5
5.5.5	计划标准，鹅					
9710	种鹅	60		5.5	365	5
9711	产蛋期	103			213	5
9712	非产蛋期				152	5
	育成鹅					
9721	青年鹅 1～28 周，95～5 000 g		25	2.55	196	5
9731	1～4 周，95～1 900 g		64.5	1	28	5
9741	5～8 周，1 900～3 900 g		71.4	2.9	28	5
9751	9～28 周，3 900～5 000 g		7.8	4.45	140	5

每只动物每年需要量(a 列)和每吨动物产品的需要量(b 列)												
能量							可消化粗蛋白(dCP)		可消化氨基酸			
合计			粗饲料		精饲料				dLys		dMet+dCys	
EC	NERf	NERf	NERf	NERf	NERf	NERf	dCP	dCP				
MJ/kg	GJ	GJ	GJ	GJ	GJ	GJ	kg	kg	kg	kg	kg	kg
8	9a	9b	11a	11b	12a	12b	13a	13b	15a	15b	16a	16b
9.70	533.6	27.9	—	—	533.6	27.9	11 320	592	612	32.0	400	20.9
9.70	573.3	25.6	—	—	573.3	25.6	12 170	543	659	29.4	428	19.1
9.85	1 029.0	52.1	—	—	1 029.0	52.1	15 325	776	755	38.2	553	28.0
9.85	1 102.5	47.9	—	—	1 102.5	47.9	16 480	716	812	35.2	594	25.8
9.63	351.3	30.4	—	—	351.3	30.4	7 655	662	417	36.0	270	23.4
9.63	377.8	27.8	—	—	377.8	27.8	8 230	606	445	32.7	291	21.4
9.19	95.6	17.2	—	—	95.6	17.2	3 030	546	162	29.1	101	18.2
9.19	102.9	15.7	—	—	102.9	15.7	3 260	499	172	26.3	108	16.5
9.70	454.2	32.4	—	—	454.2	32.4	9 620	686	520	37.1	340	24.3
9.70	488.0	29.7	—	—	488.0	29.7	10 340	630	559	34.1	365	22.2
9.04	595.4		—	—	595.4		10 694		574		401	
9.19	708.5		—	—	708.5		14 253		651		521	
8.67	460.1		—	—	460.1		6 381		293		256	
			—	—								
8.75	477.8	114.8	—	—	477.8	114.8	6 745	1 621	328	78.9	259	62.3
9.70	233.7	16.9	—	—	233.7	16.9	3 905	283	196	14.2	134	9.7
8.67	670.3	34.4	—	—	670.3	34.4	9 295	477	456	23.4	309	15.9
8.67	474.8	619.5	—	—	474.8	619.5	6 685	8 721	323	421.4	268	349.3
			—	—								
9.56	541.0	31.5	—	—	541.0	31.5	7 190	418	338	19.7	230	13.3
9.56	582.1	28.8	—	—	582.1	28.8	7 730	382	364	18.0	247	12.2
9.56	230.8	17.8	—	—	230.8	17.8	3 632	280	182	14.0	121	9.3
9.56	248.4	16.4	—	—	248.4	16.4	3 905	258	196	12.9	130	8.6
9.56	711.5	36.6	—	—	711.5	36.6	9 110	468	424	21.8	288	14.8
9.56	764.4	33.2	—	—	764.4	33.2	9 795	426	456	19.8	309	13.5
			—	—								
8.31	786.5		—	—	786.5		13 530		696		498	
9.19	876.1		—	—	876.1		16 470		867		593	
6.98	663.0		—	—	663.0		9 420		456		366	
			—	—								
7.20	746.8	81.8	—	—	746.8	81.8	11 770	1 290	590	64.6	459	50.3
9.41	527.7	22.4	—	—	527.7	22.4	11 170	474	596	25.3	404	17.1
8.60	1 073.1	41.2	—	—	1 073.1	41.2	19 190	736	903	34.6	723	27.8
6.69	724.7	254.6	—	—	724.7	254.6	10 690	3 755	524	184.2	417	146.6

编码	动物分类	性能资料		体重	生产时间或	安全补饲量
	生产和发育阶段	动物产品		(BM)	发育时间	
		蛋数	增重			
		枚/年	g/d	kg	d	%
1	2	3	4	5	6	7
	育肥鹅					
9761	育肥鹅 1～66 d，95～4 150 g		61.4	2.12	66	5
9762	1～56 d，95～4 150 g		72.4	2.12	56	5
9771	1～33 d，95～1 900 g		54.7	1	33	5
9772	1～28 d，95～1 900 g		64.5	1	28	5
9781	34～66 d，1 900～4 150 g		68.2	3.025	33	5
9782	29～56 d，1 900～4 150 g		80.4	3.025	28	5
5.5.6	计划标准，家兔(集约管理)					
9911	种兔(母兔)			5	365	5
9912	青年兔		20	1.5	150	5
9913	育肥兔		25	1.25	100	5

每只动物每年需要量(a 列)和每吨动物产品的需要量(b 列)												
能量							可消化粗蛋白		可消化氨基酸			
合计			粗饲料		精饲料		(dCP)		dLys		dMet＋dCys	
EC	NERf	NERf	NERf	NERf	NERf	NERf	dCP	dCP				
MJ/kg	GJ	GJ	GJ	GJ	GJ	GJ	kg	kg	kg	kg	kg	kg
8	9a	9b	11a	11b	12a	12b	13a	13b	15a	15b	16a	16b
8.82	745.3	33.3	—	—	745.3	33.3	14 117	630	697	31.1	524	23.4
8.82	801.2	30.3	—	—	801.2	30.3	15 180	574	749	28.3	564	21.3
9.41	491.0	24.6	—	—	491.0	24.6	10 390	520	554	27.8	376	18.8
9.41	527.7	22.4	—	—	527.7	22.4	11 170	474	596	25.3	404	17.1
8.60	1 064.3	42.8	—	—	1 064.3	42.8	19 051	765	897	36.0	717	28.8
8.60	1 145.1	39.0	—	—	1 145.1	39.0	20 485	698	964	32.8	772	26.3
			—	—								
8:82	1 154.0		320.5		833.5		14 130		587		391	
9.26	321.9	44.1	64.68	3 234	257.3	35.2	4 380	600	228	31.2	130	17.8
9.26	335.2	36.7	66.15	2 646	269.0	29.5	4 560	500	228	25.0	163	17.9

5.2 根据需要量制定饲料计划

5.2.1 需要量参数

完整的能量和蛋白质计划标准(表 5.1 至表5.5)和不同种类动物的“需要量建议”(表 5.5 至表 5.10)被列入表格中,以每头动物每年计划标准的粗饲料和精饲料能量的 100% 为单位进行表示(均为 100 %)。这些参数是根据现代营养方案提出的最佳饲料需要量和饲料供应量建议。该计划具有标准化的特点,是满足能量和蛋白质需要的必要性之一,代表了对特定饲料的能量需要量。

- 牛、绵羊和马的需要量

计算不同种类动物的需要量时,对放牧奶牛、舍饲奶牛和后备牛进行了区分。对育肥公牛提出了不同营养条件下的舍饲需要量。对于绵羊,除了泌乳和哺乳期第 1 个月以外,只考虑了放牧。对于马和特种动物,区分了放牧和舍饲。各种饲料需要量的计算,应用了下面的参考饲料,并列出了各种饲料的变异情况:

表 5.0.2 参考饲料及饲料变异

参照饲料	饲料变异
精饲料	
精饲料,总和	总精饲料,转化为 88% DM
谷物	谷物及谷物产物
饲用甜菜	饲用块根作物,包括饲用甜菜、胡萝卜(马)、甜菜产物(干燥和新鲜压缩的甜菜渣(绵羊))、土豆
基础混合料	高蛋白精饲料,包括混合料,(豆科籽实,浸提油饼等)
粗饲料	
青绿饲料	各种青绿饲料(18% DM)
豆科饲料	豆科作物的青绿饲料(三叶草、苜蓿和豌豆等)以及豆科作物和牧草混合物青绿饲料(三叶草-牧草,苜蓿-牧草,豆科混合物等包括草地上不同比例的豆科牧草)
新鲜青贮料-总和	新鲜青贮-总和,(20% DM)包括玉米和甜菜叶青贮

续表 5.0.2

参照饲料	饲料变异
玉米青贮	玉米青贮
与总和之差	来自青绿谷物、草、豆科牧草,豆科牧草-草混合物和其他饲料植物的新鲜青贮。
萎蔫青贮-总和	来自青草、豆科牧草、豆科牧草-青草等的萎蔫青贮(35% DM)。
干粗饲料	干燥青绿饲料、干草和秸秆
饲用秸秆	谷物、豆科和牧草的秸秆
与总和之差	干草和干燥的青绿饲料

注:对于犊牛,还包括额外的特殊饲料,例如初乳、全乳、脱脂乳以及犊牛的基础混合料。

表 5.0.3 参照饲料及其饲料价值

参照饲料	饲料价值—牛,绵羊和马				
	DM	EC	dCPC	粗纤维	能量含量
	g/kg	NERc/kg DM	g/kg DM	g/kg DM	NERc/dt
粗饲料[3]					
青绿饲料	180	5.80	110	240	104.4
豆科饲料	180	5.65	120	210	101.7
新鲜青贮	200	5.05	75	240	101.0
黑麦青贮	300	5.65	96	250	169.5
玉米青贮	220	5.90	40	240	129.8
甜菜叶青贮	170	5.30	92	124	90.1
萎蔫草	350	5.25	90	285	183.8
干燥青绿饲料	900	5.50	120	260	495.0
干草	850	4.95	70	300	420.8
秸秆	850	3.75	7	450	318.8
精饲料,高能					
谷物	880	7.35	90	30	646.8
饲用甜菜	140	6.85	47	59	95.9
饲用脂肪	1 000	18.00	0	0	1 800
精饲料,高蛋白					
豆饼[2]	880	6.80	445	69	598.4
牛用基础混合料	890	6.85	240	50	609.7
初乳[1],第 1 天	145	13.10	400	0	190.0
初乳[1],第 2~4 天	119	13.20	303	0	157.1
全乳(3.5%脂肪)[1]	130	10.62	253	0	138.1
全乳(2.0%脂肪)[1]	115	9.36	289	0	107.6
脱脂乳[1]	90	7.20	359	0	64.8
犊牛基础混合料[1]	890	6.30	260	71	560.7

[1] 仅用于 4 月龄以内的犊牛;

[2] 换算为牛的基础混合,能量和蛋白质当量,用谷物籽实补偿;

[3] 5.55 MJ NERc/kg DM 用于粗饲料:精饲料的比例计算。

表格内容的建议

第 1...4 列	动物分类特征资料(与计划标准表格相同)
精饲料	
第 17 列	精饲料总量(88% DM),dt
第 18 列	精饲料能量占总能的%(计划标准表,第 9a 列)。与 100 %之差 =粗饲料能量占总能的%(计划标准表格,第 9a 列)
第 19,20 列	谷物籽实和谷物产物,dt;和精饲料能量的%
第 21,22 列	饲用根茎作物(饲用甜菜)和甜菜产物(包括干燥的和压制的甜菜渣)(14% DM),dt;精饲料能量的%
第 23,24 列	高蛋白精饲料,转换为基础混合料(88% DM),dt;精饲料能量的%
粗饲料	
第 25...28 列	青绿饲料总和,豆科饲料(18% DM),dt,放牧和舍饲;粗饲料能量的%
第 29...34 列	新鲜青贮料总和(20% DM),玉米青贮(22% DM)和甜菜叶青贮(17% DM),dt;粗饲料能量的%
第 35,36 列	萎蔫青贮(35% DM),dt;粗饲料能量的%
第 37...40 列	干燥粗饲料总和(85% DM)和饲用秸秆(85% DM),dt;粗饲料能量的%

- 猪的需要量

猪需要量的计算考虑了多种营养水平情况。确定饲料的营养标准,基本上采用了上限。中间值和进一步的组合可被估测出来,根据能量的比例进行添加和平衡(能量比例(E%))。

在计算需要量时,下面参考饲料被使用,代表了下面饲料的变异情况:

表 5.0.4 参考饲料及饲料变异

参考饲料	饲料变异
精饲料	
精饲料,总和	精饲料总和,换算为 88% DM
高能	
—谷物	谷物和谷物产物
—饲用甜菜	饲用糖甜菜,饲用甜菜,胡萝卜,胡萝卜及甜菜的产物(挤压甜菜渣)
—土豆,蒸汽处理	土豆(经蒸汽处理),土豆产物和土豆青贮包括土豆混合青贮
高蛋白	
—基础混合料/预混料	混合料—母猪和育肥猪的基础混合料,母猪的预混料
—脱脂奶	脱脂奶(鲜奶和奶粉)及乳产品(黄油、凝乳等)
全价料	精饲料总和—转换为全价料,以谷物籽实为基础(EC 10,0 MJ/kg DM,DM=88%)
蛋白质精饲料	高蛋白精饲料包括混合料(豆科作物籽实,饼粕,鱼粉,肉骨粉,乳产品,酵母以及猪的混合饲料产品)
差	高能精饲料(谷物,块根作物等)
谷物籽实(dt)=全价饲料(dt,E%)-蛋白质精饲料(dt,E%)	
粗饲料	
粗饲料,总和	粗饲料总和,dt 干物质
青绿饲料	各种青绿饲料(18% DM)
青贮料	猪的青绿饲料,多数为豆科(20% DM)

注:对于仔猪和几种其他动物,包括特殊的混合饲料(即仔猪开食料和混合料)。

表 5.0.5 列出了参考饲料的饲料价值,作为计算猪需要量的基础。

表 5.0.5 参考饲料及其价值

参考饲料	猪和禽的饲料价值					
	DM	EC NERp,f	dCPC	dLys	dMet+dCys	能量
	g/kg	MJ/kg DM	g/kg DM	g/kg DM	g/kg DM	NER_p/dt
1	2	3	4	5	6	
粗饲料						
青绿饲料	180	6.70	100	5.4	2.9	120.6
新鲜青贮	200	6.25	95	4.8	2.3	125.0
母猪用秸秆	860	4.70	31	1.2	1.3	404.5
母猪用秸秆粉	850	0.00	0	0.0	0.0	0.0
高能精饲料						
谷物	880	10.30	90	3.4	4.3	906.4

续表 5.0.5

参考饲料	猪和禽的饲料价值					
	DM	EC NERp,f	dCPC	dLys	dMet+dCys	能量
	g/kg	MJ/kg DM	g/kg DM	g/kg DM	g/ kg DM	NER_p /dt
土豆,蒸汽处理	225	10.75	68	3.6	1.7	241.8
饲用甜菜	140	9.25	50	2.1	1.2	129.5
精饲料,高蛋白						
基础混合料						
育肥猪	880	9.20	193	10.6	6.0	809.6
母猪	880	8.70	193	10.6	6.8	765.6
母猪用预混料	880	8.35	295	17.0	8.5	734.8
猪用预混料	880	8.35	293	17.4	8.5	734.8
母猪用混合料Ⅰ	880	9.53	136	6.8	4.3	838.3
母猪用混合料Ⅱ	880	8.26	104	4.5	3.2	727.0
母猪用混合料Ⅲ	880	9.78	165	8.7	5.8	860.2
育肥料Ⅰ	880	9.69	142	6.8	4.3	852.5
育肥料Ⅱ	880	9.94	131	5.8	3.8	874.5
脱脂乳	90	12.05	359	28.0	12.5	108.5
猪用蛋白质精饲料	900	7.95	470	28.9	14.5	715.5

对表格内容的建议

第 1...4 列	动物分类特征资料(与计划标准表格重复)
精饲料,高能	
第 17 列	精饲料,总和(88% DM),dt(第 19、21、23、25、27、29 列之和)
第 18 列	精饲料能量占能量总和的%(计划标准表格,第 9a 列)。与 100%之差=粗饲料能量占总能的%(计划标准表格,第 9a 列)
第 19,20 列	谷物籽实和谷物产物,dt(88% DM);精饲料能量的%(第 12a,b 列)
第 21,22 列	饲用甜菜和甜菜产物(压缩甜菜渣)(14%DM),dt;精饲料能量的%(第 12a,b 列)
第 23,24 列	经蒸汽处理土豆(淀粉 16%)和土豆产物,dt(22.5% DM);精饲料能量的%(第 12a,b 列)

续表

—高蛋白[1)]	
第 25,26 列	母猪和育肥猪的基础混合料(以土豆为基础的猪育肥料或预混料(以谷物为基础的育肥料)),dt(88% DM);精饲料能量的%(第 12a,b 列)
第 27,28 列	脱脂奶(和其他乳产物),dt(9% DM);精饲料能量,%(第 12a,b 列)
全价料	
第 31,32 列	全价料中精饲料的需要量(混合饲料),以谷物籽实为基础,dt(EC = 10.0 NERp/kg DM,DM=88%);总能%(第 9a 列)((精饲料总和)(第 17 列)),或高能及高蛋白精饲料之和(第 19～29 列)
第 33,34 列	蛋白精饲料,对于高蛋白精饲料需要量和精饲料能量的%赖氨酸当量(第 12a,b 列)
差:第 31,33 列	谷物籽实,dt(88% DM),高能精饲料
粗饲料	
第 35 列	粗饲料,总和,dt DM
第 36 列	粗饲料,总能,%(第 9a 列)
第 37,38 列	青绿饲料,dt(18% DM);粗饲料能量,%(第 11a 或 11 b 列)
第 39,40 列	贮备饲料(青贮饲料),dt(20% DM);粗饲料能量,%(第 11a 或 11b 列)

1) 每种动物的高蛋白精饲料需要量在第 25..30 列以多行数据表示出来,第 33 列的蛋白质精饲料的数量为赖氨酸当量,即赖氨酸需要量已经被平衡。

5.2.2 应用建议

各种饲料的需要量代表了根据能量和营养成分确定的饲料供应量,可以被理解为与参考饲料质量相当的饲料(特别是粗饲料)。该标准特别注重蛋白质饲料的高效利用。所计算的精饲料用量是适当的。各种饲料的需要量取决于计划标准表格中的能量需要量。

精饲料和粗饲料能量的计算及各自需要量

精饲料能量(GJ NER)

=总能(GJ NER)(第 9a 列,EC-RH=5.25 MJ/kg DM)×精饲料总量(%)(第 18 列)

粗饲料能量(GJ NER)

=总能(GJ NER)-精饲料能量(GJ NER)

将所计算的精饲料能量需要量与第 12a 列中计划标准的需要量进行比较后(与第 11a 列中粗饲料浓度类似),接下来的是计划表格中需要量参数之和,这与粗饲料的平均能量浓度有关。

根据来自精饲料或粗饲料的能量需要量和参考饲料的能量参数(能量%),使得对需要量参数进行平衡,以及通过对畜牧场饲料进行相应换算,适应畜牧场的特殊条件成为可能。

条件:

精饲料能量百分比之和=100

粗饲料能量百分比之和=100

或者去除粗饲料时[1)]

合计:能量百分比(合计)=100

以及保证蛋白质需要量的满足。

如果能量比例被改变(E%),需要量可以按比例进行换算:

数量(dt)

$$=\frac{\text{数量(根据表格)}\times\text{能量(\%)(新比例)}}{\text{能量百分比(\%)(根据表格)}}$$

畜牧场的特殊参数可以借用畜牧场的特殊饲料价值参数,通过换算为相当数量的能量进行计算:

能量(参考饲料)(GJ)

=数量(dt)×能量含量(NER/dt,表 5.0.3 和 5.0.5)

或者

计划标准能量需要量结构的计算(NER)

$$\text{饲料(t)}=\frac{\text{能量(GJ NER)}\times 10^3}{EC_i\text{(MJ/kg DM)}\times\text{DM(g/kg)}}$$

对于牛、绵羊和马,也需要估计和考虑平均能量浓度。即根据所估测的粗饲料能量浓度进行调节,以满足对粗饲料和精饲料的能量需要量。

换算因子为能量需要量参数与粗饲料或精饲料能量之和的比值:

$$F=\frac{\text{来自粗饲料或精饲料的能量需要量}^{*)}}{\text{粗饲料或精饲料的能量之和}}$$

(根据指导参数 E%)

*)(根据计划标准表=EC-RH)

蛋白质饲料和混合料蛋白质和能量当量的计算

根据各种饲料的需要量,蛋白质需要量由蛋白质饲料、基础混合料和蛋白质精饲料的数量来提供。精饲料需要量以谷物(EC=10.0MJ NERp 或 9.40 MJ NERf/kg DM; 88 % DM)为基础并以“全价饲料”(E % =100)的形式进行计算,相当于能量和蛋白质需要量。当量值以“蛋白质精饲料”的形式作为高蛋白精饲料。因此,作为蛋白质精饲料和/或基础混合料之差,与高能精饲料类似,用来评价谷物的需要量是可能的:

谷物(dt)=全价饲料(dt)(第 31 列)-蛋白质精饲料(dt)(第 33 列)

家禽的需要量参数是以混合饲料为基础进行计算的。除了混合饲料以外,对于少数种类的动物,还包括谷物。

需要量参数以加粗的字体显示出来。“精饲料总量(88%)”(第 17~18 列)以及“谷物”(第 19~20 列)和“混合饲料”(第 25~26 列)以 dt 和能量需要量的%表示(第 9a 和第 12 a 列)。

将上述计算方法结合起来,就可以根据表格中的资料估测需要量参数。需要量可以根据畜牧场的各种条件进行调整。据此,计算最新的饲料需要量是可能的。

计划标准的参数表格

编码	动物分类		性能指标		每头动物每年参考饲料需要量的建议,dt;精饲料或粗饲料的能量百分比					
					精饲料					
	生产和发育阶段		牛奶 4%脂肪	增重	合计 88% DM	能量比例	高能 谷物 88% DM		高蛋白 基础混合料 88% DM	
			kg/d	g/d	dt	%	dt	%	dt	%
1	2		3	4	17	18	19	20	23	24
5.6	需要量参数-牛									
5.6.1	需要量，奶牛，种公牛									
1240	奶牛	— 放牧	2 000	20	1.5	4.8	2	100	0	0
		— 永久舍饲	2 000	20	1.7	5.2	2	100	0	0
1340		— 放牧	3 000	20	3.5	9	3	91	0.3	8.6
		— 永久舍饲	3 000	20	4.2	10.6	4	93	0.3	7.2
1440		— 放牧	4 000	20	7.3	16.5	6	85	1.2	15.3
		— 永久舍饲	4 000	20	8.7	19.3	7	86	1.3	14.2
1540		— 放牧	5 000	20	12	24	10	81	2.4	18.6
		— 永久舍饲	5 000	20	13.3	26.5	10	79	3	21.3
1640		— 放牧	6 000	20	18.3	33.3	15	80	3.8	19.8
		— 永久舍饲	6 000	20	19.8	35.9	15	77	4.8	23.1
1740		— 放牧	7 000	20	24.9	41.5	20	80	5.4	20.5
		— 永久舍饲	7 000	20	26.4	43.9	20	77	6.5	23.3
1840		— 放牧	8 000	20	31.2	48	24	79	7.1	21.5
		— 永久舍饲	8 000	20	32.5	50	24	76	8.3	24.2
1940		— 放牧	9 000	20	37.1	52.7	29	79	8.3	21.5
		— 永久舍饲	9 000	20	38.2	54.3	28	76	9.6	24.2
10040		— 放牧	10 000	20	42.4	56.0	33	79	9.5	21.5
		— 永久舍饲	10 000	20	43.6	57.5	32	76	11.0	24.2
11040		— 放牧	11 000	20	47.8	58.9	37	79	10.7	21.5
		— 永久舍饲	11 000	20	48.9	60.3	36	76	12.3	24.2
12040		— 放牧	12 000	20	53.2	61.5	41	79	11.9	21.5
		— 永久舍饲	12 000	20	54.3	62.8	40	76	13.7	24.2
	泌乳期 1									
1241	2 000 kg/牛/年	— 放牧	8.4	−165	1.2	3.8	1	100	0	0
		— 永久舍饲	8.4	−165	2	6.4	2	100	0	0
1341	3 000 kg/牛/年	— 放牧	12.55	−250	5.3	13.1	4	72	1.5	27.7
		— 永久舍饲	12.55	−250	8.3	20.5	7	83	1.5	17.5
1441	4 000 kg/牛/年	— 放牧	16	−335	11.4	24.9	8	70	3.6	30
		— 永久舍饲	16	−335	14	30.5	10	73	4	27.2
1541	5 000 kg/牛/年	— 放牧	18.9	−420	19	37.7	13	73	5.5	27.4
		— 永久舍饲	18.9	−420	19.6	38.7	13	66	6.9	33.7
1641	6 000 kg/牛/年	— 放牧	22.3	−505	25.5	45.7	18	71	7.8	28.9
		— 永久舍饲	22.3	−505	26.1	46.5	17	66	9.3	34.2
1741	7 000 kg/牛/年	— 放牧	24	−590	28.8	49.7	20	70	9	29.7
		— 永久舍饲	24	−590	29.3	50.4	19	66	11	34.2
1841	8 000 kg/牛/年	— 放牧	25.4	−675	31.5	52.8	21	70	10	30
		— 永久舍饲	25.4	−675	32	53.5	21	66	11	33.8
1941	9 000 kg/牛/年	— 放牧	26.8	−675	33.4	54.7	23	70	10.4	30
		— 永久舍饲	26.8	−675	33.9	55.4	22	66	11.9	33.8
10041	10 000 kg/牛/年	— 放牧	28.4	−675	35.1	55.9	24	70	11.0	30
		— 永久舍饲	28.4	−675	35.6	56.7	23	66	12.5	33.8
11041	11 000 kg/牛/年	— 放牧	30.0	−675	36.7	57.0	25	70	11.4	30
		— 永久舍饲	30.0	−675	37.2	57.7	24	66	13.1	33.8
12041	12 000 kg/牛/年	— 放牧	31.6	−675	38.5	58.2	26	70	12.0	30
		— 永久舍饲	31.6	−675	38.9	58.8	25	66	13.7	33.8

每头动物每年参考饲料的需要量的建议,dt;精饲料或粗饲料的能量百分比													
粗饲料													
青绿饲料				新鲜青贮				萎蔫青贮		干燥粗饲料			
合计 18% DM		豆科 18% DM		合计 20% DM		玉米青贮 22% DM		35% DM		合计 85% DM		饲用秸秆 85% DM	
dt	%	dt	%	dt	%	dt	%	dt	%	dt	%	dt	%
25	26	27	28	29	30	31	32	35	36	37	38	39	40
77	40.3	18	9.3	30	16.1	14.3	9.3	39	36.1	4	7.6	2.1	3.4
63	32.7	19	9.5	30	15.9	14.3	9.2	43	39.7	6.5	11.7	4.1	6.6
93	42.7	22	10	32	15.2	16.2	9.4	44	35.6	3.7	6.5	1.1	1.6
74	34.3	22	9.9	33	15.7	16.9	9.9	48	39.6	6.3	10.4	3.2	4.6
104	45.3	25	10.7	32	14.4	17.9	9.7	43	33.5	3.8	6.8	0.4	0.5
76	34	23	10.3	34	16	19.7	11.1	50	39.6	6.1	10.4	2	2.8
106	45.8	26	10.9	30	14	25.4	13.6	42	31.9	4.7	8.4	0	0
76	33.4	24	10.5	39	19	33.4	18.5	45	35.6	6.8	12	1.3	1.7
104	46.4	26	11.3	30	14.5	25.3	14.0	36	28.5	5.7	10.6	0	0
70	32.5	24	10.8	39	20	33.3	19.5	40	32.6	8	15	1	1.4
100	46.6	27	12.3	31	16	27.3	15.6	30	24.9	6.4	12.5	0	0
66	32	25	11.8	41	22.2	36.3	21.6	33	28.6	8.7	17.2	0.7	1.1
96	46.4	26	12.3	34	18.2	29.6	17.6	24	21	7.1	14.4	0	0
64	32	24	11.8	44	24.5	37.6	23.9	27	24.3	9.4	19.3	0.7	1.1
96	46.4	26	12.3	34	18.2	29.6	17.6	24	21	7.1	14.4	0	0
64	32	24	11.8	44	24.5	37.6	23.9	27	24.3	9.4	19.3	0.7	1.1
96	46.4	26	12.3	34	18.2	29.6	17.6	24	21	7.1	14.4	0	0
64	32	24	11.8	44	24.5	37.6	23.9	27	24.3	9.4	19.3	0.7	1.1
96	46.4	26	12.3	34	18.2	29.6	17.6	24	21	7.1	14.4	0	0
64	32	24	11.8	44	24.5	37.6	23.9	27	24.3	9.4	19.3	0.7	1.1
96	46.4	26	12.3	34	18.2	29.6	17.6	24	21	7.1	14.4	0	0
64	32	24	11.8	44	24.5	37.6	23.9	27	24.3	9.4	19.3	0.7	1.1
78	41.6	20	10.4	24	14.5	13.0	8.7	34	32	5.3	11.9	0	0
54	29.4	19	10.2	24	14.7	13.0	8.8	40	38.5	8.1	17.5	1.2	2.1
98	46.3	25	11.6	28	14.9	15.0	9.1	31	25.6	6.6	13.1	0	0
60	30.2	21	10.5	28	16.1	15.0	9.8	38	33.9	9.7	19.7	1.4	2.2
101	48.5	26	12.1	30	15.9	16.0	9.7	25	21	7.3	14.6	0	0
62	31.9	22	11.1	41	23.8	27.0	17.1	25	22.6	10	21.7	0.9	1.4
89	46.5	23	11.6	31	18.2	17.0	11.2	20	18.2	7.8	17.1	0	0
63	33.3	22	11.4	44	26.3	29.0	19.2	20	18.5	9.9	22	0	0
86	46.4	26	13.9	33	19.8	18.0	12.3	15	14.5	8.5	19.3	0	0
58	31.9	25	13.7	47	29.2	32.0	21.6	15	14.7	11	24.1	0	0
82	46	25	13.8	34	21.6	19.0	13.5	11	10.8	9.2	21.6	0	0
56	31.6	24	13.6	48	31	32.0	22.7	11	11	11	26.4	0	0
78	45.4	24	13.6	36	23.5	20.0	14.7	6.9	7.1	9.8	24	0	0
53	31.2	23	13.4	49	32.7	32.0	23.9	6.9	7.2	12	28.8	0	0
78	45.4	24	13.6	36	23.5	20.0	14.7	6.9	7.1	9.8	24	0	0
53	31.2	23	13.4	49	32.7	32.0	23.9	6.9	7.2	12	28.8	0	0
78	45.4	24	13.6	36	23.5	20.0	14.7	6.9	7.1	9.8	24	0	0
53	31.2	23	13.4	49	32.7	32.0	23.9	6.9	7.2	12	28.8	0	0
78	45.4	24	13.6	36	23.5	20.0	14.7	6.9	7.1	9.8	24	0	0
53	31.2	23	13.4	49	32.7	32.0	23.9	6.9	7.2	12	28.8	0	0
78	45.4	24	13.6	36	23.5	20.0	14.7	6.9	7.1	9.8	24	0	0
53	31.2	23	13.4	49	32.7	32.0	23.9	6.9	7.2	12	28.8	0	0

编码	动物分类	性能指标		每头动物每年参考饲料需要量的建议,dt;精饲料或粗饲料的能量百分比					
				精饲料					
	生产和发育阶段	牛奶 4%脂肪	增重	合计 88% DM	能量比例	高能 谷物 88% DM		高蛋白 基础混合料 88% DM	
		kg/d	g/d	dt	%	dt	%	dt	%
1	2	3	4	17	18	19	20	23	24
	泌乳期 2								
1242	2 000 kg/牛/年 — 放牧	10.2	—140	0.7	2	1	100	0	0
	— 永久舍饲	10.2	—140	1	2.8	1	100	0	0
1342	3 000 kg/牛/年 — 放牧	15.35	—220	5.7	12.4	3	59	2.4	40.8
	— 永久舍饲	15.35	—220	8.3	18.5	6	73	2.4	27.4
1442	4 000 kg/牛/年 — 放牧	20.1	—295	19.9	36.9	14	72	5.8	28
	— 永久舍饲	20.1	—295	21.2	39.3	15	70	6.6	29.9
1542	5 000 kg/牛/年 — 放牧	24	—335	27.9	46	19	70	8.8	30.1
	— 永久舍饲	24	—335	28.6	46.9	18	65	10	34.6
1642	6 000 kg/牛/年 — 放牧	27.5	—425	34.8	52.5	24	69	11	30.9
	— 永久舍饲	27.5	—425	35.4	53.2	23	65	13	34.9
1742	7 000 kg/牛/年 — 放牧	30.2	—495	39.7	56.6	27	69	13	31
	— 永久舍饲	30.2	—495	40.3	57.2	26	66	15	34.3
1842	8 000 kg/牛/年 — 放牧	33.4	—565	45.5	60.7	31	69	15	31
	— 永久舍饲	33.4	—565	46	61.2	30	66	16	33.8
1942	9 000 kg/牛/年 — 放牧	36.6	—565	50.8	63.8	34	69	16.4	31
	— 永久舍饲	36.6	—565	51.5	64.7	33	66	18.1	33.8
10042	10 000 kg/牛/年 — 放牧	40.0	—565	55.5	65.8	38	69	17.9	31
	— 永久舍饲	40.0	—565	56.2	66.7	36	66	19.8	33.8
11042	11 000 kg/牛/年 — 放牧	43.4	—565	60.4	67.7	41	69	19.5	31
	— 永久舍饲	43.4	—565	61.1	68.6	40	66	21.5	33.8
12042	12 000 kg/牛/年 — 放牧	46.8	—565	65.1	69.3	44	69	21.0	31
	— 永久舍饲	46.8	—565	65.9	70.1	43	66	23.1	33.8
	泌乳期 3								
1243	2 000 kg/牛/年 — 放牧	10.4	—120	0.3	0.7	0	100	0	0
	— 永久舍饲	10.4	—120	0.3	0.7	0	100	0	0
1343	3 000 kg/牛/年 — 放牧	15.7	—180	5.4	11.7	3	61	2.2	39.3
	— 永久舍饲	15.7	—180	7.8	17.1	6	73	2.2	26.9
1443	4 000 kg/牛/年 — 放牧	20.4	—230	19.4	35.3	14	74	5.3	26.3
	— 永久舍饲	20.4	—230	21.2	38.4	14	66	7.4	33.7
1543	5 000 kg/牛/年 — 放牧	24.25	—260	27.3	44.1	19	72	8.1	28.3
	— 永久舍饲	24.25	—260	28	45	18	66	10	34.3
1643	6 000 kg/牛/年 — 放牧	28.3	—295	35.4	51.5	25	70	11	29.7
	— 永久舍饲	28.3	—295	36.1	52.3	24	66	13	34.1
1743	7 000 kg/牛/年 — 放牧	31.9	—325	42.8	57.2	29	70	13	29.9
	— 永久舍饲	31.9	—325	43.4	57.9	28	67	15	33.4
1843	8 000 kg/牛/年 — 放牧	35.9	—350	50.5	62.1	35	70	16	30
	— 永久舍饲	35.9	—350	51.1	62.7	33	67	18	32.8
1943	9 000 kg/牛/年 — 放牧	39.9	—350	57.5	65.4	39	70	17.9	30
	— 永久舍饲	39.9	—350	58.6	66.6	39	67	20.0	32.8
10043	10 000 kg/牛/年 — 放牧	44.1	—350	64.1	67.8	44	70	20.0	30
	— 永久舍饲	44.1	—350	65.2	69.0	43	67	22.2	32.8
11043	11 000 kg/牛/年 — 放牧	48.3	—350	70.8	69.9	49	70	22.1	30
	— 永久舍饲	48.3	—350	71.8	71.0	47	67	24.5	32.8
12043	12 000 kg/牛/年 — 放牧	52.5	—350	77.4	71.8	53	70	24.1	30
	— 永久舍饲	52.5	—350	78.5	72.8	52	67	26.7	32.8

每头动物每年参考饲料的需要量的建议,dt;精饲料或粗饲料的能量百分比															
粗饲料															
青绿饲料				新鲜青贮				萎蔫青贮		干燥粗饲料					
合计 18% DM		豆科 18% DM		合计 20% DM		玉米青贮 22% DM		35% DM		合计 85% DM		饲用秸秆 85% DM			
dt	%	dt	%	dt	%	dt	%	dt	%	dt	%	dt	%		
25	26	27	28	29	30	31	32	35	36	37	38	39	40		
87	40.8	22	0.2	28	14.8	15.0	8.9	44	36.6	4	7.8	0	0		
64	29.7	23	10.3	28	14.6	15.0	8.8	52	42.4	7.2	13.3	1.5	2.1		
109	45.6	28	11.4	34	15.7	19.0	9.8	39	28.8	5.7	[illegible]	0	0		
67	29.8	24	10.4	34	16.9	19.0	10.5	47	37.1	[illegible]	[illegible]	[illegible]	2.1		
76	46.3	24	11.6	32	17.6	19.0	11.2	27	23.5	[illegible]	[illegible]	[illegible]	0		
63	31.8	22	11	44	24.9	29.0	18.3	27	[illegible]	[illegible]	[illegible]	0.9	1.4		
92	46.5	23	11.6	35	19.8	20.0	12.8	20	18.2	[illegible]	[illegible]	0	0		
65	33.3	23	11.4	48	27.9	33.0	20.8	20	18.5	9.5	20.3	0	0		
89	46.4	27	13.9	38	22	22.0	14.5	15	13.9	8.1	17.7	0	0		
61	31.9	26	13.7	53	31.4	36.0	23.8	15	14.2	10	22.5	0	0		
85	45.6	26	13.7	41	24.5	24.0	16.3	11	10.3	8.6	19.6	0	0		
58	31.3	25	13.4	55	33.8	37.0	25.5	11	10.5	11	24.4	0	0		
81	44.8	25	13.4	43	27.1	26.0	18.2	6.7	6.6	9.2	21.5	0	0		
55	30.8	24	13.2	57	36.3	39.0	27.3	6.7	6.7	11	26.3	0	0		
81	44.8	25	13.4	43	27.1	26.0	18.2	6.7	6.6	9.2	21.5	0	0		
55	30.8	24	13.2	57	36.3	39.0	27.3	6.7	6.7	11	26.3	0	0		
81	44.8	25	13.4	43	27.1	26.0	18.2	6.7	6.6	9.2	21.5	0	0		
55	30.8	24	13.2	57	36.3	39.0	27.3	6.7	6.7	11	26.3	0	0		
81	44.8	25	13.4	43	27.1	26.0	18.2	6.7	6.6	9.2	21.5	0	0		
55	30.8	24	13.2	57	36.3	39.0	27.3	6.7	6.7	11	26.3	0	0		
81	44.8	25	13.4	43	27.1	26.0	18.2	6.7	6.6	9.2	21.5	0	0		
55	30.8	24	13.2	57	36.3	39.0	27.3	6.7	6.7	11	26.3	0	0		
89	40.4	27	12.1	32	15.4	27.6	15.4	46	36.8	3.8	7.3	0	0		
74	33.1	28	12.4	32	15.2	27.6	15.2	51	40.4	6.5	11.4	1.5	2.1		
115	46.5	35	14	35	15.5	30.9	15.6	41	29.4	5	8.6	0	0		
80	34.4	30	12.9	35	16.5	30.9	16.5	46	35.6	7.9	13.4	1.6	2.2		
102	47.5	31	14.2	33	16.8	29.1	16.8	31	25.2	5.4	10.5	0	0		
66	32.3	28	13.5	45	24.4	40.1	24.4	31	26.5	8.6	16.9	0.9	1.3		
100	47.5	35	16.6	34	18.4	30.7	18.4	25	21	6.6	13.1	0	0		
68	32.6	34	16.3	52	28	46.7	28.0	25	21.4	9	18	0	0		
96	47.3	34	16.6	36	19.5	31.3	19.5	21	17.9	7.4	15.3	0	0		
65	32.5	33	16.3	52	29.1	46.3	29.2	21	18.2	9.7	20.2	0	0		
92	46.9	33	16.4	38	21.3	33.3	21.2	17	15.1	7.8	16.7	0	0		
62	32.2	31	16.1	53	30.6	47.3	30.8	17	15.4	10	21.6	0	0		
88	46.4	31	16.2	39	23.1	35.3	23.1	13	12.3	8.2	18.2	0	0		
59	31.8	30	15.9	54	32.5	48.3	32.6	13	12.5	10	23.1	0	0		
88	46.4	31	16.2	39	23.1	35.3	23.1	13	12.3	8.2	18.2	0	0		
59	31.8	30	15.9	54	32.5	48.3	32.6	13	12.5	10	23.1	0	0		
88	46.4	31	16.2	39	23.1	35.3	23.1	13	12.3	8.2	18.2	0	0		
59	31.8	30	15.9	54	32.5	48.3	32.6	13	12.5	10	23.1	0	0		
88	46.4	31	16.2	39	23.1	35.3	23.1	13	12.3	8.2	18.2	0	0		
59	31.8	30	15.9	54	32.5	48.3	32.6	13	12.5	10	23.1	0	0		
88	46.4	31	16.2	39	23.1	35.3	23.1	13	12.3	8.2	18.2	0	0		
59	31.8	30	15.9	54	32.5	48.3	32.6	13	12.5	10	23.1	0	0		

编码	动物分类	性能指标		每头动物每年参考饲料需要量的建议,dt;精饲料或粗饲料的能量百分比					
				精饲料					
				合计		高能		高蛋白	
	生产和发育阶段	牛奶 4%脂肪	增重	88% DM	能量比例	谷物 88% DM		基础混合料 88% DM	
		kg/d	g/d	dt	%	dt	%	dt	%
1	2	3	4	17	18	19	20	23	24
	泌乳期 4								
1244	2 000 kg/牛/年 — 放牧	8.9	−45	0	0	0	0	0	0
	— 永久舍饲	8.9	−45	0	0	0	0	0	0
13[illegible]	[illegible]/牛/年 — 放牧	13.4	−65	2.9	6.7	2	85	0.5	15
	[illegible]永久舍饲	13.4	−65	3.7	8.6	3	89	0.5	11.5
1444	[illegible]	17.2	−65	6.2	12.2	3	57	2.8	42.9
	[illegible]	17.2	−65	8.4	16.7	6	69	2.8	31.4
1544	5 000 [illegible]	20.8	−50	18.5	32.1	13	74	5.1	26.1
	— 永久舍饲	20.8	−50	20.2	34.9	13	67	7	33.1
1644	6 000 kg/牛/年 — 放牧	24.1	−30	26.2	41.1	19	74	7.3	26.5
	— 永久舍饲	24.1	−30	27.9	43.6	19	67	9.5	32.8
1744	7 000 kg/牛/年 — 放牧	27.3	−5	33.3	47.7	24	73	9.4	27
	— 永久舍饲	27.3	−5	34.6	49.3	23	68	12	32.2
1844	8 000 kg/牛/年 — 放牧	30.35	30	40.5	63.6	29	73	12	27.1
	— 永久舍饲	30.35	30	41.7	55	28	69	14	31.3
1944	9 000 kg/牛/年 — 放牧	33.5	30	46.9	57.7	34	73	13.2	27.1
	— 永久舍饲	33.5	30	48.0	59.0	32	69	15.6	31.3
10044	10 000 kg/牛/年 — 放牧	36.8	30	52.6	60.5	38	73	14.8	27.1
	— 永久舍饲	36.8	30	53.6	61.7	36	69	17.5	31.3
11044	11 000 kg/牛/年 — 放牧	40.1	30	58.5	63.0	42	73	16.5	27.1
	— 永久舍饲	40.1	30	59.5	64.1	40	69	19.4	31.3
12044	12 000 kg/牛/年 — 放牧	43.4	30	64.3	65.2	46	73	18.1	27.1
	— 永久舍饲	43.4	30	65.3	66.2	44	69	21.3	31.3
	泌乳期 5								
1245	2 000 kg/牛/年 — 放牧	6.7	165	0	0	0	0	0	0
	— 永久舍饲	6.7	165	0	0	0	0	0	0
1345	3 000 kg/牛/年 — 放牧	10	175	4.5	11	4	100	0	0
	— 永久舍饲	10	175	4.5	10.8	4	100	0	0
1445	4 000 kg/牛/年 — 放牧	13.2	200	6.2	13.1	6	100	0	0
	— 永久舍饲	13.2	200	7.7	16.2	8	100	0	0
1545	5 000 kg/牛/年 — 放牧	16.2	230	8.1	15.2	7	89	1	11.5
	— 永久舍饲	16.2	230	9.3	17.7	8	90	1	10.4
1645	6 000 kg/牛/年 — 放牧	18.9	270	19.3	32.9	16	86	2.9	14.5
	— 永久舍饲	18.9	270	21	35.8	16	81	4.2	19
1745	7 000 kg/牛/年 — 放牧	21.8	315	26.4	41	22	84	4.5	16.2
	— 永久舍饲	21.8	315	27.7	42.9	22	79	6.1	21
1845	8 000 kg/牛/年 — 放牧	24.6	360	33.3	47.5	26	82	6.5	18.4
	— 永久舍饲	24.6	360	34.7	49.4	26	77	8.5	23.3
1945	9 000 kg/牛/年 — 放牧	27.4	360	39.3	51.8	31	82	7.5	18.4
	— 永久舍饲	27.4	360	40.8	53.8	31	77	9.9	23.3
10045	10 000 kg/牛/年 — 放牧	30.4	360	45.2	55.3	36	82	8.6	18.4
	— 永久舍饲	30.4	360	46.7	57.1	35	77	11.3	23.3
11045	11 000 kg/牛/年 — 放牧	33.4	360	50.9	58.2	41	82	9.7	18.4
	— 永久舍饲	33.4	360	52.4	59.9	39	77	12.7	23.3
12045	12 000 kg/牛/年 — 放牧	36.4	360	56.7	60.8	45	82	10.8	18.4
	— 永久舍饲	36.4	360	58.2	62.4	44	77	14.1	23.3

每头动物每年参考饲料的需要量的建议,dt;精饲料或粗饲料的能量百分比															
粗饲料															
青绿饲料				新鲜青贮				萎蔫青贮		干燥粗饲料					
合计 18% DM		豆科 18% DM		合计 20% DM		玉米青贮 22% DM		35% DM		合计 85% DM			饲用秸秆 85% DM		
dt	%	dt	%	dt	%	dt	%	dt	%	dt	%	dt	%		
25	26	27	28	29	30	31	32	35	36	37	38	39	40		
84	40.2	21	10.1	34	17.3	28.8	17.3	43	36.4	3	6.1	0	0		
70	32.9	22	10.3	34	17	28.8	17.0	47	39.9	5.6	10.2	1.4	2.1		
107	43.3	27	10.8	40	17.6	35.1	17.6	43	31.2	4.7	7.9	0	0		
84	34.2	26	10.7	40	17.8	35.1	17.8	49	35.8	7.7	12.3	1.7	2.1		
125	46.2	32	11.6	44	17.7	38.3	17.8	40	26.3	6.3	9.7	0	0		
86	33.4	28	10.8	44	18.7	38.3	18.7	49	34.3	8.7	13.7	1.1	1.3		
111	46.9	28	11.7	40	18.6	35.1	18.6	31	22.9	6.7	11.7	0	0		
75	33	26	11.1	54	26.1	47.1	26.1	31	23.8	9.7	17.1	1	1.3		
107	46.9	27	11.7	41	19.7	35.7	19.7	25	19.7	7.6	13.8	0	0		
70	32.1	25	11.1	55	28.1	49.7	28.0	25	20.5	10	19.3	0.9	1.3		
104	46.8	32	14	43	21.3	37.7	21.3	21	17	7.9	14.9	0	0		
68	31.6	30	13.5	60	31	53.7	31.0	21	17.6	11	19.9	0.6	0.9		
100	46.6	30	14	44	23	39.0	22.9	17	14.4	8.2	16	0	0		
65	31.4	28	13.5	61	32.7	54.0	32.7	17	14.9	11	21	0.6	0.9		
100	46.6	30	14	44	23	39.0	22.9	17	14.4	8.2	16	0	0		
65	31.4	28	13.5	61	32.7	54.0	32.7	17	14.9	11	21	0.6	0.9		
100	46.6	30	14	44	23	39.0	22.9	17	14.4	8.2	16	0	0		
65	31.4	28	13.5	61	32.7	54.0	32.7	17	14.9	11	21	0.6	0.9		
100	46.6	30	14	44	23	39.0	22.9	17	14.4	8.2	16	0	0		
65	31.4	28	13.5	61	32.7	54.0	32.7	17	14.9	11	21	0.6	0.9		
100	46.6	30	14	44	23	39.0	22.9	17	14.4	8.2	16	0	0		
65	31.4	28	13.5	61	32.7	54.0	32.7	17	14.9	11	21	0.6	0.9		
81	39.5	21	9.9	36	17.6	9.7	6.1	41	35.7	4.4	7.3	3.2	4.8		
69	33.4	21	10	36	17.3	9.7	6.0	46	39.3	6.3	10	5.1	7.6		
100	45	25	11.2	38	17.1	15.3	8.8	38	30.3	5.1	7.7	3.9	5.5		
86	37.9	26	11.4	38	16.8	15.3	8.7	44	34.4	7.5	10.8	6.3	8.6		
117	46.5	30	11.6	31	12.3	10.4	5.4	51	35.8	3.2	5.3	0	0		
88	36	28	11.2	31	12.6	10.4	5.5	60	43.6	5	7.7	1.8	2.3		
128	46.8	33	11.7	29	11.2	24.5	11.2	54	34.6	4.9	7.4	0	0		
97	36.1	31	11.3	44	18.3	38.5	18.3	54	35.6	6.8	9.9	1.9	2.3		
114	47.4	29	11.9	26	11.6	22.4	11.6	43	32.1	5.1	8.9	0	0		
80	34.7	26	11.3	39	18.8	35.4	18.9	43	33.5	7.6	12.9	1.7	2.3		
111	47.8	34	14.3	28	13	24.7	13.0	38	28.7	5.8	10.4	0	0		
80	35.4	32	13.8	42	20.4	36.7	20.4	38	29.7	8.1	14.5	1	1.4		
108	47.8	33	14.3	32	15.7	28.7	62.4	31	24.5	6.5	12	0	0		
77	35.3	30	13.8	45	23.1	40.7	23.1	31	25.4	8.6	16.1	1	1.4		
108	47.8	33	14.3	32	15.7	28.7	62.4	31	24.5	6.5	12	0	0		
77	35.3	30	13.8	45	23.1	40.7	23.1	31	25.4	8.6	16.1	1	1.4		
108	47.8	33	14.3	32	15.7	28.7	62.4	31	24.5	6.5	12	0	0		
77	35.3	30	13.8	45	23.1	40.7	23.1	31	25.4	8.6	16.1	1	1.4		
108	47.8	33	14.3	32	15.7	28.7	62.4	31	24.5	6.5	12	0	0		
77	35.3	30	13.8	45	23.1	40.7	23.1	31	25.4	8.6	16.1	1	1.4		
108	47.8	33	14.3	32	15.7	28.7	62.4	31	24.5	6.5	12	0	0		
77	35.3	30	13.8	45	23.1	40.7	23.1	31	25.4	8.6	16.1	1	1.4		

编码	动物分类		性能指标		每头动物每年参考饲料需要量的建议,dt;精饲料或粗饲料的能量百分比 精饲料					
	生产和发育阶段		牛奶 4%脂肪	增重	合计 88% DM	能量比例	高能谷物 88% DM		高蛋白基础混合料 88% DM	
			kg/d	g/d	dt	%	dt	%	dt	%
1	2		3	4	17	18	19	20	23	24
	泌乳期 6									
1246	2 000 kg/牛/年	— 放牧	4.3	310	0	0	0	0	0	0
		— 永久舍饲	4.3	310	0	0	0	0	0	0
1346	3 000 kg/牛/年	— 放牧	6.4	345	0.4	1.1	0	100	0	0
		— 永久舍饲	6.4	345	0.4	1.1	0	100	0	0
1446	4 000 kg/牛/年	— 放牧	8.8	380	3.7	8.8	4	100	0	0
		— 永久舍饲	8.8	380	3.7	8.7	4	100	0	0
1546	5 000 kg/牛/年	— 放牧	11.2	420	4.9	10.4	5	100	0	0
		— 永久舍饲	11.2	420	7.5	15.7	8	100	0	0
1646	6 000 kg/牛/年	— 放牧	13.7	465	7.2	14	7	100	0	0
		— 永久舍饲	13.7	465	9.5	18.4	10	100	0	0
1746	7 000 kg/牛/年	— 放牧	16.45	505	18.2	31.7	17	93	1.4	7
		— 永久舍饲	16.45	505	20.4	35.5	19	94	1.4	6.3
1846	8 000 kg/牛/年	— 放牧	19.05	550	24.4	38.8	22	90	2.7	10.5
		— 永久舍饲	19.05	550	26.6	42.2	24	90	2.7	9.6
1946	9 000 kg/牛/年	— 放牧	21.7	550	30.5	44.0	27	90	3.3	10.5
		— 永久舍饲	21.7	550	32.4	46.8	29	90	3.2	9.6
10046	10 000 kg/牛/年	— 放牧	24.5	550	36.0	48.2	32	90	3.9	10.5
		— 永久舍饲	24.5	550	37.9	50.7	34	90	3.8	9.6
11046	11 000 kg/牛/年	— 放牧	27.3	550	41.4	51.6	36	90	4.5	10.5
		— 永久舍饲	27.3	550	43.3	54.0	38	90	4.3	9.6
12046	12 000 kg/牛/年	— 放牧	30.1	550	46.9	54.8	41	90	5.1	10.5
		— 永久舍饲	30.1	550	48.8	57.0	43	90	4.9	9.6
	泌乳期 7									
1247	2 000 kg/牛/年	— 放牧	1.6	520	0	0	0	0	0	0
		— 永久舍饲	1.6	520	0	0	0	0	0	0
1347	3 000 kg/牛/年	— 放牧	2.45	550	0	0	0	0	0	0
		— 永久舍饲	2.45	550	0	0	0	0	0	0
1447	4 000 kg/牛/年	— 放牧	3.8	580	0	0	0	0	0	0
		— 永久舍饲	3.8	580	0	0	0	0	0	0
1547	5 000 kg/牛/年	— 放牧	5.7	615	0.4	1.0	0	100	0	0
		— 永久舍饲	5.7	615	0.5	1.2	1	100	0	0
1647	6 000 kg/牛/年	— 放牧	7.6	645	3.8	8.5	4	100	0	0
		— 永久舍饲	7.6	645	6.0	13.2	6	100	0	0
1747	7 000 kg/牛/年	— 放牧	9.8	675	5.1	10.5	5	100	0	0
		— 永久舍饲	9.8	675	9.7	19.7	10	100	0	0
1847	8 000 kg/牛/年	— 放牧	11.9	705	14.1	26.8	14	100	0	0
		— 永久舍饲	11.9	705	16.8	31.8	17	100	0	0
1947	9 000 kg/牛/年	— 放牧	14.0	705	19.6	33.2	19	100	0	0
		— 永久舍饲	14.0	705	22.1	37.6	22	100	0	0
10047	10 000 kg/牛/年	— 放牧	16.3	705	23.2	37.1	23	100	0	0
		— 永久舍饲	16.3	705	25.9	41.3	25	100	0	0
11047	11 000 kg/牛/年	— 放牧	18.6	705	26.8	40.5	26	100	0	0
		— 永久舍饲	18.6	705	30.2	45.1	30	100	0	0
12047	12 000 kg/牛/年	— 放牧	20.9	705	30.4	43.6	30	100	0	0
		— 永久舍饲	20.9	705	34.6	48.5	34	100	0	0

每头动物每年参考饲料的需要量的建议,dt;精饲料或粗饲料的能量百分比															
粗饲料															
青绿饲料				新鲜青贮				萎蔫青贮		干燥粗饲料					
合计 18% DM		豆科 18% DM		合计 20% DM		玉米青贮 22% DM		35% DM		合计 85% DM		饲用秸秆 85% DM	
dt	%	dt	%	dt	%	dt	%	dt	%	dt	%	dt	%		
25	26	27	28	29	30	31	32	35	36	37	38	39	40		
77	39.4	19	9.9	34	17.5	9.0	6.0	42	38.1	3.1	5	3.1	5		
63	31.7	21	10.2	34	17.1	9.0	5.9	46	41.3	6.3	9.9	6.3	9.9		
91	40.2	23	10	37	16.2	11.1	6.0	52	40.7	22	3	2.2	3		
76	32.8	24	10.3	37	15.9	11.1	5.9	57	44.2	5.2	7.1	5.2	7.1		
105	43.9	27	11	34	14	10.4	5.6	55	40.4	1.3	1.7	1.3	1.7		
85	34.9	28	11.2	34	13.8	10.4	5.5	64	46.5	3.7	4.8	3.7	4.8		
119	45.2	30	11.3	31	12.6	27.3	12.6	59	39.5	1.8	2.7	0	0		
80	31.8	27	10.6	31	13.2	27.3	13.3	70	49.9	3.5	5	1.7	2.1		
128	46.1	32	11.5	32	12.4	27.2	12.4	56	35.6	4	5.9	0	0		
84	31.9	29	10.8	32	13.1	27.2	13.1	68	46.1	5.9	8.8	1.1	1.3		
113	46.1	29	11.5	30	13.5	26.4	5.5	44	31.8	5	8.6	0	0		
71	30.9	25	10.7	30	14.3	26.4	14.3	55	42.2	7.2	12.6	1	1.3		
110	46	28	11.5	35	16.2	31.4	16.2	36	26.5	6.4	11.3	0	0		
70	30.8	25	10.7	35	17.2	31.4	17.1	47	36.6	8.5	15.4	0.9	1.3		
110	46	28	11.5	35	16.2	31.4	16.2	36	26.5	6.4	11.3	0	0		
70	30.8	25	10.7	35	17.2	31.4	17.1	47	36.6	8.5	15.4	0.9	1.3		
110	46	28	11.5	35	16.2	31.4	16.2	36	26.5	6.4	11.3	0	0		
70	30.8	25	10.7	35	17.2	31.4	17.1	47	36.6	8.5	15.4	0.9	1.3		
110	46	28	11.5	35	16.2	31.4	16.2	36	26.5	6.4	11.3	0	0		
70	30.8	25	10.7	35	17.2	31.4	17.1	47	36.6	8.5	15.4	0.9	1.3		
110	46	28	11.5	35	16.2	31.4	16.2	36	26.5	6.4	11.3	0	0		
70	30.8	25	10.7	35	17.2	31.4	17.1	47	36.6	8.5	15.4	0.9	1.3		
74	38.6	15	7.7	35	18.3	9.0	6.1	33	30.5	7.7	12.6	7.7	12.6		
66	33.9	16	8	35	17.9	9.0	6.0	33	29.8	12	18.4	11.6	18.4		
82	39.3	17	7.9	36	16.9	10.4	6.1	44	37.5	4.2	6.2	4.2	6.2		
76	35.6	18	8.1	36	16.6	10.4	5.9	44	36.7	7.6	11.1	7.6	11.1		
91	39.8	19	8	39	16.8	13.2	7.2	54	41.5	1.4	1.9	1.4	1.9		
77	32.7	19	8.2	39	16.5	13.2	7.1	59	44.7	4.5	6	4.5	6		
102	40.6	21	8.1	35	14.8	30.1	14.8	61	42.7	1.1	1.8	0	0		
83	32.4	22	8.3	35	14.6	30.1	14.6	70	48.3	3.5	4.7	2.4	2.9		
113	44.2	23	8.8	33	14.0	28.4	14.0	56	38.5	2.1	3.3	0	0		
74	30.2	21	8.4	33	14.5	28.4	14.5	67	48.4	4.5	6.8	1.7	2.1		
125	45.9	25	9.2	37	14.6	31.4	14.6	53	34.6	3.3	4.9	0	0		
70	28.2	20	8.1	37	16.1	31.4	16.2	64	46.3	6.1	9.4	1.6	2		
111	46.0	23	9.2	36	16.2	31.3	17.2	43	31.3	3.9	6.5	0	0		
66	29.4	19	8.4	36	17.4	31.3	17.4	53	42.0	6.6	11.2	1.5	2.1		
111	46.0	23	9.2	36	16.2	31.3	17.2	43	31.3	3.9	6.5	0	0		
66	29.4	19	8.4	36	17.4	31.3	17.4	53	42.0	6.6	11.2	1.5	2.1		
111	46.0	23	9.2	36	16.2	31.3	17.2	43	31.3	3.9	6.5	0	0		
66	29.4	19	8.4	36	17.4	31.3	17.4	53	42.0	6.6	11.2	1.5	2.1		
111	46.0	23	9.2	36	16.2	31.3	17.2	43	31.3	3.9	6.5	0	0		
66	29.4	19	8.4	36	17.4	31.3	17.4	53	42.0	6.6	11.2	1.5	2.1		
111	46.0	23	9.2	36	16.2	31.3	17.2	43	31.3	3.9	6.5	0	0		
66	29.4	19	8.4	36	17.4	31.3	17.4	53	42.0	6.6	11.2	1.5	2.1		

编码	动物分类	性能指标		每头动物每年参考饲料需要量的建议,dt;精饲料或粗饲料的能量百分比					
				精饲料					
				合计		高能		高蛋白	
	生产和发育阶段	牛奶 4%脂肪	增重	88% DM	能量比例	谷物 88% DM		基础混合料 88% DM	
		kg/d	g/d	dt	%	dt	%	dt	%
1	2	3	4	17	18	19	20	23	24
	泌乳期 8								
1248	2 000 kg/牛/年 — 放牧	0	360	1.2	4.5	1	100	0	0
	— 永久舍饲	0	360	2.3	8.7	2	100	0	0
1348	3 000 kg/牛/年 — 放牧	0	405	1.4	4.7	1	100	0	0
	— 永久舍饲	0	405	2.8	9.2	3	100	0	0
1448	4 000 kg/牛/年 — 放牧	0	440	2.3	7.3	2	100	0	0
	— 永久舍饲	0	440	3.8	12.1	4	100	0	0
1548	5 000 kg/牛/年 — 放牧	0	460	2.2	6.9	2	100	0	0
	— 永久舍饲	0	460	3.7	11.6	4	100	0	0
1648	6 000 kg/牛/年 — 放牧	0	482	2.3	7.2	2	100	0	0
	— 永久舍饲	0	482	3.9	12.1	4	100	0	0
1748	7 000 kg/牛/年 — 放牧	0	500	2.3	7.1	2	100	0	0
	— 永久舍饲	0	500	3.8	11.8	4	100	0	0
1848	8 000 kg/牛/年 — 放牧	0	520	2.2	6.9	2	100	0	0
	— 永久舍饲	0	520	3.8	11.6	4	100	0	0
1948	9 000 kg/牛/年 — 放牧	0	520	3.8	11.2	4	100	0	0
	— 永久舍饲	0	520	4.2	12.2	4	100	0	0
10048	10 000 kg/牛/年 — 放牧	0	520	3.8	11.2	4	100	0	0
	— 永久舍饲	0	520	4.2	12.2	4	100	0	0
11048	11 000 kg/牛/年 — 放牧	0	520	4.6	13.2	5	100	0	0
	— 永久舍饲	0	520	5.0	14.1	5	100	0	0
12048	12 000 kg/牛/年 — 放牧	0	520	4.6	13.2	5	100	0	0
	— 永久舍饲	0	520	5.0	14.1	5	100	0	0
	泌乳期 9								
1249	2 000 kg/牛/年 — 放牧	0	315	13.0	40.3	13	100	0	0
	— 永久舍饲	0	315	13.5	42.0	14	100	0	0
1349	3 000 kg/牛/年 — 放牧	0	355	13.7	40.4	14	100	0	0
	— 永久舍饲	0	355	13.6	40.2	14	100	0	0
1449	4 000 kg/牛/年 — 放牧	0	385	14.4	40.9	14	100	0	0
	— 永久舍饲	0	385	14.6	41.5	15	100	0	0
1549	5 000 kg/牛/年 — 放牧	0	405	15.0	41.5	15	100	0	0
	— 永久舍饲	0	405	15.2	42.0	15	100	0	0
1649	6 000 kg/牛/年 — 放牧	0	425	15.2	41.5	15	100	0	0
	— 永久舍饲	0	425	15.5	42.3	16	100	0	0
1749	7 000 kg/牛/年 — 放牧	0	440	15.6	42.0	16	100	0	0
	— 永久舍饲	0	440	16.0	43.0	16	100	0	0
1849	8 000 kg/牛/年 — 放牧	0	460	15.3	40.7	15	100	0	0
	— 永久舍饲	0	460	15.8	41.9	16	100	0	0
1949	9 000 kg/牛/年 — 放牧	0	460	16.2	41.6	16	100	0	0
	— 永久舍饲	0	460	16.7	42.9	16	100	0	0
10049	10 000 kg/牛/年 — 放牧	0	460	16.7	42.3	16	100	0	0
	— 永久舍饲	0	460	17.2	43.6	17	100	0	0
11049	11 000 kg/牛/年 — 放牧	0	460	17.2	43.0	17	100	0	0
	— 永久舍饲	0	460	17.7	44.3	17	100	0	0
12049	12 000 kg/牛/年 — 放牧	0	460	17.6	43.7	17	100	0	0
	— 永久舍饲	0	460	18.2	45.0	18	100	0	0
	种公牛								
1991	种公牛＜3 年			15.8	45.6	9	69	4.5	31
1992	种公牛＞3 年			22.7	56.2	19	86	3.3	14

每头动物每年参考饲料的需要量的建议,dt;精饲料或粗饲料的能量百分比															
粗饲料															
青绿饲料				新鲜青贮				萎蔫青贮		干燥粗饲料					
合计 18% DM		豆科 18% DM		合计 20% DM		玉米青贮 22% DM		35% DM		合计 85% DM		饲用秸秆 85% DM			
dt	%	dt	%	dt	%	dt	%	dt	%	dt	%	dt	%		
25	26	27	28	29	30	31	32	35	36	37	38	39	40		
70	44.4	0	0	8.6	6.2	7.8	6.2	42	47.6	0.7	1.9	0	0		
49	32.1	0	0	8.6	6.3	7.8	6.3	48	55.3	2.8	6.3	2.2	4.4		
74	42.0	0	0	9.0	5.8	8.2	5.8	44	44.5	3.3	7.7	0	0		
51	30.1	0	0	9.0	6.0	8.2	6.0	50	51.9	5.6	12.0	2.3	4.1		
77	43.2	0	0	8.9	5.7	8.1	5.7	44	43.6	3.2	7.5	0	0		
53	30.7	0	0	8.9	5.9	8.1	5.9	50	51.4	5.6	12.0	2.3	4.2		
78	43.0	0	0	9.1	5.7	8.3	5.7	44	42.7	3.8	8.5	0	0		
54	30.6	0	0	9.1	5.9	8.3	5.9	50	50.4	6.1	13.1	2.4	4.2		
79	43.2	0	0	9.1	5.7	8.3	5.7	43	41.3	4.3	9.8	0	0		
52	29.4	0	0	9.1	5.9	8.3	5.9	49	49.0	7.2	15.6	2.4	4.2		
80	43.2	0	0	12.0	7.4	11.0	7.4	40	38.5	4.9	11.0	0	0		
52	29.5	0	0	12.0	7.6	11.0	7.6	46	46.1	7.8	16.8	2.4	4.2		
80	43.1	0	0	14.0	8.5	13.0	8.5	38	36.3	5.5	12.1	0	0		
53	29.5	0	0	14.0	8.8	13.0	8.8	45	43.7	8.4	18.0	2.5	4.2		
80	43.1	0	0	14.0	8.5	13.0	8.5	38	36.3	5.5	12.1	0	0		
53	29.5	0	0	14.0	8.8	13.0	8.8	45	43.7	8.4	18.0	2.5	4.2		
80	43.1	0	0	14.0	8.5	13.0	8.5	38	36.3	5.5	12.1	0	0		
53	29.5	0	0	14.0	8.8	13.0	8.8	45	43.7	8.4	18.0	2.5	4.2		
80	43.1	0	0	14.0	8.5	13.0	8.5	38	36.3	5.5	12.1	0	0		
53	29.5	0	0	14.0	8.8	13.0	8.8	45	43.7	8.4	18.0	2.5	4.2		
80	43.1	0	0	14.0	8.5	13.0	8.5	38	36.3	5.5	12.1	0	0		
53	29.5	0	0	14.0	8.8	13.0	8.8	45	43.7	8.4	18.0	2.5	4.2		
55	46.2	8.4	6.9	8.5	8.0	7.7	8.0	22	32.1	4.0	13.7	0	0		
42	35.7	7.9	6.7	8.5	8.2	7.7	8.2	26	39.7	4.6	16.4	0	0		
59	46.3	8.9	7.0	9.6	8.6	8.7	8.6	21	30.1	4.6	15.0	0	0		
47	37.2	9.0	7.0	17.0	15.5	16.0	15.5	21	30.0	5.3	17.3	0	0		
60	46.3	9.2	6.9	10.0	9.1	9.5	9.1	20	27.9	5.2	16.6	0	0		
44	34.4	9.0	6.9	18.0	16.1	17.0	16.1	20	28.2	6.7	21.4	0	0		
61	46.3	9.3	7.0	11.0	9.7	10.0	9.7	19	25.8	5.8	18.2	0	0		
45	34.4	9.1	6.9	19.0	16.6	17.0	16.6	19	26.0	7.3	22.9	0	0		
62	46.3	9.4	6.9	12.0	10.2	11.0	10.2	18	23.6	6.4	19.9	0	0		
44	33.3	9.2	6.8	20.0	17.2	18.0	17.2	18	24.0	8.2	25.6	0	0		
62	46.2	9.5	6.9	13.0	10.8	12.0	10.8	17	22.1	6.8	21.0	0	0		
43	32.1	9.1	6.8	21.0	17.7	19.0	17.7	17	22.5	8.9	27.7	0	0		
64	46.1	9.8	6.9	14.0	11.3	13.0	11.3	16	20.5	7.4	22.1	0	0		
43	31.5	9.3	6.8	22.0	18.3	20.0	18.3	16	20.9	9.7	29.3	0	0		
64	46.1	9.8	6.9	14.0	11.3	13.0	11.3	16	20.5	7.4	22.1	0	0		
43	31.5	9.3	6.8	22.0	18.3	20.0	18.3	16	20.9	9.7	29.3	0	0		
64	46.1	9.8	6.9	14.0	11.3	13.0	11.3	16	20.5	7.4	22.1	0	0		
43	31.5	9.3	6.8	22.0	18.3	20.0	18.3	16	20.9	9.7	29.3	0	0		
64	46.1	9.8	6.9	14.0	11.3	13.0	11.3	16	20.5	7.4	22.1	0	0		
43	31.5	9.3	6.8	22.0	18.3	20.0	18.3	16	20.9	9.7	29.3	0	0		
64	46.1	9.8	6.9	14.0	11.3	13.0	11.3	16	20.5	7.4	22.1	0	0		
43	31.5	9.3	6.8	22.0	18.3	20.0	18.3	16	20.9	9.7	29.3	0	0		
23	22.4	0	0	0	0	0	0	18	28.5	11.4	49.1	0	0		
27	24.1	0	0	0	0	0	0	16	26.1	12.5	49.8	0	0		

编码	动物分类	性能指标	每头动物每年参考饲料需要量的建议,dt;精饲料或粗饲料的能量百分比							
			精饲料							
			合计		高能				高蛋白	
	生产和发育阶段	增重	88% DM	能量比例	谷物 88% DM		饲用油脂 100% DM		初乳 12.5% DM	
		g/d	dt	%	dt	%	dt	%	dt	%
1	2	4	17	18	19	20	21	22	23	24
5.6.2	犊牛的需要量									
2143	母犊	500	4.9	100	0	0	0	0	2.8	14.5
2144	33.5～44 kg BM	600	5.2	100	0	0	0	0	3.0	14.5
2145	1～3 周（0.75 月龄）	700	5.6	100	0	0	0	0	3.2	14.5
2146		800	5.9	100	0	0	0	0	3.4	14.5
2243	母犊	500	6.0	90.3	1	16.1	0.4	28.1	0	0
2244	44～82 kg BM	600	6.6	91.3	1	17.0	0.4	27.8	0	0
2245	4～11 周（2.5 月龄）	700	7.2	92.0	1	17.1	0.45	27.6	0	0
2246		800	7.8	92.6	1	18.0	0.5	27.5	0	0
2343	母犊	500	4.9	50.6	3	62.6	0	0	0	0
2344	82～120 kg BM	600	5.6	55.9	4	69.8	0	0	0	0
2345	12～18 周（4 月龄）	700	6.6	60.0	5	74.2	0	0	0	0
2346		800	7.5	63.2	6	77.0	0	0	0	0
2643	公犊	500	5.0	100	0	0	0	0	2.85	14.5
2644	36.5～47 kg BM	600	5.4	100	0	0	0	0	3.1	14.5
2645	1～3 周(0.75 月龄)	700	5.7	100	0	0	0	0	3.25	14.5
2646		800	6.0	100	0	0	0	0	3.4	14.5
2743	公犊	500	6.1	90.5	1	16.0	0.4	28.1	0	0
2744	47～83 kg BM	600	6.5	91.1	1	14.5	0.4	27.7	0	0
2745	4～11 周（2.5 月龄）	700	6.9	91.6	1	13.7	0.4	27.3	0	0
2746		800	7.3	92.1	1	13.1	0.4	27.0	0	0
2843	公犊	500	4.6	50.8	3	60.6	0	0	0	0
2844	83～130 kg BM	600	5.1	53.5	3	60.1	0	0	0	0
2845	12～18 周（4 月龄）	700	5.6	56.0	3	59.9	0	0	0	0
2846		800	6.0	58.1	4	59.3	0	0	0	0

每头动物每牛每年参考饲料需要量的建议,dt;精饲料或粗饲料的能量百分比													
精饲料						粗饲料							
						青绿饲料		新鲜青贮				干燥饲料	
牛奶 3.5%脂肪 13% DM		牛奶 2%脂肪 11.5% DM		基础混合料 犊牛 88% DM		合计 18% DM		合计 20% DM		玉米青贮 22% DM		粗饲料合计 85% DM	
dt	%	dt	%	dt	%	dt	%	dt	%	dt	%	dt	%
25	26	27	28	29	30	31	32	33	34	35	36	37	38
15.1	85.5	0	0	0	0	0	0	0	0	0	0	0	0
16.2	85.5	0	0	0	0	0	0	0	0	0	0	0	0
17.3	85.5	0	0	0	0	0	0	0	0	0	0	0	0
18.3	85.5	0	0	0	0	0	0	0	0	0	0	0	0
0	0	9.8	32.1	1.6	23.7	0	0	0	0	0	0	1.0	100
0	0	10.7	31.8	1.8	23.4	0	0	0	0	0	0	1.0	100
0	0	11.5	31.7	2.0	23.6	0	0	0	0	0	0	1.0	100
0	0	12.5	31.4	2.1	23.1	0	0	0	0	0	0	1.0	100
0	0	0	0	2.0	37.4	9.5	34.1	12.0	49	11	49	1.2	17.1
0	0	0	0	2.0	30.2	9.2	33.4	11.7	48.0	11	48.0	1.3	18.6
0	0	0	0	2.0	25.8	9.0	32.9	11.4	47	10	47	1.35	20.0
0	0	0	0	2.0	23	8.7	32.3	11.1	46	10	46	1.4	21.4
15.5	85.5	0	0	0	0	0	0	0	0	0	0	0	0
16.6	85.5	0	0	0	0	0	0	0	0	0	0	0	0
17.8	85.5	0	0	0	0	0	0	0	0	0	0	0	0
18.7	85.5	0	0	0	0	0	0	0	0	0	0	0	0
0	0	9.9	32.0	1.7	23.9	0	0	0	0	0	0	1.0	100
0	0	10.4	31.7	2.0	26.1	0	0	0	0	0	0	1.0	100
0	0	10.9	31.3	2.2	27.7	0	0	0	0	0	0	1.0	100
0	0	11.4	30.8	2.5	29.1	0	0	0	0	0	0	1.0	100
0	0	0	0	2.1	39.4	9.5	34.1	12.0	49	11	49	1.2	17.1
0	0	0	0	2.4	39.9	9.2	33.4	11.7	48.0	11	48.0	1.3	18.6
0	0	0	0	2.6	40.1	9.0	32.9	11.4	47	10	47	1.35	20.0
0	0	0	0	2.9	40.7	8.7	32.3	11.1	46	10	46	1.4	21.4

编码	动物分类		性能指标	每头动物每年参考饲料需要量的建议,dt;精饲料或粗饲料的能量百分比					
				精饲料					
				合计		高能		高蛋白	
	生产和发育阶段		增重	88% DM	能量比例	谷物 88% DM		基础混合料 88% DM	
			g/d	dt	%	dt	%	dt	%
1	2		4	17	18	19	20	23	24
5.6.3	后备牛的需要量								
3142	后备牛	放牧	400	1.3	12.5	0.8	61.5	0.5	38.5
	120～165 kg BM	永久舍饲	400	1.2	11.5	0.8	65.5	0.4	34.5
3143		放牧	500	1.6	14.4	1.0	62.1	0.6	37.9
		永久舍饲	500	1.6	14.2	1.0	62.1	0.6	37.9
3144		放牧	600	2.2	18.0	1.3	61.0	0.9	39
		永久舍饲	600	2.6	21.4	1.7	67.3	0.9	32.7
3145		放牧	700	4.0	30.9	3.0	75.9	1	24.1
		永久舍饲	700	4.4	34.0	3.4	78.8	1	21.2
3242	后备牛	放牧	400	0.7	5.7	0.6	84.6	0.1	15.4
	165～210 kg BM	永久舍饲	400	0.7	5.6	0.6	84.6	0.1	15.4
3243		放牧	500	1.4	10.2	1.0	78.4	0.3	21.6
		永久舍饲	500	1.4	10.0	1.0	78.4	0.3	21.6
3244		放牧	600	1.9	13.1	1.4	75.4	0.5	24.6
		永久舍饲	600	1.9	12.9	1.4	75.4	0.5	24.6
3245		放牧	700	2.5	16.0	1.9	76.3	0.6	23.7
		永久舍饲	700	2.9	20.9	2.3	79.6	0.6	20.4
3342	后备牛	放牧	400	0	0	0.0	0.0	0	0
	210～270 kg BM	永久舍饲	400	0	0	0.0	0.0	0	0
3343		放牧	500	0.5	3.4	0.5	100.0	0	0
		永久舍饲	500	0.5	3.3	0.5	100.0	0	0
3344		放牧	600	1.2	6.9	1.2	100.0	0	0
		永久舍饲	600	1.2	6.8	1.2	100.0	0	0
3345		放牧	700	2	10.1	1.9	100.0	0	0
		永久舍饲	700	2	10.0	1.9	100.0	0	0
3442	后备牛	放牧	400	0	0	0.0	0.0	0	0
	270～380 kg BM	永久舍饲	400	0	0	0.0	0.0	0	0
3443		放牧	500	0	0	0.0	0.0	0	0
		永久舍饲	500	0	0	0.0	0.0	0	0
3444		放牧	600	0.7	3.1	0.7	100.0	0	0
		永久舍饲	600	0.7	3.0	0.7	100.0	0	0
3445		放牧	700	2.4	9.2	2.3	100.0	0	0
		永久舍饲	700	2.4	9.1	2.3	100.0	0	0
3542	后备牛	放牧	400	0	0	0.0	0.0	0	0
	380～490 kg BM	永久舍饲	400	0	0	0.0	0.0	0	0
3543		放牧	500	0	0	0.0	0.0	0	0
		永久舍饲	500	0	0	0.0	0.0	0	0
3544		放牧	600	0.9	3.1	0.8	100.0	0	0
		永久舍饲	600	0.9	3.0	0.8	100.0	0	0
3545		放牧	700	2.7	9.2	2.6	100.0	0	0
		永久舍饲	700	2.7	9.1	2.6	100.0	0	0
3644	后备牛,妊娠后期	放牧	667	17.5	53.2	17.5	100.0	0	0
	490～530 kg BM	永久舍饲	667	17.6	53.6	17.6	100.0	0	0

每头动物每年参考饲料需要量的建议,dt;精饲料或粗饲料的能量百分比															
粗饲料															
青绿饲料				新鲜青贮				萎蔫青贮		干燥粗饲料					
合计 18% DM		豆科 18% DM		合计 20% DM		玉米青贮 22% DM		35% DM		合计 85% DM		饲用秸秆 85% DM			
dt	%	dt	%	dt	%	dt	%	dt	%	dt	%	dt	%		
25	26	27	28	29	30	31	32	35	36	37	38	39	40		
30	54.1	4.6	8.1	5.1	9.2	0	0	8.5	28	1.2	9.2	0	0		
19	34.4	3.0	5.2	5.1	8.9	0	0	14.0	45	1.7	12	0.5	2.7		
33	56.7	5.0	8.5	2.2	4.3	2.0	4.3	9.2	28	1.6	11	0	0		
23	39.7	3.6	6.0	2.2	4.3	2.0	4.3	15.0	45	1.6	11	0.01	0.04		
33	55.6	5.1	8.3	4.7	8.9	4.3	8.9	6.8	20	2.3	16	0	0		
20	35.7	3.1	5.4	4.7	9.3	4.3	9.3	13.0	39	2.3	16	0	0		
31	55.6	4.7	8.3	5.4	11.1	4.9	11.1	4.1	13	2.7	20.0	0	0		
18	34.2	2.7	5.1	5.4	11.6	4.9	11.6	9.9	33	2.7	21	0	0		
36	50.9	5.5	7.6	11.0	14.7	0	0	12.0	30	0.9	4.9	0	0		
23	32.0	3.5	4.8	11.0	14.3	0	0	18.0	43.0	2.3	11	1.4	5.9		
39	53.7	6.0	8.1	8.4	11.6	1.3	2.3	11.0	28	1.2	6.9	0	0		
28	37.3	4.2	5.6	8.4	11.3	1.3	2.3	17.0	41	2.1	10	0.8	3.5		
42	55.9	6.5	8.4	7.9	11.0	4.0	6.6	9.5	22	2.0	11.0	0	0		
33	42.3	5.0	6.3	7.9	10.9	4.0	6.5	15.0	35.0	2.3	12	0.2	0.9		
43	54.3	6.6	8.1	8.0	11.4	7.3	11.4	8.2	18	3.1	16.0	0	0		
30	45.6	4.6	6.8	8.0	13.6	7.3	13.6	8.2	22	3.1	19.0	0	0		
44	47.7	6.6	7.2	15	15.7	0	0	19	37	0	0	0	0		
28	29.5	4.2	4.4	15	15.2	0	0	25	46	2.7	8.9	2.7	8.9		
47	49.7	7.2	7.5	12	12.6	1.9	2.5	19	35	0.6	2.5	0	0		
33	33.9	5.0	5.1	12	12.3	1.9	2.5	25	45	2.6	8.9	2.0	6.5		
52	51.9	7.9	7.8	11	12.0	5.8	7.2	18	31	1.2	4.8	0	0		
39	38.7	6.0	5.8	11	11.8	5.8	7.1	23	41	2.5	8.8	1.3	4.1		
57	54.0	8.7	8.1	11	11.5	9.8	11.5	17	28	1.8	6.9	0	0		
47	43.6	7.1	6.5	11	11.3	9.8	11.3	22	37	2.3	8.4	0.5	1.6		
57	47.7	8.7	7.2	19	15.7	0	0	25	37	0	0	0	0		
34	28.0	5.3	4.2	19	15.3	0	0	35	50	2.8	7.0	2.8	7		
63	47.8	9.6	7.2	14	10.4	0	0	29	39	0.9	2.6	0	0		
39	29.1	6.0	4.4	14	10.2	0	0	39	51	4.0	9.8	3.2	7.3		
70	49.6	11.0	7.4	10	7.6	2.8	2.5	30	38	1.8	5.0	0	0		
47	32.8	7.2	4.9	10	7.4	2.8	2.5	40	49	4.7	11	2.9	6.2		
76	53.4	12.0	8.0	8.8	7.0	8.0	7.0	26	33	2.5	7.0	0	0		
58	40.0	8.9	6.0	8.8	6.9	8.0	6.9	36	44	3.7	9.4	1.2	2.5		
73	47.7	11.0	7.2	25	15.7	0	0	31	37	0	0	0	0		
47	30.4	7.2	4.6	25	15.3	0	0	41	47	3.8	7.6	3.8	7.6		
77	47.8	12.0	7.2	17	10.4	0	0	36	39	1.0	2.6	0	0		
51	31.0	7.8	4.7	17	10.2	0	0	46	49	5.2	10	4.1	7.7		
81	49.6	12.0	7.4	12	7.6	3.3	2.5	35	38	2.0	5.0	0	0		
57	34.2	8.8	5.1	12	7.4	3.3	2.5	45	47	5.6	11	3.6	6.5		
85	53.4	13.0	8.0	10	7.0	8.9	7.0	29	33	2.8	7.0	0	0		
66	41.0	10.0	6.2	10	6.9	8.9	6.9	39	43	4.2	9.6	1.4	2.7		
44	46.1	6.7	6.9	8.1	9.6	7.4	9.6	14	26	4.3	19	0	0		
33	34.2	6.6	6.8	19.0	16.5	13.0	16.5	14	26	5.4	23	0	0		

编码	动物分类	性能指标	每头动物每年参考饲料需要量的建议,dt;精饲料或粗饲料的能量百分比					
			精饲料					
			合计		高能		高蛋白	
	生产和发育阶段	增重	88% DM	能量比例	谷物 88% DM		基础混合料 88% DM	
		g/d	dt	%	dt	%	dt	%
1	2	4	17	18	19	20	23	24
5.6.4	育肥公牛的需要量							
4143	一 菱蔫青贮	800	5.2	37.8	4.2	81.7	1.0	18.3
4144		1 000	7.7	51.6	5.3	71.0	2.3	29.0
4145		1 200	10.0	62.6	6.8	70.4	3.1	29.6
4142	育肥公牛 130～185 kg BM	600	3.4	25.8	2.2	64.9	1.2	35.1
4143	一 萎蔫青贮和玉米青贮	800	4.8	34.5	3.2	67.1	1.6	32.9
4144		1 000	7.2	47.5	3.9	56.6	3.2	43.4
4145		1 200	9.3	58.1	5.2	57.6	4.1	42.4
4252	育肥公牛 185～330 kg BM	600	2.9	13.6	2.6	97.1	0.1	2.9
4253	一 玉米青贮	800	5.7	26.0	5.2	92.9	0.4	7.1
4254		1 000	9.3	39.9	8.3	90.3	0.9	9.7
4255		1 200	13.2	52.9	11.5	88.8	1.5	11.2
4242	育肥公牛 185～330 kg BM	600	4.3	20.1	4.0	100.0	0	0
4243	一 萎蔫青贮	800	7.5	33.9	7.2	100.0	0	0
4244		1 000	11.3	48.5	11.1	100.0	0	0
4245		1 200	15.0	60.7	14.9	100.0	0	0
4242	育肥公牛 185～330 kg BM	600	2.9	13.6	2.6	97.1	0.1	2.9
4243	一 萎蔫青贮和玉米青贮	800	6.3	28.7	5.7	93.5	0.4	6.5
4244		1 000	10.1	43.4	9.2	93.0	0.7	7.0
4245		1 200	13.9	56.1	12.8	93.2	1.0	6.8
4352	育肥公牛 330～420 kg BM	600	2.3	8.4	2.2	100.0	0	0
4353	一 玉米青贮	800	4.9	17.0	4.7	100.0	0	0
4354		1 000	11.1	36.0	11.0	100.0	0	0
4355		1 200	16.2	48.6	16.1	100.0	0	0
4342	育肥公牛 330～420 kg BM	600	4.4	16.0	4.3	100.0	0	0
4343	一 萎蔫青贮	800	7.5	26.0	7.2	100.1	0	0
4344		1 000	13.7	44.5	14.0	100.0	0	0
4345		1 200	19.1	57.4	18.5	100.0	0	0
4342	育肥公牛 330～420 kg BM	600	2.3	8.4	2.2	100.0	0	0
4343	一 萎蔫青贮和玉米青贮	800	5.7	20.0	5.6	100.0	0	0
4344		1 000	11.9	38.6	11.7	100.0	0	0
4345		1 200	17.1	51.5	17.2	100.0	0	0

每头动物每年参考饲料需要量的建议，dt；精饲料或粗饲料的能量百分比													
粗饲料													
青绿饲料				新鲜青贮				萎蔫青贮		干燥粗饲料			
合计 18% DM		豆科 18% DM		合计 20% DM		玉米青贮 22% DM		35% DM		合计 85% DM		饲用秸秆 85% DM	
dt	%	dt	%	dt	%	dt	%	dt	%	dt	%	dt	%
25	26	27	28	29	30	31	32	35	36	37	38	39	40
16	31.1	2.5	4.7	0	0	0.0	0.0	14	47.8	2.7	21	0	0
11	25.8	2.3	5.2	0	0	0.0	0.0	12	50.0	2.6	24	0	0
7.5	21.0	1.9	5.3	0	0	0.0	0.0	11	52	2.4	27	0	0
22	37.3	2.2	3.7	8.2	16.0	7.5	16.0	11.0	34	1.9	13.0	0	0
16	29.4	2.5	4.4	8.4	17.4	7.6	17.4	9.8	32	2.9	22	0	0
11	23.8	2.3	4.8	11	27.2	10.0	27.2	6.4	24.0	2.9	25.0	0	0
7.5	18.7	1.9	4.7	13	37.6	12.0	37.6	3.4	15	2.8	29	0	0
48	46.7	4.9	4.7	15	16.0	13.0	16.0	19	32.0	1.4	5.3	0	0
35	36.8	5.3	5.5	19	23.1	18.0	23.1	16	30	2.4	10	0	0
22	26.5	4.5	5.3	26	35.5	24.0	35.5	11	22	3.2	16	0	0
15	21.2	3.8	5.3	29	45.8	26.0	45.8	5.8	14	3.2	19	0	0
48	50.6	4.9	5.1	0	0	0.0	0.0	24	45	1.2	4.9	0	0
32	38.0	4.9	5.7	0	0	0.0	0.0	25	52	2.2	10	0	0
19	26.7	3.9	5.3	0	0	0.0	0.0	24	58	2.7	16	0	0
13	21.4	3.2	5.4	0	0	0.0	0.0	20	60.0	2.6	19	0	0
48	46.7	4.9	4.7	15	16.0	13.0	16.0	19	32.0	1.4	5.3	0	0
32	35.2	4.9	5.3	14	16.8	12.0	16.8	19	37	2.4	11	0	0
19	24.4	3.9	4.9	17	23.8	15.0	23.8	16	36	3.1	16	0	0
13	19.1	3.2	4.8	18	30.9	16.0	30.9	12	31	3.1	19	0	0
62	43.9	6.3	4.4	21	16.8	19.0	16.8	29	37	1.0	2.8	0	0
51	36.3	7.7	5.4	29	23.2	26.0	23.2	26	32	2.7	7.7	0	0
36	30.1	7.3	6.0	33	31.4	30.0	31.4	17	26	3.7	13	0	0
26	24.8	6.6	6.2	38	41.8	35.0	41.8	10	18	3.9	16	0	0
62	47.9	6.3	4.8	0	0	0.0	0.0	36	50	0.8	2.6	0	0
47	37.5	7.1	5.6	0	0	0.0	0.0	39	55	2.4	7.7	0	0
32	31.4	6.6	6.3	0	0	0.0	0.0	33	56	3.2	13	0	0
22	25.9	5.7	6.5	0	0	0.0	0.0	29	58	3.2	16	0	0
62	43.9	6.3	4.4	21	16.8	19.0	16.8	29	37	1.0	2.8	0	0
47	34.7	7.1	5.2	20	17.0	18.0	17.0	31	41	2.6	7.8	0	0
32	28.3	6.6	5.7	24	23.8	22.0	23.8	23	35	3.6	13.0	0	0
22	22.8	5.7	5.7	27	31.0	25.0	31.0	17	30.0	3.8	16	0	0

编码	动物分类	性能指标	每头动物每年参考饲料需要量的建议,dt;精饲料或粗饲料的能量百分比					
			精饲料					
			合计		高能		高蛋白	
	生产和发育阶段	增重	88% DM	能量比例	谷物 88% DM		基础混合料 88% DM	
		g/d	dt	%	dt	%	dt	%
1	2	4	17	18	19	20	23	24
4452	育肥公牛 420～520 kg BM	600	1.2	3.5	1.1	100.0	0	0
4453	-玉米青贮	800	5.5	15.6	5.3	100.0	0	0
4454		1 000	12.0	32.4	11.8	100.0	0	0
4455		1 200	17.5	43.7	17.2	100.0	0	0
4442	育肥公牛 420～520 kg BM	600	4.1	12.5	3.9	100.0	0	0
4443	-苜蓿青贮	800	8.4	24.0	8.2	100.0	0	0
4444		1 000	15.3	41.4	15.3	100.0	0	0
4445		1 200	21.8	54.6	21.8	100.0	0	0
4442	育肥公牛 420～520 kg BM	600	1.2	3.5	1.1	100.0	0	0
4443	一 苜蓿青贮和玉米青贮	800	6.5	18.4	6.2	100.0	0	0
4444		1 000	13.0	35.1	12.8	100.0	0	0
4445		1 200	18.7	46.8	18.5	100.0	0	0
4552	育肥公牛 520～600 kg BM	600	0	0			0	0
4553	一 玉米青贮	800	5.5	13.8	5.3	100.0	0	0
4554		1 000	11.7	27.9	11.6	100.0	0	0
4555		1 200	19.5	43.2	19.5	100.0	0	0
4542	育肥公牛 520～600 kg BM	600	3.1	8.3	2.9	100.0	0	0
4543	一 苜蓿青贮	800	10.0	24.9	9.7	100.0	0	0
4544		1 000	16.3	38.8	16.4	100.0	0	0
4545		1 200	24.9	55.1	25.3	100.0	0	0
4542	育肥公牛 520～600 kg BM	600	0	0	0.0	0.0	0	0
4543	一 苜蓿青贮和玉米青贮	800	7.7	19.1	7.5	100.0	0	0
4544		1 000	13.5	32.3	12.8	100.0	0	0
4545		1 200	21.4	47.2	20.8	100.0	0	0

每头动物每年参考饲料需要量的建议,dt;精饲料或粗饲料的能量百分比															
粗饲料															
青绿饲料				新鲜青贮				萎蔫青贮		干燥粗饲料					
合计 18% DM		豆科 18% DM		合计 20% DM		玉米青贮 22% DM		35% DM		合计 85% DM		饲用秸秆 85% DM			
dt	%	dt	%	dt	%	dt	%	dt	%	dt	%	dt	%		
25	26	27	28	29	30	31	32	35	36	37	38	39	40		
74	41.6	7.5	4.2	27	17.5	25.0	17.5	38	38.0	1.3	2.9	0	0		
66	38.4	10.0	5.8	35	22.8	32.0	22.8	31	31	3.2	7.6	0	0		
45	30.1	9.2	6.0	42	31.4	38.0	31.4	22	26	4.7	13	0	0		
33	24.2	8.5	6.1	58	47.9	53.0	47.9	9.2	12	5.2	16.0	0	0		
74	45.8	7.5	4.6	0	0	0.0	0.0	47	52	1.1	2.7	0	0		
62	39.7	9.4	6.0	0	0	0.0	0.0	46	53	2.9	7.5	0	0		
41	31.4	8.4	6.3	0	0	0.0	0.0	41	56	4.0	13	0	0		
29	26.0	7.3	6.5	0	0	0.0	0.0	37	58	4.1	16	0	0		
74	41.6	7.5	4.2	27	17.5	25.0	17.5	38	38.0	1.3	2.9	0	0		
62	36.9	9.4	5.5	24	16.2	22.0	16.2	37	39	3.2	7.7	0	0		
41	28.4	8.4	5.7	30	23.8	28.0	23.8	29	35	4.5	13.0	0	0		
29	22.1	7.3	5.5	43	37.9	40.0	37.9	17	24	5.0	16	0	0		
67	32.0	6.8	3.2	44	24.0	40.0	24.0	46	39.0	2.6	5.0	0	0		
75	37.5	11.0	5.6	41	23.0	37.0	23.0	36	32	3.8	7.7	0	0		
48	26.1	9.7	5.2	57	35.7	52.0	35.7	26	25	5.6	13	0	0		
32	20.4	8.1	5.1	72	51.9	65.0	51.9	11	12	6.0	16	0	0		
67	34.9	6.8	3.5	0	0	0.0	0.0	65	60	2.4	5.0	0	0		
67	37.9	10.0	5.7	0	0	0.0	0.0	54	55	3.3	7.6	0	0		
41	26.7	8.3	5.3	0	0	0.0	0.0	53	61	4.8	13	0	0		
26	21.3	6.7	5.3	0	0	0.0	0.0	44	63.0	4.7	16	0	0		
67	32.0	6.8	3.2	33	18.0	30.0	18.0	53	45.0	2.6	5.0	0	0		
67	35.2	10.0	5.3	28	16.8	26.0	16.8	43	40.2	3.7	7.8	0	0		
41	24.0	8.3	4.8	36	24.0	33.0	24.0	38	39.0	5.4	13.0	0	0		
26	18.2	6.7	4.6	49	38.1	45.0	38.1	22	27	5.7	16	0	0		

编码	动物分类	性能指标		每头动物每年参考饲料需要量的建议,dt;精饲料或粗饲料的能量百分比					
				精饲料					
				合计		高能		高蛋白	
	生产和发育阶段	纯毛	增重	88%DM	能量比例	谷物 88%DM		基础混合料 88%DM	
		kg/年	kg/年	dt	%	dt	%	dt	%
1	2	3	4	17	18	19	20	23	24
5.7	需要量参数-绵牛								
5.7.1	需要量-母羊,阉公羊,种公羊								
5041	母羊	2.5	2	0.6	10.5	0.2	42.3	0.3	57.7
5042	1.2 只羔羊/年	3.5	3	1	17.0	0.6	48.3	0.4	41.7
5043	哺乳期(泌乳)4 个月	4.5	4	1.5	24.5	1.0	63.9	0.6	36.1
5044	母羊	2.5	2	0.8	13.2	0.4	47.9	0.4	52.1
5045	1.6 只羔羊/年	3.5	3	1.3	20.7	0.8	60.0	0.5	40.0
5046	哺乳期(泌乳)4 个月	4.5	4	1.9	29.3	1.2	65.6	0.7	34.4
5047	母羊	2.5	2	0.7	13.1	0.4	43.7	0.4	56.3
5048	1.6 只羔羊/年	3.5	3	1.1	19.3	0.6	54.7	0.5	45.3
5049	哺乳期(泌乳)2 个月	4.5	4	1.5	24.6	0.9	60.2	0.6	39.8
5141	母羊	2.5	3	0.7	12.6	0.5	67.8	0.2	32.2
5142	2.0 只羔羊/年	3.5	4	1.3	20.6	0.8	67.4	0.4	32.6
	1.5 只羔羊/年								
	哺乳期(泌乳)1.3 个月								
	—繁殖阶段		g/d						
5251	母羊,空怀和妊娠早期	2.5	23	0	0	0.0	0.0	0	0
5252	1.2 只羔羊/年,催情期	2.5	30	0.8	11.4	0.7	100.0	0	0
5243	妊娠 4 个月	2.5	15	0.3	5.0	0.0	0.0	0.3	100
5244	妊娠 5 个月	2.5	0	1.2	23.5	0.2	12.7	1.1	87.3
5245	泌乳期 1 个月	2.5	−50	2.1	33.8	0.6	33.7	1.4	66.3
5246	泌乳期 2 个月	2.5	−34	2.1	33.8	0.6	32.9	1.4	67.1
5257	泌乳期 3 个月	2.5	−16	0	0	0.0	0.0	0	0
5258	泌乳期 4 个月	2.5	0	0	0	0.0	0.0	0	0
5351	母羊,空怀和妊娠早期	4.5	31	0	0	0.0	0.0	0	0
5352	1.2 只羔羊/年,催情期	4.5	40	3.1	42.8	3.0	100.0	0	0
5343	妊娠 4 个月	4.5	28	0.9	14.2	0.3	34.9	0.6	65.1
5344	妊娠 5 个月	4.5	0	2.0	35.2	0.2	14.7	1.7	85.3
5345	泌乳期 1 个月	4.5	−50	3.6	55.4	1.3	38.7	2.2	61.3
5346	泌乳期 2 个月	4.5	−34	3.6	55.4	1.4	39.1	2.2	60.9
5357	泌乳期 3 个月	4.5	−16	1.5	23.8	1.3	96.4	0.1	3.6
5358	泌乳期 4 个月	4.5	0	0.8	12.1	0.8	100.0	0	0
5451	母羊,空怀和妊娠早期	2.5	25	0	0	0.0	0.0	0	0
5452	1.6 只羔羊/年,催情期	2.5	35	0.8	11.4	0.8	100.0	0	0
5443	妊娠 4 个月	2.5	30	0.3	4.5	0.0	0.0	0.3	100
5444	妊娠 5 个月	2.5	0	2.7	44.1	1.0	42.8	1.6	57.2
5445	泌乳期 1 个月	2.5	−67	2.1	34.0	0.6	27.9	1.5	72.1
5446	泌乳期 2 个月	2.5	−45	2.2	34.0	0.6	28.6	1.6	71.4
5457	泌乳期 3 个月	2.5	−21	0.6	10.0	0.6	100.0	0	0
5458	泌乳期 4 个月	2.5	0	0	0	0.0	0.0	0	0
5551	母羊,空怀和妊娠早期	4.5	34	0	0	0.0	0.0	0	0
5552	1.6 只羔羊/年,催情期	4.5	44	3.2	42.8	3.1	100.0	0	0
5543	妊娠 4 个月	4.5	39	0.9	14.1	0.4	34.4	0.6	65.6
5544	妊娠 5 个月	4.5	0	2.9	43.7	0.8	26.9	2.1	73.1
5545	泌乳期 1 个月	4.5	−67	4.2	63.0	1.8	45.3	2.3	54.7
5546	泌乳期 2 个月	4.5	−45	4.3	63.0	1.8	44.9	2.4	55.1
5557	泌乳期 3 个月	4.5	−21	2.8	44.6	2.3	81.9	0.5	18.1
5558	泌乳期 4 个月	4.5	0	1.5	22.5	1.5	100.0	0	0

每头动物每年参考饲料需要量的建议,dt;精饲料或粗饲料的能量百分比													
粗饲料													
青绿饲料				新鲜青贮				萎蔫青贮		干燥粗饲料			
合计 18%DM		豆科 18%DM		合计 20%DM		玉米青贮 22%DM		35%DM		合计 85%DM		饲喂秸秆 85%DM	
dt	%	dt	%	dt	%	dt	%	dt	%	dt	%	dt	%
25	26	27	28	29	30	31	32	35	36	37	38	39	40
20.6	68.9	5.1	16.9	2.6	9.1	1.8	7.5	1.5	8.8	1.2	13.2	0.9	9.3
20.7	70.7	5.2	17.6	2.4	8.9	1.7	7.2	1.4	8.5	1.1	11.9	0.8	8.6
20.4	73.0	5.2	18.3	2.1	8.1	1.5	6.6	1.2	7.7	0.9	11.2	0.8	8.4
20.8	69.3	5.2	17	2.5	8.9	1.7	7.3	1.4	8.5	1.2	13.3	0.9	9.5
20.8	71.8	5.3	18	2.3	8.4	1.6	6.9	1.3	8.1	1.0	11.7	0.8	8.5
19.9	73.3	5	18.2	2.0	7.9	1.3	6.5	1.2	7.6	0.9	11.2	0.7	8.6
19.5	68.0	4.8	16.6	2.5	9.3	1.7	7.6	1.4	8.9	1.2	13.8	0.9	10.0
20	70.6	5.1	17.8	2.3	8.6	1.6	7.0	1.3	8.3	1.1	12.5	0.8	9.3
20.5	73.6	5.2	18.4	2.0	7.7	1.4	6.3	1.2	7.4	1.0	11.3	0.8	8.7
19.1	62.8	4.8	15.6	3.7	12.8	2.5	10.5	2.1	12.3	1.1	12.1	0.8	8.6
18.3	62.8	4.6	15.6	3.6	13.0	2.5	10.6	2.1	12.5	1.0	11.7	0.8	8.4
27.1	89.6	6.7	21.8	0	0	0.0	0.0	0	0	1.0	10.4	1.0	10.4
30.3	89.6	7.5	21.8	0	0	0.0	0.0	0	0	1.1	10.4	1.1	10.4
16.5	52.4	4.2	13.1	5.1	17.1	3.6	14.1	2.9	16.3	1.4	14.2	1.1	10.5
0	0	0	0	9.3	42.5	6.5	34.7	5.2	39.7	1.1	17.8	0.5	7.3
0	0	0	0	8.2	36.4	5.7	29.5	4.8	35.8	1.7	27.8	0.5	6.6
0	0	0	0	8.4	36.4	5.7	29.6	4.9	35.8	1.8	27.8	0.5	6.6
30.3	91.8	7.6	22.6	0	0	0.0	0.0	0	0	0.9	8.2	0.9	8.2
31.4	91.8	7.8	22.6	0	0	0.0	0.0	0	0	0.9	8.2	0.9	8.2
31.8	91.1	8	22.7	0	0	0.0	0.0	0	0	1.0	8.9	1.0	8.9
22	91.1	5.6	22.7	0	0	0.0	0.0	0	0	0.7	8.9	0.7	8.9
18.2	56.5	4.5	13.8	4.9	16.0	3.4	13.1	2.8	15.3	1.2	12.2	1.0	9.2
0	0	0	0	8.5	42.8	5.9	35.0	4.8	41.1	0.9	16.1	0.4	6.5
0	0	0	0	6.0	37.7	4.1	30.8	3.4	36.3	1.2	26.0	0.4	7.4
0	0	0	0	6.1	37.7	4.2	30.8	3.5	36.3	1.2	26.0	0.4	7.3
24.8	92.5	6.4	23.6	0	0	0.0	0.0	0	0	0.6	7.5	0.6	7.5
30.5	92.5	7.9	23.6	0	0	0.0	0.0	0	0	0.8	7.5	0.8	7.5
27.5	89.6	6.8	21.8	0	0	0.0	0.0	0	0	1.0	10.4	1.0	10.4
30.8	89.6	7.6	21.8	0	0	0.0	0.0	0	0	1.2	10.4	1.2	10.4
17.4	52.1	4.4	13	5.4	17.0	3.7	13.9	3.1	16.1	1.5	14.4	1.1	10.6
0	0	0	0	7.6	39.8	5.3	32.5	4.4	38.5	1.3	22.1	0.6	9.6
0	0	0	0	8.4	37.4	5.9	30.6	4.7	35.4	1.7	27.2	0.5	7.0
0	0	0	0	8.7	37.5	6.0	30.6	4.9	35.4	1.8	27.2	0.6	7.0
27.9	91.8	7	22.6	0	0	0.0	0.0	0	0	0.8	8.2	0.8	8.2
32.6	91.8	8.1	22.6	0	0	0.0	0.0	0	0	0.9	8.2	0.9	8.2
32.2	91.1	8.1	22.7	0	0	0.0	0.0	0	0	1.0	8.9	1.0	8.9
22.3	91.1	5.6	22.7	0	0	0.0	0.0	0	0	0.7	8.9	0.7	8.9
18.9	56.5	4.7	13.8	5.1	16.0	3.5	13.1	2.9	15.3	1.2	12.2	1.0	9.2
0	0	0	0	8.5	40.9	5.9	33.3	4.8	39.1	1.2	20.0	0.6	8.7
0	0	0	0	5.2	38.6	3.6	31.5	3.0	37.2	0.9	24.2	0.3	6.9
0	0	0	0	5.4	38.6	3.7	31.5	3.1	37.2	1.0	24.2	0.3	6.8
18.5	92.5	4.6	22.6	0	0	0.0	0.0	0	0	0.5	7.5	0.5	7.5
27.6	92.5	6.8	22.5	0	0	0.0	0.0	0	0	0.7	7.5	0.7	7.5

编码	动物分类	性能指标		每头动物每年参考饲料需要量的建议,dt;精饲料或粗饲料的能量百分比					
				精饲料					
				合计		高能		高蛋白	
	生产和发育阶段	纯毛	增重	88%DM	能量比例	谷物 88%DM		基础混合料 88%DM	
		kg/年	kg/年	dt	%	dt	%	dt	%
1	2	3	4	17	18	19	20	23	24
5145	阉公羊	2.5	4	0	0	0.0	0.0	0	0
5146	阉公羊	3.5	5	0.01	0.1	0.0	0.0	0.01	100
5147	阉公羊	4.5	6	0.1	1.6	0.0	0.0	0.1	100
5148	种公羊(80 d 配种时间)	7.0	8	3.9	45.9	3.2	84.0	0.63	16.0
5149	采精公羊	8.0	8	4.8	53.4	4.3	91.2	0.43	8.8
		g/d							
5.7.2	绵羊羔羊的需要量								
5601	哺乳羔羊,4～10 kg BM	1	200	0.2	100	0.0	0.0	0.2	100
5602	断奶羔羊,10～17 kg BM	1.3	200	2.6	100	0.0	0.0	2.6	100
5603	2 月龄	1.3	250	2.8	100	0.0	0.0	2.8	100
5604		1.3	300	3.1	100	0.0	0.0	3.1	100
5643	哺乳羔羊,8～17 kg BM	1.6	220	0.8	69.0	0.2	20.5	0.7	79.5
5644	3～4 月龄,17～29 kg BM	1.6	200	1.6	56.5	1.5	99.5	0.1	0.5
5645	17～32 kg BM	1.6	250	2.2	64.8	1.5	71.2	0.6	28.8
5646	17～35 kg BM	1.6	300	2.8	72.0	1.5	57.5	1.2	42.5
5647	断奶羔羊,17～29 kg BM	1.6	200	2.8	75.8	2.2	80.3	0.6	19.7
5648	3～4 月龄,17～32 kg BM	1.6	250	3.3	78.4	1.7	53.9	1.6	46.2
5649	17～35 kg BM	1.6	300	3.9	81.4	2.2	59.0	1.6	41.0
5741	育肥羔羊,3～7 月龄	1.6	150	1.8	49.9	1.1	60.2	0.7	39.8
5742	17～38 kg BM,3～6 月龄	1.6	200	2.7	67.4	1.7	64.8	1.0	35.2
5743	3～5 月龄	1.6	250	3.3	73.1	1.5	48.8	1.7	51.2
5744	3～4 月龄	1.6	300	4.3	87.0	1.9	45.6	2.3	54.4
5745	3～4 月龄	1.6	350	4.4	86.8	1.8	43.0	2.5	57.0
5746	奶育肥羔羊,3～5 月龄	1.6	250	1.7	45.3	1.2	73.2	0.5	26.8
5747	17～38 kg BM,3～4 月龄	1.6	300	1.8	45.3	1.4	74.9	0.6	25.1
5748	3～4 月龄	1.6	350	2.0	45.3	1.4	74.7	0.5	25.3
5841	断奶羔羊,29～38 kg BM	1.6	150	1.8	42.3	1.7	100.0	0	0
5842	5～6 月龄,32～44 kg BM	1.6	200	2.5	50.7	2.5	100.0	0	0
5843	35～50 kg BM	1.6	250	2.9	51.5	2.8	97.3	0.1	2.7
5844	阉公羔,36～57 kg BM	2.8	100	1.1	23.2	1.0	92.7	0.1	7.3
5845	绵羊,36～57 kg BM	2.8	100	2.1	43.9	2.0	97.8	0.1	2.3
5846	7～13 月龄,36～67 kg BM	2.8	150	3.0	52.4	2.7	94.6	0.2	5.4
5847	36～38 kg BM	2.8	200	3.7	57.5	3.6	100.0	0	0
5945	阉公羔,42～94 kg BM	3.5	250	3.7	47.9	3.2	88.7	0.4	11.4
5946	7～13 月龄,48～95 kg BM	3.5	225	3.2	42.2	2.9	90.9	0.3	9.0
5947	48～106 kg BM	3.5	250	4.5	52.7	4.1	91.8	0.4	8.2
5961	绵羊,53～60 kg BM	2.8	50	0	0	0.0	0.0	0	0
5962	14～18 月龄,53～68 kg BM	2.8	100	0.6	10.0	0.6	100.0	0	0
5963	62～69 kg BM	3.5	50	0	0	0.0	0.0	0	0
5964	62～78 kg BM	3.5	100	2.1	25.0	2.1	100.0	0	0

注:哺乳和育肥羔羊基础混合料=培育饲料或开食料;
青年绵羊和青年公羊=剪毛后体重。

每头动物每年参考饲料需要量的建议,dt;精饲料或粗饲料的能量百分比													
粗饲料													
青绿饲料				新鲜青贮				萎蔫青贮		干燥粗饲料			
合计 18%DM		豆科 18%DM		合计 20%DM		玉米青贮 22%DM		35%DM		合计 85%DM		饲喂秸秆 85%DM	
dt	%	dt	%	dt	%	dt	%	dt	%	dt	%	dt	%
25	26	27	28	29	30	31	32	35	36	37	38	39	40
19.2	68.5	4.8	16.7	2.8	10.5	1.9	8.6	1.6	10.1	1.0	10.9	1.0	10.9
21	69.8	5.3	17.4	3.0	10.5	2.1	8.6	1.7	10.0	0.9	9.7	0.9	9.7
22.4	70.8	5.7	17.7	3.0	10.0	2.1	8.2	1.7	9.6	1.0	9.6	1.0	9.6
11.3	41.8	2.8	10.3	2.7	10.6	2.3	10.6	1.45	9.6	2.6	38.0	0.4	4.7
4.3	17.3	1.1	4.3	1.5	6.4	1.3	6.4	0.8	5.5	4.3	70.7	0	0
0	0	0	0	0	0	0.0	0.0	0	0	0	0	0	0
0	0	0	0	0	0	0.0	0.0	0	0	0	0	0	0
0	0	0	0	0	0	0.0	0.0	0	0	0	0	0	0
0	0	0	0	0	0	0.0	0.0	0	0	0	0	0	0
0	0	0	0	0	0	0.0	0.0	0	0	0.5	100	0	0
3.8	51.3	1.0	13.3	0	0	0.0	0.0	0	0	0.9	48.7	0	0
3.5	51.3	0.9	13.3	0	0	0.0	0.0	0	0	0.8	48.7	0	0
3.2	51.3	0.9	13.3	0	0	0.0	0.0	0	0	0.8	48.7	0	0
2.2	41.8	0.6	10.7	0	0	0.0	0.0	0	0	0.8	58.2	0	0
2.3	43.9	0.6	11.2	0	0	0.0	0.0	0	0	0.7	56.1	0	0
2.3	44.0	0.6	11.1	0	0	0.0	0.0	0	0	0.7	56.0	0	0
0	0	0	0	0	0	0.0	0.0	0	0	2.6	100	0	0
0	0	0	0	0	0	0.0	0.0	0	0	1.9	100	0	0
0	0	0	0	0	0	0.0	0.0	0	0	1.7	100	0	0
0	0	0	0	0	0	0.0	0.0	0	0	0.9	100	0	0
0	0	0	0	0	0	0.0	0.0	0	0	0.9	100	0	0
0	0	0	0	0	0	0.0	0.0	0	0	2.9	100	0	0
0	0	0	0	0	0	0.0	0.0	0	0	3.2	100	0	0
0	0	0	0	0	0	0.0	0.0	0	0	3.5	100	0	0
10.3	72.0	2.7	18.8	0	0	0.0	0.0	0	0	1.0	28.0	0.2	3.5
10.4	72.0	2.8	18.8	0	0	0.0	0.0	0	0	1.0	28.0	0.2	3.5
11.6	72.0	3.1	18.8	0	0	0.0	0.0	0	0	1.2	28.0	0.2	3.5
6.6	30.6	1.7	7.8	2.8	14.0	2.4	14.1	1.7	13.7	2.4	41.6	0.6	8.3
5.1	33.1	1.3	8.1	2.1	14.3	1.7	14.3	1.2	13.4	1.6	39.1	0.4	8.0
4.9	30.9	1.2	7.5	2.5	17.3	2.1	17.3	1.4	16.3	1.5	35.5	0.3	6.8
0	0	0	0	0	0	0.0	0.0	0	0	3.5	100	0	0
2.4	10.1	0.6	2.5	2.7	12.2	2.4	12.2	1.6	11.7	3.8	66.0	0	0
2.5	9.2	0.6	2.3	2.8	11.6	2.4	11.6	1.6	10.4	4.4	68.8	0	0
2.5	10.0	0.7	2.7	2.9	12.8	2.4	12.8	1.5	11.0	3.8	66.2	0	0
30.1	95.3	7.4	23.2	0	0	0.0	0.0	0	0	0.5	4.7	0.5	4.7
31.3	96.0	8.0	24.2	0	0	0.0	0.0	0	0	0.4	4.0	0.4	4.0
33.7	96.0	8.6	24.2	0	0	0.0	0.0	0	0	0.5	4.0	0.5	4.0
35.4	100	8.8	24.7	0	0	0.0	0.0	0	0	0	0	0	0

编码	动物分类	性能指标	每头动物每年参考饲料需要量的建议，dt；精饲料或粗饲料的能量百分比							
			精饲料							
	生产和发育阶段	增重	总和		高能				高蛋白	
			88% DM	能量比例	谷物 88% DM		饲用甜菜（甜菜产量）14% DM		基础混合料 88% DM	
		g/d	dt	%	dt	%	dt	%	dt	%
1	2　3	4	17	18	19	20	21	22	23	24
5.8	需要量参数-马									
5.8.1	需要量，种母马，公马，运动马，马驹									
6140	**种母马**-纯种		22.3	54.1	20.4	92.2	4.2	2.9	1.2	4.9
6240	血马		22.0	48.4	20.8	94.8	4.5	3.1	0.5	2.1
6340	冷血马		20.8	42.0	19.6	94.5	4.5	3.4	0.5	2.1
6441	**公马**，纯种		21.4	61.3	19.9	93.0	9.7	7.0	0	0
6444	血马		24.5	61.5	22.9	93.4	10.5	6.6	0	0
6447	冷血马		22.7	56.1	21.1	93.1	10.2	6.9	0	0
	运动和役用马，纯种									
6541	轻度工作		14.9	52.1	14.4	96.4	3.5	3.6	0	0
6542	中度工作		24.3	69.9	24.3	10.0	0	0	0	0
6543	重度工作		23.8	63.1	11.5	44.4	11.5*)	49.9	0.8**)	5.7
	运动和役用马，血马									
6544	轻度工作		15.5	51.2	15.5	100	0	0	0	0
6545	中度工作		23.0	63.8	23.0	100	0	0	0	0
6546	重度工作		28.5	67.3	28.5	100	0	0	0	0
	役用马，冷血									
6547	轻度工作		16.2	51.2	16.2	100	0	0	0	0
6548	中度工作		21.5	57.6	21.5	100	0	0	0	0
6549	重度工作		28.8	66.0	28.8	100	0	0	0	0
6641	**马驹**，1～6 月龄，纯种	1 000	4.9	82.5	4.6	95.4	0	0	0.2	4.6
6644	血马	1 120	6.1	84.4	5.8	94.6	0	0	0.4	5.4
6647	冷血马	1 305	6.5	86.6	6.1	93.7	0	0	0.5	6.3
6741	马驹，7～12 月龄，纯种	650	17.4	73.0	13.3	78.2	5.8	5.0	3.2	16.8
6744	血马	700	16.1	70.0	13.1	82.5	3.8	3.6	2.4	13.9
6747	冷血马	820	13.7	56.8	10.9	81.0	3.2	3.7	2.3	15.3
	青年马									
6842	13～18 月龄，纯种	390	21.9	69.5	20.6	94.5	6.2	4.2	0.3	1.3
6843	19～24 月龄，纯种	220	25.3	70.4	23.9	95.0	8.5	5.0	0	0
6844	13～24 月龄，血马	290	17.3	58.0	16.8	96.9	3.5	3.1	0	0
6847	13～24 月龄，冷血马	335	5.0	20.7	4.8	95.0	1.6	5.0	0	0
6942	25～30 月龄，纯种	135	25.0	69.9	24.8	99.2	1.4	0.8	0	0
6943	31～36 月龄，纯种	55	25.1	70.4	23.7	95.0	8.4	5.0	0	0
6944	25～36 月龄，血马	165	6.4	25.0	6.0	95.0	2.1	5.0	0	0
6945	25～36 月龄，血马（包括训练）	165	16.7	52.6	15.7	94.4	3.6	3.3	0.4	2.3
6947	25～36 月龄，冷血马	190	6.1	23.3	5.8	95.0	2.0	5.0	0	0

注：饲用甜菜＝主要为饲用萝卜，基础混合料＝马的混合饲料；

*) 玉米籽实代替饲用甜菜；

**) 亚麻籽代替基础混合料。

每头动物每年参考饲料需要量的建议,dt;精饲料或粗饲料的能量百分比															
粗饲料															
青绿饲料				新鲜青贮				萎蔫青贮		干燥粗饲料					
合计 18%DM		豆科 18%DM		合计 20%DM		玉米青贮 22%DM		35%DM		合计 85%DM		饲喂秸秆 85%DM			
dt	%	dt	%	dt	%	dt	%	dt	%	dt	%	dt	%		
25	26	27	28	29	30	31	32	35	36	37	38	39	40		
45.2	38.3	11.6	9.7	0	0	0	0	0	0	18.2	61.7	2.1	5.6		
85.8	58.7	17.4	11.7	0	0	0	0	0	0	15	41.3	1.2	2.5		
104.2	58.4	21.2	11.7	0	0	0	0	0	0	18.4	41.6	1.4	2.5		
27.3	32.3	7.8	9.1	0	0	0	0	0	0	14.9	67.7	3.6	13.1		
27.9	29.1	8.2	8.5	0	0	0	0	0	0	17.4	70.9	2.9	9.3		
35.4	31.9	10.1	9.0	0	0	0	0	0	0	19.7	68.1	4.6	12.8		
7.3	8.6	0	0	0	0	0	0	0	0	20	91.4	2.8	10		
0	0	0	0	0	0	0	0	0	0	16.2	100	0	0		
0	0	0	0	0	0	0	0	0	0	23.2	100	0	0		
39.4	42.8	0	0	0	0	0	0	0	0	15.2	57.2	9.4	31.6		
19.1	23.5	0	0	0	0	0	0	0	0	16.3	76.5	3.8	14.4		
19.7	22.9	0	0	0	0	0	0	0	0	16.5	77.1	0	0		
38.5	40.1	0	0	0	0	0	0	0	0	17.3	59.9	13.1	42.2		
33.8	34.3	0	0	0	0	0	0	0	0	18.6	65.7	11.1	34.7		
24.2	26.3	0	0	0	0	0	0	0	0	19.3	73.7	10.7	36.1		
4.1	64.0	0	0	0	0	0	0	0	0	0.6	36.0	0	0		
4.3	60.8	0	0	0	0	0	0	0	0	0.7	39.2	0	0		
3.8	61.2	0	0	0	0	0	0	0	0	0.6	38.9	0	0		
0	0	0	0	0	0	0	0	0	0	9.7	100	0	0		
8.4	19.8	0	0	0	0	0	0	0	0	8.4	80.2	0	0		
12.3	19.3	2.9	4.5	0	0	0	0	0	0	12.7	80.7	0	0		
5.9	9.8	0.6	1.0	0	0	0	0	0	0	13.3	90.2	0	0		
0	0	0	0	0	0	0	0	0	0	16.3	100	0	0		
43.6	55.9	0	0	0	0	0	0	0	0	8.5	44.1	0	0		
67.4	56.1	13.0	11.9	0	0	0	0	0	0	13.1	43.9	0	0		
0	0	0	0	0	0	0	0	0	0	16.6	100	0	0		
0	0	0	0	0	0	0	0	0	0	16.2	100	0	0		
70.0	59.0	0	0	0	0	0	0	0	0	12.8	41.0	3.1	8.2		
40.3	43.0	0	0	0	0	0	0	0	0	15.6	57.0	10.3	33.9		
71.7	57.5	14.0	11.6	0	0	0	0	0	0	13.9	42.5	3.4	8.5		

编码	动物分类	性能指标		每头动物每年参考饲料需要量的建议,dt;精饲料或粗饲料的能量百分比							
				精饲料							
	生产和发育阶段	动物产品 仔猪数	增重 仔猪重	合计		高能					
				88% DM	能量比例	谷物 88% DM		饲用甜菜 14% DM		蒸汽处理的土豆 22.5% DM	
		头/年	kg/年	dt	%	dt	%	dt	%	dt	%
1	2	3	4	17	18	19	20	21	22	23	24
5.9	需要量参数-猪										
5.9.1	母猪，种公猪的年需要量										
	—常规管理										
7573	母猪，泌乳 56 d，产仔 1.8 头/年										
	谷物/基础混合料	18.0	270	9.7	79	6.9	74.1				
	/脱脂乳	18.0	270	9.1	79	8	86.5				
	土豆/基础混合料	18.0	270	9.7	79	3.5	37.9			10.7	30.9
	/脱脂乳	18.0	270	8.9	79	4.6	49.3			10.7	30.9
	甜菜/基础混合料	18.0	270	10	79	4.6	49.8	14.2	21.9		
	/脱脂乳	18.0	270	9.3	79	5.7	61.1	14.2	21.9		
7353	母猪，泌乳 42 d，产仔 2.0 头/年										
	谷物/基础混合料	20.0	300	9.1	77	6.8	76.8				
	/脱脂乳	20.0	300	8.6	77	7.7	88.1				
	土豆/基础混合料	20.0	300	9.1	77	3.4	39.2			10.6	32.3
	/脱脂乳	20.0	300	8.4	77	4.3	49.6			10.6	32.3
	甜菜/基础混合料	20.0	300	9.4	77	4.4	50.4	14.7	24.0		
	/脱脂乳	20.0	300	8.8	77	5.3	60.6	14.7	24.0		
7133	母猪，泌乳 28 d，产仔 2.2 头/年										
	谷物/基础混合料	22.0	330	8.3	75	6.6	81.3				
	/脱脂乳	22.0	330	7.9	75	7.2	90.3				
	土豆/基础混合料	22.0	330	8.3	75	3.3	41.5			10.4	34.6
	/脱脂乳	22.0	330	7.7	75	4	50			10.4	34.6
	甜菜/基础混合料	22.0	330	8.6	75	4.1	51.2	15.2	27.1		
	/脱脂乳	22.0	330	8.1	75	4.8	59.7	15.2	27.1		
	有机生产管理										
7843	母猪，泌乳 42 d，产仔 2.1 头/年							秸秆颗粒		母猪混合料	
	混合料(母猪 II/III 的混合料)	21.0	315	10.7	89.3	0.2	2			10.5	98
	混合料/谷物	21.0	315	10.4	89.3	1.1	12			9.3	88
	混合料/秸秆颗粒	21.0	315	15.0[2)]	97.4	1.2	11	8.6	37	5.5	52
	混合料/秸秆粉	21.0	315	11.8	97.7					11.8	100
7733	母猪，泌乳 35 d，产仔 2.2 头/年										
	混合料(母猪混合料 II/III)	22.0	330	10.3	88.8	0.1	2			10.2	98
	混合料/谷物	22.0	330	10.1	88.8	1.1	12			9.0	88
	混合料/秸秆颗粒	22.0	330	14.9[2)]	97.3	1.15	11.5	9.0	40.5	5.0	48
	混合料/秸秆粉	22.0	330	11.5	97.7					11.5	100
7623	母猪，泌乳 28 d，产仔 2.3 头/年										
	混合料 (母猪混合料 II/III)	23.0	345	10.0	88.4	0.1	2			9.9	98
	混合料/谷物	23.0	345	9.7	88.4	1.2	13.5			8.5	86.5
	混合料/秸秆颗粒	23.0	345	13.5[2)]	97.2	1.2	12.3	9.3	43.8	4.4	43.9
	混合料/秸秆粉	23.0	345	11.1	97.5					11.1	100
	种公猪										
7911	种公猪，<200 kg BM，中度配种负荷，公猪混合料			11.9	100						
7921	种公猪，>200 kg BM，中度配种负荷，公猪混合料			13.3	100						
7912	种公猪，<200 kg BM，重度配种负荷 公猪混合料/脱脂乳			16.0	100						
7922	种公猪，>200 kg BM，重度配种负荷 公猪混合料/脱脂乳			17.4							

每头动物每年参考饲料的需要量的建议，dt；精饲料或粗饲料的能量百分比													
精饲料								粗饲料					
高蛋白				全价料				合计					
基础混合料 88% DM		脱脂乳 9% DM		（EC=10.0） 88% DM		蛋白质精饲料 88% DM		DM		青绿饲料合计 18% DM		青贮 20% DM	
dt	%	dt	%	dt	%[1]	dt	%	dt	%[1]	dt	%	dt	%
25	26	27	28	31	32	33	34	35	36	37	38	39	40
2.8	25.9			9.5	79	0.8	5.2	3.6	21	7.8	41	10.8	59
		10.5	13.3					3.6	21	7.8	41	10.8	59
3.4	31.4							3.6	21	7.8	41	10.8	59
		15.6	20.0					3.6	21	7.8	41	10.8	59
3.1	28.1							3.6	21	7.8	41	10.8	59
		12.8	16.8					3.6	21	7.8	41	10.8	59
2.3	23.2			9.0	77	0.7	4.1	3.7	23	8.0	41	11.1	59
		8.8	11.9					3.7	23	8.0	41	11.1	59
2.9	28.4							3.7	23	8.0	41	11.1	59
		13.3	18.0					3.7	23	8.0	41	11.1	59
2.6	25.5							3.7	23	8.0	41	11.1	59
		10.9	15.4					3.7	23	8.0	41	11.1	59
1.7	18.7			8.3	75	0.5	2.9	3.8	25	8.3	41	11.5	59
		6.5	9.7					3.8	25	8.3	41	11.5	59
2.3	23.9							3.8	25	8.3	41	11.5	59
		10.3	15.2					3.8	25	8.3	41	11.5	59
2.1	21.7							3.8	25	8.3	41	11.5	59
		8.9	13.2					3.8	25	8.3	41	11.5	59
饲料Ⅱ		饲料Ⅲ											
5.9	50	4.7	48	9.7	89.3	0.77	6.5	1.6	10.7	3.5	41	4.8	59
4.5	38	4.8	50					1.6	10.7	3.5	41	4.8	59
0.7	6	4.8	46					0.4	2.6	0.85	41	1.2	59
7.0	55	4.8	45					0.75	2.3				
6.1	54	4.1	44	9.3	88.8	0.80	7.0	1.6	11.2	3.6	41	4.9	59
4.7	42	4.25	46					1.6	11.2	3.6	41	4.9	59
0.75	6	4.25	42					0.4	2.7	0.85	41	1.2	59
7.2	58	4.25	42					0.75	2.3				
6.4	59	3.5	39	8.9	88.4	0.84	7.7	1.6	11.6	3.6	41	4.9	59
4.9	45.5	3.6	41					1.6	11.6	3.6	41	4.9	59
0.8	6.7	3.6	37.2					0.4	2.8	0.85	41	1.2	59
7.5	63	3.6	37					0.75	2.5				
11.9	100			10.9	100	3.9	29.9						
13.3	100			12.2	100	4.5	30.3						
14.0	84.6	19.2	15.4	15.2	100	4.9	31.6						
15.4	85.8	19.2	14.2	16.4	100	5.4	31.8						

编码	动物分类	性能指标		每头动物每年参考饲料需要量的建议,dt;精饲料或粗饲料的能量百分比							
				精饲料							
	生产和发育阶段	动物产品	增重	合计		高能					
		仔猪数	仔猪重	88%DM	能量比例	谷物 88%DM		饲用甜菜 14%DM		蒸汽处理的土豆 22.5%DM	
		仔猪数/窝	g/d	dt	%	dt	%	dt	%	dt	%
1	2	3	4	17	18	19	20	21	22	23	24
	母猪—繁殖阶段										
	—常规管理										
7011/	母猪,催情期,产仔2.0头/年		500/								
7012	谷物/基础混合料		400	9.2	80	9.2	100				
	/脱脂乳			9.2	80	9.2	100				
	土豆/基础混合料			9.1	80	5.8	63.1			12.7	36.9
	/脱脂乳			9.1	80	5.8	63.1			12.7	36.9
	甜菜/基础混合料			9.6	80	6.0	65.6	21.3	33.1		
	/脱脂乳			9.5	80	6.1	66.2	21.3	33.1		
7021/	母猪,妊娠1～3个月		350/								
7022	谷物/基础混合料		280	5.2	60	5.2	100				
	/脱脂乳			5.2	60	5.2	100				
	土豆/基础混合料			5.1	60	2.3	45.1			9.5	49.2
	/脱脂乳			5.0	60	2.4	46.9			9.5	49.0
	甜菜/基础混合料			5.5	60	2.6	50.1	15.9	44.2		
	/脱脂乳			5.4	60	2.7	51.7	15.9	44.2		
7031/	母猪,妊娠4个月		500/								
7032	谷物/基础混合料		400	7.8	80	7.4	96.2				
	/脱脂乳			7.7	80	7.6	98.1				
	土豆/基础混合料			7.7	80	4.2	55.0			10.7	36.8
	/脱脂乳			7.5	80	4.5	57.0			10.7	36.8
	甜菜/基础混合料			8.1	80	4.5	58.5	17.8	33.1		
	/脱脂乳			7.9	80	4.7	61.5	17.8	33.0		
7041/	母猪，哺乳										
7042	谷物/基础混合料	6	0	13.8	92	7.0	55.0				
	/脱脂乳	6		12.4	92	9.8	76.5				
	土豆/基础混合料	6		13.9	92	3.6	28.5			9.2	19.2
	/脱脂乳	6		12.1	92	6.1	47.8			9.2	19.2
	甜菜/基础混合料	6		14.1	92	4.9	38.8	11.4	12.8		
	/脱脂乳	6		12.4	92	7.2	56.7	11.4	12.8		
7051/	母猪，哺乳										
7052	谷物/基础混合料	8	—90	16.6	93	8.2	53.9				
	/脱脂乳	8		14.8	93	11.6	75.6				
	土豆/基础混合料	8		16.7	93	4.2	27.7			10.9	19.0
	/脱脂乳	8		14.5	93	7.2	47.4			10.9	19.0
	甜菜/基础混合料	8		16.8	93	6.6	43.1	10.1	9.5		
	/脱脂乳	8		14.8	93	9.3	61.1	10.1	9.5		
7061/	母猪，哺乳										
7062	谷物/基础混合料	10	—175	19.4	94	9.5	53.0				
	/脱脂乳	10		17.2	94	13.4	75.3				
	土豆/基础混合料	10		19.5	94	4.9	27.4			12.6	18.8
	/脱脂乳	10		16.9	94	8.4	47.2			12.6	18.8
	甜菜/基础混合料	10		19.5	94	8.2	46.1	7.8	6.3		
	/脱脂乳	10		17.3	94	11.7	65.6	7.8	6.3		
7071/	母猪，哺乳										
7072	谷物/基础混合料	12	—265	22.4	95	11.0	53.3				
	/脱脂乳	12		20.0	95	15.7	75.9				
	土豆/基础混合料	12		22.5	95	5.9	28.5			14.4	18.6
	/脱脂乳	12		19.6	95	10.0	48.3			14.4	18.6
	甜菜/基础混合料	12		22.6	95	9.6	46.4	8.9	6.2		
	/脱脂乳	12		20.0	95	13.7	66.3	8.9	6.2		

每头动物每年参考饲料的需要量的建议,dt;精饲料和粗饲料的能量百分比													
精饲料										粗饲料			
高蛋白				全价料				合计					
基础混合料 88% DM		脱脂乳 9% DM		(EC=10.0) 88% DM		蛋白质精饲料 88% DM		DM		青绿饲料合计 18% DM		青贮 20% DM	
dt	%	dt	%	dt	%[1]	dt	%	dt	%[1]	dt	%	dt	%
25	26	27	28	31	32	33	34	35	36	37	38	39	40
0	0			9.5	89			3.3	20	7.1	41	9.8	59
		0	0					3.3	20	7.1	41	9.8	59
0	0							3.3	20	7.1	41	9.8	59
		0	0					3.3	20	7.1	41	9.8	59
0.14	1.3							3.3	20	7.1	41	9.8	59
		0.51	0.7					3.3	20	7.1	41	9.8	59
0	0			5.3	60			4.8	40	10.6	41	14.7	59
		0	0					4.8	40	10.6	41	14.7	59
0.35	5.7							4.8	40	10.6	41	14.7	59
		1.7	4.1					4.8	40	10.6	41	14.7	59
0.35	5.7							4.8	40	10.6	41	14.7	59
		1.8	4.1					4.8	40	10.6	41	14.7	59
0.34	3.8			7.9	80	0.033	0.4	2.7	20	6	41	8.2	59
		1.2	1.9					2.7	20	6	41	8.2	59
0.76	8.2							2.7	20	6	41	8.2	59
		3.6	5.5					2.7	20	6	41	8.2	59
0.76	8.4							2.7	20	6	41	8.2	59
		3.6	5.5					2.7	20	6	41	8.2	59
6.8	45.0			13.2	92	2.0	12	1.6	8	3.4	41	4.7	59
		25.4	23.5					1.6	8	3.4	41	4.7	59
7.9	52.3							1.6	8	3.4	41	4.7	59
		35.5	33.0					1.6	8	3.4	41	4.7	59
7.4	48.9							1.6	8	3.4	41	4.7	59
		32.9	30.5					1.6	8	3.4	41	4.7	59
8.4	96.1			15.7	93	2.4	12	1.6	7	3.6	41	4.9	59
		31.4	24.4					1.6	7	3.6	41	4.9	59
9.6	53.3							1.6	7	3.6	41	4.9	59
		43.4	33.6					1.6	7	3.6	41	4.9	59
8.6	47.4							1.6	7	3.6	41	4.9	59
		38.1	29.4					1.6	7	3.6	41	4.9	59
9.9	47.0			18.4	94	2.9	13	1.6	6	3.5	41	4.9	59
		37.3	24.7					1.6	6	3.5	41	4.9	59
11.4	53.8							1.6	6	3.5	41	4.9	59
		51.2	34					1.6	6	3.5	41	4.9	59
10.1	47.6							1.6	6	3.5	41	4.9	59
		42.5	28.1					1.6	6	3.5	41	4.9	59
11.4	46.7			21.2	95	3.4	13	1.5	5	3.4	41	4.6	59
		41.9	24.1					1.5	5	3.4	41	4.6	59
12.9	52.9							1.5	5	3.4	41	4.6	59
		57.8	33.1					1.5	5	3.4	41	4.6	59
11.6	47.4							1.5	5	3.4	41	4.6	59
		47.8	27.5					1.5	5	3.4	41	4.6	59

编码	动物分类	性能指标		每头动物每年参考饲料需要量的建议，dt；精饲料或粗饲料的能量百分比							
				精饲料							
	生产和发育阶段	动物产品	增重	合计		高能					
						谷物		饲用甜菜		蒸汽处理的土豆	
		仔猪数	仔猪重	88%DM	能量比例	88%DM		14%DM		22.5%DM	
		仔猪数/窝	g/d	dt	%	dt	%	dt	%	dt	%
1	2	3	4	17	18	19	20	21	22	23	24
7081/7082	母猪，哺乳										
	谷物/基础混合料	14	−355	25.3	96	12.3	52.7				
	/脱脂乳	14	−355	22.5	96	17.6	75.7				
	土豆/基础混合料	14	−355	25.4	96	6.6	28.4			16.1	18.4
	/脱脂乳	14	−355	22.1	96	11.3	48.3			16.1	18.4
	甜菜/基础混合料	14	−355	25.5	96	10.7	45.9	10.0	6.1		
	/脱脂乳	14	−355	22.6	96	15.4	66.2	10.0	6.1		
7091	母猪，空怀										
	产仔6头/空怀										
	谷物/基础混合料		0	4.5	60	4.5	100				
	/脱脂乳		0	4.5	60	4.5	100				
	土豆/基础混合料		0	4.4	60	2.0	45.1			8.3	49.1
	/脱脂乳		0	4.4	60	2.1	46.9			8.3	49.1
	甜菜/基础混合料		0	4.7	60	2.2	50.0	13.8	44.2		
	/脱脂乳		0	4.7	60	2.3	51.8	13.8	44.2		
7092	母猪，空怀										
	产仔8头/空怀										
	谷物/基础混合料		130	4.9	60	4.9	100				
	/脱脂乳		130	4.9	60	4.9	100				
	土豆/基础混合料		130	4.8	60	2.2	45.2			9.0	49.1
	/脱脂乳		130	4.7	60	2.3	46.8			9.0	49.2
	甜菜/基础混合料		130	5.1	60	2.4	49.8	15.0	44.2		
	/脱脂乳		130	5.1	60	2.5	51.8	15.0	44.2		
	母猪，空怀										
7093	产仔10头/空怀										
	谷物/基础混合料		255	5.2	60	5.2	100				
	/脱脂乳		255	5.2	60	5.2	100				
	土豆/基础混合料		255	5.2	60	2.4	45.3			9.6	49.1
	/脱脂乳		255	5.1	60	2.5	46.9			9.6	49.1
	甜菜/基础混合料		255	5.5	60	2.6	50.0	16.1	44.1		
	/脱脂乳		255	5.5	60	2.7	51.9	16.1	44.1		
7094	母猪，空怀										
	产仔12头/空怀										
	谷物/基础混合料		385	5.6	60	5.6	100				
	/脱脂乳		385	5.6	60	5.6	100				
	土豆/基础混合料		385	5.6	60	2.5	44.3			10.3	49.0
	/脱脂乳		385	5.5	60	2.6	46.4			10.3	49.0
	甜菜/基础混合料		385	5.9	60	2.8	49.1	17.3	44.2		
	/脱脂乳		385	5.8	60	2.9	51.2	17.3	44.2		
7095	母猪，空怀										
	产仔14头/空怀										
	谷物/基础混合料		510	6.0	60	6.0	100				
	/脱脂乳		510	6.0	60	6.0	100				
	土豆/基础混合料		510	5.9	60	2.7	44.3			11.0	49.2
	/脱脂乳		510	5.8	60	2.8	46.3			11.0	49.1
	甜菜/基础混合料		510	6.3	60	2.9	49.2	18.4	44.3		
	/脱脂乳		510	6.2	60	3.1	51.1	18.4	44.3		
	有机生产管理										
7013/7014	母猪，催情期		500/								
	谷物/混合饲料(S II)		400	11.5	90	0	0				
7023/7024	母猪，妊娠1～3个月		350/								
	混合饲料(S II)		280	7.3	80	0	0				
	混合饲料(S II)/秸秆 秸秆颗粒			9.2	100	0	0				

每头动物每年参考饲料的需要量的建议,dt;精饲料或粗饲料的能量百分比															
精饲料								粗饲料							
高蛋白				全价料				合计							
基础混合料 88% DM		脱脂乳 9% DM		(EC=10.0) 88% DM		蛋白质精饲料 88% DM		DM		青绿饲料合计 18% DM		青贮 20% DM	
dt	%	dt	%	dt	%[1)]	dt	%	dt	%[1)]	dt	%	dt	%
25	26	27	28	31	32	33	34	35	36	37	38	39	40
13.1	47.3			24.0	96	3.9	13	1.4	4	3.0	42	4.1	58
		47.0	24.3					1.4	4	3.0	42	4.1	58
14.7	53.2							1.4	4	3.0	42	4.1	58
		65.5	33.3					1.4	4	3.0	42	4.1	58
13.2	48.0							1.4	4	3.0	42	4.1	58
		54.4	27.7					1.4	4	3.0	42	4.1	58
0	0			4.6	60			4.2	40	9.2	41	12.8	59
		0	0					4.2	40	9.2	41	12.8	59
0.31	5.8							4.2	40	9.2	41	12.8	59
		1.6	4.0					4.2	40	9.2	41	12.8	59
0.32	5.8							4.2	40	9.2	41	12.8	59
		1.6	4.0					4.2	40	9.2	41	12.8	59
0	0			5.0	60			4.6	40	10.0	41	13.8	59
		0	0					4.6	40	10.0	41	13.8	59
0.33	5.7							4.6	40	10.0	41	13.8	59
		1.6	4.0					4.6	40	10.0	41	13.8	59
0.34	6							4.6	40	10.0	41	13.8	59
		1.7	4.0					4.6	40	10.0	41	13.8	59
0	0			5.4	60			4.9	40	10.8	41	14.5	59
		0	0					4.9	40	10.8	41	14.5	59
0.35	5.6							4.9	40	10.8	41	14.5	59
		1.7	4.0					4.9	40	10.8	41	14.5	59
0.36	5.9							4.9	40	10.8	41	14.5	59
		1.8	4.0					4.9	40	10.8	41	14.5	59
0	0			5.8	60			5.3	40	11.5	41	15.9	59
		0	0					5.3	40	11.5	41	15.9	59
0.44	6.7							5.3	40	11.5	41	15.9	59
		2.2	4.6					5.3	40	11.5	41	15.9	59
0.45	6.7							5.3	40	11.5	41	15.9	59
		2.2	4.6					5.3	40	11.5	41	15.9	59
0	0			6.2	60			5.6	40	12.3	41	17.0	59
		0	0					5.6	40	12.3	41	17.0	59
0.46	6.5							5.6	40	12.3	41	17.0	59
		2.3	4.6					5.6	40	12.3	41	17.0	59
0.47	6.5							5.6	40	12.3	41	17.0	59
		2.3	4.6					5.6	40	12.3	41	17.0	59
11.5	90			9.5	90	0.22	1.9	1.4	10	3.2	41	4.4	59
7.3	80			6.0	80	0.14	1.9	2.1	20	4.5	41	6.3	59
9.2	100			7.6	100	0.14	1.9	1.1	0			1.1	0
								16.4	100			16.4	100

编码	动物分类	性能指标		每头动物每年参考饲料需要量的建议,dt;精饲料或粗饲料的能量百分比							
				精饲料							
	生产和发育阶段	动物产品	增重	合计		高能					
						谷物		饲用甜菜		蒸汽处理的土豆	
		仔猪数	仔猪重	88%DM 能量比例		88%DM		14%DM		22.5%DM	
		仔猪数/窝	g/d	dt	%	dt	%	dt	%	dt	%
1	2	3	4	17	18	19	20	21	22	23	24
7033/	母猪，妊娠4个月		500/								
7034	混合料(S II和S III)		400	9.1	90	0	0				
	谷物/混合料(S III)			7.6	90	5.3	70.3				
7053/	母猪，哺乳	8	−90								
7054	谷物/混合料(S III)	8	−90	16.2	96	0.97	6.2				
7063/	母猪，哺乳	10	−175								
7064	谷物/混合料(S III)	10	−175	18.9	97	0.81	4.4				
7073/	母猪，哺乳	12	−265								
7074	谷物/混合料(S III)	12	−265	21.6	97	1.2	5.8				
7083/	母猪，哺乳	14	−355								
7084	谷物/混合料(S III)	14	−355	24.1	97	0.86	3.6				
7096	母猪，空怀，产仔8头/窝										
	混合料(S II)		130	6.4	75	0	0				
	混合料(S II)/秸秆		130	7.0	82						
	谷物/粗饲料		130	5.1	75	5.1	100				
	秸秆颗粒		130								
7097	母猪，空怀，产仔10头/窝										
	混合料(S II)		255	7.0	75	0	0				
	混合料(S II)/秸秆		255	7.7	82						
	谷物/粗饲料		255	5.6	75	5.6	100				
	秸秆颗粒		255								
7098	母猪，空怀，产仔12头/窝										
	混合料(S II)		385	7.6	75	0	0				
	混合料(S II)/秸秆		385	8.3	82						
	谷物/粗饲料		385	6.1	75	6.1	100				
	秸秆颗粒		385								
7099	母猪，空怀，产仔14头/窝										
	混合料(S II)		510	8.1	75	0	0				
	混合料(S II)/秸秆		510	8.9	82						
	谷物/粗饲料		510	6.5	75	6.5	100				
	秸秆颗粒		510								
5.9.2	仔猪，断奶猪，青年猪的需要量										
	仔猪，<15 kg BM										
8101	哺乳时间:56天		245	0.74	100						
8102	49 d		220	0.85	100						
8103	42 d		215	0.95	100						
8104	35 d		215	1.10	100						
8105	28 d		215	1.20	100						
8212	**断奶猪，15～35 kg BM**										
	混合料		300	3.7	100						
	混合料/粗饲料		300	3.4	94						
	谷物/脱脂乳		300	3.4	94	1.2	36.2				
	土豆/脱脂乳		300	3.4	94	0.11	3.3			2.7	21.3

每头动物每年参考饲料的需要量的建议,dt;精饲料或粗饲料的能量百分比													
精饲料								粗饲料					
高蛋白				全价料				合计					
基础混合料 88% DM		脱脂乳 9% DM		(EC=10.0) 88% DM		蛋白质精饲料 88% DM		DM		青绿饲料合计 18% DM		青贮 20% DM	
dt	%	dt	%	dt	%[1)]	dt	%	dt	%[1)]	dt	%	dt	%
25	26	27	28	31	32	33	34	35	36	37	38	39	40
9.1	90			7.8	90	0.42	4.3	1.2	10	2.6	41	3.6	59
2.3	29.7			7.8	90	0.42	4.3	1.2	10	2.6	41	3.6	59
15.2	93.8			16.2	96	2.5	12	0.93	4	2.0	41	2.8	59
18.1	95.6			19.0	97	3	13	0.80	3.5	1.8	41	2.4	59
20.4	94.2			21.7	97	3.5	13	0.92	3	2.0	41	2.8	59
23.3	96.4			24.2	97	3.9	13	1.0	3	2.2	41	3.1	59
6.4	75			5.3	75	0	0	2.4	25	5.3	41	7.3	59
7.0	82			5.8	82	0	0	4.0	18			4.0	100
				5.3	75	0	0	2.4	25	5.3	41	7.3	59
								15.3	100			15.3	100
7.0	75			5.8	75	0	0	2.6	25	5.8	41	8.0	59
7.7	82			6.3	82	0	0	4.2	18			4.2	100
				5.8	75	0	0	2.6	25	5.8	41	8.0	59
								16.7	100			16.7	100
7.6	75			6.3	75	0	0	2.9	25	6.2	41	8.6	59
8.3	82			6.8	82	0	0	4.6	18			4.6	100
				6.2	75	0	0	2.9	25	6.2	41	8.6	59
								18.1	100			18.1	100
8.1	75			6.7	75	0	0	3.1	25	6.7	41	9.3	59
8.9	82			7.3	82	0	0	5.1	18			5.1	100
				6.7	75	0	0	3.1	25	6.7	41	9.3	59
								19.5	100			19.5	100
				0.74	100	0.25	23						
				0.85	100	0.26	21						
				0.95	100	0.28	21						
				1.1	100	0.32	21						
				1.2	100	0.38	22						
				3.7	100	0.58	12						
				3.5	94	0.55	12	0.31	6	0.65	40	0.94	60
2.0	56.8	2.0	7.0					0.31	6	0.65	40	0.94	60
2.3	67.1	2.4	8.3					0.31	6	0.65	40	0.94	60

编码	动物分类			每头动物每年参考饲料的需要量的建议,dt;精饲料或粗饲料的能量百分比							
				精饲料							
			增重	合计		高能					
	生产和发育阶段					谷物		饲用甜菜		蒸汽处理的土豆	
				88%DM 能量比例		88%DM		14%DM		22.5%DM	
			g/d	dt	%	dt	%	dt	%	dt	%
1	2	3	4	17	18	19	20	21	22	23	24
8213	混合料		400	4.4	100						
	混合料/粗饲料		400	4.1	95						
	谷物/脱脂乳		400	4.1	95	1.5	36.6				
	土豆/脱脂乳		400	4.0	95	0.26	6.4			3.2	21.1
8214	混合料		500	5.0	100						
	混合料/粗饲料		500	4.9	97						
	谷物/脱脂乳		500	4.8	97	1.8	36.7				
	土豆/脱脂乳		500	4.8	97	0.5	10.4			3.7	20.6
8311	**青年母猪，35～80 kg BM**										
	混合料		500	7.3	100						
	混合料/粗饲料		500	6.5	90						
	谷物/脱脂乳		500	6.1	90	3.9	63.9	6.9	16.0		
	/母猪基础混合料		500	6.6	90	3.8	61.6				
	/母猪基础混合料，无粗饲料		500	7.3	100	4.1	60.4				
	土豆/基础混合料		500	6.5	90	0.95	15.4			10.3	44.4
	/基础混合料，无粗饲料		500	7.2	100	1.5	21.6			10.3	40.0
8312	青年母猪，35～89 kg BM										
	混合料		600	8.6	100						
	混合料/粗饲料		600	7.9	92						
	谷物/脱脂乳		600	7.2	90	4.6	63.6	8.1	15.9		
	/母猪基础混合料		600	8.0	92	4.5	60.6				
	/母猪基础混合料，无粗饲料		600	8.7	100	4.8	59.7				
	土豆/基础混合料		600	7.8	92	1.3	18.0			12.2	43.5
	/基础混合料，无粗饲料		600	8.5	100	1.7	20.9			12.2	40.0
	初产母猪，80～116 kg BM										
8321	混合料		555	10.2	100						
	混合料/粗饲料		555	9.2	90						
	谷物/脱脂乳		555	8.7	92	6.6	74.3	3.5	5.6		
	/母猪基础混合料		555	9.3	90	5.3	60.8				
	/母猪基础混合料，无粗饲料		555	10.4	100	5.8	59.6				
	土豆/基础混合料		555	9.2	90	1.3	15.1			14.5	44.5
	/基础混合料，无粗饲料		555	10.2	100	2.0	20.8			14.5	40.0
8322	**初产母猪，89～131 kg BM**										
	混合料		635	11.6	100						
	混合料/粗饲料		635	10.6	92						
	谷物/脱脂乳		635	9.8	92	7.4	74.1	3.9	5.6		
	/母猪基础混合料		635	10.8	92	6	60.1				
	/母猪基础混合料，无粗饲料		635	11.7	100	6.4	59.2				
	土豆/基础混合料		635	10.6	92	1.8	17.6			16.4	43.5
	/基础混合料，无粗饲料		635	11.5	100	2.2	20.4			16.4	40.0
8421	**青年公猪，35～105 kg BM**										
	猪开食料Ⅰ		780	9.5	100						
	公猪混合料		780	10.6	100						
8431	105～125 kg BM										
	公猪混合料		500	11.9	100						
8441	125～140 kg BM										
	公猪混合料		400	11.9	100						

每头动物每年参考饲料的需要量的建议，dt；精饲料或粗饲料的能量百分比													
精饲料								粗饲料					
高蛋白				全价料				合计					
基础混合料 88% DM		脱脂乳 9% DM		（EC＝10.0） 88% DM		蛋白质精饲料 88% DM		18% DM		青绿饲料合计 18% DM		青贮 20% DM	
dt	%	dt	%	dt	%[1)]	dt	%	dt	%[1)]	dt	%	dt	%
25	26	27	28	31	32	33	34	35	36	37	38	39	40
				4.4	100	0.69	12						
				4.2	95	0.65	12	0.30	5	0.64	40	0.93	60
2.3	56.4	2.4	7.0					0.30	5	0.64	40	0.93	60
2.7	64.5	2.7	8.0					0.30	5	0.64	40	0.93	60
				5.1	100	0.80	12						
				4.9	97	0.77	12	0.21	3	0.45	40	0.64	60
2.8	56.3	2.8	7.0					0.21	3	0.45	40	0.64	60
3.0	61.4	3.1	7.6					0.21	3	0.45	40	0.64	60
				7.1	100	0.89	9						
				6.3	90	0.80	9	0.97	10	2.1	40	3.0	60
		10.5	20.1					0.97	10	2.1	40	3.0	60
2.8	38.4							0.97	10	2.1	40	3.0	60
3.2	39.6												
2.9	40.2							0.97	10	2.1	40	3.0	60
3.1	38.4												
				8.3	100	1.1	9.5						
				7.7	92	1.0	9.5	0.91	8	2.0	40	2.8	60
		12.6	20.5	7.5	90	1.0	9.5	1.1	10	2.4	40	3.5	60
3.5	39.4							0.91	8	2.0	40	2.8	60
3.9	40.3												
3.4	38.5							0.91	8	2.0	40	2.8	60
3.7	39.1												
				9.9	100	1.3	9.2						
				9.0	90	1.2	9.2	1.4	10	2.9	40	4.2	60
		15.1	20.1	9.1	92	1.2	9.2	1.1	8	2.3	40	3.4	60
4.0	39.2							1.4	10	2.9	40	4.2	60
4.6	40.4												
4.2	40.4							1.4	10	2.9	40	4.2	60
4.5	39.2												
				11.2	100	1.5	9.6						
				10.3	92	1.4	9.6	1.2	8	2.6	40	3.8	60
		17.2	20.3					1.2	8	2.6	40	3.8	60
4.7	39.9							1.2	8	2.6	40	3.8	60
5.3	40.8												
4.6	38.9							1.2	8	2.6	40	3.8	60
5.1	39.6												
9.5	100			9.7	100	2.4	20						
10.6	100												
11.9	100			10.9	100	3.9	28						
11.9	100			10.9	100	3.9	28						

编码	动物分类	性能指标		每头动物每年参考饲料的需要量的建议,dt;精饲料或粗饲料的能量百分比							
				精饲料							
	生产和发育阶段		增重	合计		高能					
				88%DM	能量比例	谷物 88%DM		饲用甜菜 14%DM		蒸汽处理的土豆 22.5%DM	
			g/d	dt	%	dt	%	dt	%	dt	%
1	2	3	4	17	18	19	20	21	22	23	24
5.9.3	育肥猪的需要量										
	育肥猪，35～70 kg BM										
8813	混合料（SI）		400	6.8	100						
	谷物/预混料		400	6.0	90	4.7	82.5				
	/脱脂乳		400	5.6	90	4.7	82.7				
	土豆/基础混合料		400	5.8	90					13.4	62.3
	/脱脂乳		400	5.2	90	0.34	5.9			13.4	62.3
	甜菜/基础混合料		400	6.1	90	2.9	50.9	4.3	10.8		
8814	混合料（SI）		500	7.7	100						
	谷物/预混料		500	7.1	94	5.6	82.2				
	/脱脂乳		500	6.6	94	5.6	82.4				
	土豆/基础混合料		500	7.0	94					14.7	57.4
	/脱脂乳		500	6.4	94	0.96	14.1			14.7	57.4
	甜菜/基础混合料		500	7.2	94	3.5	51.2	4.7	9.9		
8815	混合料（SI）		600	8.5	100						
	谷物/预混料		600	8.4	100	6.6	81.8				
	/脱脂乳		600	7.8	100	6.6	82.0				
	土豆/基础混合料		600	8.3	100					16.2	53.6
	/脱脂乳		600	7.6	100	1.6	20.0			16.2	53.6
	甜菜/基础混合料										
8816	混合料（SI）		700	9.5	100						
	谷物/预混料		700	9.3	100	7.3	81.7				
	/脱脂乳		700	8.7	100	7.3	81.9				
	土豆/基础混合料		700	9.2	100					17.7	52.8
	/脱脂乳		700	8.4	100	1.9	21.0			17.7	52.8
	甜菜/基础混合料		700	9.4	100	4.5	51.0	5.7	9.1		

每头动物每年参考饲料的需要量的建议,dt;精饲料或粗饲料的能量百分比													
精饲料								粗饲料					
高蛋白				全价料				合计					
基础混合料 88% DM		脱脂乳 9% DM		(EC=10.0) 88% DM		蛋白质精饲料 88% DM		DM		青绿饲料合计 18% DM		青贮 20% DM	
dt	%	dt	%	dt	%[1)]	dt	%	dt	%[1)]	dt	%	dt	%
25	26	27	28	31	32	33	34	35	36	37	38	39	40
				6.6	100	0.76	8.9						
1.2	17.5			5.9	90	0.68	8.9	0.90	10.0	1.9	40	2.8	60
		8.4	17.3					0.90	10.0	1.9	40	2.8	60
2.4	37.7							0.90	10.0	1.9	40	2.8	60
		15.4	31.8					0.90	10.0	1.9	40	2.8	60
2.5	38.3							0.90	10.0	1.9	40	2.8	60
				7.5	100	0.96	9.6						
1.5	17.8			7	94	0.90	9.6	0.61	6.0	1.3	40	1.9	60
		10.1	17.6					0.61	6.0	1.3	40	1.9	60
3.2	42.6							0.61	6.0	1.3	40	1.9	60
		16.4	28.5					0.61	6.0	1.3	40	1.9	60
3.0	38.9							0.61	6.0	1.3	40	1.9	60
				8.3	100	1.0	9.7						
1.8	18.2												
		12.3	18.0										
4.2	46.4												
		18.0	26.4										
				9.2	100	1.1	9.8						
2.0	18.3												
		13.6	18.1										
4.7	47.2												
		19.7	26.2										
4.0	39.9												

编码	动物分类	性能指标		每头动物每年参考饲料的需要量的建议,dt;精饲料或粗饲料的能量百分比							
				精饲料							
	生产和发育阶段		增重	合计		高能					
				88%DM 能量比例		谷物 88%DM		饲用甜菜 14%DM		蒸汽处理的土豆 22.5%DM	
			g/d	dt	%	dt	%	dt	%	dt	%
1	2	3	4	17	18	19	20	21	22	23	24
	育肥猪，70～120 kg BM										
8853	混合料（SⅡ）		400	8.5	100						
	谷物/预混料		400	7.9	90	6.5	85.4				
	/脱脂乳		400	7.5	90	6.5	85.5				
	土豆/基础混合料		400	7.8	90					17.8	62.3
	/脱脂乳		400	7.2	90	0.92	12.1			17.8	62.3
	甜菜/基础混合料		400	8.0	90	4.3	56.9	5.7	10.8		
8854	混合料（SⅡ）		500	9.6	100						
	谷物/预混料		500	9.3	94	7.6	84.8				
	/脱脂乳		500	8.8	94	7.6	85.0				
	土豆/基础混合料		500	9.2	94					19.4	57.4
	/脱脂乳		500	8.5	94	1.7	19.6			19.4	57.4
	甜菜/基础混合料		500	9.4	94	5.1	56.7	6.2	9.9		
8855	混合料（SⅡ）		600	10.7	100						
	谷物/预混料		600	11.0	100	8.9	84.2				
	/脱脂乳		600	10.4	100	9.0	84.3				
	土豆/基础混合料		600	11.0	100					21.4	53.6
	/脱脂乳		600	10.1	100	2.7	25.5			21.4	53.6
	甜菜/基础混合料		600	11.2	100	6.0	56.0	6.9	9.3		
8856	混合料（SⅡ）		700	11.8	100						
	谷物/预混料		700	12.1	100	9.8	84.2				
	/脱脂乳		700	11.4	100	9.9	84.3				
	土豆/基础混合料		700	12.1	100					23.2	52.8
	/脱脂乳		700	11.1	100	3.1	26.2			23.2	52.8
	甜菜/基础混合料		700	12.3	100	6.6	56.2	7.5	9.1		

注:育肥猪日粮仅用土豆，脱脂乳不常用。

1) 能量部分;

2) 包括秸秆颗粒中的秸秆。

每头动物每年参考饲料的需要量的建议,dt;精饲料或粗饲料的能量百分比													
精饲料								粗饲料					
高蛋白				全价料				合计					
基础混合料 88% DM		脱脂乳 9% DM		(EC=10.0) 88% DM		蛋白质精饲料 88% DM		18% DM		青绿饲料合计 18% DM		青贮 20% DM	
dt	%	dt	%	dt	%[1)]	dt	%	dt	%[1)]	dt	%	dt	%
25	26	27	28	31	32	33	34	35	36	37	38	39	40
				8.7	100	0.81	7.3						
1.4	14.6			7.8	90	0.73	7.3	1.2	10	2.6	40	3.7	60
		9.3	14.5					1.2	10	2.6	40	3.7	60
3.2	37.7							1.2	10	2.6	40	3.7	60
		16.5	25.6					1.2	10	2.6	40	3.7	60
2.8	32.3							1.2	10	2.6	40	3.7	60
				9.8	100	1.1	8.1						
1.7	15.2			9.2	94	1.0	8.1	0.8	6	1.7	40	2.5	60
		11.4	15.0					0.8	6	1.7	40	2.5	60
4.3	42.6							0.8	6	1.7	40	2.5	60
		17.5	23.0					0.8	6	1.7	40	2.5	60
3.4	33.4							0.8	6	1.7	40	2.5	60
				10.9	100	1.1	8.3						
2.1	15.8												
		14.1	15.7										
5.5	46.4												
		18.8	20.9										
4.1	34.7												
				12.0	100	1.3	8.4						
2.3	15.8												
		15.5	15.7										
6.2	47.2												
		20.7	21.0										
4.5	34.7												

编码	动物分类	性能指标	
	生产和发育阶段	动物产品 蛋	增重 产蛋量
		枚/年	kg/年
1	2	3	4
5.10	需要量参数-家禽		
5.10.1	不同营养的需要量—产蛋鸡，年需要量		
	产蛋鸡，产蛋品种		
	—平养		
9121	产蛋性能 50%	183	10.98
9122	60%	219	13.14
9123	70%	256	15.36
9124	80%	292	17.52
9125	90%	329	19.74
	100%	365	21.90
	—笼养		
9151	产蛋性能 50%	183	10.98
9152	60%	219	13.14
9153	70%	256	15.36
9154	80%	292	17.52
9155	90%	329	19.74
	100%	365	21.90
	产蛋鸡—育肥品种		
9221	繁殖	230	
9291	种公鸡，年需要量		
5.10.2	不同营养的需要量—育成和育肥		**体增重**
	育成—产蛋品种		g/d
9311	雏鸡， 1～8 周，29～550 g		9.3
9320	母雏， 9～18 周，550～1 240 g		9.8
9341	19～21 周，1 240～1 350 g		5.2
	育成—育肥品种		
9312	雏鸡， 1～6 周，35～650 g		14.6
9322	母雏， 7～23 周，650～2 380 g		14.5
9332	24～25 周，2 380～2 580 g		14.3
	育肥肉仔鸡		
9412	肉仔鸡 1～28 d，35～680 g		23.0
9422	29～53 d，680～1 590 g		36.4
5.10.3	不同营养的需要量—鸭		
	种鸭		
9611	产蛋期	228	
9612	休产期		
	育成—鸭		
9631	雏鸭 1～3 周，55～800 g		35.7
9641	4～8 周，800～2 750 g	55.7	
9651	青年鸭， 9～28 周，2 750～2 850 g	0.7	

每头动物每年参考饲料需要量的建议，dt；精饲料或粗饲料的能量百分比									
精饲料									
合计		高能		高蛋白		全价料			
88% DM	能量比例	谷物 88% DM		基础混合料 88% DM		(EC=10.0) 88%DM		蛋白质精饲料 88% DM	
dt	%	dt	%	dt	%	dt	%	dt	%
17	18	19	20	25	26	31	32	33	34
356	100			356	100	354	100	47	11
383	100			383	100	380	100	54	12
410	100			410	100	407	100	65	13
430	100			430	100	427	100	81	16
457	100			457	100	454	100	91	17
485	100			485	100	485	100	100	18
349	100			349	100	347	100	48	12
376	100			376	100	374	100	55	12
403	100			403	100	401	100	67	14
423	100			423	100	421	100	83	17
450	100			450	100	447	100	93	17
475	100			475	100	475	100	100	18
606	100	18	3.2	588	96.8	625	100	47	8.2
643	100			643	100	634	100	92	12
121	100			121	100	122	100	20	13
252	100			252	100	244	100	27	8.4
295	100			295	100	285	100	35	8.2
119	100			119	100	120	100	24	17
323	100	19	6.1	304	93.9	336	100	47	12
532	100	19	3.8	513	96.2	554	100	71	11
177	100			177	100	182	100	66	30
377	100			377	100	395	100	107	23
876	100			876	100	855	100	179	18
602	100			602	100	556	100	70	12
274	100			274	100	282	100	44	14
875	100			875	100	808	100	140	13
621	100			621	100	574	100	70	12

编码	动物分类		性能指标	
	生产和发育阶段		动物产品 蛋	增重 产蛋量
			枚/年	kg/年
1	2		3	4
5.10.4	不同营养的需要量—火鸡			
	种火鸡			
9501	种母火鸡，轻型		48	
9503	重型		48	
9502	种公火鸡，轻型			
9504	重型			
	培育-火鸡			
9521	雏火鸡，轻型，	1～4 周，50～500 g		16.1
9531		5～8 周，500～1 600 g		39.3
9541	青年火鸡，轻型，	9～12 周，1 600～3 000 g		50.0
9551		13～28 周，3 000～5 800 g		25.0
9522	雏火鸡，重型	1～4 周，50～550 g		17.8
9532		5～8 周，550～1 800 g		44.6
9542	青年火鸡，重型，	9～12 周，1 800～3 350 g		55.4
9552		13～28 周，3 350～7 100 g		33.5
	育肥火鸡			
9572	雏火鸡，公，	1～28 d，50～600 g		19.6
9582	青年公火鸡，	29～98 d，600～4 900 g		61.4
9592		99～140 d，4 900～7 550 g		63.1
9576	雏火鸡，母，	1～28 d，50～550 g		17.9
9586		29～98 d，550～3 700 g		45.0
5.10.5	不同营养的需要量-鹅			
	种鹅			
9711	产蛋期		103	
9712	休产期			
	育成鹅			
9731	雏鹅，	1～4 周，95～1 900 g		64.5
9741		5～8 周，1 900～3 900 g		71.4
9782	青年鹅	8 周(育肥)，1 900～4 150 g		80.4
9751	青年鹅	8～9 周，3 900～5 000 g		7.8

每头动物每年参考饲料需要量的建议，dt；精饲料或粗饲料的能量百分比									
精饲料									
合计		高能		高蛋白		全价料			
88% DM	能量比例	谷物 88% DM		基础混合料 88%DM		(EC＝10.0) 88% DM		蛋白质精饲料 88% DM	
dt	%	dt	%	dt	%	dt	%	dt	%
17	18	19	20	25	26	31	32	33	34
733	100			733	100	728	100	105	12
849	100			849	100	844	100	154	15
1643	100			1 643	100	1 691	100	470	23
1825	100			1 825	100	1 879	100	522	23
130	100			130	100	127	100	69	45
350	100			350	100	360	100	107	25
681	100			681	100	701	100	207	25
902	100			902	100	872	100	78	7.5
148	100			148	100	145	100	79	46
393	100			393	100	404	100	120	25
733	100			733	100	755	100	223	25
972	100			972	100	940	100	86	7.6
136	100			136	100	133	100	71	45
673	100			673	100	693	100	205	25
1 273	100			1273	100	1 332	100	196	12
127	100			127	100	124	100	68	46
573	100			573	100	590	100	174	25
1 073	100			1 073	100	1 057	100	253	20
1 074	100			1 074	100	800	100	104	11
636	100			636	100	638	100	188	25
1 419	100			1 419	100	1 297	100	281	18
1 514	100			1 514	100	1 384	100	300	18
1 174	100			1 174	100	875	100	125	12

6 能量参数

第 3 章后的饲料表格列出了部分“能量参数”。这对于罗斯托克饲料评价体系的应用是必需的。该表格用于说明不同水平条件下饲料能量价值之间的关系。

用罗斯托克能量参数计算总能(GE)、可消化能(DE)、可代谢能(mE)和净能(NER)的方程被编在第 2.1.2 节的图 2.1 中。

对于能量饲料单位(EFU)的使用,这些参数在第六章中已列出。能量饲料单位(EFU)是以净能除以常数进行计算的,如下:

$$\frac{\text{kJ NEFc}}{10.5}=\text{EFUc}$$

$$\frac{\text{kJ NEFp}}{14.7}=\text{EFUp}$$

$$\frac{\text{kJ NEFf}}{14.7}=\text{EFUf}$$

在“能量参数”表中,粗纤维(CFi)和 NFE 含量以及牛、猪和禽对粗纤维和 NFE 的消化率也分别被列出。有关解释已在第 3 章中叙述。

不属于罗斯托克饲料评价体系,但在德国被使用的能量参数,是使用图 6.1 中的方程进行计算的。

产奶牛和后备牛

$$\text{NEL(MJ)}=0.6(1+0.004(q-57))\times\text{ME(MJ)}$$

$$\text{ME(MJ)}=0.0312\times\text{g DXL}+0.0136\times\text{g DXF}+0.0147\times\text{g(DOM}-\text{DXL}-\text{DXF)}+0.00234\times\text{g XP}$$

2 肉牛

$$\text{ME(MJ)}=0.0312\times\text{g DXL}+0.0136\times\text{g DXF}+0.0147\times\text{g(DOM}-\text{DXL}-\text{DXF)}+0.00234\times\text{g XP}$$

3 猪

$$\text{ME(MJ)}=0.021\times\text{g DXP}+0.0374\times\text{g DXL}+0.0144\times\text{g DXF}+0.0171\times\text{g DXX}-0.0014\times\text{g XZ}-0.0068\times\text{g(BSF}-100)$$

4 蛋禽和肉禽

$$\text{AME}_\text{N}\text{(MJ)}=0.0184\times\text{g DXP}+0.0387\times\text{g DXL}+0.0174\times\text{g DXS}+0.0157\times\text{g DXZ}+0.0203\times\text{g DXX}$$

图 6.1 现用的能量参数计算方程,不属于罗斯托克饲料评价体系

缩写词说明:

NEL=产奶净能,ME=可代谢能,AME_N=N-校正的表观可代谢能,q = ME/GE × 100(代谢率),DOM=可消化有机物,XP=粗蛋白,DXP=可消化粗蛋白,DXL=可消化粗脂肪,DXF=可消化粗纤维,DXS=可消化淀粉,DXZ=可消化糖,DXX=可消化无氮浸出物,BSF=细菌可发酵物质=DXX+DXF-淀粉-糖;如果 BSF 的含量高于 100 g/kg DM,就需要对 BSF 进行校正。

第 6 章的表格列出了产奶净能(NEL)、育肥牛和猪的可代谢能(ME)以及蛋鸡和肉仔鸡在相应的净能沉积(NER)、能量饲料单位(EFU)和氮校正的表观可代谢能(AME_N)的换算参数。根据这些指标,不同参数之间的关系可一目了然。

饲料表格(续表 3.1 至表 3.3)

6.1 牛饲料表格—粗营养素(粗纤维(CFi),无氮浸出物(NFE)),饲料价值,能量参数和换算因子

编码	饲料		粗营养成分(续表 3.1)			
	分类	特征	1 kg DM		消化率	
		成熟阶段	CFi	NFE	CFi	NFE
			g	g	%	%
1	2	3	4	5	6	7
	6.1 牛饲料表格(续表 3.1)					
1000	青绿饲料					
1100	青绿饲料,小籽豆科					
1161	苜蓿,第 1 茬	营养生长期	215	374	61	81
1163		现蕾期	261	373	55	79
1165		早花期	305	380	52	76
1167		盛花期	340	370	49	72
1169		凋谢期	383	363	44	68
1171	苜蓿,第 2 茬等	营养生长期	199	365	59	81
1173		现蕾期	235	369	55	78
1175		早花期	281	369	52	72
1177		盛花期	312	370	49	66
1179		凋谢期	359	351	46	63
1043	波斯三叶草,第 1 茬等	开花前期	155	390	72	89
1045		早花期	195	428	67	85
1047		盛花期	240	438	59	80
1011	红三叶,第 1 茬	营养生长期	190	437	67	84
1013		现蕾期	232	444	59	80
1015		早花期	264	456	56	77
1017		盛花期	296	452	53	75
1019		凋谢期	318	442	49	73
1021	红三叶,第 2 茬等	营养生长期	179	451	64	82
1023		现蕾期	202	447	63	78
1025		早花期	249	449	55	75
1027		盛花期	291	438	51	70
1029		凋谢期	323	420	49	65
1033	茬地红三叶,无秸秆	开花前期	200	430	63	79
1035		早花期	255	438	56	74
1034	包括 25%的秸秆	开花前期	280	425	57	66
1036		早花期	340	425	50	60
1063	瑞士三叶草,第 1 茬等	开花前期	220	410	62	83
1065		早花期	255	437	57	78
1067		盛花期	285	447	53	74
1153	鸟足草	开花前期	205	355	63	83
1155		早花期	270	365	55	75
1159		结荚早期	310	388	50	70
1113	甜白三叶草	开花前期	250	413	60	76
1115		早花期	290	430	55	72
1117		盛花期	325	440	49	68
1081	白三叶草	营养生长期	125	410	76	88
1083		现蕾期	175	420	70	87
1085		早花期	220	435	64	82
1087		盛花期	265	445	57	77
1200	青绿饲料,大籽豆科					
1233	菜豆	开花前期	180	435	65	83
1235		开花期	240	425	61	80
1237		结荚早期	280	425	55	79
1239		结籽期	260	475	46	83
1243	豌豆	开花前期	180	405	67	84
1245		开花期	250	400	62	82
1247		结荚早期	295	395	56	79
1249		结籽期	280	445	47	84

饲料价值		能量参数(1 kg DM)						换算因子			
1 kg DM		罗斯托克饲料评价体系				其他体系		ME	ME	NEL	NEL
EFUc	dCP	GE	dEc	mEc	NERc	ME	NEL	NERc	EFUc	NERc	EFUc
	g	MJ	MJ	MJ	MJ	MJ	MJ				
8	9	10	11	12	13	14	15	16	17	18	19
546	216	18.59	13.47	11.08	5.59	10.61	6.72	0.53	51.5	0.83	81.3
504	177	18.40	12.55	10.39	5.16	9.93	6.22	0.52	50.7	0.83	80.9
463	148	18.32	11.83	9.86	4.82	9.40	5.84	0.51	49.8	0.83	80.1
424	130	18.43	11.13	9.26	4.37	8.81	5.40	0.50	48.0	0.81	78.4
369	109	18.42	10.23	8.53	3.82	8.11	4.90	0.47	45.5	0.78	75.3
529	221	18.31	13.19	10.81	5.42	10.39	6.54	0.52	50.9	0.83	80.8
501	190	18.32	12.48	10.33	5.13	9.90	6.18	0.52	50.6	0.83	81.1
459	162	18.35	11.61	9.67	4.71	9.24	5.70	0.51	49.7	0.83	80.5
408	139	18.31	10.74	8.94	4.19	8.53	5.19	0.49	47.8	0.81	78.5
357	119	18.29	10.01	8.34	3.69	7.93	4.78	0.46	45.0	0.77	74.8
577	200	17.70	13.79	11.51	5.85	11.06	7.13	0.53	52.2	0.82	81.0
558	156	17.88	13.23	11.09	5.70	10.61	6.79	0.54	52.6	0.84	82.3
516	126	18.01	12.33	10.39	5.28	9.92	6.25	0.53	52.1	0.85	82.6
582	175	18.33	13.67	11.51	5.92	11.03	7.07	0.54	52.7	0.84	82.3
533	142	18.28	12.69	10.71	5.45	10.23	6.46	0.53	52.1	0.84	82.4
503	113	18.34	12.09	10.22	5.16	9.74	6.10	0.53	51.6	0.85	82.5
472	94	18.38	11.57	9.78	4.85	9.31	5.78	0.52	50.7	0.84	81.6
439	88	18.43	11.08	9.36	4.51	8.91	5.48	0.51	49.2	0.82	80.1
574	165	18.51	13.35	11.28	5.82	10.83	6.88	0.54	53.0	0.85	83.5
552	155	18.48	12.89	10.87	5.61	10.42	6.57	0.54	53.0	0.85	84.0
499	126	18.57	12.08	10.19	5.09	9.74	6.07	0.52	51.3	0.84	82.3
446	105	18.61	11.20	9.46	4.55	9.03	5.54	0.50	49.4	0.82	80.5
396	95	18.52	10.48	8.84	4.06	8.42	5.10	0.48	47.1	0.79	77.6
542	158	18.40	12.77	10.73	5.51	10.31	6.47	0.53	52.5	0.85	83.7
479	121	18.41	11.74	9.90	4.90	9.47	5.86	0.52	50.6	0.84	81.7
423	92	18.21	10.51	8.91	4.33	8.53	5.17	0.51	49.5	0.84	81.7
367	66	18.37	9.56	8.12	3.77	7.74	4.62	0.49	47.4	0.81	79.4
555	160	18.14	13.01	10.95	5.64	10.48	6.66	0.54	52.9	0.85	83.3
510	126	18.31	12.27	10.34	5.21	9.87	6.19	0.53	51.7	0.84	82.4
471	105	18.44	11.61	9.79	4.83	9.33	5.78	0.52	50.5	0.84	81.4
553	201	18.08	13.19	11.00	5.59	10.56	6.70	0.53	52.3	0.83	82.5
478	158	18.14	11.88	9.92	4.87	9.48	5.89	0.51	50.4	0.83	81.1
428	124	18.19	10.98	9.21	4.39	8.79	5.39	0.50	48.6	0.81	79.4
504	137	18.28	12.18	10.24	5.14	9.78	6.12	0.53	51.6	0.84	82.4
455	102	18.31	11.32	9.54	4.66	9.09	5.61	0.51	50.0	0.83	81.0
401	79	18.45	10.50	8.86	4.12	8.42	5.12	0.49	47.6	0.80	78.2
589	217	17.86	14.14	11.77	5.97	11.32	7.31	0.53	52.0	0.82	80.5
574	176	17.85	13.58	11.39	5.84	10.92	7.02	0.54	52.5	0.83	81.7
549	144	18.11	12.90	10.86	5.61	10.38	6.59	0.54	52.9	0.85	83.3
494	110	18.17	11.92	10.07	5.07	9.60	6.00	0.53	51.5	0.84	82.3
545	175	17.73	13.09	10.94	5.60	10.51	6.69	0.53	51.9	0.84	81.6
529	146	17.97	12.52	10.53	5.44	10.07	6.36	0.54	52.5	0.86	83.2
503	130	18.02	12.08	10.20	5.19	9.73	6.11	0.53	51.7	0.85	82.3
513	116	18.15	12.13	10.33	5.29	9.88	6.20	0.54	51.9	0.85	82.7
571	195	18.24	13.59	11.35	5.80	10.90	6.96	0.53	52.3	0.83	82.0
542	158	18.12	12.83	10.78	5.55	10.30	6.53	0.54	52.6	0.85	83.0
509	135	18.20	12.15	10.30	5.22	9.81	6.17	0.53	51.9	0.85	82.5
517	121	18.25	12.18	10.39	5.32	9.92	6.23	0.54	52.1	0.85	82.9

编码	饲料		粗营养成分(续表 3.1)			
	分类	特征	1 kg DM		消化率	
		成熟阶段	CFi	NFE	CFi	NFE
			g	g	%	%
1	2	3	4	5	6	7
	6.1 牛饲料表格(续表 3.1)					
1273	菜豆及豆科混合料	开花前期	180	405	65	83
1275		开花期	250	400	61	80
1277		结荚早期	290	400	55	78
1293	青绿谷物籽实或玉米与豆科混合料	开花前期	205	412	70	84
1295		开花期	270	425	62	77
1297		结荚早期	320	428	54	70
1294	向日葵与豆科混合料	开花前期	190	403	61	81
1296		开花期	250	417	56	75
1298		结荚早期	300	428	51	71
1253	豌豆	豌豆藤	280	400	54	82
1263	野豌豆	开花前期	200	375	61	80
1265		开花期	260	370	55	78
1267		结荚早期	295	375	51	75
1269		结籽期	280	420	44	79
1213	甜羽扇豆,黄色	开花前期	210	400	66	83
1215		开花期	270	400	60	80
1217		结荚早期	310	390	56	77
1219		结籽期	295	430	49	81
1300	青绿饲料,豆科牧草混合料					
1331	苜蓿-草,第 1 茬等	营养生长期	220	405	75	81
1333		现蕾期	265	423	69	76
1335		早花期	310	424	62	70
1337		盛花期	340	424	57	66
1339		凋谢期	370	418	52	61
1311	红三叶-草,第 1 茬	营养生长期	195	448	77	84
1313		现蕾期	240	466	73	80
1315		早花期	275	482	68	77
1317		盛花期	305	486	63	72
1319		凋谢期	330	479	58	68
1323	红三叶-草,第 2 茬等	现蕾期	220	462	73	79
1325		早花期	260	472	68	74
1327		盛花期	295	472	62	69
1353	野豌豆-草,第 1 茬	开花前期	205	436	73	82
1355		早花期	250	459	64	76
1357		盛花期	295	455	58	70
1363	野豌豆-燕麦	开花前期	210	435	74	85
1365		早花期	260	448	68	80
1367		盛花期	300	448	62	73
1369		结荚早期	330	445	56	66
1373	野豌豆-燕麦	开花前期	210	417	74	82
1375		早花期	270	431	65	75
1377		盛花期	325	426	59	69
1383	野豌豆-小麦	开花前期	210	447	70	81
1385		早花期	270	452	64	75
1387		盛花期	305	456	58	70
1389		结荚早期	340	449	54	67
1400	青绿饲料,纯种草					
1431	鸡脚草,第 1 茬,100 kg N/hm^2	拔节期	210	450	79	80
1433		抽穗早期	250	468	73	74
1435		抽穗晚期	290	475	67	69
1437		盛花期	330	482	61	63
1439		凋谢期	370	481	55	57

饲料价值		能量参数						换算因子			
1 kg DM		罗斯托克饲料评价体系				其他体系		ME	ME	NEL	NEL
EFUc	dCP	GE	dEc	mEc	NERc	ME	NEL	NERc	EFUc	NERc	EFUc
	g	MJ	MJ	MJ	MJ	MJ	MJ				
8	9	10	11	12	13	14	15	16	17	18	19
555	195	18.05	13.35	11.12	5.66	10.69	6.80	0.53	51.9	0.83	81.6
522	155	18.14	12.60	10.57	5.35	10.12	6.38	0.53	51.6	0.84	81.8
492	133	18.06	11.92	10.07	5.06	9.61	6.01	0.53	51.2	0.84	81.9
571	166	18.18	13.43	11.28	5.80	10.78	6.90	0.54	52.9	0.84	82.6
522	122	18.23	12.29	10.43	5.33	9.92	6.26	0.54	52.6	0.85	83.3
460	99	18.29	11.17	9.53	4.72	9.05	5.61	0.52	50.8	0.84	82.1
535	165	17.80	12.59	10.57	5.42	10.14	6.40	0.53	52.7	0.85	83.6
483	128	17.86	11.64	9.85	4.93	9.41	5.86	0.52	51.3	0.84	82.3
436	96	17.91	10.79	9.20	4.47	8.77	5.40	0.51	49.8	0.83	80.8
520	130	18.02	12.20	10.36	5.30	9.87	6.23	0.54	52.7	0.85	83.4
539	205	17.99	13.03	10.83	5.49	10.41	6.58	0.53	51.8	0.84	81.9
494	165	17.98	12.09	10.11	5.05	9.69	6.05	0.52	51.0	0.84	81.6
455	140	17.95	11.36	9.55	4.67	9.13	5.64	0.51	49.8	0.83	80.6
458	123	17.81	11.33	9.60	4.71	9.19	5.69	0.51	49.9	0.83	80.6
546	177	17.84	13.07	10.92	5.59	10.47	6.67	0.53	52.1	0.84	81.9
521	150	18.27	12.59	10.58	5.35	10.10	6.37	0.53	51.6	0.84	81.8
496	130	18.27	11.91	10.11	5.09	9.62	6.02	0.53	51.6	0.85	82.4
492	116	18.52	12.00	10.15	5.05	9.68	6.03	0.52	50.8	0.84	81.6
583	176	18.53	13.78	11.55	5.93	11.01	7.08	0.54	53.0	0.84	82.4
550	137	18.46	12.86	10.85	5.62	10.30	6.56	0.55	53.4	0.86	83.9
484	107	18.38	11.72	9.94	4.96	9.42	5.90	0.53	51.4	0.84	82.1
431	87	18.28	10.85	9.23	4.44	8.73	5.40	0.51	49.4	0.82	79.9
373	72	18.24	9.95	8.47	3.85	8.00	4.87	0.48	46.6	0.79	76.5
598	160	18.12	13.80	11.75	6.09	11.23	7.27	0.54	53.3	0.84	82.3
573	120	18.20	13.16	11.21	5.86	10.67	6.85	0.55	53.7	0.86	83.6
537	90	18.28	12.53	10.71	5.52	10.15	6.46	0.54	52.9	0.85	83.1
491	70	18.35	11.70	10.01	5.06	9.47	5.95	0.53	51.9	0.85	82.6
445	60	18.37	10.95	9.37	4.59	8.86	5.49	0.52	50.3	0.84	81.1
571	128	18.26	13.04	11.11	5.82	10.58	6.77	0.55	53.9	0.86	84.4
524	98	18.40	12.26	10.45	5.36	9.93	6.27	0.54	52.8	0.86	83.6
471	79	18.43	11.41	9.74	4.83	9.23	5.75	0.52	51.0	0.84	82.0
581	152	18.22	13.42	11.36	5.90	10.84	6.96	0.54	53.6	0.85	83.4
528	114	18.31	12.39	10.53	5.39	10.02	6.33	0.54	52.7	0.85	83.4
467	89	18.32	11.36	9.67	4.79	9.18	5.71	0.52	50.9	0.84	81.9
584	146	17.97	13.47	11.43	5.96	10.90	7.04	0.55	53.6	0.85	83.0
554	114	18.09	12.74	10.84	5.68	10.30	6.58	0.55	53.8	0.86	84.2
495	94	18.25	11.82	10.06	5.08	9.53	5.99	0.53	51.9	0.85	82.6
437	80	18.22	10.78	9.26	4.49	8.77	5.42	0.51	49.9	0.83	80.7
583	162	18.15	13.51	11.42	5.91	10.89	7.01	0.54	53.5	0.84	83.1
528	124	18.32	12.46	10.56	5.39	10.04	6.36	0.54	52.6	0.85	83.0
468	95	18.43	11.46	9.73	4.79	9.22	5.74	0.52	50.8	0.83	81.5
565	139	17.93	13.02	11.05	5.75	10.54	6.75	0.55	53.6	0.85	83.6
517	104	18.20	12.16	10.35	5.29	9.83	6.21	0.54	52.6	0.85	83.3
466	85	18.35	11.34	9.67	4.78	9.17	5.70	0.52	50.9	0.84	81.8
430	71	18.32	10.68	9.18	4.41	8.68	5.35	0.51	49.5	0.82	80.3
591	137	18.65	13.55	11.50	5.99	10.96	7.03	0.55	54.0	0.85	84.1
544	104	18.60	12.62	10.76	5.53	10.22	6.48	0.54	53.2	0.85	83.9
490	76	18.55	11.69	10.01	5.01	9.47	5.93	0.53	51.7	0.84	82.6
419	47	18.56	10.59	9.07	4.31	8.56	5.27	0.50	49.0	0.82	79.6
344	19	18.50	9.39	8.07	3.54	7.59	4.58	0.47	45.4	0.77	75.1

编码	饲料		粗营养成分(续表 3.1)			
	分类	特征	1 kg DM		消化率	
		成熟阶段	CFi	NFE	CFi	NFE
			g	g	%	%
1	2	3	4	5	6	7
	6.1 牛饲料表格(续表 3.1)					
1441	鸡脚草,第 2 茬,每茬 50 kg N/hm^2	15~35 d 生长期	245	410	74	73
1443		35~55 d 生长期	280	430	70	68
1445		55~75 d 生长期	315	440	65	62
1531	苇草,第 1 茬,100 kg N/hm^2	拔节期	260	398	76	67
1533		抽穗早期	295	423	67	58
1535		抽穗晚期	345	432	58	51
1537		盛花期	375	433	48	45
1541	苇草,第 2 茬,每茬 50 kg N/hm^2	15~35 d 生长期	300	385	64	62
1543		35~55 d 生长期	330	410	59	57
1545		55~75 d 生长期	375	430	53	53
1411	多年生意大利黑麦草	拔节期	185	450	82	86
1413	第 1 茬,100 kg N/hm^2	抽穗早期	225	470	78	80
1415	第 2 茬等,50 kg N/hm^2	抽穗晚期	265	475	72	73
1417		盛花期	305	475	65	67
1419		凋谢期	345	475	59	60
1421	多年生黑麦草,第 2 茬等,每茬 50 kg N/hm^2	15~35 d 生长期	225	420	81	80
1423		35~55 d 生长期	255	445	75	74
1425		55~75 d 生长期	290	460	70	68
1553	狐尾草,第 1 茬,100 kg N/hm^2	抽穗早期	255	472	76	77
1555		抽穗晚期	300	474	69	71
1557		盛花期	340	473	62	64
1451	猫尾草,第 1 茬,100 kg N/hm^2	拔节期	210	485	80	84
1453		抽穗早期	250	500	74	77
1455		抽穗晚期	295	500	66	70
1457		盛花期	335	490	60	66
1459		凋谢期	360	495	54	58
1461	猫尾草,第 2 茬等,每茬 50 kg N/hm^2	15~35 d 生长期	245	440	75	73
1463		35~55 d 生长期	280	460	71	68
1465		55~75 d 生长期	315	470	68	63
1511	肯塔基早熟禾,第 1 茬,100 kg N/hm^2	拔节期	190	445	86	86
1513		抽穗早期	230	461	80	80
1515		抽穗晚期	270	469	72	74
1517		盛花期	305	471	65	68
1519		凋谢期	325	480	62	62
1521	肯塔基早熟禾,第 2 茬等,每茬 50 kg N/hm^2	15~35 d 生长期	225	388	80	80
1523		35~55 d 生长期	255	418	75	73
1525		55~75 d 生长期	290	422	71	69
1471	牛尾草,第 1 茬,100 kg N/hm^2	拔节期	200	467	82	85
1473		抽穗早期	240	487	77	79
1475		抽穗晚期	285	489	68	72
1477		盛花期	325	488	60	64
1479		凋谢期	345	499	58	60
1481	牛尾草,第 2 茬等,每茬 50 kg N/hm^2	15~35 d 生长期	230	413	80	79
1483		35~55 d 生长期	260	438	76	74
1485		55~75 d 生长期	295	436	71	67
1600	青绿饲料,牧草					
	优质牧草					
1611	草地利用,125 kg N/hm^2	生长期 1 和 2	215	450	77	77
1613	草地利用,75 kg N/hm^2	生长期 3 和 4	225	430	74	74
1615	草地利用,50 kg N/hm^2	生长期 5 和 6	220	430	75	75

饲料价值		能量参数						换算因子			
1 kg DM		罗斯托克饲料评价体系				其他体系		ME	ME	NEL	NEL
EFUc	dCP	GE	dEc	mEc	NERc	ME	NEL	NERc	EFUc	NERc	EFUc
	g	MJ	MJ	MJ	MJ	MJ	MJ				
8	9	10	11	12	13	14	15	16	17	18	19
525	124	18.15	12.31	10.44	5.32	9.93	6.27	0.54	52.8	0.85	83.6
490	96	18.28	11.64	9.93	4.99	9.41	5.89	0.53	52.0	0.85	83.1
427	68	18.32	10.72	9.15	4.36	8.65	5.34	0.50	49.4	0.82	80.0
493	139	17.90	12.13	10.10	5.06	9.60	6.05	0.53	51.4	0.84	81.6
429	110	18.13	10.97	9.18	4.42	8.70	5.37	0.51	49.3	0.82	80.0
348	72	18.07	9.51	8.06	3.59	7.61	4.60	0.47	45.7	0.78	75.7
262	52	18.12	8.16	6.97	2.70	6.59	3.87	0.41	39.7	0.70	67.5
440	123	18.18	11.15	9.32	4.50	8.85	5.46	0.51	49.7	0.82	80.5
393	96	18.27	10.32	8.68	4.04	8.22	5.01	0.49	47.8	0.81	78.4
323	53	18.25	9.17	7.80	3.33	7.35	4.41	0.45	44.0	0.76	73.2
611	158	18.26	14.14	11.97	6.21	11.42	7.43	0.54	53.5	0.84	82.3
582	119	18.22	13.27	11.33	5.94	10.77	6.94	0.55	54.1	0.86	83.9
526	89	18.22	12.21	10.46	5.39	9.91	6.29	0.54	53.1	0.86	83.7
462	65	18.31	11.21	9.59	4.74	9.05	5.65	0.52	51.0	0.84	81.8
383	40	18.31	10.00	8.60	3.95	8.09	4.95	0.49	47.3	0.80	77.4
577	135	18.10	13.20	11.23	5.86	10.69	6.87	0.55	54.0	0.85	84.0
535	106	18.27	12.44	10.61	5.45	10.08	6.39	0.54	53.0	0.85	83.6
487	75	18.33	11.58	9.88	4.98	9.34	5.86	0.53	52.1	0.85	83.1
565	107	18.25	12.95	11.04	5.80	10.46	6.72	0.55	54.0	0.86	84.2
498	77	18.27	11.90	10.14	5.13	9.58	6.05	0.54	52.0	0.85	82.4
428	53	18.34	10.74	9.16	4.42	8.63	5.34	0.51	49.6	0.83	80.2
609	128	18.37	13.95	11.88	6.22	11.29	7.35	0.55	53.9	0.85	82.9
570	92	18.38	12.88	11.04	5.84	10.46	6.70	0.56	54.5	0.87	85.0
497	63	18.40	11.67	10.04	5.10	9.48	5.96	0.54	52.4	0.86	83.3
440	45	18.37	10.81	9.29	4.53	8.75	5.43	0.52	50.3	0.83	81.0
355	27	18.34	9.54	8.21	3.67	7.72	4.69	0.47	46.0	0.78	75.8
533	106	18.20	12.28	10.49	5.41	9.96	6.31	0.54	53.5	0.86	84.4
489	74	18.29	11.55	9.90	4.98	9.36	5.87	0.53	52.2	0.85	83.2
444	51	18.44	10.92	9.36	4.54	8.82	5.47	0.51	50.3	0.83	81.1
636	166	18.50	14.58	12.38	6.44	11.79	7.72	0.55	53.9	0.83	82.4
600	131	18.46	13.70	11.68	6.11	11.09	7.18	0.55	54.1	0.85	83.6
550	102	18.45	12.66	10.84	5.62	10.26	6.55	0.55	53.6	0.86	84.0
486	77	18.44	11.57	9.92	4.98	9.38	5.88	0.53	51.9	0.85	82.7
430	58	18.43	10.72	9.19	4.41	8.67	5.36	0.51	49.6	0.82	80.2
572	151	18.04	13.16	11.15	5.79	10.63	6.82	0.54	53.8	0.85	83.8
535	121	18.23	12.46	10.59	5.43	10.06	6.38	0.54	53.2	0.85	83.8
497	95	18.29	11.79	10.04	5.06	9.51	5.97	0.53	52.3	0.85	83.2
625	141	18.44	14.17	12.09	6.34	11.51	7.51	0.55	54.3	0.84	83.2
589	102	18.34	13.22	11.35	6.01	10.76	6.95	0.56	54.8	0.87	84.9
516	72	18.29	11.96	10.31	5.28	9.74	6.17	0.54	52.9	0.86	83.6
431	48	18.27	10.58	9.14	4.42	8.62	5.33	0.51	50.0	0.83	80.8
385	28	18.34	9.92	8.58	3.96	8.07	4.94	0.49	47.7	0.80	78.0
574	135	18.14	13.10	11.15	5.82	10.61	6.81	0.55	54.1	0.86	84.3
538	106	18.34	12.51	10.67	5.48	10.13	6.43	0.54	53.2	0.85	83.7
490	88	18.45	11.69	9.96	5.00	9.42	5.91	0.53	52.0	0.85	83.0
572	143	18.20	13.12	11.16	5.83	10.63	6.81	0.55	53.8	0.86	83.9
526	126	17.85	12.29	10.46	5.35	9.96	6.31	0.54	52.8	0.85	83.3
538	126	17.95	12.44	10.60	5.46	10.10	6.41	0.54	53.2	0.85	83.9

编码	饲料		粗营养成分(续表 3.1)			
	分类	特征	1 kg DM		消化率	
		成熟阶段	CFi	NFE	CFi	NFE
			g	g	%	%
1	2	3	4	5	6	7
	6.1 牛饲料表格(续表 3.1)					
	劣质牧草					
1612	草地利用,100 kg N/hm²	生长期 1 和 2	245	455	69	69
1614	草地利用,50 kg N/hm²	生长期 3 和 4	260	430	70	66
	优质牧草					
1621	第 1 茬,50 kg N/hm²	拔节期	205	485	82	82
1623		抽穗早期	250	490	76	76
1625		抽穗晚期	290	490	68	70
1627		盛花期	325	485	61	64
1629		凋谢期	350	490	54	57
1641	第 1 茬,100 kg N/hm²	拔节期	200	430	82	82
1643		抽穗早期	240	445	75	76
1645		抽穗晚期	285	450	67	70
1647		盛花期	315	460	61	64
1649		凋谢期	345	470	55	58
1661	第 1 茬,150 kg N/hm²	拔节期	200	375	78	81
1663		抽穗早期	240	395	72	75
1665		抽穗晚期	285	395	66	69
1667		盛花期	315	405	60	63
1669		凋谢期	340	415	54	56
1631	第 2 茬等,每茬 25 kg N/hm²	15～35 d 生长期	230	485	75	75
1633		35～55 d 生长期	270	485	71	71
1635		55～75 d 生长期	300	500	65	64
1651	第 2 茬等,每茬 50 kg N/hm²	15～35 d 生长期	230	430	75	75
1653		35～55 d 生长期	270	440	72	70
1655		55～75 d 生长期	300	445	66	65
1671	第 2 茬等,每茬 75 kg N/hm²	15～35 d 生长期	230	370	73	74
1673		35～55 d 生长期	270	385	69	69
1675		55～75 d 生长期	300	405	65	63
	劣质牧草					
1711	第 1 茬,50 kg N/hm²	拔节期	240	486	73	73
1713		抽穗早期	285	494	70	69
1715		抽穗晚期	320	494	64	64
1717		盛花期	350	493	58	57
1731	第 1 茬,100 kg N/hm²	拔节期	235	436	73	72
1733		抽穗早期	280	449	69	68
1735		抽穗晚期	320	449	63	63
1737		盛花期	350	453	58	56
1739		凋谢期	370	451	55	50
1721	第 2 茬等,每茬 25 kg N/hm²	15～35 d 生长期	265	460	71	66
1723		35～55 d 生长期	295	485	66	60
1725		55～75 d 生长期	325	495	62	57
1741	第 2 茬等,每茬 50 kg N/hm²	15～35 d 生长期	260	419	71	64
1743		35～55 d 生长期	290	435	66	59
1745		55～75 d 生长期	320	440	63	54
1800	青绿饲料,青绿谷物,青绿玉米和青贮用玉米					
1851	大麦,125 kg N/hm²	孕穗期	220	460	83	84
1853		抽穗早期	265	470	79	80
1855		抽穗晚期	300	470	73	75
1857		盛花期	325	480	67	70
1858		乳熟期	325	500	62	70
1859	全株青绿大麦	蜡熟期	280	575	57	74

饲料价值		能量参数						换算因子			
1 kg DM		罗斯托克饲料评价体系				其他体系		ME	ME	NEL	NEL
EFUc	dCP	GE	dEc	mEc	NERc	ME	NEL	NERc	EFUc	NERc	EFUc
	g	MJ	MJ	MJ	MJ	MJ	MJ				
8	9	10	11	12	13	14	15	16	17	18	19
483	109	18.10	11.67	9.91	4.95	9.43	5.89	0.52	51.2	0.84	82.0
458	95	17.95	11.16	9.49	4.67	9.01	5.60	0.52	50.8	0.83	81.8
594	115	17.94	13.41	11.50	6.06	10.94	7.10	0.55	54.3	0.85	83.7
564	86	17.97	12.56	10.84	5.77	10.27	6.59	0.56	54.9	0.88	85.6
501	67	18.16	11.68	10.08	5.13	9.52	6.01	0.54	52.6	0.85	83.4
436	53	18.18	10.67	9.23	4.48	8.71	5.40	0.51	50.0	0.83	80.6
355	34	18.19	9.44	8.16	3.65	7.69	4.66	0.47	46.1	0.78	76.1
593	152	18.02	13.63	11.57	6.02	11.03	7.14	0.55	53.8	0.84	83.0
560	120	18.03	12.75	10.89	5.71	10.34	6.62	0.55	54.2	0.86	84.7
501	89	18.15	11.75	10.06	5.11	9.53	6.00	0.54	52.6	0.85	83.5
436	64	18.19	10.71	9.19	4.45	8.69	5.37	0.51	50.1	0.83	81.1
363	40	18.23	9.61	8.27	3.73	7.80	4.73	0.48	46.6	0.79	76.9
589	198	18.30	13.86	11.62	5.95	11.09	7.15	0.54	53.1	0.83	82.3
560	158	18.29	12.95	10.95	5.67	10.42	6.64	0.54	53.7	0.85	84.3
505	130	18.32	12.08	10.21	5.13	9.69	6.10	0.53	52.2	0.84	82.9
441	105	18.36	11.08	9.37	4.49	8.87	5.48	0.51	49.8	0.82	80.5
373	86	18.38	10.01	8.48	3.81	8.02	4.87	0.47	46.5	0.78	76.7
533	90	17.80	12.20	10.50	5.45	9.97	6.35	0.55	53.5	0.86	84.0
501	71	17.95	11.68	10.05	5.14	9.51	6.00	0.54	52.7	0.86	83.5
438	48	18.09	10.71	9.23	4.51	8.71	5.40	0.52	50.3	0.83	81.1
542	123	17.83	12.38	10.54	5.51	10.03	6.38	0.55	54.0	0.86	84.9
505	99	18.06	11.89	10.14	5.15	9.61	6.06	0.54	52.5	0.85	83.3
453	81	18.12	11.11	9.47	4.64	8.96	5.57	0.52	50.6	0.83	81.3
538	165	18.02	12.61	10.60	5.45	10.12	6.41	0.54	53.2	0.85	84.0
499	137	18.18	12.00	10.13	5.07	9.64	6.05	0.53	51.7	0.84	82.5
452	109	18.27	11.22	9.50	4.61	9.01	5.59	0.51	50.2	0.83	81.0
520	87	18.08	12.09	10.34	5.31	9.83	6.21	0.54	52.9	0.86	83.7
483	59	18.13	11.51	9.87	4.96	9.33	5.86	0.53	51.7	0.85	82.4
432	42	18.17	10.68	9.16	4.45	8.65	5.35	0.51	50.0	0.83	80.7
361	26	18.11	9.56	8.23	3.73	7.74	4.71	0.48	46.7	0.79	76.7
525	121	18.31	12.36	10.49	5.32	9.98	6.30	0.53	52.5	0.84	83.3
484	85	18.34	11.64	9.91	4.93	9.40	5.87	0.52	51.5	0.84	82.4
434	63	18.33	10.75	9.19	4.43	8.68	5.36	0.51	50.0	0.83	81.0
363	42	18.27	9.68	8.28	3.72	7.80	4.74	0.48	46.6	0.78	76.7
305	31	18.30	8.87	7.59	3.13	7.14	4.27	0.44	42.7	0.73	71.4
462	75	17.74	11.09	9.47	4.73	8.98	5.60	0.53	51.5	0.85	82.6
415	53	18.02	10.34	8.86	4.26	8.38	5.15	0.51	49.5	0.83	80.5
372	31	18.06	9.74	8.36	3.83	7.87	4.80	0.49	47.2	0.80	77.5
468	102	18.02	11.27	9.58	4.75	9.10	5.66	0.52	51.5	0.84	82.8
420	83	18.25	10.61	9.02	4.27	8.55	5.25	0.50	49.1	0.81	80.0
372	64	18.29	9.90	8.42	3.80	7.97	4.83	0.48	46.7	0.79	77.0
608	118	17.85	13.76	11.76	6.18	11.15	7.31	0.55	54.5	0.85	83.2
586	90	18.06	13.24	11.34	5.98	10.71	6.96	0.56	54.7	0.86	84.2
542	70	18.09	12.46	10.68	5.55	10.06	6.46	0.55	53.9	0.86	84.0
489	51	18.13	11.56	9.92	5.02	9.33	5.90	0.54	52.4	0.85	82.9
472	41	18.15	11.16	9.67	4.86	9.10	5.72	0.53	51.9	0.85	82.6
522	48	18.33	11.67	10.22	5.41	9.62	6.10	0.56	54.3	0.89	85.6

编码	饲料		粗营养成分(续表 3.1)			
			1 kg DM		消化率	
	分类	特征				
		成熟阶段	CFi	NFE	CFi	NFE
			g	g	%	%
1	2	3	4	5	6	7
	6.1 牛饲料表格(续表 3.1)					
1861	燕麦，75 kg N/hm²	孕穗期	220	504	83	87
1863		抽穗早期	265	511	79	83
1865		抽穗晚期	300	505	73	77
1867		盛花期	325	503	67	72
1868		乳熟期	331	502	62	64
1871	燕麦，150 kg N/hm²	孕穗期	220	414	84	86
1873		抽穗早期	270	449	80	81
1875		抽穗晚期	302	450	74	75
1877		盛花期	327	464	68	70
1878		乳熟期	329	484	63	64
1869	全株青绿燕麦	蜡熟期	295	530	55	71
1881	青绿玉米	开花前期	285	465	66	71
1883		开花期	260	519	69	75
1891	青贮用玉米	乳熟期	235	567	71	78
1893		乳熟期至蜡熟期	220	597	72	79
1895	全株玉米	蜡熟期	195	630	71	81
1897		玉米成熟早期	195	640	70	80
1811	黑麦，75 kg N/hm²	孕穗早期	215	427	86	85
1813		孕穗期	255	444	81	80
1815		抽穗早期	295	452	76	75
1817		抽穗晚期	336	447	71	69
1818		盛花期	360	447	67	63
1821	黑麦，150 kg N/hm²	孕穗早期	210	359	85	84
1823		孕穗期	250	392	81	79
1825		抽穗早期	296	404	76	73
1827		抽穗晚期	339	410	70	68
1828		盛花期	360	422	66	63
1819	全株青绿黑麦	蜡熟期	325	550	55	65
1831	小麦，75 kg N/hm²	孕穗早期	208	533	82	85
1833		孕穗期	250	536	76	80
1835		抽穗早期	295	514	70	75
1837		抽穗晚期	321	508	64	72
1838		盛花期	345	500	60	66
1841	小麦，150 kg N/hm²	孕穗早期	209	457	82	84
1843		孕穗期	250	489	74	80
1845		抽穗早期	302	472	67	75
1847		抽穗晚期	329	470	64	69
1848		盛花期	350	469	59	63
1839	全株青绿小麦	蜡熟期	310	540	54	69
1900	青绿饲料，甜菜叶，十字花科和其他青绿饲料					
	楼斗菜，见油菜					
1973	土豆藤	青绿	238	373	41	62
	甘蓝					
1975	菜花，剩余植株	大部分叶子	150	475	75	88
1951	牛饲用甘蓝主植株	早期，清洁	170	493	65	89
1952		早期，不清洁	155	465	61	86
1953		晚期，清洁	235	532	48	86
1954		晚期，不清洁	215	495	46	83

饲料价值		能量参数						换算因子			
1 kg DM		罗斯托克饲料评价体系				其他体系		ME	ME	NEL	NEL
EFUc	dCP	GE	dEc	mEc	NERc	ME	NEL	NERc	EFUc	NERc	EFUc
	g	MJ	MJ	MJ	MJ	MJ	MJ				
8	9	10	11	12	13	14	15	16	17	18	19
611	88	17.77	13.69	11.78	6.26	11.17	7.33	0.56	54.7	0.85	83.3
592	63	17.96	13.24	11.42	6.09	10.78	7.03	0.56	55.0	0.87	84.3
553	53	18.20	12.58	10.84	5.69	10.21	6.57	0.56	54.2	0.87	84.2
511	43	18.33	11.84	10.21	5.25	9.61	6.10	0.55	53.2	0.86	83.8
453	40	18.25	10.80	9.40	4.64	8.84	5.52	0.52	51.3	0.84	82.1
601	154	18.16	14.02	11.84	6.13	11.26	7.34	0.54	53.4	0.84	81.9
583	102	18.23	13.38	11.39	5.96	10.76	6.98	0.55	54.2	0.85	83.5
540	88	18.27	12.67	10.76	5.54	10.15	6.51	0.55	53.2	0.85	83.0
498	63	18.24	11.80	10.07	5.11	9.47	6.00	0.54	52.5	0.85	83.0
455	53	18.30	10.98	9.46	4.66	8.90	5.55	0.52	51.1	0.84	82.0
496	50	18.16	11.10	9.75	5.10	9.16	5.77	0.56	54.1	0.88	85.9
497	90	17.61	11.65	10.00	5.11	9.47	5.99	0.54	52.5	0.85	82.9
535	75	17.82	12.21	10.54	5.51	9.99	6.38	0.55	53.6	0.86	83.9
587	61	17.80	12.60	11.03	6.04	10.42	6.75	0.58	56.3	0.89	87.0
619	51	17.95	12.86	11.36	6.34	10.71	6.99	0.59	57.8	0.91	88.5
640	46	18.06	13.13	11.63	6.55	10.96	7.19	0.60	58.4	0.91	89.1
647	42	18.09	13.01	11.58	6.62	10.87	7.14	0.61	59.5	0.93	90.6
627	165	18.30	14.52	12.28	6.37	11.67	7.67	0.55	53.7	0.83	81.7
600	126	18.35	13.78	11.71	6.11	11.08	7.22	0.55	54.1	0.85	83.2
569	92	18.34	12.95	11.05	5.81	10.43	6.72	0.56	54.6	0.86	84.7
517	74	18.38	12.11	10.35	5.29	9.73	6.19	0.54	53.1	0.85	83.5
470	58	18.33	11.18	9.65	4.81	9.05	5.69	0.53	51.9	0.85	82.6
621	219	18.60	14.79	12.34	6.28	11.76	7.68	0.53	52.8	0.82	80.9
595	164	18.44	13.94	11.72	6.04	11.12	7.22	0.54	53.5	0.84	82.4
565	127	18.43	13.08	11.07	5.75	10.45	6.72	0.55	54.1	0.86	84.1
512	98	18.48	12.20	10.34	5.22	9.74	6.18	0.54	52.5	0.85	82.8
462	76	18.47	11.36	9.66	4.73	9.08	5.69	0.52	50.9	0.83	81.2
452	32	18.20	10.42	9.21	4.68	8.61	5.39	0.54	52.5	0.87	84.0
595	84	17.54	13.50	11.58	6.13	10.99	7.20	0.56	54.2	0.85	82.7
568	57	17.72	12.79	11.00	5.85	10.40	6.74	0.56	54.6	0.87	84.4
523	47	17.93	12.07	10.39	5.38	9.80	6.26	0.55	53.4	0.86	83.5
493	40	18.15	11.56	9.95	5.08	9.37	5.92	0.54	52.6	0.86	83.2
447	38	18.27	10.80	9.35	4.60	8.79	5.48	0.52	50.8	0.84	81.5
589	135	17.77	13.71	11.59	6.02	11.03	7.19	0.55	53.4	0.84	81.9
569	95	18.04	13.08	11.13	5.84	10.55	6.81	0.55	53.9	0.86	83.6
521	74	18.16	12.19	10.41	5.35	9.83	6.26	0.54	53.0	0.85	83.3
479	62	18.29	11.51	9.83	4.92	9.26	5.82	0.53	51.7	0.84	82.3
426	56	18.47	10.73	9.16	4.38	8.63	5.34	0.51	49.4	0.82	79.9
480	50	18.20	10.89	9.56	4.97	8.97	5.63	0.55	53.5	0.88	85.2
274	79	16.16	8.04	6.75	2.81	6.53	3.80	0.43	41.9	0.74	72.0
556	137	16.57	13.04	11.02	5.72	10.54	6.86	0.54	52.7	0.83	81.0
579	129	17.05	13.22	11.26	5.95	10.74	7.00	0.55	53.9	0.85	82.7
514	115	16.06	11.89	10.08	5.29	9.64	6.19	0.55	53.3	0.86	83.1
539	70	17.16	11.98	10.39	5.58	9.86	6.32	0.57	54.7	0.88	85.3
464	62	16.01	10.69	9.21	4.81	8.76	5.53	0.55	53.0	0.87	83.9

编码	饲料		粗营养成分(续表 3.1)			
	分类	特征	1 kg DM		消化率	
		成熟阶段	CFi	NFE	CFi	NFE
			g	g	%	%
1	2	3	4	5	6	7
	6.1 牛饲料表格(续表 3.1)					
1955	牛饲用甘蓝摘取植株	早期,清洁	131	481	78	90
1956		早期,不清洁	120	450	74	86
1957		晚期,清洁	200	518	55	87
1958		晚期,不清洁	180	475	52	85
1976	带毛青绿甘蓝剩余植株	大部分叶子	150	485	74	87
1977	芽甘蓝剩余植株	大部分叶子	160	480	72	86
1978	白色和红色甘蓝	全株植物	130	525	79	91
1979	白色和红色甘蓝剩余植株	大部分叶子	155	480	73	88
1971	蒲公英	开花期	195	515	78	76
1972	胡萝卜缨	不清洁	150	427	74	79
1937	油萝卜	营养生长期	150	360	76	89
1938		现蕾期	220	375	67	81
1939		开花期	280	385	58	73
	油菜					
1931	油菜	营养生长期	140	430	82	90
1933		现蕾期	200	425	75	85
1935		开花期	270	405	69	79
	甜菜叶					
1921	带顶饲用甜菜叶	清洁	130	510	72	83
1922		不清洁	120	465	69	77
1923		很不清洁	110	400	62	71
1925	带顶蕉青甘蓝	清洁	130	475	80	90
1926		不清洁	120	430	75	84
1911	带顶甜菜甘蓝	清洁	125	560	79	89
1912		不清洁	115	490	77	84
1915		很不清洁	95	430	71	78
1974	莴苣和菠菜	叶子	115	485	80	90
1941	白色芥籽	营养生长期	200	350	72	82
1943		现蕾期	245	365	62	77
1945		开花期	315	380	56	71
1961	向日葵	营养生长期	160	450	57	81
1963		现蕾期	200	465	55	79
1965		早花期	250	465	50	75
1967		盛花期	300	460	46	71
	阔叶树叶(夏季)					
1995	枫树,岑树,菩提树,白杨树(欧洲白桦)		185	495	44	66
1996	欧洲山毛榉		240	500	26	42
	阔叶树嫩枝(夏季)					
1997	枫树,岑树,菩提树,白杨树(欧洲白桦)		300	470	24	46
1998	欧洲山毛榉		360	455	15	25
	针茅类					
1991	松针(松针及嫩枝)		390	425	28	28
	松类					
1999	松树嫩枝(松针与嫩枝＜ 20 mm)		460	415	19	20

饲料价值		能量参数						换算因子			
1 kg DM		罗斯托克饲料评价体系				其他体系		ME	ME	NEL	NEL
EFUc	dCP	GE	dEc	mEc	NERc	ME	NEL	NERc	EFUc	NERc	EFUc
	g	MJ	MJ	MJ	MJ	MJ	MJ				
8	9	10	11	12	13	14	15	16	17	18	19
589	154	16.92	13.71	11.59	6.04	11.09	7.28	0.54	53.1	0.83	81.0
515	133	15.81	12.09	10.19	5.29	9.78	6.30	0.54	52.7	0.84	81.8
560	99	17.17	12.59	10.80	5.78	10.29	6.64	0.56	54.4	0.87	84.4
484	84	15.83	11.09	9.46	5.00	9.04	5.74	0.55	53.5	0.87	84.3
561	140	16.87	13.17	11.12	5.77	10.65	6.91	0.54	52.6	0.84	81.1
554	137	16.85	12.99	10.98	5.70	10.50	6.80	0.54	52.7	0.84	81.4
610	156	17.61	14.42	12.15	6.29	11.64	7.64	0.54	52.4	0.82	79.9
551	127	16.59	12.95	10.93	5.68	10.45	6.79	0.54	52.7	0.84	81.2
560	106	18.26	12.74	10.88	5.73	10.35	6.60	0.55	54.1	0.87	84.8
484	109	15.70	11.13	9.46	4.94	9.06	5.75	0.54	53.4	0.86	84.2
550	205	16.84	13.29	11.05	5.60	10.61	6.86	0.53	51.8	0.82	80.2
521	158	17.14	12.43	10.39	5.32	9.92	6.33	0.54	52.6	0.84	82.4
477	129	17.75	11.61	9.78	4.86	9.29	5.82	0.52	51.3	0.83	81.9
584	185	17.38	13.95	11.66	5.96	11.18	7.28	0.53	52.2	0.82	80.1
558	154	17.57	13.29	11.14	5.73	10.62	6.85	0.54	52.6	0.84	81.5
529	125	17.82	12.47	10.50	5.43	9.96	6.35	0.55	53.1	0.86	83.3
525	128	16.42	12.34	10.48	5.43	10.08	6.46	0.54	52.0	0.84	81.2
446	103	14.95	10.50	8.89	4.60	8.55	5.39	0.54	52.1	0.85	82.8
340	84	13.00	8.42	7.09	3.51	6.84	4.21	0.51	49.7	0.83	80.7
575	154	16.75	13.50	11.43	5.90	10.98	7.17	0.54	52.3	0.82	80.2
485	135	15.20	11.56	9.73	4.99	9.35	6.00	0.53	51.9	0.83	80.9
574	103	16.54	13.14	11.31	5.93	10.87	7.09	0.55	52.8	0.84	80.9
480	84	14.74	11.03	9.46	4.95	9.09	5.84	0.55	52.8	0.85	82.1
383	69	12.87	8.95	7.61	3.96	7.33	4.61	0.54	52.2	0.86	83.1
580	152	17.13	13.72	11.56	5.92	11.10	7.22	0.53	52.3	0.82	80.3
510	178	16.49	12.34	10.28	5.23	9.83	6.30	0.53	51.9	0.83	80.9
478	154	16.90	11.76	9.80	4.91	9.35	5.90	0.53	51.1	0.83	81.0
440	104	17.60	10.97	9.24	4.50	8.75	5.44	0.51	50.2	0.83	80.8
506	123	16.96	11.80	10.02	5.13	9.62	6.06	0.53	52.7	0.85	83.6
489	98	17.21	11.46	9.78	4.98	9.37	5.87	0.53	52.2	0.85	83.3
442	74	17.44	10.75	9.19	4.52	8.77	5.42	0.52	50.4	0.83	81.6
387	48	17.38	9.81	8.44	3.97	8.03	4.89	0.49	48.2	0.81	79.1
387	103	18.32	10.24	8.64	3.96	8.37	4.98	0.47	46.3	0.79	77.8
170	79	19.08	6.96	5.84	1.75	5.78	3.14	0.30	29.4	0.56	54.2
155	35	18.43	6.39	5.51	1.58	5.38	2.95	0.29	28.8	0.53	52.7
19	15	18.88	3.52	3.06	0.19	3.09	1.54	0.06	6.1	0.13	12.3
111	46	19.67	5.90	5.16	1.09	4.90	2.71	0.22	22.6	0.40	40.8
27	23	19.60	3.96	3.46	0.27	3.29	1.75	0.08	8.3	0.16	15.7

编码	饲料		粗营养成分(续表 3.1)			
	分类	特征	1 kg DM		消化率	
		成熟阶段	CFi	NFE	CFi	NFE
			g	g	%	%
1	2	3	4	5	6	7
	6.1 牛饲料表格(续表 3.1)					
2000	青绿饲料的青贮料					
2100	青绿饲料的青贮料，小籽豆科					
	苜蓿，第 1 茬等					
2163	新鲜青贮，优质	开花前期	250	355	58	72
2165		早花期	310	367	54	67
2167		盛花期	350	352	49	63
2164	新鲜青贮，中等质量	开花前期	260	347	57	69
2166		早花期	320	354	53	63
2168		盛花期	360	339	48	59
3163	萎蔫青贮，优质	开花前期	245	373	57	75
3165		早花期	305	379	53	70
3167		盛花期	345	367	49	65
3164	萎蔫青贮，中等质量	开花前期	255	368	56	70
3166		早花期	315	375	52	65
3168		盛花期	355	359	47	60
	红三叶，第 1 茬等					
2013	新鲜青贮，优质	开花前期	240	403	62	74
2015		早花期	295	415	58	69
2017		盛花期	330	408	53	66
2014	新鲜青贮，中等质量	开花前期	245	398	59	71
2016		早花期	300	408	54	67
2018		盛花期	340	396	51	62
3013	萎蔫青贮，优质	开花前期	230	425	62	78
3015		早花期	285	436	58	72
3017		盛花期	320	429	54	67
3014	萎蔫青贮，中等质量	开花前期	240	418	61	73
3016		早花期	295	428	57	67
3018		盛花期	330	419	54	63
	瑞士三叶草					
2065	新鲜青贮，优质	早花期	280	402	58	70
3065	萎蔫青贮，优质	早花期	275	419	56	73
2200	青绿饲料的青贮料，大籽豆科					
	菜豆，见黄色甜羽扇豆					
	豌豆，见黄色甜羽扇豆					
	豆科与菜豆的混合料					
2273	新鲜青贮，优质	开花前期	205	355	65	74
2275		开花期	270	365	61	71
2277		结荚早期	310	375	55	68
2274	新鲜青贮，中等质量	开花前期	220	355	64	69
2276		开花期	285	360	60	65
2278		结荚早期	325	370	54	62
	豆科与青绿谷物或玉米的混合料					
2293	新鲜青贮，优质	开花前期	225	381	68	75
2295		开花期	290	399	62	69
2297		结荚早期	335	404	56	64
2294	新鲜青贮，中等质量	开花前期	235	368	67	71
2296		开花期	300	388	61	64
2298		结荚早期	345	392	54	59

饲料价值		能量参数						换算因子			
1 kg DM		罗斯托克饲料评价体系				其他体系		ME	ME	NEL	NEL
EFUc	dCP	GE	dEc	mEc	NERc	ME	NEL	NERc	EFUc	NERc	EFUc
	g	MJ	MJ	MJ	MJ	MJ	MJ				
8	9	10	11	12	13	14	15	16	17	18	19
466	172	17.91	11.83	9.76	4.76	9.33	5.79	0.51	49.9	0.82	80.4
415	129	17.80	10.80	9.01	4.27	8.58	5.27	0.50	48.4	0.81	78.8
364	112	17.93	10.01	8.36	3.74	7.95	4.81	0.47	45.7	0.78	75.6
407	133	17.50	10.62	8.80	4.17	8.46	5.14	0.49	48.2	0.81	79.2
354	98	17.54	9.71	8.12	3.64	7.76	4.66	0.47	45.6	0.78	75.9
304	82	17.67	8.96	7.50	3.13	7.16	4.24	0.44	42.4	0.74	71.7
486	176	18.26	12.24	10.11	4.97	9.69	6.03	0.51	50.2	0.83	80.7
434	135	18.14	11.18	9.34	4.46	8.91	5.48	0.50	48.7	0.82	79.2
382	116	18.20	10.35	8.66	3.93	8.24	5.00	0.48	46.3	0.79	76.3
420	137	17.95	10.94	9.08	4.30	8.74	5.31	0.49	48.1	0.81	79.2
373	102	17.89	10.05	8.42	3.84	8.05	4.85	0.48	46.3	0.79	76.9
319	88	17.99	9.26	7.75	3.28	7.41	4.39	0.44	43.0	0.75	72.6
491	138	17.94	11.95	10.01	5.00	9.56	5.98	0.52	51.4	0.84	82.2
439	97	17.90	10.98	9.27	4.49	8.82	5.45	0.51	49.8	0.82	80.6
395	78	18.01	10.29	8.69	4.05	8.25	5.03	0.49	47.8	0.80	78.4
430	107	17.59	10.80	9.06	4.39	8.68	5.32	0.51	49.5	0.83	80.9
385	74	17.66	10.02	8.46	3.95	8.08	4.89	0.49	47.7	0.81	78.7
342	61	17.73	9.37	7.93	3.51	7.55	4.52	0.46	45.3	0.78	75.6
517	141	18.23	12.47	10.45	5.28	9.99	6.28	0.53	51.7	0.84	82.4
464	100	18.19	11.43	9.65	4.76	9.19	5.70	0.52	50.5	0.83	81.4
413	82	18.26	10.62	8.98	4.24	8.53	5.22	0.50	48.4	0.81	79.1
452	107	18.00	11.21	9.43	4.62	9.05	5.55	0.51	50.0	0.83	81.4
402	74	17.99	10.33	8.75	4.13	8.35	5.07	0.49	48.2	0.81	79.3
362	61	18.01	9.73	8.26	3.72	7.86	4.74	0.47	46.0	0.79	76.5
439	106	17.91	11.07	9.28	4.49	8.84	5.45	0.51	49.7	0.82	80.6
462	110	18.15	11.41	9.61	4.72	9.17	5.67	0.51	50.4	0.83	81.4
490	175	17.50	12.07	10.00	4.96	9.59	6.00	0.52	51.1	0.83	81.6
465	137	17.73	11.48	9.61	4.74	9.16	5.70	0.52	50.8	0.83	81.6
428	112	17.88	10.82	9.11	4.37	8.65	5.33	0.51	49.4	0.82	80.3
424	132	17.19	10.76	8.94	4.31	8.61	5.26	0.50	49.2	0.82	80.6
390	102	17.44	10.20	8.55	3.99	8.18	4.97	0.49	47.7	0.80	78.6
361	83	17.59	9.65	8.13	3.70	7.74	4.67	0.48	46.7	0.79	77.4
497	146	17.63	12.07	10.07	5.05	9.61	6.04	0.53	51.7	0.84	82.2
452	104	17.88	11.16	9.41	4.63	8.94	5.55	0.52	50.6	0.83	81.6
410	85	18.04	10.46	8.86	4.21	8.38	5.15	0.50	49.0	0.82	79.7
438	112	17.19	10.82	9.07	4.46	8.68	5.35	0.51	50.4	0.83	81.9
394	80	17.52	10.10	8.54	4.04	8.13	4.96	0.50	48.5	0.81	79.5
347	66	17.81	9.45	8.01	3.56	7.60	4.58	0.47	45.7	0.78	75.9

编码	饲料		粗营养成分(续表3.1)			
	分类	特征	1 kg DM		消化率	
		成熟阶段	CFi	NFE	CFi	NFE
			g	g	%	%
1	2	3	4	5	6	7
	6.1 牛饲料表格(续表3.1)					
	黄色甜羽扇豆					
2213	新鲜青贮，优质	开花前期	240	349	69	74
2215		开花期	295	377	62	67
2217		结荚早期	320	400	59	65
2214	新鲜青贮，中等质量	开花前期	250	340	66	69
2216		开花期	305	366	59	62
2218		结荚早期	330	392	56	60
	菜豆，见黄色甜羽扇豆					
2300	青绿饲料的青贮料，豆科-草混合料					
	苜蓿-草，第1茬等					
2333	新鲜青贮，优质	开花前期	255	393	68	72
2335		早花期	320	405	62	66
2337		盛花期	360	394	57	61
2334	新鲜青贮，中等质量	开花前期	260	389	65	68
2336		早花期	325	398	58	62
2338		盛花期	370	381	53	56
3333	萎蔫青贮，优质	开花前期	245	415	68	73
3335		早花期	315	420	63	67
3337		盛花期	350	415	58	62
3334	萎蔫青贮，中等质量	开花前期	255	409	67	69
3336		早花期	325	413	60	62
3338		盛花期	360	404	54	56
	红三叶-草，第1茬等					
2313	新鲜青贮，优质	开花前期	235	430	73	75
2315		早花期	295	453	66	70
2317		盛花期	330	452	62	66
2314	新鲜青贮，中等质量	开花前期	240	424	69	70
2316		早花期	300	444	63	65
2318		盛花期	340	439	58	60
3313	萎蔫青贮，优质	开花前期	230	447	73	77
3315		早花期	285	474	68	72
3317		盛花期	320	473	64	67
3314	萎蔫青贮，中等质量	开花前期	240	440	70	71
3316		早花期	295	463	64	66
3318		盛花期	335	456	59	61
	野豌豆-草，第1茬					
2353	新鲜青贮，优质	开花前期	235	395	67	72
2355		早花期	290	408	63	67
2357		盛花期	335	405	57	62
2354	新鲜青贮，中等质量	开花前期	240	388	66	68
2356		早花期	300	397	60	63
2358		盛花期	345	391	56	58
3353	萎蔫青贮，优质	开花前期	225	418	68	73
3355		早花期	280	430	62	69
3357		盛花期	330	421	57	64
3354	萎蔫青贮，中等质量	开花前期	235	411	66	69
3356		早花期	290	422	61	64
3358		盛花期	335	415	55	59

饲料价值		能量参数						换算因子			
1 kg DM		罗斯托克饲料评价体系				其他体系		ME	ME	NEL	NEL
EFUc	dCP	GE	dEc	mEc	NERc	ME	NEL	NERc	EFUc	NERc	EFUc
	g	MJ	MJ	MJ	MJ	MJ	MJ				
8	9	10	11	12	13	14	15	16	17	18	19
482	155	17.18	11.84	9.85	4.93	9.40	5.92	0.52	51.3	0.83	81.5
450	131	17.91	11.34	9.48	4.62	9.02	5.60	0.51	50.0	0.83	80.5
433	105	18.14	10.94	9.23	4.44	8.75	5.40	0.51	49.5	0.82	80.2
413	120	16.66	10.48	8.73	4.23	8.36	5.14	0.51	49.3	0.82	80.2
377	99	17.65	10.05	8.41	3.88	8.04	4.86	0.48	47.0	0.80	77.7
360	77	17.97	9.75	8.23	3.69	7.83	4.71	0.47	45.9	0.78	76.3
495	134	18.09	12.07	10.09	5.05	9.60	6.02	0.53	51.6	0.84	82.2
437	89	18.06	10.93	9.23	4.48	8.74	5.41	0.51	50.1	0.83	80.9
383	73	17.98	10.06	8.52	3.94	8.04	4.91	0.49	47.6	0.80	77.9
433	103	17.70	10.82	9.09	4.42	8.68	5.33	0.51	49.9	0.83	81.2
376	69	17.77	9.87	8.35	3.85	7.93	4.81	0.49	47.4	0.80	78.1
312	53	17.74	8.94	7.58	3.21	7.18	4.29	0.45	43.5	0.75	72.8
512	137	18.42	12.39	10.37	5.22	9.88	6.21	0.53	51.8	0.84	82.5
458	95	18.36	11.36	9.58	4.69	9.07	5.64	0.52	50.5	0.83	81.1
401	76	18.31	10.45	8.83	4.13	8.33	5.11	0.50	48.1	0.81	78.5
455	107	18.17	11.32	9.50	4.65	9.07	5.59	0.51	50.2	0.83	81.5
393	73	18.10	10.24	8.66	4.04	8.21	5.00	0.49	47.9	0.81	78.6
328	58	18.07	9.26	7.85	3.38	7.43	4.45	0.45	44.2	0.76	73.8
528	120	17.90	12.34	10.40	5.38	9.90	6.27	0.54	53.3	0.86	84.2
474	75	17.94	11.35	9.68	4.87	9.17	5.74	0.53	51.7	0.85	82.6
433	59	18.10	10.78	9.17	4.46	8.66	5.36	0.52	50.1	0.83	80.8
451	91	17.58	11.03	9.30	4.61	8.88	5.49	0.52	50.8	0.84	82.3
413	58	17.76	10.33	8.80	4.24	8.34	5.12	0.51	49.4	0.83	80.6
361	43	17.91	9.62	8.20	3.72	7.75	4.70	0.48	46.6	0.79	76.9
548	124	18.22	12.77	10.77	5.59	10.25	6.52	0.55	53.4	0.86	84.0
502	79	18.21	11.86	10.12	5.16	9.59	6.04	0.54	52.4	0.85	83.1
453	60	18.34	11.15	9.50	4.67	8.98	5.58	0.52	50.5	0.84	81.2
476	96	17.97	11.49	9.71	4.86	9.26	5.75	0.52	51.4	0.84	82.7
432	62	18.07	10.75	9.14	4.45	8.67	5.35	0.51	49.9	0.83	80.9
379	46	18.20	9.98	8.50	3.91	8.03	4.89	0.49	47.2	0.80	77.6
491	132	17.74	11.81	9.93	4.98	9.47	5.94	0.53	51.8	0.84	82.7
451	98	17.90	11.08	9.39	4.60	8.91	5.53	0.52	50.6	0.83	81.6
398	78	17.97	10.26	8.69	4.07	8.22	5.03	0.49	48.4	0.81	79.0
430	101	17.39	10.65	8.98	4.37	8.59	5.27	0.51	50.1	0.83	81.6
386	73	17.60	9.97	8.45	3.95	8.04	4.89	0.49	48.1	0.81	79.1
343	57	17.73	9.35	7.93	3.52	7.51	4.52	0.47	45.7	0.78	75.9
514	137	18.15	12.25	10.31	5.21	9.83	6.18	0.53	52.3	0.84	83.1
470	100	18.19	11.38	9.66	4.79	9.18	5.71	0.52	51.2	0.84	82.3
415	79	18.24	10.56	8.97	4.25	8.49	5.21	0.50	48.9	0.82	79.7
453	107	17.88	11.12	9.36	4.60	8.95	5.51	0.51	50.6	0.83	82.1
407	75	17.98	10.32	8.76	4.15	8.34	5.08	0.50	48.8	0.82	80.0
353	61	18.05	9.60	8.14	3.62	7.72	4.65	0.47	45.7	0.78	75.9

编码	饲料		粗营养成分(续表 3.1)			
	分类	特征	1 kg DM		消化率	
		成熟阶段	CFi	NFE	CFi	NFE
			g	g	%	%
1	2	3	4	5	6	7
	6.1 牛饲料表格(续表 3.1)					
	野豌豆-黑麦草，第 2 茬等，见黑麦草					
	野豌豆-黑麦，-燕麦和 -小麦					
2371	新鲜青贮，优质	开花前期	230	396	71	72
2373		早花期	295	406	64	66
2375		盛花期	340	412	58	60
2372	新鲜青贮，中等质量	开花前期	240	384	67	69
2374		早花期	305	394	60	63
2376		盛花期	350	399	55	57
3371	萎蔫青贮，优质	开花前期	225	404	71	74
3373		早花期	285	417	65	67
3375		盛花期	330	421	59	61
3372	萎蔫青贮，中等质量	开花前期	240	402	68	69
3374		早花期	300	415	62	63
3376		盛花期	345	418	57	58
2400	青绿饲料的青贮料，纯种草					
	鸡脚草，第 1 茬，100 kg N/hm²					
2431	新鲜青贮，优质	拔节期	250	436	70	70
2435		抽穗期	300	435	65	65
2437		盛花期	360	446	59	58
2432	新鲜青贮，中等质量	拔节期	260	424	68	65
2436		抽穗期	310	424	63	59
2438		盛花期	360	441	56	53
3431	萎蔫青贮，优质	拔节期	245	452	71	73
3435		抽穗期	290	456	66	68
3437		盛花期	350	464	59	60
3432	萎蔫青贮，中等质量	拔节期	255	444	68	67
3436		抽穗期	300	447	62	62
3438		盛花期	355	457	56	55
	鸡脚草，第 2 茬等，每茬 50 kg N/hm²					
2441	新鲜青贮，优质	15～35 d 生长期	255	390	73	69
2443		35～55 d 生长期	290	400	68	64
2445		55～75 d 生长期	325	415	63	57
2442	新鲜青贮，中等质量	15～35 d 生长期	260	380	70	63
2444		35～55 d 生长期	295	390	65	60
2446		55～75 d 生长期	330	405	60	53
3441	萎蔫青贮，优质	15～35 d 生长期	250	405	72	70
3443		35～55 d 生长期	285	415	68	66
3445		55～75 d 生长期	320	425	62	60
3442	萎蔫青贮，中等质量	15～35 d 生长期	255	400	71	65
3444		35～55 d 生长期	290	415	64	62
3446		55～75 d 生长期	325	430	60	55
	多年生意大利黑麦草，第 1 茬，100 kg N/hm²					
2411	新鲜青贮，优质	拔节期	230	438	78	78
2415		抽穗期	285	446	71	68
2417		盛花期	340	449	64	60
2412	新鲜青贮，中等质量	拔节期	235	430	74	71
2416		抽穗期	290	436	68	64
2418		盛花期	345	440	61	56

饲料价值		能量参数						换算因子			
1 kg DM		罗斯托克饲料评价体系				其他体系		ME	ME	NEL	NEL
EFUc	dCP	GE	dEc	mEc	NERc	ME	NEL	NERc	EFUc	NERc	EFUc
	g	MJ	MJ	MJ	MJ	MJ	MJ				
8	9	10	11	12	13	14	15	16	17	18	19
497	132	17.61	11.89	10.00	5.04	9.53	6.00	0.53	52.1	0.84	82.8
448	97	17.85	11.04	9.35	4.58	8.86	5.50	0.52	50.6	0.83	81.5
389	71	17.98	10.08	8.59	3.99	8.12	4.96	0.49	47.9	0.80	78.4
434	100	17.23	10.67	8.99	4.41	8.60	5.29	0.51	50.5	0.83	82.0
386	74	17.60	10.01	8.47	3.95	8.05	4.90	0.49	48.0	0.81	78.9
334	53	17.84	9.24	7.83	3.42	7.42	4.45	0.46	45.1	0.77	75.0
515	142	18.03	12.34	10.36	5.23	9.89	6.22	0.53	52.1	0.84	82.8
464	105	18.17	11.37	9.62	4.74	9.15	5.68	0.52	50.8	0.83	81.8
405	82	18.33	10.52	8.90	4.15	8.43	5.16	0.49	48.1	0.80	78.5
450	104	17.76	11.08	9.32	4.57	8.91	5.49	0.51	50.4	0.83	81.8
403	76	17.95	10.32	8.74	4.13	8.31	5.07	0.50	48.5	0.81	79.6
353	54	18.13	9.59	8.14	3.62	7.71	4.65	0.47	45.7	0.78	75.9
501	110	18.16	11.93	10.08	5.10	9.58	6.01	0.53	52.3	0.85	83.3
450	81	18.20	11.06	9.40	4.60	8.90	5.52	0.52	50.6	0.83	81.5
373	42	18.20	9.85	8.42	3.83	7.92	4.84	0.48	47.1	0.79	77.2
436	86	17.88	10.82	9.15	4.44	8.70	5.36	0.51	50.1	0.83	81.3
386	63	17.95	10.02	8.51	3.94	8.06	4.91	0.49	47.9	0.80	78.5
318	34	18.05	8.99	7.67	3.27	7.22	4.33	0.45	44.0	0.75	73.4
528	112	18.48	12.42	10.52	5.37	10.00	6.31	0.54	52.8	0.85	83.6
479	82	18.45	11.51	9.81	4.89	9.29	5.80	0.53	51.6	0.84	82.7
391	43	18.40	10.12	8.67	4.02	8.17	5.00	0.49	47.9	0.80	78.3
457	88	18.23	11.19	9.48	4.66	9.03	5.57	0.52	50.7	0.84	82.0
406	64	18.24	10.36	8.82	4.15	8.37	5.11	0.50	48.6	0.81	79.5
336	34	18.27	9.26	7.92	3.45	7.46	4.49	0.46	45.0	0.77	74.7
483	114	17.85	11.63	9.82	4.90	9.33	5.85	0.52	51.7	0.84	82.6
445	93	17.91	10.98	9.30	4.53	8.81	5.47	0.51	50.5	0.83	81.3
385	63	17.99	9.97	8.48	3.93	8.01	4.89	0.49	48.1	0.80	78.9
417	92	17.51	10.47	8.84	4.24	8.43	5.16	0.50	49.5	0.82	80.9
379	73	17.57	9.91	8.39	3.87	7.97	4.85	0.49	47.5	0.80	78.2
328	51	17.65	9.06	7.69	3.36	7.27	4.36	0.46	45.2	0.77	75.2
500	123	18.12	12.00	10.12	5.07	9.63	6.05	0.53	52.0	0.84	82.7
465	99	18.17	11.36	9.64	4.74	9.13	5.69	0.52	50.9	0.83	81.7
403	70	18.17	10.31	8.77	4.11	8.30	5.08	0.50	48.5	0.81	79.2
446	102	17.91	11.05	9.30	4.53	8.87	5.47	0.51	50.3	0.83	81.5
397	76	17.92	10.26	8.70	4.06	8.27	5.04	0.49	48.0	0.81	78.8
347	53	18.03	9.45	8.01	3.56	7.58	4.57	0.47	45.8	0.78	76.0
555	120	18.06	12.88	10.88	5.66	10.35	6.62	0.55	53.7	0.86	83.9
486	83	18.00	11.56	9.84	4.98	9.30	5.85	0.53	52.3	0.85	83.1
403	47	17.94	10.24	8.75	4.14	8.22	5.07	0.50	49.0	0.82	79.3
472	93	17.69	11.40	9.66	4.81	9.21	5.74	0.52	51.2	0.84	82.2
424	62	17.66	10.46	8.93	4.35	8.46	5.22	0.51	50.2	0.83	81.3
350	35	17.73	9.37	8.01	3.60	7.54	4.58	0.48	46.4	0.79	76.4

编码	饲料		粗营养成分(续表 3.1)			
	分类	特征	1 kg DM		消化率	
		成熟阶段	CFi	NFE	CFi	NFE
			g	g	%	%
1	2	3	4	5	6	7
	6.1 牛饲料表格(续表 3.1)					
	多年生意大利黑麦草,第 1 茬,100 kg N/hm²					
3411	萎蔫青贮,优质	拔节期	220	458	78	80
3415		抽穗期	275	465	70	71
3417		盛花期	335	465	62	63
3412	萎蔫青贮,中等质量	拔节期	230	451	73	72
3416		抽穗期	285	458	68	66
3418		盛花期	340	458	60	58
	多年生黑麦草,第 2 茬等,每茬 50 kg N/hm²					
2421	新鲜青贮,优质	15～35 d 生长期	230	405	76	72
2423		35～55 d 生长期	260	425	72	68
2425		55～75 d 生长期	300	435	65	62
2422	新鲜青贮,中等质量	15～35 d 生长期	240	390	73	67
2424		35～55 d 生长期	270	410	69	63
2426		55～75 d 生长期	310	420	64	58
3421	萎蔫青贮,优质	15～35 d 生长期	225	420	76	74
3423		35～55 d 生长期	255	440	72	70
3425		55～75 d 生长期	295	445	67	64
3422	萎蔫青贮,中等质量	15～35 d 生长期	235	415	72	69
3424		35～55 d 生长期	265	435	68	65
3426		55～75 d 生长期	305	445	63	60
	意大利黑麦草,第 2 茬等,见第 1 茬					
	狐尾草,见鸡脚草					
	猫尾草,见鸡脚草					
	肯塔基早熟禾,见黑麦草					
	牛尾草,见黑麦草					
2600	青绿饲料的青贮料,牧草					
	优质牧草,第 1 茬,50 kg N/hm²					
2621	新鲜青贮,优质	拔节期	225	455	75	75
2625		抽穗期	280	465	69	66
2627		盛花期	330	470	61	59
2622	新鲜青贮,中等质量	拔节期	230	455	72	71
2626		抽穗期	285	460	67	61
2628		盛花期	335	455	59	53
3621	萎蔫青贮,优质	拔节期	220	465	76	76
3625		抽穗期	275	465	68	67
3627		盛花期	325	465	62	59
3622	萎蔫青贮,中等质量	拔节期	225	470	72	71
3626		抽穗期	280	475	66	61
3628		盛花期	330	465	60	54
	优质牧草,第 1 茬,100 kg N/hm²					
2641	新鲜青贮,优质	拔节期	230	419	75	77
2645		抽穗期	280	417	68	66
2647		盛花期	330	435	62	59
2642	新鲜青贮,中等质量	拔节期	240	408	70	70
2646		抽穗期	290	405	65	61
2648		盛花期	340	424	59	55
3641	萎蔫青贮,优质	拔节期	225	435	75	78
3645		抽穗期	275	429	68	68
3647		盛花期	325	445	62	61

饲料价值		能量参数						换算因子			
1 kg DM		罗斯托克饲料评价体系				其他体系		ME	ME	NEL	NEL
EFUc	dCP	GE	dEc	mEc	NERc	ME	NEL	NERc	EFUc	NERc	EFUc
	g	MJ	MJ	MJ	MJ	MJ	MJ				
8	9	10	11	12	13	14	15	16	17	18	19
573	124	18.33	13.27	11.23	5.84	10.68	6.85	0.55	53.6	0.85	83.6
506	84	18.22	11.89	10.15	5.18	9.61	6.06	0.54	52.7	0.86	83.6
420	48	18.17	10.49	8.98	4.32	8.46	5.23	0.51	49.6	0.83	80.4
490	97	18.13	11.77	9.97	5.00	9.51	5.93	0.53	51.5	0.84	82.6
445	64	18.05	10.90	9.29	4.56	8.81	5.45	0.52	50.5	0.84	81.7
366	37	18.04	9.68	8.27	3.77	7.80	4.74	0.48	47.0	0.79	77.3
515	126	17.85	12.17	10.28	5.22	9.78	6.18	0.53	52.7	0.84	83.3
478	98	17.90	11.51	9.76	4.87	9.26	5.80	0.53	51.6	0.84	82.4
421	70	18.00	10.53	8.96	4.30	8.47	5.22	0.51	49.8	0.82	80.7
451	107	17.51	11.05	9.32	4.58	8.89	5.51	0.52	50.7	0.83	81.9
413	80	17.55	10.41	8.82	4.22	8.39	5.15	0.50	49.3	0.82	80.2
369	58	17.63	9.73	8.26	3.78	7.81	4.75	0.48	47.2	0.80	77.5
535	131	18.11	12.55	10.61	5.43	10.10	6.41	0.54	53.0	0.85	83.5
498	102	18.16	11.87	10.09	5.07	9.58	6.02	0.53	52.0	0.84	82.7
442	75	18.18	10.96	9.32	4.52	8.82	5.46	0.51	50.1	0.83	80.9
468	107	17.89	11.40	9.61	4.77	9.18	5.69	0.52	51.0	0.84	82.3
429	80	17.94	10.75	9.10	4.38	8.66	5.32	0.51	49.5	0.82	80.6
387	58	17.99	10.03	8.53	3.97	8.07	4.92	0.49	47.9	0.81	78.6
516	102	17.56	12.10	10.27	5.27	9.76	6.20	0.54	52.8	0.85	83.2
461	73	17.88	11.15	9.53	4.73	9.01	5.63	0.52	51.2	0.84	81.9
395	48	18.18	10.09	8.65	4.06	8.16	5.00	0.50	48.4	0.81	79.0
457	77	17.33	11.05	9.37	4.69	8.93	5.56	0.52	51.1	0.84	82.2
400	53	17.55	10.09	8.60	4.11	8.15	5.00	0.50	49.1	0.82	80.0
326	36	17.78	9.04	7.72	3.36	7.28	4.38	0.46	44.7	0.77	74.4
533	102	17.81	12.36	10.53	5.43	10.01	6.37	0.54	53.2	0.85	83.6
475	78	18.06	11.29	9.67	4.85	9.16	5.72	0.53	51.9	0.85	83.0
401	48	18.15	10.11	8.71	4.10	8.21	5.04	0.50	48.8	0.81	79.6
467	76	17.68	11.21	9.53	4.78	9.09	5.65	0.53	51.4	0.85	82.7
404	54	17.91	10.23	8.75	4.14	8.29	5.08	0.50	48.7	0.81	79.5
339	36	18.03	9.29	7.96	3.48	7.51	4.53	0.46	45.1	0.77	74.8
535	118	17.71	12.38	10.47	5.45	9.96	6.34	0.55	53.8	0.86	84.4
461	90	17.80	11.10	9.44	4.70	8.94	5.58	0.53	51.6	0.84	82.7
379	52	17.87	9.96	8.52	3.88	8.04	4.92	0.48	47.2	0.79	77.0
449	90	17.36	10.92	9.24	4.57	8.81	5.46	0.52	50.9	0.84	82.2
396	69	17.50	10.00	8.50	4.04	8.07	4.93	0.50	49.1	0.82	80.3
329	39	17.64	9.11	7.78	3.38	7.34	4.43	0.46	44.9	0.76	74.4
551	121	18.04	12.73	10.77	5.60	10.25	6.54	0.55	53.8	0.86	84.3
478	93	18.01	11.42	9.72	4.87	9.21	5.76	0.53	51.9	0.85	83.0
396	56	18.05	10.26	8.78	4.05	8.29	5.09	0.49	47.7	0.80	77.7

编码	饲料		粗营养成分(续表 3.1)			
	分类	特征	1 kg DM		消化率	
		成熟阶段	CFi	NFE	CFi	NFE
			g	g	%	%
1	2	3	4	5	6	7
	6.1 牛饲料表格(续表 3.1)					
	优质牧草，第 1 茬，100 kg N/hm²					
3642	萎蔫青贮，中等质量	拔节期	235	430	71	71
3646		抽穗期	285	426	66	62
3648		盛花期	335	442	60	56
	优质牧草，第 1 茬，150 kg N/hm²					
2661	新鲜青贮，优质	拔节期	225	360	73	73
2665		抽穗期	280	370	68	65
2667		盛花期	325	385	61	58
2662	新鲜青贮，中等质量	拔节期	235	360	69	68
2666		抽穗期	290	360	64	60
2668		盛花期	340	375	58	53
3661	萎蔫青贮，优质	拔节期	220	370	74	74
3665		抽穗期	275	385	68	65
3667		盛花期	325	395	60	58
3662	萎蔫青贮，中等质量	拔节期	230	370	70	69
3666		抽穗期	285	375	65	60
3668		盛花期	330	395	59	54
	优质牧草，第 2 茬等，每茬 50 kg N/hm²					
2651	新鲜青贮，优质	15～35 d 生长期	250	385	73	67
2653		35～55 d 生长期	280	397	69	62
2655		55～75 d 生长期	310	408	63	57
2652	新鲜青贮，中等质量	15～35 d 生长期	260	375	70	62
2654		35～55 d 生长期	290	385	65	58
2656		55～75 d 生长期	320	396	60	53
3651	萎蔫青贮，优质	15～35 d 生长期	245	416	72	69
3653		35～55 d 生长期	275	417	68	64
3655		55～75 d 生长期	305	426	62	59
3652	萎蔫青贮，中等质量	15～35 d 生长期	250	409	71	63
3654		35～55 d 生长期	280	412	66	59
3656		55～75 d 生长期	315	417	61	53
	劣质牧草，第 1 茬，50 kg N/hm²					
2711	新鲜青贮，优质	拔节期	260	471	71	65
2715		抽穗期	305	469	66	60
2717		盛花期	355	463	59	52
2712	新鲜青贮，中等质量	拔节期	265	461	67	60
2716		抽穗期	315	455	60	54
2718		盛花期	360	455	53	47
3711	萎蔫青贮，优质	拔节期	255	487	71	67
3715		抽穗期	295	489	65	62
3717		盛花期	345	484	58	54
3712	萎蔫青贮，中等质量	拔节期	260	482	68	62
3716		抽穗期	305	479	62	55
3718		盛花期	350	477	55	48
	劣质牧草，第 2 茬等，每茬 25 kg N/hm²					
2723	新鲜青贮，优质	35～55 d 生长期	290	473	64	59
2725		55～75 d 生长期	320	482	59	55
2724	新鲜青贮，中等质量	35～55 d 生长期	300	458	61	53
2726		55～75 d 生长期	330	469	57	49
3723	萎蔫青贮，优质	35～55 d 生长期	290	478	64	60
3725		55～75 d 生长期	315	492	59	56

饲料价值		能量参数						换算因子			
1 kg DM		罗斯托克饲料评价体系				其他体系		ME	ME	NEL	NEL
EFUc	dCP	GE	dEc	mEc	NERc	ME	NEL	NERc	EFUc	NERc	EFUc
	g	MJ	MJ	MJ	MJ	MJ	MJ				
8	9	10	11	12	13	14	15	16	17	18	19
467	93	17.78	11.31	9.57	4.77	9.13	5.67	0.52	51.2	0.84	82.5
414	72	17.87	10.37	8.81	4.23	8.36	5.12	0.51	49.5	0.83	80.8
341	40	17.95	9.42	8.04	3.50	7.59	4.59	0.46	44.9	0.76	74.2
519	163	17.77	12.37	10.32	5.26	9.84	6.22	0.53	52.8	0.85	83.5
469	128	17.98	11.50	9.66	4.76	9.17	5.72	0.52	51.1	0.83	81.9
401	98	18.25	10.48	8.83	4.09	8.36	5.11	0.49	48.0	0.80	78.5
446	130	17.48	11.10	9.26	4.53	8.87	5.47	0.51	50.2	0.83	81.5
395	102	17.62	10.24	8.60	4.02	8.20	4.99	0.49	48.1	0.80	79.0
343	76	17.98	9.45	7.96	3.50	7.56	4.54	0.46	45.4	0.77	75.7
530	165	17.94	12.55	10.50	5.37	10.02	6.34	0.54	52.9	0.85	83.6
475	128	18.12	11.59	9.76	4.82	9.27	5.78	0.52	51.3	0.83	82.2
405	98	18.39	10.50	8.87	4.12	8.40	5.14	0.49	48.2	0.80	78.8
456	135	17.67	11.37	9.50	4.64	9.10	5.62	0.51	50.1	0.82	81.1
408	107	17.89	10.49	8.82	4.16	8.41	5.13	0.49	48.5	0.81	79.6
351	76	18.14	9.65	8.15	3.59	7.74	4.65	0.46	45.4	0.77	75.5
474	117	17.75	11.43	9.65	4.81	9.18	5.73	0.52	51.6	0.84	82.8
441	96	17.86	10.87	9.21	4.48	8.73	5.41	0.51	50.5	0.83	81.6
386	77	17.97	10.07	8.54	3.94	8.08	4.93	0.49	47.8	0.80	78.4
404	92	17.38	10.26	8.66	4.11	8.26	5.05	0.50	48.9	0.81	80.0
376	74	17.52	9.77	8.28	3.82	7.86	4.77	0.49	47.8	0.80	78.7
331	59	17.64	9.12	7.74	3.38	7.34	4.40	0.46	45.1	0.77	75.2
495	114	17.99	11.75	9.96	5.02	9.47	5.94	0.53	52.3	0.85	83.4
460	99	18.17	11.18	9.50	4.67	9.01	5.59	0.52	51.0	0.84	82.2
404	81	18.22	10.36	8.80	4.12	8.33	5.10	0.49	48.5	0.81	79.3
433	89	17.71	10.64	9.02	4.39	8.59	5.28	0.51	50.4	0.83	82.0
395	76	17.89	10.09	8.58	4.02	8.16	4.96	0.49	48.5	0.81	79.7
347	62	17.98	9.38	7.96	3.54	7.55	4.54	0.47	45.9	0.78	76.4
444	70	17.82	10.92	9.27	4.56	8.79	5.45	0.52	50.5	0.84	81.6
395	47	17.90	10.14	8.63	4.07	8.16	4.99	0.50	48.4	0.81	79.0
319	26	17.91	8.97	7.68	3.30	7.22	4.35	0.46	44.2	0.76	73.4
382	54	17.54	9.86	8.38	3.92	7.96	4.84	0.49	48.0	0.81	79.0
322	37	17.67	9.03	7.68	3.32	7.27	4.36	0.46	44.4	0.76	74.0
255	20	17.70	7.97	6.81	2.64	6.41	3.78	0.41	39.8	0.70	67.4
466	72	18.07	11.28	9.59	4.78	9.11	5.67	0.52	51.1	0.84	82.2
412	49	18.11	10.39	8.87	4.24	8.39	5.15	0.51	49.1	0.82	80.0
334	26	18.08	9.15	7.86	3.45	7.40	4.46	0.47	45.1	0.77	74.8
405	55	17.90	10.29	8.75	4.16	8.32	5.08	0.50	48.7	0.82	79.8
342	38	17.95	9.35	7.98	3.53	7.56	4.55	0.47	45.3	0.78	75.3
273	20	17.98	8.29	7.10	2.82	6.68	3.96	0.42	40.9	0.71	69.0
383	54	17.83	9.99	8.49	3.94	8.04	4.90	0.49	47.7	0.80	78.2
331	34	17.91	9.27	7.89	3.42	7.45	4.49	0.46	44.4	0.76	73.8
320	40	17.57	8.96	7.62	3.29	7.22	4.32	0.46	44.3	0.76	74.1
278	24	17.63	8.34	7.11	2.87	6.72	3.98	0.43	41.4	0.72	69.8
400	58	18.06	10.23	8.71	4.11	8.26	5.05	0.50	48.4	0.81	79.2
351	38	18.10	9.47	8.08	3.62	7.64	4.61	0.47	46.0	0.79	76.2

编码	饲料		粗营养成分(续表 3.1)			
			1 kg DM		消化率	
	分类	特征				
		成熟阶段	CFi	NFE	CFi	NFE
			g	g	%	%
1	2	3	4	5	6	7
	6.1 牛饲料表格(续表 3.1)					
	劣质牧草，第 2 茬等，每茬 25 kg N/hm²					
3724	萎蔫青贮，中等质量	35～55 d 生长期	300	472	61	54
3726		55～75 d 生长期	330	481	57	50
2800	青绿饲料的青贮料，青绿谷物，青绿玉米和青贮用玉米					
	大麦，见燕麦					
	燕麦，125 kg N/hm²					
2873	新鲜青贮，优质	孕穗期	250	440	80	74
2875		抽穗期	300	441	72	67
2877		盛花期	350	447	65	61
2874	新鲜青贮，中等质量	孕穗期	255	431	75	67
2876		抽穗期	305	432	67	60
2878		盛花期	360	435	61	54
3873	萎蔫青贮，优质	孕穗期	240	453	79	77
3875		抽穗期	290	461	73	71
3877		盛花期	345	457	66	64
3874	萎蔫青贮，中等质量	孕穗期	250	449	76	71
3876		抽穗期	300	452	68	63
3878		盛花期	355	447	62	56
	青绿玉米					
2881	新鲜青贮，优质	开花前期	300	425	66	65
2883		开花期	280	487	71	70
2882	新鲜青贮，中等质量	开花前期	310	406	60	60
2884		开花期	290	470	67	66
	青贮用玉米					
2891	新鲜青贮,优质	乳熟期	265	525	71	74
2893		乳熟期至蜡熟期	235	570	70	78
2895		蜡熟期	210	610	69	80
2892	新鲜青贮，中等质量	乳熟期	285	503	67	67
2894		乳熟期至蜡熟期	245	562	70	72
	黑麦和小麦，125 kg N/hm²					
2823	新鲜青贮，优质	孕穗期	245	407	79	72
2825		抽穗早期	300	413	73	65
2827		抽穗晚期	350	416	66	59
2824	新鲜青贮，中等质量	孕穗期	250	401	76	66
2826		抽穗早期	310	400	68	60
2828		抽穗晚期	350	413	63	54
3823	萎蔫青贮，优质	孕穗期	235	436	79	75
3825		抽穗早期	290	434	73	69
3827		抽穗晚期	340	435	67	63
3824	萎蔫青贮，中等质量	孕穗期	245	431	76	69
3826		抽穗早期	300	427	70	63
3828		抽穗晚期	345	430	64	58
	全株谷物，青贮					
2859	全株大麦青贮	蜡熟期	305	525	53	68
2879	全株燕麦青贮	蜡熟期	320	495	50	66
2899	全株玉米青贮	玉米成熟早期	210	620	67	79
2829	全株黑麦青贮	蜡熟期	350	495	50	60
2839	全株小麦青贮	蜡熟期	335	495	49	65

饲料价值		能量参数						换算因子			
1 kg DM		罗斯托克饲料评价体系				其他体系		ME	ME	NEL	NEL
EFUc	dCP	GE	dEc	mEc	NERc	ME	NEL	NERc	EFUc	NERc	EFUc
	g	MJ	MJ	MJ	MJ	MJ	MJ				
8	9	10	11	12	13	14	15	16	17	18	19
342	41	17.88	9.20	7.85	3.52	7.44	4.46	0.47	46.0	0.79	76.7
298	26	17.94	8.58	7.32	3.07	6.92	4.11	0.44	43.0	0.75	72.4
520	97	17.51	12.15	10.27	5.34	9.72	6.20	0.55	53.5	0.86	83.8
482	74	17.85	11.47	9.76	4.93	9.20	5.80	0.54	52.4	0.85	83.1
431	52	18.14	10.64	9.12	4.42	8.57	5.33	0.52	50.3	0.83	80.9
452	73	17.36	10.91	9.25	4.62	8.77	5.47	0.53	51.5	0.85	82.7
402	55	17.61	10.14	8.63	4.11	8.15	5.01	0.50	49.3	0.82	80.1
357	39	17.95	9.50	8.14	3.66	7.65	4.66	0.48	46.6	0.79	76.6
553	106	18.03	12.78	10.83	5.65	10.27	6.58	0.55	53.9	0.86	84.1
513	75	18.08	11.99	10.23	5.25	9.65	6.13	0.54	53.2	0.86	83.7
457	53	18.21	11.01	9.46	4.69	8.89	5.56	0.53	51.4	0.84	82.2
484	77	17.83	11.55	9.79	4.95	9.30	5.82	0.53	52.1	0.85	83.1
430	57	17.94	10.64	9.06	4.40	8.56	5.29	0.51	50.2	0.83	81.2
375	40	18.15	9.84	8.43	3.84	7.92	4.84	0.48	47.3	0.79	77.4
444	80	17.47	10.87	9.24	4.55	8.73	5.45	0.52	50.9	0.83	81.5
490	62	17.64	11.53	9.86	5.04	9.32	5.89	0.54	52.6	0.86	83.2
371	64	17.25	9.68	8.20	3.80	7.78	4.74	0.49	47.7	0.80	78.2
431	47	17.46	10.55	9.01	4.43	8.52	5.29	0.52	50.6	0.84	81.5
526	48	17.74	11.89	10.29	5.40	9.70	6.20	0.56	54.2	0.87	84.9
575	43	17.99	12.45	10.88	5.89	10.25	6.62	0.57	56.1	0.89	86.9
606	34	17.98	12.66	11.12	6.21	10.47	6.80	0.59	57.9	0.91	89.1
457	34	17.53	10.65	9.24	4.70	8.69	5.45	0.54	52.6	0.86	83.9
514	27	17.77	11.44	9.98	5.28	9.39	5.97	0.56	54.8	0.88	86.2
536	126	17.81	12.51	10.54	5.45	9.99	6.38	0.55	53.7	0.85	84.1
485	95	18.03	11.68	9.88	4.94	9.32	5.87	0.53	52.0	0.84	82.5
423	65	18.04	10.61	9.03	4.33	8.48	5.26	0.51	49.9	0.82	80.4
463	98	17.46	11.19	9.43	4.71	8.97	5.59	0.52	51.6	0.84	82.7
414	72	17.71	10.40	8.82	4.22	8.34	5.14	0.51	49.6	0.82	80.5
360	47	17.83	9.58	8.15	3.68	7.67	4.67	0.48	46.9	0.79	77.1
562	129	18.26	13.04	11.01	5.71	10.46	6.70	0.55	53.8	0.85	83.9
513	97	18.28	12.14	10.29	5.23	9.72	6.16	0.54	52.8	0.85	83.3
454	66	18.25	11.09	9.46	4.65	8.90	5.56	0.52	51.0	0.84	81.7
492	101	18.02	11.76	9.94	5.01	9.46	5.92	0.53	52.0	0.85	83.1
443	73	18.08	10.93	9.27	4.52	8.78	5.44	0.52	50.5	0.83	81.5
392	48	18.12	10.08	8.60	4.01	8.10	4.96	0.50	48.3	0.81	78.9
435	36	18.02	10.38	9.05	4.49	8.51	5.28	0.53	51.1	0.85	82.4
409	36	17.93	9.90	8.65	4.20	8.12	5.01	0.52	50.3	0.84	81.6
602	29	17.99	12.49	11.04	6.16	10.36	6.74	0.59	58.1	0.91	89.3
367	23	17.90	9.21	8.11	3.78	7.58	4.64	0.50	48.4	0.81	79.0
401	36	17.97	9.77	8.56	4.14	8.02	4.94	0.52	50.0	0.84	81.2

编码	饲料		粗营养成分(续表 3.1)			
	分类	特征	1 kg DM		消化率	
		成熟阶段	CFi	NFE	CFi	NFE
			g	g	%	%
1	2	3	4	5	6	7
	6.1 牛饲料表格(续表 3.1)					
2900	青绿饲料的青贮料，甜菜叶和十字花科					
	牛饲用甘蓝主植株					
2951	新鲜青贮，优质	早期	210	460	75	79
2953		晚期	270	465	66	73
2952	新鲜青贮，中等质量	早期	230	435	69	75
2954		晚期	290	430	61	70
	油菜					
2931	新鲜青贮，优质	营养生长期	160	395	80	84
2933		现蕾期	220	390	74	79
2935		开花期	290	370	60	73
	甜菜叶					
	带顶饲用甜菜叶					
2921	新鲜青贮，优质	清洁	150	460	73	76
2922		不清洁	135	395	66	70
2923		很不清洁	110	340	63	64
2924		不清洁，有杂草	200	370	59	60
	带顶饲用糖甜菜叶					
2911	新鲜青贮，优质	清洁	135	495	78	83
2912		不清洁	125	425	73	79
2913		很不清洁	110	365	69	73
2914		不清洁，有杂草	185	400	64	70
2965	向日葵新鲜青贮，优质	早花期	265	439	61	68
4000	干燥的青绿饲料					
4100	干燥的青绿饲料，小籽豆科					
	苜蓿，第 1 茬					
4161	优质	营养生长期	215	369	59	78
4163		现蕾期	260	378	53	76
4165		早花期	305	377	49	73
4167		盛花期	340	375	46	69
4162	过干	营养生长期	235	360	58	74
4164		现蕾期	285	360	53	72
4166		早花期	330	355	49	68
4168		盛花期	365	355	46	63
	苜蓿，第 2 茬等					
4171	优质	营养生长期	190	363	57	76
4173		现蕾期	235	377	54	72
4175		早花期	280	376	50	69
4177		盛花期	320	375	46	69
	红三叶，第 1 茬等					
4011	优质	营养生长期	190	437	62	80
4013		现蕾期	230	458	57	77
4015		早花期	265	462	53	74
4017		盛花期	300	460	50	70
4012	过干	营养生长期	210	410	63	77
4014		现蕾期	255	425	57	73
4016		早花期	290	435	53	69
4018		盛花期	325	430	50	64
4063	瑞士三叶草，第 1 茬等，优质	开花前期	220	405	60	78
4065		早花期	255	436	56	74
4067		盛花期	290	440	51	69
4085	白三叶，第 1 茬等，优质	早花期	225	435	59	79

饲料价值		能量参数						换算因子			
1 kg DM		罗斯托克饲料评价体系				其他体系		ME	ME	NEL	NEL
EFUc	dCP	GE	dEc	mEc	NERc	ME	NEL	NERc	EFUc	NERc	EFUc
	g	MJ	MJ	MJ	MJ	MJ	MJ				
8	9	10	11	12	13	14	15	16	17	18	19
531	102	17.04	12.19	10.35	5.45	9.83	6.31	0.55	54.0	0.86	84.2
488	72	17.21	11.32	9.70	5.02	9.15	5.81	0.55	53.4	0.87	84.1
454	75	16.50	10.85	9.20	4.68	8.76	5.50	0.53	51.9	0.85	82.7
406	50	16.61	10.00	8.54	4.19	8.08	5.01	0.52	50.2	0.84	81.0
528	139	16.50	12.38	10.40	5.35	9.93	6.39	0.54	53.2	0.84	82.6
510	119	16.90	11.96	10.06	5.20	9.56	6.09	0.54	53.4	0.85	83.7
444	100	17.19	10.94	9.22	4.53	8.75	5.46	0.52	50.7	0.83	81.3
481	115	16.24	11.32	9.56	4.94	9.16	5.78	0.54	52.5	0.85	83.3
374	99	14.27	9.23	7.75	3.83	7.46	4.60	0.51	50.1	0.83	81.2
279	78	12.26	7.25	6.06	2.86	5.86	3.53	0.49	47.6	0.81	79.1
302	73	14.39	8.05	6.79	3.11	6.51	3.91	0.48	46.4	0.79	77.1
514	95	16.08	11.86	10.11	5.28	9.69	6.21	0.54	53.0	0.85	82.8
421	79	14.12	9.81	8.33	4.33	8.00	5.04	0.54	52.7	0.86	83.7
317	59	12.14	7.78	6.58	3.26	6.34	3.91	0.51	50.0	0.84	81.2
349	55	14.29	8.66	7.38	3.60	7.07	4.33	0.51	49.5	0.83	80.7
406	53	16.79	9.94	8.51	4.16	8.07	4.97	0.51	50.2	0.84	81.6
495	183	18.19	12.30	10.19	5.07	9.81	6.09	0.52	50.5	0.83	81.3
461	151	18.20	11.62	9.69	4.73	9.31	5.73	0.51	49.5	0.83	80.5
427	127	18.32	11.02	9.22	4.38	8.83	5.38	0.50	48.3	0.81	79.2
384	111	18.36	10.36	8.69	3.96	8.30	5.01	0.48	46.3	0.79	76.7
438	154	18.18	11.34	9.40	4.48	9.08	5.52	0.49	48.2	0.81	79.3
407	123	18.07	10.66	8.90	4.18	8.57	5.18	0.49	47.4	0.81	78.5
366	103	18.04	9.97	8.36	3.77	8.03	4.80	0.47	45.6	0.78	76.1
321	88	18.08	9.33	7.82	3.31	7.49	4.43	0.44	42.8	0.75	72.3
486	197	18.12	12.17	10.04	4.96	9.70	5.98	0.51	50.1	0.83	81.2
450	165	18.23	11.52	9.56	4.61	9.22	5.63	0.50	48.8	0.82	79.9
421	143	18.32	10.96	9.13	4.31	8.78	5.32	0.49	47.9	0.81	79.0
384	120	18.34	10.43	8.71	3.96	8.36	5.03	0.47	46.0	0.79	76.3
537	148	18.21	12.62	10.60	5.46	10.20	6.39	0.54	52.6	0.85	84.0
501	115	18.23	11.93	10.12	5.12	9.71	6.04	0.53	51.6	0.85	82.9
462	91	18.22	11.22	9.57	4.73	9.16	5.64	0.52	50.4	0.84	81.9
418	74	18.32	10.58	9.02	4.29	8.61	5.24	0.50	48.6	0.82	79.7
478	129	18.04	11.73	9.84	4.87	9.49	5.85	0.51	50.4	0.83	81.8
443	103	18.07	11.05	9.35	4.54	8.98	5.49	0.51	49.4	0.83	80.8
400	74	18.02	10.23	8.72	4.10	8.36	5.05	0.49	47.8	0.81	79.1
350	59	17.99	9.51	8.09	3.61	7.73	4.62	0.47	45.3	0.78	75.8
487	141	17.91	11.88	9.98	4.97	9.60	5.96	0.52	50.7	0.83	81.7
459	110	18.09	11.32	9.56	4.71	9.17	5.64	0.51	50.0	0.83	81.3
405	89	18.13	10.47	8.86	4.17	8.48	5.14	0.49	47.8	0.81	78.8
488	127	18.05	11.94	10.04	5.02	9.64	5.99	0.52	50.6	0.84	81.6

编码	饲料		粗营养成分(续表 3.1)			
	分类	特征	1 kg DM		消化率	
		成熟阶段	CFi	NFE	CFi	NFE
			g	g	%	%
1	2	3	4	5	6	7
	6.1 牛饲料表格(续表 3.1)					
4200	干燥的青绿饲料，大籽豆科					
	菜豆，见黄色甜羽扇豆					
	豌豆，见黄色甜羽扇豆					
	豆科与菜豆的混合料，见黄色甜羽扇豆					
	豆科与青绿谷物或玉米的混合料					
4293	优质	开花前期	205	412	68	81
4295		开花期	250	429	64	77
4297		结荚早期	290	429	57	72
4296	过干	开花期	275	405	62	74
	黄色甜羽扇豆					
4213	优质	开花前期	200	400	66	81
4215		开花期	260	403	59	75
4217		结荚早期	320	394	55	72
4216	过干	开花期	285	385	59	69
4300	干燥的青绿饲料，豆科-草混合料					
	苜蓿-草，第 1 茬等					
4331	优质	营养生长期	220	400	72	78
4333		现蕾期	265	423	67	74
4335		早花期	310	423	61	68
4337		盛花期	345	416	55	63
4332	过干	营养生长期	240	395	68	72
4334		现蕾期	285	415	64	68
4336		早花期	335	405	59	62
4338		盛花期	365	405	53	60
	红三叶-草，第 1 茬等					
4311	优质	营养生长期	195	448	74	81
4313		现蕾期	240	465	69	77
4315		早花期	280	475	65	73
4317		盛花期	305	478	61	70
4312	过干	营养生长期	220	425	70	76
4314		现蕾期	265	445	67	72
4316		早花期	300	460	63	67
4318		盛花期	330	465	59	63
	野豌豆-燕麦					
4361	优质	开花前期	210	435	72	81
4365		开花期	260	447	65	76
4367		结荚早期	300	446	61	70
4366	过干	开花期	285	425	65	72
	野豌豆-草，第 1 茬					
4353	优质	开花前期	205	436	70	78
4355		早花期	250	459	64	73
4357		盛花期	295	454	57	67
4354	过干	开花前期	230	420	67	74
4356		早花期	275	440	62	70
4358		盛花期	315	435	55	62

饲料价值		能量参数						换算因子			
1 kg DM		罗斯托克饲料评价体系				其他体系		ME	ME	NEL	NEL
EFUc	dCP	GE	dEc	mEc	NERc	ME	NEL	NERc	EFUc	NERc	EFUc
	g	MJ	MJ	MJ	MJ	MJ	MJ				
8	9	10	11	12	13	14	15	16	17	18	19
533	148	18.03	12.62	10.59	5.44	10.16	6.40	0.54	52.5	0.85	83.4
498	117	18.06	12.01	10.15	5.10	9.70	6.07	0.53	51.3	0.84	82.0
455	101	18.15	11.24	9.53	4.67	9.09	5.61	0.51	50.0	0.83	81.0
449	94	17.84	11.04	9.37	4.60	8.96	5.52	0.51	50.0	0.83	81.3
519	163	17.74	12.52	10.44	5.32	10.04	6.31	0.53	51.7	0.84	82.4
476	136	18.07	11.76	9.87	4.89	9.46	5.86	0.52	50.3	0.83	81.1
446	111	18.29	11.21	9.47	4.59	9.03	5.56	0.51	49.4	0.82	80.2
419	113	18.08	10.79	9.06	4.31	8.70	5.28	0.50	48.2	0.82	79.3
543	161	18.25	12.88	10.79	5.53	10.33	6.53	0.54	52.5	0.85	83.1
505	122	18.27	12.15	10.25	5.17	9.78	6.13	0.53	51.6	0.84	82.3
449	95	18.17	11.10	9.44	4.62	8.97	5.55	0.51	50.1	0.83	80.9
390	75	18.16	10.15	8.65	4.02	8.21	4.99	0.49	47.6	0.80	78.1
464	126	17.94	11.51	9.66	4.75	9.27	5.73	0.51	50.1	0.83	81.1
442	96	18.10	10.99	9.32	4.54	8.89	5.47	0.51	49.7	0.83	80.9
386	74	18.11	10.12	8.59	3.97	8.16	4.96	0.49	47.3	0.80	77.9
340	56	18.00	9.37	7.98	3.51	7.58	4.55	0.46	44.9	0.77	74.8
556	142	18.09	13.07	11.00	5.68	10.53	6.70	0.54	52.8	0.85	83.0
519	102	18.01	12.25	10.41	5.32	9.93	6.26	0.54	52.3	0.85	82.8
486	75	18.04	11.57	9.90	5.00	9.41	5.89	0.53	51.6	0.85	82.4
449	56	18.02	10.92	9.36	4.63	8.88	5.51	0.52	50.5	0.84	81.5
496	121	18.01	11.98	10.09	5.07	9.68	6.03	0.52	51.3	0.84	82.4
469	85	18.05	11.37	9.67	4.81	9.23	5.72	0.52	50.8	0.84	81.9
430	63	18.06	10.69	9.16	4.43	8.70	5.36	0.51	49.5	0.83	80.4
385	45	18.12	10.05	8.61	3.98	8.16	4.97	0.49	47.2	0.80	77.5
542	133	17.96	12.73	10.72	5.54	10.26	6.50	0.54	52.8	0.85	83.3
499	102	17.99	11.93	10.13	5.13	9.65	6.06	0.53	51.7	0.85	82.4
458	84	18.06	11.16	9.52	4.72	9.05	5.62	0.52	50.6	0.84	81.6
454	81	17.98	11.15	9.47	4.66	9.03	5.59	0.52	50.3	0.83	81.3
526	138	18.21	12.62	10.60	5.36	10.15	6.39	0.53	51.8	0.84	82.4
490	101	18.14	11.72	9.96	5.02	9.50	5.92	0.53	51.6	0.85	82.7
426	78	18.15	10.69	9.10	4.38	8.66	5.31	0.51	49.2	0.82	80.2
467	111	17.90	11.49	9.67	4.78	9.28	5.74	0.52	50.4	0.83	81.5
433	80	18.05	10.88	9.25	4.45	8.83	5.43	0.50	49.1	0.82	79.9
356	58	17.97	9.62	8.20	3.66	7.81	4.69	0.47	45.6	0.78	75.8

编码	饲料		粗营养成分(续表 3.1)			
	分类	特征	1 kg DM		消化率	
		成熟阶段	CFi	NFE	CFi	NFE
			g	g	%	%
1	2	3	4	5	6	7
	6.1 牛饲料表格(续表 3.1)					
	野豌豆-黑麦和野豌豆-小麦					
4371	优质	开花前期	210	417	73	78
4373		早花期	270	425	55	72
4374	过干	早花期	295	410	63	69
4400	干燥的青绿饲料，纯种草					
	鸡脚草，第 1 茬，100 kg N/hm²					
4431	优质	拔节期	215	450	77	77
4433		抽穗早期	260	468	71	71
4435		抽穗晚期	300	473	64	67
4437		盛花期	340	475	58	59
	鸡脚草，第 2 茬等，每茬 50 kg N/hm²					
4441	优质	15～35 d 生长期	250	415	72	70
4443		35～55 d 生长期	285	430	67	64
4445		55～75 d 生长期	320	440	62	59
	意大利多年生黑麦草,第 1 茬,100 kg N/hm²					
4411	优质	拔节期	200	455	80	83
4413		抽穗早期	240	478	76	77
4415		抽穗晚期	280	485	72	71
4417		盛花期	320	485	64	64
4412	过干	拔节期	220	445	78	77
4414		抽穗早期	255	465	74	72
4416		抽穗晚期	295	475	70	66
4418		盛花期	335	470	64	59
	多年生黑麦草,第 2 茬等,每茬 50 kg N/hm²					
4421	优质	15～35 d 生长期	225	425	78	76
4423		35～55 d 生长期	260	435	72	70
4425		55～75 d 生长期	300	455	66	64
4422	过干	15～35 d 生长期	240	415	74	70
4424		35～55 d 生长期	275	425	68	64
4426		55～75 d 生长期	315	445	62	60
	意大利黑麦草,第 2 茬等,见第 1 茬					
	猫尾草，见鸡脚草					
	肯塔基早熟禾，见黑麦草					
	牛尾草，见黑麦草					
4600	干燥的青绿饲料，牧草					
	优质牧草，第 1 茬，100 kg N/hm²					
4641	优质	拔节期	200	437	79	79
4643		抽穗早期	245	448	73	73
4645		抽穗晚期	290	448	67	67
4647		盛花期	320	461	62	62
4642	过干	拔节期	220	425	76	74
4644		抽穗早期	265	430	70	68
4646		抽穗晚期	305	435	65	62
4648		盛花期	335	445	60	57
	优质牧草，第 1 茬，150 kg N/hm²					
4661	优质	拔节期	205	375	77	78
4663		抽穗早期	250	390	70	73
4665		抽穗晚期	295	390	66	66
4667		盛花期	320	405	61	60

饲料价值		能量参数						换算因子			
1 kg DM		罗斯托克饲料评价体系				其他体系		ME	ME	NEL	NEL
EFUc	dCP	GE	dEc	mEc	NERc	ME	NEL	NERc	EFUc	NERc	EFUc
	g	MJ	MJ	MJ	MJ	MJ	MJ				
8	9	10	11	12	13	14	15	16	17	18	19
540	147	18.14	12.77	10.71	5.50	10.25	6.48	0.54	52.6	0.85	83.3
465	111	18.12	11.26	9.52	4.76	9.10	5.61	0.52	51.1	0.85	83.0
442	88	18.12	10.96	9.30	4.53	8.87	5.45	0.51	49.8	0.83	81.1
549	119	18.11	12.63	10.73	5.60	10.24	6.49	0.55	53.7	0.86	84.6
497	86	18.10	11.70	10.03	5.09	9.54	5.98	0.53	52.1	0.85	83.1
445	64	18.19	10.94	9.41	4.57	8.92	5.53	0.51	49.8	0.83	80.5
371	37	18.24	9.71	8.41	3.82	7.94	4.82	0.48	46.7	0.79	77.0
490	112	17.95	11.65	9.92	4.99	9.46	5.91	0.53	51.8	0.84	82.9
442	86	17.99	10.82	9.27	4.52	8.81	5.44	0.51	50.2	0.83	81.3
393	61	18.02	10.04	8.61	4.03	8.15	4.98	0.49	48.3	0.81	79.1
592	137	18.33	13.62	11.56	6.02	11.03	7.10	0.55	53.7	0.85	83.3
559	98	18.23	12.69	10.86	5.71	10.32	6.58	0.55	54.1	0.87	84.9
503	70	18.16	11.80	10.14	5.17	9.59	6.05	0.54	52.5	0.85	83.2
433	46	18.20	10.62	9.14	4.45	8.63	5.34	0.52	50.1	0.83	81.1
545	117	18.28	12.60	10.68	5.56	10.20	6.44	0.54	53.4	0.86	84.5
499	81	18.13	11.75	10.06	5.11	9.57	6.00	0.53	52.1	0.85	83.1
444	55	18.01	10.89	9.34	4.58	8.85	5.49	0.52	50.1	0.83	80.8
374	36	18.08	9.86	8.46	3.87	7.99	4.87	0.48	46.8	0.79	76.8
531	120	17.92	12.40	10.54	5.41	10.06	6.37	0.54	52.8	0.85	83.4
484	93	17.83	11.48	9.83	4.94	9.35	5.85	0.53	51.7	0.84	82.7
432	65	18.04	10.69	9.16	4.43	8.67	5.36	0.51	49.8	0.83	80.6
473	106	17.77	11.43	9.69	4.83	9.27	5.76	0.52	51.0	0.84	82.1
421	80	17.67	10.47	8.95	4.32	8.53	5.23	0.51	49.4	0.83	80.5
369	49	17.90	9.76	8.35	3.80	7.93	4.80	0.48	46.6	0.79	76.9
565	142	18.17	13.10	11.08	5.75	10.58	6.75	0.54	53.4	0.85	83.7
523	109	18.09	12.20	10.42	5.34	9.92	6.27	0.54	52.8	0.85	83.5
474	87	18.16	11.35	9.74	4.85	9.24	5.77	0.53	51.3	0.84	82.2
426	61	18.22	10.52	9.06	4.36	8.56	5.28	0.51	49.8	0.83	80.8
507	118	18.02	12.04	10.20	5.16	9.76	6.11	0.53	51.9	0.85	82.9
459	88	17.89	11.10	9.48	4.69	9.03	5.60	0.52	50.8	0.84	82.0
416	68	17.95	10.35	8.88	4.26	8.43	5.17	0.51	49.3	0.82	80.4
357	44	17.99	9.47	8.14	3.68	7.71	4.66	0.48	46.4	0.79	76.8
556	180	18.37	13.18	11.03	5.63	10.56	6.70	0.53	52.7	0.84	83.0
528	142	18.31	12.44	10.53	5.34	10.03	6.33	0.53	52.7	0.84	83.5
479	116	18.23	11.51	9.80	4.86	9.30	5.80	0.52	51.5	0.84	82.5
422	93	18.64	10.64	9.06	4.30	8.59	5.25	0.50	49.2	0.82	80.4

编码	饲料		粗营养成分(续表 3.1)			
	分类	特征	1 kg DM		消化率	
		成熟阶段	CFi	NFE	CFi	NFE
			g	g	%	%
1	2	3	4	5	6	7
	6.1 牛饲料表格(续表 3.1)					
	优质牧草，第 2 茬等，50 kg N/hm²					
4651	优质	15～35 d 生长期	225	430	74	73
4653		35～55 d 生长期	260	440	68	68
4655		55～75 d 生长期	290	445	64	64
4652	过干	15～35 d 生长期	235	425	70	67
4654		35～55 d 生长期	275	430	66	62
4656		55～75 d 生长期	305	440	62	57
	优质牧草，第 2 茬等，75 kg N/hm²					
4671	优质	15～35 d 生长期	225	370	72	73
4673		35～55 d 生长期	260	390	68	68
4675		55～75 d 生长期	290	405	64	64
	劣质牧草，第 1 茬，100 kg N/hm²					
4731	优质	拔节期	240	431	73	71
4733		抽穗早期	285	442	69	67
4735		抽穗晚期	320	446	64	61
4737		盛花期	350	450	57	55
4734	过干	抽穗早期	305	430	66	61
	劣质牧草,第 2 茬等,每茬 50 kg N/hm²					
4743	优质	35～55 d 生长期	300	430	62	57
4800	干燥青绿饲料,青绿谷物，青绿玉米和全株谷物植株					
	大麦，见燕麦					
	燕麦，125 kg N/hm²					
4871	优质	拔节期	220	455	78	82
4873		抽穗早期	265	470	74	77
4875		抽穗晚期	300	470	70	72
4877		盛花期	325	475	64	67
4878		乳熟期	330	505	62	65
4872	过干	拔节期	240	445	76	74
4874		抽穗早期	290	455	72	68
4876		抽穗晚期	325	455	67	64
	玉米					
4881	青绿玉米，优质	开花前期	290	460	63	68
4883		开花期	265	515	66	74
4891	青贮用玉米，优质	乳熟期	240	560	69	77
4893		乳熟期至蜡熟期	220	605	70	79
4895		蜡熟期	200	635	69	81
	黑麦，75 kg N/hm²					
4811	优质	孕穗早期	215	445	83	83
4813		孕穗期	255	459	80	78
4815		抽穗早期	295	462	76	73
4817		抽穗晚期	335	450	71	69
4814	过干	孕穗期	275	435	77	71
4816		抽穗早期	305	455	73	68
4818		抽穗晚期	350	445	68	64
	黑麦,150 kg N/hm²					
4821	优质	孕穗早期	210	383	83	82
4823		孕穗期	250	415	79	77
4825		抽穗早期	295	419	75	72
4827		抽穗晚期	335	412	70	68
4824	过干	孕穗期	270	375	77	72
4826		抽穗早期	315	395	73	66
4828		抽穗晚期	350	395	67	63

饲料价值		能量参数						换算因子			
1 kg DM		罗斯托克饲料评价体系				其他体系		ME	ME	NEL	NEL
EFUc	dCP	GE	dEc	mEc	NERc	ME	NEL	NERc	EFUc	NERc	EFUc
	g	MJ	MJ	MJ	MJ	MJ	MJ				
8	9	10	11	12	13	14	15	16	17	18	19
499	105	17.66	11.72	10.00	5.08	9.55	5.99	0.53	52.3	0.85	83.3
465	89	17.79	11.11	9.53	4.75	9.08	5.64	0.52	51.2	0.84	82.4
428	72	17.86	10.53	9.04	4.38	8.58	5.28	0.51	49.9	0.83	81.0
438	88	17.35	10.64	9.09	4.47	8.69	5.35	0.51	50.4	0.83	81.8
404	71	17.50	10.06	8.64	4.14	8.23	5.03	0.50	49.1	0.82	80.4
360	56	17.66	9.48	8.13	3.71	7.72	4.66	0.48	46.6	0.79	77.2
505	150	17.93	12.06	10.17	5.12	9.74	6.10	0.52	51.9	0.84	82.9
476	122	18.04	11.43	9.71	4.83	9.27	5.75	0.52	51.3	0.84	82.8
434	96	18.05	10.77	9.16	4.43	8.72	5.36	0.51	49.8	0.83	81.0
495	109	18.17	11.87	10.06	5.04	9.59	5.99	0.53	51.7	0.84	82.7
458	76	18.14	11.15	9.52	4.68	9.04	5.61	0.52	50.6	0.83	81.6
402	53	18.12	10.22	8.78	4.12	8.31	5.09	0.50	48.4	0.81	79.1
336	32	18.09	9.14	7.87	3.45	7.43	4.47	0.46	45.2	0.77	75.2
400	60	18.01	10.17	8.68	4.10	8.24	5.03	0.50	48.5	0.81	79.5
378	76	18.12	9.96	8.47	3.87	8.06	4.88	0.48	47.0	0.79	77.6
566	106	17.87	12.96	11.03	5.77	10.49	6.74	0.55	53.9	0.86	84.0
541	75	17.94	12.35	10.60	5.52	10.04	6.41	0.55	53.9	0.86	84.3
506	62	18.05	11.75	10.12	5.18	9.56	6.05	0.54	52.9	0.86	83.6
454	48	18.09	10.94	9.44	4.66	8.90	5.55	0.52	51.0	0.84	81.7
443	35	18.11	10.59	9.20	4.58	8.66	5.39	0.53	51.2	0.85	82.3
499	86	17.70	11.77	10.01	5.10	9.53	5.99	0.54	52.4	0.85	83.3
470	60	17.77	11.16	9.57	4.81	9.05	5.67	0.53	51.9	0.85	82.8
432	47	17.88	10.60	9.12	4.44	8.60	5.34	0.52	50.2	0.83	80.9
462	85	17.69	11.13	9.52	4.76	9.03	5.64	0.53	51.2	0.84	81.9
512	70	17.87	11.88	10.22	5.28	9.70	6.14	0.54	52.8	0.86	83.5
554	55	18.03	12.35	10.73	5.69	10.16	6.50	0.56	54.5	0.88	85.3
595	42	18.03	12.64	11.09	6.12	10.48	6.77	0.58	56.8	0.90	87.9
620	37	17.99	12.84	11.35	6.38	10.71	6.98	0.60	57.9	0.91	88.9
600	146	18.22	13.89	11.77	6.12	11.21	7.27	0.55	53.5	0.84	82.4
581	112	18.15	13.17	11.28	5.95	10.71	6.91	0.56	54.2	0.86	84.1
549	86	18.13	12.48	10.76	5.62	10.17	6.52	0.55	54.0	0.86	84.2
508	67	18.07	11.70	10.13	5.22	9.55	6.06	0.55	53.2	0.86	83.9
504	85	17.98	11.81	10.10	5.16	9.60	6.04	0.54	52.5	0.85	83.4
478	60	17.96	11.28	9.73	4.91	9.22	5.77	0.53	51.9	0.85	82.9
434	42	17.83	10.55	9.14	4.48	8.62	5.36	0.52	50.4	0.84	81.0
595	193	18.45	14.10	11.82	6.04	11.29	7.29	0.54	52.7	0.83	81.7
574	146	18.28	13.29	11.27	5.86	10.72	6.88	0.55	53.5	0.85	83.4
539	112	18.22	12.51	10.68	5.52	10.12	6.45	0.55	53.3	0.86	83.6
502	91	18.14	11.77	10.10	5.14	9.53	6.03	0.54	52.6	0.85	83.2
505	123	17.93	12.06	10.19	5.15	9.71	6.11	0.53	52.0	0.84	82.6
478	90	17.98	11.38	9.72	4.89	9.21	5.76	0.53	51.9	0.85	82.9
436	73	17.97	10.71	9.17	4.48	8.66	5.37	0.52	50.3	0.83	81.2

编码	饲料		粗营养成分(续表 3.1)			
	分类	特征	1 kg DM		消化率	
		成熟阶段	CFi	NFE	CFi	NFE
			g	g	%	%
1	2	3	4	5	6	7
	6.1 牛饲料表格(续表 3.1)					
	小麦，100 kg N/hm²					
4831	优质	孕穗早期	210	495	80	82
4833		孕穗期	250	508	73	77
4835		抽穗早期	300	495	67	72
4837		抽穗晚期	330	486	62	69
	全株谷物植物					
4859	全株大麦，干燥，制粒		280	575	57	73
4869	全株燕麦，干燥，制粒		295	530	54	68
4899	全株玉米，干燥，制粒		200	642	69	74
4819	全株黑麦，干燥，制粒		325	550	53	63
4839	全株小麦，干燥，制粒		310	540	53	69
4900	干燥的青绿饲料，甜菜叶和十字花科					
	甘蓝					
4975	菜花剩余植株，大部分叶子，优质		160	463	71	85
	牛饲用甘蓝					
4951	牛饲用甘蓝主植株，优质	早期	165	502	63	86
4953		晚期	235	532	47	83
4955	牛饲用甘蓝摘取植株，优质	早期	130	487	74	87
4957		晚期	200	525	53	85
4952	牛饲用甘蓝主植株，过干	早期	195	475	62	82
4954		晚期	255	515	45	77
4978	白色和红色全株甘蓝，优质		135	513	76	86
4979	白色和红色甘蓝剩余植株，大部分叶子，优质		160	473	69	83
	油菜					
4931	优质	营养生长期	155	425	78	85
4933		现蕾期	215	425	72	79
4935		开花期	285	405	65	73
	甜菜叶					
4921	带顶饲用甜菜叶，优质	清洁	125	530	75	83
4916	带顶饲用塘甜菜叶，优质	清洁	130	515	72	80
4925	带顶蕉青甘蓝叶，优质	清洁	135	475	78	86
	带顶糖甜菜叶					
4911	优质	清洁	130	570	75	85
4912		不清洁	115	510	70	79
4913	过干	清洁	135	565	72	81
4914		不清洁	120	490	67	75
5000	干草					
5100	干草，小籽豆科					
	苜蓿，第 1 茬					
5161	优质	营养生长期	240	390	55	75
5163		现蕾期	290	380	50	72
5165		早花期	335	375	48	68
5167		盛花期	370	358	45	64
5169		凋谢期	420	338	42	61
5164	中等质量	现蕾期	325	365	46	60
5166		早花期	370	363	44	59
5168		盛花期	405	340	40	56
	苜蓿，第 2 茬等					
5173	优质	现蕾期	275	380	49	69
5175		早花期	320	380	47	66
5177		盛花期	350	370	44	63

饲料价值		能量参数						换算因子			
1 kg DM		罗斯托克饲料评价体系				其他体系		ME	ME	NEL	NEL
EFUc	dCP	GE	dEc	mEc	NERc	ME	NEL	NERc	EFUc	NERc	EFUc
	g	MJ	MJ	MJ	MJ	MJ	MJ				
8	9	10	11	12	13	14	15	16	17	18	19
563	98	17.53	12.95	11.04	5.80	10.51	6.78	0.55	53.6	0.85	83.1
534	72	17.63	12.23	10.53	5.50	9.99	6.39	0.55	53.4	0.86	83.6
493	53	17.74	11.43	9.91	5.09	9.37	5.92	0.54	52.6	0.86	83.3
458	42	17.90	10.86	9.43	4.73	8.90	5.56	0.53	51.5	0.85	82.4
505	45	18.31	11.47	10.05	5.23	9.49	5.98	0.55	53.2	0.88	84.5
458	45	18.14	10.60	9.34	4.70	8.80	5.48	0.53	52.0	0.86	83.5
572	31	18.10	12.04	10.70	5.86	10.09	6.48	0.58	56.7	0.91	88.3
422	30	18.18	10.02	8.87	4.36	8.32	5.15	0.52	50.6	0.85	81.9
458	45	18.18	10.67	9.38	4.74	8.84	5.51	0.54	51.8	0.86	83.1
518	119	16.41	12.10	10.25	5.35	9.85	6.29	0.54	52.6	0.85	82.4
541	102	16.73	12.22	10.47	5.58	10.02	6.42	0.56	53.9	0.87	84.2
499	52	17.04	11.17	9.75	5.17	9.27	5.86	0.56	53.8	0.88	85.2
547	124	16.62	12.60	10.71	5.62	10.29	6.62	0.55	53.2	0.85	82.7
521	74	16.98	11.77	10.16	5.39	9.70	6.16	0.56	53.7	0.87	84.6
487	87	16.80	11.39	9.72	5.04	9.32	5.85	0.54	52.3	0.86	83.3
431	45	17.03	10.28	8.90	4.48	8.48	5.24	0.53	50.9	0.85	82.3
557	131	17.24	13.07	11.05	5.75	10.63	6.82	0.54	52.4	0.84	81.6
508	109	16.36	11.78	10.01	5.24	9.62	6.11	0.54	52.8	0.86	83.1
542	157	17.13	12.85	10.79	5.55	10.37	6.63	0.54	52.3	0.84	81.8
517	126	17.24	12.13	10.24	5.31	9.78	6.20	0.54	52.8	0.86	83.3
463	98	17.55	11.28	9.55	4.76	9.07	5.67	0.52	51.0	0.84	81.6
505	92	16.03	11.68	10.00	5.24	9.65	6.13	0.54	52.3	0.85	82.3
489	101	16.08	11.40	9.73	5.08	9.40	5.92	0.54	52.1	0.86	82.6
531	126	16.26	12.28	10.51	5.47	10.15	6.50	0.54	52.3	0.84	81.7
540	78	16.66	12.37	10.62	5.58	10.21	6.55	0.55	52.9	0.85	82.5
435	61	14.54	10.05	8.69	4.51	8.37	5.27	0.54	51.9	0.86	82.5
500	63	16.28	11.37	9.82	5.19	9.47	5.97	0.55	52.8	0.87	83.7
381	46	14.10	9.09	7.81	3.96	7.55	4.65	0.52	50.4	0.85	81.8
470	167	18.20	11.99	9.89	4.84	9.49	5.87	0.51	49.6	0.82	80.1
429	137	18.25	11.17	9.28	4.41	8.87	5.43	0.50	48.4	0.81	79.1
391	117	18.34	10.56	8.79	4.03	8.39	5.09	0.48	46.6	0.79	76.9
351	109	18.34	9.93	8.26	3.63	7.87	4.72	0.46	44.7	0.77	74.5
306	90	18.26	9.18	7.65	3.17	7.26	4.31	0.44	42.2	0.74	71.0
343	121	18.24	9.78	8.09	3.53	7.74	4.61	0.46	44.2	0.77	74.4
310	98	18.34	9.32	7.75	3.21	7.39	4.38	0.43	42.0	0.73	70.9
269	88	18.27	8.62	7.16	2.79	6.83	3.99	0.41	39.4	0.70	67.5
416	144	18.20	10.97	9.09	4.27	8.71	5.30	0.49	47.7	0.81	78.4
384	121	18.27	10.38	8.64	3.95	8.25	4.98	0.48	46.5	0.79	77.0
339	107	18.08	9.70	8.08	3.50	7.71	4.61	0.45	43.9	0.76	73.5

编码	饲料		粗营养成分(续表 3.1)			
	分类	特征	1 kg DM		消化率	
		成熟阶段	CFi	NFE	CFi	NFE
			g	g	%	%
1	2	3	4	5	6	7
	6.1 牛饲料表格(续表 3.1)					
	苜蓿，第 2 茬等					
5174	中等质量	现蕾期	310	369	45	60
5176		早花期	355	365	44	56
5178		盛花期	390	353	43	52
	红三叶，第 1 茬					
5011	优质	营养生长期	225	435	62	75
5013		现蕾期	260	440	57	72
5015		早花期	295	443	53	71
5017		盛花期	325	436	49	68
5019		凋谢期	350	429	47	65
5014	中等质量	现蕾期	295	428	52	64
5016		早花期	330	421	49	63
5018		盛花期	360	415	45	59
	红三叶，第 2 茬等					
5023	优质	现蕾期	240	433	58	69
5025		早花期	280	437	56	65
5027		盛花期	325	425	51	62
5024	中等质量	现蕾期	275	420	55	59
5026		早花期	310	425	53	55
5028		盛花期	355	413	48	52
	瑞士三叶草，见红三叶					
5155	鸟足草，优质	开花期	315	358	50	65
5085	白三叶，优质	早花期	260	422	58	74
5200	干草,大籽豆科					
	豆科与青绿谷物或玉米的混合料					
5293	优质	开花前期	235	397	59	71
5295		开花期	300	412	51	65
5297		结荚早期	345	422	47	61
	野豌豆,见豆科混合料					
5300	干草,豆科-草混合料					
	苜蓿-草,第 1 茬					
5331	优质	营养生长期	260	395	67	72
5333		现蕾期	300	411	62	67
5335		早花期	345	411	57	63
5337		盛花期	370	415	52	58
5334	中等质量	现蕾期	335	400	56	59
5336		早花期	375	400	52	54
5338		盛花期	400	403	47	50
	苜蓿-草,第 2 茬等					
5343	优质	现蕾期	280	408	61	64
5345		早花期	320	408	56	61
5347		盛花期	350	408	51	56
5344	中等质量	现蕾期	310	397	54	56
5346		早花期	350	397	50	53
5348		盛花期	380	396	45	48
	红三叶,第 1 茬					
5311	优质	营养生长期	230	446	68	75
5313		现蕾期	270	463	64	72
5315		早花期	310	467	61	68
5317		盛花期	340	470	59	63
5319		凋谢期	360	467	56	60

饲料价值		能量参数						换算因子			
1 kg DM		罗斯托克饲料评价体系				其他体系		ME	ME	NEL	NEL
EFUc	dCP	GE	dEc	mEc	NERc	ME	NEL	NERc	EFUc	NERc	EFUc
	g	MJ	MJ	MJ	MJ	MJ	MJ				
8	9	10	11	12	13	14	15	16	17	18	19
343	126	18.16	9.78	8.10	3.53	7.77	4.62	0.45	44.2	0.77	74.3
306	102	18.33	9.20	7.64	3.16	7.30	4.30	0.43	41.9	0.73	71.1
269	84	18.19	8.53	7.11	2.78	6.77	3.96	0.41	39.7	0.70	67.9
496	135	18.29	12.13	10.17	5.06	9.75	6.07	0.52	50.9	0.83	81.7
461	112	18.29	11.47	9.64	4.73	9.22	5.69	0.51	50.0	0.83	81.1
432	87	18.33	10.92	9.22	4.44	8.79	5.38	0.50	49.1	0.82	80.2
387	73	18.33	10.26	8.66	3.99	8.25	4.99	0.48	46.9	0.80	77.5
354	65	18.36	9.83	8.28	3.65	7.88	4.73	0.46	45.0	0.77	74.8
383	91	18.32	10.25	8.61	3.94	8.23	4.96	0.48	46.6	0.79	77.3
351	72	18.29	9.71	8.18	3.61	7.80	4.67	0.46	44.9	0.77	75.1
303	59	18.25	8.98	7.57	3.13	7.22	4.26	0.43	42.0	0.73	71.1
452	129	18.45	11.43	9.57	4.62	9.18	5.62	0.50	49.2	0.82	80.4
412	101	18.44	10.72	9.02	4.23	8.62	5.23	0.49	47.8	0.81	78.7
368	81	18.52	10.04	8.46	3.78	8.07	4.84	0.47	45.6	0.78	76.0
376	112	18.45	10.22	8.53	3.86	8.18	4.89	0.47	46.0	0.79	76.8
336	85	18.47	9.52	7.99	3.45	7.65	4.53	0.45	43.9	0.76	74.1
292	66	18.55	8.83	7.43	3.00	7.09	4.16	0.42	41.1	0.72	70.2
391	126	18.06	10.43	8.69	4.01	8.31	5.03	0.48	47.1	0.80	77.8
463	116	18.02	11.50	9.64	4.75	9.22	5.71	0.52	50.2	0.83	81.1
459	147	18.07	11.55	9.62	4.69	9.24	5.69	0.51	49.6	0.82	80.6
390	106	18.12	10.37	8.70	4.02	8.32	5.04	0.48	46.9	0.80	77.5
349	80	18.23	9.63	8.14	3.61	7.75	4.64	0.47	45.1	0.78	75.2
499	146	18.37	12.28	10.24	5.10	9.76	6.12	0.52	51.1	0.83	81.6
451	111	18.37	11.35	9.53	4.63	9.06	5.60	0.51	49.8	0.83	80.6
400	82	18.31	10.47	8.84	4.12	8.37	5.12	0.49	47.8	0.81	78.2
342	63	18.23	9.52	8.07	3.54	7.63	4.60	0.46	44.9	0.77	74.5
373	92	18.35	10.15	8.51	3.84	8.09	4.89	0.47	46.1	0.78	76.3
318	68	18.32	9.25	7.80	3.28	7.39	4.41	0.44	43.0	0.74	72.1
268	48	18.26	8.34	7.07	2.77	6.69	3.93	0.41	40.0	0.70	68.1
431	119	18.41	11.07	9.27	4.41	8.85	5.42	0.50	48.7	0.81	79.6
389	98	18.37	10.39	8.73	4.00	8.31	5.04	0.48	46.9	0.79	77.2
331	80	18.27	9.47	7.98	3.42	7.58	4.53	0.45	43.7	0.75	73.1
356	104	18.41	9.87	8.25	3.65	7.89	4.71	0.46	45.1	0.77	75.5
313	83	18.38	9.19	7.72	3.22	7.35	4.35	0.44	42.6	0.74	72.0
255	64	18.30	8.22	6.93	2.63	6.59	3.84	0.40	38.7	0.69	66.4
520	131	18.29	12.48	10.49	5.32	10.02	6.31	0.53	51.9	0.84	82.5
486	98	18.26	11.79	9.98	5.00	9.50	5.93	0.53	51.2	0.84	82.0
447	70	18.26	11.06	9.41	4.61	8.92	5.52	0.52	50.1	0.83	81.0
406	51	18.32	10.39	8.87	4.19	8.38	5.14	0.50	48.5	0.82	79.0
374	43	18.35	9.93	8.47	3.86	7.99	4.86	0.48	46.8	0.79	76.8

编码	饲料		粗营养成分(续表 3.1)			
	分类	特征	1 kg DM		消化率	
		成熟阶段	CFi	NFE	CFi	NFE
			g	g	%	%
1	2	3	4	5	6	7
	6.1 牛饲料表格(续表 3.1)					
	红三叶-草,第 1 茬					
5314	中等质量	现蕾期	305	447	59	63
5316		早花期	345	450	57	59
5318		盛花期	380	442	54	55
	红三叶-草,第 2 茬等					
5323	优质	现蕾期	260	443	69	72
5325		早花期	295	458	63	67
5327		盛花期	330	457	58	62
5324	中等质量	现蕾期	290	433	61	65
5326		早花期	325	448	56	60
5328		盛花期	360	447	53	54
	野豌豆-草,第 1 茬					
5353	优质	开花前期	245	429	66	72
5355		早花期	290	446	61	67
5357		盛花期	330	445	56	63
5354	中等质量	开花前期	275	420	61	64
5356		早花期	320	430	56	59
5358		盛花期	360	430	50	55
	野豌豆-草,第 2 茬等,见黑麦草					
5373	野豌豆-黑麦,优质	早花期	300	426	63	66
5383	野豌豆-小麦,优质	早花期	305	443	61	66
5400	干草,纯种草					
	鸡脚草,第 1 茬,100 kg N/hm^2					
5431	优质	拔节期	240	439	72	72
5433		抽穗早期	280	456	68	68
5435		抽穗晚期	320	455	62	62
5437		盛花期	360	455	57	57
5439		凋谢期	400	460	52	51
5432	中等质量	拔节期	270	450	67	63
5434		抽穗早期	310	445	63	59
5436		抽穗晚期	350	450	57	53
5438		盛花期	380	460	53	49
5449		凋谢期	420	455	48	45
	鸡脚草,第 2 茬等,每茬 50 kg N/hm^2					
5441	优质	15~35 d 生长期	275	395	68	67
5443		35~55 d 生长期	310	415	64	63
5445		55~75 d 生长期	345	425	60	57
5442	中等质量	15~35 d 生长期	305	385	62	61
5444		35~55 d 生长期	335	410	59	57
5446		55~75 d 生长期	370	420	56	52
	苇草,第 1 茬,100 kg N/hm^2					
5531	优质	拔节期	295	393	70	58
5533		抽穗早期	330	416	62	51
5535		抽穗晚期	375	423	55	44
5543	苇草,第 2 茬等,每茬 50 kg N/hm^2	35~55 d 生长期	365	393	53	50
	多年生意大利黑麦草,第 1 茬,100 kg N/hm^2					
5411	优质	拔节期	225	445	76	78
5413		抽穗早期	260	455	73	72
5415		抽穗晚期	300	465	68	66
5417		盛花期	335	465	61	61
5419		凋谢期	365	475	54	54

饲料价值		能量参数						换算因子			
1 kg DM		罗斯托克饲料评价体系				其他体系		ME	ME	NEL	NEL
EFUc	dCP	GE	dEc	mEc	NERc	ME	NEL	NERc	EFUc	NERc	EFUc
	g	MJ	MJ	MJ	MJ	MJ	MJ				
8	9	10	11	12	13	14	15	16	17	18	19
407	83	18.33	10.58	8.92	4.19	8.49	5.18	0.49	48.0	0.81	78.7
368	56	18.31	9.90	8.40	3.79	7.95	4.82	0.48	46.2	0.79	76.3
323	38	18.30	9.19	7.83	3.34	7.38	4.43	0.45	43.8	0.75	73.0
493	104	18.25	11.91	10.09	5.05	9.61	6.01	0.53	51.3	0.84	82.1
448	77	18.29	11.05	9.41	4.60	8.94	5.52	0.51	50.1	0.83	81.2
395	60	18.36	10.26	8.74	4.07	8.28	5.05	0.49	47.7	0.81	78.3
420	90	18.29	10.79	9.10	4.32	8.67	5.30	0.50	48.5	0.81	79.3
367	63	18.33	9.90	8.39	3.78	7.98	4.81	0.47	46.0	0.79	76.3
312	45	18.37	9.09	7.72	3.23	7.32	4.36	0.44	42.7	0.74	71.7
491	122	18.24	11.92	10.03	5.02	9.58	5.97	0.52	51.3	0.84	82.2
445	90	18.31	11.09	9.39	4.57	8.93	5.50	0.51	49.8	0.83	80.8
394	67	18.36	10.29	8.73	4.05	8.28	5.04	0.49	47.6	0.80	78.0
411	98	18.00	10.61	8.92	4.21	8.51	5.19	0.50	48.3	0.81	79.2
365	76	18.25	9.92	8.38	3.75	7.97	4.80	0.47	45.8	0.78	76.0
308	53	18.25	9.00	7.63	3.18	7.24	4.30	0.44	42.5	0.74	71.6
445	95	18.27	11.13	9.41	4.56	8.93	5.52	0.51	49.8	0.83	80.6
434	80	18.25	10.88	9.22	4.46	8.75	5.39	0.51	49.6	0.83	80.5
502	112	18.52	12.08	10.19	5.12	9.71	6.07	0.53	51.7	0.84	82.7
466	84	18.42	11.45	9.71	4.78	9.22	5.73	0.52	50.6	0.83	81.4
401	56	18.31	10.28	8.75	4.13	8.28	5.06	0.50	48.4	0.82	79.2
344	32	18.20	9.38	8.01	3.55	7.54	4.56	0.47	45.6	0.78	75.4
288	18	18.10	8.57	7.34	2.98	6.86	4.11	0.43	41.9	0.73	70.0
433	84	18.35	10.89	9.20	4.42	8.75	5.37	0.51	49.5	0.82	80.6
388	64	18.34	10.16	8.61	3.99	8.17	4.96	0.49	47.5	0.80	78.3
319	42	18.20	9.10	7.74	3.30	7.32	4.38	0.45	43.6	0.75	72.9
271	22	18.10	8.35	7.12	2.82	6.70	3.97	0.42	40.5	0.71	68.3
232	9	18.00	7.64	6.52	2.41	6.09	3.59	0.40	38.1	0.67	64.6
458	106	18.00	11.24	9.49	4.67	9.02	5.59	0.52	50.8	0.83	81.9
417	78	18.13	10.61	9.01	4.27	8.53	5.24	0.50	48.9	0.81	79.5
360	51	18.12	9.69	8.26	3.69	7.80	4.73	0.47	46.1	0.78	76.0
387	84	17.90	10.10	8.52	3.96	8.10	4.92	0.49	47.7	0.80	78.6
348	58	18.03	9.49	8.05	3.58	7.63	4.59	0.47	45.7	0.78	75.9
301	33	18.02	8.72	7.42	3.10	7.00	4.17	0.44	43.0	0.74	72.1
418	109	17.85	10.77	8.99	4.30	8.53	5.25	0.50	49.0	0.82	79.6
354	81	18.11	9.75	8.18	3.65	7.75	4.68	0.47	45.7	0.78	75.7
279	50	18.16	8.50	7.20	2.88	6.79	4.02	0.42	41.1	0.72	69.5
311	73	18.20	9.04	7.62	3.20	7.22	4.29	0.44	43.0	0.74	72.3
558	124	18.31	12.96	10.94	5.68	10.42	6.64	0.55	53.5	0.86	84.0
509	96	18.25	12.12	10.28	5.21	9.76	6.15	0.53	52.2	0.85	82.8
458	68	18.29	11.20	9.56	4.71	9.04	5.63	0.52	50.7	0.84	81.4
395	47	18.24	10.19	8.70	4.07	8.21	5.03	0.50	48.2	0.81	78.6
322	30	18.25	9.10	7.78	3.33	7.31	4.40	0.46	44.1	0.76	73.3

编码	饲料		粗营养成分(续表 3.1)			
	分类	特征	1 kg DM		消化率	
		成熟阶段	CFi	NFE	CFi	NFE
			g	g	%	%
1	2	3	4	5	6	7
	6.1 牛饲料表格(续表 3.1)					
	多年生意大利黑麦草,第 1 茬,100 kg N/hm²					
5412	中等质量	拔节期	255	435	70	68
5414		抽穗早期	290	440	67	63
5416		抽穗晚期	330	450	61	58
5418		盛花期	365	450	56	53
5429		凋谢期	395	460	50	48
	多年生黑麦草,第 2 茬等,每茬 50 kg N/hm²					
5421	优质	15～35 d 生长期	245	420	75	73
5423		35～55 d 生长期	280	435	70	67
5425		55～75 d 生长期	320	445	65	62
5422	中等质量	15～35 d 生长期	275	405	67	65
5424		35～55 d 生长期	310	420	62	59
5426		55～75 d 生长期	350	430	58	56
	意大利黑麦草,第 2 茬等,见第 1 茬					
	猫尾草,见鸡脚草					
	牛尾草,见黑麦草					
5600	干草,优质牧草					
	优质牧草,第 1 茬,50 kg N/hm²					
5621	优质	拔节期	235	480	73	75
5623		抽穗早期	280	485	68	69
5625		抽穗晚期	320	480	63	63
5627		盛花期	355	475	58	58
5629		凋谢期	380	475	53	53
5622	中等质量	拔节期	265	480	68	67
5624		抽穗早期	310	475	63	62
5626		抽穗晚期	350	470	58	56
5628		盛花期	385	460	54	50
5639		凋谢期	410	460	49	45
	优质牧草,第 1 茬,100 kg N/hm²					
5641	优质	拔节期	230	435	74	75
5643		抽穗早期	270	445	68	68
5645		抽穗晚期	315	450	63	63
5647		盛花期	345	455	58	58
5649		凋谢期	375	465	52	52
5642	中等质量	拔节期	260	435	70	66
5644		抽穗早期	300	440	64	59
5646		抽穗晚期	345	440	59	54
5648		盛花期	375	445	55	50
5659		凋谢期	405	455	50	45
	优质牧草,第 1 茬,150 kg N/hm²					
5661	优质	拔节期	230	385	72	73
5663		抽穗早期	270	400	67	68
5665		抽穗晚期	315	400	63	62
5667		盛花期	345	405	58	55
5669		凋谢期	370	415	52	49
	优质牧草,第 2 茬等,每茬 25 kg N/hm²					
5631	优质	15～35 d 生长期	260	475	70	69
5633		35～55 d 生长期	300	475	65	64
5635		55～75 d 生长期	330	490	60	58
	每茬 50 kg N/hm²					
5651	优质	15～35 d 生长期	255	425	71	67
5653		35～55 d 生长期	295	435	65	62
5655		55～75 d 生长期	325	440	60	57

饲料价值		能量参数						换算因子			
1 kg DM		罗斯托克饲料评价体系				其他体系		ME	ME	NEL	NEL
EFUc	dCP	GE	dEc	mEc	NERc	ME	NEL	NERc	EFUc	NERc	EFUc
	g	MJ	MJ	MJ	MJ	MJ	MJ				
8	9	10	11	12	13	14	15	16	17	18	19
469	102	18.21	11.53	9.73	4.79	9.27	5.75	0.52	50.6	0.83	81.6
432	81	18.18	10.84	9.18	4.43	8.71	5.36	0.51	49.6	0.83	80.5
378	56	18.21	9.96	8.47	3.90	8.01	4.87	0.49	47.2	0.80	77.7
320	37	18.13	9.08	7.74	3.30	7.28	4.38	0.45	43.9	0.75	73.0
261	20	18.10	8.13	6.96	2.71	6.53	3.87	0.41	40.0	0.70	67.5
504	107	18.00	11.99	10.15	5.14	9.66	6.07	0.53	52.2	0.85	83.0
460	86	18.18	11.30	9.58	4.71	9.09	5.65	0.52	50.6	0.83	81.5
406	55	18.15	10.40	8.86	4.17	8.37	5.14	0.50	48.5	0.81	78.9
426	93	17.92	10.78	9.09	4.35	8.66	5.32	0.50	49.2	0.82	80.2
375	70	18.10	9.99	8.45	3.85	8.03	4.86	0.48	46.7	0.79	77.1
330	40	18.04	9.23	7.86	3.40	7.43	4.46	0.46	44.4	0.76	73.9
517	93	17.91	12.18	10.35	5.30	9.84	6.23	0.54	52.5	0.85	83.0
472	66	17.95	11.33	9.68	4.85	9.17	5.74	0.53	51.4	0.85	82.2
419	53	18.08	10.55	9.02	4.33	8.51	5.26	0.51	49.2	0.82	79.7
366	35	18.19	9.73	8.36	3.77	7.87	4.79	0.48	46.5	0.79	76.3
306	25	18.14	8.88	7.63	3.17	7.17	4.31	0.44	42.8	0.74	71.2
442	62	17.80	10.87	9.23	4.55	8.77	5.42	0.52	50.4	0.84	81.6
394	45	17.89	10.12	8.62	4.07	8.16	4.99	0.50	48.2	0.81	78.8
339	33	18.00	9.31	7.95	3.52	7.50	4.53	0.47	45.2	0.78	74.9
285	21	18.15	8.51	7.28	2.96	6.84	4.08	0.43	41.6	0.73	69.9
227	10	18.08	7.64	6.55	2.36	6.14	3.60	0.38	36.9	0.66	63.0
522	126	18.03	12.49	10.51	5.34	10.02	6.34	0.53	52.1	0.84	82.4
469	93	17.95	11.39	9.65	4.81	9.16	5.71	0.52	51.2	0.84	82.1
420	67	18.02	10.58	9.00	4.32	8.51	5.25	0.51	49.4	0.82	80.1
365	48	18.06	9.75	8.30	3.76	7.83	4.76	0.48	46.6	0.79	76.6
296	27	18.05	8.69	7.43	3.07	6.98	4.17	0.44	42.4	0.74	71.0
455	99	18.03	11.30	9.50	4.66	9.04	5.60	0.52	50.3	0.83	81.2
391	72	17.98	10.20	8.62	4.02	8.17	4.98	0.49	47.8	0.81	78.5
339	51	18.04	9.42	7.99	3.50	7.54	4.55	0.46	45.0	0.77	74.6
295	35	18.03	8.72	7.43	3.06	7.00	4.18	0.44	42.2	0.73	70.7
237	15	18.04	7.80	6.66	2.46	6.25	3.68	0.39	37.9	0.67	64.4
529	159	18.14	12.59	10.51	5.37	10.04	6.33	0.53	52.7	0.85	83.6
482	126	18.16	11.77	9.89	4.91	9.41	5.87	0.52	51.2	0.84	82.0
431	98	18.13	10.88	9.18	4.40	8.69	5.36	0.51	49.6	0.82	80.4
364	79	18.16	9.90	8.35	3.73	7.89	4.79	0.47	46.1	0.78	76.0
296	62	18.15	8.87	7.50	3.05	7.08	4.22	0.43	41.8	0.72	70.2
466	70	17.81	11.20	9.57	4.79	9.08	5.67	0.53	51.3	0.85	82.3
416	53	17.94	10.49	8.97	4.29	8.49	5.23	0.51	49.0	0.82	79.6
360	31	17.94	9.60	8.24	3.72	7.77	4.72	0.48	46.3	0.79	76.2
461	99	17.84	11.27	9.54	4.71	9.08	5.64	0.52	50.8	0.83	81.7
418	77	18.03	10.54	8.95	4.28	8.49	5.21	0.50	49.2	0.82	80.2
363	60	18.06	9.75	8.28	3.73	7.84	4.75	0.48	46.3	0.79	76.4

编码	饲料		粗营养成分(续表 3.1)			
	分类	特征	1 kg DM		消化率	
		成熟阶段	CFi	NFE	CFi	NFE
			g	g	%	%
1	2	3	4	5	6	7
	6.1 牛饲料表格(续表 3.1)					
	优质牧草,第 2 茬等,每茬 50 kg N/hm²					
5652		15～35 d 生长期	285	420	65	61
5654	中等质量	35～55 d 生长期	325	430	61	56
5656		55～75 d 生长期	355	435	56	50
	每茬 75 kg N/hm²					
5671	优质	15～35 d 生长期	250	385	71	68
5673		35～55 d 生长期	290	395	65	63
5675		55～75 d 生长期	325	410	60	57
	劣质牧草，第 1 茬，50 kg N/hm²					
5711	优质	拔节期	270	475	65	67
5713		抽穗早期	315	480	61	63
5715		抽穗晚期	350	475	58	58
5717		盛花期	380	475	53	53
5719		凋谢期	410	465	48	48
5712	中等质量	拔节期	295	485	62	61
5714		抽穗早期	340	480	58	57
5716		抽穗晚期	370	475	54	53
5718		盛花期	400	475	50	47
5729		凋谢期	430	470	45	42
	劣质牧草，第 1 茬，100 kg N/hm²					
5731	优质	拔节期	270	435	67	66
5733		抽穗早期	305	455	64	62
5735		抽穗晚期	350	450	59	58
5737		盛花期	380	445	54	53
5739		凋谢期	410	435	49	48
5732	中等质量	拔节期	295	445	63	61
5734		抽穗早期	330	455	60	56
5736		抽穗晚期	370	455	56	53
5738		盛花期	400	445	51	48
5749		凋谢期	430	445	46	42
	劣质牧草,第 2 茬等,每茬 25 kg N/hm²					
5723	优质	35～55 d 生长期	325	480	61	57
5725		55～75 d 生长期	355	490	56	52
5724	中等质量	35～55 d 生长期	350	475	55	52
5726		55～75 d 生长期	370	490	52	47
	每茬 50 kg N/hm²					
5741	优质	15～35 d 生长期	290	420	67	62
5743		35～55 d 生长期	320	435	62	56
5745		55～75 d 生长期	350	440	58	51
5742	中等质量	15～35 d 生长期	315	425	61	57
5744		35～55 d 生长期	345	435	56	52
5746		55～75 d 生长期	365	450	53	48
5800	秸秆，秕壳类					
	秸秆					
	优质豆科秸秆					
5842	菜豆秸秆		432	394	42	65
5843	豌豆秸秆		410	404	41	60
5844	苜蓿结籽期秸秆		430	388	37	58
5845	红三叶结籽期秸秆		424	390	40	63
5846	野豌豆秸秆		415	392	41	60
5847	甜羽扇豆秸秆		443	392	38	53
	优质谷物秸秆,未粉碎					
5810	春大麦秸秆		435	451	55	48
5811	冬大麦秸秆		450	425	51	45

饲料价值		能量参数						换算因子			
1 kg DM		罗斯托克饲料评价体系				其他体系		ME	ME	NEL	NEL
EFUc	dCP	GE	dEc	mEc	NERc	ME	NEL	NERc	EFUc	NERc	EFUc
	g	MJ	MJ	MJ	MJ	MJ	MJ				
8	9	10	11	12	13	14	15	16	17	18	19
394	78	17.84	10.24	8.66	4.03	8.24	5.02	0.49	47.8	0.80	78.5
351	56	18.02	9.57	8.12	3.61	7.70	4.64	0.47	45.6	0.78	75.7
293	40	18.01	8.66	7.37	3.03	6.97	4.14	0.43	42.0	0.73	70.8
475	124	17.93	11.55	9.72	4.83	9.27	5.76	0.52	51.3	0.84	82.5
431	102	18.09	10.85	9.16	4.39	8.71	5.35	0.50	49.4	0.82	80.4
374	76	18.17	9.95	8.42	3.83	7.98	4.83	0.48	46.8	0.79	77.3
445	70	18.08	10.96	9.32	4.57	8.85	5.47	0.52	50.3	0.83	81.3
397	43	18.14	10.22	8.74	4.10	8.26	5.06	0.50	48.1	0.81	78.6
351	32	18.17	9.58	8.19	3.63	7.72	4.68	0.47	45.4	0.78	74.9
297	16	18.10	8.67	7.44	3.09	6.98	4.18	0.44	42.6	0.74	71.2
241	10	18.07	7.87	6.74	2.51	6.32	3.73	0.40	38.1	0.67	64.6
382	47	17.94	9.99	8.50	3.95	8.06	4.90	0.49	47.5	0.81	78.1
340	30	18.03	9.33	7.97	3.53	7.53	4.54	0.47	45.2	0.78	75.0
298	19	18.17	8.73	7.46	3.09	7.02	4.19	0.44	42.4	0.74	71.1
242	8	18.07	7.88	6.76	2.52	6.33	3.74	0.40	38.2	0.67	64.6
199	1	18.01	7.08	6.08	2.08	5.67	3.31	0.37	35.1	0.63	60.1
450	96	18.03	11.16	9.43	4.61	8.97	5.55	0.51	50.2	0.83	81.1
410	65	18.09	10.48	8.89	4.21	8.42	5.17	0.50	48.6	0.82	79.3
362	43	18.08	9.68	8.24	3.74	7.78	4.72	0.48	46.6	0.79	76.7
307	28	18.08	8.82	7.54	3.18	7.09	4.25	0.45	43.4	0.75	72.4
249	21	18.07	8.02	6.84	2.58	6.42	3.79	0.40	38.8	0.68	65.7
390	68	17.98	10.16	8.59	4.01	8.17	4.97	0.49	47.7	0.81	78.5
346	47	18.05	9.50	8.06	3.58	7.63	4.59	0.47	45.4	0.78	75.4
303	25	18.05	8.81	7.51	3.15	7.08	4.23	0.44	42.9	0.74	71.7
245	12	17.99	7.88	6.74	2.55	6.35	3.73	0.40	38.6	0.69	65.8
198	5	17.89	7.07	6.05	2.06	5.67	3.29	0.36	34.9	0.63	60.0
354	33	17.90	9.48	8.11	3.66	7.65	4.64	0.48	46.2	0.79	76.2
296	15	17.91	8.63	7.40	3.07	6.95	4.16	0.44	42.5	0.74	71.1
293	23	17.89	8.59	7.35	3.04	6.93	4.13	0.44	42.3	0.74	70.9
246	8	17.92	7.87	6.74	2.56	6.34	3.73	0.40	38.8	0.69	65.9
414	78	17.80	10.47	8.87	4.24	8.42	5.17	0.50	49.2	0.82	80.0
362	62	18.02	9.77	8.27	3.72	7.83	4.74	0.48	46.2	0.79	76.3
314	45	18.04	9.00	7.63	3.24	7.20	4.31	0.45	43.6	0.75	72.8
351	58	17.74	9.47	8.03	3.62	7.61	4.59	0.48	46.1	0.79	76.5
301	45	17.97	8.83	7.48	3.12	7.08	4.21	0.44	42.6	0.74	71.6
257	28	17.98	8.17	6.94	2.67	6.56	3.86	0.41	39.2	0.69	66.7
308	38	18.07	8.92	7.60	3.19	7.17	4.28	0.45	42.9	0.75	71.8
289	50	18.33	8.77	7.44	2.99	7.05	4.17	0.42	41.0	0.72	69.3
249	48	18.25	8.19	6.92	2.58	6.57	3.83	0.39	37.9	0.67	65.0
290	43	18.35	8.70	7.41	2.99	7.03	4.15	0.43	41.2	0.72	69.8
286	53	18.24	8.71	7.38	2.96	6.99	4.13	0.42	40.9	0.72	69.2
230	38	18.29	7.81	6.65	2.39	6.29	3.66	0.38	36.6	0.65	62.9
294	7	18.20	8.62	7.42	3.03	6.88	4.16	0.44	42.7	0.73	70.6
253	8	18.07	7.96	6.84	2.62	6.35	3.79	0.41	39.9	0.69	66.7

编码	饲料		粗营养成分(续表 3.1)			
	分类	特征	1 kg DM		消化率	
			CFi	NFE	CFi	NFE
			g	g	%	%
1	2	3	4	5	6	7
	6.1 牛饲料表格(续表 3.1)					
	优质谷物秸秆，未粉碎					
5812	燕麦秸秆		445	432	55	47
5851	籽实收获后的玉米秸秆		320	515	57	62
5852	籽实收获后的干玉米秸秆		330	505	61	57
5853	带皮玉米棒收获后的玉米秸秆		285	545	62	65
5854	无皮玉米棒收获后的玉米秸秆		300	535	60	63
5813	黑麦秸秆		475	430	47	37
5814	春小麦秸秆		454	432	51	39
5815	冬小麦秸秆		455	440	50	38
	一般质量的谷物秸秆，未粉碎					
5816	冬大麦秸秆		500	400	46	41
5817	燕麦和春大麦秸秆		490	405	50	43
5818	黑麦秸秆，(春季和冬季)		525	395	41	33
5819	小麦秸秆，(春季和冬季)		510	395	44	36
	优质大麦秸秆，加 4%尿素青贮					
5826	冬大麦秸秆		450	270	66	61
5827	燕麦和春大麦秸秆		440	285	67	63
5828	黑麦秸秆 (春季和冬季)		475	260	58	48
5829	小麦秸秆(春季和冬季)		455	275	63	48
	优质谷物秸秆，已粉碎					
5821	碱化谷物秸秆		425	420	68	56
5822	氨化谷物秸秆		420	425	62	53
	草秸秆					
5831	鸡脚草秸秆		438	422	54	46
5832	黑麦草秸秆		369	483	55	58
5833	猫尾草秸秆		390	508	51	54
5834	肯塔基早熟禾秸秆		380	474	64	58
5835	牛尾草秸秆		395	458	54	50
	其他秸秆					
5859	油菜秸秆		516	366	26	41
	糠					
	豆科糠					
5871	菜豆糠		393	404	51	61
5872	豌豆糠		410	393	53	62
5873	红三叶糠		263	443	50	62
5874	野豌豆糠		380	385	53	62
5875	甜羽扇豆糠		362	492	57	64
	谷物糠					
5861	大麦糠		310	475	43	40
5862	燕麦糠		296	503	45	45
5863	玉米芯		349	583	60	54
5864	黑麦糠		370	445	45	38
5865	小麦糠		340	457	48	42
	荚壳					
1993	菜豆荚，青绿		260	541	60	83
1994	豌豆荚，青绿		200	588	54	88
4994	豌豆荚，干燥		257	543	61	81
	长角果荚					
5881	油菜荚		385	380	49	56
5882	白芥籽荚		415	405	47	53
	壳					
5883	燕麦籽实壳		332	560	43	39
5884	豆科籽实壳		450	405	75	70
5889	向日葵籽壳		663	253	10	17
5885	亚麻仁壳		395	366	31	41
5886	向日葵托		174	543	54	83

饲料价值		能量参数						换算因子			
1 kg DM		罗斯托克饲料评价体系				其他体系		ME	ME	NEL	NEL
EFUc	dCP	GE	dEc	mEc	NERc	ME	NEL	NERc	EFUc	NERc	EFUc
	g	MJ	MJ	MJ	MJ	MJ	MJ				
8	9	10	11	12	13	14	15	16	17	18	19
292	7	18.09	8.52	7.34	3.00	6.79	4.11	0.44	42.9	0.73	70.9
382	28	17.96	9.95	8.52	3.95	8.03	4.91	0.49	47.5	0.80	77.7
368	27	17.96	9.71	8.31	3.80	7.81	4.77	0.49	47.1	0.80	77.1
435	36	18.30	10.80	9.24	4.48	8.73	5.40	0.51	49.9	0.83	80.6
406	32	18.07	10.35	8.85	4.20	8.36	5.14	0.50	48.6	0.82	79.1
197	3	18.36	7.11	6.12	2.04	5.65	3.32	0.36	34.8	0.61	59.2
221	5	18.11	7.51	6.46	2.29	5.97	3.55	0.38	37.0	0.64	62.3
211	3	18.19	7.36	6.35	2.18	5.86	3.47	0.37	36.0	0.63	60.8
202	2	17.64	7.15	6.14	2.11	5.65	3.36	0.37	35.7	0.63	60.1
232	2	17.56	7.62	6.53	2.42	6.01	3.61	0.40	38.6	0.67	64.4
141	1	17.91	6.25	5.37	1.47	4.92	2.87	0.30	28.7	0.51	49.1
169	1	17.63	6.63	5.69	1.76	5.22	3.08	0.34	32.3	0.57	54.8
411	109	18.73	11.05	9.21	4.27	8.71	5.35	0.49	47.2	0.80	76.9
428	109	18.83	11.26	9.38	4.45	8.88	5.47	0.50	48.2	0.81	78.2
344	110	18.90	9.94	8.25	3.57	7.81	4.68	0.46	44.0	0.76	73.4
361	110	18.80	10.27	8.53	3.75	8.07	4.88	0.46	44.8	0.77	74.0
378	9	17.09	9.70	8.34	3.94	7.71	4.84	0.51	49.1	0.81	78.2
342	25	18.06	9.41	8.03	3.56	7.51	4.58	0.47	45.5	0.78	74.7
264	14	18.25	8.19	7.03	2.74	6.55	3.91	0.42	40.4	0.70	67.6
334	20	18.08	9.28	7.94	3.47	7.45	4.51	0.47	44.8	0.77	74.0
305	9	18.60	8.85	7.61	3.17	7.13	4.27	0.44	42.8	0.74	71.4
370	17	18.09	9.82	8.41	3.86	7.86	4.84	0.49	47.1	0.80	76.6
285	19	18.16	8.53	7.30	2.96	6.83	4.09	0.43	41.8	0.73	69.8
102	12	18.22	5.55	4.75	1.06	4.48	2.50	0.24	22.9	0.42	41.0
347	61	18.24	9.60	8.14	3.60	7.70	4.64	0.47	45.1	0.78	74.7
359	57	18.32	9.76	8.29	3.73	7.82	4.74	0.48	45.9	0.79	75.8
383	110	18.41	10.24	8.58	3.94	8.24	4.93	0.48	46.5	0.80	77.7
352	57	17.88	9.48	8.07	3.64	7.62	4.61	0.48	46.1	0.79	76.3
387	27	18.12	10.05	8.61	4.04	8.10	4.97	0.50	47.8	0.81	77.9
172	10	16.56	6.20	5.39	1.77	5.06	2.92	0.35	33.9	0.61	58.8
226	21	17.53	7.28	6.30	2.32	5.95	3.46	0.39	38.0	0.67	65.4
353	5	18.62	9.57	8.26	3.69	7.71	4.71	0.48	45.8	0.78	75.1
179	15	17.36	6.54	5.66	1.85	5.30	3.07	0.35	33.9	0.60	58.5
199	14	16.94	6.83	5.91	2.06	5.54	3.23	0.37	35.9	0.64	61.6
564	90	18.34	13.14	11.14	5.86	10.56	6.78	0.55	53.4	0.86	83.2
605	99	18.45	13.97	11.86	6.24	11.30	7.32	0.55	53.6	0.85	82.6
535	81	18.25	12.67	10.75	5.57	10.21	6.50	0.55	52.4	0.86	82.3
322	30	17.76	8.79	7.59	3.23	7.12	4.30	0.45	45.2	0.75	74.9
270	15	17.41	8.04	6.92	2.77	6.46	3.86	0.43	41.7	0.72	69.8
191	7	18.06	6.87	5.98	1.96	5.59	3.24	0.35	34.1	0.61	58.8
518	27	18.46	11.96	10.31	5.37	9.61	6.16	0.56	53.9	0.87	84.1
−10	7	18.95	2.42	2.18	−0.09	2.06	1.07	−0.05	−4.6	−0.09	−8.9
201	44	18.11	6.97	6.08	1.98	5.73	3.30	0.35	35.1	0.60	61.0
603	57	18.90	12.93	11.25	5.96	10.64	6.82	0.56	56.7	0.87	88.5

编码	饲料		粗营养成分(续表 3.1)			
	分类	特征	1 kg DM		消化率	
			CFi	NFE	CFi	NFE
			g	g	%	%
1	2	3	4	5	6	7
	6.1 牛饲料表格(续表 3.1)					
5900	秸秆-精饲料混合料					
5911	秸秆-精饲料混合料	90 % 秸秆	411	458	51	52
5912		80 % 秸秆	372	491	51	59
5913		70 % 秸秆	334	525	50	64
5914		60 % 秸秆	295	558	50	69
5915		50 % 秸秆	256	591	50	73
5916		40 % 秸秆	217	624	49	77
5917		30 % 秸秆	178	657	48	80
5918		20 % 秸秆	140	691	46	84
5925	秸秆-精饲料混合料加尿素	50 % 秸秆	275	515	54	74
5990	动物排泄物					
	家禽排泄物					
5991	肉仔鸡鲜粪		200	310	60	68
5993	蛋鸡半液态粪便，倒出固体物		200	350	58	37
	猪排泄物					
5994	育肥牛半液态粪便,挤压出固体物		330	470	50	45
5996	育肥牛半液态粪便,倒出固体物		250	390	48	44
6000	精饲料					
6100	高能精饲料，谷物					
6132	春大麦，籽实饱满		50	765	40	91
6133	冬大麦，籽实饱满		60	760	38	89
6134	春大麦，籽实饱满	高蛋白	60	730	38	89
6135	冬大麦，籽实一般		110	700	31	84
6147	燕麦，籽实饱满		120	665	31	80
6148	燕麦，籽实一般		190	605	25	77
6178	粟		26	801	57	89
6173	稷		103	672	35	88
6167	玉米籽实，干燥		27	802	68	93
6168	玉米-玉米棒-混合料(CCM-玉米)，青贮		65	765	65	87
6164	无皮玉米棒粗粉,干燥		80	770	60	86
6165	无皮玉米棒粗粉,青贮		85	760	65	85
6166	带皮玉米棒粗粉,青贮		145	695	65	90
6169	带皮玉米棒粗粉,干燥		130	725	60	81
6183	大米		99	718	23	91
6121	黑小麦籽实		23	807	35	92
6123	黑麦，籽实饱满		29	818	23	91
6125	黑麦，籽实一般		60	755	15	86
6113	小麦，籽实饱满		30	790	47	93
6118	小麦，籽实饱满	高蛋白	30	755	47	93
6115	小麦，籽实一般		55	730	38	87
6114	硬质小麦		30	780	15	92
6200	高能精饲料，油籽					
6243	亚麻仁		80	245	50	84
6213	菜籽		65	215	23	80
6253	向日葵籽		210	185	18	28
6800	高能精饲料，木本植物种子和果实					
6831	山毛榉，干燥，未脱壳		197	293	36	50
6832	山毛榉，干燥，脱壳		53	174	36	60

饲料价值		能量参数						换算因子			
1 kg DM		罗斯托克饲料评价体系				其他体系		ME	ME	NEL	NEL
EFUc	dCP	GE	dEc	mEc	NERc	ME	NEL	NERc	EFUc	NERc	EFUc
	g	MJ	MJ	MJ	MJ	MJ	MJ				
8	9	10	11	12	13	14	15	16	17	18	19
300	16	18.10	8.63	7.46	3.10	6.94	4.20	0.45	43.2	0.74	71.5
361	24	18.14	9.42	8.19	3.73	7.64	4.68	0.49	47.3	0.80	77.1
416	32	18.16	10.02	8.76	4.29	8.17	5.07	0.52	50.9	0.85	82.0
474	40	18.20	10.74	9.41	4.89	8.80	5.53	0.56	53.8	0.88	85.7
527	48	18.24	11.43	10.06	5.43	9.41	5.99	0.58	56.0	0.91	88.0
581	56	18.28	12.12	10.69	5.99	10.02	6.45	0.60	58.0	0.93	90.1
627	64	18.33	12.73	11.26	6.46	10.57	6.88	0.61	59.4	0.94	91.2
683	72	18.34	13.53	11.99	7.04	11.26	7.43	0.63	60.7	0.95	91.8
541	105	18.07	12.00	10.36	5.62	9.72	6.22	0.58	55.7	0.90	87.0
443	203	17.17	11.17	9.23	4.53	8.93	5.46	0.51	49.6	0.83	81.2
248	104	15.20	7.28	6.14	2.52	5.92	3.44	0.43	41.9	0.73	72.1
253	32	17.66	7.69	6.62	2.62	6.26	3.66	0.42	40.5	0.71	69.2
241	74	16.28	7.37	6.25	2.45	6.02	3.47	0.41	40.0	0.71	69.4
784	100	18.56	15.46	13.71	8.08	12.91	8.78	0.63	60.7	0.92	89.3
762	90	18.46	14.95	13.27	7.85	12.48	8.44	0.63	61.0	0.93	90.3
763	108	18.68	15.03	13.31	7.84	12.54	8.44	0.63	60.9	0.93	90.5
679	75	18.11	13.19	11.75	6.99	11.05	7.27	0.63	61.4	0.96	93.3
691	96	19.14	13.54	12.00	6.97	11.29	7.36	0.62	61.2	0.95	93.8
579	72	18.64	11.89	10.56	5.84	9.93	6.33	0.59	58.3	0.92	91.5
826	81	18.68	15.48	13.93	8.45	13.04	8.95	0.65	63.3	0.94	92.3
743	101	18.71	14.36	12.78	7.57	12.00	8.01	0.63	62.0	0.94	92.8
877	78	18.88	16.44	14.81	8.92	13.86	9.65	0.64	63.3	0.92	90.9
805	68	18.90	15.12	13.61	8.20	12.73	8.66	0.64	63.3	0.95	93.0
770	57	18.73	14.66	13.16	7.88	12.32	8.31	0.64	62.5	0.95	92.7
782	62	18.83	14.81	13.31	7.96	12.44	8.42	0.64	62.9	0.95	92.9
763	57	19.01	15.16	13.43	7.77	12.60	8.50	0.62	60.6	0.91	89.8
700	50	18.97	13.79	12.25	7.15	11.51	7.58	0.62	60.9	0.94	92.4
728	74	17.67	14.07	12.59	7.50	11.82	7.99	0.63	61.6	0.94	91.2
797	96	18.26	15.58	13.87	8.28	13.06	8.95	0.63	61.0	0.92	89.0
773	75	18.29	15.13	13.49	8.02	12.72	8.64	0.63	60.7	0.93	89.5
701	95	18.13	13.90	12.33	7.28	11.65	7.72	0.62	60.1	0.94	90.8
814	105	18.46	15.97	14.18	8.42	13.34	9.19	0.63	61.0	0.92	88.6
815	132	18.60	16.16	14.27	8.41	13.44	9.24	0.63	60.7	0.91	88.2
747	119	18.46	14.78	13.06	7.71	12.30	8.27	0.63	60.8	0.93	90.4
790	116	18.51	15.65	13.85	8.19	13.06	8.90	0.63	60.5	0.92	88.8
1 176	217	26.75	20.53	18.62	10.16	17.51	11.73	0.58	67.2	0.87	100.2
1 293	195	27.82	21.34	19.72	10.93	18.49	12.49	0.59	69.9	0.87	103.5
1 083	170	26.82	17.90	16.65	9.01	15.56	10.20	0.58	69.6	0.88	106.3
883	122	25.27	15.67	14.45	7.60	13.50	8.67	0.56	65.4	0.88	101.8
1 333	206	28.91	21.40	19.92	11.16	18.64	12.52	0.60	71.5	0.89	106.5

编码	饲料		粗营养成分(续表 3.1)			
	分类	特征	1 kg DM		消化率	
			CFi	NFE	CFi	NFE
			g	g	%	%
1	2	3	4	5	6	7
	6.1 牛饲料表格(续表 3.1)					
6821	橡子，干燥	未去壳	145	711	60	90
6822	橡子，干燥	去壳	67	770	81	92
6811	七叶树果实，干燥	未去壳	62	774	30	90
6812	七叶树果实，干燥	去壳	30	784	48	93
6300	高能精饲料，块茎类					
	土豆					
6341	土豆，原料	12% 淀粉	29	797	45	86
6342		14% 淀粉	28	806	45	87
6343		16% 淀粉	28	813	45	87
6344		18% 淀粉	28	822	45	87
6345		20% 淀粉	27	830	45	87
6347		24% 淀粉	26	845	45	87
6361	土豆，蒸汽处理	12% 淀粉	30	780	45	89
6362		14% 淀粉	29	789	45	89
6363		16% 淀粉	29	796	45	89
6364		18% 淀粉	29	805	45	89
6365		20% 淀粉	28	813	45	89
6367		24% 淀粉	27	828	45	89
	土豆青贮					
6373	土豆，原料青贮	16% 淀粉	35	800	45	84
6376	土豆，蒸汽处理后青贮，100 %淀粉被提取	14% 淀粉	38	775	45	89
6377		16% 淀粉	38	782	45	89
6378		18% 淀粉	38	791	45	89
	土豆，干燥					
6391	土豆片		29	833	30	91
6392	优质土豆片		29	823	30	89
6393	土豆片，过干		35	818	20	83
	土豆残渣					
6368	土豆残渣，土豆皮，蒸汽处理		50	792	0	91
6400	高能精饲料，块根和肉质果实					
	饲用甜菜					
6421	糖甜菜，新鲜		63	760	45	94
6422	饲用甜菜，新鲜		83	700	60	93
6412	饲用糖甜菜，新鲜		60	785	45	94
6492	饲用糖甜菜，干燥		65	800	45	95
6431	芜菁，新鲜		105	675	65	96
6441	胡萝卜，新鲜		90	690	65	95
6432	芜菁，无叶子		108	620	65	89
6433	芜菁，带叶子		140	460	60	86
6411	糖甜菜，新鲜		54	805	45	96
6491	糖甜菜，干燥		59	820	45	96
6414	糖甜菜根梢，新鲜		50	772	45	96
6485	糖甜菜，青贮		85	680	70	90
6795	木薯粉		50	870	50	89
6454	苹果和梨		136	801	65	95
6500	高能精饲料，制糖业产物					
6511	挤压糖甜菜渣，新鲜		205	635	70	86
6519	挤压糖甜菜渣，青贮(挤压后青贮)		215	610	65	82

饲料价值		能量参数						换算因子			
1 kg DM		罗斯托克饲料评价体系				其他体系		ME	ME	NEL	NEL
EFUc	dCP	GE	dEc	mEc	NERc	ME	NEL	NERc	EFUc	NERc	EFUc
	g	MJ	MJ	MJ	MJ	MJ	MJ				
8	9	10	11	12	13	14	15	16	17	18	19
757	46	18.85	14.89	13.23	7.72	12.37	8.36	0.62	61.2	0.92	90.5
874	63	18.80	16.38	14.75	8.84	13.73	9.61	0.64	63.6	0.92	90.9
786	48	19.14	15.22	13.58	7.93	12.78	8.60	0.62	61.5	0.92	91.4
885	53	19.23	16.23	14.71	8.87	13.76	9.52	0.64	64.3	0.93	93.0
688	52	16.81	13.25	11.94	7.20	11.28	7.57	0.64	61.0	0.95	91.0
702	48	16.87	13.45	12.12	7.35	11.43	7.71	0.64	61.4	0.95	91.1
708	44	16.92	13.52	12.18	7.41	11.46	7.74	0.65	61.8	0.96	91.5
713	41	16.88	13.54	12.23	7.46	11.51	7.79	0.65	62.0	0.96	91.5
718	37	16.89	13.57	12.27	7.51	11.53	7.82	0.65	62.3	0.96	91.8
725	31	16.86	13.64	12.36	7.58	11.60	7.90	0.65	62.5	0.96	91.8
699	53	16.71	13.44	12.10	7.32	11.43	7.71	0.64	61.2	0.95	90.7
704	49	16.74	13.49	12.16	7.36	11.48	7.75	0.64	61.3	0.95	90.8
710	46	16.76	13.54	12.21	7.43	11.51	7.79	0.65	61.7	0.95	91.1
717	42	16.72	13.57	12.28	7.50	11.56	7.85	0.65	62.0	0.96	91.3
722	39	16.71	13.61	12.33	7.56	11.60	7.90	0.65	62.2	0.96	91.4
730	34	16.69	13.70	12.44	7.64	11.68	7.99	0.65	62.5	0.96	91.4
694	47	17.12	13.05	11.77	7.26	11.04	7.39	0.66	62.9	0.98	93.9
705	46	16.86	13.31	12.02	7.37	11.32	7.62	0.65	62.2	0.97	92.4
707	43	16.89	13.35	12.06	7.39	11.35	7.65	0.65	62.2	0.97	92.3
714	41	16.87	13.42	12.15	7.48	11.42	7.73	0.65	62.5	0.97	92.4
755	41	17.26	14.21	12.86	7.90	12.09	8.26	0.65	62.4	0.96	91.4
732	41	17.18	13.81	12.47	7.66	11.71	7.95	0.65	62.5	0.96	92.1
658	8	16.99	12.07	11.02	6.89	10.39	6.82	0.66	63.3	1.01	96.5
670	26	17.06	13.20	11.78	7.02	11.16	7.41	0.63	60.1	0.95	90.5
622	44	16.05	13.35	12.09	6.50	11.78	7.79	0.55	52.8	0.83	79.8
603	65	15.80	13.12	11.81	6.30	11.49	7.59	0.55	52.5	0.83	79.5
632	36	15.96	13.49	12.27	6.61	11.93	7.94	0.55	53.0	0.83	79.6
649	33	16.31	13.83	12.58	6.79	12.24	8.16	0.55	53.1	0.83	79.6
648	77	17.08	14.41	12.66	6.70	12.22	8.12	0.55	53.0	0.83	79.8
624	60	16.04	13.58	12.15	6.49	11.76	7.84	0.55	53.1	0.83	79.7
578	100	16.34	13.07	11.44	6.00	11.08	7.22	0.54	52.2	0.83	80.0
509	146	16.01	12.01	10.25	5.25	9.94	6.32	0.53	51.2	0.83	80.5
655	31	15.83	13.85	12.66	6.85	12.32	8.30	0.56	53.2	0.83	79.0
666	29	16.16	14.04	12.86	6.96	12.52	8.41	0.56	53.2	0.83	79.1
625	28	15.07	13.16	12.07	6.54	11.76	7.91	0.56	53.2	0.83	79.0
576	44	16.89	12.56	11.20	5.99	10.90	6.97	0.55	52.8	0.86	82.6
775	13	16.86	14.18	12.97	8.10	12.04	8.40	0.67	64.4	0.96	92.3
683	11	17.69	14.73	13.17	7.15	12.60	8.46	0.57	54.2	0.85	80.8
585	65	18.38	13.91	11.74	6.12	11.17	7.24	0.55	52.4	0.85	80.8
543	60	18.11	12.91	10.89	5.68	10.37	6.62	0.55	52.3	0.86	82.0

编码	饲料		粗营养成分(续表 3.1)			
	分类	特征	1 kg DM		消化率	
			CFi	NFE	CFi	NFE
			g	g	%	%
1	2	3	4	5	6	7
	6.1 牛饲料表格(续表 3.1)					
6518	挤压糖甜菜渣，青贮(湿渣青贮)		220	580	65	80
6561	挤压糖甜菜渣，干燥(干渣)		200	645	70	87
6564	糖蜜糖甜菜渣，干燥		155	660	80	92
6514	部分提取的糖甜菜渣，干燥		135	725	80	92
	糖，见高能精饲料，纯营养素					
6571	糖甜菜渣，干燥，优质		60	831	45	96
6573	糖甜菜渣，干燥，过干		60	812	35	91
6525	甘蔗糖蜜		0	855	0	90
6521	甜菜糖蜜		0	840	0	89
6600	高能精饲料，面粉加工产物					
6676	菜豆麸		190	644	70	72
6675	豌豆麸		200	560	72	75
6636	大麦，部分脱壳		43	794	40	92
6633	饲用大麦粉		75	720	33	86
6635	大麦麸		130	655	39	78
6639	带壳大麦麸		195	595	44	67
6641	燕麦仁和燕麦片		15	760	85	92
6643	饲用燕麦粉		54	729	49	85
6645	燕麦麸		148	625	50	70
6649	带壳燕麦麸		235	580	47	62
6663	饲用玉米粉，脱皮		50	750	62	89
6665	玉米皮		110	675	75	82
6666	玉米胚(面粉加工业)		95	445	78	91
6667	挤压玉米胚芽饼(面粉加工业)		75	680	55	87
6668	浸提玉米胚芽饼(面粉加工业)		85	710	55	87
6669	高粱糠		94	668	16	78
6682	白色饲用稻粉		39	611	16	86
6681	黄色饲用稻粉		100	517	23	75
6685	大米麸，很少稻壳		150	445	30	60
6686	大米麸，很多稻壳		278	435	7	82
6623	饲用黑麦粉		30	760	57	87
6624	黑麦麸	78% 出粉率	80	650	42	76
6629	带壳黑麦麸		140	610	44	67
6613	饲用小麦粉		40	715	57	90
6614	小麦麸	74% 出粉率	100	625	40	75
6619	带壳小麦麸		150	590	35	68
6700	高能精饲料，淀粉业、发酵业及水果加工业副产物					
6748	玉米面筋饲料	低蛋白	120	650	70	88
6744	小麦面筋饲料		160	570	75	84
6745	玉米胚芽(淀粉业产物)		60	260	78	90
6746	挤压玉米胚芽饼(淀粉业产物)		105	560	80	83
6747	浸提玉米胚芽饼(淀粉业产物)		105	580	80	84
	渣类(淀粉渣)					
6731	鲜土豆渣		155	755	30	86
6781	干土豆渣		200	705	25	88
6782	干土豆渣	高蛋白	115	520	70	86
	酒糟					
6717	鲜土豆酒糟		100	500	70	75
6767	干土豆酒糟		100	490	70	75

饲料价值		能量参数						换算因子			
1 kg DM		罗斯托克饲料评价体系				其他体系		ME	ME	NEL	NEL
EFUc	dCP	GE	dEc	mEc	NERc	ME	NEL	NERc	EFUc	NERc	EFUc
	g	MJ	MJ	MJ	MJ	MJ	MJ				
8	9	10	11	12	13	14	15	16	17	18	19
505	55	17.66	12.21	10.30	5.29	9.81	6.21	0.54	51.5	0.85	81.3
594	57	18.19	13.83	11.78	6.22	11.21	7.29	0.55	53.0	0.85	81.5
618	63	17.49	14.25	12.29	6.47	11.78	7.77	0.55	52.4	0.83	79.6
643	51	18.02	14.86	12.77	6.74	12.22	8.09	0.55	52.6	0.83	79.5
674	28	16.28	14.18	13.01	7.05	12.66	8.52	0.56	53.2	0.83	79.1
605	5	15.90	12.54	11.60	6.33	11.34	7.40	0.56	53.3	0.85	81.7
619	15	15.48	12.96	11.92	6.48	11.65	7.73	0.56	53.1	0.84	80.1
609	25	15.23	12.82	11.76	6.37	11.47	7.63	0.56	53.0	0.84	79.8
572	78	18.51	12.61	10.91	5.94	10.29	6.59	0.58	55.6	0.90	86.8
614	131	18.89	13.48	11.55	6.33	10.92	7.05	0.58	56.2	0.90	87.1
810	86	18.44	15.67	13.98	8.35	13.12	9.02	0.64	61.8	0.93	89.8
712	91	18.75	14.47	12.73	7.25	12.07	7.97	0.60	59.0	0.91	89.3
624	91	18.55	12.84	11.32	6.35	10.72	6.90	0.59	58.2	0.92	90.4
462	60	18.00	10.65	9.31	4.69	8.87	5.47	0.53	52.1	0.86	84.5
846	124	19.04	16.52	14.65	8.61	13.77	9.49	0.63	61.4	0.91	89.1
791	108	19.25	15.31	13.61	7.99	12.79	8.62	0.62	61.8	0.93	91.8
609	85	19.27	12.70	11.15	6.06	10.52	6.71	0.58	57.9	0.90	90.8
457	59	18.76	10.71	9.32	4.61	8.78	5.43	0.52	52.0	0.85	84.1
829	81	19.21	15.75	14.14	8.35	13.28	9.05	0.63	62.5	0.92	91.7
747	79	19.29	14.32	12.80	7.55	12.00	7.97	0.63	62.3	0.95	93.8
1013	126	22.67	17.82	16.27	9.33	15.24	10.34	0.61	66.5	0.90	98.0
771	94	19.30	14.97	13.34	7.73	12.59	8.39	0.61	61.3	0.92	91.9
704	90	18.13	14.23	12.55	7.26	11.86	7.90	0.61	59.3	0.92	89.1
683	107	19.52	13.45	11.94	6.84	11.26	7.29	0.61	60.7	0.94	93.8
878	97	20.08	15.86	14.41	8.34	13.57	9.16	0.61	64.7	0.91	95.9
685	82	19.78	12.93	11.73	6.45	11.08	7.10	0.58	61.8	0.91	96.5
577	85	19.25	11.19	10.23	5.37	9.62	6.05	0.56	60.0	0.89	95.5
321	4	16.78	7.96	7.23	3.17	6.91	4.10	0.46	46.4	0.77	78.2
722	111	18.90	15.13	13.19	7.44	12.54	8.32	0.59	57.6	0.89	86.8
598	122	18.75	13.06	11.26	6.07	10.80	6.84	0.56	55.3	0.89	87.4
458	102	18.49	11.15	9.49	4.71	9.10	5.57	0.52	50.3	0.85	82.3
779	133	19.26	16.03	14.02	7.91	13.31	8.95	0.59	58.6	0.88	87.1
592	131	19.14	13.07	11.25	6.00	10.76	6.80	0.56	55.1	0.88	87.1
480	109	18.87	11.41	9.78	4.87	9.38	5.74	0.52	51.2	0.85	83.6
698	100	19.11	14.91	12.90	7.12	12.23	8.07	0.58	57.0	0.88	86.5
739	124	20.26	15.30	13.35	7.37	12.58	8.29	0.59	58.8	0.89	89.1
1290	106	28.46	20.36	19.21	10.98	17.89	12.01	0.61	72.1	0.91	107.4
742	167	19.98	15.45	13.47	7.37	12.82	8.42	0.57	57.9	0.88	88.1
672	180	19.00	14.91	12.71	6.90	12.14	7.93	0.57	55.4	0.87	84.7
609	8	17.90	12.44	11.07	6.36	10.44	6.77	0.61	58.3	0.94	89.9
580	8	17.93	12.00	10.69	6.06	10.09	6.48	0.60	57.5	0.94	89.4
572	180	17.44	13.47	11.36	5.97	10.95	7.04	0.54	52.2	0.85	81.2
476	153	18.27	12.00	9.94	4.90	9.70	5.90	0.51	49.0	0.83	80.6
477	153	18.01	11.83	9.84	4.91	9.59	5.85	0.51	49.7	0.84	81.5

编码	饲料		粗营养成分(续表 3.1)			
	分类	特征	1 kg DM		消化率	
			CFi	NFE	CFi	NFE
			g	g	%	%
1	2	3	4	5	6	7
	6.1 牛饲料表格(续表 3.1)					
6714	鲜玉米酒糟		105	540	60	80
6764	干玉米酒糟		100	535	60	80
6712	鲜黑麦酒糟		80	580	60	72
6762	干黑麦酒糟		95	550	60	72
6713	鲜小麦酒糟		85	530	60	72
6763	干小麦酒糟		85	525	60	72
	淀粉类,见高能精饲料,纯营养素					
	啤酒糟					
6721	鲜啤酒糟		200	439	49	63
6771	干啤酒糟		177	452	41	65
6772	Hops 干啤酒糟		22	609	17	48
	果渣					
6450	鲜苹果渣和梨渣		300	590	48	70
6451	鲜藤渣		313	397	9	36
6452	鲜柑橘渣		130	685	82	92
6900	高能精饲料，纯营养素					
	油脂类					
6911	牛脂		0	3	0	0
6912	猪油		0	0	0	0
6922	向日葵油		0	0	0	0
	淀粉类					
6931	土豆淀粉，粉碎		0	990	0	97
6933	玉米淀粉		1	992	0	97
6934	小麦淀粉		0	997	0	97
	纤维素					
6951	饲用纤维素		842	141	93	43
	糖					
6941	乳糖		0	995	0	96
6942	蔗糖		0	1 000	0	98
6943	甜菜糖		0	950	0	97
7000	高蛋白精饲料，植物来源					
7100	高蛋白精饲料，豆科种子					
7137	菜豆		95	565	75	92
7133	四季豆		44	666	49	92
7115	豌豆		68	621	75	95
7116	成熟豌豆		72	634	72	95
7176	蓝色甜羽扇豆		151	390	86	84
7153	黄色甜羽扇豆		157	288	82	87
7163	白色甜羽扇豆		110	365	82	82
7141	野豌豆		62	560	56	88
7143	多毛冬野豌豆		79	570	50	88
7200	高蛋白精饲料，油加工业产物					
7271	挤压棉籽饼	去壳	100	275	41	80
7272		部分去壳	170	305	46	72
7273		未去壳	270	315	37	66
7471	浸提棉籽饼	去壳	90	305	45	78
7472		部分去壳	160	340	49	70
7473		未去壳	245	300	38	65
7261	挤压花生饼	去壳	55	290	40	82
7262		部分去壳	115	265	40	80
7263		未去壳	270	215	14	74

饲料价值		能量参数						换算因子			
1 kg DM		罗斯托克饲料评价体系				其他体系		ME	ME	NEL	NEL
EFUc	dCP	GE	dEc	mEc	NERc	ME	NEL	NERc	EFUc	NERc	EFUc
	g	MJ	MJ	MJ	MJ	MJ	MJ				
8	9	10	11	12	13	14	15	16	17	18	19
680	161	20.56	14.77	12.63	6.69	12.11	7.71	0.55	56.1	0.87	88.2
674	168	20.68	14.84	12.63	6.63	12.14	7.70	0.55	55.5	0.86	87.5
567	188	20.24	13.76	11.44	5.74	11.07	6.85	0.52	51.2	0.84	82.7
557	188	19.96	13.53	11.25	5.64	10.87	6.73	0.52	51.2	0.84	82.7
561	199	20.14	13.63	11.33	5.64	10.97	6.78	0.51	51.2	0.83	82.8
559	199	20.05	13.57	11.28	5.62	10.92	6.75	0.51	51.2	0.83	82.8
570	183	20.50	13.27	11.19	5.55	10.70	6.65	0.52	53.3	0.84	85.8
547	181	20.66	12.93	10.90	5.34	10.48	6.43	0.51	52.2	0.83	85.1
265	65	19.12	8.11	6.99	2.60	6.98	3.85	0.37	37.9	0.67	68.8
428	10	18.99	10.49	9.22	4.40	8.73	5.35	0.50	49.0	0.82	80.0
77	17	18.90	4.72	4.39	0.72	4.35	2.28	0.17	17.7	0.32	33.8
666	37	17.42	14.31	12.65	6.84	12.08	8.06	0.57	55.2	0.85	82.6
2149	0	39.70	28.76	28.76	16.92	26.40	18.32	0.64	81.4	0.92	117.3
2282	0	39.74	30.54	30.54	17.96	28.03	19.78	0.64	81.4	0.91	115.4
2282	0	39.74	30.54	30.54	17.96	28.03	19.78	0.64	81.4	0.91	115.4
927	0	17.26	16.61	15.27	9.70	14.13	10.31	0.69	65.6	0.94	89.8
928	0	17.31	16.64	15.30	9.71	14.16	10.33	0.69	65.5	0.94	89.8
933	0	17.31	16.73	15.38	9.77	14.22	10.40	0.69	65.6	0.94	89.7
661	0	18.77	15.19	12.99	6.92	11.55	8.18	0.60	57.2	0.85	80.8
757	0	15.92	15.28	14.42	7.93	14.04	9.82	0.56	53.9	0.81	77.1
777	0	16.00	15.70	14.80	8.13	14.41	10.14	0.56	53.9	0.80	76.6
731	0	15.67	14.74	13.91	7.65	13.59	9.41	0.56	53.7	0.81	77.6
742	242	18.95	16.38	13.92	7.69	13.22	8.90	0.58	56.1	0.86	83.3
740	192	18.59	15.80	13.62	7.69	12.97	8.70	0.59	57.1	0.88	85.0
770	227	18.75	16.80	14.37	7.99	13.63	9.30	0.59	56.5	0.86	82.8
779	216	18.81	16.84	14.43	8.08	13.67	9.34	0.59	57.0	0.87	83.4
720	323	20.69	17.33	14.30	7.22	13.69	9.00	0.53	52.6	0.80	80.0
715	405	21.04	18.00	14.60	7.15	14.03	9.20	0.51	51.0	0.78	77.8
765	351	21.45	17.82	14.79	7.49	14.17	9.30	0.53	54.0	0.80	82.3
692	267	19.14	15.98	13.37	7.15	12.81	8.44	0.56	54.0	0.85	82.0
717	265	19.41	16.39	13.77	7.37	13.13	8.72	0.56	54.6	0.85	82.2
648	384	21.22	15.97	12.98	6.33	12.69	7.92	0.50	51.0	0.80	81.8
602	304	20.71	14.54	11.94	5.90	11.59	7.18	0.51	52.0	0.82	83.8
498	218	20.35	12.46	10.38	4.88	10.01	6.08	0.49	49.8	0.80	82.0
551	412	20.20	15.18	11.99	5.66	11.84	7.26	0.48	46.6	0.78	75.9
518	324	19.72	13.76	11.02	5.32	10.78	6.58	0.49	48.0	0.81	78.6
433	274	19.55	12.09	9.72	4.44	9.51	5.66	0.47	45.6	0.78	76.5
705	468	21.09	17.60	14.28	6.96	13.88	8.93	0.50	50.8	0.78	78.9
675	437	21.09	16.92	13.70	6.65	13.28	8.48	0.50	50.9	0.78	79.7
507	319	20.52	12.92	10.57	4.93	10.27	6.21	0.48	49.3	0.80	81.7

编码	饲料		粗营养成分(续表 3.1)			
	分类	特征	1 kg DM		消化率	
			CFi	NFE	CFi	NFE
			g	g	%	%
1	2	3	4	5	6	7
	6.1 牛饲料表格(续表 3.1)					
7461	浸提花生饼	去壳	60	310	50	83
7462		部分去壳	120	315	40	71
7463		未去壳	275	240	20	71
7281	挤压椰子饼		150	480	65	85
7481	浸提椰子饼		165	500	65	86
7221	挤压亚麻仁饼		110	375	50	80
7421	浸提亚麻仁饼		105	425	52	80
7285	挤压棕榈仁饼		180	500	48	86
7485	浸提棕榈仁饼		200	540	51	85
7231	挤压菜籽饼		130	350	35	83
7431	浸提菜籽饼		150	345	35	83
7235	挤压芥籽饼(白色)		90	350	65	84
7435	浸提芥籽饼(白色)		110	375	65	83
7295	挤压芝麻饼		90	270	65	78
7494	浸提芝麻饼		90	280	65	78
7251	挤压大豆饼		70	320	75	94
7451	浸提大豆饼,烤焙	45%~48% 蛋白质	70	320	81	95
7453		42%~45% 蛋白质	80	345	75	92
7455		39%~42% 蛋白质	100	355	70	89
7452	浸提大豆饼,未烤焙	42%~45% 蛋白质	80	345	75	92
7241	挤压向日葵饼	脱壳	130	300	57	68
7242	挤压向日葵饼	部分脱壳	210	275	46	62
7441	浸提向日葵饼	去壳	150	315	57	66
7442		部分去壳	210	310	46	58
7443		未去壳	340	275	21	51
7245	挤压小麦胚芽饼		27	544	26	94
7500	高蛋白精饲料,面粉加工业、淀粉业和发酵业副产物					
7571	饲用豌豆粉		80	610	61	91
	酵母,见高蛋白精饲料,动物来源					
7567	玉米蛋白粉,干燥		20	210	75	90
7568	小麦面筋,干燥		2	130	75	85
7591	土豆蛋白片		8	125	0	70
7511	大麦胚芽		164	464	65	73
7541	小麦胚芽		30	555	42	94
7562	玉米蛋白粉	19%~23% 蛋白质	85	580	70	85
7563		23%~30% 蛋白质	85	535	65	86
7564		>30% 蛋白质	50	470	65	83
7512	大麦芽		200	414	59	68
7600	高蛋白精饲料,非蛋白氮化合物					
7621	尿素		0	0	0	0
8000	高蛋白精饲料,动物来源及酵母副产物					
8100	高蛋白精饲料,奶和奶加工产品					
8123	鲜黄油奶		0	500	0	98
8173	黄油奶粉		0	521	0	95

饲料价值		能量参数						换算因子			
1 kg DM		罗斯托克饲料评价体系				其他体系		ME/NERc	ME/EFUc	NEL/NERc	NEL/EFUc
EFUc	dCP	GE	dEc	mEc	NERc	ME	NEL				
	g	MJ	MJ	MJ	MJ	MJ	MJ				
8	9	10	11	12	13	14	15	16	17	18	19
616	495	20.05	16.96	13.42	6.37	13.13	8.37	0.48	46.9	0.76	73.6
557	437	19.87	15.37	12.15	5.75	11.87	7.41	0.48	46.9	0.78	75.2
428	340	19.44	12.28	9.76	4.41	9.55	5.69	0.46	44.8	0.77	75.2
691	184	19.74	15.35	13.10	6.82	12.53	8.15	0.54	55.2	0.84	84.8
604	194	18.67	14.64	12.22	6.20	11.76	7.58	0.53	51.3	0.82	79.6
669	323	20.69	15.96	13.15	6.60	12.70	8.10	0.52	52.7	0.81	82.6
588	323	19.55	15.19	12.28	6.04	11.92	7.54	0.51	49.3	0.80	78.0
681	156	20.44	15.08	12.83	6.70	12.25	7.88	0.55	55.6	0.85	86.4
581	135	19.37	13.86	11.61	5.96	11.15	7.05	0.54	52.2	0.85	82.5
639	311	20.28	15.24	12.60	6.29	12.20	7.71	0.52	52.4	0.82	82.8
553	340	19.24	14.49	11.68	5.68	11.39	7.12	0.50	48.6	0.80	77.8
735	323	21.05	16.90	14.08	7.10	13.56	8.79	0.52	54.2	0.81	83.7
588	357	19.46	15.65	12.54	6.07	12.20	7.75	0.50	48.2	0.78	75.9
637	405	19.70	16.27	13.09	6.29	12.68	8.15	0.50	50.3	0.77	78.2
581	446	19.20	16.07	12.64	5.96	12.30	7.85	0.48	47.2	0.76	74.0
732	432	20.85	18.21	14.84	7.29	14.37	9.41	0.51	50.9	0.77	77.8
656	488	20.05	18.07	14.32	6.80	13.95	9.09	0.49	47.0	0.75	72.2
636	446	19.96	17.42	13.85	6.60	13.49	8.72	0.49	47.2	0.76	73.0
622	409	19.78	16.70	13.36	6.45	13.00	8.36	0.50	47.8	0.77	74.4
636	446	19.95	17.42	13.85	6.60	13.49	8.72	0.49	47.2	0.76	73.0
633	378	20.82	15.81	12.84	6.24	12.43	7.85	0.50	50.9	0.79	80.7
563	319	20.52	14.06	11.52	5.53	11.13	6.89	0.50	50.6	0.80	81.8
534	387	19.69	14.68	11.65	5.50	11.35	7.05	0.49	47.1	0.78	75.8
468	332	19.55	13.07	10.42	4.81	10.15	6.16	0.47	46.1	0.78	75.9
313	252	19.33	10.09	8.05	3.21	7.84	4.53	0.41	39.9	0.71	69.1
811	276	19.95	17.57	15.07	8.06	14.43	9.71	0.56	56.2	0.83	83.5
746	218	18.76	16.02	13.76	7.72	13.04	8.80	0.59	57.2	0.88	84.8
717	677	22.60	20.56	15.89	7.32	15.49	10.04	0.47	46.3	0.73	71.4
670	790	22.78	20.92	15.75	6.95	15.52	9.91	0.45	43.1	0.70	67.6
501	629	22.46	16.41	12.23	5.25	12.50	7.26	0.42	40.1	0.72	69.0
550	237	18.77	13.46	11.18	5.72	10.80	6.78	0.53	50.9	0.84	81.1
832	252	20.28	17.82	15.34	8.19	14.67	9.89	0.56	56.7	0.83	84.1
676	191	19.15	15.20	12.87	6.89	12.27	8.04	0.56	55.1	0.86	84.1
674	238	19.53	15.65	13.09	6.87	12.53	8.17	0.55	53.8	0.84	82.5
686	348	20.59	16.59	13.63	6.99	13.14	8.48	0.53	52.2	0.82	80.9
666	205	20.57	14.45	12.40	6.45	11.84	7.54	0.54	56.3	0.86	88.4
	2 218										
756	370	18.75	18.11	15.31	7.62	14.94	10.09	0.51	50.6	0.75	74.9
724	331	18.61	17.17	14.60	7.31	14.33	9.51	0.51	50.5	0.77	76.1

编码	饲料		粗营养成分(续表 3.1)			
	分类	特征	1 kg DM		消化率	
			CFi	NFE	CFi	NFE
			g	g	%	%
1	2	3	4	5	6	7
	6.1 牛饲料表格(续表 3.1)					
8128	干酪		0	0	0	98
8116	牛初乳	泌乳期第 1 天	0	255	0	98
8117		泌乳期第 2～4 天	0	353	0	98
8121	鲜脱脂乳		0	536	0	98
8171	脱脂奶粉		0	550	0	95
8125	鲜甜乳清		0	760	0	97
8126	鲜酸乳清		0	700	0	97
8175	甜乳清粉		0	765	0	96
8127	鲜乳清蛋白		0	110	0	98
8124	凝乳		0	164	0	98
8115	全脂鲜牛奶	4.5% 脂肪	0	365	0	98
8114		4.0% 脂肪	0	377	0	98
8113		3.5% 脂肪	0	399	0	98
8112		3.0% 脂肪	0	415	0	98
8111		2.5% 脂肪	0	429	0	98
8110		2.0% 脂肪	0	447	0	98
8165	牛全脂奶粉	31% 脂肪	0	363	0	98
8164		28% 脂肪	0	375	0	98
8163		25% 脂肪	0	397	0	98
8162		23% 脂肪	0	413	0	98
8161		20% 脂肪	0	427	0	98
8160		17% 脂肪	0	445	0	98
8200	高蛋白精饲料,肉品加工业及屠宰加工业产物					
8221	血粉		0	15	0	82
8231	肉粉，不含骨	> 75% 蛋白质	0	10	0	80
8232	肉骨粉	70%～75% 蛋白质	0	35	0	80
8233		65%～70% 蛋白质	0	45	0	80
8234		60%～65% 蛋白质	0	60	0	80
8235		55%～60% 蛋白质	0	70	0	80
8236		50%～55% 蛋白质	0	60	0	80
8237		45%～50% 蛋白质	0	60	0	80
8238		40%～45% 蛋白质	0	50	0	80
8251	骨粉	未脱胶	0	45	0	80
8252	骨粉	脱胶	0	12	0	80
	肉骨粉,适当干燥,未高温处理					
8241	<8 % 脂肪	65%～70% 蛋白质	0	45	0	80
8242		60%～65% 蛋白质	0	55	0	80
8243		55%～60% 蛋白质	0	65	0	80
8244		50%～55% 蛋白质	0	85	0	80
8245	>8 % 脂肪	65%～70% 蛋白质	0	40	0	80
8246		60%～65% 蛋白质	0	40	0	80
8247		55%～60% 蛋白质	0	40	0	80
8248		50%～55% 蛋白质	0	65	0	80
	肉骨粉,过度干燥或高温处理					
8262	<8 % 脂肪	60%～65% 蛋白质	0	45	0	65
8263		55%～60% 蛋白质	0	55	0	65
8266	>8 % 脂肪	60%～65% 蛋白质	0	30	0	65
8267		55%～60% 蛋白质	0	30	0	65

饲料价值		能量参数						换算因子			
1 kg DM		罗斯托克饲料评价体系				其他体系					
EFUc	dCP	GE	dEc	mEc	NERc	ME	NEL	ME NERc	ME EFUc	NEL NERc	NEL EFUc
	g	MJ	MJ	MJ	MJ	MJ	MJ				
8	9	10	11	12	13	14	15	16	17	18	19
642	898	22.70	21.52	15.86	6.66	15.71	10.01	0.42	40.9	0.67	64.2
1 137	403	24.56	22.39	19.61	10.19	18.72	12.84	0.54	60.8	0.79	88.6
1 146	308	23.70	21.65	19.38	10.28	18.47	12.78	0.56	62.0	0.80	89.6
694	364	17.97	17.38	14.60	7.20	14.31	9.61	0.50	48.5	0.75	72.2
663	340	17.72	16.60	13.98	6.90	13.75	9.12	0.50	48.2	0.76	72.7
716	119	16.07	15.27	13.86	7.37	13.51	9.29	0.55	53.0	0.79	77.1
691	150	15.91	15.08	13.52	7.11	13.19	9.02	0.54	52.4	0.79	76.6
687	116	15.71	14.80	13.43	7.13	13.11	8.97	0.54	52.4	0.79	76.6
625	675	19.56	18.69	14.32	6.34	14.09	9.15	0.45	44.3	0.69	68.3
666	740	21.87	20.46	15.63	6.89	15.48	9.92	0.45	43.0	0.69	67.1
1 274	243	25.08	22.50	20.63	11.20	19.54	13.63	0.57	65.2	0.82	93.5
1 233	253	24.47	22.16	20.22	10.92	19.19	13.37	0.57	64.3	0.82	92.2
1 188	259	23.88	21.76	19.76	10.62	18.79	13.07	0.57	63.2	0.81	90.9
1 130	270	23.20	21.22	19.14	10.22	18.25	12.66	0.56	61.9	0.81	89.3
1 071	287	22.52	20.75	18.55	9.81	17.74	12.26	0.55	60.4	0.80	87.4
1 007	300	21.74	20.18	17.88	9.36	17.16	11.81	0.55	58.7	0.79	85.3
1 260	232	24.94	22.14	20.34	11.06	19.28	13.40	0.57	65.3	0.83	94.0
1 211	241	24.34	21.68	19.82	10.72	18.83	13.05	0.57	64.3	0.82	92.8
1 161	248	23.70	21.22	19.30	10.38	18.38	12.71	0.57	63.2	0.82	91.4
1 109	258	23.06	20.75	18.75	10.02	17.90	12.34	0.56	61.9	0.81	89.9
1 050	274	22.38	20.27	18.15	9.62	17.39	11.94	0.55	60.4	0.81	87.9
986	287	21.61	19.70	17.48	9.17	16.81	11.49	0.55	58.7	0.80	85.8
554	759	22.47	18.40	13.61	5.74	13.78	8.29	0.42	40.2	0.69	66.9
784	765	24.60	21.54	16.72	7.55	16.44	10.47	0.46	47.7	0.72	74.9
717	694	22.85	19.79	15.35	6.94	15.11	9.58	0.46	47.4	0.72	74.8
681	634	21.62	18.51	14.42	6.57	14.20	8.99	0.46	48.0	0.73	75.8
657	568	20.69	17.32	13.62	6.28	13.40	8.46	0.47	49.0	0.74	77.6
629	519	19.70	16.30	12.89	5.99	12.68	8.00	0.47	49.6	0.75	78.7
578	470	18.13	14.87	11.78	5.49	11.60	7.30	0.47	49.9	0.75	79.3
500	423	16.16	13.15	10.36	4.79	10.23	6.39	0.47	48.9	0.75	78.3
416	377	13.99	11.30	8.82	4.03	8.75	5.42	0.46	47.6	0.74	76.8
303	300	10.89	8.65	6.66	3.00	6.66	4.06	0.45	45.5	0.74	74.6
48	49	1.88	1.41	1.08	0.48	1.09	0.65	0.44	43.6	0.74	73.4
590	618	19.99	17.06	13.08	5.82	12.96	8.11	0.45	45.6	0.72	72.8
579	576	19.44	16.38	12.63	5.68	12.51	7.82	0.45	46.3	0.73	74.0
560	523	18.53	15.41	11.99	5.45	11.85	7.41	0.46	47.3	0.74	75.6
565	462	17.97	14.73	11.64	5.41	11.46	7.20	0.47	49.3	0.75	78.5
701	618	21.89	18.52	14.55	6.69	14.30	9.06	0.47	49.0	0.74	77.4
696	576	21.34	17.85	14.13	6.57	13.88	8.79	0.47	50.1	0.75	79.1
682	523	20.44	16.89	13.51	6.37	13.24	8.40	0.48	51.5	0.76	81.1
701	462	20.18	16.43	13.38	6.45	13.05	8.33	0.49	53.7	0.77	84.2
438	462	19.05	12.86	9.88	4.32	10.10	5.80	0.43	43.4	0.74	75.5
420	418	18.14	12.06	9.33	4.11	9.53	5.48	0.43	44.1	0.75	76.7
518	462	20.76	13.88	10.92	4.92	11.05	6.43	0.45	46.8	0.77	80.5
503	418	19.86	13.08	10.39	4.73	10.49	6.12	0.45	47.9	0.77	82.2

编码	饲料		粗营养成分(续表 3.1)			
	分类	特征	1 kg DM		消化率	
			CFi	NFE	CFi	NFE
			g	g	%	%
1	2	3	4	5	6	7
	6.1 牛饲料表格(续表 3.1)					
8300	高蛋白精饲料，鱼和鱼加工产物					
8361	鳕鱼粉	70%～75% 蛋白质	0	0	0	0
8362		65%～70% 蛋白质	0	0	0	0
8363		60%～65% 蛋白质	0	25	0	80
8364		55%～60% 蛋白质	0	50	0	80
	鱼粉，适当干燥，未高温处理					
8370	<8% 脂肪	70%～75% 蛋白质	0	0	0	0
8371		65%～70% 蛋白质	0	15	0	80
8372		60%～65% 蛋白质	0	40	0	80
8373		55%～60% 蛋白质	0	50	0	80
8375	>8% 脂肪	70%～75% 蛋白质	0	0	0	0
8376		65%～70% 蛋白质	0	10	0	80
8377		60%～65% 蛋白质	0	30	0	80
8378		55%～60% 蛋白质	0	40	0	80
	鱼粉，过度干燥和高温处理					
8381	<8% 脂肪	65%～70% 蛋白质	0	10	0	65
8382		60%～65% 蛋白质	0	30	0	65
8383		55%～60% 蛋白质	0	40	0	65
8386	>8% 脂肪	65%～70% 蛋白质	0	5	0	65
8387		60%～65% 蛋白质	0	20	0	65
8388		55%～60% 蛋白质	0	30	0	65
8325	鱼可溶物，浓缩，新鲜		0	35	0	80
8400	高蛋白精饲料，酵母					
8411	啤酒和面包酵母，新鲜		5	295	90	85
8461	啤酒和面包酵母，干燥		15	350	20	79
8465	木糖酵母，干燥		20	365	60	94
8466	石油酵母，干燥		10	265	50	82
8467	糖蜜酵母，干燥		20	295	40	88
8468	分解硫酸盐的酵母，干燥		30	390	70	78

饲料价值		能量参数						换算因子			
1 kg DM		罗斯托克饲料评价体系				其他体系		ME	ME	NEL	NEL
EFUc	dCP	GE	dEc	mEc	NERc	ME	NEL	NERc	EFUc	NERc	EFUc
	g	MJ	MJ	MJ	MJ	MJ	MJ				
8	9	10	11	12	13	14	15	16	17	18	19
575	736	20.07	18.29	13.65	5.84	13.53	8.55	0.43	42.5	0.68	67.2
549	683	19.09	17.18	12.88	5.54	12.77	8.05	0.43	43.0	0.69	68.2
526	626	18.27	16.19	12.20	5.30	12.10	7.61	0.44	43.5	0.70	69.1
514	570	17.64	15.39	11.69	5.15	11.58	7.28	0.44	44.4	0.71	70.7
620	736	20.87	18.90	14.26	6.20	14.10	8.95	0.44	44.0	0.69	69.4
616	683	20.37	18.16	13.83	6.09	13.65	8.66	0.45	45.1	0.70	71.1
604	626	19.75	17.33	13.30	5.94	13.12	8.31	0.45	46.0	0.71	72.6
583	570	18.84	16.30	12.61	5.69	12.42	7.87	0.46	46.9	0.72	74.1
700	736	21.08	18.89	14.54	6.50	14.28	9.14	0.45	49.0	0.71	76.6
704	683	20.57	18.13	14.12	6.42	13.85	8.87	0.46	50.9	0.72	79.4
700	626	20.05	17.39	13.70	6.32	13.41	8.59	0.47	52.2	0.74	81.5
684	576	23.03	20.03	15.69	7.19	15.38	9.83	0.47	44.5	0.73	69.6
479	548	18.78	13.40	10.19	4.48	10.38	6.04	0.43	46.2	0.74	79.3
466	500	18.06	12.65	9.70	4.32	9.87	5.74	0.44	47.2	0.75	81.2
453	461	21.04	14.76	11.29	5.01	11.49	6.68	0.44	39.4	0.75	67.8
539	548	20.08	14.17	10.97	4.94	11.10	6.52	0.45	48.6	0.76	82.7
532	500	19.46	13.49	10.55	4.82	10.65	6.26	0.45	50.0	0.77	85.0
519	461	19.61	13.55	10.65	4.90	10.72	6.32	0.46	48.4	0.77	82.1
692	561	21.10	17.54	13.94	6.51	13.62	8.67	0.48	50.8	0.75	79.9
607	534	20.45	17.57	13.61	6.27	13.34	8.48	0.47	45.5	0.74	71.6
552	435	20.05	15.52	12.15	5.72	12.01	7.40	0.48	45.9	0.77	74.6
621	473	19.73	17.58	13.77	6.49	13.48	8.69	0.48	46.1	0.75	71.5
577	546	21.26	17.12	13.16	5.99	13.06	8.05	0.46	44.2	0.74	71.7
631	440	20.62	16.54	13.21	6.32	12.98	8.15	0.49	48.6	0.78	77.4
559	366	19.81	14.95	11.89	5.75	11.73	7.22	0.49	47.6	0.80	77.3

6.2 猪饲料表格—粗营养成分(粗纤维(CFi)、无氮浸出物(NFE))、饲料价值、能量参数和换算因子

编码	饲料		粗营养成分(续表 3.2)			
	分类	特征	1 kg DM		消化率	
		成熟阶段	CFi	NFE	CFi	NFE
			g	g	%	%
1	2	3	4	5	6	7
	6.2 猪饲料表格(续表 3.2)					
1000	青绿饲料					
1100	青绿饲料,小籽豆科					
1161	苜蓿,第 1 茬	营养生长期	215	374	46	75
1163		现蕾期	261	373	43	74
1165		早花期	305	380	39	70
1167		盛花期	340	370	34	62
1171	苜蓿,第 2 茬等	营养生长期	199	365	41	75
1173		现蕾期	235	369	38	70
1175		早花期	281	369	35	67
1177		盛花期	312	370	30	60
1043	波斯三叶草,第 1 茬等	花前期	155	390	54	81
1045		早花期	195	428	48	76
1047		盛花期	240	438	41	68
1011	红三叶,第 1 茬	营养生长期	190	437	50	75
1013		现蕾期	232	444	43	71
1015		早花期	264	456	40	66
1017		盛花期	296	452	32	62
1021	红三叶,第 2 茬	营养生长期	179	451	47	73
1023		现蕾期	202	447	45	70
1025		早花期	249	449	39	65
1027		盛花期	291	438	30	60
1033	残茬红三叶,无秸秆	花前期	200	430	48	74
1035		早花期	255	438	42	69
1153	鸟足草	花前期	205	355	50	76
1155		早花期	270	365	41	67
	瑞典三叶草					
1083	白三叶,第 1 茬等	花前期	150	415	60	82
1085		早花期	220	435	54	78
1200	青绿饲料,大籽豆科					
	菜豆,见甜羽扇豆,黄色					
1243	豌豆	花前期	180	405	55	77
1245		开花期	250	400	51	73
1247		结荚早期	295	395	46	68
1249		结籽期	280	445	41	71
1273	豆科混合料与菜豆	花前期	180	405	55	75
1275		开花期	250	400	51	73
1277		结荚早期	290	400	46	68
1293	豆科混合料与青绿谷物或玉米	花前期	205	412	50	77
1295		开花期	270	425	46	72
1297		结荚早期	320	428	40	65
	野豌豆,见甜羽扇豆,黄色					
1213	甜羽扇豆,黄色	花前期	210	400	55	76
1215		开花期	270	400	51	73
1217		结荚早期	310	390	46	68
1219		结籽期	295	430	41	71

饲料价值				能量参数					换算因子	
1 kg DM				罗斯托克饲料评价体系				其他体系	$\frac{ME_{BFS}}{NERp}$	$\frac{ME_{BFS}}{EFUp}$
EFUp	dCP	dLys	dMet+dCys	GE	dEp	mEp	NERp	ME_{BFS}		
	g	g	g	MJ	MJ	MJ	MJ	MJ		
8	9	10	11	12	13	14	15	16	17	18
446	190	10.2	5.3	18.59	11.66	11.01	6.45	9.46	0.68	47.1
400	152	8.2	4.2	18.40	10.78	10.25	5.81	8.54	0.68	46.8
346	121	6.6	3.4	18.32	9.74	9.31	5.07	7.73	0.66	44.8
276	102	5.5	2.8	18.43	8.51	8.13	4.07	6.58	0.62	41.9
438	200	10.8	5.6	18.31	11.51	10.84	6.32	9.46	0.67	46.3
396	173	9.4	4.8	18.32	10.62	10.03	5.74	8.83	0.65	44.8
357	143	7.7	4.0	18.35	9.73	9.24	5.20	8.17	0.64	43.7
291	118	6.4	3.3	18.31	8.55	8.14	4.26	7.05	0.60	41.3
490	178	8.7	4.6	17.70	12.04	11.43	7.02	9.97	0.70	49.2
433	133	6.5	3.4	17.88	11.10	10.62	6.24	8.88	0.70	48.8
364	103	5.1	2.7	18.01	9.83	9.44	5.27	7.84	0.67	46.4
465	149	7.3	3.9	18.33	11.55	11.04	6.69	9.62	0.70	48.3
398	115	5.7	3.0	18.28	10.39	9.97	5.76	8.42	0.68	47.2
343	89	4.3	2.3	18.34	9.50	9.16	4.99	7.53	0.66	45.5
275	67	3.3	1.7	18.38	8.30	8.03	4.04	6.47	0.62	42.5
454	143	7.0	3.7	18.51	11.34	10.85	6.51	9.51	0.69	47.7
411	125	6.1	3.2	18.48	10.60	10.16	5.93	8.70	0.68	47.3
349	99	4.8	2.6	18.57	9.59	9.22	5.07	7.73	0.66	45.2
281	82	4.0	2.1	18.61	8.40	8.09	4.10	6.71	0.61	41.9
430	136	6.7	3.5	18.40	11.06	10.58	6.21	8.98	0.69	47.9
366	101	4.9	2.6	18.41	9.93	9.55	5.31	7.84	0.68	46.6
458	179	10.0	5.0	18.08	11.51	10.90	6.57	9.64	0.68	47.5
357	132	7.4	3.7	18.14	9.77	9.31	5.17	7.95	0.65	44.9
507	176	7.9	4.5	17.76	12.35	11.74	7.30	10.21	0.71	49.6
458	127	5.7	3.3	18.11	11.49	11.03	6.63	9.14	0.72	50.1
474	175	11.1	2.6	18.24	11.90	11.30	6.84	9.95	0.69	47.7
429	143	9.0	2.2	18.12	11.03	10.53	6.24	9.04	0.69	47.5
392	117	7.3	1.8	18.20	10.07	9.66	5.70	8.39	0.68	46.7
400	104	6.5	1.5	18.25	10.13	9.77	5.84	8.56	0.68	46.8
454	173	9.8	4.7	18.05	11.60	11.01	6.56	9.65	0.68	47.0
423	141	8.0	3.8	18.14	10.98	10.49	6.14	8.93	0.69	47.3
374	115	6.5	3.1	18.06	9.93	9.52	5.46	8.06	0.68	46.4
444	138	7.6	3.5	18.18	11.24	10.76	6.39	9.17	0.70	48.4
400	99	5.5	2.4	18.23	10.33	9.97	5.79	8.39	0.69	47.7
341	74	4.1	1.8	18.29	9.11	8.83	4.96	7.35	0.67	46.3
453	159	9.4	4.8	17.84	11.47	10.92	6.57	9.46	0.69	47.9
423	134	7.9	4.0	18.27	10.94	10.47	6.15	8.88	0.69	47.6
381	110	6.5	3.3	18.27	9.91	9.52	5.55	8.21	0.68	46.4
367	97	5.7	3.0	18.52	9.97	9.60	5.35	7.93	0.68	46.2

编码	饲料		粗营养成分(续表 3.2)			
	分类	特征	1 kg DM		消化率	
		成熟阶段	CFi	NFE	CFi	NFE
			g	g	%	%
1	2	3	4	5	6	7
	6.2 猪饲料表格(续表 3.2)					
1300	青绿饲料,豆科-草混合料					
1331	苜蓿-草,第 1 茬等	营养生长期	220	405	52	71
1333		现蕾期	265	423	48	68
1335		早花期	310	424	43	63
1337		盛花期	340	424	36	55
1311	红三叶-草,第 1 茬等	营养生长期	195	448	54	73
1313		现蕾期	240	466	52	71
1315		早花期	275	482	47	65
1317		盛花期	305	486	40	57
1363	野豌豆-燕麦	开花前期	210	435	52	74
1365		早花期	260	448	50	70
1367		盛花期	300	448	44	62
1353	野豌豆-草,第 1 茬	花前期	205	436	49	72
1355		早花期	250	459	45	69
1357		盛花期	295	455	39	62
	野豌豆-草,第 2 茬等,见黑麦草,第 2 茬等					
1373	野豌豆-黑麦和野豌豆-小麦	开花前期	210	417	50	70
1375		早花期	270	431	46	67
1377		盛花期	325	426	40	61
1400	青绿饲料,纯种草					
	优质鸡脚草,见牧草					
	意大利多年生黑麦草					
1411	第 1 茬,100 kg N/hm^2	拔节期	185	450	56	73
1413		抽穗早期	225	470	50	68
1415		抽穗晚期	265	475	43	61
1417		盛花期	305	475	36	56
1421	第 2 茬等,每茬 50 kg N/hm^2	15～35 d 生长期	225	420	56	72
1423		35～55 d 生长期	255	445	50	66
1425		55～75 d 生长期	290	460	44	59
	牛尾草,见黑麦草					
1600	青绿饲料,牧草					
	优质牧草					
1611	草地利用,125 kg N/hm^2	生长期 1 和 2	215	450	53	68
1613	草地利用,75 kg N/hm^2	生长期 3 和 4	225	430	52	64
1615	草地利用,50 kg N/hm^2	生长期 5 和 6	220	430	54	66
	优质牧草					
1641	第 1 茬,100 kg N/hm^2	拔节期	200	430	55	70
1643		抽穗早期	240	445	49	65
1645		抽穗晚期	280	440	42	59
1647		盛花期	315	460	34	52
1651	第 2 茬等,每茬 50 kg N/hm^2	15～35 d 生长期	230	430	54	66
1653		35～55 d 生长期	270	440	47	60
1655		55～75 d 生长期	300	445	41	54

饲料价值				能量参数					换算因子	
1 kg DM				罗斯托克饲料评价体系				其他体系	ME_{BFS}	ME_{BFS}
EFUp	dCP	dLys	dMet+dCys	GE	dEp	mEp	NERp	ME_{BFS}	NERp	EFUp
	g	g	g	MJ	MJ	MJ	MJ	MJ		
8	9	10	11	12	13	14	15	16	17	18
439	147	7.6	4.2	18.53	11.21	10.69	6.31	9.20	0.69	47.7
395	110	5.7	3.2	18.46	10.34	9.94	5.71	8.31	0.69	47.5
333	80	4.1	2.3	18.38	9.17	8.86	4.86	7.32	0.66	45.6
272	62	3.3	1.8	18.28	7.87	7.63	3.99	6.42	0.62	42.4
464	131	6.4	3.8	18.12	11.26	10.81	6.66	9.63	0.69	48.1
423	96	4.7	2.8	18.20	10.66	10.30	6.12	8.58	0.71	49.3
359	68	3.3	2.0	18.28	9.58	9.31	5.23	7.52	0.69	47.7
289	49	2.4	1.5	18.35	8.31	8.10	4.23	6.59	0.64	43.8
437	121	6.5	3.0	18.04	10.96	10.53	6.30	8.94	0.70	48.9
394	90	4.8	2.2	18.16	10.30	9.96	5.71	8.12	0.70	48.4
339	70	3.8	1.8	18.15	9.07	8.80	4.94	7.35	0.67	46.2
429	124	6.7	3.3	18.22	10.82	10.38	6.18	8.99	0.69	47.8
381	90	4.8	2.4	18.31	10.05	9.71	5.52	8.10	0.68	47.1
309	65	3.5	1.7	18.32	8.77	8.51	4.51	6.95	0.65	44.5
427	134	7.4	3.3	18.22	10.85	10.38	6.13	9.01	0.68	47.4
379	100	5.5	2.5	18.39	10.15	9.77	5.47	8.02	0.68	47.2
303	70	3.9	1.8	18.50	8.89	8.61	4.40	6.76	0.65	44.7
455	131	6.4	4.0	18.26	11.31	10.85	6.55	9.32	0.70	48.8
397	91	4.5	2.8	18.22	10.17	9.83	5.74	8.33	0.69	47.6
329	62	3.0	1.8	18.22	8.87	8.62	4.79	7.18	0.67	45.9
255	37	1.8	1.1	18.31	7.71	7.53	3.74	6.06	0.62	42.1
434	114	5.6	3.4	18.10	10.84	10.43	6.25	8.87	0.70	49.0
376	85	4.1	2.5	18.27	9.86	9.54	5.44	7.88	0.69	47.7
295	51	2.5	1.5	18.33	8.57	8.35	4.29	6.59	0.65	44.8
428	116	6.3	3.1	18.20	10.62	10.21	6.17	8.94	0.69	47.9
375	99	5.3	2.7	17.85	9.69	9.33	5.42	8.04	0.67	46.7
401	104	5.6	2.8	17.95	10.17	9.80	5.76	8.42	0.68	47.6
434	126	6.8	3.4	18.02	10.81	10.37	6.24	9.04	0.69	48.0
379	91	4.9	2.5	18.03	9.73	9.40	5.48	8.06	0.68	47.1
308	63	3.4	1.7	17.86	8.44	8.19	4.48	6.86	0.65	45.0
237	39	2.1	1.0	18.19	7.20	7.03	3.47	5.84	0.59	40.6
393	98	5.3	2.6	17.83	10.01	9.66	5.67	8.23	0.69	47.8
332	74	4.0	2.0	18.06	8.99	8.71	4.81	7.31	0.66	45.4
270	55	2.9	1.5	18.12	7.95	7.72	3.93	6.30	0.62	42.8

编码	饲料		粗营养成分(续表 3.2)			
	分类	特征	1 kg DM		消化率	
		成熟阶段	CFi	NFE	CFi	NFE
			g	g	%	%
1	2	3	4	5	6	7
	6.2 猪饲料表格(续表 3.2)					
1800	青绿饲料,青绿谷物,青绿玉米及青贮用玉米					
1871	燕麦,125 kg N/hm^2	孕穗期	220	465	60	77
1873		抽穗早期	265	485	55	72
1875		抽穗晚期	300	490	48	66
1881	青绿玉米	开花前期	285	465	53	62
1883		开花期	260	519	55	66
1891	青贮用玉米	乳熟期	235	567	54	70
1893		乳熟期至蜡熟期	220	597	56	72
1895	全株玉米	蜡熟期	195	630	56	72
1897		早熟期	195	640	55	73
1811	黑麦,75 kg N/hm^2	孕穗早期	215	427	61	74
1813		孕穗期	255	444	58	71
1815		抽穗早期	295	452	51	64
1821	黑麦,150 kg N/hm^2	孕穗早期	210	359	57	72
1823		孕穗期	250	392	58	69
1825		抽穗早期	296	404	51	62
1841	小麦,150 kg N/hm^2	孕穗早期	209	457	56	72
1843		孕穗期	250	489	51	71
1845		抽穗早期	302	472	45	65
1900	青绿饲料,甜菜叶,十字花科及其他青绿饲料					
	甘蓝					
1975	菜花,剩余植株	大多数叶子	150	475	68	85
1951	甘蓝,主要部分	早期,清洁	170	493	58	86
1953		晚期,清洁	235	532	46	80
1955	甘蓝,收获部分	早期,清洁	131	481	71	88
1957		晚期,清洁	200	518	58	78
1978	白甘蓝和红甘蓝	全植株	130	525	73	85
1979	白甘蓝和红甘蓝的剩余植株	大多数叶子	155	480	67	86
1931	油菜	营养生长期	140	430	70	85
1933		现蕾期	200	425	60	78
1935		开花期	270	405	50	70
	甜菜叶					
1921	带顶甜菜叶	清洁	130	510	62	78
1922		不清洁	120	465	58	69
1925	带顶瑞典芜菁叶	清洁	130	475	69	83
1911	带顶甜菜叶	清洁	125	560	67	84
1912		不清洁	115	490	63	77
1961	向日葵	营养生长期	160	450	47	71
2000	青绿饲料的青贮料					
2100	青绿饲料的青贮料,小籽豆科					
	苜蓿,第 1 茬等					
2163	优质新鲜青贮	开花前期	250	355	45	63
2165		早花期	310	367	40	57
2167		盛花期	350	352	33	50

饲料价值				能量参数					换算因子	
1 kg DM				罗斯托克饲料评价体系				其他体系	ME_{BFS}	ME_{BFS}
EFUp	dCP	dLys	dMet+dCys	GE	dEp	mEp	NERp	ME_{BFS}	NERp	EFUp
	g	g	g	MJ	MJ	MJ	MJ	MJ		
8	9	10	11	12	13	14	15	16	17	18
463	94	5.0	2.4	17.99	11.35	10.99	6.69	8.86	0.76	52.3
404	56	3.0	1.4	18.15	10.39	10.14	5.87	7.84	0.75	51.6
331	38	2.0	1.0	18.31	9.36	9.16	4.84	6.83	0.71	48.5
365	62	2.4	1.8	17.61	9.41	9.16	5.30	7.58	0.70	48.1
394	49	1.9	1.4	17.82	9.91	9.70	5.73	7.88	0.73	50.0
437	36	1.4	1.0	17.80	10.26	10.10	6.36	8.71	0.73	50.2
475	28	1.1	0.8	17.95	10.69	10.56	6.89	9.37	0.74	50.7
491	26	1.0	0.8	18.06	10.90	10.78	7.12	9.69	0.73	50.7
507	25	1.2	0.9	18.09	11.09	10.98	7.36	10.08	0.73	50.3
482	134	7.3	3.5	18.30	11.74	11.27	6.93	9.57	0.72	50.4
445	102	5.6	2.7	18.35	11.18	10.79	6.41	8.85	0.72	50.3
368	70	3.8	1.8	18.34	9.85	9.57	5.33	7.63	0.70	48.3
483	190	10.4	4.9	18.60	12.07	11.42	6.90	10.16	0.68	47.6
451	141	7.8	3.7	18.44	11.41	10.91	6.46	9.17	0.71	49.2
373	103	5.7	2.7	18.43	10.06	9.68	5.39	7.93	0.68	47.1
427	107	5.9	3.3	17.77	10.80	10.41	6.17	8.68	0.71	49.2
397	69	3.8	2.1	18.04	10.34	10.04	5.76	7.94	0.73	50.0
329	48	2.6	1.5	18.16	9.20	8.98	4.80	6.98	0.69	47.2
498	121	6.9	3.2	16.57	11.76	11.32	7.26	9.34	0.78	53.4
499	107	6.2	2.7	17.05	11.79	11.39	7.28	9.62	0.76	51.9
433	49	2.9	1.3	17.16	10.42	10.21	6.36	8.65	0.74	50.1
529	129	7.5	3.3	16.92	12.33	11.86	7.68	9.96	0.77	53.1
461	82	4.8	2.1	17.17	11.04	10.73	6.74	8.99	0.75	51.3
551	138	5.5	2.3	17.61	12.87	12.36	8.01	10.17	0.79	54.1
497	111	4.4	1.8	16.59	11.73	11.31	7.24	9.16	0.79	54.2
519	158	6.9	4.1	17.38	12.40	11.84	7.49	10.06	0.74	51.6
453	129	5.7	3.3	17.57	11.36	10.89	6.57	8.97	0.73	50.5
373	99	4.4	2.6	17.82	10.02	9.65	5.42	7.84	0.69	47.6
450	111	4.4	2.9	16.42	10.90	10.50	6.57	8.94	0.73	50.3
340	86	3.4	2.2	14.95	8.78	8.46	4.98	7.13	0.70	47.6
496	133	7.0	3.8	16.75	11.76	11.28	7.21	9.67	0.75	51.3
501	86	3.4	2.2	16.54	11.56	11.23	7.33	9.47	0.77	53.0
380	65	2.6	1.7	14.74	9.27	9.01	5.56	7.53	0.74	50.4
400	105	4.7	2.5	16.96	10.05	9.67	5.74	8.38	0.69	47.7
350	150	7.8	3.3	17.91	9.88	9.35	5.08	7.79	0.65	44.9
292	106	5.5	2.3	17.80	8.55	8.17	4.27	6.82	0.63	42.8
231	91	4.7	2.0	17.93	7.40	7.07	3.40	5.87	0.58	39.3

编码	饲料		粗营养成分(续表 3.2)			
	分类	特征	1 kg DM		消化率	
		成熟阶段	CFi	NFE	CFi	NFE
			g	g	%	%
1	2	3	4	5	6	7
	6.2 猪饲料表格(续表 3.2)					
	苜蓿,第 1 茬等					
2166	中等质量新鲜青贮	早花期	320	354	34	54
3163	优质萎蔫青贮	开花前期	245	373	45	64
3165		早花期	305	379	40	58
3167		盛花期	345	367	33	52
3166	中等质量的萎蔫青贮	早花期	315	375	34	55
	红三叶,第 1 茬等					
2013	优质新鲜青贮	开花前期	240	403	49	65
2015		早花期	295	415	42	60
2017		盛花期	330	408	35	54
2016	中等质量的新鲜青贮	早花期	300	408	36	57
3013	优质萎蔫青贮	开花前期	230	425	48	68
3015		早花期	285	436	41	64
3017		盛花期	320	429	34	58
3016	中等质量萎蔫青贮	早花期	295	428	34	60
2200	青绿饲料的青贮料,大籽豆科					
	菜豆,见甜羽扇豆,黄色					
	豌豆,见甜羽扇豆,黄色					
	豆科混合料与青绿谷物或玉米					
2295	优质新鲜青贮料	开花期	290	399	47	63
2296	中等质量新鲜青贮料	开花期	300	388	41	58
	甜羽扇豆,黄色					
2213	优质新鲜的青贮料	开花前期	240	349	51	70
2215		开花期	295	377	46	62
2217		结荚早期	320	400	44	58
2216	中等质量新鲜青贮料	开花期	305	366	40	57
2300	青绿饲料的青贮料,豆科-草混合料					
	苜蓿-草,第 1 茬等					
2333	优质新鲜青贮料	开花前期	255	393	50	59
2335		早花期	320	405	43	55
2337		盛花期	360	394	36	49
2336	中等质量新鲜青贮料	早花期	325	398	37	51
3333	优质萎蔫青贮料	开花前期	245	415	50	63
3335		早花期	315	420	43	57
3337		盛花期	350	415	36	51
3336	中等质量萎蔫青贮料	早花期	325	413	37	52
	红三叶-草,第 1 茬等					
2313	优质新鲜青贮	开花前期	235	430	52	65
2315		早花期	295	453	45	60
2317		盛花期	330	452	39	51
2316	中等质量新鲜青贮	早花期	300	444	39	56
3313	优质萎蔫青贮	开花前期	230	447	52	65
3315		早花期	285	474	46	61
3317		盛花期	320	473	39	52
3316	中等质量萎蔫青贮	早花期	295	463	40	57

饲料价值				能量参数					换算因子	
1 kg DM				罗斯托克饲料评价体系				其他体系	ME_{BFS}	ME_{BFS}
EFUp	dCP	dLys	dMet+dCys	GE	dEp	mEp	NERp	ME_{BFS}	NERp	EFUp
	g	g	g	MJ	MJ	MJ	MJ	MJ		
8	9	10	11	12	13	14	15	16	17	18
223	81	1.6	0.8	17.54	7.34	7.04	3.29	5.66	0.58	39.5
367	153	8.0	3.4	18.26	10.18	9.64	5.31	8.09	0.66	45.3
308	113	5.9	2.5	18.14	8.87	8.47	4.50	7.14	0.63	43.1
245	92	4.8	2.0	18.20	7.67	7.34	3.60	6.14	0.59	39.9
240	85	3.4	1.9	17.89	7.66	7.34	3.53	6.02	0.59	39.8
366	117	6.1	2.7	17.94	9.96	9.53	5.29	7.80	0.68	46.9
295	75	3.9	1.7	17.90	8.62	8.32	4.31	6.62	0.65	44.6
229	59	3.0	1.4	18.01	7.53	7.29	3.36	5.63	0.60	40.6
227	53	2.5	1.2	17.66	7.49	7.26	3.33	5.59	0.60	40.7
390	122	6.3	2.8	18.23	10.40	9.96	5.64	8.21	0.69	47.6
321	78	4.0	1.8	18.19	9.10	8.80	4.67	7.03	0.66	45.6
255	61	3.2	1.4	18.26	7.98	7.73	3.74	6.08	0.61	42.0
241	53	2.5	1.2	17.99	7.76	7.53	3.53	5.85	0.60	41.2
332	88	4.6	1.7	17.88	9.28	8.94	4.82	7.11	0.68	46.6
257	61	2.8	1.1	17.52	7.82	7.57	3.75	5.95	0.63	43.1
381	139	7.4	3.6	17.18	10.19	9.70	5.51	8.07	0.68	47.2
337	113	6.0	2.9	17.91	9.45	9.04	4.91	7.40	0.66	45.5
307	86	4.6	2.3	18.14	8.83	8.50	4.49	6.89	0.65	44.6
257	85	4.5	2.2	17.65	8.05	7.73	3.77	6.10	0.62	42.2
336	110	5.4	2.5	18.09	9.48	9.08	4.85	7.30	0.67	46.1
266	65	3.2	1.4	18.06	8.18	7.92	3.89	6.18	0.63	43.1
211	47	2.3	1.1	17.98	6.98	6.78	3.10	5.31	0.58	39.7
203	46	1.8	0.9	17.77	6.99	6.79	2.99	5.20	0.57	39.1
363	113	5.5	2.5	18.42	9.98	9.57	5.23	7.72	0.68	47.0
279	67	3.3	1.5	18.36	8.50	8.22	4.07	6.40	0.64	43.6
218	48	2.3	1.1	18.31	7.29	7.08	3.21	5.44	0.59	40.1
214	48	1.9	1.0	18.10	7.25	7.04	3.14	5.37	0.58	39.7
366	97	4.8	2.2	17.90	9.86	9.49	5.29	7.67	0.69	47.7
302	51	2.5	1.1	17.94	8.57	8.35	4.41	6.62	0.67	45.7
224	34	1.7	0.7	18.10	7.32	7.15	3.29	5.43	0.61	41.2
230	33	1.4	0.6	17.76	7.43	7.26	3.38	5.53	0.61	41.6
382	101	4.9	2.2	18.22	10.12	9.74	5.51	7.94	0.69	48.1
319	53	2.6	1.2	18.21	8.90	8.67	4.65	6.92	0.67	46.1
236	35	1.7	0.8	18.34	7.53	7.36	3.47	5.65	0.61	41.8
242	35	1.5	0.7	18.07	7.75	7.58	3.56	5.73	0.62	42.2

编码	饲料		粗营养成分(续表 3.2)			
	分类	特征	1 kg DM		消化率	
		成熟阶段	CFi	NFE	CFi	NFE
			g	g	%	%
1	2	3	4	5	6	7
	6.2 猪饲料表格(续表 3.2)					
	野豌豆-草,第 1 茬					
2353	优质新鲜青贮	开花前期	235	395	52	61
2355		早花期	290	408	45	56
2357		盛花期	335	405	38	50
2356	中等质量新鲜青贮	早花期	300	397	39	52
3353	优质萎蔫青贮	开花前期	225	418	52	63
3355		早花期	280	430	45	57
3357		盛花期	330	421	38	51
3356	中等质量萎蔫青贮	早花期	290	422	39	53
	野豌豆-黑麦、-燕麦和-小麦					
2371	优质新鲜青贮	早花期	230	396	50	59
3371	优质萎蔫青贮	早花期	225	404	49	63
2400	青绿饲料的青贮料,纯种草					
	鸡脚草,见优质牧草					
	多年生意大利黑麦草,第 1 茬,100 kg N/hm²					
2411	优质新鲜青贮	拔节期	230	438	57	66
2415		抽穗期	285	446	49	57
2417		盛花期	340	449	39	48
2416	中等质量新鲜青贮	抽穗期	290	436	43	53
3411	优质萎蔫青贮	拔节期	220	458	57	67
3415		抽穗期	275	465	49	58
3417		盛花期	335	465	39	49
3416	中等质量萎蔫青贮	抽穗期	285	458	43	54
	多年生黑麦草,第 2 茬等,每茬 50 kg N/hm²					
2423	优质新鲜青贮	35～55 d 生长期	260	425	49	57
2424	中等质量新鲜青贮	35～55 d 生长期	270	410	43	52
3423	优质萎蔫青贮	35～55 d 生长期	255	440	49	58
3424	中等质量萎蔫青贮	35～55 d 生长期	265	435	43	53
	意大利黑麦草,第 2 茬等,见黑麦草,第 1 茬					
	羊茅草,见黑麦草					
2600	青绿饲料的青贮料,牧草					
	优质牧草,第 1 茬,100 kg N/hm²					
2641	优质新鲜青贮饲料	拔节期	230	419	53	62
2645		抽穗期	280	417	45	53
2647		盛花期	330	435	37	43
2646	中等质量新鲜青贮	抽穗期	290	405	39	49
3641	优质萎蔫青贮	拔节期	225	435	53	64
3645		抽穗期	275	429	45	54
3647		盛花期	325	445	37	44
3646	中等质量萎蔫青贮	抽穗期	285	426	39	50

饲料价值				能量参数					换算因子	
1 kg DM				罗斯托克饲料评价体系				其他体系	ME_{BFS}	ME_{BFS}
EFUp	dCP	dLys	dMet+dCys	GE	dEp	mEp	NERp	ME_{BFS}	NERp	EFUp
	g	g	g	MJ	MJ	MJ	MJ	MJ		
8	9	10	11	12	13	14	15	16	17	18
359	112	5.9	2.4	17.74	9.67	9.27	5.16	7.71	0.67	46.6
297	75	3.9	1.6	17.90	8.54	8.25	4.31	6.69	0.64	44.5
230	53	2.7	1.1	17.97	7.35	7.13	3.36	5.62	0.60	41.0
229	54	2.1	1.0	17.60	7.31	7.08	3.34	5.58	0.60	41.1
380	115	6.0	2.4	18.15	10.09	9.67	5.46	8.08	0.68	47.1
317	79	4.1	1.7	18.19	8.84	8.54	4.58	7.06	0.65	44.9
244	55	2.8	1.1	18.24	7.60	7.37	3.56	5.87	0.61	41.6
246	56	2.2	1.0	17.98	7.63	7.40	3.58	5.87	0.61	41.9
350	113	5.9	2.2	17.61	9.48	9.07	5.03	7.63	0.66	45.9
376	124	6.4	2.4	18.03	10.05	9.60	5.40	8.07	0.67	46.6
390	99	4.5	2.2	18.06	10.31	9.93	5.62	8.03	0.70	48.5
302	57	2.6	1.2	18.00	8.66	8.42	4.39	6.66	0.66	45.4
202	23	1.1	0.5	17.94	6.88	6.74	2.97	5.08	0.58	39.7
237	36	1.4	0.7	17.66	7.41	7.24	3.45	5.63	0.61	42.0
406	101	4.5	2.2	18.33	10.58	10.20	5.85	8.31	0.70	48.8
320	59	2.7	1.3	18.22	8.91	8.67	4.65	6.99	0.66	45.8
219	24	1.1	0.5	18.17	7.10	6.96	3.22	5.38	0.60	40.8
249	38	1.6	0.7	18.05	7.73	7.55	3.63	5.85	0.62	42.6
302	71	3.2	1.6	17.90	8.65	8.37	4.36	6.75	0.65	44.7
240	55	2.2	1.0	17.55	7.45	7.22	3.50	5.74	0.61	41.8
324	76	3.4	1.7	18.16	8.96	8.67	4.68	7.12	0.66	45.5
245	57	2.3	1.1	17.94	7.76	7.52	3.57	5.87	0.61	41.7
354	94	4.6	2.4	17.71	9.53	9.18	5.10	7.55	0.68	46.9
283	67	3.3	1.7	17.80	8.13	7.87	4.09	6.47	0.63	43.7
192	31	1.5	0.8	17.87	6.40	6.25	2.81	4.97	0.57	38.6
214	46	2.0	1.1	17.50	6.91	6.71	3.11	5.36	0.58	39.9
374	97	4.8	2.5	18.04	9.93	9.57	5.38	7.92	0.68	47.2
297	70	3.4	1.8	18.01	8.37	8.10	4.29	6.71	0.64	44.2
205	34	1.6	0.9	18.05	6.60	6.45	2.99	5.20	0.58	39.4
224	48	2.1	1.1	17.87	7.20	6.99	3.27	5.56	0.59	40.4

编码	饲料		粗营养成分(续表 3.2)			
	分类	特征	1 kg DM		消化率	
		成熟阶段	CFi	NFE	CFi	NFE
			g	g	%	%
1	2	3	4	5	6	7
	6.2 猪饲料表格(续表 3.2)					
	优质牧草,第 2 茬等,每茬 50 kg N/hm^2					
2653	优质新鲜青贮	35～55 d 生长期	280	397	44	49
2654	中等质量新鲜青贮	35～55 d 生长期	290	385	38	45
3653	优质萎蔫青贮	35～55 d 生长期	275	417	45	53
3654	中等质量萎蔫青贮	35～55 d 生长期	280	412	39	48
2800						
	燕麦,125 kg N/hm^2,					
2875	优质新鲜青贮	抽穗期	300	441	45	60
3875	优质萎蔫青贮	抽穗期	305	432	47	65
	玉米					
2881	优质青绿玉米新鲜青贮	开花前期	300	425	47	60
2893	优质全株玉米新鲜青贮	乳熟期至蜡熟期	245	560	51	64
2899		早熟期	210	620	55	69
	黑麦,125 kg N/hm^2					
2823	优质新鲜青贮	孕穗期	245	407	50	60
2825		抽穗早期	325	415	43	57
2826	中等质量新鲜青贮	抽穗早期	330	405	37	54
3823	优质萎蔫青贮	孕穗期	235	436	50	63
3825		抽穗早期	315	435	43	61
3826	中等质量萎蔫青贮	抽穗早期	325	425	37	57
2900	青绿饲料的青贮料,甜菜叶					
	带顶甜菜叶					
2921	优质新鲜青贮	清洁	150	460	60	73
2922		不清洁	135	395	53	63
	带顶甜菜叶					
2911	优质新鲜青贮	清洁	135	495	67	80
2912		不清洁	125	425	60	73
2913		很不清洁	110	365	53	68
4000	干青绿饲料					
4100	干青绿饲料,小籽豆科					
	苜蓿,第 1 茬					
4161	优质	营养生长期	215	369	44	72
4163		现蕾期	260	378	37	68
4165		早花期	305	377	32	65
4164	过干	现蕾期	285	360	32	65
	红三叶,第 1 茬等					
4011	优质	营养生长期	190	437	48	73
4013		现蕾期	230	458	42	68
4015		早花期	265	462	37	65
4014	过干	现蕾期	255	425	37	65

饲料价值				能量参数					换算因子	
1 kg DM				罗斯托克饲料评价体系				其他体系		
EFUp	dCP	dLys	dMet＋dCys	GE	dEp	mEp	NERp	ME_{BFS}	ME_{BFS} NERp	ME_{BFS} EFUp
	g	g	g	MJ	MJ	MJ	MJ	MJ		
8	9	10	11	12	13	14	15	16	17	18
264	71	3.5	1.7	17.86	7.80	7.53	3.81	6.18	0.62	42.7
195	49	2.1	1.1	17.52	6.58	6.37	2.83	5.07	0.56	38.5
292	73	3.6	1.8	18.17	8.34	8.06	4.21	6.67	0.63	43.8
225	53	2.3	1.2	17.89	7.08	6.87	3.26	5.55	0.59	40.5
303	51	2.6	1.3	17.85	8.66	8.43	4.39	6.50	0.68	46.6
322	46	2.4	1.1	17.49	8.91	8.69	4.68	6.72	0.70	48.0
298	58	2.2	1.7	17.47	8.61	8.37	4.34	6.53	0.66	45.6
381	26	1.0	0.8	17.99	9.44	9.31	5.54	7.85	0.71	48.6
455	21	1.1	0.9	17.99	10.46	10.35	6.62	9.06	0.73	50.3
355	104	5.2	2.6	17.81	9.64	9.26	5.09	7.59	0.67	46.8
273	55	2.7	1.4	18.03	8.33	8.10	3.96	6.16	0.64	44.3
217	35	1.4	0.8	17.73	7.18	7.01	3.17	5.28	0.60	41.1
384	106	5.3	2.8	18.26	10.15	9.76	5.51	8.07	0.68	47.6
298	55	2.7	1.4	18.17	8.74	8.50	4.33	6.57	0.66	45.4
230	35	1.4	0.8	18.01	7.55	7.38	3.36	5.51	0.61	41.7
389	93	3.4	2.1	16.24	9.90	9.55	5.66	7.90	0.72	49.3
273	75	2.7	1.7	14.27	7.58	7.29	3.98	6.10	0.65	44.7
433	76	2.7	1.6	16.08	10.51	10.20	6.30	8.16	0.77	53.1
317	59	2.1	1.3	14.12	8.28	8.04	4.63	6.55	0.71	48.4
222	37	1.3	0.8	12.14	6.33	6.16	3.26	4.95	0.66	44.9
399	165	7.3	4.6	18.19	10.65	10.08	5.78	8.72	0.66	45.7
340	131	5.8	3.7	18.20	9.55	9.09	4.95	7.80	0.64	43.6
293	106	4.7	3.0	18.32	8.69	8.31	4.30	6.99	0.62	42.0
278	105	3.7	3.0	18.07	8.37	8.00	4.06	6.72	0.60	41.3
421	131	5.1	3.4	18.21	10.91	10.44	6.07	8.81	0.69	47.8
370	97	3.8	2.5	18.23	9.83	9.47	5.36	8.05	0.67	45.9
322	73	2.8	1.9	18.22	8.92	8.63	4.69	7.27	0.65	44.2
305	79	2.2	2.1	18.07	8.69	8.39	4.44	7.00	0.63	43.5

编码	饲料		粗营养成分(续表 3.2)			
	分类	特征	1 kg DM		消化率	
		成熟阶段	CFi	NFE	CFi	NFE
			g	g	%	%
1	2	3	4	5	6	7
	6.2 猪饲料表格(续表 3.2)					
4200	干青绿饲料,大籽豆科					
	豆科牧草与菜豆混合料					
4273	优质	开花前期	200	380	48	72
4275		开花期	260	380	42	69
4277		结荚早期	295	385	37	66
	豆科牧草与青绿谷物或玉米的混合料					
4293	优质	开花前期	205	412	49	72
4295		开花期	250	429	43	66
	甜羽扇豆,黄色					
4213	优质	开花前期	200	400	51	74
4215		开花期	260	403	43	69
4217		结荚早期	320	394	37	66
4300	干青绿饲料,豆科-草混合料					
	苜蓿-草,第 1 茬等					
4331	优质	营养生长期	220	400	49	70
4333		现蕾期	265	423	45	64
4335		早花期	310	423	40	57
	红三叶-草,第 1 茬等					
4311	优质	营养生长期	195	448	52	70
4313		现蕾期	240	465	47	66
4315		早花期	280	475	42	60
4314	过干红三叶	现蕾期	265	445	43	63
	野豌豆-草,第 1 茬					
4353	优质	开花前期	205	436	48	69
4355		早花期	250	459	42	63
4357		盛花期	295	454	36	57
	野豌豆-燕麦					
4361	优质	花前期	210	435	49	71
4365		开花期	260	447	43	67
	野豌豆-黑麦和野豌豆-小麦					
4371	优质	开花前期	210	417	50	68
4373		早花期	270	425	44	61
4400	干青绿饲料,纯种草					
	鸡脚草,见优质牧草					
	多年生意大利黑麦草,第 1 茬,100 kg N/hm²					
4411	优质	拔节期	200	455	53	72
4413		抽穗早期	240	478	45	66
4415		抽穗晚期	280	485	40	59
4414	过干	抽穗早期	255	465	41	63
	多年生意大利黑麦草,第 2 茬等,每茬50 kg N/hm²					
4421	优质	15～35 d 生长期	225	425	59	60
4423		35～55 d 生长期	260	435	53	54
4425		55～75 d 生长期	300	455	45	49
4424	过干	35～55 d 生长期	275	425	47	49

饲料价值				能量参数					换算因子	
1 kg DM				罗斯托克饲料评价体系				其他体系	ME_{BFS}	ME_{BFS}
EFUp	dCP	dLys	dMet+dCys	GE	dEp	mEp	NERp	ME_{BFS}	NERp	EFUp
	g	g	g	MJ	MJ	MJ	MJ	MJ		
8	9	10	11	12	13	14	15	16	17	18
408	159	7.9	4.3	17.92	10.73	10.18	5.90	8.82	0.67	46.3
355	126	6.3	3.4	18.02	9.77	9.32	5.17	7.92	0.65	44.9
317	102	5.1	2.8	17.96	8.92	8.55	4.63	7.27	0.64	43.5
406	129	6.3	3.5	18.03	10.59	10.13	5.85	8.56	0.68	47.4
344	95	4.7	2.6	18.06	9.45	9.09	5.00	7.62	0.66	45.2
412	145	7.2	4.3	17.74	10.77	10.26	5.98	8.70	0.69	47.4
358	116	5.8	3.5	18.07	9.79	9.38	5.22	7.91	0.66	45.2
309	87	4.3	2.6	18.29	8.84	8.51	4.52	7.10	0.64	43.4
411	139	6.4	4.0	18.25	10.69	10.20	5.92	8.75	0.68	47.0
347	99	4.6	2.9	18.27	9.52	9.16	5.04	7.66	0.66	45.3
292	71	3.2	2.1	18.17	8.28	8.02	4.27	6.81	0.63	42.9
411	118	4.5	3.5	18.09	10.64	10.21	5.92	8.59	0.69	47.8
353	78	3.0	2.4	18.01	9.54	9.23	5.13	7.62	0.67	46.4
298	49	1.9	1.5	18.04	8.39	8.18	4.36	6.72	0.65	44.3
300	57	1.7	1.7	18.05	8.57	8.33	4.37	6.72	0.65	44.6
387	118	5.8	3.2	18.21	10.37	9.94	5.59	8.21	0.68	47.2
330	80	3.9	2.2	18.14	9.11	8.80	4.80	7.37	0.65	44.7
262	55	2.7	1.5	18.15	7.88	7.65	3.84	6.27	0.61	41.7
396	113	5.6	2.8	17.96	10.41	9.99	5.72	8.31	0.69	47.7
343	78	3.8	2.0	17.99	9.35	9.04	4.99	7.48	0.67	45.8
392	126	6.1	3.1	18.14	10.46	10.01	5.64	8.33	0.68	47.1
326	88	4.3	2.2	18.12	9.12	8.79	4.73	7.28	0.65	44.8
436	110	4.2	3.3	18.33	10.94	10.54	6.26	8.86	0.71	49.3
368	74	2.8	2.2	18.23	9.61	9.33	5.32	7.77	0.68	47.3
298	46	1.7	1.4	18.16	8.30	8.10	4.34	6.64	0.65	44.8
314	55	1.7	1.6	18.13	8.65	8.42	4.56	7.02	0.65	44.8
373	100	3.8	3.0	17.92	9.72	9.36	5.37	7.92	0.68	47.1
320	70	2.7	2.1	17.83	8.57	8.31	4.63	7.01	0.66	45.6
251	36	1.4	1.1	18.04	7.40	7.24	3.66	5.89	0.62	42.7
256	45	1.4	1.4	17.67	7.25	7.07	3.73	6.02	0.62	42.5

编码	饲料		粗营养成分(续表 3.2)			
	分类	特征	1 kg DM		消化率	
		成熟阶段	CFi	NFE	CFi	NFE
			g	g	%	%
1	2	3	4	5	6	7
	6.2 猪饲料表格(续表 3.2)					
4600	干青绿饲料,牧草					
	优质牧草,第 1 茬,100 kg N/hm^2					
4641	优质	拔节期	200	437	51	68
4643		抽穗早期	245	448	42	63
4645		抽穗晚期	290	448	37	56
4644	过干牧草	抽穗早期	265	430	38	59
	第 2 茬等,每茬 50 kg N/hm^2					
4651	优质	15～35 d 生长期	225	430	49	61
4653		35～55 d 生长期	260	440	44	56
4655		55～75 d 生长期	290	445	43	47
4654	过干	35～55 d 生长期	275	430	40	54
4800	干青绿饲料,青绿谷物					
	燕麦,125 kg N/hm^2					
4871	优质	孕穗期	220	455	55	72
4873		抽穗早期	265	470	49	67
4875		抽穗晚期	300	470	43	61
	黑麦,75 kg N/hm^2					
4811	优质	孕穗早期	215	445	56	74
4813		孕穗期	255	459	53	69
4815		抽穗早期	295	462	47	62
4900	干青绿饲料,甜菜叶和十字花科					
	甘蓝					
4975	优质菜花剩余植株	大部分叶子	160	463	58	79
4951	优质甘蓝主植株	早期	165	502	54	81
4953		晚期	235	532	47	73
4955	优质甘蓝摘取植株	早期	130	487	64	83
4957		晚期	200	525	57	74
	带顶甜菜叶					
4911	优质	清洁	130	570	67	80
4912		不清洁	115	510	58	73
4913	过干	清洁	135	565	62	73
5800	秸秆、秕壳类					
5811	优质冬大麦秸秆		450	425	14	15
5874	野豌豆秸秆		380	385	31	56
5862	燕麦草		296	503	15	38
5865	小麦草		340	457	11	34
5866	大麦秸粉		400	495	10	20
5867	大麦和燕麦壳		332	560	12	34
5868	豆科籽实壳		450	405	35	71

饲料价值				能量参数					换算因子	
1 kg DM				罗斯托克饲料评价体系				其他体系	ME_{BFS}	ME_{BFS}
EFUp	dCP	dLys	dMet＋dCys	GE	dEp	mEp	NERp	ME_{BFS}	NERp	EFUp
	g	g	g	MJ	MJ	MJ	MJ	MJ		
8	9	10	11	12	13	14	15	16	17	18
416	122	6.1	3.3	18.17	10.60	10.16	5.98	8.78	0.68	47.4
360	89	4.4	2.4	18.09	9.35	9.03	5.20	7.81	0.67	46.1
302	66	3.3	1.8	18.16	8.15	7.90	4.38	6.86	0.64	44.1
297	65	2.5	1.8	17.89	8.17	7.92	4.30	6.83	0.63	43.5
344	85	4.3	2.3	17.66	9.08	8.76	4.96	7.48	0.66	45.9
308	66	3.3	1.8	17.79	8.24	7.99	4.46	6.91	0.65	44.6
250	46	2.3	1.3	17.86	7.20	7.02	3.65	6.00	0.61	41.7
252	38	1.5	1.0	17.50	7.12	6.96	3.67	5.88	0.62	42.9
405	83	3.8	2.1	17.87	10.40	10.07	5.85	8.15	0.72	49.8
353	50	2.3	1.2	17.94	9.37	9.15	5.12	7.36	0.69	47.9
299	35	1.6	0.9	18.05	8.37	8.20	4.36	6.62	0.66	45.2
448	122	5.9	3.1	18.22	11.20	10.76	6.49	9.09	0.71	49.3
410	89	4.3	2.2	18.15	10.28	9.95	5.95	8.47	0.70	48.4
348	59	2.9	1.5	18.13	9.01	8.78	5.08	7.46	0.68	46.7
418	100	4.5	2.6	16.41	10.39	10.02	6.12	8.37	0.73	50.0
442	81	3.6	2.0	16.73	10.64	10.33	6.45	8.76	0.74	50.4
380	25	1.1	0.6	17.04	9.28	9.15	5.58	7.81	0.71	48.6
468	104	4.7	2.6	16.62	11.18	10.79	6.81	9.11	0.75	51.4
408	50	2.2	1.2	16.98	9.99	9.78	5.97	8.14	0.73	50.1
444	56	1.3	1.5	16.66	10.74	10.49	6.50	8.33	0.78	53.3
332	35	0.8	0.9	14.54	8.33	8.16	4.89	6.82	0.72	48.8
371	35	0.3	0.8	16.28	9.32	9.15	5.45	7.44	0.73	49.8
32	0	0.0	0.0	18.07	2.17	2.15	0.52	1.95	0.27	16.5
198	34	0.6	0.5	17.88	6.68	6.52	2.95	5.13	0.58	38.6
124	8	0.3	0.4	17.53	4.46	4.40	1.84	3.86	0.48	32.1
97	3	0.1	0.1	16.94	3.51	3.47	1.44	3.24	0.45	29.8
63	0	0.0	0.0	17.71	2.38	2.37	0.96	2.27	0.42	27.6
101	5	0.0	0.0	18.09	4.15	4.10	1.54	3.54	0.43	28.6
281	29	1.0	0.5	18.46	8.36	8.20	4.17	6.19	0.67	45.3

编码	饲料		粗营养成分(续表 3.2)			
	分类	特征	1 kg DM		消化率	
			CFi	NFE	CFi	NFE
			g	g	%	%
1	2	3	4	5	6	7
	6.2 猪饲料表格(续表 3.2)					
6000	精饲料					
6100	高能精饲料,谷物					
6132	春大麦,籽实饱满		50	765	10	92
6133	冬大麦,籽实饱满		60	760	10	91
6134	冬大麦,籽实饱满	高蛋白	60	730	10	91
6135	冬大麦,籽实一般		110	700	10	83
6147	燕麦,籽实饱满		120	665	10	80
6148	燕麦,籽实一般		190	605	10	73
6178	粟子		26	801	66	94
6173	稷子		103	672	13	85
6167	干玉米籽实		27	802	40	93
6168	青贮玉米籽实		30	790	48	92
6162	青贮玉米-玉米芯混合料(CCM-玉米)		65	765	35	88
6164	干燥脱皮玉米穗粗粉		80	770	45	86
6165	青贮脱皮玉米穗粗粉		85	760	40	85
6169	干燥带皮玉米穗粗粉		130	725	45	81
6166	青贮带皮玉米穗粗粉		145	695	40	80
6183	大米		99	718	25	87
6121	小麦籽实		23	807	33	93
6123	黑麦,籽实饱满		29	818	35	93
6125	黑麦,籽实一般		60	755	30	85
6113	小麦,籽实饱满		30	790	30	95
6118	小麦,籽实饱满	高蛋白	30	755	30	95
6115	黑麦,籽实一般		55	730	25	87
6114	硬粒小麦		30	780	30	95
6200	高能精饲料,油籽					
6243	亚麻籽		80	245	29	76
6213	菜籽		65	215	80	76
6223	白芥籽		90	235	40	83
6253	带壳向日葵籽		210	185	25	50
6254	脱壳向日葵籽		50	125	25	55
6800	高能精饲料,木本植物的种子及果实					
6832	脱壳干山毛榉		53	174	25	70
6822	脱壳干橡实		67	770	66	92
6300	高能精饲料,块茎类					
	土豆					
6341	土豆,未加工[1]	12%淀粉	29	797	45	92
6342		14%淀粉	28	806	45	93
6343		16%淀粉	28	813	45	93
6344		18%淀粉	28	822	45	93
6345		20%淀粉	27	830	45	94
6361	蒸汽处理土豆,100%淀粉被提取	12%淀粉	30	780	65	97
6362		14%淀粉	29	789	65	98
6363		16%淀粉	29	796	65	98
6364		18%淀粉	29	805	65	98
6365		20%淀粉	28	813	70	98
6366	蒸汽处理土豆,75%淀粉被提取[2]	16%淀粉	35	791	65	97
	青贮土豆					
6373	土豆,未经青贮加工[3]	16%淀粉	30	850	30	93
6376	蒸汽处理土豆,青贮,100%淀粉被提取	16%淀粉	38	782	65	97
6377	蒸汽处理土豆,青贮,75%淀粉被提取[4]	16%淀粉	35	785	65	96

饲料价值				能量参数					换算因子	
1 kg DM				罗斯托克饲料评价体系				其他体系	ME_{BFS}	ME_{BFS}
EFUp	dCP	dLys	dMet+dCys	GE	dEp	mEp	NERp	ME_{BFS}	NERp	EFUp
	g	g	g	MJ	MJ	MJ	MJ	MJ		
8	9	10	11	12	13	14	15	16	17	18
725	112	4.0	4.6	18.56	15.51	15.14	10.57	15.07	0.70	48.1
704	100	3.6	4.1	18.46	14.99	14.66	10.27	14.57	0.70	48.3
711	126	4.4	5.0	18.68	15.31	14.91	10.35	14.82	0.70	48.0
595	84	3.0	3.4	18.11	12.74	12.47	8.68	12.37	0.70	48.1
622	104	3.8	4.2	19.14	13.42	13.08	8.90	12.95	0.69	48.1
510	74	2.7	2.9	18.64	11.02	10.78	7.29	10.63	0.69	48.0
776	88	2.0	3.3	18.68	16.26	15.98	11.30	15.80	0.72	49.2
653	108	2.6	3.5	18.71	13.87	13.54	9.41	13.38	0.70	48.8
792	85	2.5	4.2	18.88	16.46	16.18	11.43	16.00	0.71	49.5
769	88	2.6	4.3	19.04	16.08	15.79	11.12	15.61	0.71	49.2
723	80	2.3	3.6	18.91	15.07	14.81	10.45	14.61	0.72	49.5
694	67	1.5	2.5	18.72	14.53	14.30	10.08	14.09	0.72	49.3
695	71	1.7	2.7	18.83	14.54	14.30	10.05	14.08	0.71	49.4
612	54	1.3	2.0	18.97	13.25	13.03	8.88	12.02	0.74	50.9
609	62	1.4	2.3	19.01	13.16	12.93	8.79	12.10	0.73	50.3
653	81	2.9	3.0	17.67	13.76	13.50	9.51	13.38	0.71	48.8
756	110	3.3	4.3	18.26	16.12	15.76	11.07	15.59	0.71	48.5
739	87	3.1	3.6	18.29	15.66	15.36	10.84	15.19	0.71	48.7
651	103	3.4	3.9	18.13	14.02	13.69	9.56	13.64	0.70	47.8
768	118	3.3	4.9	18.46	16.43	16.04	11.23	15.96	0.70	48.2
764	139	3.7	5.4	18.60	16.49	16.05	11.15	15.96	0.70	47.9
687	127	3.4	4.9	18.46	14.84	14.43	10.02	14.34	0.70	47.9
766	126	3.5	5.2	18.51	16.45	16.04	11.19	15.97	0.70	48.0
1 089	219	8.1	7.9	26.75	21.71	21.00	13.73	20.00	0.69	54.5
1 194	190	10.7	8.9	27.82	23.23	22.61	14.91	21.35	0.70	55.9
1 043	264	17.2	6.5	25.89	21.46	20.60	13.34	19.44	0.69	53.6
1 017	180	6.5	6.7	26.82	19.97	19.39	12.63	18.53	0.68	54.9
1 355	259	9.3	9.5	30.25	26.34	25.53	16.61	24.50	0.68	55.3
1 245	231	12.1	5.9	28.91	24.28	23.55	15.42	22.53	0.68	55.3
736	40	2.1	1.1	18.80	15.06	14.91	10.65	14.59	0.73	50.4
550	17	0.9	0.4	16.81	13.18	13.13	8.11	12.94	0.63	42.5
562	16	0.9	0.4	16.87	13.47	13.42	8.29	13.34	0.62	42.1
567	15	0.8	0.4	16.92	13.60	13.54	8.37	13.43	0.62	42.2
573	14	0.8	0.4	16.88	13.71	13.66	8.46	13.56	0.62	42.3
584	14	0.7	0.3	16.89	13.96	13.91	8.62	13.80	0.62	42.3
718	78	4.1	2.0	16.71	15.15	14.90	10.58	14.85	0.71	48.3
728	73	3.9	1.8	16.74	15.32	15.08	10.73	15.03	0.71	48.4
731	68	3.6	1.7	16.76	15.35	15.12	10.78	15.05	0.72	48.6
735	63	3.4	1.6	16.72	15.37	15.16	10.84	15.08	0.72	48.7
741	61	3.2	1.5	16.71	15.47	15.27	10.93	15.19	0.72	48.8
694	67	3.5	1.6	16.74	15.15	14.93	10.23	14.84	0.67	48.7
590	14	0.6	0.2	17.20	14.15	14.11	8.71	13.94	0.65	43.8
720	70	3.1	1.3	16.87	15.14	14.90	10.61	14.80	0.72	48.6
710	65	2.9	1.2	16.89	14.90	14.69	10.15	14.58	0.70	47.2

编码	饲料		粗营养成分(续表 3.2)			
	分类	特征	1 kg DM		消化率	
			CFi	NFE	CFi	NFE
			g	g	%	%
1	2	3	4	5	6	7
	6.2 猪饲料表格(续表 3.2)					
	土豆,混合青贮					
6381	土豆与菜籽饼,9∶1[5)]		45	755	44	91
6382	蒸汽处理土豆与菜籽饼,9∶1		50	740	62	96
6383	蒸汽处理土豆与甜菜,1∶1		60	730	67	95
6384	土豆与甜菜叶(未清洗),3∶1		60	695	63	92
6385	蒸汽处理土豆与甜羽扇豆青绿饲料(开花期),3∶1		105	680	60	90
6386	蒸汽处理土豆与红三叶或苜蓿青绿饲料(早花期),3∶1		100	690	58	90
	干燥土豆					
6391	土豆片		29	833	75	98
6392	优质土豆条		29	823	60	96
6393	过干土豆条		35	818	50	86
	土豆残留物					
6368	蒸汽处理的土豆残留物,土豆皮		50	792	20	85
6369	蒸汽处理的厨房残羹		44	682	50	83
6354	新鲜土豆可溶物		30	514	30	71
6359	菊芋		45	770	71	93
6400	高能精饲料,块根与肉质水果					
	甜菜					
6421	新鲜甜饲用甜菜		63	760	50	92
6422	鲜饲用甜菜		83	700	50	92
6412	鲜饲用甜菜		60	785	55	93
6492	干饲用甜菜		65	800	50	92
6431	鲜芜菁甘蓝		105	675	60	93
6441	鲜胡萝卜		90	690	70	94
6432	无叶鲜芜菁		108	620	60	93
	甜菜					
6411	鲜甜菜		54	805	55	95
6485	青贮甜菜		85	680	70	90
6491	干燥甜菜		59	820	50	92
6795	树葛粉		50	870	47	95
	水果类					
6453	甜柑橘		30	851	65	92
6454	苹果		136	801	60	90
6455	梨		163	798	58	90
6456	香蕉		20	888	50	95
6459	南瓜		133	621	65	82
6457	西红柿		115	586	20	68
6458	西瓜		90	652	20	90
6500	高能精饲料,制糖业副产物					
6511	挤压甜菜渣,新鲜[6)]		205	635	80	86
6519	挤压甜菜渣,挤压后青贮[6)]		215	610	75	83
6518	挤压甜菜渣,鲜渣青贮[6)]		220	580	70	80
6561	挤压甜菜渣,干渣[6)]		200	645	80	86
6564	含糖蜜的干甜菜渣[7)]		155	660	80	90
6514	部分提取的干甜菜渣[7)]		135	725	70	89
	糖,见高能精饲料,纯营养素					
6571	优质干燥甜菜片		60	831	50	93
6573	干燥、过干甜菜片		60	812	40	88

饲料价值				能量参数					换算因子	
1 kg DM				罗斯托克饲料评价体系				其他体系	ME_{BFS}	ME_{BFS}
EFUp	dCP	dLys	dMet+dCys	GE	dEp	mEp	NERp	ME_{BFS}	NERp	EFUp
	g	g	g	MJ	MJ	MJ	MJ	MJ		
8	9	10	11	12	13	14	15	16	17	18
659	74	4.1	3.0	17.15	13.92	13.69	7.77	13.59	0.57	48.5
702	94	5.2	3.7	17.07	14.99	14.68	9.32	14.57	0.64	48.2
648	48	2.6	1.2	16.61	13.55	13.37	8.57	13.11	0.65	49.5
625	66	3.2	1.8	16.20	13.24	13.00	8.28	12.72	0.65	49.2
631	79	4.4	2.0	17.19	13.54	13.26	8.36	12.74	0.66	49.5
628	71	3.7	1.9	17.17	13.42	13.17	9.25	12.63	0.73	49.8
757	59	2.7	1.5	17.26	15.81	15.61	11.16	15.50	0.72	48.9
722	45	2.1	1.2	17.18	15.00	14.83	10.65	14.71	0.72	49.1
635	28	1.1	0.6	16.99	13.10	13.00	9.36	12.87	0.73	49.3
576	16	0.8	0.4	17.06	12.15	12.07	8.49	11.56	0.73	49.8
686	111	3.8	3.8	19.31	14.71	14.31	9.74	13.02	0.75	52.7
515	289	7.6	5.0	18.86	13.26	12.33	7.58	12.08	0.63	42.6
671	51	1.9	0.0	17.20	14.06	13.87	9.89	13.37	0.74	50.2
619	50	2.1	1.2	16.05	13.06	12.88	9.09	12.27	0.74	50.5
594	64	2.7	1.5	15.80	12.64	12.41	8.71	12.01	0.73	49.4
633	33	1.8	0.8	15.96	13.20	13.06	9.29	12.39	0.75	51.1
633	28	0.8	0.5	16.31	13.16	13.04	9.29	12.39	0.75	51.1
611	66	2.3	1.1	17.08	13.17	12.90	8.93	11.14	0.80	54.9
623	59	2.3	1.2	16.04	13.22	13.00	9.11	11.88	0.77	52.5
572	84	4.3	1.7	16.34	12.57	12.25	8.39	10.89	0.77	52.5
654	29	1.6	0.7	15.83	13.58	13.46	9.60	12.97	0.74	50.5
560	28	1.5	0.7	16.89	12.08	11.94	8.17	10.50	0.78	53.4
641	25	0.6	0.5	16.16	13.27	13.17	9.41	12.83	0.73	50.0
738	13	0.5	0.3	16.86	15.00	14.95	10.88	14.78	0.74	49.9
672	42	2.1	1.3	17.31	14.09	13.92	9.86	13.04	0.76	51.5
647	10	0.6	0.3	17.69	13.54	13.44	9.49	11.40	0.83	56.8
657	7	0.2	0.1	17.01	13.55	13.46	9.63	11.66	0.83	56.3
706	9	0.4	0.4	16.76	14.36	14.32	10.32	14.04	0.73	50.3
597	78	3.4	1.5	17.61	12.72	12.46	8.55	12.04	0.71	49.5
398	94	2.6	1.1	17.82	9.00	8.71	5.84	8.56	0.68	46.5
523	77	3.3	1.4	18.16	11.63	11.37	7.68	11.21	0.69	46.6
512	38	2.1	1.0	18.38	13.09	12.83	7.52	8.49	0.88	60.3
454	30	1.5	0.8	18.11	12.17	11.95	6.68	7.85	0.85	57.8
397	25	1.2	0.6	17.66	11.21	11.01	5.84	7.21	0.81	55.1
391	36	1.0	0.8	18.19	13.08	12.84	7.60	8.98	0.85	43.5
539	44	1.2	0.8	17.49	13.15	12.91	7.92	9.77	0.86	55.2
569	35	0.9	0.7	18.02	13.37	13.14	8.06	9.58	0.89	59.4
656	25	0.7	0.5	16.28	13.58	13.47	9.63	13.17	0.73	49.9
582	0	0.0	0.0	15.90	11.94	11.92	8.55	11.65	0.73	50.0

编码	饲料		粗营养成分(续表 3.2)			
	分类	特征	1 kg DM		消化率	
			CFi	NFE	CFi	NFE
			g	g	%	%
1	2	3	4	5	6	7
	6.2 猪饲料表格(续表 3.2)					
6525	甘蔗糖蜜		0	855	0	94
6521	甜菜糖蜜		0	840	0	97
6600	高能精饲料,加工产物					
6650	面包渣		5	825	50	98
6675	菜豆皮和大豆皮		200	560	72	80
6636	大麦,部分去壳		43	794	20	93
6633	饲用大麦粉		75	720	20	85
6635	大麦麸		130	655	10	78
6639	带壳大麦麸		195	595	6	52
6641	燕麦籽粒和燕麦片		15	760	41	92
6643	饲用燕麦粉		54	729	25	88
6645	燕麦麸		148	625	10	75
6649	带壳燕麦麸		235	580	5	50
6669	高粱糠		94	668	20	68
6664	脱胚玉米		15	840	34	95
6663	脱胚饲用玉米粉		50	750	48	90
6665	玉米皮		110	675	28	77
6666	玉米胚(加工业)		95	445	46	90
6184	带壳水稻		5	895	20	98
6185	带壳水稻,磨光		1	909	20	98
6682	饲用大米粉,白色		39	611	47	89
6681	饲用大米粉,黄色		100	517	28	76
6685	水稻糠,少量稻壳		150	445	20	68
6623	饲用黑麦粉		30	760	33	88
6624	黑麦麸	78%出粉率	80	650	20	77
6629	带壳黑麦麸		140	610	11	62
6613	饲用小麦粉		40	715	24	87
6614	小麦麸	74%出粉率	100	625	20	76
6619	带壳小麦麸		150	590	20	64
6700	高能精饲料,淀粉业、发酵业及水果加工业副产物					
6748	玉米淀粉渣	低蛋白	120	650	50	75
6744	小麦面筋		160	570	40	78
6747	玉米胚浸提油饼(淀粉业)		105	580	35	76
	渣类					
6731	鲜土豆渣		155	755	70	92
6781	干燥土豆渣		200	705	78	89
6782	干燥土豆渣	高蛋白	115	520	80	90
6783	干燥玉米渣		120	650	41	80
	酒糟					
6717	鲜土豆酒糟		100	500	70	81
6767	干土豆酒糟		100	490	70	81
6714	鲜玉米酒糟		105	520	45	82
6764	干玉米酒糟		100	535	45	82
6712	鲜黑麦酒糟		80	580	35	73
6762	干黑麦酒糟		95	550	35	73
6713	鲜小麦酒糟		85	530	30	76
6763	干小麦酒糟		85	525	30	76

饲料价值				能量参数					换算因子	
1 kg DM				罗斯托克饲料评价体系				其他体系	ME_{BFS}	ME_{BFS}
EFUp	dCP	dLys	dMet+dCys	GE	dEp	mEp	NERp	ME_{BFS}	NERp	EFUp
	g	g	g	MJ	MJ	MJ	MJ	MJ		
8	9	10	11	12	13	14	15	16	17	18
665	33	0.1	0.3	15.48	13.84	13.70	9.75	13.09	0.74	50.8
661	15	0.1	0.2	15.23	13.63	13.54	9.70	12.79	0.76	51.7
821	122	4.3	2.9	18.38	17.50	17.11	11.98	17.09	0.70	48.1
600	139	5.8	2.4	18.89	13.77	13.28	8.77	11.62	0.75	51.6
743	94	3.6	4.0	18.44	15.70	15.39	10.84	15.28	0.71	48.6
667	104	4.1	3.5	18.72	14.37	14.01	9.61	13.33	0.72	50.0
571	104	3.8	3.5	18.55	12.56	12.21	8.21	12.09	0.68	47.2
307	58	1.6	1.2	18.00	7.49	7.29	4.42	7.16	0.62	42.9
790	140	5.1	7.4	19.04	16.90	16.45	11.39	16.32	0.70	48.4
740	115	4.5	3.4	19.25	15.66	15.29	10.61	15.13	0.70	48.9
540	92	3.8	3.2	19.27	12.26	11.93	7.66	10.97	0.70	49.3
283	52	1.5	1.1	18.76	7.26	7.07	4.06	6.76	0.60	41.9
594	107	2.6	3.9	19.52	12.58	12.25	8.42	12.07	0.70	49.2
788	84	2.4	4.3	18.52	16.51	16.23	11.51	16.11	0.71	48.9
756	87	2.6	2.6	19.21	15.76	15.46	10.84	15.27	0.71	49.5
642	94	2.6	2.6	19.29	13.49	13.20	9.15	12.98	0.70	49.5
900	133	5.9	6.1	22.67	18.06	17.64	11.96	17.14	0.70	52.5
815	77	2.8	3.2	17.87	17.07	16.82	12.00	16.77	0.72	48.6
817	70	2.5	2.4	17.73	17.04	16.82	12.03	16.78	0.72	48.7
841	114	3.8	4.8	20.08	17.18	16.80	11.53	16.41	0.70	51.3
679	88	2.9	3.7	19.78	13.94	13.64	9.17	13.24	0.69	51.2
573	87	3.2	1.9	19.29	11.65	11.38	7.75	11.10	0.70	51.6
689	114	5.0	4.6	18.90	14.93	14.52	10.03	13.55	0.74	50.9
525	122	5.4	4.9	18.75	12.39	11.96	7.61	10.77	0.71	48.8
373	99	3.7	2.7	18.49	9.70	9.35	5.40	8.40	0.64	44.4
711	136	5.2	5.4	19.26	15.38	14.92	10.23	14.38	0.71	49.5
549	128	4.8	5.1	19.14	12.74	12.30	7.86	11.31	0.69	48.5
418	109	3.8	2.7	18.87	10.45	10.07	6.00	9.13	0.66	45.7
550	94	2.6	3.0	19.11	12.60	12.25	7.94	10.87	0.73	50.6
576	109	2.0	4.3	20.26	12.95	12.58	8.19	11.72	0.70	49.1
540	180	8.1	8.3	19.00	12.82	12.23	7.88	11.93	0.66	45.2
673	5	0.0	0.0	17.90	13.95	13.85	9.89	11.52	0.86	58.4
650	6	0.0	0.0	17.93	13.62	13.53	9.56	11.21	0.85	58.0
582	168	0.0	0.0	17.44	13.46	12.88	8.54	11.48	0.74	50.7
599	119	0.0	0.0	19.71	13.51	13.10	8.67	12.27	0.71	48.8
494	153	7.7	6.2	18.27	12.32	11.76	7.16	9.40	0.76	52.5
493	153	7.7	6.2	18.01	12.18	11.63	7.16	9.60	0.75	51.4
671	184	5.7	6.2	20.98	15.26	14.62	9.37	12.80	0.73	52.4
653	192	5.9	6.6	20.68	15.07	14.39	9.20	12.30	0.75	53.1
543	190	6.3	7.1	20.24	13.48	12.81	7.76	10.82	0.72	50.2
527	190	6.3	7.1	19.96	13.19	12.53	7.54	10.63	0.71	49.6
556	201	6.7	7.4	20.14	13.65	12.95	7.90	11.10	0.71	50.1
553	201	6.7	7.4	20.05	13.58	12.89	7.86	11.06	0.71	50.0

编码	饲料		粗营养成分(续表 3.2)			
	分类	特征	1 kg DM		消化率	
			CFi	NFE	CFi	NFE
			g	g	%	%
1	2	3	4	5	6	7
	6.2 猪饲料表格(续表 3.2)					
	啤酒糟					
6721	鲜啤酒糟		200	439	20	46
6771	干啤酒糟		177	452	20	46
	果渣					
6450	鲜苹果渣		275	590	27	60
6451	鲜梨渣		320	590	15	58
6900	高能精饲料,纯营养素					
	脂肪和油					
6921	花生油		0	0	0	0
6911	牛羊脂		0	3	0	0
6912	猪油		0	0	0	0
6925	羊毛脂		0	0	0	0
	淀粉					
6931	土豆淀粉,粉碎		0	991	0	99
6932	土豆淀粉,未粉碎		4	982	0	92
6933	玉米淀粉		1	993	0	99
	糖					
6942	甘蔗糖		0	1000	0	99
6943	饲用甜菜糖		5	945	0	99
6951	饲用纤维素		842	146	40	40
7000	高蛋白精饲料,植物来源					
7100	高蛋白精饲料,豆科种子					
7137	菜豆		95	565	45	92
7115	豌豆		68	621	52	95
7141	野豌豆		62	560	30	88
7171	干大豆		65	265	36	95
7153	黄色甜羽扇豆		157	293	90	96
7163	白色甜羽扇豆		110	365	50	92
7200	高蛋白精饲料,榨油业产物					
7271	挤压棉籽饼	脱壳	100	275	31	77
7272		部分脱壳	170	305	35	55
7471	浸提棉籽饼	脱壳	90	305	35	79
7472		部分脱壳	160	340	35	53
7261	挤压花生饼	脱壳	55	290	68	84
7262		部分脱壳	115	265	45	84
7461	浸提花生饼	脱壳	60	310	63	82
7462		部分脱壳	120	315	45	82
7281	挤压椰子饼		150	480	65	83
7481	浸提椰子饼		165	500	60	80
7221	挤压亚麻籽饼		110	375	25	83
7421	浸提亚麻籽饼		105	425	30	82
7285	挤压棕榈仁饼		180	500	44	80
7485	浸提棕榈仁饼		200	540	44	79

饲料价值				能量参数					换算因子	
1 kg DM				罗斯托克饲料评价体系				其他体系	ME_{BFS}	ME_{BFS}
EFUp	dCP	dLys	dMet+dCys	GE	dEp	mEp	NERp	ME_{BFS}	NERp	EFUp
	g	g	g	MJ	MJ	MJ	MJ	MJ		
8	9	10	11	12	13	14	15	16	17	18
366	169	5.6	5.3	20.50	9.92	9.35	5.10	8.54	0.60	42.8
382	176	5.8	5.4	20.66	10.19	9.60	5.31	8.86	0.60	43.1
264	0	0.0	0.0	19.23	7.44	7.39	3.90	6.06	0.64	43.5
229	0	0.0	0.0	18.85	6.69	6.64	3.41	6.49	0.53	35.4
2 264	0	0.0	0.0	39.80	39.00	39.00	26.46	36.65	0.72	61.8
2 092	0	0.0	0.0	39.75	36.04	36.04	24.45	33.86	0.72	61.8
2 190	0	0.0	0.0	39.74	37.73	37.73	25.60	35.46	0.72	61.8
2 190	0	0.0	0.0	39.74	37.73	37.73	25.60	35.46	0.72	61.8
843	0	0.0	0.0	17.26	16.97	16.97	12.45	16.78	0.74	50.3
779	0	0.0	0.0	17.29	15.64	15.65	10.37	15.45	0.67	50.5
845	0	0.0	0.0	17.31	17.00	17.00	12.47	16.81	0.74	50.3
782	0	0.0	0.0	16.00	15.85	15.85	11.49	15.53	0.74	50.4
739	0	0.0	0.0	15.67	14.97	14.97	10.85	14.67	0.74	50.4
154	0	0.0	0.0	18.77	6.80	6.72	2.36	3.86	0.61	40.0
675	242	15.8	5.6	18.95	15.66	14.90	9.90	14.84	0.67	45.5
717	227	16.4	4.8	18.75	16.37	15.65	10.50	15.63	0.67	45.8
643	260	15.1	6.0	19.14	15.22	14.38	9.41	14.15	0.66	45.5
906	365	22.6	12.5	23.96	20.27	19.11	12.07	18.46	0.65	49.1
746	396	20.5	11.5	20.93	18.32	17.03	10.64	15.31	0.69	48.8
691	332	19.2	9.3	21.45	16.64	15.56	9.77	14.56	0.67	47.5
659	413	17.4	13.7	21.22	16.55	15.24	9.21	14.80	0.62	44.6
507	293	12.3	9.7	20.71	13.00	12.06	7.06	11.47	0.62	44.2
583	438	18.4	14.5	20.20	15.57	14.17	8.45	13.78	0.61	42.3
437	316	13.2	10.5	19.72	12.04	11.03	6.32	10.72	0.59	40.7
707	463	15.3	11.6	21.09	17.86	16.41	9.99	16.36	0.61	43.2
657	407	13.4	10.2	21.09	16.47	15.18	9.26	14.96	0.62	43.9
625	495	16.4	12.3	20.05	16.81	15.26	9.14	15.34	0.60	40.7
571	407	14.3	10.8	19.87	15.12	13.83	8.34	13.54	0.62	42.2
620	156	4.1	4.6	19.74	14.19	13.64	8.74	11.65	0.75	53.2
531	175	4.5	5.3	18.67	12.98	12.36	7.73	10.33	0.75	51.4
631	312	11.6	11.2	20.69	15.37	14.36	8.88	13.51	0.66	46.7
564	315	11.7	11.3	19.55	14.42	13.38	8.20	12.33	0.66	45.7
576	130	4.4	4.7	20.44	13.62	13.13	8.07	10.72	0.75	53.7
470	124	4.2	4.4	19.37	12.20	11.72	6.84	9.03	0.76	52.0

编码	饲料		粗营养成分(续表 3.2)			
	分类	特征	1 kg DM		消化率	
			CFi	NFE	CFi	NFE
			g	g	%	%
1	2	3	4	5	6	7
	6.2 猪饲料表格(续表 3.2)					
7231	挤压菜籽饼		130	350	45	79
7431	浸提菜籽饼		150	345	41	78
7435	浸提芥籽油饼(白芥籽)		110	375	35	76
7295	挤压芝麻饼		90	270	57	54
7494	浸提芝麻饼		90	280	22	69
7251	挤压大豆饼		70	320	80	92
7451	浸提大豆饼,焙烤	45%～48%蛋白质	70	320	82	93
7453		42%～45%蛋白质	80	345	80	93
7455		39%～42%蛋白质	100	355	75	91
7452	浸提大豆饼,未焙烤	42%～45%蛋白质	80	345	79	87
7242	挤压向日葵饼	部分去壳	210	275	28	74
7441	浸提向日葵饼	带壳	150	315	25	77
7442		部分去壳	210	310	28	66
7443		去壳	340	275	21	54
7500	高蛋白精饲料,面粉加工业、淀粉业和发酵业副产物					
7571	饲用豌豆粉		80	610	72	94
	酵母,见高蛋白精饲料,动物来源					
7567	干玉米面筋		20	210	45	92
7568	干小麦面筋		2	130	45	82
7591	土豆蛋白片		8	125	0	85
7511	胚芽,大麦胚芽		164	464	75	70
7541	小麦胚芽		30	555	41	88
7562	玉米面筋粉	19%～23%蛋白质	85	580	56	80
7563		23%～30%蛋白质	85	535	56	80
8000	高蛋白精饲料,动物来源副产物、酵母和氨基酸					
8100	高蛋白精饲料,乳及乳加工产物					
8123	鲜牛奶黄油		0	486	0	96
8173	牛奶黄油粉		0	428	0	95
8128	干酪蛋白		0	0	0	98
8116	牛初乳	泌乳期第1天	0	248	0	96
8117		泌乳期第2～4天	0	344	0	96
8121	鲜脱脂乳		0	531	0	98
8171	干脱脂乳		0	535	0	96
8125	新鲜甜乳清		0	760	0	97
8175	甜乳清粉		0	765	0	94
8126	新鲜酸乳清		0	698	0	96
8127	鲜乳清蛋白		0	99	0	90
8124	凝乳		0	151	0	92
8120	猪初乳	泌乳期第1～3天	0	205	0	99
8119	猪常乳		0	310	0	98

饲料价值				能量参数					换算因子	
1 kg DM				罗斯托克饲料评价体系				其他体系	ME_{BFS}	ME_{BFS}
EFUp	dCP	dLys	dMet+dCys	GE	dEp	mEp	NERp	ME_{BFS}	NERp	EFUp
	g	g	g	MJ	MJ	MJ	MJ	MJ		
8	9	10	11	12	13	14	15	16	17	18
616	300	16.8	14.1	20.28	14.95	13.98	8.66	13.19	0.66	46.7
531	324	18.1	15.2	19.24	13.75	12.71	7.70	12.08	0.64	43.9
505	336	21.8	8.4	19.46	13.59	12.50	7.40	11.75	0.63	43.0
589	410	11.8	18.0	19.70	15.15	13.85	8.27	13.47	0.61	43.7
520	436	12.6	19.1	19.20	14.33	12.95	7.57	12.86	0.59	40.5
724	432	26.8	14.8	20.85	18.04	16.67	10.28	16.14	0.64	44.8
674	488	30.3	16.6	20.05	17.79	16.24	9.83	15.77	0.62	42.7
661	441	27.3	15.0	19.96	17.18	15.76	9.64	14.82	0.65	44.6
640	400	24.8	13.6	19.78	16.42	15.13	9.35	14.20	0.66	45.1
625	416	25.8	14.1	19.95	16.23	14.90	9.12	14.11	0.65	44.3
514	296	10.7	10.9	20.52	13.16	12.21	7.24	11.70	0.62	43.9
524	370	13.3	13.7	19.69	14.00	12.82	7.59	12.36	0.61	42.4
448	308	11.1	11.4	19.55	12.21	11.22	6.50	10.79	0.60	41.5
307	210	7.6	7.8	19.33	9.08	8.39	4.47	7.96	0.56	38.6
721	223	16.6	4.8	18.76	16.41	15.70	10.56	15.62	0.68	46.2
750	677	12.2	28.4	22.60	20.71	18.59	10.79	18.82	0.57	39.8
701	781	13.3	28.8	22.78	20.71	18.28	10.22	18.63	0.55	37.6
666	772	54.0	27.8	22.46	20.04	17.62	9.76	18.03	0.54	36.9
511	213	9.4	6.1	18.65	12.66	11.96	7.50	11.08	0.68	46.1
771	252	19.4	12.3	20.28	17.28	16.47	10.82	16.07	0.67	48.0
608	184	5.1	5.8	19.15	14.09	13.47	8.78	12.31	0.71	49.4
608	224	6.2	7.1	19.53	14.42	13.67	8.77	12.58	0.70	48.3
830	362	26.1	11.9	18.75	17.69	16.57	11.88	16.49	0.72	50.3
762	354	24.1	10.9	17.53	16.28	15.20	10.93	15.12	0.72	50.4
978	926	72.8	33.3	22.70	22.21	19.34	14.28	19.78	0.72	49.4
1 127	403	34.0	15.2	24.56	23.58	22.33	14.77	21.83	0.68	51.6
1 100	308	25.7	11.5	23.70	22.77	21.82	14.37	21.24	0.68	51.8
809	364	28.0	12.5	17.97	17.33	16.20	11.81	16.19	0.73	50.0
773	344	25.8	11.6	17.72	16.55	15.49	11.31	15.47	0.73	50.0
742	119	8.6	4.7	16.07	15.31	14.95	10.77	14.72	0.73	50.4
702	113	4.5	4.4	15.71	14.48	14.13	10.24	13.92	0.74	50.4
721	150	10.8	5.9	15.91	14.97	14.50	10.46	14.31	0.73	50.4
796	647	63.1	29.3	19.56	17.78	15.78	11.49	16.00	0.72	49.8
881	724	57.7	29.9	21.87	19.72	17.48	12.85	17.76	0.72	49.6
1 302	386	28.6	13.4	27.21	26.94	25.74	16.58	24.99	0.66	52.1
1 263	270	20.0	8.8	26.38	25.85	25.01	16.00	24.16	0.66	52.3

编码	饲料		粗营养成分(续表 3.2)			
	分类	特征	1 kg DM		消化率	
		成熟阶段	CFi	NFE	CFi	NFE
			g	g	%	%
1	2	3	4	5	6	7
	6.2 猪饲料表格(续表 3.2)					
8118	羊奶		0	265	0	96
8115	新鲜牛奶	4.5%脂肪	0	359	0	97
8114		4.0%脂肪	0	371	0	97
8113		3.5%脂肪	0	391	0	97
8112		3.0%脂肪	0	409	0	97
8111		2.5%脂肪	0	422	0	97
8110		2.0%脂肪	0	440	0	97
8165	牛奶粉	31%脂肪	0	357	0	97
8164		28%脂肪	0	369	0	97
8163		25%脂肪	0	391	0	97
8162		23%脂肪	0	407	0	97
8161		20%脂肪	0	420	0	97
8160		17%脂肪	0	438	0	97
8200	高蛋白精饲料,肉品加工副产物及屠宰加工下脚料					
8221	血粉		0	15	0	98
8212	青贮血		0	0	0	0
8213	蛋白混合料,5%脂肪	13.5%~15.5%蛋白质	0	70	0	50
8214	6%脂肪	11.5%~13.5%蛋白质	0	100	0	35
8215	7%脂肪	7.5%~11.5%蛋白质	0	130	0	25
8231	无骨肉粉	>75%蛋白质	0	10	0	70
8232	肉骨粉	70%~75%蛋白质	0	35	0	70
8233		65%~70%蛋白质	0	45	0	70
8234		60%~65%蛋白质	0	60	0	70
8235		55%~60%蛋白质	0	70	0	70
8236		50%~55%蛋白质	0	60	0	70
8237		45%~50%蛋白质	0	60	0	70
8238		40%~45%蛋白质	0	50	0	70
8251	骨粉	未提取骨胶	0	45	0	70
8252	骨粉	提取骨胶	0	22	0	70
8255	骨胶饲料粉		0	51	0	70
	肉骨粉,适当干燥,未高温处理					
8241	<8%脂肪	65%~70%蛋白质	0	45	0	70
8242		60%~65%蛋白质	0	55	0	70
8243		55%~60%蛋白质	0	65	0	70
8244		50%~55%蛋白质	0	85	0	70
8245	>8%脂肪	65%~70%蛋白质	0	40	0	70
8246		60%~65%蛋白质	0	40	0	70
8247		55%~60%蛋白质	0	40	0	70
8248		50%~55%蛋白质	0	65	0	70
	肉骨粉,过度干燥或高温处理					
8262	<8%脂肪	60%~65%蛋白质	0	60	0	55
8263		55%~60%蛋白质	0	70	0	55
8266	>8%脂肪	60%~65%蛋白质	0	40	0	55
8267		55%~60%蛋白质	0	40	0	55
8200	高蛋白精饲料,家禽屠宰加工下脚料及孵化废弃蛋					
8281	蛋清		0	98	0	100
8283	干燥蛋粉		0	40	0	98
8295	干燥的禽加工副产物		0	77	0	69

饲料价值				能量参数					换算因子	
1 kg DM				罗斯托克饲料评价体系				其他体系		
EFUp	dCP	dLys	dMet+dCys	GE	dEp	mEp	NERp	ME_{BFS}	ME_{BFS} / NERp	ME_{BFS} / EFUp
	g	g	g	MJ	MJ	MJ	MJ	MJ		
8	9	10	11	12	13	14	15	16	17	18
1 301	257	21.9	10.0	27.53	26.52	25.73	16.25	24.78	0.66	52.5
1 183	243	18.9	8.5	25.08	24.20	23.45	15.12	22.68	0.67	52.2
1 151	253	19.7	8.8	24.47	23.61	22.83	14.83	22.11	0.67	52.0
1 120	259	20.1	9.0	23.88	23.03	22.23	14.55	21.58	0.67	51.9
1 084	270	21.0	9.4	23.20	22.36	21.53	14.23	20.95	0.68	51.7
1 047	287	22.3	10.1	22.52	21.69	20.80	13.91	20.31	0.68	51.5
1 005	300	23.4	10.5	21.74	20.93	20.00	13.54	19.59	0.69	51.3
1 152	232	18.1	8.1	24.94	23.57	22.85	14.73	22.09	0.67	52.2
1 121	241	18.8	8.5	24.34	22.98	22.24	14.44	21.54	0.67	52.0
1 089	248	19.3	8.6	23.70	22.38	21.61	14.16	20.98	0.68	51.9
1 055	258	20.1	9.0	23.06	21.77	20.97	13.86	20.40	0.68	51.7
1 019	274	21.4	9.6	22.38	21.11	20.26	13.54	19.77	0.69	51.5
979	287	22.4	10.0	21.61	20.36	19.48	13.18	19.07	0.69	51.3
601	759	66.7	15.9	22.47	18.49	16.14	8.76	16.52	0.53	36.4
630	813	73.2	21.1	21.71	19.54	17.02	9.18	17.40	0.53	36.2
794	510	27.2	11.9	23.78	19.22	17.63	10.50	17.51	0.60	45.3
755	415	21.6	9.1	23.17	17.53	16.24	9.83	16.05	0.61	47.0
702	320	18.4	7.2	22.56	15.60	14.61	9.00	14.34	0.63	48.9
853	825	66.7	30.5	24.60	23.51	20.95	11.82	21.14	0.56	40.3
756	718	39.5	17.9	22.85	20.76	18.53	10.50	18.69	0.56	40.4
704	641	35.2	16.0	21.62	19.07	17.07	9.74	17.19	0.57	40.9
678	581	31.9	14.5	20.69	18.01	16.20	9.32	16.28	0.57	41.6
628	506	27.9	12.6	19.70	16.37	14.79	8.59	14.84	0.58	42.3
576	459	25.3	11.5	18.13	14.96	13.53	7.86	13.56	0.58	42.5
488	408	22.4	10.2	16.16	12.89	11.62	6.71	11.67	0.58	41.8
409	368	20.2	9.2	13.99	11.08	9.93	5.69	10.01	0.57	40.8
308	300	12.0	3.0	10.89	8.60	7.66	4.34	7.76	0.56	39.7
54	49	2.7	1.7	1.88	1.52	1.36	0.78	1.38	0.57	39.4
526	507	20.4	5.0	17.97	14.59	13.01	7.37	13.14	0.56	40.0
614	618	34.6	14.3	19.99	17.27	15.35	8.63	15.53	0.56	39.5
604	583	32.6	13.4	19.44	16.75	14.93	8.45	15.09	0.56	40.0
575	523	29.2	12.0	18.53	15.63	14.00	8.00	14.11	0.57	40.7
568	457	25.6	10.5	17.97	14.84	13.41	7.80	13.47	0.58	42.2
715	618	34.6	14.3	21.89	19.00	17.08	9.80	17.15	0.57	41.7
710	583	32.6	13.4	21.34	18.54	16.72	9.66	16.76	0.58	42.3
685	523	29.2	12.0	20.44	17.48	15.85	9.25	15.83	0.58	43.3
692	457	25.6	10.5	20.18	16.93	15.50	9.21	15.41	0.60	44.9
473	469	26.3	10.8	19.33	13.31	11.85	6.64	11.98	0.55	39.4
436	406	22.7	9.3	18.42	12.05	10.79	6.08	10.88	0.56	40.0
562	469	26.3	10.8	21.34	14.79	13.33	7.66	13.37	0.57	42.0
530	406	22.7	9.3	20.44	13.58	12.32	7.15	12.30	0.58	43.1
765	874	57.5	55.1	22.75	22.75	20.04	11.13	20.42	0.55	37.5
1 349	473	33.6	25.0	29.51	28.39	26.93	16.92	26.20	0.65	51.5
762	496	21.3	13.3	21.32	18.53	17.00	10.14	16.96	0.60	44.9

编码	饲料		粗营养成分(续表 3.2)			
	分类	特征	1 kg DM		消化率	
		成熟阶段	CFi	NFE	CFi	NFE
			g	g	%	%
1	2	3	4	5	6	7
	6.2 猪饲料表格(续表 3.2)					
8300	高蛋白精饲料,鱼粉					
8391	凤尾鱼粉		0	62	0	70
8392	Bycatch meal (一种鱼粉)		0	100	0	70
8361	鳕鱼粉	70%~75%蛋白质	0	0	0	0
8362		65%~70%蛋白质	0	0	0	0
8363		60%~65%蛋白质	0	25	0	70
8364		55%~60%蛋白质	0	50	0	70
	鲱鱼粉,见鱼粉					
	鱼粉,适当干燥,未高温处理					
8370	<8%脂肪	70%~75%蛋白质	0	0	0	0
8371		65%~70%蛋白质	0	15	0	70
8372		60%~65%蛋白质	0	40	0	70
8373		55%~60%蛋白质	0	50	0	70
8374		50%~55%蛋白质	0	70	0	70
8375	>8%脂肪	70%~75%蛋白质	0	0	0	0
8376		65%~70%蛋白质	0	10	0	70
8377		60%~65%蛋白质	0	30	0	70
8378		55%~60%蛋白质	0	40	0	70
8379		50%~55%蛋白质	0	40	0	70
	鱼粉,过度干燥和/或加热处理					
8381	<8%脂肪	65%~70%蛋白质	0	20	0	55
8382		60%~65%蛋白质	0	40	0	55
8383		55%~60%蛋白质	0	50	0	55
8386	>8%脂肪	65%~70%蛋白质	0	10	0	55
8387		60%~65%蛋白质	0	30	0	55
8388		55%~60%蛋白质	0	40	0	55
8321	鱼粉,<8%脂肪	60%~65%蛋白质	0	40	0	70
8322		55%~60%蛋白质	0	50	0	70
8323	鱼粉,>8%脂肪	60%~65%蛋白质	0	30	0	70
8324		55%~60%蛋白质	0	40	0	70
8325	新鲜浓缩鱼溶解物		0	35	0	70
8311	鱼,新鲜,<8%脂肪	60%~65%蛋白质	0	40	0	70
8312	鱼,新鲜,>8%脂肪	60%~65%蛋白质	0	30	0	70
8400	精饲料,高蛋白,酵母					
8411	啤酒业和面包业鲜酵母		17	266	0	94
8461	啤酒业和面包业干酵母		15	350	0	90
8465	干木糖酵母		20	365	0	88
8466	干石油酵母		10	265	0	84
8467	干燥的糖蜜酵母		20	295	0	86
8419	新鲜乳清酵母		10	290	0	81
8469	干燥的乳清酵母		10	290	0	81
8468	分解硫酸盐废弃物的干酵母		30	390	0	90

对于土豆原料或甜菜,从 EFUp 和 NERp 饲料能值中减除。
[1]15% [2]4% [3]12% [4]3% [5]10% [6]10% [7]5%。

饲料价值				能量参数					换算因子	
1 kg DM				罗斯托克饲料评价体系				其他体系	ME_{BFS}	ME_{BFS}
EFUp	dCP	dLys	dMet+dCys	GE	dEp	mEp	NERp	ME_{BFS}	NERp	EFUp
	g	g	g	MJ	MJ	MJ	MJ	MJ		
8	9	10	11	12	13	14	15	16	17	18
643	666	49.9	25.9	20.14	18.32	16.25	9.11	16.48	0.55	39.0
480	369	25.4	13.1	15.30	12.42	11.26	6.60	11.30	0.58	42.4
620	744	53.6	31.2	20.07	18.63	16.33	8.91	16.63	0.54	37.3
590	690	49.7	29.0	19.09	17.54	15.40	8.44	15.67	0.54	37.7
561	632	45.5	26.5	18.27	16.48	14.52	8.02	14.76	0.54	38.0
544	576	41.5	24.2	17.64	15.63	13.84	7.73	14.04	0.55	38.7
662	744	58.0	29.8	20.87	19.35	17.04	9.40	17.31	0.54	38.2
651	690	53.8	27.6	20.37	18.61	16.47	9.17	16.69	0.55	39.0
632	632	49.3	25.3	19.75	17.74	15.77	8.87	15.95	0.56	39.7
606	576	44.9	23.0	18.84	16.70	14.91	8.46	15.05	0.56	40.3
570	527	41.0	21.1	17.72	15.60	13.95	7.96	14.08	0.57	40.5
735	744	58.0	29.8	22.26	20.60	18.30	10.25	18.49	0.55	39.7
731	690	53.8	27.6	21.87	19.99	17.85	10.10	17.98	0.56	40.7
720	632	49.3	25.3	21.35	19.23	17.26	9.88	17.34	0.57	41.5
694	576	44.9	23.0	20.44	18.19	16.40	9.47	16.45	0.58	42.2
688	527	41.0	21.1	19.74	17.56	15.93	9.29	15.91	0.58	43.2
514	555	43.3	22.2	20.27	14.82	13.10	7.27	13.28	0.55	38.7
502	507	39.6	20.3	19.75	14.16	12.59	7.05	12.73	0.55	39.4
479	461	35.9	18.4	18.84	13.30	11.86	6.69	11.98	0.56	40.0
582	555	43.3	22.2	21.87	15.98	14.26	8.06	14.37	0.56	40.5
571	507	39.6	20.3	21.35	15.32	13.75	7.84	13.82	0.57	41.3
548	461	35.9	18.4	20.44	14.46	13.02	7.48	13.06	0.57	41.9
638	639	49.9	25.6	19.75	17.90	15.91	8.95	16.09	0.56	39.6
611	582	45.4	23.3	18.84	16.85	15.04	8.53	15.19	0.56	40.2
725	639	49.9	25.6	21.35	19.39	17.40	9.96	17.49	0.57	41.5
699	582	45.4	23.3	20.44	18.35	16.53	9.54	16.58	0.58	42.1
716	561	23.6	10.7	21.10	18.39	16.65	9.67	16.64	0.58	43.0
643	646	50.4	25.9	19.75	18.06	16.05	9.03	16.24	0.56	39.6
731	646	50.4	25.9	21.35	19.56	17.55	10.03	17.64	0.57	41.4
662	491	34.4	11.8	21.12	17.38	15.82	9.45	15.35	0.62	43.1
611	461	32.3	11.0	20.05	16.37	14.89	8.94	14.23	0.63	42.9
625	473	33.1	11.3	19.73	16.76	15.25	9.15	14.52	0.63	43.1
618	579	45.1	13.4	21.26	17.48	15.65	9.06	15.42	0.59	40.1
672	477	33.4	11.4	20.62	17.38	15.87	9.54	15.69	0.61	42.8
692	405	27.9	11.7	20.09	16.92	15.64	9.57	15.29	0.63	45.3
694	405	27.9	11.7	20.12	16.96	15.67	9.59	15.29	0.63	45.4
580	390	27.2	9.3	19.81	15.23	13.97	8.51	13.02	0.65	44.6

6.3 禽饲料表格(续表 3.3)—粗营养成分(粗纤维(CFi)、无氮浸出物(NFE))、饲料价值、能量参数和换算因子

编码	饲料		粗营养成分(续表 6.3)			
	分类	特征	1 kg DM		消化率	
		成熟阶段	CFi	NFE	CFi	NFE
			g	g	%	%
1	2	3	4	5	6	7
	6.3 禽饲料表格(续表 3.3)					
1000	青绿饲料					
1100	青绿饲料,小籽豆科					
1161	苜蓿,第 1 茬等	营养生长期	215	374	11	62
1163		现蕾期	261	373	8	58
1165		早花期	305	380	3	55
1011	红三叶,第 1 茬等	营养生长期	190	437	15	64
1013		现蕾期	232	444	12	59
1015		早花期	264	456	5	55
1300	青绿饲料,豆科-牧草混合料					
1311	红三叶-牧草,第 1 茬等	营养生长期	195	448	15	65
1313		现蕾期	240	466	10	60
1315		早花期	275	482	5	53
1600	青绿牧草					
	优质牧草					
1641	第 1 茬,100 kg N/hm^2	拔节期	200	430	15	65
1643		抽穗早期	240	445	10	58
1645		抽穗晚期	285	450	0	55
1651	第 2 茬等,每茬 50 kg N/hm^2	15～35 d 生长期	225	435	10	60
1653		35～55 d 生长期	265	445	5	53
1800	青绿饲料,青绿谷物,青贮用青绿玉米					
1801	黑麦,125 kg N/hm^2	孕穗期	215	390	15	69
1803		抽穗早期	255	420	10	68
1900	青绿饲料,甜菜叶					
1911	带顶甜菜叶	清洁	125	560	20	77
1912		不清洁	115	490	15	68
4000	干燥的青绿饲料					
4100	干燥的青绿饲料,小籽豆科牧草					
4161	优质苜蓿,第 1 茬等	营养生长期	215	369	8	57
4163		现蕾期	260	378	3	56
4165		早花期	305	377	0	52
4011	优质红三叶,第 1 茬等	营养生长期	190	437	15	59
4013		现蕾期	230	458	7	56
4015		早花期	265	462	0	55
4300	干燥的青绿饲料,豆科-牧草混合料					
4311	优质三叶草-草,第 1 茬等	营养生长期	195	448	10	59
4313		现蕾期	240	465	5	57
4315		早花期	280	475	0	55

饲料价值				能量参数					换算因子	
1 kg DM				罗斯托克饲料评价体系				其他体系	AME_N	AME_N
EFUf	dCP	dLys	dMet+dCys	GE	dEf	mEf	NERf	AME_N	NERf	EFUf
	g	g	g	MJ	MJ	MJ	MJ	MJ		
8	9	10	11	12	13	14	15	16	17	18
388	190	10.2	5.3	18.59	9.75	8.84	5.60	8.77	0.64	44.3
336	152	8.2	4.2	18.40	8.39	7.66	4.85	7.62	0.64	44.1
286	121	6.6	3.4	18.32	7.03	6.45	4.14	6.45	0.64	44.3
419	151	7.4	3.9	18.33	9.88	9.15	6.03	9.21	0.65	45.5
364	119	5.9	3.1	18.28	8.57	7.99	5.24	8.04	0.65	45.2
308	92	4.5	2.4	18.34	7.28	6.84	4.46	6.87	0.65	44.9
421	131	6.4	3.8	18.12	9.59	8.96	6.05	9.09	0.67	46.3
358	92	4.5	2.7	18.20	8.15	7.71	5.16	7.80	0.66	45.9
294	63	3.1	1.8	18.28	6.64	6.33	4.25	6.42	0.66	45.9
409	124	6.7	3.3	18.02	9.38	8.79	5.86	8.85	0.66	46.2
353	92	5.0	2.5	18.03	7.94	7.50	5.06	7.58	0.67	46.6
285	61	3.3	1.6	18.15	6.36	6.06	4.10	6.14	0.67	46.5
351	96	5.2	2.6	17.83	7.99	7.53	5.05	7.60	0.66	46.2
290	72	3.9	1.9	18.06	6.59	6.25	4.17	6.31	0.66	45.9
424	165	9.0	4.2	18.42	10.12	9.33	6.10	9.36	0.65	45.3
378	115	6.3	3.0	18.36	8.82	8.27	5.45	8.33	0.65	45.4
430	80	3.2	2.1	16.54	9.74	9.35	6.29	9.58	0.66	44.9
326	60	2.4	1.5	14.74	7.44	7.15	4.77	7.32	0.65	44.6
343	163	7.2	4.6	18.19	8.53	7.75	4.95	7.71	0.64	44.5
301	129	5.7	3.6	18.20	7.39	6.77	4.35	6.78	0.64	44.4
258	105	4.6	2.9	18.32	6.29	5.79	3.73	5.79	0.64	44.5
370	129	5.0	3.4	18.21	8.89	8.27	5.33	8.27	0.64	44.8
326	94	3.6	2.4	18.23	7.57	7.12	4.70	7.17	0.66	45.5
283	70	2.7	1.8	18.22	6.48	6.15	4.10	6.22	0.66	45.6
353	114	4.3	3.4	18.09	8.38	7.83	5.08	7.86	0.65	44.9
307	74	2.8	2.2	18.01	7.07	6.72	4.43	6.78	0.65	45.2
264	44	1.7	1.3	18.04	5.90	5.68	3.82	5.76	0.66	45.7

编码	饲料		粗营养成分(续表 6.3)			
	定义	特征	1 kg DM		消化率	
		成熟阶段	CFi	NFE	CFi	NFE
			g	g	%	%
1	2	3	4	5	6	7
	6.3 禽饲料表格(续表 3.3)					
4600	干燥的青绿饲料,牧草					
	优质牧草					
4641	优质,第 1 茬,100 kg N/hm^2	拔节期	200	437	10	59
4643		抽穗早期	245	448	3	59
4645		抽穗晚期	290	448	0	52
4651	优质,第 2 茬,每茬 50 kg N/hm^2	15～35 d 生长期	225	430	8	58
4653		35～55 d 生长期	260	440	3	50
4800	干燥的青绿饲料,青绿谷物					
4801	黑麦,125 kg N/hm^2	孕穗早期	210	420	15	60
4803		孕穗期	250	445	10	61
4900	干燥的青绿饲料,甜菜叶					
4911	优质带顶甜菜叶	清洁	130	570	25	70
4912		不清洁	115	510	15	63
6000	精饲料					
6100	高能精饲料,谷物					
6132	春大麦,籽实饱满		50	765	30	82
6133	冬大麦,籽实饱满		60	760	30	80
6134	冬大麦,籽实饱满	高蛋白	60	730	30	80
6135	冬大麦,籽实一般		110	700	25	74
6147	燕麦,籽实饱满		120	665	37	66
6148	燕麦,籽实一般		190	605	30	62
6178	黍		26	801	11	92
6173	稷		103	672	27	84
6167	干玉米籽实		27	802	28	90
6121	黑麦籽实		23	807	20	86
6123	黑麦,籽实饱满		29	818	38	84
6125	黑麦,籽实一般		60	755	14	72
6113	小麦,籽实饱满		30	790	12	89
6118	小麦,籽实饱满	高蛋白	30	755	12	90
6115	小麦,籽实一般		55	730	12	82
6200	高能精饲料,油籽					
6243	亚麻籽		84	235	23	70
6300	高能精饲料,块根					
6363	土豆,蒸汽处理	16%淀粉	29	796	60	92
6377	土豆,蒸汽处理,青贮	16%淀粉	38	782	60	91
6391	土豆片		29	833	60	89
6392	优质土豆条		29	823	40	74
6400	高能精饲料,根茎					
6411	新鲜甜菜		54	805	10	88
6491	优质干燥甜菜		59	820	5	80

饲料价值				能量参数					换算因子	
1 kg DM				罗斯托克饲料评价体系				其他体系	AME_N	AME_N
EFUf	dCP	dLys	dMet＋dCys	GE	dEf	mEf	NERf	AME_N	NERf	EFUf
	g	g	g	MJ	MJ	MJ	MJ	MJ		
8	9	10	11	12	13	14	15	16	17	18
357	110	5.5	3.0	18.17	8.31	7.78	5.13	7.82	0.66	45.7
319	76	3.8	2.1	18.09	7.16	6.80	4.60	6.88	0.67	46.4
260	52	2.6	1.4	18.16	5.69	5.44	3.75	5.54	0.68	47.0
316	75	3.7	2.0	17.66	7.14	6.78	4.54	6.85	0.66	46.2
262	56	2.8	1.5	17.79	5.74	5.48	3.78	5.57	0.68	47.1
374	140	6.7	3.5	18.26	8.89	8.22	5.40	8.27	0.65	45.2
341	95	4.6	2.4	18.22	7.89	7.44	4.93	7.51	0.66	45.4
395	49	1.2	1.3	16.66	8.90	8.67	5.74	8.83	0.65	44.7
305	29	0.7	0.7	14.54	6.65	6.52	4.44	6.70	0.66	45.6
692	105	3.7	4.3	18.56	14.15	13.65	10.09	13.62	0.74	50.8
666	94	3.4	3.8	18.46	13.56	13.11	9.71	13.08	0.74	50.9
673	119	4.1	4.7	18.68	13.84	13.27	9.80	13.22	0.74	50.9
579	83	3.0	3.4	18.11	11.71	11.32	8.45	11.29	0.75	51.3
598	99	3.6	4.0	19.14	12.24	11.76	8.60	11.70	0.73	51.1
513	74	2.7	2.9	18.64	10.44	10.09	7.38	10.04	0.73	51.1
791	91	2.0	3.4	18.68	15.80	15.37	11.50	15.32	0.75	51.7
697	109	2.7	3.5	18.72	14.16	13.64	10.07	13.56	0.74	51.4
809	88	2.6	4.3	18.88	16.06	15.64	11.71	15.59	0.75	51.9
733	103	3.1	4.1	18.26	14.80	14.30	10.71	14.29	0.75	51.3
705	81	2.9	3.4	18.29	14.25	13.86	10.29	13.88	0.74	50.8
588	97	3.2	3.7	18.13	12.01	11.54	8.59	11.56	0.74	50.8
751	112	3.1	4.6	18.46	15.31	14.77	10.95	14.74	0.74	50.9
753	132	3.5	5.1	18.60	15.49	14.86	10.98	14.82	0.74	50.8
669	119	3.2	4.6	18.46	13.85	13.28	9.75	13.24	0.74	50.5
995	209	7.7	7.5	26.90	20.24	19.24	13.23	18.87	0.70	52.8
729	67	3.5	1.6	16.76	14.46	14.14	10.69	14.19	0.75	51.4
712	68	3.0	1.2	16.89	14.25	13.93	10.44	13.95	0.75	51.1
736	63	2.9	1.6	17.26	14.55	14.25	10.79	14.28	0.76	51.5
603	48	2.2	1.2	17.18	11.84	11.61	8.83	11.61	0.76	51.9
602	11	0.6	0.3	15.83	11.82	11.77	8.81	12.60	0.70	47.8
559	6	0.2	0.1	16.16	10.71	10.69	8.18	11.54	0.71	48.4

编码	饲料		粗营养成分(续表 6.3)			
	定义	特征	1 kg DM		消化率	
			CFi	NFE	CFi	NFE
			g	g	%	%
1	2	3	4	5	6	7
	6.3 禽饲料表格(续表 3.3)					
6600	高能精饲料,加工产物					
6636	大麦,部分去皮		43	794	30	84
6633	饲用大麦		75	720	20	75
6635	大麦麸		130	655	8	63
6641	脱壳燕麦籽实和燕麦片		15	760	34	89
6663	脱胚饲用玉米粉		50	750	32	79
6665	玉米皮		110	675	20	60
6623	饲用黑麦粉		30	760	33	77
6624	黑麦皮	78%出粉率	80	650	28	54
6613	饲用小麦粉		40	715	35	81
6614	小麦麸	74%出粉率	100	625	26	60
6700	高能精饲料,淀粉业和发酵业产物					
6748	黏蛋白,玉米黏蛋白,低蛋白含量		120	650	12	58
6900	高能精饲料,纯营养成分					
6922	向日葵油		0	0	0	0
6931	土豆淀粉	粉碎	0	991	0	96
6943	甜菜糖		5	945	0	97
7000	高蛋白精饲料,植物来源					
7100	高蛋白精饲料,豆科籽实					
7137	菜豆		95	565	25	76
7115	豌豆		68	621	14	77
7153	黄色甜羽扇豆		157	293	10	72
7200	高蛋白精饲料,油脂工业产物					
7271	挤压棉籽饼	带壳	100	275	0	42
7272		部分去壳	170	305	0	44
7471	浸提棉籽饼	带壳	90	305	5	47
7472		部分去壳	160	340	5	35
7261	挤压花生饼	带壳	55	290	6	62
7262		部分去壳	115	265	0	50
7461	浸提花生饼	带壳	60	310	6	59
7462		部分去壳	120	315	0	50
7281	挤压椰子饼		150	480	30	41
7481	浸提椰子饼		165	500	30	38
7221	挤压亚麻饼		110	375	9	25
7421	浸提亚麻饼		105	425	13	28
7485	挤压棕榈饼		200	540	26	10

饲料价值				能量参数					换算因子	
1 kg DM				罗斯托克饲料评价体系				其他体系	AME_N	AME_N
EFUf	dCP	dLys	dMet+dCys	GE	dEf	mEf	NERf	AME_N	NERf	EFUf
	g	g	g	MJ	MJ	MJ	MJ	MJ		
8	9	10	11	12	13	14	15	16	17	18
715	87	3.3	3.7	18.44	14.33	13.91	10.43	13.89	0.75	51.5
603	90	3.5	3.0	18.72	12.62	12.19	8.73	12.21	0.72	49.4
499	87	3.2	2.9	18.55	10.26	9.84	7.21	9.86	0.73	50.6
779	124	4.6	6.6	19.04	15.96	15.36	11.28	15.30	0.74	50.9
728	90	2.7	2.7	19.21	14.52	14.09	10.45	14.05	0.74	51.8
555	83	2.3	2.3	19.29	11.16	10.77	7.92	10.71	0.74	51.8
629	113	5.0	4.5	18.96	13.64	13.10	9.14	13.11	0.70	48.0
432	104	4.6	4.2	18.75	9.57	9.07	6.25	9.14	0.68	47.3
671	128	4.9	5.1	19.26	14.34	13.72	9.72	13.73	0.71	48.9
483	121	4.6	4.8	19.14	10.77	10.19	6.97	10.19	0.68	47.4
450	84	2.0	2.0	19.11	9.67	9.27	6.49	9.24	0.70	48.7
2 145	0	0.0	0.0	39.74	37.34	37.34	27.21	36.40	0.75	58.9
877	0	0.0	0.0	17.30	16.46	16.46	12.84	16.46	0.78	53.3
770	0	0.0	0.0	15.67	14.66	14.66	11.28	15.86	0.71	48.6
601	225	14.7	5.2	18.95	13.49	12.41	8.78	12.33	0.71	48.7
627	212	15.3	4.4	18.75	13.90	12.89	9.15	12.85	0.71	48.8
548	378	19.6	11.0	20.93	14.38	12.57	7.89	12.41	0.64	44.1
498	360	15.2	11.9	21.22	12.88	11.15	7.05	10.97	0.64	45.4
421	270	11.3	8.9	20.71	10.71	9.42	5.96	9.29	0.64	45.4
439	386	16.2	12.8	20.20	12.25	10.40	6.40	10.26	0.62	42.8
348	287	12.0	9.5	19.72	9.50	8.12	5.06	8.03	0.63	43.4
630	447	14.8	11.2	21.09	16.09	13.95	8.99	13.80	0.65	45.7
535	388	12.8	9.7	21.09	13.72	11.86	7.61	11.70	0.65	45.7
536	473	15.7	11.8	20.05	14.74	12.47	7.84	12.35	0.63	43.4
449	388	13.6	10.3	19.87	12.24	10.38	6.56	10.29	0.64	43.6
393	161	4.2	4.8	19.74	9.23	8.46	5.62	8.49	0.66	46.3
326	170	4.4	5.1	18.67	8.22	7.41	4.77	7.47	0.64	43.6
403	266	9.9	9.5	20.69	10.09	8.81	5.70	8.67	0.66	46.5
329	266	9.9	9.5	19.55	8.88	7.60	4.80	7.51	0.64	43.8
177	131	4.5	4.7	19.37	4.88	4.25	2.61	4.23	0.62	41.9

编码	饲料		粗营养成分(续表 6.3)			
	定义	特征	1 kg DM		消化率	
			CFi	NFE	CFi	NFE
			g	g	%	%
1	2	3	4	5	6	7
	6.3 禽饲料表(续表 3.3)					
7231	挤压菜籽饼		130	350	0	45
7431	浸提菜籽饼		150	345	0	43
7295	挤压芝麻饼		90	270	10	40
7494	浸提芝麻饼		90	280	10	35
7251	挤压大豆饼		70	320	2	56
7451	浸提大豆饼,焙烤	45%~48%蛋白质	70	320	2	51
7453		42%~45%蛋白质	80	345	0	49
7455		39%~42%蛋白质	100	355	0	41
7452	浸提大豆饼,未焙烤	42%~45%蛋白质	80	345	0	42
7441	浸提向日葵饼	带壳	150	315	0	72
7442		部分去壳	210	310	0	60
7500	高蛋白精饲料,面粉加工业、淀粉业和发酵业副产物					
7541	小麦胚芽		30	555	12	76
7563	玉米蛋白粉	23%~30%蛋白质	85	535	24	57
8000	高蛋白精饲料,动物来源,包括酵母和氨基酸					
8100	高蛋白精饲料,牛奶和奶制品					
8128	干燥的酪蛋白		0	0	0	76
8121	鲜脱脂乳		0	531	0	94
8171	脱脂奶粉		0	535	0	83
8125	新鲜乳清		0	760	0	94
8175	乳清粉		0	765	0	84
8115	鲜牛奶	4.5%脂肪	0	359	0	95
8114		4.0%脂肪	0	371	0	95
8113		3.5%脂肪	0	391	0	95
8112		3.0%脂肪	0	409	0	95
8111		2.5%脂肪	0	422	0	95
8110		2.0%脂肪	0	440	0	95
8165	牛奶粉	31%脂肪	0	357	0	95
8164		28%脂肪	0	369	0	95
8163		25%脂肪	0	391	0	95
8162		23%脂肪	0	407	0	95
8161		20%脂肪	0	420	0	95
8160		17%脂肪	0	438	0	95
8200	高蛋白精饲料,屠宰加工业产物					
8221	血粉		0	15	0	0
	肉骨粉,适当干燥,未高温处理					
8241	<8%脂肪	65%~70%蛋白质	0	45	0	10
8242		60%~65%蛋白质	0	55	0	10
8243		55%~60%蛋白质	0	65	0	10
8244		50%~55%蛋白质	0	85	0	10

饲料价值				能量参数					换算因子	
1 kg DM				罗斯托克饲料评价体系				其他体系	AME_N	AME_N
EFUf	dCP	dLys	dMet+dCys	GE	dEf	mEf	NERf	AME_N	NERf	EFUf
	g	g	g	MJ	MJ	MJ	MJ	MJ		
8	9	10	11	12	13	14	15	16	17	18
431	278	15.5	13.1	20.28	10.84	9.51	6.15	9.43	0.65	45.7
370	300	16.8	14.1	19.24	9.93	8.49	5.41	8.44	0.64	43.8
464	360	10.4	15.8	19.70	12.39	10.66	6.61	10.47	0.63	44.3
408	392	11.4	17.2	19.20	11.62	9.74	5.96	9.57	0.62	42.7
559	408	25.3	13.9	20.85	14.43	12.47	8.03	12.36	0.65	45.3
503	461	28.6	15.7	20.05	14.00	11.79	7.37	11.68	0.63	43.1
471	421	26.1	14.3	19.96	13.10	11.08	6.90	10.99	0.63	42.9
428	386	23.9	13.1	19.78	11.86	10.01	6.27	9.91	0.63	43.2
442	406	25.2	13.8	19.95	12.32	10.37	6.48	10.28	0.63	43.0
463	374	13.4	13.9	19.69	12.83	11.03	6.79	10.96	0.62	42.2
386	312	11.2	11.5	19.55	10.63	9.13	5.66	9.08	0.62	42.5
665	218	16.8	10.7	20.28	14.76	13.71	9.49	13.73	0.69	48.5
491	213	5.9	6.8	19.53	11.63	10.61	7.10	10.52	0.68	46.7
912	879	69.1	31.6	22.70	21.10	16.88	13.41	16.43	0.82	55.5
807	360	27.7	12.4	17.97	16.87	15.14	11.81	15.62	0.76	51.7
712	321	24.1	10.8	17.72	14.84	13.29	10.44	13.74	0.76	51.8
759	119	8.6	4.7	16.07	14.92	14.35	11.05	15.23	0.73	49.8
671	111	4.4	4.3	15.71	13.13	12.60	9.81	13.42	0.73	50.0
1 149	243	18.9	8.5	25.08	23.42	22.25	15.48	22.27	0.69	51.6
1 121	253	19.7	8.8	24.47	22.87	21.66	15.17	21.72	0.70	51.6
1 094	259	20.1	9.0	23.88	22.34	21.10	14.88	21.20	0.70	51.6
1 062	270	21.0	9.4	23.20	21.73	20.43	14.54	20.58	0.71	51.6
1 029	287	22.3	10.1	22.52	21.12	19.74	14.20	19.93	0.71	51.6
992	300	23.4	10.5	21.74	20.43	18.99	13.81	19.22	0.72	51.6
1 119	232	18.1	8.1	24.94	22.79	21.67	15.07	21.71	0.69	51.6
1 091	241	18.8	8.5	24.34	22.25	21.09	14.77	21.16	0.70	51.6
1 063	248	19.3	8.6	23.70	21.70	20.51	14.48	20.63	0.70	51.5
1 023	258	20.1	9.0	22.82	20.92	19.69	14.03	19.85	0.71	51.5
1 002	274	21.4	9.6	22.38	20.54	19.22	13.83	19.42	0.71	51.6
966	287	22.4	10.0	21.61	19.86	18.48	13.45	18.73	0.72	51.6
602	805	70.8	16.9	22.47	19.24	15.38	8.87	14.97	0.59	40.2
552	582	32.6	13.4	19.99	15.97	13.17	7.90	12.83	0.62	43.0
529	536	30.0	12.3	19.44	15.07	12.50	7.54	12.17	0.62	43.5
499	480	26.8	11.0	18.53	13.94	11.64	7.08	11.34	0.62	44.0
486	418	23.4	9.6	17.97	13.06	11.05	6.82	10.76	0.63	45.2

编码	饲料		粗营养成分(续表 6.3)			
	定义	特征	1 kg DM		消化率	
			CFi	NFE	CFi	NFE
			g	g	%	%
1	2	3	4	5	6	7
	6.3 禽饲料表格(续表 3.3)					
	肉骨粉,适当干燥,未高温处理					
8245	>8%脂肪	65%~70%蛋白质	0	40	0	10
8246		60%~65%蛋白质	0	40	0	10
8247		55%~60%蛋白质	0	40	0	10
8248		50%~55%蛋白质	0	65	0	10
	肉骨粉,过度干燥或高温处理					
8262	<8%脂肪	60%~65%蛋白质	0	55	0	5
8263		55%~60%蛋白质	0	65	0	5
8266	>8%脂肪	60%~65%蛋白质	0	40	0	5
8267		55%~60%蛋白质	0	40	0	5
8300	高蛋白精饲料,鱼粉					
	鱼粉,适当干燥,未高温处理					
8370	<8%脂肪	70%~75%蛋白质	0	0	0	0
8371		65%~70%蛋白质	0	15	0	60
8372		60%~65%蛋白质	0	40	0	60
8373		55%~60%蛋白质	0	50	0	60
8374		50%~55%蛋白质	0	70	0	60
8375	>8%脂肪	70%~75%蛋白质	0	0	0	0
8376		65%~70%蛋白质	0	10	0	60
8377		60%~65%蛋白质	0	30	0	60
8378		55%~60%蛋白质	0	40	0	60
8379		50%~55%蛋白质	0	40	0	60
	鱼粉,过度干燥和/或高温处理					
8381	<8%脂肪	65%~70%蛋白质	0	20	0	50
8382		60%~65%蛋白质	0	40	0	50
8383		55%~60%蛋白质	0	50	0	50
8386	>8%脂肪	65%~70%蛋白质	0	10	0	50
8387		60%~65%蛋白质	0	30	0	50
8388		55%~60%蛋白质	0	40	0	50
8400	高蛋白精饲料,酵母					
8461	干燥的制酒/面包酵母		15	350	5	60
8466	干石油酵母		10	265	0	46
8467	干燥的糖蜜酵母		20	295	0	50
8469	干燥的乳清酵母		10	290	0	45
8468	分解硫酸盐废弃物的干酵母		30	390	40	50

饲料价值				能量参数					换算因子	
1 kg DM				罗斯托克饲料评价体系				其他体系	AME_N / NERf	AME_N / EFUf
EFUf	dCP	dLys	dMet＋dCys	GE	dEf	mEf	NERf	AME_N		
	g	g	g	MJ	MJ	MJ	MJ	MJ		
8	9	10	11	12	13	14	15	16	17	18
655	582	32.6	13.4	21.89	17.75	14.95	9.20	14.56	0.63	44.9
641	536	30.0	12.3	21.34	17.02	14.44	8.96	14.07	0.64	45.6
621	480	26.8	11.0	20.44	16.05	13.74	8.62	13.39	0.64	46.4
619	418	23.4	9.6	20.18	15.35	13.34	8.50	13.00	0.65	47.6
419	429	24.0	9.9	19.44	11.98	9.92	5.98	9.66	0.62	43.4
393	381	21.3	8.7	18.53	11.00	9.17	5.57	8.94	0.62	44.0
507	429	24.0	9.9	21.34	13.50	11.44	7.09	11.14	0.64	45.5
488	381	21.3	8.7	20.44	12.65	10.82	6.78	10.54	0.64	46.3
615	704	54.9	28.2	20.87	18.37	14.99	8.88	14.59	0.61	42.1
604	653	50.9	26.1	20.37	17.66	14.52	8.67	14.15	0.61	42.7
585	598	46.6	23.9	19.75	16.80	13.93	8.37	13.57	0.62	43.1
560	544	42.4	21.8	18.84	15.81	13.19	7.98	12.86	0.62	43.5
520	491	38.3	19.7	17.72	14.60	12.24	7.41	11.94	0.62	43.6
685	704	54.9	28.2	22.26	19.59	16.21	9.77	15.79	0.62	43.4
682	653	50.9	26.1	21.87	19.00	15.87	9.66	15.46	0.63	44.1
671	598	46.6	23.9	21.35	18.27	15.40	9.45	15.01	0.63	44.7
646	544	42.4	21.8	20.44	17.28	14.67	9.06	14.30	0.63	45.2
638	491	38.3	19.7	19.74	16.56	14.20	8.88	13.85	0.64	46.1
479	525	41.0	21.0	20.27	14.09	11.57	6.89	11.27	0.61	42.5
469	480	37.4	19.2	19.75	13.47	11.17	6.71	10.89	0.62	43.1
448	435	33.9	17.4	18.84	12.65	10.56	6.39	10.30	0.62	43.5
547	525	41.2	21.0	21.87	15.26	12.74	7.75	12.41	0.62	44.1
537	480	37.4	19.2	21.35	14.64	12.34	7.57	12.02	0.63	44.7
516	435	33.9	17.4	20.44	13.82	11.73	7.25	11.43	0.63	45.2
484	398	27.8	9.5	20.05	13.47	11.56	7.08	11.39	0.62	42.5
519	579	45.1	13.4	21.26	15.75	12.97	7.66	12.70	0.60	40.9
552	429	30.1	10.3	20.62	14.64	12.58	7.90	12.39	0.64	44.6
599	392	27.0	11.3	20.12	15.04	13.16	8.40	12.91	0.65	46.4
456	352	24.6	8.4	19.81	12.45	10.77	6.64	10.60	0.63	43.0

参考文献

Autorenkollektive(1971):Das DDR-Futterbewertungssystem-1. Auflage, VEB Dt. Landwirtschaftsverlag Berlin, 205 S.

Autorenkollektive (1972): Futtermitteltabellenwerk-2. Auflage, VEB Dt. Landwirtschaftsverlag Berlin, 452 S.

Autorenkollektive(1981): Aminosäurentabelle 1981-6. überarbeitete Auflage, Akad. Landwirtschaftswiss. der DDR

Autorenkollektive(1988):Berechnung von Futterrationen-6. Auflage, VEB Dt. Landwirtschaftsverlag Berlin, 320 S.

Autorenkollektive (1989): DDR-Futterbewertungssystem-7. Auflage, VEB Dt. Landwirtschaftsverlag Berlin, 328 S.

BOLDUAN, G., HERRMANN, U., JUNG, H., KRACHT, W. (1984): Schweinefütterung, VEB Dt. Landwirtschaftsverlag Berlin

HOFFMANN, L. (1994): Vorschlag für die Einführung eines für alle Nutztierarten nach einheitlichen Parametern und Prinzipien aufgebauten Systems der energetischen Futterbewertung. 3. Mitt.: Energetische Futterbewertung für Hühner. Arch. Anim. Nutr. 47, 115－130

HOFFMANN, L., BEYER, M., JENTSCH, W. (1993a): Abhängigkeit von Brutto-, verdaulicher und umsetzbarer Energie des Futters sowie des Energieansatzes vom Gehalt an verdaulichen Nährstoffen unter Berücksichtigung von Stärke und Zucker, ein Beitrag zur Weiterentwicklung der energetischen Futterbewertung. 1. Mitt.: Ergebnisse aus Untersuchungen mit Schweinen. Arch. Anim. Nutr. 44, 123－137

HOFFMANN, L., JENTSCH, W., BEYER, M. (1993b): Abhängigkeit von Brutto-, verdaulicher und umsetzbarer Energie des Futters sowie des Energieansatzes vom Gehalt an verdaulichen Nährstoffen unter Berücksichtigung von Stärke und Zucker, ein Beitrag zur Weiterentwicklung der energetischen Futterbewertung. 2. Mitt.: Ergebnisse aus Untersuchungen mit Rindern. Arch. Anim. Nutr. 44, 235－250

JENTSCH, W., BEYER, M., CHUDY, A. (2001): Die Rostocker Arbeiten zur energetischen Futterbewertung und zum Energiebedarf landwirtschaftlicher Nutztiere. 2. Mitt.: Zur Weiterentwicklung des Rostocker Futterbewertungssystems. übers. Tierernährg. 29, 1－44

JENTSCH, W., CHUDY, A., BEYER, M. (2000): Die Rostocker Arbeiten zur energetischen Futterbewertung und zum Energiebedarf landwirtschaftlicher Nutztiere. 1. Mitt.: Historischer Rückblick und die Arbeiten in Rostock zur energetischen Futterbewertung. übers. Tierernährg. 28, 133－182

NEHRING, K., SCHIEMANN, R., HOFFMANN, L. (1966): Vorschlag eines neuen Systems der energetischen Bewertung des Futters auf der Grundlage der Nettoenergie-Fett. Sitzungsberichte Dt. Akad. Landwirtschaftswiss. Berlin XV, Heft 21, 19－30

PIATKOWSKI, B. (1983): Rinderfütterung. Eine Fütterungslehre für Rinderproduzenten, VEB Dt. Landwirtschaftsverlag Berlin

SCHIEMANN, R. (1958): Kritische Betrachtungen über die Entwicklung der Stärkewertlehre Oskar Kellners. Wiss. Abh. Nr. 31, Dt. Akad. Landwirtschaftswiss. Berlin, Akademie Verlag, 110 S.

SCHIEMANN, R., NEHRING, K., HOFFMANN, L.; JENTSCH, W.; CHUDY, A. (1971): Energetische Futterbewertung und Energienormen. VEB Dt. Landwirtschaftsverlag Berlin, 344 S.

ZWIERZ, P., KUHLA, S., WEISSBACH, F. (1981): Zur Schätzung des energetischen Futterwertes anhand von analytisch bestimmbaren Kriterien. 1. Mitt.: Prüfung eines Vorschlages zur Veränderung der Weender Futtermittelanalyse. Arch. Anim. Nutr. 31, 395－400